数学名著译丛

非线性及泛函分析

——数学分析中的非线性问题讲义

〔美〕M. S. 伯杰 著

罗亮生 林 鹏 译

科 学 出 版 社

北 京

内 容 简 介

本书系统地阐述了非线性泛函分析中的基本理论、方法、工具和结果，如隐函数定理、拓扑方法、变分方法、歧点理论等以及有着广泛应用的各种非线性算子。此外，还介绍了这门学科在经典的现代的数学物理中各种问题上的大量应用。本书内容全面、系统，可供大学数学系高年级学生、研究生、教师以及从事数学、数学物理和力学等工作的科技人员阅读参考。

图字：01－2000－4070 号

图书在版编目（CIP）数据

非线性及泛函分析：数学分析中的非线性问题讲义／（美）M. S. 伯杰著；罗亮生，林鹏译 .—北京：科学出版社，2005
（数学名著译丛）

ISBN 978-7-03-011112-8

Ⅰ. 非… Ⅱ. ①伯…②罗…③林… Ⅲ. 非线性-泛函分析 Ⅳ. O177.91

中国版本图书馆 CIP 数据核字（2003）第 003357 号

责任编辑：杨 波 陈玉琢／责任校对：钟 洋
责任印制：赵 博／封面设计：王 浩

科学出版社出版
北京东黄城根北街 16 号
邮政编码：100717
http://www.sciencep.com
北京厚诚则铭印刷科技有限公司印刷
科学出版社发行 各地新华书店经销

*

2005 年 1 月第 一 版 开本：850×1168 1/32
2025 年 1 月第八次印刷 印张：18 5/8
字数：482 000

定价：89.00 元

（如有印装质量问题，我社负责调换）

谨以此书纪念家父　A. 伯杰

译者的话

这本书内容丰富，涉及面广，包含了数学的诸多分支，并将它们与其他学科综合在一起，而这在一般的教材中并不多见。书后附有大量的参考文献，这有利于指导有兴趣的读者作更深一步的探究。

但是，原著印刷错误及写作时的笔误很多，符号使用也比较混乱，我们在翻译时已作了必要的修改与纠正。但由于这类问题数量多，故修改及纠正之处没有一一注明。尽管如此，译者还是尽可能地保留作者原有的风格，尽可能地忠实于原著。

此外，作者在引进新的符号时一般不加说明；在本书后面使用本书前面用到过的符号时往往不作交待；在有些定理的表述和证明时不够严密。但是，只要不很影响阅读，译者一般不作更改和说明，而将这些作为作者的写作特点予以保留。

在翻译这本书的过程中，对于数学术语，译者尽可能采用科学出版社 2002 年的新版《新英汉数学词汇》。极少数数学术语由于没有查到以前的译法，译者只得自创，但读者可以在书后所附的“汉英数学词汇对照”中查到原词汇。

翻译此书的过程中，译者得到了郑维德（即郑维行）教授、沈祖和教授、王声望教授的真诚帮助，在此谨向他们致以最诚挚的感谢！同时，科学出版社的编辑对于本书的翻译给予了很大的帮助并为此付出了许多心血，在此致以同样真诚的感谢！

由于译者水平有限，原著本身的错误未能一一更正在所难免；新的书写、排版错误谅必也会产生。我们诚请有关专家、读者批评指正，以便再版时更正。

罗亮生　林鹏

2004 年 10 月

记号与术语

Ω	N 维实 Euclid 空间 R^N 中的开子集
$\mathfrak{M}^N$	N 维光滑流形
$x=(x_1,\cdots,x_N)$	$\mathbf{R}^N$ 中点 x 的笛卡儿坐标
$D_j = '/\partial x_j$	作用在 Ω 上的函数的偏导算子
$\alpha=(\alpha_1,\alpha_2,\cdots,\alpha_N)$	多重指标
$\lvert\alpha\rvert$	$\sum_{i=1}^{N}\alpha_i$
D^α	$\prod_{i=1}^{N}D_i^{\alpha_i}$
$F(x,D^\beta u,D^m u)$	m 阶微分算子,它显式地依赖于 m 阶的高阶初等微分算子 D^α,其中 $\lvert\beta\rvert<m$
X	函数的某线性向量空间
线性算子 F	对每个 $f,g\in X$ 和数 α,β,都有 $F(\alpha f+\beta g)=\alpha F(f)+\beta F(g)$
非线性算子 F	一个不必是线性的算子
拟线性微分算子 $F(x,D^\beta f,D^\alpha f)$	仅当看作 m 阶初等微分算子 $D^\alpha f$ 的函数时,F 是线性微分算子
定义在 Ω 上的微分方程	两个微分算子间的方程,在 Ω 的每一点必成立
经典解	定义在 Ω 上的(充分光滑的)函数,它在 Ω 的每一点都满足方程
$\lvert x\rvert$	向量 $x\in\mathbf{R}^N$ 的长度

$\| u \|$　　Banach 空间 X 的元素 u 的范数

绝对常数　　用在不等式 $F(x)\leqslant cG(x)$ 中，意指当 x 变化时 c 与 x 无关

半范　　定义在 X 上的非负函数 g，使 $g(\alpha x)=|a|g(x)$ 和 $g(x+y)\leqslant g(x)+g(y)$

序　　言

几十年来，数学的主要兴趣集中在与线性算子有关的问题上，以及将线性代数已知结果推广到无穷维情况. 这极具远见灼识，而由此发展出来的丰富理论对整个数学科学都有深远的影响. 在剔除线性这一假设条件时，有关的算子理论以及许多与这种理论有关的具体问题描绘出了数学研究的前景. 迄今为止，在这方面已获得的基本结果构成了线性理论深刻而又完美的拓展. 正如线性情况一样，这些结果源于数学分析中的具体问题，并与之密切相关. 展现于此的这本讲义，其目的是系统地描述这些基本的非线性结果及其对各种来自数学分析不同领域的具体问题的应用.

此外，我在尽可能广泛的意义下使用“数学分析”这一术语，而这个用法遵循着 Henri Poincaré（我们这个学科的伟大先驱之一）的思想. 事实上，仔细审视自然出现在实和复流形微分几何、经典的和现代的数学物理以及变分学的研究中特定的非线性问题，就能发现必然会导致深刻数学结果的那些反复出现的模型.

从抽象观点出发，主要有两种手段处理该课题. 如上所述，第一种手段是将 Fredholm，Hilbert，Riesz，Banach 和 von Neumann 等人线性泛函分析的特定结果推广到更一般的非线性情况. 第二种手段是视该学科为流形及流形间映射的无穷维微分几何学. 显然，这些手段密切相关，而当它们与现代拓扑结合在一起使用时，就成了强有力的数学思维模式.

最后，在上述两种手段之外，还存在着真正适合既是非线性的又是无穷维的现象. 能认清这些事实的那个框架仍在发展中.

本书的内容分为三个部分来讲述，而每一部分均含两章. 第一部分首先涉及到研究的动因和理解本书后面展开的内容所必需的数学预备知识，其后提供非线性算子基本的微积分内容并对其分类. 第二部分涉及到局部分析. 在第三章，我们讨论经典反函数定理和隐函数定理的各种无穷维推广. 同时，为了研究算子方程，也讨论了 Newton 法，最速下降法和强函数法. 第四章，我们将注意力转向与分歧和奇异扰动问题有关的那些依赖于参数的扰动现象. 这一章中，拓扑（“超越”）方法的应用是它首次成功的亮相. 这本书的第三部分和最后部分讲述了大范围分析，并指出了将具体分析与超越方法相结合的必要性. 第五章发展了可用于 一般算子类的全局性方法，特别是讨论了映射度的各种理论和应用及其与球面高阶同伦群有关的最新进展，还讨论了线性化方法和投影法. 第六章讲述大范围变分学及其在现代临界点理论中的最新进展，这个材料很自然地来自与临界点有关的极小化问题和等周问题.

本书的一个主要课题是将得到的抽象结果用于解决几何与物理中引人入胜的问题. 书中提到的应用是这样选择的：既考虑其内在意义，也考虑它们与本书中提到的抽象内容的关系. 在很多情况下，特定的例子需要理论的推广，从而为进一步的发展提供动力. 我们希望，提到的那些较深刻较复杂的应用将能提高这门快速发展的学科的价值及意义.

此外，我们选取一些非线性问题作为抽象的模型. 这包括

(i) 确定非线性常微分方程组的周期解；

(ii) 各种半线性椭圆型偏微分方程的 Dirichlet 问题；

(iii) 在给定的紧流形上，确定“最简”度量的微分几何问题（在这里，“最简”是指常曲率）；

(iv) 非线性弹性 von Kármán 方程的解结构.

所有这些模型说明，需要发展新的理论和需要更精妙敏锐的研究方法. 此外，这些问题的经典的性质表明，对于不太经典的非线性问题抽象本质的研究来说，有着广阔领域.

书中提到的许多抽象结果和应用虽然近来才起步，但我仍希

望它们能形成统一的发展模式，而该模式有别于这个课题的现有专著．我们在选择本书所要的资料时高度主观，并且，为保证它页数适当，对许多重要课题的全貌仅浅述即止，而所涉及的有序 Banach 空间，变分不等式，凸分析，单调映射以及抛物型和双曲型偏微分方程的内容均尽可能回避．此外，这些课题已被许多新近的专著和综述文章所涵盖．我以一种略微不同的风格，绕开那些过于特殊以致于无法阐明一般原理的应用，单一的二阶非线性微分方程两点边值问题即为一例．这样的问题可用（例如）相位平面法来成功地处理．最后，现代物理新近的“Euclid”场论方法已指出，非线性双曲型系统通常可借助于这里所论述的非线性椭圆型边值问题来处理．

写这本书花费了数年，各种印刷错误在所难免．我恳请读者将任何这样的错误告之于我，艺便列表勘误．还有，我企望这里所讲述的材料有充分的连贯性，有内在的意义并引人入胜，能给读者提供一个进一步遨游非线性分析的园地．

为了使本书有合理的篇幅，许多有趣的非线性问题和例证被割爱．我希望在不久的将来能完成另一卷书，它既有这些内容，又有带启发意义并且更常规的问题．那卷书还将包含一个更完整的参考文献．

最后，我想感谢为了出这本书而提供帮助的所有人，这包括 D. Westreich，R. Plastock，E. Podolak，J. vande Koppel，T. Goldring，S. Kleiman，A. Steif，S. Nachtigall，M. Schechter，L. E. Fraenkel，S. Karlin，W. B. Gordon，A. Wightman 以及虽在最后但又必不可少的科学出版社的编辑们．如果没有科学研究空气动力办公室和国家科学基金会的慷慨经济资助，也不可能完成这本书．对这两个机构，特致诚挚的谢意．

对读者的建议

这本书拟将数学分析的某些方面与其他科学领域作一综合. 这种综合需要很多源动力和创造性的方法，而这在教科书中通常是没有的.

因而，第一章和第二章中提供背景材料及预备知识的那些部分可以径直越过而不去读它们. 我们鼓励读者先跳过去阅读能激发其兴趣的知识段落以及为此而直接进入后面的章节，当需要时，读者可返回第一部分以补充所需的知识. 读这本书时不要求从头至尾.

本质上，第三章筹划成抽象的，并拟帮助发展出一个使用“泛函分析”语言的工具. 第三章的前三节构成了其后全部内容的必要前提. 相反，第四章则自始至终侧重于应用. 事实上，真正理解依赖于参数的局部分析需要仔细思考具体的经典模型问题. 读者可以仅选择合乎其兴趣的那些应用.

第三部分可分成几块来阅读. 例如，第五章包括三条分开发展的线索：5.1 节，5.2 节和 5.3～5.5 节（当然，若要深入研究的话，需将每条线索综合起来）. 类似地，第六章自然地分成三个部分：6.1～6.2 节，6.3～6.4 节和 6.5～6.7 节. 前两部分未用拓扑方法，但对第三部分来说，这种方法是本质的.

读者应具备常规的线性泛函分析、常微分方程和偏微分方程的一些必要知识. 对大学物理和微分几何有所了解将有助于理解应用部分. 这些应用叙述得相当简洁并具有不同程度的完整性. 与每个应用的更详细和更传统的处理方式作比较将是有益的. 我的想法是使读者对这个课题的范围、用途和多样性提供介绍而又不致使关键思想难以理解.

目　　录

第一部分　预 备 知 识

第二部分 局部分析

第三部分 大范围分析

第一部分　预 备 知 识

在微分几何、数学物理以及很多其他科学领域中自然而然出现的许多问题都与非线性微分方程组的求解有关.但由于这些方程组中的大多数"不可积",在此意义下,其解不可能以已解出的形式写出.因此,研究这种方程组的经典方法一般会失效,从而需要新的研究方法.近些年,有一个新方法被证明对以上问题既相对成功,又直截了当.该方法本质上在于以函数空间的语言对所给的问题重新描述;然后,用泛函分析的方法对这个抽象出来的问题作尽可能完善地分析,再将所得结果翻译成对原问题的描述.如此获取的一般意义在多方面都是重要的.首先,所给问题剔除了无关紧要的信息,从而揭示出问题的分析核心.其次,看上去互异的问题显示出了相同理论思想的具体化.最后,可以清楚地确定那些处于研究新的非线性现象基础地位的抽象结构.今后,我们将要描述这些思想轨迹以及(非线性)泛函分析与具体问题之间的相互作用.

第一部分的目的　即使在最简单的例子中,所要讨论的主题由于将各种内在"结构"结合在一起而会与许多其他数学领域有区别.于是,虽然这里提出的问题不难表述,但为了充分理解所给问题的解答,预备知识也许要得相当多.因而,第一部分的目的分 4 个部分:

(i) 系统地列出这些预备知识;

(ii) 提出今后所要研究的各种具体问题;

(iii) 指出用适当的抽象非线性算子重新描述具体问题所必需的步骤;

(iv) 发展这些抽象算子的基本微积分.

第一章中处理前两点,第二章中涵盖后两点.

第一章 背景材料

本章分为 6 节,前两节列举了一系列经典几何学与物理学中的非线性问题,以及在研究这些问题时遇到的典型困难.其次,我们将对用于后面的那些线性泛函分析的结果进行总结,然后回顾线性椭圆型偏微分方程的正则性结果.已经证明,这些结果对于将泛函分析成功地用于第一节中所讨论的非线性问题非常重要.最后,我们概述了与有限维空间之间映射有关的、在课文中所必要的基本事实(尤其是拓扑学的结果).

1.1 非线性问题如何产生

在着手系统地研究非线性问题之前,谈一谈后面将要讨论的某些问题的重要来源是有益的.非线性问题三个经典来源叙述如下:首先是微分几何问题,其中,由于考虑曲率,自然会引出非线性问题;其次是经典与现代物理学中的数学问题;最后是涉及非二次泛函的变分学问题.当然,这些来源并非全部,像经济学、遗传学以及生物学等领域的数学,均出现了全新的非线性现象(见本章末的注记).

1.1A 微分几何学上的来源

与曲率的影响有关的微分几何学问题是非线性微分系统的一个丰富的、历史性的来源.以下的例子描述了它们的范围.

(i) 流形上的测地线 考虑由 $S=\{x \mid x\in \mathbf{R}^N, f(x)=0\}$ 定义的简单超曲面 S,其中,$f(x)$是一个定义在 $\mathbf{R}^N$ 上的 C^2 实值函数,在 S 上,$|\nabla f|\neq 0$. S 上的测地线刻画为 S 上的曲线 $g=x(t)$,它们是弧长泛函的临界点.在几何上,它们具有由 g 的主法线与 S

的法线相重合这一性质所刻画的特征. 在分析上,测地线作为下列 N 个方程的常微分方程组

$$(1.1.1)\qquad \begin{aligned}&\text{(a)}\ x_{tt}+\mu(t)\nabla f(x)=0,\\&\text{(b)}\ f(x(t))=0\end{aligned}$$

的解,其中,$\mu(t)$是 t 的某个实值函数.

除了少数例外,该方程组非线性地依赖于 $x(t)$. 例如,让我们借助于 f 来确定(1.1.1)的函数 $\mu(t)$. 事实上,如果将关系式 $f(x(t))=0$对 t 微分两次,我们就得到

$$H(f)x_t\cdot x_t+\nabla f\cdot x_{tt}=0,$$

其中,$H(f)$表示 f 的 Hesse 矩阵$(\partial^2 f/\partial x_i\partial x_j)$. 于是,由(1.1.1)可推出

$$\mu(t)=\{H(f)x_t\cdot x_t\}|\nabla f|^{-2},$$

从而我们得到

$$|\nabla f|^2\mu(t)=H(f)x_t\cdot x_t.$$

故而,除非 S 是球面以至于$\mu(t)$是常数;或者 S 是超平面而此时 $\mu(t)\equiv 0$ 之外,方程组(1.1.1)对 x 是非线性的. 如果 S 是椭球面,Jacobi 则指出,可借助于椭圆函数将方程组(1.1.1)显式地解出来. 不过,像这样可以积分出来的方程组很少;而对一个即使与椭球面相差很小的超曲面的测地线进行研究,也需要新的、相当精细的研究方法. 更一般地,如果$(\mathfrak{M}^N,g)$表示一个 Riemann 度量为

$$ds^2=\sum_{i,j=1}^{N}g_{ij}(x)dx_idx_j$$

的 N 维微分流形,那么$(\mathfrak{M}^N,g)$上的测地线是非线性系统

$$(1.1.2)\qquad \ddot{x}_i+\sum_{j,k}\Gamma^i_{jk}\dot{x}_j\dot{x}_k=0\quad(i,j,k=1,2,\cdots,N)$$

的解,其中,Γ^i_{jk}表示所谓的第二类 Christoffel 符号. 这些符号可借助于函数 g_{ij} 与它们的导数来计算. 于是,在$(\mathfrak{M}^N,g)$上由系统(1.1.2)定义的测地线与内蕴度量从而与$(\mathfrak{M}^N,g)$的弯曲性质直接有关.

借助于$(\mathfrak{M}^N,g)$的几何与拓扑来研究(1.1.2)的解,已成为研

究非线性系统、发现许多全局性的新方法的一种动力.这些方法即可用于非线性常微分方程组,又可用于非线性偏微分方程组,这将在第三部分讨论.

(ii) 极小曲面 测地线的二维类似物是极小曲面,即面积分的临界点,从而是平均曲率为零的曲面.关于极小曲面的一个应归功于 Plateau 的经典问题,可表述如下:在 $\mathbf{R}^3$ 中给出一条闭 Jordan 曲线 γ,求一个由 γ 张成的面积最小的(光滑)极小曲面 $\mathscr{S}$,当曲面可表示为 $z=z(x,y)$时,函数 z 满足非线性偏微分方程

(1.1.3) $$z_{xx}(1+z_y^2)-2z_{xy}z_xz_y+z_{yy}(1+z_x^2)=0.$$

如果曲面 $\mathscr{S}$由参数表示为$\{w \mid w_i=w_i(u,v)(i=1,2,3)$,其中,$u,v$ 是等温坐标$\}$,那么,方程(1.1.3)变成殆线性的.事实上,向量 $w=(w_1,w_2,w_3)$必须满足非常简单的关系式

(1.1.4a) $$\Delta w=0,$$

(1.1.4b) $$w_u^2=w_v^2,\quad w_u\cdot w_v=0,$$

其中,w_u 和 w_v 分别表示向量 w 对 u 和 v 的偏导数.我们将在第六章中推导最后面的这些关系式,并附带对可求长的 Jordan 曲线求解 Plateau 问题.

H. A. Schwarz 注意到了测地线与极小曲面之间的一个重要区别:一条可求长曲线 γ 的长度,可由充分小的直线线段逼近 γ 来求出.但曲面 $\mathscr{S}$的面积(面积 $A(\mathscr{S})$有限)则未必能由多面体逼近 $\mathscr{S}$来求出.通常,逼近的多面体的表面积收敛于一个大于 $A(\mathscr{S})$ 的数.这一事实是第六章中引进下半连续概念的原因.

C_1 和 C_2 是 $\mathbf{R}^3$ 中两个平行圆(相距 h),其圆心在垂直于 C_1 和 C_2 平面的直线上,在求它们之间(面积最小的)极小曲面时,能观察到一个与极小曲面有关的有趣事实:对于充分小的 h,C_1 与 C_2 张成的面积最小的曲面是一个悬链面,它由一条悬链线绕直线 $r=0$旋转所形成.其方程为

$$r=k_1\cosh[(z-k_2)/k_1],$$

其中,常数 k_1 和 k_2 如此选取:使悬链面以 C_1 和 C_2 为界.事实上,将会有 C_1 与 C_2 张成的两个不同的悬链面,其中之一就是所

要的最小面积的极小曲面.今若 h 充分大,则不存在由 C_1 与 C_2 张成的悬链面,此时 C_1 与 C_2 张成的最小面积的极小曲面将由两个不相连的曲面构成:一个由 C_1 张成,另一个由 C_2 张成.该事实证实了有趣的"间断性"与"破损对称性"这种在非线性问题解的研究中所固有的现象.

(iii) Riemann 曲面的单值化 设 $F(w,z)$是复变量 w 和 z 的一个不可约多项式,它具有常值复系数,则单值化理论与求 $F(w,z)=0$的形如 $z=z(t)$和 $w=w(t)$的点的表达式有关,其中,(全局性)参数 t 在复平面的一个单连通区域内变化.Poincaré 和 Klein 成功地将存在这种参数表达式的证明简化为以下微分几何问题:

(II) 设$(\mathfrak{M}^2,g)$表示一个具有 Riemann 度量

$$g = ds^2 = \sum_{i,j} g_{i,j} dx_i dx_j (i,j = 1,2)$$

的紧光滑二维流形,那么,$\mathfrak{M}^2$ 有无另一个 Riemann 度量 $\bar{g}$,它与 g 共形等价,使得$(\mathfrak{M}^2,\bar{g})$的 Ganss 曲率是常数?

这个转换完成如下:在一个适当的紧 Riemann 曲面 S 上,关系式 $F(w,z)=0$ 可写为 $w=f(z)$.现在,如果我们能将 S 表示为复平面中的区域D 对一个不连续群Γ 的商(作用未带不动点),则易证典范满射 $\sigma:D\rightarrow D/\Gamma$ 是解析且单值的.于是,对于 $t\in D$,$z=\sigma(t)$和 $w=f(\sigma(t))$确定了所要的单值化.此时,这个 S 和 D/Γ 的表示(不计共形等价)恰好是常 Gauss 曲率二维流形的 Clifford-Klein 空间问题的内容.

为了求解(II),我们首先回顾:若存在一个定义在 $\mathfrak{M}^2$ 上的光滑函数 σ 使得$\bar{g}=e^{2\sigma}g$,则两个度量 g 与$\bar{g}$ 是共形等价的(不计微分同胚).(即,共形等价的度量表示 $\mathfrak{M}^2$ 上相同的复解析结构).今借助于非线性微分系统,问题(II)能变形如下:设(u,v)表示 $\mathfrak{M}^2$ 上的等温参数,则由初等微分几何,我们注意到$(\mathfrak{M}^2,g)$上关于

$$ds^2 = \lambda(u,v)\{du^2 + dv^2\}$$

的 Gauss 曲率 K 可写成

$$K = e^{-2\sigma}\{(\log\lambda)_{uu} + (\log\lambda)_{vv}\}.$$

而(通过一个简短的计算后)关于 $\bar{g}$ 的 Gauss 曲率 $\bar{K}$ 可写成

$$\bar{K} = e^{-2\sigma}\{K - \Delta\sigma\},$$

其中,Δ 表示$(\mathfrak{M}^2, g)$上的 Laplace-Beltrami 算子.于是,若 $\bar{K}$ 是常数,我们可得到所要的共形映射 σ 是非线性椭圆型偏微分方程

$$\Delta\sigma - K(x) + \bar{K}e^{2\sigma} = 0 \tag{1.1.5}$$

的一个解.这个方程光滑解的存在性将在第三部分讨论.对于单值化理论,它提供了不依赖于覆叠空间概念的一个途径.

1900 年,Hilbert 提出了将这个单值化理论拓广到三个或更多复变量的代数关系中去的问题.然而,尽管许多杰出的科学家进行了努力,并且也获得了许多局部成果,但 Hilbert 的这个问题仍未解决.

(iv) 具指定曲率性质的度量 上述问题(Ⅱ)有许多有趣的推广.我们所关注的推广,要么假定问题中流形 $\mathfrak{M}^N$ 的维数 $N>2$,要么找一个在 $\mathfrak{M}^2$ 上具指定曲率函数 $K(x)$的度量 g(要么两者).伴随着这个计划的直接困难是不难确定的.首先,所有二维 Riemann 流形均可视为一维复流形.于是,在推广(Ⅱ)时必须小心区别流形上实和复的微分结构.其次,对于 $N>2$ 的高维流形 $\mathfrak{M}^N$,纯量 Gauss 曲率的概念有若干不同的推广.最简单的纯量函数是与 Riemann 度量 g 有关的所谓纯量曲率函数 $R(x)$.更一般地,Ricci 张量 $R_{ij}(x)$和"截面曲率"的集合是同等合理的推广.最后,如果我们寻找 Riemann 度量 $\bar{g}$,它共形等价于 $\mathfrak{M}^2$ 上具指定曲率 $K(x)$的一个给定的度量 g,那么我们必须记住,对于某个光滑函数 $\sigma(x)$仅在不计微分同胚时 $\bar{g} = e^{2\sigma}g$.于是,在问题(Ⅱ)中,如果我们允许将曲率函数 $K(x)$看作是可变的,那么,我们仅需解方程

$$\Delta\sigma - K(x) + \bar{K}(\tau(x))e^{2\sigma} = 0, \tag{1.1.6}$$

其中,τ 是 $\mathfrak{M}^2$ 到自身的任一微分同胚.

以后,我们将研究(Ⅱ)的如下推广:

(Π_N) 求一个度量 $\tilde{g}$ 共形等价于 g,这个 g 在紧流形$(\mathfrak{M}^n, g)$

上具有一个指定的 C^∞ 纯量曲率函数 $\widetilde{R}(x)$.

此外,我们将根据:(i) 设 $N=2$,或(ii) 设 $\widetilde{R}(x)$是常数,而使(Π_N)具体化.对于 $N>2$,后面这个问题已由 H. Yamabe 在 1960 年讨论过,但仍未完全解决.

为了回答(Π_N),我们来回顾共形变换 $\tilde{g}=e^{2\sigma}g$ 下的纯量曲率变换公式:

$$\widetilde{R} = e^{-2\sigma}\left\{R - 2(N-1)\left[\Delta\sigma + \left(\frac{N}{2}-1\right)|\nabla\sigma|^2\right]\right\}.$$

对于 $N=2$,这个公式在 $R=2K$ 时化为(1.1.5). 然而,对于 $N>2$,该方程与(1.1.5)完全不同.事实上,此时设

$$u = \exp\left(\frac{1}{2}N-1\right)\sigma,$$

我们可得 u 满足非线性方程

$$(1.1.6') \qquad c(N)\Delta u - R(x)u + \widetilde{R}u^{b(N)}=0,$$

其中,

$$b(N) = (N+2)/(N-2), \quad c(N) = 4(N-1)/(N-2).$$

于是,对于 $N>2$,我们必须找到一个定义在$(\mathfrak{M}^N, g)$上满足(1.1.6)的严格正的光滑函数.

将注意力限定于复流形$(\mathfrak{M}^N,g)$以及利用定义在 $\mathfrak{M}^N$ 上的复结构来计算$\tilde{g}$ 的"Hermite 纯量曲率"(共形变换度量 $\tilde{g}=e^{2\sigma}g$),则问题(Π_N)能有实质性改进(见第六章第 2 节).事实上,在 Hermite 情况,当维数变化时,上面变形的纯量曲率公式中不会出现根本变化.此外,我们将发现,求解(Π_N)的复解析障碍是当 $N>2$ 时,没有实的类似情况.

(v) 全纯函数的映射性质 在单复变全纯函数的几何研究中,类似于(1.1.5)的非线性偏微分方程会很自然地出现.设 f 是一个全纯映射,它将单位圆盘 D 映成扩张的复平面,D 上赋予了 Poincaré 度量

$$ds^2 = (1-z\bar{z})^{-2}dzd\bar{z}.$$

设在 $f(D)$上定义了度量

$$dS^2 = df d\bar{f},$$

并令 $e^u = (ds/dS)^2$，则关于 dS^2 的 Laplace-Beltrami 算子 Δ 可写为

$$\Delta u = -\frac{1}{4}(\partial^2 u / \partial f \partial \bar{f}).$$

由一个简短计算可知 u 满足方程

$$\Delta u = 2e^u.$$

该方程与 f 无关，并被 Poincaré 用于自守函数的研究中，并且后来被 F. Nevanlinna 用于亚纯函数分布值的微分几何证明.

(vi) 复结构的形变 在复一维紧流形 $\mathfrak{M}^1$ 上复结构的形变已由 Riemann 在 1857 年首先研究过. 他发现，形变时依赖的独立复参数的数目 $m(\mathfrak{M}^1)$ 能完全借助于 $\mathfrak{M}^1$ 的 Euler 示性数来描述(或等价地，借助于同 $\mathfrak{M}^1$ 相应的 Riemann 曲面的亏格来描述). Riemann 将 $m(\mathfrak{M}^1)$ 称为模数. 迄今，这些复参数的研究仍占据了大量研究者的注意力. 两个 Riemann 曲面可拓扑等价，而这些曲面的"模数"决定着它们的解析等价.

对于高维复流形 $\mathfrak{M}^n$，类似的形变问题仍不十分清楚，并且(与一维的情况相反)具有高度的非线性性质. 为说明这一点，设 $\mathfrak{M}^n$ 被给定了复结构 V_0，它具有互不相同的复坐标 $z_1, \cdots, z_n$. 设 $\widetilde{V}$ 是 $\mathfrak{M}^n$ 上的另一个复结构，它具有局部坐标 $y_1, \cdots, y_n$，使得(1,0)形式可写成

$$dy_j = dz_j + \sum_k \varphi_{kj} d\bar{z}_k,$$

其中 φ_{kj} 很小. 则 $\widetilde{V}$ 被称为一个与复结构 V_0 邻近的殆复结构. 当且仅当向量值(0,1)形式

$$\omega = \omega_k d\bar{z}^k$$

满足一个适当的可积性条件时，$\widetilde{V}$ 将在 $\mathfrak{M}^n$ 上定义一个真的复结构. 这个条件取非线性偏微分方程

$$\bar{\partial} w = [\omega, \omega] \tag{1.1.7}$$

的形式，此处，线性微分算子 $\bar{\partial}$ 是将向量值(0,1)形式映射成向量值(0,2)形式的典范算子，其依据的规则是

$$(1.1.8)\quad \bar{\partial}(a d\bar{z}^{s_1}\wedge\cdots\wedge d\bar{z}^{s_q})=\sum_k \frac{\partial a}{\partial \bar{z}_k}d\bar{z}_k\wedge d\bar{z}^{s_1}\wedge\cdots\wedge d\bar{z}^{s_q},$$

方括号$[\omega,\omega]$是某个双线性向量值(0,2)形式.从而,为研究 $\mathfrak{M}^n$ 上 V_0 邻近的复结构,我们仅需研究充分接近零的(1.1.7)的解 ω.若 $n\geqslant 2$,则这个概念能辨别出形变问题的一个非线性状态.这因为对于 $n=1$,几乎所有的复结构均是自动可积的,方括号$[\omega,\omega]$恒为零,并且系统(1.1.7)因此是线性的.为了进一步讨论,读者可查阅第四章以及那里引用的参考文献.正如我们将要看到的,由于 Hilbert 空间技巧以及“分歧”理论的概念的引入,解决这个形变问题很大程度上被简化了.

1.1B 数学物理中的来源

在数学物理的基本问题中,可找到非线性微分系统的另一个同样丰富的来源.下面的一般例子将在今后讨论.

Ⅰ 经典数学物理

(i) 质点的 Newton 力学 考虑在 $\mathbf{R}^3$ 中运动的 N 个质量为 $m_i(i=1,\cdots,N)$的质点 p_i 的系统,作用力的势函数为 $U(x_1,\cdots,x_{3N})$.这些质点的运动被看作微分系统

$$(1.1.9)\qquad m_i\ddot{x}_i+\frac{\partial U}{\partial x_i}=0\qquad (i=1,\cdots,3N)$$

的解.当 U 不是其变量的二次函数而是其变量更高阶的函数时,这个系统显然是非线性的.

现在,对于经典力学,一个基本问题是确定(1.1.9)的周期运动,使之适合于各种适当的势函数 U.对于由形如(1.1.9)的方程描述的许多不同自然现象,能观察到周期运动的重要性.此外,Poincaré 猜想:(1.1.9)的周期解(对于适当限制的 U)在全部解集中是“稠密的”.这里,稠密性意味着给出任意解 $x(t)$,对于给定的时间长度,总存在一个仅仅略异于 $x(t)$的周期解.

当作用在质点上的力是纯万有引力时,由 Newton 万有引力

定律可推出

$$U(x_1,\cdots,x_N)=\sum_{k<j}\frac{m_k m_j}{|x_i-x_j|}\quad(j,k=1,\cdots,N),$$

而作为结果的系统(1.1.9)描绘了难以解决的经典 N 体问题方程.在天体力学中,众所周知的二体问题即 Kepler 问题能完全显式地解出来.并且,由于天文学的许多问题能当成它的扰动,因此它很重要.事实上,这种扰动之一,即众所周知的限制三体问题,是 Poincaré 已考虑过的一般动力系统的典型问题.作为一个较简单的例子,描述 Kepler 问题的一个自治扰动 $\varepsilon f(x)$ 的运动方程能写为

$$\ddot{\boldsymbol{x}}+\frac{\boldsymbol{x}}{|\boldsymbol{x}|^3}+\varepsilon f(\boldsymbol{x})=0,\qquad \boldsymbol{x}\in\mathbf{R}^N. \tag{1.1.10}$$

在 $\boldsymbol{x}=0$ 处,$\boldsymbol{x}/|\boldsymbol{x}|^3$ 项有奇性.克服这一事实中内在的难点导致了相当精细的"正则化"理论.此时,在一个固定的能量曲面上,根据(1.1.10)中适当的坐标变换,可避开在 $\boldsymbol{x}=0$ 附近对(1.1.10)的解析要求(见第六章).于是,方程组(1.1.10)化为以下形式:

$$\ddot{\boldsymbol{y}}+\operatorname{grad}W(\boldsymbol{y})=0,\ \frac{1}{2}\dot{\boldsymbol{y}}^2+W(\boldsymbol{y})=c,$$

其中,c 为常数,$W(\boldsymbol{y})$是一个光滑函数,对于二阶,它在 $\boldsymbol{y}=0$ 处为零.

对于研究像(1.1.9)这样的非线性系统的周期解来说,鉴于"谐振"等影响,经典方法常常失效.在研究这种问题时,这个事实激起了利用拓扑方法的许多新尝试.我们将在第四章和第六章中讨论该课题.

(ii) 弹性 如果将给定的一类力作用到 B 的一部分,B 就会变形,而当力撤消后,它就会恢复到原来的状态,那么,这个可变形体 B 就被称为弹性体.弹性体最简单的经典公式基于线性应力应变定律(Hooke 定律)与无限小位移这两个假设.这些假设导出线性控制方程.然而,如果取尽可能大但仍遵循 Hooke 定律的变形,那么,所产生的描述弹性体 B 平衡态的方程就会是非线性的.于

是,在一个作用于其端点大小为 λ 的压力下,描写一个一维弹性体 B(杆)的平衡态的方程可写成边值问题

$$(1.1.11)\quad w_{ss}+\lambda w(1-w_s^2)^{\frac{1}{2}}=0,\quad w(0)=w(1)=0.$$

此处,w 是产生于 B 中由压力引起的水平方向偏移的一个度量.这个古典方程作为 Euler 弹性问题而闻名遐尔,1744 年它由 Euler 彻底解决.它的二维类似情况(1910 年曾被 von Kármán 讨论过)与二维弹性体 B 中产生的变形有关,这个 B 可取任意形状 $\Omega\subset R^2$(薄弹性板),Ω 的边界上作用着大小为 λ 的压力.比起一维的情况来,这个问题更困难.利用后面记述的现代技巧,近来才开始给出了该问题的一个适当的数学处理.产生的变形由两对偏微分方程组来描述,即所谓的 von Kármán 方程,它们定义在 Ω 上,并可写成(消去某些物理参数后)

$$(1.1.12)\qquad \Delta^2F=-\frac{1}{2}[w,w],\quad \varepsilon^2\Delta^2w=[f,w],$$
$$\left.\begin{array}{l} D^\alpha F|_{\partial\Omega}=\lambda\psi_0 \\ D^\alpha w|_{\partial\Omega}=0, \end{array}\right\}\qquad |\alpha|\leqslant 1,$$

其中,Δ^2 表示双调和算子,且

$$[f,g]=f_{xx}g_{yy}+f_{yy}g_{xx}-2f_{xy}g_{xy},$$

这里,ε^2 是薄板厚度的一个度量,w 代表 B 脱离未变形态后垂直方向的偏移,F 代表 Airy 应力函数,所有的形变应力分量都能从中求出来.虽然由(1.1.11)预测的变形能借助于椭圆函数显式地求出来,但一般说来,(1.1.12)的积分只能利用后面介绍的方法经过仔细的定性分析才会清楚.方程(1.1.12)具有很多微妙的性质,我们在今后将利用这些作为我们理论发展的特殊的、有价值的例子.

(iii) 理想不可压缩流体 一个理想不可压缩流体的速度分布 u 由(非线性)Euler 运动方程和连续方程所描述,u_i 表示速度分量,ρ 表示流体密度,p 表示压力,并且假定流体受力 F_i 作用,则这些方程是

$$(1.1.13)\qquad \frac{\partial u_i}{\partial t}+\sum_j u_j\frac{\partial u_i}{\partial x_j}=-\frac{1}{\rho}\frac{\partial p}{\partial x_i}+F_i\quad (i=1,2,3),$$

(1.1.14)
$$\operatorname{div}\boldsymbol{u} = 0.$$
假定:(i)流动是无旋的,从而速度向量是速度势 ζ 的梯度;(ii) 重力是作用在流体上的唯一的力;(iii) 流动是定常的;(iv) 流动是二维的. 则方程组(1.1.13)有首次积分

(1.1.15)
$$\frac{1}{2}(\zeta_{x_1}^2 + \zeta_{x_2}^2) + gx_2 = \text{const}. \text{ 在} \partial F \text{ 上},$$
而(1.1.14)变成

(1.1.16)
$$\Delta\zeta = 0, \text{ 在 } \Gamma \text{ 上}.$$
这个问题的非线性形态是双重的,Γ 的边界$\partial\Gamma$ 未知,而加在$\partial\Gamma$ 上的边界条件是非线性的. 在水波理论中,方程组(1.1.15)~(1.1.16)的解非常重要,这个问题因许多有趣的局部和全局的非线性现象而闻名(见 5.5 节).

一个理想不可压缩流体的旋涡运动(Helmholtz 在 1858 年就开始了研究)展示了特别引人注意的非线性现象. 例如,考虑这种流体中可观察到的持久形式的涡环. 所谓涡环,是指定义在 $\mathbf{R}^3$ 上连续的轴对称螺线向量场 q 和 $\mathbf{R}^3$ 的一个子集 Σ(同胚于一个实心环),它使得(取的轴固定在 Σ 中时)q 和 Σ 两者均不随时间变化,旋度 $w = \operatorname{curl} q$ 在 Σ 外为零(但在 Σ 中不为零). 此外,还满足 Euler 运动方程(1.1.13)和无穷远处适当的边界条件. 后面(6.4 节),我们将导出并研究以下半线性椭圆型偏微分方程

(1.1.17)
$$\psi_{rr} - \frac{1}{r}\psi_r + \psi_{zz} = \begin{cases} 0, & \text{在 } \mathbf{R}^3 - \Sigma \text{ 中}, \\ -\lambda r^2 f(\psi), & \text{在 } \Sigma \text{ 中}, \end{cases}$$
其中,ψ 是与 q 相应的"Stokes 流函数". 这里给出的函数 f 描述 Σ 中旋度的分布,同时,ψ 及其梯度都连续通过 Σ 的边界$\partial\Sigma$. 再者,正如在(1.1.15)~(1.1.16)中那样,方程(1.1.17)在两个方面都是非线性的:ψ 和 Σ 都必须由它和适当的边界条件所决定. 照规矩,(1.1.17)的两个极端状况下的显式解是已知的. 寻找涡环的一个单参数族以使这两个极端状况连接起来的问题,需要全局性的方法,而这将在第六章讨论(见图 1.1).

(iv) 粘性不可压缩流体 描写粘性不可压缩流体速度分布

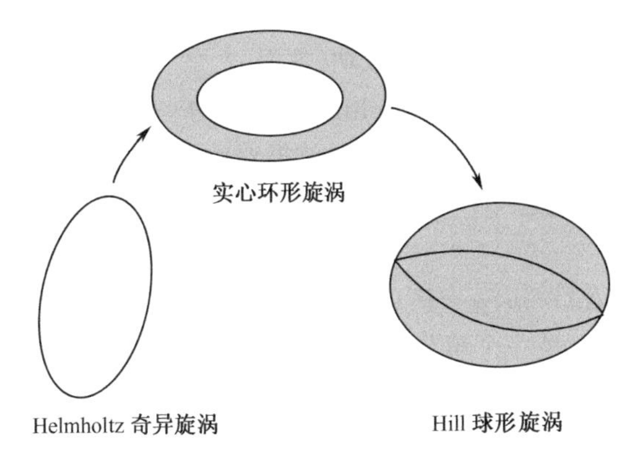

图 1.1 $\mathbf{R}^3$ 中涡环的分布,说明穿插于经典的 Helmholtz 奇异涡环与 Hill 球形旋涡间变化的中间实心环形涡环

的方程,即所谓的 Navier-Stokes 方程是

$$(1.1.18)\quad \frac{\partial u_i}{\partial t}+\sum_j u_j\frac{\partial u_i}{\partial x_j}=-\frac{1}{\rho}\frac{\partial p}{\partial x_i}+\nu\Delta u_i+F_i\quad(i=1,2,3),$$

$$(1.1.19)\quad \operatorname{div}\boldsymbol{u}=0.$$

它异于 Euler 方程之处仅为附加项 $\nu\Delta u_i$. 此处,ν 是该流体粘性的一个度量. 如果所考虑的流体占据了边界为$\partial\Omega$ 的一个区域Ω,那么一般附加一个齐次或非奇次边界条件 $u_i|_{\partial\Omega}=g_i$,在齐次情况下可推出 u 在$\partial\Omega$ 上的速度为零. 无论粘性 ν 是大还是小 ,这些方程描述了遵循水力动力学规律的一个广阔领域. 能否根据这些方程的非线性来描述复杂的湍流现象仍是一个悬而未决的问题. 虽然正如我们将在第四章中看到的那样,根据第二个解的出现,湍流的产生在很多情况下能严格认定为一个分歧现象.

Ⅱ 现代数学物理

(i) 量子场论 叠加原理明确排除了出现非线性方程描写初等量子力学现象的可能. 然而,一旦考虑各种量子场的相互作用,非线性运动方程就可能出现. 事实上,近些年来,对以下 Lorentz 不变的非线性 Klein-Gordan 方程

$$(1.1.20)\qquad \zeta_{tt}-\Delta\zeta=-m^2\zeta+F(|\zeta|^2)\zeta$$

及其推广的研究已取得某些成功.这里,ζ 是一个复值“波”函数.

在量子场论中,由 A. Wightman 提出的一个有趣的非线性问题与动态不稳定性及模型理论的破损对称性概念有关.在一个简单的(平均场)逼近中(写成现代“Euclid 场论”的术语),研究这一问题与方程

$$(1.1.21)\qquad \Delta u-m^2u+P'(u)=f_\infty\quad(\text{定义在 }\mathbf{R}^N\text{ 上})$$

有关.其中,f_∞是一个事先给出的常数,而 $P'(u)$是 u 的多项式类函数,使得当$|u|\to\infty$时,$P(u)\to\infty$.待研究的数学问题涉及到相应的泛函

$$(1.1.22)\qquad \mathscr{I}_f(u)=\int_{\mathbf{R}^3}\left\{\frac{1}{2}(|\nabla u|^2+m^2u^2)-P(u)+f_\infty u\right\}dV$$

的极小,而它的唯一性与存在性问题关系到常数 f_∞的各种选取以及函数$-m^2u+P'(u)$的零点.其思想是以 f_∞的各种扰动来干扰(1.1.21)的右端,产生(1.1.22)的不同唯一绝对极小.而这些能帮助说明出现在现代场论中各种所谓的奇异粒子(更详细的见 6.2 节).对于动态不稳定性,这个方法的图示见图 1.2.

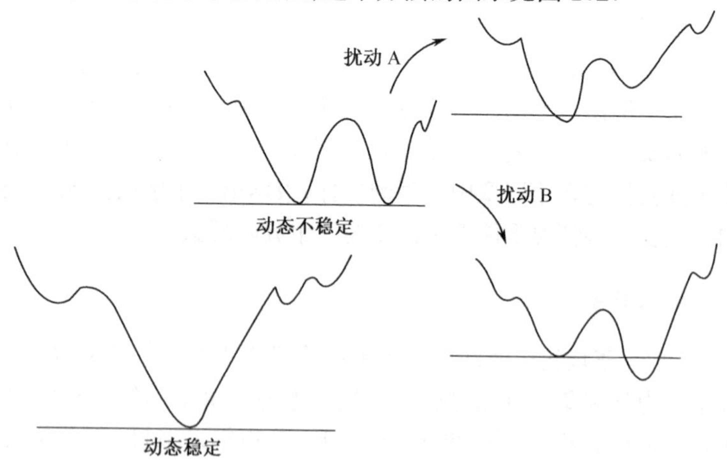

图 1.2　量子场论模型中动态稳定与动态不稳定的定性情况

(ii) 万有引力的相对论 依照广义相对论,时空表现为具有一个不定度规

$$ds^2 = g_{\alpha\beta} dx^\alpha dx^\beta (\alpha, \beta = 1,2,3,4)$$

的四维(正规的双曲)流形(V^4, g). 在试验粒子及光线上,引力的影响由这些实体的运动所描述,而这些实体的运动是关于度规 g 的测地线. 在 Einstein 理论中,度规 g 的 10 个分量 $g_{\alpha\beta}$不是任意的,而必须满足某些非线性偏微分方程. 对于自由空间,这些方程可写为

$$R_{\alpha\beta} = 0, \tag{1.1.23}$$

其中,$R_{\alpha\beta}$是关于度规 $g_{\alpha\beta}$的 Ricci 张量. 可以求出这个拟线性方程组的一个与时间无关的径向对称的解. 此外,它还具有以下性质:在大距离上,它对 Lorentz 度规

$$ds^2 = dt^2 - dx_1^2 - dx_2^2 - dx_3^2$$

是渐近的. 这个解是所谓的 Schwarzschild 度规,在球面极坐标中可写为

$$ds^2 = \left(1 - \frac{2m}{r}\right) dt^2 - \frac{dr^2}{1 - (2m/r)} - r^2 \{ d\theta^2 + \sin^2 \theta d\varphi^2 \}. \tag{1.1.24}$$

然而,一般说来,在探索 Einstein 理论的更深内涵时,方程组(1.1.23)及其推广的非线性会引出相当大的困难. 将通常的非线性双曲型方程解析延拓到非线性椭圆型方程,获得了围绕"Euclid 重力"的一个重要的新进展.

(iii) 固体中的相变 在当代数学物理中,最惹人注意的非线性问题之一就是相变理论. 按照热力学观点,物质从一个状态到另一个状态的锐变,能借助于 Gibbs 内能函数 $U(x_1, \cdots, x_{n+1})$弄清楚,其中,变量 x_i 代表适当的广义坐标. 对于很广泛的一类系统,函数 U 是齐次的,次数为 1. 于是,令 $x_{n+1} = 1$ 并相应地将 U 缩放比例,那么,U 的正规化是件常规的事情. 此外,热力学的一个基本物理假设指出:由 U 所描述的系统的稳定平衡态是 U 的极小值. 现在,在一个给定的平衡态 $\bar{x}$ 处,该系统的稳定性由二次型

$\sum_{i,j} U_{x_i x_j}(\bar{x})\xi_i\xi_j$ 的定型来表示；如果这个二次型是不定的，那么，状态 $\bar{x}$ 不可能存在于齐次型中，它会分成两个或更多的相位，其中的每一个均满足稳定性条件.在应用中，具半定型的状态有特别的意义，并且对应于该系统的广义临界点.对于特殊的模型，即二维 Ising 模型，Onsager 进行了超出热力学解释的相变问题的深入研究，这已由直接的计算完成了.而用定性方法研究这种相变，尤其在三维中，它仍是一个尚未解决的重要问题.

1.1C 变分学中的来源

非线性微分系统的第三个来源与变分学的形式上的发展密切相关.事实上，用极值原理描述物理实体和几何实体的特性是大部分科学思考的基本目的，并且，例如，经历了经典物理学到现代物理学的转变后它仍幸存了下来.用数学术语来说，若 $u(x)$ 是定义在区域 Ω 上某个泛函

$$\mathscr{I}_0(w) = \int_\Omega F(x, w, Dw, \cdots, D^m w)$$

的一个平稳值(相对于充分大的一类容许函数族 $\mathscr{C}$)，那么，$u(x)$ 满足 Euler-Lagrange 微分方程

$$(1.1.25)\quad \mathscr{I}_0'(w) \equiv \sum_{|\alpha|\leqslant m}(-1)^{|\alpha|}D^\alpha F_\alpha(x, w, Dw, \cdots, D^m w) = 0,$$

此处，我们已用了符号 $\partial F/\partial w_\alpha = F_\alpha$.如果 F 对 w 的依赖性高于二次，那么，这个微分方程对于 w 将是非线性的(一般说来).

更一般地，如果 $u(x)$ 是服从于积分约束

$$\mathscr{I}_i(w) = \int_\Omega G_i(x, w, \cdots, D^k w)\ (i = 1, \cdots, N)$$

的泛函 $\mathscr{I}_0(w)$ 的一个平稳值，那么，$u(x)$ 将满足方程

$$(1.1.26)\qquad \sum_{j=0}^{N}\lambda_j \mathscr{I}_j'(w) = 0 \qquad (j = 0, 1, \cdots, N),$$

其中，λ_i 是不全为零的实数，而每一 $\mathscr{I}_j'(w)$ 均具有形式(1.1.25).

与(1.1.25)型方程相应的边值问题贯穿了数学物理.于是，对

由(1.1.25)～(1.2.26)定义的偏微分方程进行仔细地数学分析是自然的.事实上,我们在后面将这样做.

$\mathscr{I}_0(w)$的极值 $u(x)$既满足 Euler-Lagrange 方程(1.1.25),也满足自然边界条件.尤其是,若在容许类$\mathscr{C}$中不限制容许函数的边界性质,则由考虑边值的一般变分,我们就能导出在一个极值上的特别限制.于是,对于积分

$$\mathscr{I}(y)=\int_0^1 F(x,y,y')dx,$$

其在 $x=0$ 和 $x=1$ 处的"自然边界条件"易定出是

$$\partial F(x,w(x),w'(x))/\partial y'=0.$$

此外,在这方面还有以下问题:

若一个非线性系统是由一个变分原理导出的,那会影响其解的性质吗?在这些解的定性研究中,这个变分原理可以利用吗?

正如我们在后面将会看到的,对于刚才叙述的许多经典的几何学与物理学问题,这些问题的答案是完全肯定的.此外,对于一般的非线性系统类,肯定性的答案也成立.详细阐明这些事实是这本专著的关键主旨之一.值得注意的是,尽管在推导描述非线性系统的方程中广泛而正式地使用了变分原理,但这个思想却不曾用于非线性问题的大多数经典方法之中.

此外,作为某泛函 $\mathscr{I}(w)$的平稳点而出现的许多非线性问题的解,是该泛函数的*鞍点*.由于变分学的经典方法主要处理绝对极

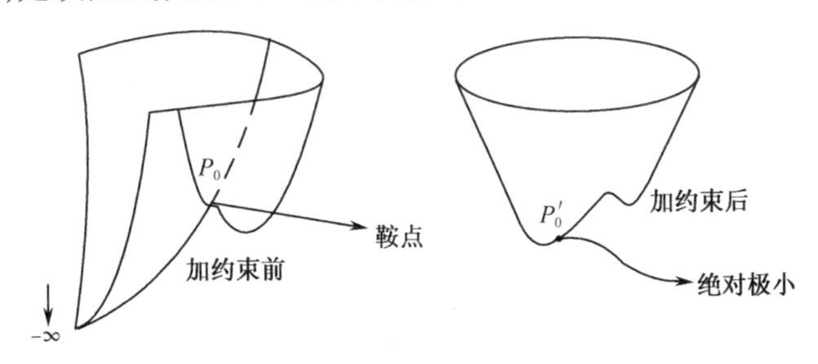

图 1.3 附加一个约束 C 前后的典型能量泛函图,它解释鞍点转换为绝对极小

小,于是它们对此变得不适用,对持久形式的涡环和 Hamilton 系统周期运动的研究均说明了这种情况.处理这种情况的一个方法是:巧妙选择约束 C(见图 1.3),将该问题转换为一个等周变分问题,这在后面将用到.

1.2 遭遇的典型困难

1.1 节中所考虑的非线性系统类型具有某些普遍性与特性,这使得对它们的研究既困难又有趣.实际上,人们能区别以下两类困难:一类是非线性系统自身固有的;另一类通常与该系统中的研究方法有关.下面,我们列举一些简单的例子来说明之.

1.2A 固有的困难

(i) 非唯一性 这个性质或许是非线性系统的最大特点.例如,系统

(1.2.1) $$y_{tt}+2y^3=0,$$

(1.2.2) $$y(0)=y(A)=0$$

的边值问题有可数无穷个不同的解 $y_N(t)$,使得当 $N\to\infty$ 时,

$$\sup_{[0,A]}|y_N(t)|\to\infty.$$

事实上,这个系统过(0,0)的解 $y(t)$ 必须满足

$$t=\int_0^y(c^4-y^4)^{-\frac{1}{2}}dy,$$

从而 $y(t)$ 是一个周期函数(在上下限 $\pm c$ 间变化),并且具有周期

$$T=2c^{-1}\int_{-1}^1(1-t^4)^{-\frac{1}{2}}dt=(2/c)\beta(\text{譬如说}).$$

为了 $y(A)=0$,对于某个整数 N,必有 $T=A/N$;从而对于 $c=(2N/A)\beta \quad (N=1,2,\cdots)$,系统(1.2.1)~(1.2.2)具有所需的解 $y_N(t)$.因为非唯一性,故研究非线性系统解的稳定性就显得非常重要.

(ii) 奇异性 许多非线性系统的解可能产生奇异性,尽管该

系统自身具有光滑的系数. 例如,考虑(Navier-Stokes 型)非线性边值问题

$$\ddot{y} + y\dot{y} = 0, y(0) = y(A) = 0.$$

由直接积分不难验证:无论数 A 选得如何小,这个系统没有不具奇异性的解.

(iii) 关于参数的临界依赖性 含有显式参数的非线性系统的解结构常会随参数的变化而急剧变化. 于是系统

(1.2.3) $$\ddot{y} + \frac{1}{2}\lambda e^{y} = 0,$$

(1.2.4) $$y(0) = y(1) = 0$$

具有:(a) 对于 $\lambda > \beta$(某个正实数),无(光滑)解;(b) 对于 $\lambda = \beta$,恰有一个(光滑)解;(c) 对于 $0 < \lambda < \beta$,恰有两个解. 这些事实可由直接积分来证明. 事实上,当 $\lambda \geqslant 0$ 时,(1.2.3)过原点的解 $y(t)$ 满足

$$t = \lambda^{-\frac{1}{2}} \int_0^y (c - e^s)^{-\frac{1}{2}} ds, \quad c = 1 + \lambda^{-1} y^2(0).$$

这表明曲线 $y = y(t)$ 在 $y(t_1) = \log c$ 处递增到极大值. 由于曲线 $y(t)$ 关于 $t = t_1$ 对称,我们需要

$$1 = 2t_1 = 2\lambda^{-\frac{1}{2}} \int_0^{\log c} \frac{ds}{\sqrt{c - e^s}} = 2\lambda^{-\frac{1}{2}} \int_1^c \frac{du}{u\sqrt{c - u}}.$$

因此,经过一个简单的计算后,可求出

$$\cosh^2(\sqrt{\lambda c}/4) = c;$$

并且,由这个超越方程的解可推出上述的(a)~(c).

进一步,正如 Poincaré 首先指出的,非线性微分系统 $\mathscr{S}_\lambda$(显式地依赖参数 λ)展现出一大类分歧现象. 即,存在 λ 的某个值,譬如说 λ_c,使得 $\mathscr{S}_\lambda$ 至少具有两条不同的解曲线 $y_0(\lambda)$ 和 $y_1(\lambda)$,其中,当 $\lambda \to \lambda_c$ 时,$y_0(\lambda) \to y_1(\lambda)$. 作为一个例子,考虑系统

(1.2.5) $$\ddot{y} + \lambda^2 \{y - y^3\} = 0, \quad y(0) = y(1) = 0.$$

利用$\frac{1}{4}$周期为 $K(k)$ 的 Jacobi 椭圆函数 $\mathrm{sn}(\xi, k)$. 人们发现,(1.2.5)可直接积分. 事实上,令

$$y_n(x)=\left(\frac{2k^2}{1+k^2}\right)^{\frac{1}{2}}\operatorname{sn}(2nK(k)x,k),\quad 0\leqslant k<1,\ n=1,2,\cdots,$$

其中,$\lambda=2n(1+k^2)^{\frac{1}{2}}K(k)\geqslant n\pi$,可得当 $m\pi<\lambda<(m+1)\pi$ 时,(1.2.5)的解集是 $0,\pm y_1,\cdots,\pm y_m$. 此外,当 $\lambda\to m\pi$ 时,$y_m(x)$在$[0,1]$上一致趋于0. 所以,在值 $\lambda^2=m^2\pi^2$ 处,系统(1.2.5)展现出"分歧"现象.

在研究特性类似于(1.2.5)的系统时,Poincaré 引进了稳定性交换的概念. 我们说(1.2.5)的一个解 $y(\lambda)$是稳定的,是指它使

$$\mathscr{L}(y)=\int_0^1\left[\frac{1}{2}\dot{y}^2-\lambda^2\left(\frac{1}{2}y^2-\frac{1}{4}y^4\right)\right]$$

达到极小. 依据这个定义,对于 $0\leqslant\lambda^2\leqslant\pi^2$, $y_0(\lambda)\equiv 0$ 是稳定的,而 $y_1(\lambda)$仅对于所有 $\lambda^2>\pi^2$ 稳定. 于是,当 λ^2 递增地通过 π^2 时在族 $y_0(\lambda)$与 $y_1(\lambda)$之间,稳定性性质被交换.

(iv) 维数对比非线性增长 对于某个定义在区域 Ω 上的微分系统 $\mathscr{S}$,在其非线性项的增长、集合 Ω 的维数以及 Ω 上无奇性的解的存在性之间,有着惊人的联系. 作为一个例子,我们将指出,方程

$$\Delta u-u+|u|^{\sigma}u=0 \tag{1.2.6}$$

没有定义在 $\mathbf{R}^N$ $(N>2)$上的非平凡光滑解 u,使得对于 $\sigma\geqslant 4/(N-2)$,当 $|x|\to\infty$ 时 $|u|\to 0$(在第六章我们将指出,当 $0<\sigma<4/(N-2)$时(1.2.6)有光滑解). 当 $\sigma\geqslant 4/(N-2)$时,(1.2.6)没有光滑解可由以下证明得到:

(*) 如果 $u(x)$是方程

$$\Delta u+f(u)=0,\qquad \text{在 } \mathbf{R}^N \text{ 上}(N>2) \tag{1.2.7}$$

的一个解,其中,当 $|x|\to\infty$时 $|u|\to 0$,那么,

$$\left(\frac{2N}{N-2}\right)\int_{\mathbf{R}^N}F(u)dx=\int_{\mathbf{R}^N}uf(u)dx,$$

其中 $F_u(u)=f(u)$.

证明 假定(*)暂且成立,我们可得:若 u 是(1.2.6)的一个光滑解,它满足

$$f(u)=-u+|u|^{\sigma}u,\quad F(u)=-\frac{u^2}{2}+\frac{1}{\sigma+2}|u|^{\sigma}u^2,$$

则由(*)可推出

$$\begin{aligned}&\left(\frac{2N}{N-2}-1\right)\int_{\mathbf{R}^N}u^2dx\\&=\left(\frac{2N}{(N-2)(\sigma+2)}-1\right)\int_{\mathbf{R}^N}|u|^{\sigma}u^2dx,\end{aligned}$$

于是,当 $u\neq 0$ 时 $\sigma<4/(N-2)$. 为了证明(*),我们注意到(1.2.7)的解 $u(x)$是泛函

$$\mathscr{I}(u(x))=\int_{\mathbf{R}^N}\left[\frac{1}{2}|\nabla u|^2-F(u)\right]dx$$

的一个临界点,从而我们必有

$$(d/dk)\mathscr{I}(u(kx))|_{k=1}=0.$$

在 $\mathscr{I}(u(x))$中作变量代换 $y=kx$,我们得到

(†) $$0=-\left(\frac{N-2}{2}\right)\int_{\mathbf{R}^N}|\nabla u|^2+N\int_{\mathbf{R}^N}F(u).$$

另一方面,将方程 $\Delta u+f(u)=0$ 乘以 $u(x)$并且分部积分,我们得到

(††) $$\int_{\mathbf{R}^N}|\nabla u|^2=\int_{\mathbf{R}^N}f(u)u,$$

综合(†)与(††)就给出了(*).

(v) 无穷远处的衰减 以(1.2.6)为例,非线性系统的另一特性可粗略地描述为定义在无界域上非线性椭圆型微分系统解的衰减的放大. 事实上,若 $u(x)$是(1.2.6)的一个解,那它也可看作是线性系统

(1.2.8) $\Delta u-u+p(x)u=0$, 当$|x|\to\infty$时, $|u|\to 0$

的一个解. 其中,当$|x|\to\infty$时, $p(x)=|u|^{\sigma}\to 0$. 然后,利用椭圆型偏微分方程线性理论的众所周知的结果可得:当$|x|\to\infty$时,

$$|u(x)|=O(|x|^{-\beta})\ (\beta>0\text{ 譬如说}).$$

重复此过程,最后得到:对于某个常数 $\gamma>0$,当$|x|\to\infty$时,

$$|u(x)|=O(e^{-\gamma|x|}).$$

(vi) 对称原因未必产生对称影响　一个薄圆形弹性板沿边缘固定,并且边缘上受到一个轴对称的(量大的)一致压力. 人们可观察到:在此压力下,弹性板变形为一个新的稳定的非轴对称的平衡态. 观察到的变形可由一个非线性偏微分方程组来描述,该方程组应归于 von Kármán(1.1.12). 而由于有关的线性理论预言会产生轴对称的平衡态,所以正是这些方程的非线性性质产生了这个异常结果.

1.2B　非固有的困难

所有上述性质均与非线性微分系统解的固有特性有关. 现在,我们考虑那些与研究非线性系统的具体方法有关的困难.

(i) 线性化过程不当　这些方法中最著名的是所谓的"线性化". 在这个过程中,非线性系统中的高阶项在局部(譬如说,在原点附近)统统被忽略不计. 这样处理很可能产生错误的结果. 事实上,考虑系统

(1.2.9)　(a) $x_{tt}+x-y^3=0$,　(b) $y_{tt}+y+x^3=0$

(在原点附近)的非平凡周期解的结构,其线性化了的系统

$$x_{tt}+x=0, y_{tt}+y=0$$

具有一个 4 参数的周期解族. 然而系统(1.2.9)仅有平凡周期解 $x\equiv y\equiv 0$. 为了证明最后面的这个结论,假设系统(1.2.9)有一个 β 周期的解$(x(t),y(t))$. 那么,将(1.2.9)(a)乘以 $y(t)$,(1.2.9)(b)乘以 $x(t)$,并相减,然后分部积分(在一个周期上),我们得到

$$\int_0^\beta [x^4(t)+y^4(t)]dt=0,$$

从而 $x(t)\equiv y(t)\equiv 0$. 这个线性化过程可由所谓的映射共轭理论来作某些推广. 例如,若给出一阶非线性常微分方程组

(1.2.10)　$z_t=Az+f(z)$,　其中,$|f(z)|=o(|z|)$,

人们可望去寻找一个 C^1(甚至仅连续)坐标变换 $z=\varphi(\xi)$,使得在 $z=0$ 的附近,新方程组可局部地写成其线性化形式

$$\xi_t=A\xi.$$

显然,若令 $x_t=u$, $y_t=w$, $z=(x,y,u,w)$,据此将(1.2.9)转换成(1.2.10)的形式,那么,这种变换 φ 不可能存在.因为此时以 ξ(原点附近)表示的非平凡周期解将与以 z(原点附近)表示的非平凡周期解对应,从而,它将与(1.2.9)的非平凡周期解($x(t)$, $y(t)$)对应.

(ii) 小除数问题 另一个性质(历史上称为小除数问题)是利用 Cauchy 强函数法来证明收敛性的一个推论.在该方法中,一大类非线性微分系统的解被构造成参数 μ(譬如说)的形式幂(或 Fourier)级数,然后,对于一大类 μ 值,人们试图证明作为结果所得到的级数收敛.例如,假设想要找差分方程

(1.2.11) $$g(z+2\pi\mu)-g(z)=f(z)$$

的一个 2π 周期解 $g(z)$,其中 $f(z)$ 是 2π 周期的.若

$$f(z)=\sum_{n>0} f_n e^{inz}$$

是 f 的 Fourier 级数,那么,对于

$$g=\sum_{n>0} g_n e^{inz},$$

Fourier 系数是

$$g_n=f_n[e^{2\pi i\mu n}-1]^{-1}.$$

对于有理数的 μ ,某些分母为 0;而对于无理数的 μ , $|e^{2\pi i\mu n}-1|$ 可任意小.虽然如此,可以证明,对于几乎所有的 μ(在 Lebesgue 测度的意义下),(1.2.11)有唯一解 $g(z)$,这个解的光滑性比函数 $f(z)$ 略差.

(iii) 渐近解 另一方面,在涉及幂级数的某些问题中,当 $N\to\infty$ 时,这些形式上构造出来的级数

$$\xi_N(\mu)=\sum_{n=0}^{N}\xi_n\mu^n \quad (N=1,2,\cdots)$$

的收敛性也许很难确定(如果并非不可能的话).然而,对于小的 μ ,这些级数也许能"渐近"于非线性系统一个给定的解 $\xi(\mu)$.在此意义上,当 $\mu\to 0$ 时,

$$\mu^{-N}\|\xi(\mu)-\xi_N(\mu)\|\to 0,$$

其中,N 固定.例如考虑系统

(1.2.12) $\mu^2 x_{tt} - x = e^{-t^2}$, 当$|t|\to\infty$时 $x\to 0$,

对 $q(t)=e^{-t^2}$,当 μ 充分小时,序列

$$x_{2N}(t,\mu) = q(t) + \mu^2 q^{(2)}(t) + \cdots + \mu^{2N}(-1)^N q^{(2N)}(t)$$

渐近于(1.2.12)的唯一解,不过,相应的幂级数收敛半径为 0,见 4.4 节.

(iv) 缺乏先验界 研究一个非线性微分系统$\mathscr{S}$的很多方法均基于寻找其所有可能的解的界,而这些解依赖于$\mathscr{S}$的具体形式.这些"先验"界断言存在某个统一常数,它界定了$\mathscr{S}$的任何解 $u(x)$ 的大小.对于形如 $Lu=g$ 的线性系统,不存在这种先验界意味着对于所有的光滑函数 g,方程 $Lu=g$ 可能无解.不过,对于非线性系统,这个结论也许完全错误.例如,考虑

(1.2.13) $y_{tt} + y^3 = g(t)$, $y_t(0) = y_t(1) = 0$,

对于任意的 $g(t)\in C[0,1]$,这是可解的.然而,正如在(1.2.6)的讨论中那样,不可能借助于 g 对(1.2.13)的解 y 作出先验估计.这因为对于 $g\equiv 0$,(1.2.13)具有任意振幅的解 $u(t)$,即,对于它,$\sup_{[0,1]}|u(t)|$可以任意大.

(v) 共振现象 涉及小除数问题的一个有趣的非线性效应与术语共振现象有联系.对于一个平衡点附近的非线性 Hamilton 系统,这些现象可由"正规方式"问题来很好地阐明.N 对耦合的线性振子系统可由线性常微分方程组

(1.2.14) $\ddot{\boldsymbol{x}} + A\boldsymbol{x} = \boldsymbol{0}$, $\boldsymbol{x}(t)\in\mathbf{R}^N$

来描述.这里,假定矩阵 A 是自伴的并且非奇异,其本征值 $0<\lambda_1^2\leqslant\lambda_2^2\leqslant\cdots\leqslant\lambda_N^2$.这样一个方程组有 N 个线性无关的周期解 $\boldsymbol{x}_j(t)$,其极小周期为 $2\pi/\lambda_j$ $(j=1,2,\cdots,N)$,它被称为"正规方式".将 A 对角化,于是(1.2.14)变成非耦合的,这些解便可显式地得到.

此外,方程组(1.2.14)的每个解都是这些基本正规方式的一个叠加.研究非线性 Hamilton 扰动$\nabla V(\boldsymbol{x})$下的这些正规方式(在

$\boldsymbol{x}=\mathbf{0}$ 附近)的性态很重要,这里,当 $|\boldsymbol{x}|$ 充分小时,$|\nabla V(\boldsymbol{x})|=o(|\boldsymbol{x}|)$.于是,新的非线性 Hamilton 系统即可写成

$$\ddot{\boldsymbol{x}}+A\boldsymbol{x}+\nabla V(\boldsymbol{x})=\mathbf{0}. \tag{1.2.15}$$

按照 Cauchy 强函数法,寻找形如

$$\boldsymbol{x}(s)=\varepsilon\boldsymbol{x}_j(s)+\sum_{n=2}^{\infty}\alpha_n(s)\varepsilon^n$$

在第 j 个正规方式 $\boldsymbol{x}_j(t)$ 附近具有周期 λ 的解 $\boldsymbol{x}(t)$ 很平常.这里,$\lambda s=t$,而 ε 充分小,

$$\lambda=2\pi/\lambda_j+\sum_{n=1}^{\infty}\beta_n\varepsilon^n.$$

然而,为了证明所得到的幂级数收敛,对本征值 λ_j 作一个严格假定是必需的,即假定 $\lambda_k/\lambda_j\neq$ 整数($k=1,2,\cdots,N$,其中 $k\neq j$).事实上,对于任何整数 n,形如 $(\lambda_k-n\lambda_j)^{-1}$ 的项会出现在形式级数的系数 α_n 和 β_n 的表示式中,于是,就非线性扰动下的第 j 个正规方式的保持性而言,这些无理性条件或共振条件似乎是本质的.对于非 Hamilton 任意扰动,情况确实如此.然而,将我们的扰动类限制为 Hamilton 的(正如上面所定义的),情况则完全不同.就是说,为了保持正规方式,这些无理性条件不是必要的.这个有趣的事实

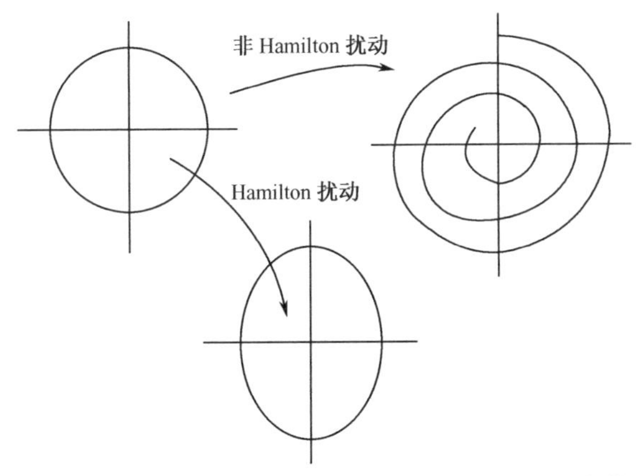

图 1.4 在 Hamilton 扰动下,保持正规方式周期运动,而一般扰动下不保持的图解

将作为一个分歧现象描述在第四章中.这种情况的图解见图 1.4.

1.3 来自泛函分析的细节

迄今为止,论及的有关非线性系统的许多问题均可化为解一个无穷方程组(虽然是非线性的),它有同样多的未知数.于是,试图将线性算子泛函分析的基本概念推广到这个较广阔的情况是自然的.这里,我们总结一下今后所需要的、来自经典泛函分析中的基本概念和结果.

本质上,我们在以后所需要的基本细节涉及到:(i) Banach 空间和 Hilbert 空间的几何性质;(ii) Banach 空间上的有界线性泛函和有界线性算子的性质;(iii) 与 Banach 空间中紧性有关的细节;(iv) 对于某些标准的 Banach 空间,(i)～(iii)的明显例子.此处提到的结果的完整证明及参考文献,见本章末参考书目的注记.

1.3A Banach 空间和 Hilbert 空间

Banach 空间$(X,\|\ \|)$是一个关于度量 $d(x,y)=\|x-y\|$ 的完备赋范向量空间(实数或复数上的).今后,我们将主要涉及这种空间以及(几何上更简单的)Hilbert 空间的特殊情况.回顾 Hilbert 空间 H,它是一个有正定内积$(,)$的向量空间.而对于 $x\in H$,令 $\|x\|^2=(x,x)$,就定义出了一个 Banach 空间.因而,正如在有限维情况中那样,在一个 Hilbert 空间 H 中,可定义正交向量和 H 的子集 M 的正交补 $M^{\perp}$(对所有的 $y\in M$, $M^{\perp}=\{x\mid x\in H,(x,y)=0\}$).在 Banach 空间中,称一个序列$\{x_n\}$(强)收敛(或依范数收敛)到 x,是指 $n\to\infty$时 $\|x_n-x\|\to 0$.于是,例如 $f(x)=\|x\|$ 是一个依范数收敛的连续函数.定义在一个 Banach 空间 X 上的半范就是定义在X 上的一个非负实值泛函$|x|$,它满足性质

$$|\alpha x|=|\alpha||x|$$

及

$$|x+y|\leqslant|x|+|y|.$$

如果 X 中每个有界序列都有一个依 $|\cdot|$ 收敛的子序列,则半范 f 关于 $\|\cdot\|$ 是紧的.

Banach(Hilbert)空间的闭线性子空间仍是 Banach(Hilbert)空间.对于有限个直和,类似的结果仍成立;而若 X 是 X_1 与 X_2 的直和,我们记

$$X=X_1\oplus X_2.$$

然而注意:Banach 空间 X 存在闭子空间 M,但不存在满足 $X=M\oplus N$ 的闭子空间 N,可见,一般的 Banach 空间的几何学相当复杂.幸运的是,若:(i) X 是一个 Hilbert 空间;(ii) $\dim M<\infty$,或(iii) $\operatorname{codim} M<\infty$,则此情况就不可能出现.事实上,如果 X_1 是 Hilbert 空间 X 的任一闭子空间,那么,

$$X=X_1\otimes X_1^{\perp}.$$

假定一个赋范向量空间 X 有两个范数 $\|\cdot\|_1$ 和 $\|\cdot\|_2$,若有正常数 α 和 β 使得对一切 $x\in X$ 有

$$\alpha\|x\|_1\leqslant\|x\|_2\leqslant\beta\|x\|_1,$$

我们则称这些范数等价.在我们将要讨论的问题中,仔细选择等价范数常常使问题简化.

Hilbert 空间良好的几何性质也许能归功于它满足所谓的平行四边形法则.事实上,一个 Banach 空间 $(X,\|\ \|)$ 是 Hilbert 空间当且仅当平行四边形法则成立.即对每个 $u,v\in X$,有

(1.3.1) $\quad\|u+v\|^2+\|u-v\|^2=2\{\|u\|^2+\|v\|^2\}.$

正如下面的定义中的那样,这条法则可推广到一类有用的 Banach 空间.如果对一切 $\varepsilon>0$,以及对 X 中范数为 1 且 $\|u-v\|>\varepsilon$ 的 u 和 v,均存在一个与 u 和 v 无关的 $\delta=\delta(\varepsilon)$ 使得 $\left\|\frac{1}{2}(u+v)\right\|\geqslant 1-\delta$,则称这个 Banach 空间 $(X,\|\ \|)$ 为一致凸的.这个空间具有 Hilbert 空间的许多有用的几何性质.例如

(1.3.2) 设 M 是一致凸的 Banach 空间 X 的闭凸子集,且设 u 是 $X-M$ 的一个点,那么,距离 $d(u,M)$ 可由一点且仅由一点

$m\in M$达到.

如果:(i) Y 的元素也都是 X 的元素;(ii)在 Y 中序列$\{u_n\}$(强)收敛可导出在 X 中$\{u_n\}$(强)收敛,那么,我们说这个 Banach 空间 Y 嵌入X,并记为 $X\supset Y$.这可推出存在一个绝对常数 $c>0$,使得对每一 $u\in Y$,有$\| u \|_X\leqslant c\| u \|_Y$.若在(i)和(ii)之外附加 Y 中的有界子集在X 中紧这一条,则称 Y 紧嵌入X.

在很多分析问题中,考虑那些单参数 Banach 空间族 X_α 是有用处的.其中,参数 α 在正整数或实数上变化,且对于 $\alpha_2<\alpha_1$,有 $X_{\alpha_1}\subset X_{\alpha_2}$.这种族被称为 Banach 空间鳞或 Banach 鳞.

如果一个度量空间具有可数稠密子集,则称之为可分的.我们考虑的大部分具体问题中,有关的 Banach 空间事实上都是可分的.可分的 Banach 空间 X 的线性子空间仍可分;由闭线性子空间所得的 X 的商空间也如此.任一可分的 Hilbert 空间均有可数直交基,因此,所有的这种空间等距.

1.3B 一些有用的 Banach 空间

设 Ω 是 $\mathbf{R}^N$ 中的一个区域. 以下一些具体的 Banach 空间在今后将被证实是重要的.

(i) 连续可微函数空间 设 m 是一个非负整数,α 是一个多重指标,则

$$C^m(\bar{\Omega}) = \{f \mid D^\alpha f \text{ 在 } \bar{\Omega} \text{ 上是连续的}, |\alpha| \leqslant m\}$$

是一个 Banach 空间,范数是

$$\| f \|_m = \sum_{|\alpha|\leqslant m} \sup_{\Omega} |D^\alpha f|.$$

显然,当 m 在正整数上变化时,空间族 $C^m(\bar{\Omega})$构成一个 Banach 鳞.

不幸的是,就分析中的许多问题而言,利用这些空间通常不方便.例如,在位势理论中,若 Δ 表示 $\mathbf{R}^N$ 上的 Laplace 算子,则对任意 $f\in C^0(\bar{\Omega})$,区域 $\Omega\subset\mathbf{R}^n(N>1)$中的简单方程 $\Delta x=f(x)$不一定可解.

这个困难能由下面的定义克服.

(ii) Hölder 连续函数空间 设 α 是一个正数,$0<\alpha<1$. 若对于 $x\neq y$,有

$$H_\alpha(u)=\sup_{x,y\in\Omega}\frac{|u(x)-u(y)|}{|x-y|^\alpha}<\infty\qquad(0\leqslant\alpha\leqslant 1),$$

则称函数 $u(x)$在 Ω 内满足指数为α 的一个 Hölder 条件. 集合

$$C^{m,\alpha}(\bar{\Omega})=\{u\mid u\in C^m(\bar{\Omega}),H_\alpha(D^\beta u)<\beta,\ |\beta|=m\}$$

是范数为

$$\|f\|_{m,\alpha}=\|f\|_m+\sup_{|\beta|=m}H_\alpha(D^\beta f)$$

的一个 Banach 空间. 因此,对于 $\alpha=0$,范数 $\|f\|_{m,0}$与 $\|f\|_m$ 是等价的. 如果注意到对于固定的 m,当 α 在[0,1]上变化时,空间 $C^{m,\alpha}(\bar{\Omega})$构成 一个 Banach 鳞,则此事实是有用的. 它解决了上述的位势理论问题. 这因为如果 $f\in C^{0,\alpha}(\bar{\Omega})$,则 Poisson 方程 $\Delta u=f$ 总有解 $u\in C^{2,\alpha}(\bar{\Omega})$,其中,$0<\alpha<1$.

(iii) μ 可积函数空间 设$(\Omega,\mathscr{B},\mu)$是定义在 Ω 上的一个测度空间,且设 p 是满足 $1\leqslant p\leqslant\infty$的一个正数,我们记

$$L_p(\Omega,\mu)\equiv\left\{f\mid\int_\Omega|f|^p d\mu<\infty,\quad f\text{ 是}\mu\text{ 可测的}\right\}.$$

若将仅在 μ 零测集上不相等的函数看成一样,则 $L_p(\Omega,\mu)$是范数为

$$\|f\|_{L_p}=\left\{\int_\Omega|f|^p d\mu\right\}^{1/p}$$

的一个 Banach 空间. 显然,$L_2(\Omega,\mu)$是关于内积

$$(f,g)_{L_2}=\int_\Omega fg d\mu$$

的一个 Hilbert 空间. 当

$$\|f\|_{L_\infty}=\operatorname{ess\,sup}_\Omega|f|$$

时,

$$L_\infty(\Omega,\mu)\equiv\{f\mid\|f\|_\infty<\infty,\ f\text{ 是}\mu\text{ 可测的}\}$$

是一个 Banach 空间. 通常,我们假定$(\Omega,\mathscr{B},\mu)$是定义在 Ω 上的

Lebesque 测度空间,并且我们记 $d\mu = dx$.

当数 p 变化时,L_p 空间之间的关系在今后将扮演重要角色.特别,我们要注意以下三个重要的不等式:

(a) Hölder 不等式 若 $f_i \in L_{p_i}(\Omega, \mu)$,且 $1 = \sum_{i=1}^{k} \frac{1}{p_i}$,则 $\prod_{i=1}^{k} f_i$ 是 μ 可积的,并且

$$\int_{\Omega} \left(\prod_{i=1}^{k} f_i\right) d\mu \leqslant \prod_{i=1}^{k} \| f_i \|_{L_{p_i}}. \tag{1.3.3}$$

因此,对于 $\mu(\Omega) < \infty$ 及 $f \in L_p(\Omega, \mu)$,有

$$\| f \|_{L_r} \leqslant \mu(\Omega)^{r^{-1} - p^{-1}} \| f \|_{L_p}, r \leqslant p. \tag{1.3.4}$$

于是对 $\mu(\Omega) < \infty$,当 $p \in [1, \infty)$ 时,$L_p(\Omega, \mu)$ 空间族构成一个 Banach 鳞.

(b) 此外,若对于 $\beta > 0$ 有 $f \in L_p \cap L_{p+\beta}$,则当 $0 \leqslant t \leqslant 1$ 时 $f \in L_{p+t\beta}(\Omega, \mu)$,并当 $s \in [p, p+\beta]$ 时,$\psi(s) = \log \| f \|_{L_s}$ 对 s 是凸的.此时 $\mu(\Omega) = 1$.

(c) Clarkson 不等式 设 $f, g \in L_p(\Omega, \mu)$,其中,$p^{-1} + q^{-1} = 1$,则对 $p \geqslant 2$,有

$$\left\| \frac{1}{2}(f+g) \right\|_{L_p}^{p} + \left\| \frac{1}{2}(f-g) \right\|_{L_p}^{p} \leqslant \frac{1}{2}\left(\left\| f \right\|_{L_p}^{p} + \| g \|_{L_p}^{p} \right). \tag{1.3.5}$$

(1.3.5)的一个显而易见的直接推论是:对于 $2 \leqslant p < \infty$,$L_p(\Omega, \mu)$是一致凸的.对于 $1 < p < 2$,也有类似于(1.3.5)的不等式,从而对于 $1 < p < 2$,$L_p(\Omega, \mu)$也是一致凸的.

(iv) 具广义 L_p 导数的函数(Sobolev)空间 在很多涉及微分算子的问题中,将一个函数的导数的 L_p 范数结合到一个 Banach 范数中会很方便.为了实现这点,考察 $C^{\infty}(\Omega)$类中的函数.对于任意数 $p \geqslant 1$ 及整数 $m \geqslant 0$,我们取 $C^{\infty}(\Omega)$关于范数

$$(1.3.6)\qquad \| u \|_{m,p} = \left\{ \sum_{|\alpha| \leqslant m} \| D^\alpha u \|_{L_p}^p \right\}^{\frac{1}{p}}$$

的闭包,所得的 Banach 空间称为 Sobolev 空间 $W_{m,p}(\Omega)$. 对于固定的 p, $W_{0,p}(\Omega) = L_p(\Omega)$, 对于 $1 < p < \infty$, Banach 空间 $W_{m,p}(\Omega)$是一致凸的. 并且显然,当 m 在非负整数上变化时,构成一个 Banach 鳞. 进而,对于 $p=2$, $W_{m,2}(\Omega)$是关于内积

$$(u, v)_{m,2} = \sum_{|\alpha| \leqslant m} \int_\Omega D^\alpha u \cdot D^\alpha v dx$$

的一个 Hilbert 空间. 可将空间 $W_{m,p}(\Omega)$进行修改,以便结合边界条件. 于是,$C_0^\infty(\Omega)$在 $W_{m,p}(\Omega)$中的闭包(记作 $\mathring{W}_{m,p}(\Omega)$)包含这样的函数:在 Ω 的边界$\partial\Omega$ 上,其直至 m 阶的导数"广义"为零. 若 Ω 是一个有界域,则由 Poincaré 基本不等式可推出:存在一个绝对常数 $k(\Omega)$,使得对 $W_{1,p}(\Omega)$ $(1<p<\infty)$,有

$$(1.3.7)\qquad \| u \|_{L_p} \leqslant k(\Omega) \| \nabla u \|_{L_p}.$$

因此,对于 $\mathring{W}_{m,p}(\Omega)$中的有界域,由

$$\| u \|_{m,p} = \left\{ \sum_{|\alpha| = m} \int_\Omega | D^\alpha u |^p \right\}^{1/p}$$

给出的"短"范数等价于由(1.3.6)所给的范数. 反复利用(1.3.7)就不难看到这点.

利用局部坐标邻域及单位分解,则 Sobolev 空间 $W_{m,p}$可定义在 Riemann 流形$(\mathfrak{M}^N, g)$上. 例如,空间 $W_{1,2}(\mathfrak{M}^N, g)$定义为在范数

$$\| u \|_{1,2} = \int_{\mathfrak{M}^N} \{ u^2 + | \nabla u |^2 \} dV_g$$

意义下 $C^\infty(\mathfrak{M}^N, g)$的闭包. 这里,借助于局部坐标,我们有

$$\int_{\mathfrak{M}^N} | \nabla u |^2 dV_g = \sum_{i,j=1}^N \int_{\mathfrak{M}^N} g^{ij}(x) \frac{\partial u}{\partial x_i} \frac{\partial u}{\partial x_j} dV_g.$$

所有这些积分均与用来定义它们的局部坐标邻域及单位分解无关.

Sobolev 空间 $W_{m,p}(\Omega)$可推广到微分的"负"阶上. 若 $m \geqslant 0$,

$1<p<\infty$,且 $p^{-1}+q^{-1}=1$,则取分布意义下的导数,

$$W_{-m,p}(\Omega)=\left\{u \mid u=\sum_{|\alpha|\leqslant m} D^\alpha g_\alpha, g_\alpha \in L_p(\Omega)\right\}.$$

而且,它是一个范数为

$$\| u \|_{-m,p}=\sup \sum_{|\alpha|\leqslant m} \int_\Omega (-1)^{|\alpha|} g_\alpha D^\alpha f dx$$

的 Banach 空间,上确界在 $W_{m,p}$ 中范数为 1 的函数类 f 上取.

在位势论中,Sobolev 空间是重要的,这应归于以下性质:若任一 $f\in L_p(\Omega)$, $1<p<\infty$,则对于方程 $\Delta u=f$ 而言,Dirichlet 问题有"广义"解 $u\in \mathring{W}_{2,p}(\Omega)$.

1.3C 有界线性泛函和弱收敛

定义在 Banach 空间 X 上的有界线性泛函 $h(x)$ 是 $X\to R^1$ 的线性映射,该映射对于某个与 $x\in X$ 无关的常数 K,使得 $|h(x)|\leqslant K\|x\|_X$. 显然,相对于依范数收敛而言,$h(x)$ 是连续的. 此外,X 上所有的有界线性泛函的集合称为 X 的共轭空间,记为 X^*. 对于范数 $\|h\|=\sup|h(x)|$,它是一个 Banach 空间,上确界在球面 $\{x \mid \|x\|_X=1\}$ 上取 . X 上的有界线性泛函记为 $x^*(x)$,其中,$x^*\in X^*$,而 x 在 X 上变化. 若 $(X^*)^*=X$,则空间 X 称为自反的,并且,这种空间与 Hilbert 空间共同拥有许多特殊的几何性质. 特别是,所有的一致凸空间均自反. 在本书稍后部分,与有界线性泛函扩张有关的以下著名结果很重要.

(1.3.8) **Hahn-Banach 定理** 设 $p(x)$ 是定义在 Banach 空间 X 上的一个半范,M 是 X 的线性子空间,$f(x)$ 是定义在 M 上的线性泛函,并对 $x\in M$ 有 $|f(x)|\leqslant p(x)$,那么 f 可扩张成 X 上的有界线性泛函 $F(x)$,满足 $|F(x)|\leqslant p(x)$.

该结果有以下推论:

(1.3.9) (i) 设 $h(x)$ 是 X 的闭线性子空间 M 上的有界线性泛函,则 $h(x)$ 可扩张成 X 上的有界线性泛函 $F(x)$,满足 $\|h\|_M=\|F\|_X$.

(ii) 若 $x_0 \in X$,则存在范数为 1 的一个线性泛函 $h \in X^*$,满足 $h(x_0) = \| x_0 \|$. 于是,$\| x \|_X = \sup |h(x)|$,在单位球面 $\| h \|_{X^*} = 1$上取上确界.

(iii) 设 σ 是X 的一个非空凸开子集,且 M 是与σ 不交的一个线性子空间,则存在 X 的闭的真子空间,它包含 M 且与σ 不交.

此外,对于给定的 Banach 空间 X 上的一个任意线性泛函,有一个具体的表示是有用处的. 在这一点上,我们特别提到:

(1.3.10) (i) **Riesz 表示定理** 设 X 是 Hilbert 空间,则对于某个 $y \in X$,定义在 X 上的任一有界线性泛函$h(x)$都能唯一地写为 $h(x) = (x, y)$.

(ii) 对于 $1 < p < \infty$ 及 $p^{-1} + q^{-1} = 1$, $L_p^*(\Omega, \mu) = L_q(\Omega, \mu)$. 于是,对于 p 的这种值,$L_p(\Omega, \mu)$是自反的.

(iii) $\mathring{W}^*_{m,p}(\Omega) = W_{-m,q}(\Omega)$, m 是一个整数,$1 < p < \infty$,且 $p^{-1} + q^{-1} = 1$. 于是对 m 和p 的这种值,$\mathring{W}_{m,p}(\Omega)$是自反的.

为了讨论 Banach 空间 X 中各种类型的收敛,X 上的有界线性泛函非常有用. 若对每一 $h \in X^*$,有 $h(x_n) \to h(x)$,则序列 $x_n \in X$弱收敛于一个元素$x \in X$. 弱收敛仅对无穷维 Banach 空间 X 是新概念. 这因为当 $\dim X < \infty$时,弱收敛与范拓扑一致. 弱收敛有以下基本性质:

(1.3.11) (i) 弱极限若存在则唯一.

(ii) 在 X 中,若 x_n 强收敛于x,则 x_n 弱收敛于x.

(iii) 在 X 中,若 x_n 弱收敛于x,则$\{\| x_n \|\}$一致有界,且 $\| x \| \leqslant \underline{\lim} \| x_n \|$.

(iv) 若 x_n 弱收敛于x,则有 x_n 的一个凸组合强收敛于x.

(v) 设 X 是一自反 Banach 空间,则 X 是(序列)弱完备的.

(vi) 在一致凸 Banach 空间 X 中,x_n 弱收敛于x 且$\| x_n \| \to \| x \|$可推出 x_n 强收敛于x.

在今后所要研究的许多非线性分析问题中,定出弱收敛序列成为强收敛序列的具体条件很重要.最简单而又不无价值的结果即上述的(1.3.11(vi)).

1.3D 紧性

在讨论与无穷维 Banach 空间 X 有关问题时,人们试图找到 X 的这种子集:它们具有有限维向量空间中闭有界集的主要性质.为此,人们称 Banach 空间 X 的一个集 M 是紧的,是指 M 是闭的(在范拓扑下),且使得 M 中每一序列都包含强收敛的子序列.然后,可类似定义弱列紧性的概念.这方面有用的结果是:

(1.3.12) (i) 在 Banach 空间 X 的一个紧集 M 中,弱收敛与强收敛一致.

(ii) Banach 空间中紧子集的闭凸包仍是紧的.

(iii) 自反 Banach 空间 X 中的有界集是弱列紧的.

(iv) 若 Banach 空间 X 中的球 $\partial\sigma_n=\{x \mid \|x\|=n, x\in X\}$ 是紧的,则 $\dim X<\infty$.

具有定义域 Banach 空间 X 和值域 Banach 空间 Y 的映射 A 称为紧的,是指对于 X 中的所有有界集 σ, $A(\sigma)$ 在 Y 中是相对紧的.这种紧映射具有可分的值域,这因为

$$A(X)=A\left(\bigcup_{n=1}^{\infty}\sigma_n\right)\subset\bigcup_{n=1}^{\infty}A(\sigma_n).$$

由于每一集合 $A(\sigma_n)$ 可分,故 $A(X)$ 自身可分.细致研究这类算子对我们来说是基本的,这将在 1.4E 和 2.4 节中进行.

在 1.3B 节中引进的特殊 Banach 空间中,确定紧性的具体准则极其重要.两个著名的准则是:

(1.3.13) **Arzela-Ascoli 定理** 若 Ω 有界,则 $C(\Omega)$ 的集 S 条件紧,当且仅当在上确界范数意义下集 S 有界,且其元素等度连续.

(1.3.14) **M. Riesz-Tamarkin 定理** 若 Ω 有界且 $1\leqslant p<\infty$,则 $L_p(\Omega)$ 的一个集 S 条件紧,当且仅当:(i) 在 L_p 范数意义下,集 S 有界;且 (ii) 在 L_p 范数意义下等度连续(即当 $|y|\to 0$ 时, $\|f(x+y)-f(x)\|_{L_p}\to 0$ 对 $f\in S$ 一致成立).

稍后将用到的(1.3.13)与(1.3.14)的直接推论是：

(1.3.15) 若 Ω 是有界域，则在 $C^{m,\alpha}(\Omega)$ 范数下的有界集在 $C^{m',\alpha'}(\Omega)$ 范数下是条件紧的，其中，$m \geqslant m'$，$\alpha \geqslant \alpha'$，并且至少有一个不等式是严格的.

(1.3.16) **Relloich 引理** 若 Ω 是有界域，$1 \leqslant p < \infty$，$m \geqslant 1$，则集合在 $\mathring{W}_{m,p}(\Omega)$ 范数下有界就会在 $\mathring{W}_{m-1,p}(\Omega)$ 范数下条件紧.

对于许多需要讨论的问题来说，将上述结果推广到一般的无界域 $\Omega \subset R^N$ 很重要. 这方面的几个典型结果是：

(1.3.14′) 倘若对条件(i)、(ii)，我们再附加以下一条：(iii) 在无穷远处，S 是等度小的(即，$\lim\limits_{R\to\infty} \| f \|_{L_p(\Omega - \{x \mid |x| \leqslant R\})} = 0$ 对 $f \in S$ 一致成立)，则 Riesz-Tamarkin 定理(1.3.14)对无界域 $\Omega \subset R^N$ 也是正确的.

(1.3.16′) $W_{m,p}(\Omega) \to W_{m-1,p}(\Omega)$ 的嵌入是紧的，当且仅当 $|x| \to \infty$ 时，$\mathrm{vol}[\Omega \cap \{y \mid |y - x| < 1\}] \to 0$.

1.3E 有界线性算子

称定义域为 X 而值域含在 Y 中的线性算子 L 有界(X, Y 是 Banach 空间)，是指存在与 $x \in X$ 无关的常数 K，使得对所有 $x \in X$，均有 $\| Lx \|_Y \leqslant K \| x \|_X$. 对于定义在 X 上的强拓扑与弱拓扑这两者来说，这种算子都是连续的. 对于固定的 X 和 Y，这种映射的集合又构成一个 Banach 空间，记为 $L(X, Y)$，其中，范数 $\| L \| = \sup \| Lx \|_Y$，对 $\| x \|_X = 1$ 取上确界. 任一有界线性算子 $L \in L(X, Y)$ 均有一个伴随算子 $L^* \in L(Y^*, X^*)$，它由 $L^* g = f$ 唯一确定，其中，对于每一个有界线性泛函 $f \in X^*$ 有 $f(x) = g(Lx)$. 于是 $\| L^* \| = \| L \|$，并且对两个算子 $L_1, L_2 \in L(X, Y)$，有

$$(\alpha L_1 + \beta L_2)^* = \alpha L_1^* + \beta L_2^*, (L_1 L_2)^* = L_2^* L_1^*.$$

一个算子 $L \in L(X, Y)$ 的预解集 $\rho(L)$ 是使 $L - \lambda I$ 具有有界逆的所有标量 λ 的集合. 所有其他的标量 λ 构成 L 的谱，记为 $\sigma(L)$.

一个数 $\lambda\in\sigma(L)$称为 L 的本征值,是指 $\text{Ker}(L-\lambda I)\neq\{0\}$. 非零元 $x\in X$ 称为 L 对应于本征值 λ 的一个特征向量是指 $x\in\text{Ker}(L-\lambda I)$. 这种本征值的集合称为 L 的点谱. 一个有界线性算子 L 的本质谱$\sigma_e(L)$由这些数 $\lambda\in\sigma(L)$构成:它们不会因 L 加上一个紧线性算子C 而从谱中被剔除. 转而可得出,$\lambda\notin\sigma_e(L)$ 等价于如下事实:$\lambda I-L$ 具有闭值域和有限维核及余核,且

$$\dim\text{Ker}(\lambda I-L)=\dim\text{coker}(\lambda I-L).$$

下面是今后会起重要作用的一些特殊线性算子:

(1.3.17) **Sobolev 积分算子** 设 Ω 是 $\mathbf{R}^N$ 中的有界域,λ 是一个正数,则由

$$Sf(x)=\int_\Omega\frac{f(y)dy}{|x-y|^\lambda}$$

所定义的线性算子有以下性质:

(i) 对于 $f\in L_p(\Omega)$及 $\lambda<N(1-1/p)$, S 是$L_p(\Omega)\to C^{0,\mu}(\bar{\Omega})$的有界线性算子,其中,$\mu=\min(1,N(1-1/p)-\lambda)$.

(ii) 对于 $\lambda>N(1-1/p)$, S 是$L_p(\Omega)\to L_r(\Omega)$的有界线性算子,其中,$r<Np/\{N-(N-\lambda)p\}$.

(1.3.18) **Calderon-Zygmund 奇异积分算子** 对于 $x\in\mathbf{R}^N$:设 $K(x)=\omega(x)/|x|^N$,其中 $\omega(x)$是 $\mathbf{R}^N-\{0\}$上的一个正 C^∞ 函数,使得$\int_{|x|=1}\omega(x)ds=0$. 则对于 $1<p<\infty$,线性卷积算子 $Lu=K*u$ 是$L_p(\mathbf{R}^N)\to L_p(\mathbf{R}^N)$的有界线性映射.

(1.3.19) **Korn-Lichtenstein 定理** 若 $K(x)$是具有上面(1.3.18)中所描述的性质的函数,$u\in C^{0,\alpha}(\mathbf{R}^N)$($0<\alpha<1$)具紧支集,则对于$0<\alpha<1$,卷积 $Lu=K*u$ 是$C^{0,\alpha}(\mathbf{R}^N)\to C^{0,\alpha}(\mathbf{R}^N)$的有界线性映射.

今后我们也会用到关于一般有界线性算子性质的以下基本结果:

(i) 关于逆算子 (1.3.20) **Banach 定理** 假定 $L\in L(X,Y)$既是单射的又是满射的,那么 L 有一个有界线性逆 $L^{-1}\in$

$L(Y,X)$.

(1.3.21) **Lax-Milgram 引理** 若 X 是一个 Hilbert 空间,且 $L\in L(X,X)$是这样的:对于所有 $x\in X$,存在绝对常数 β 使 $|L(x,x)|\geqslant\beta\|x\|^2$,则 L 有一个有界逆,且 $\|L^{-1}\|\leqslant 1/\beta$.

(1.3.22) 若 $L\in L(X,Y)$,则 L 有一个有界逆 L^{-1} 当且仅当 L^* 有一个有界逆$(L^*)^{-1}$;且此时$(L^{-1})^*=(L^*)^{-1}$.

(ii) 线性算子的映射性质

(1.3.23) **开映射定理** 倘若算子 $L\in L(X,Y)$是满射的,那么 L 映 X 的开集为 Y 的开集.

(1.3.24) **闭值域定理** 假定 $L\in L(X,Y)$,L^* 是单射并有闭值域,那么 L 的值域是 Y.此外,任一算子 $L\in L(X,Y)$有闭值域当且仅当存在绝对常数 C,使得

$$\|Lx\|\geqslant Cd(x,\mathrm{Ker}L),$$

其中,$\mathrm{Ker}L$ 表示 L 的零空间.

(1.3.25) **一致有界定理** 若 $L_n\in L(X,Y)$,且对每一 $x\in X$,$\lim\limits_{n\to\infty}L_nx$ 存在,则$\{\|L_n\|\}$一致有界,且存在有界算子 $L=\lim\limits_{n\to\infty}L_n$,使得对所有 $x\in X$ 有 $L_nx\to Lx$.

(iii) 投影算子和嵌入算子

(1.3.26) 投影算子 算子 $P\in L(X,Y)$称为一个投影,是指 $P^2=P$;又若 $R(P)$与 $R(I-P)$分别表示 P 与 $I-P$ 的值域,则

$$X=R(P)\oplus R(I-P).$$

反之,若

$$X=M\oplus N=\{x\mid x=m+n,m\in M,n\in N,x\in X\},$$

其中 M 或 N 是有限维的,且 $M\cap N=\varnothing$,则映射 $Qx=m$ 是一个投影.

(1.3.27) **嵌入算子** 若 Banach 空间 X 被嵌入 Banach 空间 Y 中,则由 $i(x)=x$ 定义的线性映射 $i:X\to Y$ 就称为嵌入算子.因 $X\subset Y$,算子 i 是连续的,故 $i\in L(X,Y)$.此外,若 X 紧嵌入 Y 中,则算子 i 也是紧的(见 1.3F(i)).

以下结果指出怎样从嵌入算子的性质导出新的不等式.

(1.3.28) **Lions 引理** 设 X_1, X_2, X_3 是满足嵌入关系 $X_1 \subset X_2 \subset X_3$ 的 3 个 Banach 空间. 假定嵌入 $X_1 \to X_2$ 是紧的, 则任给 $\varepsilon > 0$, 存在 $K(\varepsilon) > 0$, 使得对一切 $y \in X_1$, 均有

$$\| y \|_{X_2} \leqslant \varepsilon \| y \|_{X_1} + K(\varepsilon) \| y \|_{X_3}.$$

证明 假定不等式不成立. 于是, 在 X_1 中存在序列 $\{y_n\}$ 使

$$\| y_n \|_{X_2} \geqslant \varepsilon \| y_n \|_{X_1} + n \| y_n \|_{X_3}.$$

令

$$v_n = y_n / \| y_n \|_{X_1},$$

我们得到

(1.3.29) $\quad \| v_n \|_{X_1} = 1, \quad \| v_n \|_{X_2} \geqslant \varepsilon + n \| v_n \|_{X_3}.$

根据嵌入 $X_1 \subset X_2 \subset X_3$ 的性质, 存在 v_n 的子序列, 我们仍记之为 v_n, 使 v_n 在 X_2 与 X_3 中均强收敛于 v. 另一方面, 利用(1.3.29), 我们必有 $\| v \|_{X_3} = 0$ 和 $\| v \|_{X_2} \geqslant \varepsilon > 0$ 同时成立, 矛盾.

1.3F 特殊类型的有界线性算子

(i) 紧线性算子 线性算子 $C \in L(X, Y)$ 称为紧的, 是指对任一有界集 $B \subset X$, $C(B)$ 在 Y 中都是条件紧的. 值域有限维的有界线性映射必是紧的. 反之, 若 X, Y 是 Hilbert 空间, 则紧线性映射 C 是这种映射的一致极限. 紧线性算子的理论已高度发展, 其主要结果可归结如下:

(1.3.30) 设 $C \in L(X, X)$ 是紧的, 且令 $L = I + C$, 则: (a) L 具有闭值域; (b) $\dim \operatorname{Ker} L = \dim \operatorname{coker} L < \infty$; (c) 存在有限整数 β, 使 $X = \operatorname{Ker}(L^\beta) \oplus \operatorname{Range}(L^\beta)$, 且 L 是从 $\operatorname{Range}(L^\beta)$ 到自身的一个线性同胚; (d) C 的谱 $\sigma(C)$ 由本征值 λ_N 的一个可数集构成, 这些本征值都是孤立的和有限重的, 零可能除外.

(1.3.31) 紧线性算子 $C \in L(X, Y)$ 将 X 中的弱收敛序列映为 Y 中的强收敛序列(即 C 必然是全连续算子). 反之, 若 X, Y 是 Hilbert 空间, 则任何全连续线性算子都是紧的.

定义在 $L(X,Y)$中的紧算子集合$K(X,Y)$有以下性质:
(1.3.32) 在 $L(X,Y)$的一致算子拓扑意义下,集合 $K(X,Y)$是闭的. 此外,$C\in K(X,Y)$当且仅当 $C^*\in K(Y^*,X^*)$. 集合 $K(X,Y)$在赋范环 $L(X,Y)$中是闭双边理想.

一般说来,若 C 的值域中的函数比 X 中的函数"更光滑",则称有界线性算子 C 在函数空间 X 与 Y 之间是紧的. 例如,
(1.3.33) Sobolev 积分算子定义为

$$Sf(x)=\int_\Omega \frac{f(y)dy}{|x-y|^\lambda}\quad (\Omega \text{ 是 } \mathbf{R}^N \text{ 中有界域}),$$

正如(1.3.17)(i),(ii)中那样,S 作为从 $L_p(\Omega)$到 $C^{0,\alpha}(\bar{\Omega})$或到 $L_r(\Omega)$的线性算子是紧的.
(1.3.34) 倘若 Ω 是有界域,并且 $\mu\geqslant\mu'$, $\alpha\geqslant\alpha'$(其中,至少有一个不等式是严格的),则嵌入算子 $i:C^{\mu,\alpha}(\bar{\Omega})\to C^{\mu',\alpha'}(\bar{\Omega})$是紧的.
(1.3.35) 倘若 Ω 有界,则嵌入算子 $i:\mathring{W}_{m,p}(\Omega)\to\mathring{W}_{m-1,p}(\Omega)$是紧的.

倘若有界域 Ω 的边界充分正则,则对于嵌入 $i:W_{m,p}(\Omega)\to W_{m-1,p}(\Omega)$,此结果也成立.

(ii) Fredholm 算子及其推广 算子 $L\in L(X,Y)$称为 Fredholm 算子,是指:(a) L 的值域在 Y 中是闭的;(b) 子空间 $\mathrm{Ker}L$ 与 $\mathrm{coker}L$ 都是有限维的. 含在 $L(X,Y)$中的 Fredholm 映射的集合记为 $\Phi(X,Y)$,可证 $\Phi(X,Y)$是 $L(X,Y)$的开子集. Fredholm 映射 L 的指标 $\mathrm{ind}L$ 可由以下两式之一来定义:
(1.3.36)

$$\begin{aligned}\mathrm{ind}L &= \dim \mathrm{Ker}L-\dim \mathrm{coker}L\\ &= \dim \mathrm{Ker}L-\dim \mathrm{Ker}L^*.\end{aligned}$$

并且可证,在紧扰动下,以及在范数充分小的 $L(X,Y)$的元素扰动下,指标不变. 于是,在 $\Phi(X,Y)$的连通分支上,指标是常数. 此外,若 $A\in\Phi(X,Y)$且 $B\in\Phi(Y,Z)$,则 $BA\in\Phi(X,Z)$且

$$\mathrm{ind}BA=\mathrm{ind}B+\mathrm{ind}A.$$

k 指标的 Fredholm 映射的子集记为 $\Phi_k(X,Y)$.

依照(1.3.30),恒等算子的紧扰动是零指标的 Fredholm 算子.反之(见(1.3.38)的下面),任一 Fredholm 映射 $L\in\Phi_0(X,Y)$ 与恒等算子的紧扰动仅相差 $L(X,Y)$中的一个线性同胚.考虑向前和向后的移位算子,可构造出在任一可分 Hilbert 空间上的任意指标的 Fredholm 映射的例子.

对 Fredholm 算子 L 的概念作以下推广很有益:要求 L 具有闭值域,但又允许 $\dim \operatorname{coker}L=\infty$.这种算子称为半 Fredholm 算子,记为 $\Phi_+(X,Y)$.而且,这种算子可描述为

(1.3.37) $L\in L(X,Y)$是半 Fredholm 算子,当且仅当存在关于 $\|\cdot\|_X$ 的紧半范$|\cdot|$,使得对一切 $x\in X$,均有

$$\|Lx\|+|x|\geqslant c\|x\|,$$

其中,c 是正绝对常数.

于是,L 是 Fredholm 算子当且仅当对于 L 及其伴随算子 L^*,结果(1.3.37)均成立.

Fredholm 算子和半 Fredholm 算子的基本性质是:

(1.3.38) (i) 若对 $k\geqslant 0$,$L\in\Phi_k(X,Y)$,则存在范数任意小(但非零)并有有限秩的紧线性映射 C,使得

$$L=L_0(I+C),$$

其中,$L_0\in L(X,Y)$是满射,且 $\dim \operatorname{Ker}L_0=k$.

(ii) 若 $L\in\Phi(X,Y)$,则存在 X 的闭线性子空间 X_0 和 Y 的闭线性子空间 Y_0 以及算子 $L_0\in L(X,Y)$,使得:

(1) 若 $\hat{L}$ 表示 L 到 X_0 的限制,P 是 Y 到 $\operatorname{coker}L$ 上的投影,则 $\hat{L}$ 是可逆的,且 $L_0=\hat{L}^{-1}(I-P)$是 L 模紧算子的双边逆;

(2) $X=X_0+\operatorname{Ker}L$, $Y=Y_0+\operatorname{coker}L$;而事实上

(3) L_0L 是 X 到 X_0 上的投影,LL_0 是 Y 到 Y_0 上的投影.

(iii) 对于 $L\in\Phi_+(X,Y)$,$\dim \operatorname{Ker}L$ 是上半连续的,此即意指:若$\|B\|$充分小,则

$$\dim \operatorname{Ker}(L+B)\leqslant \dim \operatorname{Ker}L.$$

(iv) 若 $X=Y$ 是 Hilbert 空间,且 $L\in\Phi(X,Y)$,则线性方程 $Lx=y$ 可解当且仅当 y 与 $\operatorname{Ker}L^*$ 正交.

(iii) 定义在 Hilbert 空间 H 上的自伴算子　算子 $L\in L(H,H)$称为自伴的,是指对每个 $x,y\in H$,都有

$$(Lx,y)=(x,Ly).$$

自 Hilbert 奠基性的研究以来,这种算子的结构已被深入研究过.以下结果在今后有用:

(1.3.39) **双线性型与自伴算子**　若 $\zeta(x,y)$是一个有界对称双线性泛函,则存在唯一的自伴算子 $L\in L(H,H)$,使得 $\zeta(x,y)=(Lx,y)$. L 紧当且仅当 $\zeta(x,y)$关于弱收敛连续(对 x 和 y).

(1.3.40) **自伴算子的谱**

(i) 自伴算子 L 的谱包含在实轴的区间$[m,M]$中,其中,$m=\inf(Lx,x)$,下确界在$\partial\Sigma_1=\{x\mid \|x\|=1\}$上取,并且 $M=\sup(Lx,x)$,上确界在$\partial\Sigma_1$上取. 此外,数 $m,M\in\sigma(L)$,且

$$\|L\|=\max(|m|,|M|)=\sup_{\|x\|=1}|(Lx,x)|.$$

(ii) 对于自伴算子 L,数 $\lambda\notin\sigma(L)$当且仅当存在正绝对常数 C,使得对所有 $x\in H$,有$\|Lx-\lambda x\|\geqslant C\|x\|$. 此外,自伴算子 L 的本质谱$\sigma_e(L)$由 $\sigma(L)$的那些不是有限重本征值的数组成.

(iii) 若 L 是自伴紧算子,则 $\sigma(L)$由至多可数无穷多个实本征值$\{\lambda_k\}$组成.这个集是离散的,但在 $\lambda=0$ 处可能除外. 此外,λ_k 的重数 $\dim\operatorname{Ker}(L-\lambda_k I)<\infty$,且

$$Lx=\sum_{k=1}^{\infty}\lambda_k(x,x_k)x_k,$$

其中,$\{x_k\}$是本征向量的一个正交序列,而 λ_k 重复 $\dim\operatorname{Ker}(L-\lambda_k I)$次.

(iv) 自伴紧算子 L 的本征值可用极小极大原理来刻画. 特别,若正本征值 λ_k^+ 按递减顺序排列(按重数重复),则

(1.3.41)　　$$\lambda_k^+=\min_{\pi_{k-1}}\max_{x\in\pi_{k-1}}(Lx,x)/\|x\|^2,$$

其中,π_{k-1}表示任一余维数为 $k-1$ 的 H 的线性子空间. 抑或

(1.3.42)　　$$\lambda_k^+=\max_{P_k}\min_{x\in P_k}(Lx,x)/\|x\|^2,$$

其中,P_k 表示 H 的任一 k 维线性子空间.

(v) 自伴算子 L 的重数有限的孤立本征值 λ_0 在"解析扰动" $L(\varepsilon)$下具有稳定性(即 $L(\varepsilon)=L+\sum_{n=1}^{\infty}\varepsilon^n L^{(n)}$, $|\varepsilon|$ 充分小且 $L^{(n)}$ 自伴, $\|L(\varepsilon)\|<\infty$). 事实上,当 $|\varepsilon|$ 充分小且 $\lambda\in\Delta=(\lambda_0+\beta,\lambda_0-\alpha)$,其中选取的 α 与 β 使 Δ 不含 L 的其他谱值时,存在 μ 个收敛的实幂级数

$$\lambda_i(\varepsilon)=\lambda_0+\sum_{j=1}^{\infty}\varepsilon^j\lambda_i^{(j)},$$

$$x_i(\varepsilon)=x_i+\sum_{j=1}^{\infty}\varepsilon^j x_i^{(j)}\qquad(i=1,\cdots,\mu),$$

使得 L 在 Δ 中的谱由对应于正交本征向量 $x_i(\varepsilon)$的本征值 $\lambda_i(\varepsilon)$构成.

(vi) 正自伴算子 L(即具有 $\sigma(L)\subset[0,\infty)$的算子)有唯一的正自伴平方根 $L^{\frac{1}{2}}$,使得$(Lx,x)=\|L^{\frac{1}{2}}x\|^2$.

(1.3.43) **投影算子** 设 M 是 H 的一个闭子空间. 若 $H=M\oplus M^{\perp}$的元素 x 记为$x=m+m^{\perp}$,则线性映射 $Px=m$ 称为H在M 上的正交投影.

(i) 任一正交投影映射 P 在H 的闭子空间M 上都是自伴的,而 $P^2=P$, $\|P\|=1$, $\|(I-P)x\|=d(x,M)$. 反之,任一使$Q^2=Q$的自伴算子Q 是从H 到$Q(H)$上的正交投影.

(ii) 从 H 到M 上的正交投影算子P 是紧的,当且仅当 $\dim M<\infty$.

关于 Laplace-Beltrami 算子的注 有界自伴线性算子的性质非常重要. 这因为它们将在与适当的 Hilbert 空间结构有关的几何及数学物理问题中到处出现. Laplace-Beltrami 算子 Δ 是作用在光滑函数上的算子,这些光滑函数定义在紧 Riemann 流形$(\mathfrak{M},g)$上,在局部坐标中 Δ 可由公式

$$\Delta u=\sum_{i,j=1}^{N}\frac{1}{\sqrt{|g|}}\frac{\partial}{\partial x_i}\left\{\sqrt{g}g^{ij}\frac{\partial u}{\partial x_j}\right\}$$

给出,其中,$|g| = \det(g_{ij})$, $g_{ij}g^{jk} = \delta_{ik}$. 由令(并且分部积分)

$$\zeta(u,v) = \int v\Delta u dV_g = -\sum_{i,j=1}^{N}\int g^{ij}\frac{\partial u}{\partial x_i}\frac{\partial v}{\partial x_j}dV_g,$$

Δ 可扩张成将 $W_{1,2}(\mathfrak{M},g)$映入自身的一个有界自伴线性算子 L. 事实上,由 Cauchy-Schwartz 不等式,对每个 $u,v\in C^{\infty}(\mathfrak{M},g)$及某个绝对常数 $K>0$,有

$$|\zeta(u,v)| \leqslant K\|u\|_{1,2}\|v\|_{1,2}.$$

于是,$\zeta(u,v)$是一个有界双线性泛函. 因此,根据(1.3.39),存在将 $W_{1,2}(\mathfrak{M},g)$映入自身的唯一有界自伴算子 L 使得

$$(Lu,v) = \zeta(u,v).$$

对形如

$$\mathscr{L}u = \sum_{|\alpha|,|\beta|\leqslant m}(-1)^{|\alpha|}D^{\alpha}\{a_{\alpha\beta}(x)D^{\beta}u\}$$

的任一"形式自伴"微分算子,类似结论成立(其中,$a_{\alpha\beta} = a_{\beta\alpha}$是有界可测函数). 这种算子定义在一个有界域 $\Omega\subset\mathbf{R}^N$ 上,同时,在 Ω 的边界$\partial\Omega$ 上附有适当的边界条件. 对于最简单的情况,即对于所谓的 Dirichlet 边界条件 $D^{\alpha}u|_{\partial\Omega} = 0$, $|\alpha|\leqslant m-1$, 当 $u,v\in C_0^{\infty}(\Omega)$时,我们令

$$\zeta(u,v) = \int_{\Omega}v\mathscr{L}u = \sum_{|\alpha|,|\beta|\leqslant m}\int_{\Omega}a_{\alpha\beta}(x)D^{\alpha}uD^{\beta}v.$$

上式右端等式来源于多次分部积分之后. 如上,根据(1.3.39),存在唯一的自伴算子 $L\in L(\mathring{W}_{m,2}(\Omega),\mathring{W}_{m,2}(\Omega))$,使得

$$\zeta(u,v) = (Lu,v).$$

1.4 不等式与估计

为了实现第一部分开始时所描述的计划,可将一个给定的非线性微分系统 $\mathscr{S}$与作用在适当选取的 Banach 空间之间的映射 $f(\mathscr{S})$联系起来. 此处的关键是:在这个联系中,$f(\mathscr{S})$将保留系统 $\mathscr{S}$ 的主要定性性质. $f(\mathscr{S})$的这些定性性质包括诸如有界性、连续性、

紧性等.而这只有通过实质性地利用下述类型的不等式与估计才能办到.

我们将仅描述两类结果,这因为它们是今后所必需的主要解析方面的事实.第一类(在1.4A~1.4B中叙述)是适合Sobolev空间$W_{m,p}(\Omega)$的所谓演算不等式,这些不等式用精确的术语描述了以下几点之间的关系:

(i) 函数f的广义导数的L_p范数;

(ii) 函数f自身定义在区域$\Omega\subset\mathbf{R}^N$上的$L_p$范数;

(iii) 函数f及其导数的逐点性态;

(iv) 集Ω的维数;

(v) 当认作"更大的"Banach空间$X\supset W_{m,p}(\Omega)$的子集时,在$W_{m,p}(\Omega)$中的有界集.

第二类(在1.4C中叙述)可以描述为对两类线性椭圆型偏微分方程解的估计:

(i) L_p估计($1<p<\infty$)(即在积分或"平均"范数下的解估计);

(ii) Hölder空间$C^{m,\alpha}(\bar{\Omega})$($0<\alpha<m$)中的逐点估计(即通常逐点意义下的估计).

关于逐点估计与积分估计对比的注 在这两种情况下,对于我们将要讨论的具体非线性问题的解来说,逐点估计与积分估计之间的紧密联系都是至关重要的.例如,许多非线性问题先以经典的逐点形式写出来,然后自然地变形并在Hilbert空间中求解.因而,必须确保这个"Hilbert空间"的解产生实际的非线性问题的解,而该问题可借助于光滑函数来描述.在这一点上,上面所说的估计恰恰非常有价值.这因为我们利用的Hilbert空间不可避免地要用到积分范数,从而该估计可提供从积分数据中获得的逐点信息.

1.4A 空间$W_{1,p}(\Omega)$($1\leqslant p<\infty$)

首先,我们考虑$\Omega\equiv\mathbf{R}^N$和紧支集函数这种简单情况.

(1.4.1)**定理**　假定 $u\in W_{1,p}(\mathbf{R}^N)$在 $\mathbf{R}^N$ 中有紧支集,则

(i) 由 $p>N$ 和$N+\mu p<p$ 可推出$u\in C^{0,\mu}(\mathbf{R}^N)$,且

$$\|u\|_{C^{0,\mu}(\mathbf{R}^N)}\leqslant c\|\nabla u\|_{L_p(\mathbf{R}^N)},\tag{1.4.2}$$

其中,常数 c 与u 的支集有关,而与 u 自身无关.

(ii) 由 $p\leqslant N$ 和$(N-p)r<Np$ 可推出$u\in L_r(\mathbf{R}^N)$,且

$$\|u\|_{L_r(\mathbf{R}^N)}\leqslant c_1\|\nabla u\|_{L_p(\mathbf{R}^N)},\tag{1.4.3}$$

其中,常数 c_1 也与 u 的支集有关,而与 u 自身无关.

由 Sobolev 积分算子的有界性可直接获得这些不等式的证明.这因为对每一 $u\in C_0^\infty(\mathbf{R}^N)$,都有

$$|u(x)|\leqslant\frac{1}{\omega_N}\int\frac{|\nabla u|}{|x-y|^{N-1}}dy,\tag{1.4.4}$$

$$\omega_N=\mathrm{vol}|(|x|=1).$$

最后这个不等式可由以下提示得到:对任一固定方向,有

$$u(x)=-\int_0^\infty\frac{\partial u}{\partial r}(x+r\omega)dr,$$

从而,在 ω 的所有方向上积分可给出

$$u(x)=-\frac{1}{\omega_N}\int r^{1-N}\frac{\partial u(y)}{\partial r}dy.$$

关于限制情况的注　今后将对两种限制情况感兴趣.在每种情况下,给在(1.4.1)的结果可在某个重要的方面被加强.在第一种情况中,我们假定 $p=N$,于是从(1.4.3)可推出,对每一有限的 p 有$u\in L_p(\mathbf{R}^N)$.有例子表明,$W_{1,p}(\mathbf{R}^N)\not\subset L_\infty(\mathbf{R}^N)$.从而自然想探明,当 α 在$(0,\infty)$中变化时,e^{u^α}的确切的可积性性质.在第二种情况中,我们假定 $p<N$ 但$r=Np/(N-p)$,此时我们将看到,(1.4.3)的一个加强了的类似结果成立,其中,常数与给定的函数 u 的支集大小无关.后面这个事实的可能性通过维量分析给在本章末尾的注记中.此外,我们也将看到,这种限制情况会失去某些紧性性质.在解第六章所讨论的数学物理和微分几何的某些问题时,这个“紧性损失”将起决定性的作用.

(1.4.1′) **定理**　设 $u\in W_{1,p}(\mathbf{R}^N)$在 $\mathbf{R}^N$ 中有紧支集.

(i) 由 $p<N$ 和 $r=Np/(N-p)$ 可推出 $u\in L_r(\mathbf{R}^N)$,且

$$\| u \|_{L_r(\mathbf{R}^N)} \leqslant c_{r,N} \| \nabla u \|_{L_p(\mathbf{R}^N)}, \tag{1.4.5}$$

其中,

$$c_{r,N} = \frac{p}{2\sqrt{N}}\left(\frac{N-1}{N-p}\right).$$

(ii) 由 $p=N$ 可推出存在仅与N有关的正常数c_1 和 c_2,使得

$$\int \exp\left(c_1 \frac{|u|}{\| \nabla u \|_{L_p}}\right)^{N/(N-1)} \leqslant c_2 \mu(\mathrm{supp}(u)). \tag{1.4.6}$$

(1.4.5)的证明 我们首先对 $u\in C_0^\infty(\mathbf{R}^n)$和 $p=1$ 来证明结果,然后将这个特殊情况用于 $v=u^\sigma$,其中,$\sigma=(N-1)/(N-p)p$,则可由 Hölder 不等式直接得到一般的 $p<N$ 时的结果. 对于 $p=1$,我们首先注意

$$|u(x)| \leqslant \frac{1}{2}\int_{-\infty}^{\infty}\left|\frac{\partial u}{\partial x_i}\right| dx_i = \frac{1}{2} I_i(\text{譬如说}),$$

将这些不等式乘在一起,我们得到

$$|2u(x)|^{N(N-1)} \leqslant (I_1 I_2 \cdots I_N)^{1/(N-1)}.$$

现在,我们将最后面这个不等式对变量 $x_1, x_2, \cdots, x_N$ 逐次积分,并且在每一步都利用 Hölder 不等式(1.3.3). 于是第一步,在令

$$I_{ij} = \int_{-\infty}^{\infty}\int_{-\infty}^{\infty} |\partial u/\partial x_i| \, dx_i dx_j$$

的情况下,我们得到

$$\begin{aligned}\int_{-\infty}^{\infty} |2u(x)|^{N/(N-1)} dx_1 &\leqslant I_1^{1/(N-1)} \int_{-\infty}^{\infty} (I_2 \cdots I_N)^{1/(N-1)} dx_1 \\ &\leqslant I_1^{1/(N-1)} (I_{21} \cdots I_{N1})^{1/(N-1)}.\end{aligned}$$

从而在最后一步,由于几何平均值至多等于均方根,故

$$\begin{aligned}&\int_{\mathbf{R}^N} |2u(x)|^{N/(N-1)} dx_1 \cdots dx_N \\ &\leqslant \left\{\prod_{i=1}^{N}\int_{\mathbf{R}^N}\left|\frac{\partial u}{\partial x_i}\right| dx_1 \cdots dx_N\right\}^{1/(N-1)},\end{aligned}$$

它可推出

$$\| u \|_{N/(N-1)} \leqslant \frac{1}{2\sqrt{N}} \int_{\mathbf{R}^N} | \nabla u | dx_1 \cdots dx_N \leqslant \| \nabla u \|_{L_1}.$$

(1.4.6)的证明 证明基于在不等式(1.4.5)中让绝对常数作为 p 的函数保持一个精确界. 事实上,我们(由(1.4.4))可证,对于一个函数 $u \in C_0^\infty(\Omega)$,

$$\int_\Omega | u |^{Np/(N-1)} \leqslant c_0 (c_1 \| \nabla u \|_{0,N})^{Np/(N-1)} p^p \mu(\Omega).$$

由此估计我们易得

$$\begin{aligned} & \int \exp \left\{ \frac{u}{c_1 \| \nabla u \|_{L_N}} \right\}^{N/(N-1)} \\ & = \sum_{p=0}^{\infty} \frac{1}{p!} \left[\frac{u}{c_1 \| \nabla u \|_{L_N}} \right]^{PN/(N-1)} \\ & \leqslant \text{const.}\, \mu(\Omega) \sum_{p=0}^{\infty} \left(\frac{c_2}{c_1} \right)^{pN/(N-1)} \frac{p^p}{p!}. \end{aligned}$$

当 c_2/c_1 充分小时,该级数收敛,且对于某些常数 c_1 和 c_2,不等式成立.

关于变分不等式关系的注 刚才描述的不等式(1.4.2)~(1.4.5)可借助于等周变分问题来变形. 事实上,例如(1.4.3)可简短表述如下:考虑 $W_{1,p}(\Omega)$中 $\| u \|_{1,p} = 1$ 的函数集 Σ,则:(i) 对于哪些数 r,有$\sup\limits_{u \in \Sigma} \| u \|_{L_r} < \infty$? (ii) 对于哪些数 r 以及哪些区域 Ω,由 Σ 中的元素达到$\sup\limits_{u \in \Sigma} \| u \|_{L_r}$? 对于(i),结果(1.4.1)~(1.4.1′)是明确的回答. 为回答(ii),紧嵌入结果(下面要介绍的)至关重要. 事实上,由于 $W_{1,r}(\Omega)$被紧嵌入到 $L_r(\Omega)$中,故由(1.3.31)可推出:对于 $W_{1,p}(\Omega)$中的弱收敛,泛函 $G(u) = \| u \|_{L_r}$ 连续. 于是,若 $\alpha = \sup\limits_{u \in \Sigma} \| u \|_{L_r} < \infty$ 和 $u_n \in \Sigma$, $\| u_n \|_{L_r} \to \alpha$, $\{u_n\}$将有一个弱收敛的子序列. 其中,弱极限 $\bar{u}$ 使得 $\| \bar{u} \|_{L_r} = \alpha$. 此外 $\| \bar{u} \|_{1,p} = 1$. 这因为否则由(1.3.11)有 $0 < \| \bar{u} \|_{1,p} < 1$,以至于对某个 $t > 1$ 有 $\| t\bar{u} \|_{L_r} > \alpha$,同时 $\| t\bar{u} \|_{1,p} = 1$,矛盾. 所以,以下结果非常重要:

(1.4.7) **Kondrachov 紧性定理与推广** 假定 S 是 $W_{1,p}(\mathbf{R}^N)$ 中具公共紧支集的函数集合,而且使集合 $\{\|u\|_{1,p}|u\in S\}$ 一致有界. 则:(i),对于 $N+\mu p<p$,在 $C^{0,\mu}(\mathbf{R}^N)$ 中 S 是条件紧的;(ii),对于 $r<Np/(N-p)$,在 $L_r(\mathbf{R}^N)$ 中 S 是条件紧的. 此外,在特殊的情况(iii),当 $N=p$ 时关于 S 中的弱收敛,泛函 $\int_{\mathbf{R}^N} e^{ku}$ 是连续的. 同时,(iv),对于 $r=Np/(N-p)$,集 S 不必条件紧.

(i)的证明 从 Arzela-Ascoli 定理和 Sobolev 积分算子(1.3.33)的有界性,以及当 $\alpha'<\alpha$ 时,对于有界域 $C^{0,\alpha}(\Omega)\subset C^{0,\alpha'}(\Omega)$ 是一个紧嵌入,可立即得到(i).

(ii)的证明 对于 $W_{1,p}\to L_p$,由 M. Riesz-Tamarkin 定理易得该结果. 当 r 在开区间 $(p,Np/(N-p))$ 中时,我们可用(1.3.35)和 1.3B 节中所讲的 L_p 范数的对数凸性性质. 事实上,若 $\{f_n\}$ 是 L_r 中的任意弱收敛序列,则 $\{f_n\}$ 在 L_p 中强收敛. 令 $p^*=Np/(N-p)$,对某个 $0<\alpha<1$ 有

$$\|f_n-f_m\|_{L_r}^{r}\leqslant\|f_n-f_m\|_{L_p}^{\alpha p}\|f_n-f_m\|_{L_{p^*}}^{(1-\alpha)p^*}.$$

于是,正如所求,$\{f_n\}$ 是 L_r 中的收敛序列. 显然,这可推出 S 是条件紧的.

(iii)的证明 显然,由(1.3.16),若在 $W_{1,N}(\mathbf{R}^N)$ 中 u_n 弱收敛于 u,且 $\{u_n\}$ 有相同的紧支集,则 u_n 依测度收敛于 u. 于是,为了证明 $\int_{\mathbf{R}^N} e^{(ku_n)}\to\int_{\mathbf{R}^N} e^{(ku)}$,只需注意:根据(1.4.6),对于某个常数 c,$\int_{\mathbf{R}^N}\exp(cu_n^2)$ 是一致有界的,于是结果可由 Lebesgue 积分理论得出.

为了找到对任一区域 $\Omega\subset\mathbf{R}^N$ 都成立的 Sobolev 不等式,而其中的常数与所涉及的函数的支集无关,我们可证明(1.4.2)的以下推论:

(1.4.8) 假定 $1<p<\infty$,且当 $u\in L_s(\mathbf{R}^N)$ 时,$|\nabla u|\in L_p(\mathbf{R}^N)$. 则

(i)对于在闭区间 $[s,Np/(N-p)]$ 中的任一实数 r,有 $u\in$

$L_r(\mathbf{R}^N)$. 此外,对于某个 $\alpha\in[0,1]$,存在绝对常数 C_α 使得

(1.4.9) $$\|u\|_{L_r}\leqslant C_\alpha\|u\|_{L_s}^{\alpha}\|\nabla u\|_{L_p}^{1-\alpha},$$

其中,

$$\frac{1}{r}=\alpha\left(\frac{1}{p}-\frac{1}{N}\right)+\frac{1-\alpha}{s}.$$

(ii) 因此,倘若在不等式(1.4.3)右端以 $\|u\|_{1,p}$ 代替 $\|\nabla u\|_{L_p}$,则(1.4.3)成立,其中,绝对常数与 u 的支集无关.

(i)的证明 由 L_p 范数的凸性、(1.4.2)以及(1.3.16)可得不等式(1.4.9). α, r, p, N 及 s 之间的关系由维量分析确定.

(ii)的证明 在(1.4.9)中令 $s=p$,并利用以下事实:

$$\|u\|_{L_p}^{\alpha}\|\nabla u\|_{L_p}^{1-\alpha}\leqslant c_p\|u\|_{1,p},$$

其中,c_p 仅与 p 有关.

(1.4.1′)**推论** 对于任一 $u\in W_{1,p}(\mathbf{R}^N)$,倘若将 $\|\nabla u\|_{L_p}$ 换为 $\|u\|_{W_{1,p}}$,则不等式(1.4.2)~(1.4.3)仍成立. 其中,常数与 u 的支集及 u 自身无关.

(1.4.10)**紧性定理** 假定 S 是 $W_{1,p}(\mathbf{R}^N)$内的在 $\mathbf{R}^N$ 中具公共紧支集的函数的有界集,则与(1.4.7)相同,有

(i) 对于 $N+\mu p<p$, S 在 $C^{0,\mu}(\mathbf{R}^N)$中条件紧,

(ii) 对于 $r<Np/(N-p)$, S 在 $L_r(\mathbf{R}^N)$中条件紧.

此外,对于每个 $k>0$,当 Ω 是 $\mathbf{R}^N$ 中的一个有界域时,泛函 $\int_\Omega e^{ku}=\mathscr{I}_k(u)$ 关于 $W_{1,N}(\Omega)$中的弱收敛是连续的.

(1.4.11)**推论** 对于任一有界域 $\Omega\subset\mathbf{R}^N$,若将空间 $W_{1,p}(\mathbf{R}^N)$换成 $\mathring{W}_{1,p}(\Omega)$,则结果(1.4.1)~(1.4.7)均成立. 更一般地,若 $p<N$, $\nabla u\in L_p(\mathbf{R}^N)$和 $u\in L_s$,则对 $r\in[1/s, Np/(N-p)]$有 $u\in L_r$,且对某个 $\alpha\in[0,1]$有

$$\|u\|_{L_r}\leqslant c\|u\|_{L_s}^{\alpha}\|\nabla u\|_{L_p}^{1-\alpha}.$$

其中 c 为常数.

1.4B 空间 $W_{m,p}(\mathbf{R}^N)$和$\mathring{W}_{m,p}(\Omega)$($m \geqslant 1$,$m$ 是整数,$1 \leqslant p < \infty$)

反复利用1.4A节的结果可证以下结果:

(1.4.12)**定理** 假设 $u \in W_{m,p}(\mathbf{R}^N)$在 $\mathbf{R}^N$ 中有紧支集,则

(i) 由 $mp > N$ 和$N + p(\alpha+\mu) < mp$ 可推出$u \in C^{\alpha,\mu}(\mathbf{R}^N)$,且

(1.4.13) $$\| u \|_{C^{\alpha,\mu}} \leqslant c_1 \| D^m u \|_{L_p},$$

其中,常数 c_1 与 supp(u)有关,但与 u 自身无关.

(ii) 由 $mp \leqslant N$ 和$(N - \beta p) r < Np$ 可推出 $D^{m-\beta} u \in L_r(\mathbf{R}^N)$,且

(1.4.14) $$\| D^{m-\beta} u \|_{L_r} \leqslant c_2 \| D^m u \|_{L_p},$$

其中,常数 c_2 仍与 supp(u)有关,但与 u 自身无关.

(iii) 由 $mp < N$ 和 $r = Np/(N - \beta p)$可推出 $D^{m-\beta} u \in L_r(\mathbf{R}^N)$,且

(1.4.15) $$\| D^{m-\beta} u \|_{L_r} \leqslant c_3(\beta, N, m) \| D^m u \|_{L_p},$$

其中,常数 c_3 仅与 r 及N 有关,而与 u 及 supp(u)无关.

(1.4.16)**推论** 对于任意的 $u \in W_{m,p}(\mathbf{R}^N)$,倘若把$\| D^m u \|_{L_p}$换成$\| u \|_{W_{m,p}}$,则不等式(1.4.13)~(1.4.15)仍成立,且其中常数既与 supp(u)无关,也与 u 自身无关.更一般地,若 $u \in L_s(\mathbf{R}^N)$,$D^m u \in L_p(\mathbf{R}^N)$,则对 $r < Np/(N - m\beta)$,有 $D^{m-\beta} u \in L_r(\mathbf{R}^N)$,且

(1.4.17) $$\| D^{m-\beta} u \|_{L_r} \leqslant c \| D^m u \|_{L_p}^{\alpha} \| u \|_{L_s}^{1-\alpha},\ \alpha \in [0,1],$$

c 为常数.

(1.4.18)**推论** 假定 S 是$W_{m,p}(\mathbf{R}^N)$内在 $\mathbf{R}^N$ 中具公共紧支集的函数的有界集,那么,当假设了(1.4.12)中所述的适当限制时,

(i) 对于 $Np + (\alpha+\mu)p < mp$,S 在 $C^{\alpha,\mu}(\mathbf{R}^N)$中是条件紧的.

(ii) 对于 $r < Np/(N-\beta p)$，S 在 $W_{m-\beta,r}(\mathbf{R}^N)$ 中是条件紧的.

(1.4.19)**推论**　对任意区域 $\Omega \subset \mathbf{R}^N$，若将空间 $W_{m,p}(\mathbf{R}^N)$ 换成 $\mathring{W}_{m,p}(\Omega)$，则(1.4.12)～(1.4.18)全部成立.

关于任意区域的注　对于任意区域 $\Omega \subset \mathbf{R}^N$，倘若 Ω 的边界 $\partial\Omega$ 具有适当的光滑性，则上述演算不等式仍然成立. 该结果可从所谓的 Calderon 扩张定理得出. 该定理指出：当 $\partial\Omega$ 充分光滑时，存在从 $W_{m,p}(\Omega)$ 到 $W_{m,p}(\mathbf{R}^N)$ 中的有界线性变换 E，使得对每个 $u \in W_{m,p}(\Omega)$，Eu 对 Ω 的限制与 u 一致.

1.4C　对线性椭圆型微分算子的估计

所要考虑的估计有两个类型：

(1) L_p 估计($1 < p < \infty$)，即一个算子在积分或平均意义下的估计；

(2) Hölder 空间 $C^{m,\mu}$($0 < \mu < 1$)中 Schauder 型的逐点估计.

线性微分算子

$$P(x,D) = \sum_{|\alpha| \leqslant m} a_\alpha(x) D^\alpha$$

通常根据它们的主部

$$P_m(x,D) = \sum_{|\alpha| = m} a_\alpha(x) D^\alpha$$

来分类. 特别，我们令

$$P_m(x,\xi) = \sum_{|\alpha| = m} a_\alpha(x) \xi^\alpha,$$

据此可将未定元 ξ 的齐次多项式 $P_m(x,\xi)$ 与 $P_m(x,D)$ 联系起来. 若对 $x \in \Omega$，多项式 $P_m(x,\xi)$ 对 ξ 是定型，则 $P(x,D)$ 在区域 $\Omega \subset \mathbf{R}^N$ 中是椭圆型的. 显然，这可推出 m 是偶数. 若存在常数 $c > 0$ 使得 $P_m(x,\xi) \geqslant c|\xi|^m$，则算子 $P(x,D)$ 是一致椭圆型的. 一个微分算子 $P(x,D)$ 称为是以散度型写出的，是指

(1.4.20)　　$$P(x,D) = \sum_{|\alpha|,|\beta| \leqslant m} D^\alpha \{a_{\alpha\beta}(x) D^\beta\}.$$

有了这些准备，我们现在就处于可确定问题中的估计的位置.

(1.4.21) **(i) Gårding 不等式** 设 $P(x,D)$是散度型的一致椭圆型微分算子，它定义在 $\mathbf{R}^N$ 中的有界域 Ω 上，具有有界可测系数，而当 $|\alpha|=|\beta|=m$ 时，最高阶项的系数 $a_{\alpha\beta}(x)$一致连续，则对于 $u\in\mathring{W}_{m,2}(\Omega)$，有

(1.4.22) $(P(x,D)u,u)_{L_2(\Omega)}\geqslant c_1\|u\|^2_{\mathring{W}_{m,2}(\Omega)}-c_2\|u\|_{L_2(\Omega)}$,

其中 $c_1>0$，c_1 和 c_2 都是与 u 无关的常数.

当 $m=2$ 时的证明 $m=2$ 的二阶情况易证，而在许多书中都给出了更困难的 $m>2$ 情况的证明细节，这里就不赘述了.

$$(P(x,D)u,u)_{L_2}=\sum_{|\alpha|,|\beta|=1}\int a_{\alpha\beta}(x)D^\alpha uD^\beta u-R(x,u,D^\alpha u),$$

其中，$R(x,u,D^\alpha u)$是对 u 和$D^\alpha u$ 的双线性型，$|\alpha|=1$，具可测有界系数. 由 Hölder 不等式，我们可以假定对任意 $\varepsilon>0$ 和某个绝对常数 $c(\varepsilon)$，

$$R(x,u,D^\alpha u)\leqslant\varepsilon\|\nabla u\|^2_{0,2}-c(\varepsilon)\|u\|^2_{0,2}.$$

因此，可从 $P(x,D)$的一致椭圆性得到结论.

(ii) 对线性椭圆型方程解的 L_p 估计 设 L 是定义在有界域 $\Omega\subset\mathbf{R}^N$ 上的 $2m$ 阶椭圆型微分算子. 为简单计，我们假定 L 的系数是C^∞函数，Ω 的边界$\partial\Omega$ 也是C^∞类的. 椭圆型边值问题

(1.4.23) $$Lu=f,\ D^\alpha u|_{\partial\Omega}=0,\ f\in L_p(\Omega)$$

的解 u 是指函数$u\in L_p(\Omega)$使得对所有的 $\varphi\in C_0^\infty(\Omega)$，有

(1.4.24) $$\int uL^*\varphi=\int f\varphi,$$

其中，L^*是 L 的形式伴随算子(见 1.5 节).

(1.4.25) **定理** 设$1<p<\infty$，假定 u 是(1.4.23)在(1.4.24)意义下的解，则 $u\in W_{2m,p}$，且

(1.4.26) $$\|u\|_{2m,p}\leqslant c_1\|Lu\|_{0,p}+c_2\|u\|_{0,p},$$

其中，正常数 c_1 和 c_2 与 u 无关. 此外，若 $\mathrm{Ker}L=0$，则 $c_2=0$.

(iii) Schauder 型的 $C^{m,\alpha}$ 估计

(1.4.27) 定理 在对 L 和 Ω 作同样的假设下,假定 $u\in C^{0,\alpha}(\Omega)$ 是(1.4.23)在(1.4.24)意义下具 $f\in C^{\alpha}$ 的一个解,则 $u\in C^{2m,\alpha}(\Omega)$,且

(1.4.28) $$\| u \|_{C^{2m,\alpha}(\Omega)} \leqslant c_1 \{ \| Lu \|_{C^{0,\alpha}} + c_2 \| u \|_{C^{0,\alpha}} \}.$$

在 $\mathbf{R}^N$ 上当 $L=\Delta$ 时的证明思想 对 $\mathbf{R}^N$ 上的 Laplace 算子 Δ,我们考察 Green 函数 $G(x,y)$:

$$G(x,y)=\begin{cases} -\omega_N^{-1}(N-2)^{-1}|x-y|^{2-N}, & N>2, \\ -(2\pi)^{-1}\ln|x-y|, & N=2. \end{cases}$$

我们首先注意:对具紧支集的 f 以及 $\Delta u=f$,

$$u=\int_{R^N} G(x,y)f(y)dy=h*f,$$

从而(形式上)有

(1.4.29) $$D_iD_ju=(D_iD_jh)*f.$$

其次,我们注意:可将 Calderon-Zygmund 不等式(1.3.18)用于最后一个卷积方程.这因为对一切 $N\geqslant 2$,D_jh 在 $\mathbf{R}^N-\{0\}$ 上光滑,并且是 $1-N$ 次齐次式,因此是一个 Calderon-Zygmund 核函数.于是由(1.3.18),对任一固定的 $p\in(1,\infty)$,我们得到

$$\| u \|_{2,p} \leqslant \text{const.} \| f \|_{L_p} \leqslant \text{const.} \| \Delta u \|_{L_p}.$$

其次,为导出 Schauder 型估计,我们将(1.3.19)用于方程(1.4.29);再注意到核 D_iD_jh 是 Calderon-Zygmund 核函数,于是

$$\| u \|_{C^{2,\alpha}} \leqslant \text{const.} \| f \|_{0,\alpha} \leqslant \text{const.} \| \Delta u \|_{0,\alpha}.$$

对于一般情况的证明,读者可参阅 Agmon(1959,1964)等人的文章.

1.5 微分系统的经典解和广义解

广义微分的概念可用于区分微分系统 $\mathscr{S}$ 的经典解与在某种平均(即积分)意义下满足 $\mathscr{S}$ 的解.于是,例如一个局部可积函数 u

是区域$\Omega \subset R^N$上的m阶线性微分方程

$$Lu \equiv \sum_{|\alpha|=m} a_\alpha(x) D^\alpha u = f$$

的一个“分布”解，是指对所有的检验函数$\varphi \in C_0^\infty(\Omega)$，有

$$\int_\Omega u L^* \varphi = \int_\Omega f\varphi, \tag{1.5.1}$$

其中，

$$L^* = \sum_{|\alpha|=m} (-1)^\alpha D^\alpha a_\alpha.$$

另一方面，在Ω上$Lu=f$的“经典”解一般是这样一个函数u：它在Ω上m次连续可微，并在每一点$x\in\Omega$处满足$Lu=f$.

在线性偏微分方程理论中，这个推广了的解的概念已被证明是很有用的. 此外，一般地，对于线性椭圆型算子L，倘若f和系数$a_\alpha(x)$足够光滑，则$Lu=f$的分布解类与经典解类重合.

1.5A $W_{m,p}$中的弱解

一般地，分布解不能相乘. 于是，对于非线性问题，另一类型广义解“弱解”(经典解与分布解概念之间的中间物)是重要的.

我们说在开集$\Omega\subset\mathbf{R}^N$上，$u$是Dirichlet问题

$$\mathscr{A}(u) = \sum_{|\alpha|\leqslant m} (-1)^{|\alpha|} D^\alpha A_\alpha(x, u, \cdots, D^m u) = 0, \tag{1.5.2}$$

$$D^\alpha u\,|_{\partial\Omega} = 0$$

在$W_{m,p}$中的一个弱解，是指$u\in W_{m,p}(\Omega)$且对所有$\varphi\in C_0^\infty(\Omega)$，

$$\sum_{|\alpha|\leqslant m} \int_\Omega A_\alpha(x, u, \cdots, D^\beta u) D^\alpha \varphi = 0. \tag{1.5.3}$$

从1.1C节讨论的变分问题中可自然导出形如(1.5.2)的偏微分方程. 在(1.5.3)中分部积分直接得出：若$\mathscr{A}(u)=0$的弱解充分光滑，则它是$\mathscr{A}(u)=0$在经典的逐点意义下的解(当然，这要求函数A_α光滑). 于是，$\mathscr{A}(u)\equiv 0$的Dirichlet问题的经典解是弱意义下的解. 众所周知，逆命题不成立(即使对于线性方程).

例 设
$$\Omega=\{x \mid x=(x_1,x_2,\cdots,x_N),\ |x|<1, x\in \mathbf{R}^N, N>2\},$$
在 Ω 中,方程

$$(*)\qquad \Delta u=(N+2)x_1x_2|x|^{-2}$$

的 Dirichlet 问题有唯一弱解

$$u(x)=x_1x_2\log|x|\in \mathring{W}_{1,2}(\Omega).$$

由于这个弱解 $u(x)$ 在 $x=0$ 处不连续,故 Poisson 方程(*)没有经典解 $w(x)$. 这因为在 $\partial\Omega$ 上为 0 的唯一广义调和函数恒为 0 (Weyl 引理),故若 $w(x)$ 存在,则它必与 $u(x)$ 相等.

在非线性微分方程的系统研究中,已经证实刚才引进的弱解概念很成功. 这因为它将这种方程解的研究很方便地分为两个部分:一部分与弱解的存在及其性质有关,另一部分则仅涉及这种弱解的光滑性. 此外,这些弱解的结构一般可由作用于适当的Banach空间之间的抽象算子(一般是非线性的)来表示. 于是,泛函分析强有力的结果也可用于非线性微分方程的研究中.

1.5B 半线性椭圆型系统弱解的正则性

由于系统 $\mathscr{S}$ 的可能解类范围扩大了,故额外解和"伪"解有可能会引入所考虑的问题中. 应将这个可能剔除. 于是,弱解的任何讨论都应处理这样的问题:证明这种广义解充分光滑,是经典的逐点意义下的解. 这种问题称为正则性理论. 最简单的(同时也是最有用的之一)正则性理论包括了半线性椭圆型微分方程边值问题.

这要用到两个关键的事实:第一,已知的广义解和给定的微分算子最高阶项的线性性质可用于将正则性问题看成一个线性非齐次方程,该方程在某个 L_p 类中有非齐次项. 第二,问题的非线性性质可用于反复增强由线性正则性理论所获得的光滑性,将较光滑的广义解,譬如说 $u(x)$"循环"代回到非齐次项中(利用 Sobolev 不等式),我们就得到这个项是某个新类 L_r 中的元素,其中 $r>p$. 这样依次下去,借助于线性正则性理论,对 $u(x)$ 就产生额外改善了的光滑性.

在研究以下半线性 Dirichlet 问题时，可清楚地看到研究这个正则性理论时用到的思想. 设 L 是 $2m$ 阶线性椭圆型微分算子，它定义在有界域 $\Omega\subset \mathbf{R}^N$ 上的系数光滑(譬如说 C^∞)，使得

$$Lu = \sum_{|\alpha|,|\beta|\leqslant m}(-1)^{|\alpha|}D^\alpha(a_{\alpha\beta}(x)D^\beta u).$$

然后，我们假定 $u\in \mathring{W}_{m,2}(\Omega)$是系统

(1.5.4) $\qquad Lu=f(x,u),\qquad$ 在 Ω 中，

(1.5.5) $\qquad D^\alpha u|_{\partial\Omega}=0,\ |\alpha|\leqslant m-1$

的一个弱解，根据(1.5.3)，这意味着对所有 $\varphi\in C_0^\infty(\Omega)$，有

(1.5.6) $$\sum_{|\alpha|,|\beta|\leqslant m}\int_\Omega a_{\alpha\beta}(x)D^\beta uD^\alpha\varphi = \int_\Omega f(x,u)\varphi.$$

于是，若 $f(x,u)$是其变量的一个 C^1 函数(譬如说)，且若预知在 Ω 上的先验界$|u|\leqslant$const.，则可直接断定 $u\in C^{2m,\alpha}$. 事实上，可将 u 看成Ω 中线性非齐次方程$Lu=g(x)$的一个弱解，其中$g(x)=f(x,u(x))\in L_\infty(\Omega)$. 于是由(1.4.25)，对任何 $1<p<\infty$有 $u\in W_{2m,p}$. 对充分大的 p，根据 Sobolev 嵌入定理，$g(x)=f(x,u)\in C^{0,\alpha}(\Omega)$. 因此，根据(1.4.27)，$u\in C^{2m,\alpha}(\Omega)$. 因而，基于 L_p 上的反复论证以及对线性椭圆型方程的 Schauder 估计，结合 Sobolev 嵌入定理(1.4.12)，就可获得正则性结果. 这一论证也可改进如下：

(1.5.7) 假定 $f(x,u)$是 x 和 u 的一个 Lipschitz 连续函数，当$|u|$充分大时，满足以下增长条件

(1.5.8) $\quad |f(x,u)|\leqslant k\{1+|u|^\sigma\},\ 0<\sigma<\dfrac{N+2m}{N-2m}.$

那么，在 Ω 中以及在$\partial\Omega$ 的所有充分光滑的部分，(1.5.4)的任何弱解都是经典解. 反之，若 $\sigma>(N+2m)/(N-2m)$，则(1.5.4)在 Ω 中可以有不连续的弱解.

我们可由假定 $f(u)=k\{u^\sigma\}$来简化对这个结果的证明. 2.2 节中将说明其理由. 在那里，对简单复合算子 $f(u)=f(x,u)$进行了研究. 为证明定理的第二部分，我们令 $L=\Delta$，Δ 是 Laplace 算

子.并注意,若 $r=|x|$,$\Omega=\{x \mid |x|<1\}$,则对 $\alpha>1-N/2$,有 $r^\alpha\in W_{1,2}(\Omega)$.此外,由简单的计算可知 $u=r^\alpha$ 满足方程(除去 $x=0$ 处)

$$\Delta u + K(\alpha,N)u^{(\alpha-2)/\alpha} = 0,$$

其中,

$$K(\alpha,N) = \alpha(2-\alpha-N).$$

于是当 $0>\alpha>1-N/2$ 时,$v=r^\alpha-1$ 是(1.5.4)型方程的 Dirichlet 问题在 $\mathring{W}_{1,2}(\Omega)$中的弱解,而作为结果的非线性项 $f(x,v)$满足增长条件(1.5.8),其中,

$$\sigma = (\alpha-2)/\alpha = 1-\alpha/2 > (N+2)/(N-2).$$

最后,我们注意到 $v=r^\alpha-1$ 在 $x=0$ 处有奇异性,故在 Ω 中不连续.

我们返回到第一部分,并设 $f(u)=ku^\sigma$,其中 $\sigma<(N+2m)/(N-2m)$.然后为证明弱解 $u\in\mathring{W}_{1,2}(\Omega)$足够光滑时就是经典解,我们采用称为靴襻过程的反复论证法.即首先证明,就 Ω 的任意紧子域Ω'而言,对于某个 p 有 $u\in W_{2m,p}(\Omega')$;然后再证,对任意有限的 $\tilde{p}$ 有 $u\in W_{2m,\tilde{p}}(\Omega')$,以逐步提高 $u(x)$的正则性.于是,只要 $N<2m\tilde{p}$,由 Sobolev 嵌入定理就可推出 $u\in C_{0,\alpha}(\Omega')$.从而 $f(x,u(x))\in C_{0,\alpha}(\Omega')$.因此,由 Schauder 正则性定理(1.4.27)可推出 $u\in C_{2m,\alpha}(\Omega')$.

当 $N\leqslant 2m$ 时,因为由 Sobolev 嵌入定理可推出对任意有限的 p,都有 $|u|^\alpha\in L_p(\Omega')$,故证明是容易的.此外,由于 $u(x)$已知,我们可将方程 $Lu=ku^\sigma(x)$看成 u 的一个非齐次线性椭圆型微分方程,因此,由 L_p 正则性定理(1.4.25)可推出对任意有限的 p',有 $u\in W_{2m,p'}(\Omega')$.

当 $N>2m$ 时,我们首先证明,对某个 $\varepsilon>0$,有 $u\in W_{2m,p}(\Omega')$,其中 $p=2N(1+\varepsilon)/(N+2m)$.为此,我们首先注意,根据 Sobolev 嵌入定理,由 $u\in\mathring{W}_{m,2}(\Omega)$可推出 $u\in L_p(\Omega)$,其中 $p=2N/(N-2m)$.从而对 $s=p/\sigma$ 有 $k|u|^\alpha\in L_s(\Omega)$.因

$\sigma<(N+2m)/(N-2m)$,故对某个 $\varepsilon>0, s=2N(1+\varepsilon)/(N+2m)$.然后,如同上节中那样,我们可将方程 $Lu=k\{u^0\}$看成 u 的线性非齐次椭圆型方程.再由(1.4.25)推出 $u\in W_{2m,s}(\Omega')$,其中 $s=2N(1+\varepsilon)/(N+2m)$. 我们现在证明,当 $s_1>s$ 时,$u\in W_{2m,s_1}(\Omega')$.由于 $u\in W_{2m,s}(\Omega')$,故由 Sobolev 嵌入定理可证,对 $p_1=Ns/(N-2ms)$有 $u\in L_{p_1}(\Omega')$,于是,对 $s_1=p_1/\sigma$ 有 $k|u|^\sigma\in L_{s_1}$. 今证u 已改善了正则性.我们注意

$$\frac{s_1}{s}=\frac{p_1}{p}=\frac{(Ns/2N)(N-2m)}{N-2ms},$$

由简短的计算我们可得

$$s_1/s=(1+\varepsilon)(N-2m)/(N-2m-4m\varepsilon)>1+\varepsilon.$$

因此,由非齐次椭圆型方程的 L_p 正则性定理推出,不但对于$s_1>s$ 有 $u\in W_{2m,s_1}$,而且,在有限次重复最后这个论证后,对任意大的 $\tilde{s}$ 有$u\in W_{2m,\tilde{s}}$.于是,获得了所需的结果.

由于算子 L 是线性的,故方程(1.5.4)是半线性的.形若(1.5.2)的拟线性椭圆型方程的正则性理论更困难,除非 $m=1$(即对于二阶方程),或 $N=1$(即对于常微分方程).对于二阶常微分方程来说,以下正则性结果对许多应用已足够.

(1.5.9) 对一切 $\varphi\in \mathring{W}_{1,p}(a,b)$,假定 $p>1$ 及 $u(x)\in \mathring{W}_{1,p}(a,b)$满足以下积分恒等式

$$(1.5.10)\qquad \int_a^b\{F_z(x,u,u_x)\varphi_x+F_y(x,u,u_x)\varphi\}dx=0,$$

其中,$F(x,y,z)$是其变量的一个 C^2 函数.那么,若 $F_{zz}(x,y,z)\neq 0$,则 $u(x)\in C^2(a,b)$.

证明 由 Sobolev 不等式的一个简单应用,我们注意到函数

$$\int_a^x F_y(x,\tilde{u},\tilde{u}_x)=G(x)$$

是 Lipschitz 连续的.对(1.5.10)中花括号内第二项分部积分,我们得到

$$\int_a^b \{F_z(x,\tilde{u},\tilde{u}_x) - G(x)\}\zeta_x dx = 0,$$

其中,ζ_x 是满足 $\int_a^b \zeta_x dx = 0$ 的一个任意的有界可测函数.故(在一个零测集上可能重新定义 $\tilde{u}(x)$后)

$$F_z(x,\tilde{u},\tilde{u}_x) = G(x) + \text{const}. \tag{1.5.11}$$

由于 $F_{zz}>0$,借助于 $\tilde{u}(x)$和 $G(x)$,可用有限维隐函数定理解出 $\tilde{u}_x(x)$,从而 $\tilde{u}_x$ 是 Lipschitz 连续的.因此 $G(x)$必连续可微.再由(1.5.11)可推出 $\tilde{u}_{zz}$连续,这正是所需的.

对于拟线性二阶椭圆型偏微分方程建立正则性结果相当困难,对此我们不必纠缠.首先,这些结果是许多优秀近代专著的主要研究课题(见本章末文献书目的注记),其次,就我们研究的主要部分而言,它们并非必需的.事实上,大体说来,我们将要讨论的数学物理和微分几何中大部分非线性问题仅涉及半线性方程,这些方程有类似于(1.5.7)的简单结果就足够了.

1.6 有限维空间之间的映射

线性系统的大部分研究基于有限维向量空间的理论以及空间之间的线性映射理论,因此,自然会将一般(非线性)系统的研究建立在把线性代数推广到非线性情况的想法上.在本节,我们谈谈今后要用到的这方面的某些结果.更充分的讨论及证明参见本章末所给出的文献书目的注记.

1.6A Euclid 空间之间的映射

设 Ω 表示 $\mathbf{R}^N$ 中的一个开集,而 $f:\Omega\to\mathbf{R}^M$ 是一个光滑映射(譬如说属于 C^p 类),则可试图由研究 f 的导数 $f'(x)$(即 $N\times M$ 阶矩阵$(D_jf_i(x))$来确定映射 f 的性质,其中 $f=(f_1,\cdots,f_N)$.于是,若在点 x_0 处,$\operatorname{rank}(f'(x_0))=M$,则 f 映 x_0 的一个小邻域到 $f(x_0)$的一个小邻域上,这样的点 x_0 称为 f 的正则点.正则点集

合在 Ω 中的余集,即集合

$$\mathscr{C} = \{x \mid x \in \Omega, \operatorname{rank}(f'(x)) < M\}$$

称为临界集,点 $x\in\Omega$ 称为临界点. $\mathscr{C}$ 是 Ω 中的闭集,这因为若在 Ω 中 $x_n\to x$,则 $\operatorname{rank}(f'(x_n))\geqslant\operatorname{rank}(f'(x))$. 以下与集合 $\mathscr{C}$ 有关的补充结果很重要.

(1.6.1) 设 Ω 是 $\mathbf{R}^N$ 的一个开子集,则

(i) Sard 定理 若 $f(x)$是映 Ω 到 $\mathbf{R}^m$ 中的一个 p 次连续可微映射,倘若 $N-m+1\leqslant p$,则临界值集 $f(\mathscr{C})$在 $\mathbf{R}^m$ 中测度为 0.

(ii) A. Morse 定理 若 $F(x)$是定义在 Ω 上的 N 次连续可微实值函数, $\mathscr{C}$ 表示 $F(x)$的临界点集合,则 $F(\mathscr{C})$在 $\mathbf{R}^1$ 中测度为 0.

这两个结果在分析中有着大量的应用. 第三章将讨论这些结果的无穷维的类似结果.

对于定义在 $\mathbf{C}^N$ 的有界域 Ω 上、映 $\mathbf{C}^N$ 入 $\mathbf{C}^M$ 中的复解析映射 f,它的许多附加的映射性质是已知的.

(1.6.2) (i) 当 $N=M$ 时, z_0 是 f 的一个奇点当且仅当 f 在 z_0 附近不是一对一的.

(ii) 若 z_0 是集合 $S=\{z\mid f(z)=p\}$上的一点,则在 z_0 的一个小邻域 U 中, $S\cap U$ 由有限个不可约分支$\{V_i\}$组成,每个 V_i 或是一个点,或包含一条解析(非平凡的)曲线. 此外,若 $V_i\neq V_j$,则 V_i 包含一条不在 V_j 中的解析曲线.

(iii) 若 $S=\{z\mid f(z)=p\}$紧,则 S 由有限个点组成.

Sard 定理可用来定义连续映射 $f:\Omega\to\mathbf{R}^N$ 的度. 倘若在 $\partial\Omega$ 上 $f(x)\neq p$ 且 Ω 有界,则当 $p\in R^N$ 时,度这个整数提供了方程 $f(x)=p$在 Ω 中解的数目的“代数”和. 我们的定义给在以下三个部分:

(i) 假定 f 是 $\Omega\to\mathbf{R}^N$ 的一个 C^1 映射, $f'(x)$的秩为 N,从而每当 $f(x_0)=p$ 时, f 在 x_0 点的 Jacobi 行列式$|J_f(x_0)|\neq 0$. 那么我们定义 f 在 p 点关于 Ω 的度为

$$d(f,p,\Omega) = \sum_{f(x)=p} \operatorname{sgn} | J_f(x) |.$$

根据 $\bar{\Omega}$ 的紧性以及反函数定理,这个和是有限数.

(ii) 今假定已知 f 是 $\Omega \to \mathbf{R}^N$ 的一个 C^1 映射,则由(1.6.1(i)),我们可找到一个正则点列$\{p_n\}$(关于(f,Ω)),使得在 $\mathbf{R}^N$ 中 $p_n \to p$.然后我们可定义 f 在 p 处的度为

$$d(f,p,\Omega) = \lim_{n\to\infty} d(f,p_n,\Omega).$$

(iii) 最后,若只知道 f 在 Ω 中连续,存在一个 C^1 映射列 f_n 在 $\bar{\Omega}$ 上一致收敛于 f.我们则可令

$$d(f,p,\Omega) = \lim_{n\to\infty} d(f_n,p,\Omega).$$

可证,在(ii)和(iii)中,函数 $d(f,p,\Omega)$有定义,而极限存在并且与逼近序列的选取无关.由定义不难得到度函数的基本性质.对有界域 $D \subset \mathbf{R}^N$,它们是:

(1.6.3) (i) (边界值依赖性) $d(f,p,D)$由 $f(x)$在∂D 上的作用唯一确定.

(ii) (同伦不变性) 假定对任意 $t \in [0,1]$, $H(x,t) = p$ 没有解 $x \in \partial D$,则当 $H(x,t)$是 x 和 t 的一个连续函数时, $d(H(x,t),p,D)$是与 $t \in [0,1]$无关的一个常数.

(iii) (连续性) $d(f,p,D)$是 $f \in C(\bar{D})$(关于一致收敛)和 $p \in D$ 的一个连续函数.

(iv) 当 p 和 p'处在 $\mathbf{R}^N - f(\partial D)$的同一连通分支内,则

$$d(f,p,D) = d(f,p',D).$$

(v) (区域分解) 若$\{D_i\}$是 D 的不交开子集的一个有限集族,并当 $x \in (\bar{D} - \bigcup_i D_i)$时 $f(x) \neq p$,则

$$d(f,p,D) = \sum_i d(f,p,D_i).$$

(vi) (笛卡儿乘积式) 若 $p \in D \subset \mathbf{R}^N$, $p' \in D' \subset \mathbf{R}^m$, $f: D \to \mathbf{R}^N$, $g: D' \to \mathbf{R}^m$,则当下式右端有定义时,有

$$d((f,g),(p,p'),D \times D') = d(f,p,D) \cdot d(g,p',D').$$

(vii) 若在 $\bar{D}$ 中 $f(x) \neq p$,则 $d(f,p,D) = 0$.

(viii) (奇映射) 设 D 是关于原点的一个对称区域，且在∂D 上有$f(-x)=-f(x)$，其中 $f: D \to \mathbf{R}^N$，在∂D 上 $f(x)\neq 0$，则 $d(f,0,D)$是奇数.

(ix) 若 $d(f,p,D)\neq 0$，则方程 $f(x)=p$ 在D 中有解.

(x) 设 f 是映 $\mathbf{C}^n$ 中原点的邻域U 到自身的复解析映射，而 $f(0)=0$. 若原点是 f 的一个孤立零点，而 Jacobi 行列式 $\det|J_f(0)|=0$，则对原点的任何充分小的开邻域 U'有

$$d(f,0,U')\geqslant 2.$$

在确定连续映射定性性质时，刚才介绍的映射度很有用. 作为一个简单的例子，我们证明

(1.6.4) **Brouwer 不动点定理** 设 f 是 $\mathbf{R}^N$ 中映单位球 $\sigma=\{x\,|\,|x|\leqslant 1\}$到自身的连续映射，则 f 在σ 中至少有一个不动点.

证明 我们证明在 σ 的边界上或在其内部，f 有不动点. 假定 f 在σ 的边界$\partial\sigma$ 上没有不动点，则度 $\delta=d(x-f(x),0,|x|<1)$ 有定义，在这种情况我们证明，用同伦映射

$$h(x,t)=x-tf(x),t\in[0,1]$$

连接恒等映射与 $x-f(x)$可得 $\delta=1$. 因为 f 映σ 到自身，故 $|f(x)|\leqslant 1$，从而方程 $h(x,t)=0$ 在 σ 的边界$\partial\sigma$ 上无解. 事实上，若方程在$\partial\sigma$ 上有解，则必有 $t=1$，f 在$\partial\sigma$ 上就有不动点. 于是，由(1.6.3)中提到的度的同伦不变性，

$$\delta=d(x,0,|x|<1)=1(\text{根据定义}).$$

故由(1.6.3(ix))，f 在σ 中有不动点. 从而结论成立.

第五章中，我们将研究 Banach 空间之间的映射类的度的推广，并用这个推广解决分析中的许多问题.

1.6B 同伦不变性

同伦群 设 $M(X,Y)$表示拓扑空间 X 和 Y 之间的连续映射的集合. 两个映射 $f,g\in M(X,Y)$称为同伦，是指存在单参数映射族 $f_t\in M(X,Y)$，f_t 连续依赖于$t\in[0,1]$并连接 f 与g，即使得 $f_0=f$ 而$f_1=g$. 易证，同伦是一个等价关系，并将 $M(X,Y)$

划分成同伦类的集合,记为$[X,Y]$.于是可望得到有关这些同伦类的信息,并且如果可能,还可望借助于 X 和 Y 的拓扑性质来决定类$[X,Y]$.

相应地,可将一个代数结构引入$[X,Y]$.例如,若用 $X=S^1$ 表示这样的区间$[0,1]$:其中,两端点看成相等,则可固定一个基点 $y_0\in Y$,并将注意力集中于使 $f(0)=y_0$ 的映射 $f\in[S^1,Y]$.对两个这样的映射 $f,g\in[S^1,Y]$,可定义

$$[f]\cdot[g]=[f\cdot g],$$

其中

$$f\cdot g(s)=\begin{cases}g(2s), & 0\leqslant s\leqslant\frac{1}{2},\\ f(2s-1), & \frac{1}{2}\leqslant s\leqslant 1.\end{cases}$$

易证,在具有固定基点 y_0 的集合$[S^1,Y]$上,这个运算满足群的公理.这个群称为 Y 关于 y_0 的基本群,记为 $\pi_1(Y,y_0)$.

更一般地,考虑 n 维立方体 I^n(n 个$[0,1]$的积)和它的边界 ∂I^n以及映射的同伦类$[I^n,Y]$,这些映射映∂I^n 到固定基点 y_0,就可以定义高同伦群 $\pi_n(Y,y_0)$.对两个这样的映射,可令

$$[f]\cdot[g]=\begin{cases}f(2t_1,t_2,\cdots,t_n), & 0\leqslant t_1\leqslant\frac{1}{2},\\ g(2t_1-1,t_2,\cdots,t_n), & \frac{1}{2}\leqslant t_1\leqslant 1.\end{cases}$$

再验证这个运算可使上面的同伦类成为一个群 $\pi_n(Y,y_0)$.该群 $\pi_n(Y,y_0)$也可考虑用$[S^n,Y]$中映固定点 $s_0\in S^n$ 到 y_0 的元素来描述.事实上,若 I^n 的边界∂I^n 恒等于点 s_0,则商 $I^n/\partial I^n$ 拓扑等价于S^n.故 $\pi_n(Y,y_0)$的元素可以恒等于同伦类$[S^n,Y]$,该同伦类映固定点 $s_0\in S^n$ 为 y_0.若 Y 是单连通的,则 $\pi_n(Y,y_0)$与基点 y_0 无关,从而可用记号 $\pi_n(Y)$.

在同伦理论中,最重要的是球面同伦群 $\pi_k(S^n)$的计算.以下结果是众所周知的:

(1.6.5) $\pi_k(S^n)\approx\{0\},k<n,$

(1.6.6) $\pi_n(S^n)\approx\mathbf{Z}.$

1.6A 节中所引进的映射度概念可用于改进(1.6.6),这由给出一个有效的方法来确定所给映射 $f:S^n\to S^n$ 的同伦类来实现.设 $\widetilde{f}$ 是 f 到 $\sigma=\{x\,|\,|x|<1\}$ 中的任一连续扩张,我们注意到 f 的度就是 $d(\widetilde{f},0,\sigma)$. H. Hopf 的以下结果指出,这个度是相同维数球面之间映射的唯一同伦不变量.

(1.6.7) **定理** 设 f 和 g 是 S^n 到 S^n 中的两个映射,则 f 与 g 同伦当且仅当 f 与 g 的度相等.

其次,当 $p\geqslant 0$ 时,我们考虑同伦群 $\pi_{n+p}(S^n)$ 的性质.第五章中,一个重要的事实是说:当 $n\to\infty$ 时,群 $\pi_{n+p}(S^n)$ 稳定(即当 n 充分大时,$\pi_{n+p}(S^n)\approx\pi_{n+1+p}(S^{n+1})$).事实上,有 Freudenthal 和 Serre 的以下结果:

(1.6.8) 设 p 是非负整数,则对任何整数 $n>p+1$,同伦群是典范同构.此外,当 $p>0$ 时,这些稳定群是有限的.

在这方面,映射的纬垂概念至关重要.为定义这个概念,设 f 是 $S^r\to S^n$ 的映射,则 f 的纬垂 $S(f)$ 是 $S^{r+1}\to S^{n+1}$ 的一个映射,它是 f 的一个扩张(这只要我们分别把 S^r 与 S^n 看成 S^{r+1} 与 S^{n+1} 的赤道). $S(f)$ 是这样构成的:它连续映 S^{r+1} 的北半球入 S^{n+1} 的北半球;在南半球亦然.纬垂诱导出一个同态 $E:\pi_r(S^n)\to\pi_{r+1}(S^{n+1})$.并且事实上,这个同态产生(1.6.8)的同构.

对于 $1<n\leqslant p+1$,不稳定同伦群 $\pi_{n+p}(S^n)$ 表现出特别有意思的性质.实际上,确定它们也会引出相当深刻的拓扑问题. Hopf 指出:$\pi_3(S^2)$ 是无限的,并且事实上同构于整数加法群,同时,$\pi_4(S^3)\simeq Z_2$,Z_2 是两个元素的 Abel 群.事实上,当 n 是偶数时,每个形如 $\pi_{2n-1}(S^n)$ 的群都是无限的.因此我们可以断定,当 $p>0$ 时,在纬垂运算下,许多信息丢失了.于是,在分析中利用这些不稳定群是一个有意思的问题,我们将在第五章中扼要地讨论.

今后,无穷维 Banach 空间之间映射的限制类的同伦分类非常重要.为阐明这点,可考虑非线性算子方程的可解性问题.自然的方法是把所给方程变成一个较简单的方程,使得从简单方程的可解性推出原来所给方程的可解性.这个问题以及它与无穷维同伦的关系将在第五章中讨论.

1.6C 同调与上同调不变量

(i) 奇异同调群 设 δ_p 表示 $\mathbf{R}^{p+1}$中标准的 Euclid 单形,则定义在拓扑空间 X 上的奇异 p 单形是将δ_p 映入X 的连续映射σ.在一个加法 ABel 群 $\mathscr{G}$ 上,X 上的奇异 p 链是奇异 p 单形σ_i 的一个形式线性组合 $c = \sum g_i\sigma_i$, 其系数 g_i 在 $\mathscr{G}$ 中.这种链的集合 $C_p(X,\mathscr{G})$构成一个加法 Abel 群.若 $f: X \to X'$ 是连续映射,$c \in C_p(X,\mathscr{G})$,则令 $f_1(\sum g_i\sigma_i) = \sum g_i f(\sigma_i)$,我们由此来定义一个诱导同态

$$f_1: C_p(X,\mathscr{G}) \to C_p(X',\mathscr{G}).$$

今若以 $\delta_p = [x_1, x_2, \cdots, x_p]$表示标准 Euclid p 单形,则在相应的奇异单形上,我们以

$$d(x_0, x_1, \cdots, x_p) = \sum_{i=1}^{p}(-1)^i[x_0, x_1, \cdots, \hat{x}_i, \cdots, x_p]$$

来定义边界算子 d,其中符号ˆ表示删去该顶点.对于一般的奇异 p 单形$\sigma(x_1, \cdots, x_p)$,我们令

$$d\sigma = \sigma_1 d(x_0, x_1, \cdots, x_p);$$

同时,对一般的元素 $\alpha \in C_p(X,\mathscr{G})$, $\alpha = \sum g_i\sigma_i$, 我们来线性地扩张 d,即使 $d\alpha = \sum g_i d\sigma_i$. 于是 d 是$C_p(X,\mathscr{G}) \to C_{p-1}(X,\mathscr{G})$的一个同态,且 $d^2 = 0$.

$d: C_p(X,\mathscr{G}) \to C_{p-1}(X,\mathscr{G})$ 的核表示为 $Z_p(X,\mathscr{G})$, 称为 X 在 $\mathscr{G}$上的 p 维循环群;同时,$d: C_{p+1}(X,\mathscr{G}) \to C_p(X,\mathscr{G})$的象记为 $B_p(X,\mathscr{G})$,称为 X 在$\mathscr{G}$上的 p 维边界群.现在,相应的商群表示为 $H_p(X,\mathscr{G})$,称为 X 在$\mathscr{G}$上的 p 维同调群,即

(1.6.9) $$H_p(X,\mathscr{G}) \equiv Z_p(X,\mathscr{G})/B_p(X,\mathscr{G}).$$

可由考虑 X 的子空间 Y 来将这个定义拓广.事实上,同态 d: $C_p(X,\mathscr{G})\to C_{p-1}(X,\mathscr{G})$映子群 $C_p(Y,\mathscr{G})\to C_{p-1}(Y,\mathscr{G})$,于是,$d$ 诱导出同态

$$d'_p: C_p(X,\mathscr{G})/C_p(Y,\mathscr{G}) \to C_{p-1}(X,\mathscr{G})/C_{p-1}(Y,\mathscr{G}),$$

而 $d'_{p-1}d'_p=0$. 用 $Z_p(X,Y,\mathscr{G})$表示 d'_p 的核,用 $B_p(X,Y,\mathscr{G})$表示 d'_p的象,那么,我们可将第 p 个相对同调群定义为

(1.6.10) $\quad H_p(X,Y,\mathscr{G})=Z_p(X,Y,\mathscr{G})/B_p(X,Y,\mathscr{G}).$

显然,若 $Y=\varnothing$,则(1.6.10)与(1.6.9)重合.

Abel群 $H_q(X,A)$的秩称为(X,A)的第 q 个 Betti 数 $R_q(X,A)$,交错和

$$\chi(X,A)=\sum_{q=0}^{\infty}(-1)^q R_q(X,A)$$

称为(X,A)的 Euler-Poincaré 示性数.

今后,确定某个已知空间的同调很重要. 于是,若 $E^N=\{x \mid |x|\leqslant 1, x\in\mathbf{R}^N\}$,并且 $S^{N-1}=\partial E^N$,我们可得

$$H_q(E^N,S^{N-1},\mathscr{G})=\begin{cases}0, & q\neq N,\\ \mathscr{G}, & q=N;\end{cases}$$

$$H_p(S^{N-1},\mathscr{G})=\begin{cases}0, & q\neq 0,N-1,\\ \mathscr{G}, & q=0,N-1(N\neq 1);\end{cases}$$

$$H_0(S^0,\mathscr{G})=\mathscr{G}\oplus\mathscr{G}.$$

(ii) 奇异上同调群 拓扑空间 X 关于某个固定的 Abel 群 $\mathscr{G}$ 的奇异上同调群 $H^p(X,\mathscr{G})$,形式上,可利用对偶由相应的奇异同调群来定义.实际上,在上同调群的元素间定义一个"上积",则 X 的奇异上同调群就有一个加法环结构.在第六章,我们将此结构用于估计定义在无穷维流形 X 上泛函 $\mathscr{I}(u)$的临界点数目.

(iii) 有限维 M.Morse 临界点理论 在定义于有限维光滑流形上的 C^2 实值函数的 Morse 临界点理论中,刚才所说的奇异同调理论具有根本性的价值.这个理论由对定义在 $\mathbf{R}^N$ 上的 C^2 实值函数的临界点进行分类开始.最简单的临界点称为非退化的,它由这些点 x_0 组成:在 x_0 处$\nabla F(x_0)=0$,但 F 在 x_0 处的 Hesse 行列

式 $\det|H_F(x_0)|\neq 0$. 这种点是孤立的,而且事实上可由一个向量空间的维数 q 来分类,在该空间上,当 $\xi\in R^q$ 时,二次型 $F''(x_0)\xi\cdot\xi$是负定的,这个数 q 称为临界点 x_0 的指数. M. Morse 的一个引理指出,若 $x=0$ 是一个 C^2 实值函数 $F(x)$的非退化临界点,它具有指数 q,则在 0 的某个邻域 U 中,存在一个局部坐标系$(y_1,y_2,\cdots,y_N)$,使得

$$(1.6.11)\qquad F(y)-F(0)=-\sum_{i=1}^{q}y_i^2+\sum_{i=q+1}^{N}y_i^2.$$

更一般地,若 x_0 是定义在 $\mathbf{R}^N$ 上的C^2 实值函数 $F(x)$的任一临界点,则当 $\det|H_F(x_0)|=0$ 时,称 x_0 是退化的.若 x_0 是 $F(x)$ 的既退化又孤立的临界点,我们可用它的 Morse 型数,即用各种指数与 x_0 等价的非退化临界点的数目来对其进行分类.更明确地,一个 实值函数 $F(x)\in C^2(\mathbf{R}^N)$的孤立临界点 x_0 的型数是一个正整数序列$(m_0,m_1,\cdots)$,其中 $F(x_0)=c_0$,而定义每个

$$m_q=R_q(F^{c_0+\varepsilon}\cap O(x_0),F^{c_0-\varepsilon}\cap O(x_0);\mathbf{Z})$$

(即$(F^{c_0+\varepsilon}\cap O(x_0),F^{c_0-\varepsilon}\cap O(x_0))$关于 $\mathbf{Z}$ 的第 q 个 Betti 数),其中 $\varepsilon>0$ 是充分小的数,$F^c=\{x\,|\,F(x)\leqslant c\}$,$O(x_0)$是 x_0 的充分小的邻域.有关这些型数,已知以下事实:

(1.6.12) 实值函数 $F(x)\in C^2(\mathbf{R}^N)$的孤立临界点 x_0 的型数$(m_0,m_1,\cdots)$有限,并且当 $q>N$ 时 $m_q=0$.

(1.6.13) 指数为 q 的非退化临界点的型数是

$$m_i=\begin{cases}0, & i\neq q,\\ 1, & i=q.\end{cases}$$

(1.6.14) C^2 实值函数 $F(x)$的孤立临界点 x_0 的型数是 F 在这种意义下的下半连续函数:即,若在 x_0 的一个小邻域 U 上,G 只有非退化临界点,并且在 $C^1(U)$中,G 与F 充分邻近,则在 U 中,当 $q=0,1,2,\cdots$时,G 至少有 m_q 个指数为q 的非退化临界点.

进一步,假定 $\mathfrak{M}$ 是一个紧光滑 N 维流形,则非退化临界点和退化临界点的概念,非退化临界点的指数与型数的概念,均可借助

于我们在 $\mathbf{R}^N$ 中开集上的定义利用局部坐标系来定义.事实上,在局部微分同胚下,这些概念都是不变量.

在这样一个紧光滑流形 $\mathfrak{M}$ 上,易证(用 Sard 定理)$\mathfrak{M}$ 上只有非退化临界点的实值函数 $F(x)$的族在 $C^2(\mathfrak{M})$中是开且稠密的.此外,对于定义在 $\mathfrak{M}$ 上的任何这种函数,倘若$[a,b]$不含 $F(x)$的临界水平,则集合 $\mathfrak{M}^a=\{x\mid F(x)\leqslant a\}$是集合 $\mathfrak{M}^b=\{x\mid F(x)\leqslant b\}$的形变收缩核.另一方面,若 $F^{-1}[a,b]$包含指数为 q 的单个临界点,则 $\mathfrak{M}^b\approx\mathfrak{M}^a\cup E^q$,即 $\mathfrak{M}^b$ 同胚于 $\mathfrak{M}^a$ 与 q 维胞腔E^q 的不交的并.

最后,我们来谈谈一个既有趣又有用的关系式,它在 C^2 实值函数 $F(x)$的 Morse 指数与映射 f 的 Brouwer 度之间成立,其中,$F(x)$定义在孤立临界点 $x_0\in\mathbf{R}^N$ 的邻域中,$f=\operatorname{grad}F$ 是关于中心在x_0 处的充分小的球 σ_ε 的映射.事实上,在$\partial\sigma_\varepsilon$ 上相当一般的边界条件下,若

$$M_F(x_0)=(m_0,m_1,m_2,\cdots,m_N),$$

则以下公式成立:

$$d(f,x_0,\sigma_\varepsilon)=\sum_{i=0}^{N}(-1)^i m_i. \tag{1.6.15}$$

注　记

A　关于分析中非线性问题的系统方法的历史注记

随着微积分的出现,分析中的非线性问题就自然产生了.在17～18世纪的数学文献中,充满了各种明确的和巧妙的解法,这些工作导致了 Euler 和 Largrange 去考虑变分学的一般理论.此外,当试图把 Newton 的待定系数法建立在一个严格的基础上时,对于解析的非线性问题,Cauchy 最终采用强函数法.这个证法的广泛应用持续到今天.在研究实数上的联立代数方程组或超越方程的解时,Cauchy 还系统地应用了极小化方法(最速下降法).

此外,Poincaré 自 1870 年开始,给我们的学科增添了一个新

方向.他致力于非线性问题的定性方向,并揭示了数学研究的许多全新课题.由物理学和几何学的系统研究所推动,Poincaré 在诸如分歧理论(Poincaré 自己创造的术语)、大范围变分学、拓扑方法在常微分方程组周期解研究中的应用等众多领域中,都引进了新概念.这里仅提到了一小部分.

1900 年国际大会上 Hilbert 的著名演讲包含了分析中许多有魅力的非线性问题,并且特别刺激了有关非线性椭圆型偏微分方程的研究.对于在更抽象水平上的发展来说,后一个课题被证明是决定性的.特别,由 S. Bernstein 在 20 世纪初期所获得的关于非线性椭圆型偏微分方程的 Hilbert 问题的结果,具有充分的普遍性,它为以后的抽象化和推广提供了基础.

早期,Picard 把逐次逼近的思想引入非线性分析,这个思想是 Cauchy 强函数法的自然拓广.随后,S. Banach 在 1920 年的论文中把它推广成压缩映射原理.这篇文章标志着非线性泛函分析的从容诞生.这个时期的其他重要结果包括 E. Schmidt 关于非线性积分方程的工作和 Liapunov 对于平衡旋转形状的分歧现象的研究.

在非线性分析的发展过程中,"Invariant points in function space"是一篇关键性的论文,它由 Birkhoff 和 Kelogy 发表于 1922 年.这篇文章引发了关于无穷维空间中不动点定理的许多研究以及从代数拓扑到分析的其他拓广.最深刻的研究归于 J. Schauder,他把他的普遍性结果系统地应用于非线性椭圆型偏微分方程问题.1934 年,当 Leray 和 Schauder 的文章"Topologie et equations fonctionelles"发表时,这个发展达到了高峰.见 Cacciopoli(1931).

在非线性问题的早期研究中,作为最后一个关键进展,我们要提到大范围变分学上的进展,它由 Marston Morse 在 1922 年开始,以及稍后由 Liusternik 和 Schnirelman 得到.

第二次世界大战实际已摧毁了波兰的泛函分析学校,而由 Banach 和 Schauder 计划的关于非线性分析问题的合印本从未印刷发行.

B　数学经济学中非线性问题来源

作为出现在经济学中非线性问题的一个典型例子,我们提出在消费行为理论中出现的可积性问题.假定已知经验状态由顾客和需求函数组成,其中,这些顾客有作用于 $n+1$ 维商品空间的固定收入 M,每种商品按指定价格 p_j 出售(假定 p_i 是严格正的),需求函数

$$x_j = f_j(p_1, p_2, \cdots, p_{n+1}, M) \quad (j = 1, 2, \cdots, n+1);$$

这些函数唯一确定第 j 种商品的数量,其中,第 j 种商品以 x_j 作为价格和收入的函数.该可积性问题在于确定附加在函数 f_j 上的条件,这些条件确保消费者按以下方式行动:他使满足预算约束的"效用函数"极大化.这个问题是"变分学中逆问题"的一个简单例子.此外,在适当的正规化和简化之后,这个问题可通过非线性偏微分方程

$$\frac{\partial M}{\partial p_j} = f_j(p_1, p_2, \cdots, p_{n+1}, M) \quad (j = 1, \cdots, n+1),$$

$$M(p_0) = M_0$$

的解来研究.假定这些需求函数 Lipschitz 连续但又不可微(数学经济学中一种有用的情况)时,会出现特别有意思的情况.对这个领域内有趣的历史和现代进展的进一步讨论,有兴趣的读者可参考新书"Preference, Utility and Demand",它由 L. Hurwicz 和 J. Chipman 等人编辑.也可参考 Beger 和 Meyers(1971)在该卷中的文章.

C　维量分析和积分不等式

1.4 节的许多积分不等式都对 L_p 范数和 Sobolev 范数成立,其中,绝对常数均与相应区域 $\Omega \subset R^n$ 无关.为了获得这种情况的其他信息,名为维量分析的一种简单手段有用处.这个手段在于指出:一个不等式若对一个给定的函数 $u(x)$ 成立,则必对 $u(cx)$ 也成立,其中,c 是常数,它可取任意正值.例如,假定一个形如

$$\| u \|_{L_p(\Omega)} \leqslant K \| \nabla u \|_{L_2(\Omega)}, \; u \in \mathring{W}_{j,2}(\Omega)$$

的不等式成立，其中 K 是与 Ω 的大小无关的绝对常数，p 是待定正数，那么有兴趣的读者不难根据维量分析，证明使这个不等式成立的唯一 p 值是 $p=2n/(n-2)$，此结果与(1.4.5)完全一致.

D　无界域的加权范数和 Kondrachov 紧性定理

对于一般的无界域(例如 $\mathbf{R}^N$)，Kondrachov 紧性定理(1.4.7)失效. 正如课文中所提到的，对于许多有意思的非线性问题来说，紧性损失是严重问题. 于是，注意以下这点很有意义：倘若在 Sobolev 范数中引入适当的权(在无穷远处衰减)，Kondrachov 紧性定理就可推广到一般的无界域. 作为一个简单例子，我们指出，后面第六章的以下结果将被证明是有用的：设 Ω 是 $\mathbf{R}^n$ 中的任意区域，若 $\{u_k\}$ 是具一致有界 $W_{m,p}(\Omega)$ 范数的函数列，则只要 $q \geqslant p > 1$，$\{u_k / |x|^\alpha\}$ 在 $L_q(\Omega)$ 中就有收敛子列，α 是满足 $(\alpha-n)/q<(s-n)/q$ 的数，而 m,p 和 q 有着如同 Kondrachov 定理中那种关系. 对于这个方面进一步的结果，读者可参阅参考文献中 Beger 和 Schechter 的文章(1972).

E　Korteweg-Devries 方程

有趣的 Korteweg-Devries 方程

$$u_t + uu_x + u_{xxx} = 0,\ (x,t) \in \mathbf{R}^2$$

最先出现在水波的近似理论中. 对于正数 c，它有形如

$$u(x,t) = s(x - ct)$$

的行进波解. 这里，$s(x) = 3c\operatorname{sech}^2(x\sqrt{c}/2)$，且被称为“孤波”或“孤子”. 此外，已观察到这个方程的任意一个解当 $|x|\to\infty$ 时衰减为 0，则当 $|t|\to\infty$ 时可渐近地看成有限个孤子的一个叠加. 这个方程也有一个无数运动的积分，它在某种意义下是“可积的”. 进一步的讨论可见 Lax(1968)，Zakharov 以及 Faddeev(1971)的文章.

F　文献书目的注记

1.1 节　在研究流形上闭测地线时，定性的非线性分析的早期应用可在 Poincaré(1905)，Birkhoff(1927)以及 Morse(1934)的工作中找到. 关于卵形面上至少有三条闭的简单测地线的 Poincaré 猜想为非线性问题的众多深入研究提供了动机，而这些

工作是由 Ljusternik 和 Schnirelman(1930)开始的.

关于 Plateau 问题的历史讨论,读者可参考 Courant(1950).这个问题对高维的推广已被证实是近年来一个卓越的成果.正如在 Federer(1969)中那样,它需要研究几何测度理论.但这个课题已超出本书的范围(见 Nitsche,1974).

借助于非线性偏微分方程将代数曲线单值化,正如这里所讲的,Poincaré(1890)已讨论(见 Berger,1969).Kazdan 和 Warner (1974)对方程(1.1.6)有很好的讨论,它与指定的 Gauss 曲率的共形度量有关.Yamabe 的文章(1960)对一些存在性问题的现代研究提供了许多推动力,其中包括具指定曲率性质的度量的存在性和非线性偏微分方程光滑解的存在性.

Nirenberg(1964)谈到了高维复流形上复结构的形变问题的非线性方面.

von Kármán(1940)对经典数学物理中的非线性性质作了一个很好的综述.值得注意的是对非线性问题的抽象结构很少研究.与这个课题有关的进一步的参考文献,我们推荐以下的现代书籍:Szebehely(1967)关于天体力学的,Volmir(1967)关于非线性板与壳的以及 Batchelor(1967)关于流体力学的著作.最后一本书中有涡环的许多引人入胜的图.

不幸的是,现代数学物理的文献如此繁杂,以至于很难对出现的非线性现象作出统一讨论.对(1.1.21),我们的讨论基于 Wightman(1974).Einstein 的专著(1955)清楚地表明,对于相对论来说,在寻找非线性偏微分方程的奇异性自由解中,新方法很重要.在 Titza(1960), Landau(1937)和 Brout(1967)中,可以找到对相变的有趣讨论.此外可见 Rosen(1969),那里得到了方程(1.2.6)的结果.

1.2 节 Heissenberg(1967)对非线性系统的固有的性质进行了很好的讨论.关于湍流和非线性系统对参数的临界依赖性之间的关系可见 Landau(1944)和 Ruelle-Takens(1933)的文章.在 von Neumann(1957)的文章中,可找到有关维数和非线性增长的有意思的评论.

从历史上来说,用线性问题中发展起来的方法研究非线性问题已被证实是非固有困难的主要来源. 例如,像 Liapunow(1892)所做的那样,可用强函数法研究由方程(1.2.15)所定义的非线性 Hamilton 扰动下的正规方式的保持性,但所得结果较弱. 较深入的研究需要把解析与拓扑的技巧结合起来,这正如 Berger(1970)和 Weinstein(1974)那样.

1.3 节　这节所讨论的内容是相对规范的. 有关证明的一般参考文献包括以下书籍:Smirnov(1964),Riesz 和 Nagy(1952),Schechter(1971),Dunford 和 Schwartz(1958,1963)以及 Yosida(1965).

1.4 节　Sobolev 定理最初是由 Sobolev(1938)证明的. 对它的改进(1.4.1)归功于 Nirenberg(1959)和 Trudinger(1967). 这一节许多内容的证明,包括 Calderon 扩张定理,均可在 Agmon(1965)中找到.

1.5 节　在 Sobolev(1950)中,读者将找到椭圆型边值问题弱解的基本的、信息丰富的讨论. 若干时间以来,已经知道利用靴襻过程可以获得半线性椭圆型边值问题解的正则性. 书中结果(1.5.7)是 Berger(1965)得到的.

1.6 节　这里所讨论的微分拓扑基本结果的证明可在 Milnor(1963,1965)中找到. 对于代数拓扑的结果,读者可参考 Spanier(1966),Hilton(1953)和 Wallace(1970)的书. Morse(1934),Seifert 和 Threfall(1938),Milnor(1963)以及 Pitcher(1958)都对有限维 Morse 理论以及 Morse 型数有很好的讨论.

G　在紧复流形上的 Einstein 度量

有一个重要问题超出了我们在 1.1(iv)节的讨论:即在紧复流形 $\mathfrak{M}$ 上,将一个给定的 Kähler 度量 g 光滑地变形为常纯量曲率的 Kähler 度量 $\tilde{g}$. 对于高维复流形,共形变形不能完成这个工作. 这样一个变形可由给定的度量 g 变形为 Einstein-Kähler 度量 $\tilde{g}$ 来获得. Einstein 度量 $\tilde{g}$ 可由其 Ricci 张量与 $\tilde{g}$ 成比例来刻画. 这种变形最近已由 S. T. Yau 成功地证实(Commun. Pure and Appl. Math. 1978). 方法是,将注意力限于具丰富非负陈(省身)类 c_1(即 Ricci 曲率张量充分负的 Kähler 流形). 为了完成 E. Calabi 和 T. Aubin 的工作, Yau 找出了对 Einstein 度量所需的变形. 方法是,对于整体定义在 $\mathfrak{M}$ 上的单个非线性椭圆型微分方程,证明存在光滑解. 在代数几何中,尤其是对 1.1(iii)节中所说的单值化问题,这个结果也有有意思的应用,所含的非线性方程是较高维的 Monge-Ampere 方程,而这类非线性问题是我们课题中的一个重要方面.

H　Euclid Yang-Mills 场的瞬子

将现代 Euclid 量子场论与大范围微分几何联系起来的一个引人入胜的问题是确定定义在 $\mathbf{R}^4$ 上所有光滑(有限作用)场 A,它是关于非 Abel 规范群 G 的 Euclid Yang-Mills 作用泛函 $S(A)$ 的临界点集. 借助于微分几何术语,这些场是以下泛函的光滑临界点集 A:该泛函由一个纤维丛曲率 $F(A)$的平方的积分所得,而该纤维丛具有固定的非 Abel 群 G 和 $\mathbf{R}^4$ 上的联络 A. $S(A)$的有限作用光滑绝对极小称为瞬子. 对一大类 Lie 群 G 来说,已能完全明确地确定这些瞬子. 换个说法,由俄罗斯研究人员 Polyakov, Belavin, Svarc 和 Tyupkin 开创的,由 Atiyah, Hitchin 和 Singer 追随的新的工作中,可确定这些瞬子. 瞬子可由拓扑不变整数 k 即它们的 Pontrjagin 指标来分类,一个固定的 Pontrjagin 指标为 k 的瞬子(关于非 Abel 单 Lie 群 G)可由求非线性椭圆型系统 S_k 的光滑解来决定,而该 S_k 定义在 $\mathbf{R}^4$ 上并在无穷处趋于0. 这个椭圆型系统表示所谓的"自对偶性"条件. 非线性系统 S_k 对于它的定义域任何场A 可以线性化. 这个线性化了的系统转而确定一个线性 Fredholm 算子 T_k,算子 T_k 具有通常的大正数指标$i(k)$,它作用于适当的 Banach 空间之间. 事实上,对于线性椭圆型系统,利用基本的泛函分析和 Atiyah-Singer 指标定理,$i(k)$一般可明确地确定(见第四章末处的注记 H).

现在还不清楚,究竟是 Yang-Mills 泛函 $S(A)$容许鞍点临界点,还是无限作用的光滑解在理论上会起重要作用.除非指定了奇异性,Yang-Mills 泛函 $S(A)$(光滑)的临界点作为“半子”是众所周知的.从微分几何和物理这两种观点来看,半子似乎都是自然的.这因为一方面,对于“夸克囚禁”的物理问题,它们似乎是重要的.另一方面,除非在指定位置指定奇异性,对于在流形上确定光滑度量来说,它们构成一个非线性 Riemann-Roch 型的类似结果.

第二章　非线性算子

本章分为 7 节,前两节我们涉及到抽象非线性算子的微积分,并指出怎样将具体给出的算子以抽象的方式来表示.后 5 节给出一些特殊类型非线性算子的定义及性质.这些特殊算子类中的每一个在今后均将被证明是有用的.在定义这些算子类时,要用到两个关键的思想:第一,用 Fréchet 导数(即用线性化)确定一类光滑的非线性算子;第二,由推广有限维空间之间的映射概念来确定一类算子.

2.1　初等微积分

初等微积分的许多结果对无穷维空间之间的映射同样适用,我们现在来考察这个重要事实.我们先规定以下记号:X 和 Y 表示 Banach 空间,f 表示从 X 到 Y 的一个给定的映射,记为 $f\in M(X,Y)$.我们将讨论 f 的以下要用到的性质:有界性,连续性(对各种类型的收敛),可积性,可微性和光滑性.

2.1A　有界性和连续性

映射 $f\in M(X,Y)$称为连续的(关于依范数收敛),是指由 X 中 $x_n\to x$ 可推出 Y 中 $f(x_n)\to f(x)$. f 称为有界的,是指它将有界集映入有界集. f 称为局部有界的,是指 f 的定义域中的每一点都有有界邻域 N 使得 $f(N)$有界.在 f 是线性的情况下,连续性与有界性这两个概念是等价的,但在一般映射中,这不成立.

由于从有限维 Banach 空间 X 到 Banach 空间 Y 中的连续映射必然有界,于是自然想将这个结果推广到无穷维空间.为此,我们引入映射 f 一致连续的概念.

(2.1.1) 若对每个 $\varepsilon>0$,都存在 $\delta(\varepsilon)>0$,使得从 $\|x-y\|<\delta$ 可推出 $\|f(x)-f(y)\|<\varepsilon$,则称映射 f 是一致连续的.

显然,一致连续映射是连续映射.事实上,我们还有:

(2.1.2) 一致连续映射是有界的.

证明 只需证明 f 将任意球 $S_r=\{x\mid\|x\|\leqslant r\}$ 映成有界集.对任一 $\varepsilon>0$,因 f 的一致连续性,故存在 $\delta>0$,使得对 $x,y\in S_r$,由 $\|x-y\|<\delta$ 可推出 $\|f(x)-f(y)\|<\varepsilon$.选取 n 是满足 $n\delta>2r$ 的任意正整数,若 $a,b\in S_r$ 则存在 n 个点 $x_i\in S_r$, $x_0=a$, $x_{n-1}=b$,使 $\|x_i-x_{i-1}\|<\delta$,因此

$$\|f(a)-f(b)\|\leqslant\sum_{i=1}^{n-1}\|f(x_i)-f(x_{i-1})\|<(n-1)\varepsilon$$

这个数与 a,b 的选择无关,由此得到结论.

实际上(除了对依范数收敛的连续性之外),对于一般的 Banach空间 X 和 Y 之间的映射 f,有三种不同的重要(序列)连续性概念.考虑 X 和 Y 的弱或强拓扑时 f 可能的作用,可得这些概念.这样,一个映射 $f\in M(X,Y)$ 可以(i) 将 X 中强收敛序列映成 Y 中弱收敛序列;(ii) 将 X 中弱收敛序列映成 Y 中的弱收敛序列;或者(iii) 将 X 中弱收敛序列映成 Y 中强收敛序列.最后一种连续性(iii)称为全连续性,这因为它可推出其余两种连续性.性质(ii)称为半连续性.在证明 f 的有界性、而 f 又与一致连续性假设无关时,连续性的这些不同概念有时有用.事实上,我们有

(2.1.3) 设 X 是自反 Banach 空间且 $f\in M(X,Y)$.若 f 将 X 中弱收敛序列映成 Y 中弱收敛序列,则 f 是有界的.

证明 我们采用反证法.假定 $\{x_n\}$ 是 X 中的有界序列,使 $\|f(x_n)\|\to\infty$.由 X 的自反性,$\{x_n\}$ 有一个弱收敛子序列 $\{x_{n_j}\}$(譬如说).由假设,$\{f(x_{n_j})\}$ 是弱收敛的;由(1.3.11),$\{f(x_{n_j})\}$ 一致有界,这一事实与 $\|f(x_n)\|\to\infty$ 矛盾.

今后将 Banach 空间 X 和 Y 之间连续映射集记为 $C(X,Y)$.

2.1B 积分

在 Banach 空间取值的函数的可积性准则,可由考虑相应的一维积分来定义.假定函数 $x(t)$ 定义在测度空间 $(T,\mu,\sigma(T))$ 上,其值域在 Banach 空间 X 中,则由对偶性,有如下定义:

定义 若对 σ 环 $\sigma(T)$ 的每个元素 E 都存在元素 $I_E(x)\in X$,使得对每个 $x^*\in X^*$,有

(2.1.4) $$x^*(I_E(x))=\int_E x^*(x(t))d\mu \quad (\text{Lebesgue 意义下}),$$

则称 $x(t)$ 可积.我们令

$$\int_E x(t)d\mu = I_E(x).$$

显然,这样定义的算子 I_E 是线性的.

Hahn-Banach 定理则保证 $\int_E x(t)d\mu$ 完全确定,并有

(2.1.5) $$\left\|\int_E x(t)d\mu\right\|\leqslant\int_E \|x(t)\|\,d\mu.$$

于是,若算子

$$I_E(x^*)=\int_E x^*(x(t))d\mu$$

在 X^{**} 中,且与 $X\to X^{**}$ 的通常嵌入算子恒等,则 $x(t)$ 是 μ 可积的.因此,严格确定在这种定义下怎样构成可积函数类很困难.这因为即使对每个 x^*, $x^*(x(t))$ 均可测且可积,一般也只有 $I_E(x)\in X^{**}$.注意,当 X 是自反空间时,定义工作顺利.一般,我们有

(2.1.6) **定理** 假定 $x(t)$ 是测度空间 $M=(T,\mu,\sigma(T))$ 上的可测函数,它取值于 Banach 空间 X(在 $x(t)$ 是 M 中的阶梯函数,或这种阶梯函数序列的极限(依范数) μ - a. e 的意义下),若 $\|x(t)\|$ 是 μ 可积的,则 $x(t)$ 是 μ 可积的.

证明 首先,我们针对取可数个值的函数来证明结论.对于 $k=1,2,\cdots$,假定在 E_k 上 $x(t)=x_k$,且

$$\int_E \| x(t) \| d\mu < \infty.$$

令

$$I_E(x) = \sum_{k=1}^{\infty} x_k \mu(E_k \cap E),$$

其中 E_k 是 μ 可测集. 这个级数绝对收敛,这因为

$$\sum_{k=1}^{\infty} \| x_k \| \mu(E_k \cap E) = \int_E \| x(t) \| d\mu < \infty.$$

因此,对任意 $x^* \in X^*$,

$$x^*(I_E(x)) = \sum_{k=1}^{\infty} x^*(x_k)\mu(E_k \cap E) = \int_E x^*(x(t))d\mu.$$

于是,在这种情况下,$I_E(x) \in X$,且 $I_E(x) = \int_E x(t)d\mu$.

令假定 $x(t)$是在 X 中取值的任意可测函数,则由定义,存在取可数个值的函数序列$\{x_N(t)\}$使

$$(*) \qquad \| x_N(t) - x(t) \| \to 0 \qquad \text{a.e.}$$

暂且假定另有

$$(**) \qquad \int_E \| x_N(t) - x(t) \| d\mu \to 0,$$

显然,$\| x(t) - x_m(t) \|$ 可测;又因为对取可数个值的函数 $x(t)$ 来说,$I_E(x)$是线性函数,故

$$\begin{aligned}
&\left\| \int_E x_N(t)d\mu - \int_E x_m(t)d\mu \right\| \\
&\leqslant \int_E \| x_N(t) - x_m(t) \| d\mu \\
&\leqslant \int_E \| x_N(t) - x(t) \| d\mu + \int_E \| x_m(t) - x(t) \| d\mu \to 0,
\end{aligned}$$

$I_E(x) = \left\{ \int_E x_N(t)d\mu \right\}$ 是X 中的 Cauchy 序列,这个序列有极限 $\bar{x}_E$,我们把它定义为 $I_E(x)$. 显然,$I_E(x) \in X$,并且它同满足上面$(*)$和$(**)$的任何逼近序列$\{x_N\}$的选取无关. 现在对任意 $x^* \in X^*$,有

$$(x^*, x_N(t)) \to (x^*, x(t))^{①} \quad \mu - \text{a.e.}$$

并且还有

$$\int_E |(x^*, x_N(t)) - (x^*, x(t))| d\mu$$

$$\leqslant \| x^* \| \int_E \| x_N(t) - x(t) \| d\mu \to 0.$$

于是

$$\int_E (x^*, x(t)) d\mu = \lim_{N\to\infty} \int_E (x^*, x_N) d\mu$$

$$= \lim_{N\to\infty} (x^*, I_E(x_N)) = (x^*, I_E(x)),$$

因此,$x(t)$是可积的.

最后,当$\int_E \| x(t) \| d\mu < \infty$时,我们来构造满足(*)和(**)的一个逼近序列$x_N(t)$.因为$x(t)$是阶梯函数的极限,故$X$中存在可数序列$\zeta_1,\zeta_2,\cdots$,在$x(t)$的值域中它是稠密的.令$w_N(t)=\zeta_k$,其中,$k$是满足$|x(t)-\zeta_k|<1/N$的最小整数.该函数$w_N(t)$可测,且对所有的$t$有$w_N(t)\to x(t)$.此外,因为连续函数和可测函数的复合函数依然可测,故$\| w_N(t) \|$和$\| x(t) \|$是实值可测函数.因此,存在简单函数列使$0\leqslant g_N(t)\leqslant \| x(t) \|$且$g_N(t)\to \| x(t) \|$.对于$w_N(t)\neq 0$,令$x_N(t)=(g_N(t)/\| w_N(t) \|)w_N(t)$;对于其余的,令$x_N(t)=0$,则$x_N(t)$取可数个值,显然可测,而且另有$\| x_N(t) \| \leqslant \| x(t) \|$及$x_N(t)\to x(t)$.由于$\| x(t) \|$可积,故$\| x_N(t) \|$可积,又,$\| x(t)-x_N(t) \| \leqslant 2\| x(t) \|$,故由 Lebesgue 控制收敛定理,

$$\int_E \| x_N(t) - x(t) \| d\mu \to 0.$$

因此$\{x_N(t)\}$是满足(*)和(**)的所需序列.

(2.1.7) **推论** 设$x(t)$是$[a,b]\to X$的连续函数,则$x(t)$可积.

---

①本章中,符号(x^*, y)与$x^*(y)$对X上的有界线性泛函来说可交换使用.——原注

并且(正如通常的那样)当$|t_{n+1}-t_n|\to 0$时,

$$\int_a^b x(t)dt = \lim_{N\to\infty}\sum_{n=0}^{N} x(t_n^*)(t_{n+1}-t_n),$$

其中$t_n^* \in [t_n, t_{n+1}]$.

证明 在$[a,b]$上,函数$x(t)$一致连续,因此阶梯函数在连续函数Banach空间$C([a,b];X)$中稠密.

对于与积分有关的进一步结果,我们建议读者参阅Gross(1964).

2.1C 微分

对于算子$f\in M(X,Y)$在点上的可微性,定义如下两种主要概念:

定义 $f\in M(X,Y)$在x_0处Fréchet可微,是指存在一个线性算子$A\in L(X,Y)$,使得在x_0的邻域U中,有

$$\| f(x)-f(x_0)-A(x-x_0)\| = o(\| x-x_0\|).$$

这时,我们记$A=f'(x_0)$,并称$f'(x_0)$是f在x_0处的Fréchet导数.若$X\to L(X,Y)$的映射$x\to f'(x)$在x_0处连续,则称f在x_0处是C^1的.

定义 $f\in M(X,Y)$在x_0处Gateaux可微,是指存在一个算子$df(x_0,h)\in M(X\times X,Y)$,使得在$x_0$的某个邻域$U$中,对$x_0+th\in U$,有

$$\lim_{t\to 0}\frac{1}{t}\| f(x_0+th)-f(x_0)-tdf(x_0,h)\| = 0.$$

此外,$df(x_0,h)$称为f在x_0处的Gateaux导数.我们记

$$\left.\frac{d}{dt}f(x_0+th)\right|_{t=0} = df(x_0,h).$$

几个显然的性质是:

(2.1.8) Fréchet导数和Gateaux导数是唯一的.

(2.1.9) 对任意数β都有$df(x_0,\beta h)=\beta df(x_0,h)$.

(2.1.10) Gateaux导数可与有界线性泛函交换.即若$y^*\in Y^*$,

$f\in M(X,Y)$在 x_0 处 Gateaux 可微,则

$$\left.\frac{d}{dt}(y^*,f(x_0+th))\right|_{t=0}=(y^*,df(x_0,h)).$$

(2.1.11) 若 f 在$x_0+th(0\leqslant t\leqslant 1)$处 Gateaux 可微,则

$$f(x_0+th)-f(x_0)=\int_0^1 df(x_0+th,h)dt.$$

事实上,由(2.1.10)有

$$\int_0^1\frac{d}{dt}(y^*,f(x_0+th))dt=\int_0^1(y^*,df(x_0+th,h))dt,$$

从而由积分定义,有

$$(y^*,f(x_0+th)-f(x_0))=(y^*,\int_0^1 df(x_0+th,h))dt,$$

由于 $y^*\in Y^*$是任意的,故结论成立.

有兴趣的读者不难证明以下结果:

(2.1.12) 映射 $f\in M(X,Y)$的 Fréchet 可微性及其导数被定义时与 X 或 Y 中的等价范数无关.

Gateaux 可微性与 Fréchet 可微性之间的关系如下:

(2.1.13) **定理** 若 $f\in M(X,Y)$在 x_0 处是 Fréchet 可微的,则它在 x_0 处 Gateaux 可微. 反之,若 f 在 x_0 处是 Gateaux 可微的,$df(x_0,h)$对 h 是线性的,即 $df(x_0,\cdot)\in L(X,Y)$,且作为从 $X\to L(X,Y)$的映射对 x 连续,则 f 在x_0 处 Fréchet 可微. 无论哪种情况,我们均有公式

$$f'(x_0)y=df(x_0,y).$$

证明 由定义直接可得由 Fréchet 可微必推出 Gateaux 可微. 为证明反过来的结论,我们首先注意,根据假设条件及上面的(2.1.9),我们可以写出

$$df(x,h)=df(x)h,$$

其中,$df(x)\in L(X,Y)$且

$$\|df(x,h)\|\leqslant\|df(x)\|\|h\|.$$

于是,利用上面的(2.1.11),得

$$
\begin{aligned}
&\| f(x+h)-f(x)-df(x)h \| \\
= &\| \int_0^1 (df(x+th,h)-df(x,h))dt \| \\
\leqslant &\int_0^1 \| (df(x+th)-df(x),h) \| dt \\
\leqslant &\int_0^1 \| df(x+th)-df(x) \| \| h \| dt = o(\| h \|).
\end{aligned}
$$

(2.1.14) 具有一致有界的 Gréchet 导数的映射是一致连续的,并因此连续且有界:

Fréchet 微分的法则与有限维的情况类似.

(2.1.15) **链式法则** 假定 X, Y 和 Z 是 Banach 空间,并且 $U\subset X, V\subset Y$ 均是开集,则若 $f\in C^1(U, Y), g\in C^1(V, Z)$,且 $f^{-1}(V)\subset U$,就有

$$[gf(x)]' = g'(f(x))\cdot f'(x).$$

(2.1.16)**乘积法则** 设 $U\subset X$ 是开集,且 $f\in M(U,\mathbf{R}^1), g\in M(U,Y)$均可微,则

$$h(x)=f(x)\cdot g(x)$$

可微,且

$$h'(x)y = f'(x)y\cdot g(x)+f(x)\cdot g'(x)y.$$

(2.1.17) 假设 U 是X 的一个开集,且 $f: U\rightarrow Y$,其中,Y 是积空间 $Y=\prod\limits_{i=1}^{N} Y_i$,则若 $f=(f_1,f_2,\cdots,f_N)$,其中 $f_i: V\rightarrow Y_i$ 是可微的,那么 f 可微,且

$$f'(x)=(f_1'(x),f_2'(x),\cdots,f_N'(x)).$$

(2.1.15)的证明 假设

$$f(x+y)=f(x)+f'(x)y+o(\| y \|),$$

则

$$
\begin{aligned}
g\cdot f(x+y) &= g(f(x)+f'(x)y+o(\| y \|)) \\
&= g(f(x))+g'(f(x))[f'(x)y \\
&\quad + o(\| y \|)]+o(\| y \|)
\end{aligned}
$$

$$= gf(x) + g'(f(x)) \cdot f'(x)y + o(\| y \|).$$

(2.1.16)的证明 假设 f 和 g 分别展开为

$$f(x+y) = f(x) + f'(x)y + o(\| y \|),$$
$$g(x+y) = g(x) + g'(x)y + o(\| y \|)$$

的形式,则

$$f(x+y)g(x+y) = f(x)g(x) + [f'(x)y]g(x) + [f(x)]g'(x)y + o(\| y \|).$$

(2.1.17) 的证明是显然的,与有限维的情况相同.

当 $U = \prod_{i=1}^{N} U_i$,且每一 U_i 是 Banach 空间 X_i 的开子集时,不难定义映射 $f \in C^1(U, Y)$的偏导数.事实上,若 $x = (x_1, \cdots, x_N) \in U$,其中,$x_i \in U_i$,则 f 对 x_i 的(Fréchet)偏导数 $D_i f(x)$可由

$$f(x_1, x_2, \cdots, x_i + h, \cdots, x_N) - f(x_1, x_2, \cdots, x_i, \cdots, x_N) = \beta(h) + o(\| h \|)$$

来定义,其中,$\beta(h) \in L(X_i, Y)$.当这个展开式成立时,令

$$D_i f(x)h = \beta(h),$$

显然,若 $D_i f(x)$存在,则 $D_i f(x) \in L(X_i, Y)$.此外,正如在标准的微积分教科书中那样,我们可以证明,若 $D_i f(x) \in L(X_i, Y)$,则

$$f'(x)h = \sum_{i=1}^{N} D_i f(x) h_i. \tag{2.1.18}$$

对于 Fréchet 微分,有类似于初等微积分中值定理的如下结论:

(2.1.19)**定理** 假定 $f \in M([a,b], X)$是一个 Fréchet 可微映射,且对 $t \in [a,b]$有 $\| f'(t) \| \leqslant \zeta'(t)$,则

$$\| f(b) - f(a) \| \leqslant \zeta(b) - \zeta(a). \tag{2.1.20}$$

$$\| f(b) - f(a) \| \leqslant \sup_{\zeta \in [a,b]} \| f'(\zeta) \| \, | b - a |. \tag{2.1.21}$$

证明 显然,对 $x^* \in X^*$,实值函数$(x^*, f(t))$可微.根据上面的(2.1.11),

$$(x^*, f(b)-f(a)) = \int_a^b \frac{d}{dt}(x^*, f(t))dt$$
$$= \int_a^b (x^*, f'(t))dt.$$

于是,若 x^* 是一个范数为 1 的线性泛函,使得

$$(x^*, f(b)-f(a)) = \| f(b)-f(a) \|,$$

我们可得

$$\| f(b)-f(a) \| \leqslant \int_a^b \| f'(t) \| dt \leqslant \zeta(b)-\zeta(a).$$

并因此(2.1.21)也成立.

2.1D　多重线性算子

可用多重线性算子作为很好的例证来说明有界性,连续性和可微性之间的关系.算子 $f \in M(X, Y)$ 称为多重线性算子,是指 $X = \prod_{i=1}^{N} X_i$, 且对每个元素 $x = (x_1, \cdots, x_N)$ 及每个整数 $k = 1, 2, \cdots, N$, $f(x_1, x_2, \cdots, x_N)$ 是 x_k 的线性算子,此时,其余所有变量保持固定.

显然,所有多重线性映射都是 Gateaux 可微的.然而,并非每个多重映射都是 Fréchet 可微的.事实上,我们有

(2.1.22) 设 $X = \prod_{i=1}^{N} X_i$ 和 Y 是 Banach 空间,若 $f \in M(X, Y)$ 是多重线性算子,那么如下事实是等价的:

(i) f 在每个点 $x \in X$ 处连续;

(ii) f 在 $x = 0$ 处连续;

(iii) f 有界,且存在绝对常数 $K \geqslant 0$,使得

(2.1.23)
$$\| f(x_1, x_2, \cdots, x_N) \| \leqslant K \| x_1 \|_{X_1} \| x_2 \|_{X_2} \cdots \| x_N \|_{X_N};$$

(iv) f 是 Fréchet 可微的.

证明　我们只证(ii)⇒(iii)以及(iii)⇒(iv),这因为其余推导均是显然的.

(ii)⇒(iii)：若 $f(x)$ 在 $x=0$ 处连续，则存在某个球 $\sigma_\delta=\{x\mid\|x\|\leqslant\delta\}$ 使 $\|f(x)\|\leqslant1$. 因为 $f(Kx)=K^Nf(x)$，故在以 $x=0$ 为心的每个球上 f 有界，从而 f 是有界算子. 令

$$|||f|||=\sup\|f(x)\|,$$

该上确界取自单位球 Σ_1 上，则 $|||f|||<\infty$. 不失一般性，我们可假定 $\|x\|=\sup_i\|x_i\|_{X_i}$. 对 X 上这样选取的范数，我们来证 (2.1.23)，其中 $K=|||f|||$. 若任一 $x_i\equiv0$，则不等式是显然的，从而我们可设 $x_i\neq0(i=1,2,\cdots,N)$. 在此情况下，令 $y_i=x_i/\|x_i\|(i=1,2,\cdots,N)$，则 $\sup\|f(y_1,y_2,\cdots,y_N)\|\leqslant|||f|||$，得到(2.1.23)，其中 $K=|||f|||$.

(iii)⇒(iv)：由简单的计算可知，在 $x=(x_1,x_2,\cdots,x_N)$ 处的 Gateaux 导数由公式

$$(\dagger)\qquad df(x,h)=\sum_j f(x_1,\cdots,x_{j-1},h_j,x_{j+1},\cdots,x_N)$$

给出，其中 $h=(h_1,h_2,\cdots,h_N)$. 显然，$df(x,h)$ 对 h 是线性的. 若能证出(a)：$\|df(x,h)\|\leqslant c\|h\|$ 和(b)：$f'(x)h=df(x,h)$，则由(2.1.23)可得(iv). 我们若假定 $\|x_i\|\leqslant M(i=1,2,\cdots,N)$，则根据(iii)，可直接从(†)推出(a). 于是，定义 $df(x,h)=f'(x)h$，经过简短计算后，由(2.1.23)我们得到

$$\|f(x+h)-f(x)-f'(x)h\|=o(\|h\|).$$

从而 f 是 Fréchet 可微的.

注 将 $X_1\times X_2\times\cdots\times X_N\to Y$ 的连续多重线性算子 f 的集合记为 $L(X_1,X_2,\cdots,X_N;Y)$. 我们注意到，取范数

$$|||f|||=\sup\{(\|f(x_1,\cdots,x_N)\|/\|x_1\|\|x_2\|\cdots\|x_N\|\},$$

由(2.1.23)，$L(X_1,X_2,\cdots,X_N;Y)$ 是一个 Banach 空间. 若 $X_1=X_2=\cdots=X_N=X$，我们就将这个空间记为 $L_N(X,Y)$.

这方面的一个有用结果是

(2.1.24) **引理** Banach 空间 $L(X_1,X_2;Y)$ 与 $L(X_1;L(X_2,Y))$ 不计线性等距同构时是等同的.

证明 我们将定义两个有界线性映射 ζ_1 和 ζ_2，它们是互逆

的,其中 $\zeta_1: L(X_1, X_2; Y) \to L(X_1; L(X_2, Y))$. 为了定义 ζ_1,设 $f(x_1, x_2) \in L(X_1, X_2; Y)$,并将 x_1 看成一个参数,于是 $f(x_1, x_2)$是一个有界线性映射 $g \in L(X_2, Y)$. 再令 $\zeta_1(f) = g$,显然,当把它看成 $L(X_1, X_2; Y) \to L(X_1; L(X_2, Y))$的映射时,$\zeta_1$ 是线性的、有界的,并且范数不超过 1. 为了定义 ζ_2,设 $g \in L(X_1; L(X_2, Y))$,则 $g(x_1)x_2 = f(x_1, x_2)$是 x_1 和 x_2 的一个双线性映射,并在 Y 中取值. 设 $\zeta_2(g) = f$,由于 $\zeta_2 = \zeta_1^{-1}$ 映 $L(X_1; L(X_2, Y)) \to L(X_1, X_2; Y)$,故得所要的结果.

一个多重线性型 $f(h_1, h_2, \cdots, h_N) \in L_N(X, Y)$称为对称的,是指在指标$(1, 2, \cdots, N)$所有的排列 $\sigma(1, 2, \cdots, N)$下它是不变量. 此外,对任一多重线性型 $f(h_1, h_2, \cdots, h_N) \in L_N(X, Y)$,我们均能对应一个属于 $L_N(X, Y)$的对称多重线性型

$$(2.1.25) \quad \mathrm{Sym} f(h_1, \cdots, h_N) = \frac{1}{N!} \sum_{\sigma(i_1, \cdots, i_N)} f(h_{i_1}, h_{i_2}, \cdots, h_{i_N}),$$

使得当且仅当 f 对称时,$\mathrm{Sym} f = f$. 此外,对任意对称型 $f(h_1, \cdots, h_N) \in L_N(X, Y)$,其极型 $f(h) = f(h, \cdots, h)$有以下性质:$f\left(\sum_{j=1}^{N} t_j h_j\right)$ 可按多项式定理展开,于是,根据对应于恒等式

$$(2.1.26) \quad f(h_1, \cdots, h_N) = \frac{1}{N!} \frac{\partial^N}{\partial t_1 \cdots \partial t_N} f\left(\sum_{j=1}^{N} t_j h_j\right)_{t_1 = t_2 = \cdots = t_N = 0}$$

的配极变换,我们可求出 $f(h_1, \cdots, h_N)$. 从而,若两个对称多重线性型 $f(h_1, \cdots, h_N)$和 $g(h_1, \cdots, h_N)$的极型相等,则可知这两个多重线性型相等:

$$f(h_1, \cdots, h_N) = g(h_1, \cdots, h_N).$$

2.1E 高阶导数

在 X 上,称一个(Fréchet)可微算子 $f \in M(U, Y)$在 x 处是两次(Fréchet)可微的,是指 $f': X \to L(X, Y)$在 x 处可微(Fréchet 意义下). 由(2.1.24),$f'(x)$的导数 $f''(x) \in L(X, L(X, Y)) = L_2(X, Y)$. 并且,若(a):对每个 $x \in U$,f 是两次(Fréchet)可微

的,(b):$f''(x):U\to L(X,X;Y)$是连续的,则 $f\in C^2(U,Y)$.若 f 两次 Fréchet 可微,则二阶导数 $f''(x)$唯一.又,我们将指出 $f''(x)$是对称的,即

$$f''(x)(h_1,h_2) = f''(x)(h_2,h_1).$$

依此类推,我们可以定义 N 阶导数为以下 N 线性型算子:若算子 $f^{(N-1)}(x)$在 x 处可微(Fréchet 意义下),则称 $f(x)$在 x 处 N 次可微. $f^{(N-1)}(x)$的导数 $f^{(N)}\in L(X,L(X^{N-1},Y))=L_N(X,Y)$,于是可看成是一个 N 阶多重线性算子.此外,若(i)对每个 $x\in U\subset X$, f 在上面的意义下 N 次可微;(ii) 作为 x 的函数, $f^{(N)}(x):U\to L_N(X,Y)$连续,则 $f\in C^N(X,Y)$.又若 $f^{(N)}(x)$存在,则唯一.我们还要指出 $f^{(N)}(x)$是对称 N 线性型.

显然,将 Gateaux 可微性的概念换到上面的定义中,则可定义高阶 Gateaux 导数 $d^Nf(x,h)$.实质上

$$\begin{aligned} d^2f(x,h_1,h_2) &= d(df(x,h_1),h_2) \\ &= \frac{d}{dt}df(x+th_1,h_2)\Big|_{t=0} \\ &= \frac{\partial^2}{\partial t_2\partial t_1}f(x+t_1h_1+t_2h_2)\Big|_{t_1=t_2=0}. \end{aligned}$$

同样,

$$\begin{aligned} & d^Nf(x,h_1,h_2,\cdots,h_N) \\ &= d\left[d^{N-1}f(x,h_1,\cdots,h_{N-1}),h_N\right] \\ &= \frac{d}{dt_N}\left[d^{N-1}f(x+t_Nh_N,h_1,h_2,\cdots,h_{N-1})\right]\Big|_{t_N=0} \\ &= D_ND_{N-1}\cdots D_1f(x+\sum_{i=1}^{N}t_ih_i)\Big|_{t_1=t_2=\cdots=t_N=0}. \end{aligned}$$

因为算子 $D_i=\partial/\partial t_i$ 与 $D_j=\partial/\partial t_j$ 可交换,故若 $d^Nf(x,h_N,\cdots,h_1)$存在,则对称.

根据(2.1.13)的以下推广,不难建立这些高阶导数之间的关

系.

(2.1.27) **定理** (i) 在 x 的邻域 U 内,若 f 是 N 次 Fréchet 可微的,用 $f^N(x)(h_1,\cdots,h_N)$ 表示 N 阶 Fréchet 导数,则 f 是 N 次 Gateaux 可微的,并且

$$d^N f(x,h_1,h_2,\cdots,h_N) = f^N(x)(h_1,h_2,\cdots,h_N).$$

(ii) 反之,在 x 的邻域 U 内,若 f 的 N 阶 Gateaux 导数 $d^N f(x,h_1,\cdots,h_N)$ 存在,$d^N f(x,h_1,\cdots,h_N)\in L_N(X,Y)$,且作为 x 的函数,$d^N f(x,h_1,\cdots,h_N)$ 从 U 到 $L_N(X,Y)$ 连续,则 f 是 N 次 Fréchet 可微的,并且两个导数在 x 处相等.

证明 (i):因为 $f(x)$ 是 k 次 Fréchet 可微的($k\leqslant N$),故存在一个多重线性算子 $A(h_1,\cdots,h_k)\in L_k(X,Y)$ 使得在 $(h_1,\cdots,h_{k-1})$ 的有界集上一致有

$$(*)\qquad \begin{aligned}&\| f^{k-1}(x+h_k)(h_1,\cdots,h_{k-1})\\ &-f^{k-1}(x)(h_1,h_2,\cdots,h_{k-1})\\ &-A(h_1,\cdots,h_k)\| = o(\|h_k\|).\end{aligned}$$

我们利用归纳法来证. 当 $k=1$ 时,由(2.1.13),(i)成立. 假定当 $n=k-1$ 时,(i)仍成立,我们要证当 $n=k$ 时(i)也成立. 事实上,我们来证明

$$d^k f(x,h_1,\cdots,h_k) = A(h_1,\cdots,h_k).$$

由归纳假设,

$$f^{k-1}(x+h_k)(h_1,\cdots,h_{k-1}) = df^{k-1}(x+h_k,h_1,h_2,\cdots,h_{k-1}),$$

而

$$f^{k-1}(x)(h_1,\cdots,h_{k-1}) = df^{k-1}(x,h_1,\cdots,h_{k-1}),$$

于是,由(*)可推出当 $t\to 0$ 时,

$$\begin{aligned}&\| t^{-1}\{d^{k-1}f(x+th_k,h_1,h_2,\cdots,h_{k-1})\\ &-d^{k-1}f(x,h_1,\cdots,h_{k-1})\} - A(h_1,\cdots,h_k)\| = o(1),\end{aligned}$$

从而 $f(x)$ 是 k 次 Gateaux 可微的,并且

$$d^k f(x,h_1,\cdots,h_k) = A(h_1,\cdots,h_k).$$

这就对 $n=k$ 证明了(i),归纳法证毕.于是 $f(x)$ 有 N 阶 Gateaux 导数,并且

$$d^N f(x,h_1,\cdots,h_N) = f^N(x)(h_1,\cdots,h_N).$$

(ii):我们仍用归纳法来证.当 $n=1$ 时,由(2.1.13),(ii)成立.假定当 $n=k-1$ 时,(ii)也成立.我们要证(ii)对 $n=k$ 成立.我们指出,对

$$A(h_1,\cdots,h_k) = d^k f(x,h_1,\cdots,h_k),$$

(*)成立.由归纳假设,

$$f^{k-1}(x+h_k)(h_1,\cdots,h_{k-1}) - f^{k-1}(x)(h_1,\cdots,h_{k-1})$$
$$= \int_0^1 \frac{d}{ds} d^{k-1} f(x+sh_k,h_1,\cdots,h_{k-1})\,ds,$$

从而(*)的右端可改写为

$$\left\| \int_0^1 d^k f(x+sh_k,h_1,\cdots,h_k)\,ds - d^k f(x,h_1,\cdots,h_k) \right\|.$$

由中值定理(2.1.19),

$$\left\| \int_0^1 d^k f(x+sh_k,h_1,\cdots,h_k)\,ds - d^k f(x,h_1,\cdots,h_k) \right\|$$
$$\leqslant \| d^k f(x+\xi h_k,h_1,\cdots,h_k) - d^k f(x,h_1,\cdots,h_k) \|$$
$$= o(\| h_k \|) \qquad (\text{由定理的假设}).$$

我们这就完成了归纳论证,证明了当 $k=N$ 时(ii)成立.

(2.1.28)**推论** 在定理(2.1.27)的假设下,对于 $k=2,3,\cdots,N$, Fréchet 导数 $f^k(x)(h_1,\cdots,h_k)$对称.

(2.1.29)**推论** 假定 $f\in M(U,Y)$,其中,U 是 X 的一个开子集,并且线段$[x,x+h]\subset U$.另设

$$\| f(x+h) - f(x) - \sum_{i=1}^{n} \frac{1}{i!} a_i(x)h^i \| = o(\| h \|^n), \tag{2.1.30}$$

其中,$a_i(x)h^i = a_i(x,h,\cdots,h)$($h$ 出现 i 次)是 $L_i(X,Y)$($i=1,\cdots,n$)中的对称多重线性算子,它们从 $U\to L_i(X,Y)$,对 x 连续.则 $f\in C^n(U,Y)$,且 $a_i(x,h_1,\cdots,h_i) = f^i(x)(h_1,\cdots,h_i)$.

证明 我们证明,若(2.1.30)成立,则

$$a_j(x,h,\cdots,h) = (d^j/dt^j)f(x+th)\big|_{t=0} \qquad (j=1,\cdots,n).$$

事实上,设 $y^* \in Y^*$ 是任意的,则

$$g(t) = (y^*, f(x+th)) \in C^n(0,1).$$

由一维 Taylor 定理及(2.1.30),

$$g(t) = (y^*, f(x)) + \sum_{k=1}^{n} \frac{t^k}{k!}\left(y^*, \frac{d^k}{dt^k}f(x+th)\big|_{t=0}\right) + o(|t|^n).$$

根据实值函数的 Taylor 级数的唯一性,对一切 $y^* \in Y^*$,

$$(y^*, a_k(x)h^k) = \left(y^*, \frac{d^k}{dt^k}f(x+th)\Big|_{t=0}\right),$$

因此

$$a_k(x)h^k = \frac{d^k}{dt^k}f(x+th)\Big|_{t=0}.$$

从而,当 $k=2,3,\cdots,n$ 时,$a_k(x,h_1,\cdots,h_k)$是对称的,因此

$$a_k(x,h_1,\cdots,h_k) = d^k f(x,h_1,\cdots,h_k),$$

并由(2.1.27)推出

$$a_k(x,h_1,\cdots,h_k) = f^k(x)(h_1,h_2,\cdots,h_k) \quad (k=1,2,\cdots),$$

从而 $f \in C^n(U,Y)$.

(2.1.31)**Taylor 定理(弱形式)** 在 x 的一个邻域 U 中,若 f 是 $N-1$次 Fréchet 可微的,且 $f^N(x)$存在,则

(2.1.32)
$$\left\| f(x+h) - f(x) - f'(x)h - \cdots - \frac{1}{N!}f^N(x)h^N \right\| = o(\|h\|^N).$$

证明 (Cartan)当 $N=1$ 时,这个结论就是 Fréchet 微分的定义.用归纳法,我们假定 $k=n-1$ 时定理成立,而要证明 $k=n$ 时它仍成立.考虑函数

$$g(h) = f(x+h) - f(x) - f'(x)h - \cdots - \frac{1}{n!}f^{(n)}(x)h^n,$$

并利用关于多重线性算子导数的(2.1.27)中的公式(i)来计算

$g'(h)$.于是,

$$g'(h) = f'(x+h) - f'(x) - \cdots - \frac{1}{(n-1)!}f^{(n)}(x)h^{n-1}.$$

而由归纳假设,$\| g'(h) \| = o(\| h \|^{n-1})$.再由中值定理(2.1.19),$\| g(h) - g(0) \| = o(\| h \|^{n})$.因 $g(0)=0$,有 $\| g(h) \| = o(\| h \|^{n})$,从而完成了归纳法,(2.1.32)得证.

(2.1.33)**Taylor 定理** 假定 $f \in C^{n+1}(U,Y)$,且线段$[x,x+h] \subset U$,则

(2.1.34) $$f(x+h)=f(x)+f'(x)h+\frac{1}{2}f''(x)h^2 + \cdots + \frac{1}{n!}f^{n}(x)h^{n} + R_{n+1}(x,h),$$

其中,

$$R_{n+1}(x,h) = \int_0^1 \frac{(1-s)^n}{n!} f^{(n+1)}(x+sh)h^{n+1}ds.$$

证明 设 $y^* \in Y^*$,然后对 C^{n+1}函数 $g(t)=(y^*,f(x+th))$,我们利用实值函数的 Taylor 定理,从而当 $0 \leqslant t \leqslant 1$ 时,有

(2.1.35) $$g(t) = g(0) + \sum_{k=1}^{n} \frac{1}{k!} g^{(k)}(0)t^k + R_{n+1}(t),$$

其中,

$$R_{n+1}(t) = \int_0^1 \frac{(1-s)^n}{n!} g^{(n+1)}(st)t^{n+1}ds.$$

现在,

$$g^{(k)}(t) = (y^*, f^{(k)}(x+th)h^k),$$

故

$$g^{(k)}(0) = (y^*, f^{(k)}(x)h^k).$$

于是,令 $t=1$ 且利用(2.1.35),有

$$(y^*, f(x+h)) = (y^*, f(x) + \sum_{k=1}^{n} f^{(k)}(x)h^k + R_{n+1}(1)),$$

其中,

$$(y^*, R_{n+1}(1)) = \int_0^1 \frac{(1-s)^n}{n!}(y^*, f^{(n+1)}(x+sh)h^{n+1})ds.$$

于是,由 Hahn-Banach 定理(1.3.8)可得本定理.

2.2 具体的非线性算子

在本节,我们将指出一些今后要用到的某些具体的非线性算子,并借助于 Banach 空间之间的映射来讨论这些算子的表示法.假定 Ω 是 R^N 中有界域,且 X, Y 表示定义在 Ω 上的函数 Banach 空间,我们则可从考虑以下算子类开始.

2.2A 复合算子

设 $f(x,y)$是定义在 $\Omega\times\mathbf{R}^1$ 上的一个实值函数,使得对几乎所有的 x, $f(x,y)$对 y 连续,并对一切 y, $f(x,y)$对 x 可测,其中,Ω 是 $\mathbf{R}^N$ 中的有界域.这时称 $f(x,y)$满足 Carathéodory 连续性条件.然后,我们考虑非线性复合算子 $\widetilde{f}(u(x))$,当 $u(x)$为 Lebesgue 可测时,它定义为

$$\widetilde{f}(u(x)) = f(x,u(x)).$$

显然,$\widetilde{f}(u(x))$是 Lebesgue 可测的.事实上,不难证明,对于依测度收敛,$\widetilde{f}(u(x))$连续.此外,将它看成 Banach 空间 $C(\bar{\Omega})$到自身的映射时,映射 $\widetilde{f}(u(x))$也是连续的并且有界.今后将常用与 $\widetilde{f}$ 有关的一个更深刻的结果,它涉及到将 $\widetilde{f}$ 看成 $L_{p_1}(\Omega)\to L_{p_2}(\Omega)$的映射时的性质.特别,我们有

(2.2.1) 对某常数 $\alpha,\beta\geqslant 0$,在增长条件①

$$(*)\qquad |f(x,y)|\leqslant \alpha+\beta|y|^{p_1/p_2}$$

的限制下,以下与算子 $\widetilde{f}(u(x))$有关的说法是等价的:

(i) $\widetilde{f}(u(x))$将 $L_{p_1}(\Omega)$映入 $L_{p_2}(\Omega)$,$1\leqslant p_1,p_2<\infty$;

(ii) $\widetilde{f}(u(x))$是将 $L_{p_1}(\Omega)$映入 $L_{p_2}(\Omega)$的连续映射;

(iii) $\widetilde{f}(u(x))$是将 $L_{p_1}(\Omega)$映入 $L_{p_2}(\Omega)$的有界映射.

---

① 事实上,增长条件(*)是(i)的推论(见本章末的注记 A).——原注

这些结果的证明直接获自测度理论，在本章末的注记 A 中将给予勾画.

简单的归纳论证指出，在适当的 Carathéodory 连续性条件下，将多元复合算子

$$\widetilde{f}(u_1,u_2,\cdots,u_k) = f(x,u_1(x),\cdots,u_k(x))$$

看成从 $\prod_{i=1}^{k} L_{p_i}(\Omega) \to L_p(\Omega)$ 的映射时，f 连续并且有界当且仅当函数 $f(x,y_1,\cdots,y_k)$满足增长条件

(2.2.2) $$|f(x,y_1,\cdots,y_k)| \leqslant \left\{c_0 + \sum_{i=1}^{k} c_i |y_i|^{p_i/p}\right\},$$

其中，c_i 是常数.

作为(2.2.1)的一个简单应用，让我们来完成(1.5.7)的证明. 在已经证明了的特殊情况下，假定

$$f(x,u) = k(1+u^\sigma),$$

其中

$$\sigma < (N+2m)/(N-2m).$$

今对该证明仔细检查可知，这只用于确保就各种 L_p 类中的 u 而言的$f(x,u)$的 L_p 有界性. 因此，结果(2.2.1)指出，当 $f(x,u)$是 Lipschitz 连续时，增长条件

$$|f(x,u)| \leqslant k\{1+|u|^\sigma\}$$

完全确保了这些 L_p 有界性. 从而，对一般情况，重复给在(1.5.7)的叙述后的证明就行了.

2.2B 微分算子

定义在区域 $\Omega \subset \mathbf{R}^N$ 上的一般 m 阶微分算子记为

(2.2.3) $$Au = f(x,u,Du,\cdots,D^m u).$$

通常，若 $N=1$，则称 A 为常微分算子；而若 $N>1$，则称之为偏微分算子. 当 u 固定时，若

(2.2.4) $$A(u,v) = f(x,u,Du,\cdots,D^{m-1}u,D^m v)$$

是 v 的线性函数，则称算子 A 是拟线性的. 一个拟线性算子 A 称

为半线性的,是指

$$A(u,v)=A(u,0)+A(0,v),$$

其中,$A(0,v)$是 v 的线性函数,且与 u 无关.

若(2.2.3)可写成

$$Au=\sum_{|\alpha|,|\beta|\leqslant m}D^{\alpha}\{A_{\alpha}(x,D^{\beta}u)\},$$

则说微分算子 Au 可写成散度型,显然,这种算子是拟线性的.出现散度型的算子是自然的,因为这种类型的算子一般是形若 $I(x,u,Du,\cdots,D^{m}u)$的某些能量泛函的 Euler-Lagrange 方程(见 1.1C 节).

对一般线性微分算子的分类可直接推广到对一大类非线性微分算子的分类.这能实现如下:

(i) 若 $f\in C^{1}$ 且 $Au=f(x,u,\cdots,D^{m}u)$,将 A 与它在 u 处的一阶变分联系起来,即与

$$A'(u)v=\sum_{|\alpha|\leqslant m}f_{\alpha}(x,u,\cdots,D^{m}u)D^{\alpha}u,\quad f_{\alpha}\equiv\frac{\partial f}{\partial\xi^{\alpha}}$$

联系起来,则可由线性算子 $A'(u)$的类型来定义 A 在 u 处的类型.

(ii)若算子 A 是拟线性的,则这个过程指出:当线性算子 $A(0,v)$的类型与低阶项的扰动无关时,A 的类型就是$A(0,v)$的类型.

于是,例如,非线性椭圆型微分算子可类似于线性椭圆型微分算子来定义.在第一章中,一个 m 阶线性微分算子 $L=\sum_{|\alpha|\leqslant m}a_{\alpha}(x)D^{\alpha}$ 称为椭圆型的,是指 L 的特征形式 $Q(x,\xi)=\sum_{|\alpha|=m}a_{\alpha}(x)\xi^{\alpha}$ 对每个$x\in\Omega$ 是定型.为了把这个概念推广到一般的算子$\boldsymbol{f}=f(x,u,D^{\gamma}u)$,$|\gamma|\leqslant m$,我们假定 f 是其自变量的可微函数.那么,$\boldsymbol{f}$ 在$u_{0}\in C^{m}(\Omega)$ 处的一阶变分是线性微分算子

$$\boldsymbol{f}'(u_{0})v=\sum_{|\alpha|\leqslant m}\frac{\partial f}{\alpha\xi^{\alpha}}(x,u_{0},D^{\gamma}u_{0})D^{\alpha}v.$$

若 $\boldsymbol{f}'(u_0)$是椭圆型算子,则称 $\boldsymbol{f}$ 在 u_0 处是椭圆型的.若将 $\boldsymbol{f}$ 写成散度型,并且 $m=2M$,

(2.2.5) $$\boldsymbol{f}(u)=\sum_{|\alpha|\leqslant M}(-1)^{\alpha}D^{\alpha}A_{\alpha}(x,u,\cdots,D^{M}u),$$

这个定义则可以作些许推广:若 $\boldsymbol{f}(u)$的"最高阶部分"满足正性条件,即当 $\xi\neq\eta$ 时,

(2.2.6) $$\sum_{\substack{|\alpha|=M\\|\beta|<M}}\{A_{\alpha}(x,\xi^{\beta},\xi^{\alpha})-A_{\alpha}(x,\eta^{\beta},\eta^{\alpha})\}\{\xi^{\alpha}-\eta^{\alpha}\}>0,$$

就说 $\boldsymbol{f}$ 是椭圆型的.

对定义在 Sobolev 空间上的微分算子,结果(2.2.1)及其推广有以下有意思的推论.

(2.2.7) 假定 Ω 是 $\mathbf{R}^N$ 中的有界域,其边界 $\partial\Omega$ 是正则的,并设 $f(x,y_1,\cdots,y_k)$满足 Carathéodory 条件及增长条件

$$|f(x,y_1,\cdots,y_m)|\leqslant c\left\{1+\sum_{\alpha=1}^{m}|y_{\alpha}|^{\sigma_{\alpha}}\right\},$$

其中,c 是绝对常数,y_m 是向量变量,则当数$\{\sigma_{\alpha}\}$满足不等式组

(*) $$\sigma_{\alpha}<\frac{1}{s}\left\{\frac{1}{p}-\frac{m-|\alpha|}{N}\right\}^{-1}$$

时,

$$f(u)=f(x,u,Du,\cdots,D^{m}u)$$

定义了一个从 $W_{m,p}(\Omega)$到 $L_s(\Omega)$的有界连续映射.若限制性的指数是有限的,则对于"$\leqslant$",结果亦成立.

证明 根据 Sobolev 不等式,我们指出,对于 $u\in W_{m,p}(\Omega)$,当 $1/p(\alpha)\geqslant\dfrac{1}{p}-(m-|\alpha|)/N$ 时,$D^{\alpha}u\in L_{p}(\alpha)$.因此,当 $\sigma_{\alpha}s\leqslant p(\alpha)$即 $\sigma_{\alpha}\leqslant p(\alpha)/s$ 时,$|D^{\alpha}u|^{\sigma_{\alpha}}\in L_s(\Omega)$.于是,从(2.2.1)和(2.2.2)可得结果.这因为由这些结果可知,只需分别考虑每个项$|D^{\alpha}u|^{\sigma_{\alpha}}$即可.

2.2C 积分算子

今后,我们将经常遇到能以形式

$$(2.2.8) \qquad Au(x) = \int_{\Omega} K(x,y) f(y,u(y)) dy$$

写出的积分算子 Au，其中，$K(x,y)$是定义在 $\Omega \times \Omega$ 上的某个核函数. 这种积分算子常与半线性偏微分方程的边值问题有关. 例如，作为一个简单的例子，区域 $\Omega \subset \mathbf{R}^N$ 的 Dirichlet 问题

$$\Delta u = f(x,u), \ u|_{\partial\Omega} = 0$$

的任一解 u 均可写成

$$u(x) = \int_{\Omega} G(x,y) f(y,u(y)) dy,$$

其中，$G(x,y)$是(Δ,Ω)关于零 Dirichlet 边值条件的 Green 函数. 于是，作为 x 的函数，当 $x \in \partial\Omega$ 时 $G(x,y)=0$，且

$$G(x,y) = \begin{cases} (2\pi)^{-1} \log|x-y| + \beta(x,y) & (N=2), \\ -((N-2)\omega_N)^{-1}|x-y|^{2-N} + \beta(x,y) & (N>2), \end{cases}$$

其中，对于固定的 x，$\beta(x,y)$是 y 的一个调和函数. 当作为$L_p(\Omega) \to L_s(\Omega)$的映射来考虑时，由(2.2.8)所定义的算子 Au 通常可分解为

$$Au = L\widetilde{f}(u)$$

的形式，其中，对某个 r，$\widetilde{f}$ 是从$L_p(\Omega) \to L_r(\Omega)$的复合映射，而 L 是线性积分算子

$$Lu(x) = \int_{\Omega} K(x,y) u(y) dy,$$

它可看作是从 $L_r(\Omega) \to L_s(\Omega)$的一个映射. 显然，对定义这样一个有界线性算子的 L 来说，一个充分条件是

$$\int_{\Omega}\int_{\Omega} |K(x,y)|^t dx dy < \infty,$$

其中，$t = \max\left(s, \dfrac{r}{r-1}\right)$.

另一个有意思的例子是与区域 $\Omega \subseteq \mathbf{R}^N$ 上 Neumann 问题

$$\Delta u = 0, \ \frac{\partial u}{\partial n}\bigg|_{\partial\Omega} = f(x,u)$$

的解有关的积分算子. 除了一个任意常数之外，这种方程的任何解

均可写成

$$u(x) = \int_{\partial\Omega} N(x,y) f(y, u(y)) dy$$

的形式，其中，$N(x,y)$是Δ的 Neumann 问题的 Green 函数，从而它有类似于上面所给的$G(x,y)$的表示法.

2.2D 微分算子的表示法

借助于 Banach 空间之间的抽象非线性映射，有多种不同的方法可用来表示一般的微分算子. 今后实用的方法可总结如下(更详尽的讨论以后给出)：

(i) 直接复合表示法 若$\mathscr{A}u = f(x, D^\beta u)(|\beta| \leqslant m)$是定义在某个区域$\Omega \subset \mathbf{R}^N$上的$m$阶微分算子，且$f = f(x,\xi)$是$(x,\xi)$的光滑函数，譬如说是$C^{s,\alpha}$类的，我们则可以考虑复合算子

$$\mathscr{A}(u) = f(x, D^\beta u), \quad |\beta| \leqslant m,$$

它是对 Hölder 函数空间$C^{s,\alpha}(\Omega)$上的u来定义的.

于是，当$u \in C^{s,\alpha}(\Omega)$时，$\mathscr{A}(u) \in C^{s-m,\alpha}(\Omega)$，这显然要求$s \geqslant m$. $C^{s,\alpha}(\Omega) \to C^{s-m,\alpha}(\Omega)$的这样一个映射显然是连续的且有界. 事实上，不难算出$\mathscr{A}(u)$在$u_0 \in C^{s,\alpha}(\Omega)$处的 Fréchet 导数$A(u_0)v$是

$$A(u_0)v = \sum_{|\alpha| \leqslant m} f_\alpha(x, u_0, D^\beta u_0) D^\alpha v, \tag{2.2.9}$$

其中，$f_\alpha = \partial f / \partial \xi_\alpha$. (2.2.9)的右端表达式正好是$\mathscr{A}(u)$在$u_0$处的一阶变分. 用同样的方法，$\mathscr{A}(u)$可看成从$W_{s,p}(\Omega) \to W_{s-m,p}(\Omega)$的映射，这只要形式导数$D^\gamma f(x, \cdots, D^\beta u) \in L_p(\Omega)$，$|\gamma| \leqslant s - m$，其中$u \in W_{s,p}(\Omega)$即可. 最后这个限制可由在$f$及其导数上放置类似于(2.2.7)的增长限制来验证.

在研究A的有界性中，一个有用的例子是

(2.2.10) 假定$f(x,\xi)$是定义在区域$\Omega \times R$上的C^∞函数，其各阶导数均有界，则对充分大的整数m和任意的$u \in \mathring{W}_{m,p}(\Omega)$，

$$\| f(x,u) \|_{m,p} \leqslant \text{const.} \{1 + \| u \|_{m,p}\}.$$

证明 为简单计,我们考虑 f 与 x 无关的情况.然后,由链式法则,对 $u \in C_0^\infty(\Omega)$,可形式地算出

$$D^k f(u) = \sum_{j=1}^{k} c_{jk} f^{(j)}(u) \left\{ \prod_{\sum \beta_i = k} D^{\beta_i} u \right\} \quad (k = 1, 2, \cdots).$$

为估计 $\| f(u) \|_{m,p}$,只要估计出 $\| D^m f(u) \|_{0,p}$ 即可.因为根据假设,$f^{(j)}(u)$有界,故

$$\| D^k f(u) \|_{0,p}^p \leqslant \text{const.} \| \prod_{\sum \beta_i = k} D^{\beta_i} u \|_{0,p}^p.$$

根据 $p_i \beta_i = m$ 时的 Hölder 不等式,

$$\| D^k f(u) \|_{0,p}^p \leqslant \text{const.} \prod_{\sum \beta_i = k} \| D^{\beta_i} u \|_{pp_i}^p.$$

然后再由(1.4.17),由于

$$\| D^{\beta_i} u \|_{0,pp_i} \leqslant \text{const.} \| D^m u \|_{0,p}^{1/p_i} \| u \|_{L_\infty}^{1-1/p_i},$$

故

$$\| D^k f(u) \|_{0,p} \leqslant \text{const.} \| D^m u \|_{0,p} \left\{ \prod_{\sum \beta_i = k} \| u \|_{L_\infty}^{1-1/p_i} \right\}.$$

以同样的方法,我们可证,倘若 m 充分大,有

(2.2.11)
$$\| f(x, u, Du, \cdots, D^\gamma u \|_{m-\gamma,p} \leqslant \text{const.} \left\{ 1 + \| u \|_{m,p} \right\}.$$

(ii)由 Schauder 反演定义的算子

自 J. Schauder 的基本研究以来,有一个方法发挥了巨大影响,它基于微分算子(也许还要加上适当的边界条件)的反演.对于拟线性微分算子方程

$$Au = g$$

的边值问题来说,定义一个相应的抽象非线性映射,其基本思想在于用以下方法写出

$$Au = A(u, u).$$

这些方法是:

(1) 对于适当选取的 Banach 空间(X, Y)中固定的元素(v, g),线性方程 $A(v, u) = g$ 在 X 中有且仅有一个解 $u =$

$T_g(v)$；

(2) 对于固定的 $u\in X$，$A(v,u)$连续依赖于 v.

则算子 T_g 就被完全定义了，从而 $T_g\in M(X,X)$，并且 T_g 的不动点与方程 $Au=g$ 的解重合.

为了断定 T_g 的这种不动点的存在性，建立 $T_g\in M(X,X)$的连续性及有界性是重要的. 一般，通过导出方程 $A(v,u)=g$ 的解 u 的以下先验估计来建立这些，其中 v 和 g 固定，而 $\|v\|_X\leqslant R$. 该先验估计形如

$$\|u\|_X\leqslant c(R)\|g\|_Y. \tag{2.2.12}$$

式中，$c(R)$是有限的正常数，与 u 和 v 无关，但可能与 R 有关. 例如，由于 m 阶微分算子$A(u)$是拟线性的，为了建立估计式，可假定算子 $A(v,u)$对 u 是线性的，其中 u 只用于表示 m 阶导数，而 v 表示较低阶导数. 那么，在许多情况下，T_g 的连续性和有界性可从下面得到：

(2.2.13) 若 $A(u)$是拟线性的，由固定 v 以及设 u 表示$A(u)$中的第 m 阶导数来定义线性算子$A(v,u)$，而它有形如(2.2.12)的估计式，则作为从 X 到自身的映射，(如此定义的)算子 T_g 是连续的并且有界.

证明 一旦(2.2.12)成立，则 T_g 的有界性可从 $\|v\|_X\leqslant R$ 上的 $\sup\|T_g(v)\|<+\infty$直接推出. T_g 的连续性可证明如下：假定

$$T_gv=u,T_g\bar{v}=\bar{u},$$

则

$$A(v,u)=g,\ A(\bar{v},\bar{u})=g.$$

因此，由于 A 对其第二个自变量是线性的，我们得

$$\begin{aligned}A(\bar{v},\bar{u}-u)&=A(\bar{v},u)-A(\bar{v},\bar{u})\\&=A(\bar{v},u)-A(v,u).\end{aligned}$$

由估计式(2.2.12)及上式，

$$\begin{aligned}\|T_g\bar{v}-T_gv\|&=\|\bar{u}-u\|\\&\leqslant c(R)\|A(\bar{v},u)-A(v,u)\|,\end{aligned}$$

其中,$R=\max(\|v\|,\|\bar{v}\|)$.因为对于固定的 u,$A(v,u)$对 v 连续,故当 $\bar{v}\to v$ 时,有

$$T_g\bar{v}\to T_g v,$$

正如所需.

对于 $2m$ 阶椭圆型边值问题的研究来说,Schauder 反演过程中典型的空间对(X,Y)是 Hölder 空间$(C^{2m,\alpha}(\Omega),C^{0,\alpha}(\Omega))$ $(0<\alpha<1)$和 Sobolev 空间$(W_{2m,p}(\Omega),L_p(\Omega))(1<p<\infty)$.事实上,对这种空间对,估计式(1.4.25)~(1.4.28)可用于验证(2.2.12).实际上,估计式(1.4.25)~(1.4.28)证明了算子 T_g 也是紧的(见(2.4.7)).这个事实在以后很重要.对于半线性椭圆型方程,可以用 Green 函数将算子 T_g 完全清楚地表示出来.于是,例如,对于定义在 $\Omega\subset\mathbf{R}^N$ 上满足 Dirichlet 边界条件 $D^\alpha u|_{\partial\Omega}=0$ 和$|\alpha|\leqslant m-1$ 的线性微分算子

$$Lu=\sum_{|\alpha|=m}a_\alpha(x)D^\alpha u$$

来说,若 $G(x,y)$是 Green 函数,则对于非线性系统

$$Lu+f(x,u,Du,\cdots,D^\beta u)=0,$$

在 Ω 中,

$$|\beta|<m-1,D^\alpha u|_{\partial\Omega}=0,\ |\alpha|\leqslant m-1,$$

上面所提到的算子 T_g 与积分算子

$$Tu(x)=\int_\Omega G(x,y)f(y,u,\cdots,D^\beta u(y))dy$$

一致.

(iii) 由对偶性定义的算子

对定义在区域 $\Omega\subset R^N$ 上的微分算子 A,其散度型为

$$Au=\sum_{|\alpha|\leqslant m}(-1)^{|\alpha|}D^\alpha A_\alpha(x,u,\cdots,D^m u),$$

它的一个特别有效的抽象积分表示 $\mathscr{A}$ 通常能基于 Sobolev 空间的自反性定义出来.假定对于 $u\in C_0^\infty(\Omega)$和 $\varphi\in C_0^\infty(\Omega)$,我们令

$$F(u,\varphi)=\sum_{|\alpha|\leqslant m}\int_\Omega A_\alpha(x,u,\cdots,D^m u)D^\alpha\varphi,$$

又由 1.4 节的不等式，我们可证，存在有界函数 $g(r)$ 使得对正整数 m 和 $1<p<\infty$，有

(2.2.14) $$|F(u,\varphi)|\leqslant g(\|u\|_{m,p})\|\varphi\|_{m,p},$$

则由(2.2.14)，$F(u,\varphi)$ 定义了 $\mathring{W}_{m,p}(\Omega)$ 上 φ 的一个有界线性泛函(因为 $C_0^\infty(\Omega)$ 在 $\mathring{W}_{m,p}(\Omega)$ 中是稠密的). 于是存在唯一的元素 $\mathscr{A}(u)\in W_{-m,q}(\Omega)$(其中，$q$ 是 p 的共轭指数)，使得

(2.2.15) $$F(u,\varphi)=(\mathscr{A}(u),\varphi)_{m,p},$$

从而 $\mathscr{A}(u)\in M(\mathring{W}_{m,p}(\Omega),W_{-m,q}(\Omega))$ 可看成是具体微分算子 A 的一个抽象表示.

为确定使不等式(2.2.14)成立并使 $\mathscr{A}$ 有界的明确条件，该定义(2.2.15)特别有用. 为了对有界域 Ω 建立(2.2.14)，我们还注意到结果(2.2.7)很有效. 事实上，由 Hölder 不等式，

$$|F(u,\varphi)|\leqslant\sum_{|\alpha|\leqslant m}\|A_\alpha(x,u,\cdots,D^m u)\|_{L_q(\alpha)}\|D^\alpha\varphi\|_{L_p(\alpha)},$$

其中，$1/p(\alpha)+1/q(\alpha)=1$，且 $L_p(\alpha)$ 选得尽可能大，使得下面的 Sobolev 不等式

$$\|D^\alpha u\|_{L_p(\alpha)}\leqslant c\|u\|_{m,p}$$

成立. 特别，$1/p(\alpha)=1/(p-(m-|\alpha|)/N)$，从而 $1/q$ 确定. 于是，为建立(2.2.14)，证明微分算子 $A_\alpha(x,u,\cdots,D^m u)$ 是从 $\mathring{W}_{m,p}(\Omega)$ 到 $L_{q(\alpha)}(\Omega)$ 中的有界映射即可. 即证对某个有界函数 $g_\alpha(r)$，有

(2.2.16) $$\|A_\alpha(x,u,\cdots,D^m u)\|_{L_q(\alpha)}\leqslant g_\alpha(\|u\|_{m,p}),|\alpha|\leqslant m.$$

正如(2.2.7)中那样，对函数 $A_\alpha(x,\xi_1,\cdots,\xi_m)$ 加以增长限制，不难得到最后这个不等式. 类似地，为找出确保 $\mathscr{A}$ 有界的条件，我们指出，当 $u\in\mathring{W}_{m,p}(\Omega)$ 时，对于 $\varphi\in C_0^\infty(\Omega)$，

$$\begin{aligned}\|\mathscr{A}u\|_{-m,q}&=\sup_{\|\varphi\|=1}(\mathscr{A}(u),\varphi)=\sup_{\|\varphi\|=1}(F(u),\varphi)\\&=c\Big\{\sum_{|\alpha|\leqslant m}\|A_\alpha(x,u,\cdots,D^m u)\|_{L_q(\alpha)(\Omega)}\Big\},\end{aligned}$$

其中,c 是某个绝对常数,而 $q(\alpha)$选取如上.一旦建立了不等式(2.2.2),有界性也就得到了;一旦证明了这些不等式,$\mathscr{A}$的连续性就是(2.2.7)的直接推论.

2.3 解析算子

有限维空间之间映射的解析性这一重要概念,已有效地推广到了无穷维空间.在这里,我们对 Banach 空间之间的映射定义一个适当的解析性概念,并研究与解析性等价的各种性质.

2.3A 等价定义

(2.3.1) **定义** 设 X 和 Y 是复数上的 Banach 空间,并设 U 是 X 的一个连通开集.若对每个 $x\in U, h\in X, y^*\in Y^*$, $f(x)$是单值的,并对充分小的$|t|$,$(y^*, f(x+th))$是复变量 t 的解析函数,则 $f\in M(U,Y)$是复解析的.

这个定义的一个直接推论是:对于充分小的$|t|$及 $x\in U$,

$$(y^*, f(x+th)) = \sum_{n=0}^{\infty} a_n(x,h)\frac{t^n}{n!},$$

其中

$$a_n = \frac{d^n}{dt^n}(y^*, f(x+th))_{t=0} = \frac{n!}{2\pi i}\int_{|t|=\rho}\frac{(y^*, f(x+th))}{t^{n+1}}dt. \tag{2.3.2}$$

于是,由经典的 Cauchy 估计式可推出

$$|a_n(x,h)| \leqslant (\sup_{x\in U}|(y^*, f(x))|)n!\rho^{-n}.$$

我们将指出

$$(y^*, a_n(x,h)) = (y^*, f^n(x)h^n),\ n = 1,2,\cdots,$$

其中,$f^n(x)$表示 f 在 x 处的 n 阶 Fréchet 导数.这样,由 Hahn-Banach定理可推出,对充分小的$\|h\|$,

$$f(x+h) = \sum_{n=0}^{\infty}\frac{1}{n!}f^n(x)h^n.$$

事实上,以下结论成立:

(2.3.3)**定理** 设 U 是 X 的开子集,f 是 $M(U,Y)$ 中的局部有界算子,则以下性质等价:

(i) f 在 U 中是复解析的;

(ii) f 在 U 中是 Gateaux 可微的;

(iii) f 在 U 中是 Fréchet 可微的且 $f'(x)h = df(x,h)$;

(iv) f 有无穷多阶的 Gateaux 导数 $d^N f(x,h_1,\cdots,h_N)$,并且

$$d^N f(x,h_1,\cdots,h_N) = D_N \cdots D_1 f\left(x + \sum_{i=1}^{N} t_i h_i\right)\Big|_{t_i=0};$$

(v) f 有无穷多阶的 Fréchet 导数 $f^N(x)h^N$,并且对于 $N = 1,2,\cdots$,

$$f^N(x)(h_N,h_{N-1},\cdots,h_1) = d^N f(x,h_1,\cdots,h_N);$$

(vi) $f(x+h) = \sum_{n=0}^{\infty}(n!)^{-1} f^n(x)h^n$,

即对每个 $y \in U$,存在一个正数 $r_y > 0$,使得对 $\|x-y\| \leqslant r_y$ 及 $\|h\| \leqslant r_y$,这个级数一致收敛.

证明 (i)⇔(ii):由 Gateaux 可微推出复解析是直接的.于是假定 f 是复解析的.为了证明 f 是 Gateaux 可微的,我们只需证明当 t 和 s 独立地趋于零时,

$$g(s,t) = \frac{1}{t}\{f(x+th) - f(x)\}$$
$$- \frac{1}{s}\{f(x+sh) - f(x)\} \to 0$$

(即当 $t_N \to 0$ 时,$t_N^{-1}\{f(x+t_N h) - f(x)\}$ 是 Y 中一个 Cauchy 序列).根据 Cauchy 积分公式,当 $y^* \in Y^*$ 时,

$$(y^*, f(x+th)) = \frac{1}{2\pi i}\oint_C \frac{(y^*, f(x+\xi h))}{\xi - t} d\xi,$$

其中,C 是 $\mathbf{C}^1$ 中圆心在 0 处半径为 r 的小圆周.因此

$$(y^*, g(s,t)) = \frac{1}{2\pi i}\oint_C (y^*, f(x+\xi h)) \frac{t-s}{(\xi - s)(\xi - t)} d\xi.$$

由于$(y^*, f(x+\xi h))$是连续的,故在 C 上有界,从而由一致有界性原理(1.3.25),在 C 上有 $\| f(x+\xi h) \| \leqslant A$. 因此,对充分小的、譬如说不超过$\frac{1}{2}r$ 的s, t,有

$$\| (y^*, g(s,t)) \| \leqslant 4Ar^{-2} | t - s | \| y^* \| .$$

于是当 $s, t \to 0$ 时,$\| g(s,t) \| \to 0$.

(i),(ii)$\Leftrightarrow$(iii):由于 $f(x)$是 Gateaux 可微的,导数为 $df(x,h)$,由(2.1.13),只需证明

(a) 对固定的 x,$df(x,h) \in L(X,Y)$;

(b) 作为 x 的函数,$df(x,h)$从 U 到$L(X,Y)$是连续的.

为证此两点,我们利用 Hartogs 定理①. 首先,显然 $df(x,h)$是 h 的一次齐次式,于是我们证明

$$df(x, h_1 + h_2) = df(x, h_1) + df(x, h_2)$$

即可. 为此,我们指出,由于$\partial g / \partial t_1, \partial g / \partial t_2$ 存在,故

$$(y^*, f(x + t_1 h_1 + t_2 h_2)) = g(t_1, t_2)$$

对两个复变量(t_1, t_2)分别是解析函数,于是由 Hartogs 定理可推出

$$g(t_1, t_2) = (y^*, f(x)) + t_1 g_{t_1}(0,0) + t_2 g_{t_2}(0,0) + o(|t|),$$

因此

$$\begin{aligned}
&(y^*, df(x, h_1 + h_2)) \\
&= \left(y^*, \lim_{t \to 0} \left\{ \frac{1}{t} [f(x + t[h_1 + h_2]) - f(x)] \right\} \right) \\
&= \lim_{t \to 0} \left\{ \frac{1}{t} [g(t,t) - g(0,0)] \right\} \\
&= g_{t_1}(0,0) + g_{t_2}(0,0) \\
&= (y^*, df(x, h_1) + df(x, h_2)).
\end{aligned}$$

今由 Cauchy 估计式推出,譬如说,对于 $\| h' \| = \beta$,有

---

① 这个定理(见 L. Hormander, 1966, p28)说,定义在开集 $\Omega \subset \mathbf{R}^N$ 上的复值函数对每个变量分别解析,则对所有的复变量总体解析. ——原注

$$\| df(x,h') \| = \sup_{\| y^* \| =1} \left| \frac{d}{dt}(y^*, f(x+th'))_{t=0} \right| \leqslant M.$$

由于 $df(x,h)$是一次齐次式,对任意的 h,

$$\| df(x,h) \| = \| df\left(x, \frac{\| h \|}{\beta} h'\right) \| \leqslant \frac{\| h \|}{\beta} M, \tag{2.3.4}$$

其中,$\| h' \| = \beta$.这就证明了(a).

为了证明(b),我们首先指出,作为 x 的函数,$df(x,h)$是复解析的.当 $y^* \in Y^*$时,

$$(y^*, df(x+t_2h_2, h_1)) = \frac{d}{dt_1}(y^*, f(x+t_2h_2+t_1h_1)) \bigg|_{t=0}.$$

今由 $f(x)$是 Gateaux 可微的,故

$$g(t_1,t_2) = (y^*, f(x+t_2h_2+t_1h_1))$$

是复变量 t_1, t_2 的解析函数.又由 Hartogs 定理,$g_{t_1}(0,t_2)$对 t_2 是解析的.因此 $df(x,h)$对 x 解析,由上述论证,它对 x 也是 Gateaux 可微的.于是当 $y^* \in Y^*$时,

$$\begin{aligned}
&(y^*, d(f(x+z),h) - d(f(x),h)) \\
&= \left(y^*, \int_0^1 \frac{d}{ds} df(x+sz,h)ds\right) \\
&= \int_0^1 \frac{d}{ds}(y^*, df(x+sz,h)ds) \\
&= \int_0^1 \frac{d}{ds}\left[\frac{1}{2\pi i}\int_C \frac{(y^*, f(x+sz+th))}{t^2} dt\right] ds \\
&= \int_0^1 \frac{1}{2\pi i}\int_C \frac{(y^*, f'(x+sz+thz))}{t^2} dtds
\end{aligned}$$

于是,利用 Cauchy 估计和(2.3.4),我们得

$$\begin{aligned}
&\| df(x+z,h) - df(x,h) \| \\
&= \sup_{\| y^* \| =1} | (y^*, df(x+z,h) - df(x,h)) = o(1)
\end{aligned}$$

($\| z \| \to 0$ 时,它对 $\| h \| = 1$ 一致).

(i),(ii)⇒(iv):我们由归纳法着手.$k=1$ 时同(ii).假设 $k=n-1$时结论成立,我们要证 $k=n$ 时定理成立.根据 Hartogs 定

理,对任意 $y^* \in Y^*$,函数

$$g(t_1, \cdots, t_n) = (y^*, f(x + t_n h_n + \sum_{i=1}^{n-1} t_i h_i))$$

是复变量 $t_1, \cdots, t_n$ 的解析函数,于是

$$\tilde{g}(t_n) = D_{n-1} D_{n-2} \cdots D_1 g(t_1, \cdots, t_n) \Big|_{t_1 = t_2 = \cdots = t_{n-1} = 0}$$

是 t_n 的解析函数.据归纳假设,

$$\tilde{g}(t_n) = (y^*, df^{n-1}(x + t_n h_n, h_{n-1}, h_{n-2}, \cdots, h_1)).$$

因此 $df^{n-1}(x, h_{n-1}, \cdots, h_1)$对 x 解析,从而是 Gateaux 可微的.

这个证明也表明

$$f^n(x)(h_n, h_{n-1}, \cdots, h_1) = D_n D_{n-1} \cdots D_1 f(x + \sum_{i=1}^{n} t_i h_i) \Big|_{t_i = 0},$$

从而完成了归纳论证.逆命题显然成立.

(iv)⇔(v):为证这个事实,我们利用定理(2.1.27).于是,我们要证出(a) $d^n f(x, h_1, \cdots, h_n) \in L^n(X, Y)$;(b)作为 x 的函数,$d^n f(x, h_1, \cdots, h_n)$从 $U \to L^n(X, Y)$是连续的.由

$$\begin{aligned} & d^n f(x, h_n, h_{n-1}, \cdots h_1) \\ &= D_n D_{n-1} \cdots D_1 f(x + \sum_{i=1}^{n} t_i h_i) \Big|_{t_1 = \cdots = t_n = 0} \end{aligned}$$

的定义,可知 $d^n f(x, h_n, \cdots, h_1)$对 h_n 是线性的,并且对 h_i 对称 $(i = 1, 2, \cdots, n)$.因此 $d^n f(x, h_n, \cdots, h_1)$对每个 h_i 都是线性的.由(2.1.22),$d^n f(x, h)$是 n 次齐次多项式,并对 x 是 Gateaux 可微的.事实上,当 Cauchy 估计指出 $d^n f(x, h)$对 x 局部有界时,$d^n f(x, h)$对 x 是解析的.因此,由配极变换,$d^n f(x, h_1, \cdots, h_n)$解析依赖于 x,从而对 x 连续.于是,剩下只要证明对于固定的 x,$d^n f(x, h) \in L_n(X, Y)$.正如(2.3.4)中一样,这可由 $d^n f(x, h)$对 h 的齐次性得出.逆命题显然成立.

(v)⇒(vi):这个事实可从(2.3.2)及后面的注得出.

(vi)⇒(i):若

$$f(x+h)=\sum_{N=0}^{\infty}\frac{1}{N!}f^{(N)}(x)h^N,$$

我们令

$$g(x,h)=\sum_{N=1}^{\infty}\frac{1}{N!}Nf^{(N)}(x)h^{N-1},$$

则正如一维时一样,对固定的 $y^*\in Y^*$,当$|t|\to 0$ 时,

$$|(y^*,f(x+th)-f(x)-g(x,h))|=o(1).$$

2.3B 基本性质

详述以上等价性的一些直接推论将是有用的.

(2.3.5)**定理** 假定 $f(x)$是 $M(X,Y)$中局部有界的复解析算子,则

(i)(最大值原则) 除非 $\|f(x)\|$ 在 U 上是常数,否则在 U 上不可能达到 $\sup\|f(x)\|$;

(ii)(Cauchy 估计) 若球$\{\|y-x_0\|\leqslant r_0\}$在 U 内,且 $\|x-x_0\|\leqslant r_0/2$,则对一切 h,

$$\|f^{(n)}(x)h^n\|\leqslant n!M(x_0,r_0)\left(\frac{2}{r_0}\right)^n\|h\|^n, \tag{2.3.6}$$

其中,

$$M(x_0,y_0)=\sup\|f(x)\|,$$

在球面$\{x\mid\|x-x_0\|=r_0\}$上取上确界.

证明 (i):假定存在 $x_0\in U$,使得 $\|f(x)\|\leqslant\|f(x_0)\|=M$,则当$|t|$充分小且 $y^*\in Y^*$ 时,$(y^*,f(x_0+th))$对 t 是解析的,并且,当 ρ 充分小时,利用(2.3.2),

$$\|f(x)\|\leqslant(2\pi)^{-1}\int_0^{2\pi}\|f(x+\rho e^{i\theta}h)\|d\theta,$$

从而当$|t|$充分小时,$\|f(x_0+th)\|$是下调和的.于是,对充分小的$|t|$,

$$\|f(x_0+th)\|=M.$$

由于 h 对这个自变量是任意的,故对能用 U 中的一条折线与 x_0

连结起来的一切 $x\in U$，并因此对 $x\in U$，有 $\|f(x)\|=M$.

(ii)：根据定理(2.3.3)的结果，可知 $f^{(n)}(x)h^n$ 是h 的 n 次齐式，并且当 $\|h\|\leqslant r_0/2$ 时，

$$\|f^{(n)}(x)h^n\|\leqslant n!M(x_0,r_0),$$

其中，

$$M(x_0,r_0)=\sup\|f(x)\|,$$

上确界取于球面$\{x\mid\|x-x_0\|=r_0\}$. 因此，如同在(2.3.4)中一样，对一切 h，我们有(2.3.6).

2.4 紧 算 子

一旦对作用在有限维 Banach 空间 $\mathbf{B}^N$ 之间的映射得到一个结果时，自然会考虑令 $N=\dim\mathbf{B}^N\to\infty$，即考虑对任意维数的 Banach空间它是否仍正确. 下面定义的一类映射，通常不难得到这种结果.

(2.4.1)**定义** 设 X 和 Y 是 Banach 空间，且 U 是 X 的子集，$f\in M(U,Y)$. 若 f 连续，并将 U 中有界子集映成 Y 中条件紧子集，则 f 是紧的，我们记之为 $f\in K(U,Y)$(这里，我们用 1.3F 节中相同的记号).

2.4A 等价定义

一旦所考察的 Banach 空间选择得当，在数学物理及微分几何中出现的许多非线性算子均是上述意义下的紧算子，这是一个有趣而又重要的事实.

显然，$M(U,Y)$中的紧算子在加法与减法运算下，以及在连续的有界算子复合作用下均是封闭的. 此外，所有将 Banach 空间 X 的子集 U 映到有限维 Banach 空间 Y 的连续有界映射都是紧的(我们以 $K_0(U,Y)$表示这类映射). 事实上，紧算子的集合正是由那些能用 K_0 中的算子在以下意义上逼近的映射所组成.

(2.4.2)**定理** 假定 U 是 X 的一个有界子集且 $f\in M(U,Y)$，则

以下事实等价：

(i) f 是紧的；

(ii) 任给 $\varepsilon>0$，存在一个连续有界映射 $f_\varepsilon \in M(U, Z_\varepsilon)$，其中 Z_ε 是 Y 的有限维子集，使得

$$\| f(x) - f_\varepsilon(x) \| < \varepsilon.$$

此外，f_ε 的值域包含在 $f(U)$ 的凸包 $\overline{\mathrm{co}} f(U)$ 中；

(iii) f 可以表示为一致收敛级数

$$f(x) = \sum_{n=1}^{\infty} g_n(x),$$

其中，g_n 具有有限维值域，且对每个 $x \in U$，有

$$\| g_n(x) \| \leqslant \varepsilon / 2^n.$$

证明 (i)⇒(ii)：若 f 是紧的，则 $\overline{f(U)}$ 是 Y 中的一个紧集，于是，给定 $\varepsilon>0$，$\overline{f(U)}$ 可被有限多个球覆盖，这些球的球心为 $y_i (i=1,2,\cdots,k)$，半径为 ε. 设 Y_k 表示由 $(y_1, y_2, \cdots, y_k)$ 张成的 Y 的有限维子空间，我们构造 U 上的一个单位分解如下：对每个 $i=1,2,\cdots,k$，令

$$\mu_i(x) = \max(0, \varepsilon - \| f(x) - y_i \|)$$

和

$$\lambda_i = \mu_i(x) \left\{ \sum_{i=1}^{k} \mu_i(x) \right\}^{-1},$$

则 $\mu_i(x)$ 是定义在 U 上的连续实值函数，并且由于对每个 $x \in U$，存在某个 $\mu_i(x)>0$，故

$$\sum_{i=1}^{k} \mu_i(x) \neq 0.$$

每个 $\lambda_i(x)$ 是定义在 U 上的连续实值函数，$0 \leqslant \lambda_i(x) \leqslant 1$，并且当 $x \in U$ 时，

$$\sum_{i=1}^{k} \lambda_i(x) = 1.$$

现在我们对于 $x \in U$，由令

$$f_\varepsilon(x) = \sum_{i=1}^{k} \lambda_i(x) y_i$$

来定义函数 $f_\varepsilon(x)$. 由于

$$f(x) = \sum_{i=1}^{k} \lambda_i(x) f(x),$$

我们有

$$\begin{aligned} \| f(x) - f_\varepsilon(x) \| &= \left\| \sum_i \lambda_i(x) \{ f(x) - y_i \} \right\| \\ &\leqslant \sum_i \lambda_i(x) \| f(x) - y_i \| \leqslant \varepsilon, \end{aligned}$$

于是,f_ε 是连续函数,它的定义域是 U,值域包含在点 $y_1, y_2, \cdots, y_k$ 的凸包中,从而在 Y_k 中.

(ii)⇒(iii) 当 $\varepsilon_n = \varepsilon/2^{n+2}$ 时,由(ii),存在一个具有有限维值域的映射 h_n,使得

$$\| h_n(x) - f(x) \| \leqslant \varepsilon/2^{n+2}.$$

根据

$$g_0(x) = h_0(x) : g_n(x) = h_n(x) - h_{n-1}(x),$$

可归纳地定义序列 $\{g_n(x)\}$. 然后,因为

$$\sum_{i=1}^{n} g_i(x) = h_n(x), \quad h_n(x) \to f(x),$$

故

$$\sum_{i=1}^{n} g_i(x) \to f(x),$$

另外,

$$\begin{aligned} \| g_n(x) \| &= \| h_n(x) - h_{n-1}(x) \| \\ &\leqslant \| h_n(x) - f(x) \| + \| h_{n-1}(x) - f(x) \| \\ &\leqslant \varepsilon/2^{n+2} + \varepsilon/2^{n+1} < \varepsilon/2^n. \end{aligned}$$

因此,由 $\sum_{n=0}^{\infty} \| g_n(x) \|$ 一致收敛,有 $\sum_{n=0}^{\infty} g_n(x)$ 一致收敛.

(iii)⇒(i): 由于映射序列 $\sum_{k=1}^{n} g_k(x)$ 是一致收敛的,故可从下

述事实直接得到(i).即若紧算子列 $f_n \in M(U, Y)$ 在 U 上一致收敛于 f,则 f 是紧的.显然,由于每个 f_n 都是连续的,故这个 f 连续,同时,$\overline{f(U)}$ 是紧的.事实上,任给 $\varepsilon > 0$,我们可找到一个整数 k 满足 $\| f_k(x) - f(x) \| < \varepsilon/2$,因此对于 $\overline{f_k(U)}$ 的任何有限 $\varepsilon/2$ 网格将是对于 $\overline{f(U)}$ 的有限 ε 网格.从而 $\overline{f(U)}$ 是紧的,于是 f 紧.

2.4B 基本性质

为说明如何利用定理(2.4.2)将有限维映射证明过的定理推广到无穷维情况,我们来证明 Brouwer 不动点定理(1.6.4)的一个推广.它归于 Schauder.

(2.4.3)**Schauder 不动点定理** Banach 空间 X 中,将有界闭凸集 K 映到自身的紧映射 f 具有不动点.

证明 利用定理(2.4.2),我们用连续有界映射列 $\{f_n\}$ 逼近 f,其中,f_n 具有有限维值域 $Y_{\varepsilon,n} \subset K$,并对所有 $x \in K$,有

$$\| f(x) - f_n(x) \| \leqslant 1/n.$$

将 f_n 限制于 $Y_{\varepsilon,n}$,则所得的映射 $\widetilde{f}_n$ 有不动点 $x_n \in K$,从而

$$\| f(x_n) - x_n \| \leqslant 1/n.$$

今由于 f 紧,故 $\{f(x_n)\}$ 有收敛子序列 $\{f(x_{n_j})\}$,其极限为 y.由于

$$\| f(x_{n_j}) - x_{n_j} \| \leqslant 1/n_j,$$

故当 $n_j \to \infty$ 时,$x_{n_j} \to y$,又由 f 的连续性可得 $f(y) = y$,从而 y 是所要的不动点.

定理(2.4.2)另一个有用的推论是

(2.4.4) **紧映射的扩张定理** 设 U 是 Banach 空间 X 的一个开子集,又设 $f \in K(\overline{U}, Y)$,则任给 $\delta > 0$,f 可用以下方式扩张成紧算子 $\widetilde{f} \in K(X, Y)$:当 $x \in X$ 时,

$$d(\widetilde{f}(x), \overline{\mathrm{co}} f(U)) \leqslant \delta.$$

证明 根据定理(2.4.2),有

$$f(x) = \sum_{n=0}^{\infty} f_n(x).$$

再根据 Tietze 扩张定理,每个 $f_n(x)$均可保范扩张成 $\widetilde{f}_n: X \to Y_{\varepsilon,n}$. 因此 $\widetilde{f}_n$ 是一个紧映射. 今考虑映射

$$\widetilde{f}(x) = \sum_{n=0}^{\infty} \widetilde{f}_n(x).$$

当 $x \in X$ 时,

$$d(f_0(x), \overline{\mathrm{co}} f(U)) \leqslant \| f_0 - f \| \leqslant \sum_{n=1}^{\infty} \frac{\varepsilon}{2^n} = \varepsilon.$$

同时,

$$d(\overline{\mathrm{co}} f_0(U), \overline{\mathrm{co}} f(U)) < \varepsilon.$$

这因为当 $x \in \overline{\mathrm{co}} f(U)$时,

$$x = \sum_{i=1}^{p} t_i f_0(x_i),$$

其中

$$\sum_{i=1}^{p} t_i = 1, \quad x_i \in U,$$

故

$$\| x - \sum t_i f(x_i) \| \leqslant \sum t_i \| f_0(x_i) - f(x_i) \| \leqslant \varepsilon.$$

然后,取 $3\varepsilon = \delta$,则 $\widetilde{f}$ 就是所求的扩张. 这因为

$$d(\widetilde{f}(x), \overline{\mathrm{co}} f(U)) \leqslant \| \widetilde{f}(x) - f_0(x) \| + d(f_0(x), \overline{\mathrm{co}} f(U))$$

$$\leqslant \sum_{n=1}^{\infty} \frac{\varepsilon}{2^n} + \varepsilon = 2\varepsilon < \delta.$$

我们现在给出一些有关算子紧性与已介绍过的其他基本概念之间关系的附注.

(2.4.5) 假定 $f \in M(U, Y)$是全连续的,其中,U 是自反 Banach 空间 X 的一个闭凸子集,则 f 紧.

证明 假定$\{x_n\}$是 U 的一个有界序列,则由 X 的自反性,$\{x_n\}$有弱收敛子列$\{x_{n_j}\}$. 由 f 的全连续性可推出$\{f(x_{n_j})\}$在 Y 的范拓扑下收敛,故 f 紧.

(2.4.6) 假定 U 是 X 的一个开子集，且 $f\in K(U,Y)$在 U 中是 Fréchet 可微的，则对固定的 $x_0\in U$，Fréchet 导数 $f'(x_0)\in L(X,Y)$是一个紧线性算子.

证明 假定 $f'(x_0)$不是紧的. 若用 σ_1 表示 X 中单位球，则 $f'(x_0)(\sigma_1)$在 Y 中没有紧闭包. 因此存在序列$\{h_i\}$，$\| h_i \| =1$，以及数 $\varepsilon>0$，使得

$$\| f'(x_0)\{h_i - h_j\} \| \geqslant \varepsilon(i\neq j).$$

另一方面，对充分小的 $\beta>0$，由 f 在 x_0 处 Fréchet 可微可推出

$$\begin{aligned}
&\| f(x_0+\beta h_i) - f(x_0+\beta h_j) \| \\
\geqslant &\beta \| f'(x_0)h_i - f'(x_0)h_j \| \\
&- \| f(x_0+\beta h_i) - f(x_0) - \beta f'(x_0)h_i \| \\
&- \| f(x_0+\beta h_j) - f(x_0) - \beta f'(x_0)h_j \| \\
\geqslant &\beta\varepsilon - o(|\beta|).
\end{aligned}$$

因为 ε 与β 无关，故从最后的不等式可推出$\{f(x_0+\beta h_i)\}$无收敛子序列，这导出矛盾.

2.4C 紧微分算子

具有启发意义的是，带有某种确定“光滑性”的算子一般是紧的. 作为一个非常简单的例子，我们考虑定义在 $C[0,1]$上的算子

$$Tf(x) = \int_0^x f(s)ds.$$

显然，Tf 在$(0,1)$上是可微的，故 T 具有以下意义上的光滑性：T 将连续函数映成可微函数. 另一方面，由 Arzela-Ascoli 定理(1.3.13)，T 是紧的. 仔细考察 1.4 节中的估计式，这个论证可推广到 2.2D 节所定义的更一般的抽象算子.

(i) 作为例子，考虑一类抽象算子，它是借助于 2.2 节 Schauder反演法对拟线性椭圆型微分算子定义的. 在这方面，我们证明以下一般结果：

(2.4.7) **引理** 假定算子 $A(v,u)$对 u 是线性的，且当固定的 $u\in Z$时，对 v 连续，它映 $X\times Z\rightarrow Y$，其中 Z 是 X 的一个线性子

空间,Z 紧嵌入 X.那么,若对 $\| v \|_X \leqslant R$,线性方程 $A(v,u)=g$ 有且仅有一个解 $u=T_g v$ 满足先验估计

(2.4.8) $$\| u \|_Z \leqslant c(R) \| g \|_Y,$$

其中,$c(R)$是与 v 无关的正常数,则映射 $T_g: X \to X$ 是紧的.

证明 因为 $Z \subset X$,正如(2.2.13)中那样,可得 T_g 的连续性.对 X 中的任意有界集 σ,为证 $\overline{T_g(\sigma)}$ 的紧性,假定 $\{v_n\}$ 是 σ 的任意序列.那么,若

$$u_n = T_g(v_n),$$

则估计式(2.4.8)给出

$$\| T_g(v_n) \|_Z \leqslant c(\sigma) \| g \|_Y,$$

其中,$c(\sigma)$是仅与 σ 有关的常数.由于 Z 紧嵌入 X,故 Z 中任何有界集在 X 中是紧的.于是 $T_g(v_n)$在 X 中有收敛子序列,从而 T_g 是一个紧映射.

对于定义在有界域 Ω 上具有法向齐次边界条件的椭圆型微分算子,由估计式(1.4.26)及(1.4.28)可得(2.4.8)及紧性,而这对于将引理(2.4.7)用于空间对

$$(Z,X) = (C^{2m,\alpha}(\Omega), C^{\alpha}(\Omega)), \quad 0 < \alpha < 1$$

或

$$(Z,X) = (W_{2m,p}(\Omega), L_p(\Omega)), \quad 1 < p < \infty$$

时是必需的.

(ii) 其次,我们来考虑由对偶方法隐式定义的算子的紧性.假定 A 是由

$$(Au, \varphi) = \sum_{|\alpha| \leqslant m-1} \int_{\Omega} A_{\alpha}(x, u, Du, \cdots, D^{m-1}u) D^{\alpha}\varphi$$

隐式定义的一个从 $\mathring{W}_{m,p}(\Omega) \to W_{-m,q}(\Omega)$的有界算子.

(2.4.9)**定理** 假定连续函数 $A_{\alpha}(x, u, \cdots, D^{m-1}u)$满足(2.2.7)的增长条件($*$),则 A 是从 $\mathring{W}_{m,p}(\Omega) \to W_{-m,q}(\Omega)$的紧算子,并将 $\mathring{W}_{m,p}(\Omega)$中的弱收敛序列映成强收敛序列.

证明 设 u_n 在 $\mathring{W}_{m,p}(\Omega)$中弱收敛于 u,则

$$\| Au_n - Au \| = \sup_{\|\varphi\|=1} |(Au_n - Au, \varphi)|,$$

且

$$\begin{aligned}
&(Au_n - Au, \varphi) \\
&= \sum_{|\alpha|\leqslant m-1} \int_\Omega [A_\alpha(x, u_n, \cdots) - A_\alpha(x, u, \cdots)] D^\alpha \varphi \\
&\leqslant \sum k_\alpha \| A_\alpha(x, u_n, \cdots, D^{m-1} u_n) \\
&\quad - A_\alpha(x, u, \cdots, D^{m-1} u) \|_{L_{q_\alpha}},
\end{aligned}$$

其中,q_α 选得使$A_\alpha(x,u,\cdots,D^{m-1}u)\in K(W_{m-1,p^*},L_{q_\alpha})$,且 $p^* < Np/(N-p)$. 今若在$\mathring{W}_{m,p}(\Omega)$中 u_n 弱收敛于u,由(1.3.35),则在$\mathring{W}_{m-1,p^*}(\Omega)$中 u_n 强收敛于u. 另一方面,借助于增长条件的假设和引理(2.2.7),$A_\alpha(x,u,\cdots,D^{m-1}u)$是从$\mathring{W}_{m-1,p}\to L_{q_\alpha}$的连续函数. 因此当 $n\to\infty$时,

$$\| Au_n - Au \| \to 0,$$

从而 A 是紧映射.

2.5 梯度映射

不难将作用于 Banach 空间之间的各类线性算子推广到更一般的(非线性)情况. 下面考虑作用于 Hilbert 空间的自伴算子类的推广.

(2.5.1)**定义** 设 $f\in C(U,X^*)$,其中,U 是X 的一个开子集,而 X^*表示 X 的共轭空间. 那么,若存在实值函数 $F(x)\in C^1(U,\mathbf{R}^1)$,使得对每个 $x\in U$,$F(x)$的 Fréchet 导数 $F'(x)=f(x)$,则 f 是梯度算子,在此情况下,F 称为f 的一个原函数,有时,我们也使用记号 $f(x)=\mathrm{grad}F(x)$.

2.5A 等价定义

为说明梯度算子实际上是自伴算子的推广,我们证明

(2.5.2)**定理** 假定 U 是 Banach 空间 X 中含原点的凸集,且 $f\in C^1(U,X^*)$,则以下命题等价:

(i) f 是梯度算子;

(ii) 倘若 C 是 U 中简单的可求长曲线,则 $\int_C f(x(t))dx(t)$ 与道路 C 无关;

(iii) $\int_0^1(f(sx),x)ds-\int_0^1(f(sy),y)ds=\int_0^1(f(z(s)),x-y)ds$,

其中

$$z(s)=sx+(1-s)y,x,y\in U;$$

(iv) 当 $x\in U$ 时,$f'(x)\in L(X,X^*)$是自伴算子.

证明 (i)⇒(ii):若 $f(x)$是梯度算子,设

$$f(x)=F'(x),$$

并假设 C 取参数式 $C=\{x(t)|0\leqslant t\leqslant 1\}$,则

$$\begin{aligned}\int_C f(x(t))dx(t)&=\int_C F'(x(t))dx(t)\\&=\int_0^1\frac{d}{dt}F(x(t))dt\\&=F(x(1))-F(x(0)).\end{aligned}\tag{2.5.3}$$

(ii)⇒(iii):由于 x,y 及原点 0 均属于 U,故 x 与 y 之间在 U 中的两条道路是:(1) C_1:连接原点到 x 和到 y 的直线段;(2) C_2:连接 x 与 y 的直线段.据(2.5.3),由 $x(t)=tx$ 及 $y(t)=ty$,

$$\begin{aligned}\int_{C_1}f(x(t))dx(t)&=\int_0^1\frac{d}{dt}F(tx)dt-\int_0^1\frac{d}{dt}F(ty)dt\\&=\int_0^1(f(tx),x)dt-\int_0^1(f(ty),y)dt.\end{aligned}$$

以同样的方法,由 $z(t)=tx+(1-t)y$,

$$\begin{aligned}\int_{C_2}f(z(t))dz(t)&=\int_0^1\frac{d}{dt}F(z(t))dt\\&=\int_0^1(f(z(t)),x-y)dt.\end{aligned}$$

另外,据(ii),

$$\int_{C_1} f(x(t))dx(t) = \int_{C_2} f(z(t))dz(t).$$

于是(iii)得证.

(iii)⇒(iv):我们指出,从(iii)可推出 $f(x)$是梯度映射,而

$$F(x) = \int_0^1 (f(sx), x)ds.$$

事实上,由这个定义,从(iii)可推出

$$F(x + \varepsilon h) - F(x) = \varepsilon\int_0^1 (f(x + s\varepsilon h), h)ds.$$

令 $\varepsilon \to 0$,我们得到 $F(u)$的 Gateaux 导数是

$$dF(x, h) = (f(x), h).$$

因为 $f(x) \in C^1(U, X^*)$, $F(u) \in C^2(U, \mathbf{R}^1)$,而由(2.1.28), $F''(u)(h_1, h_2) = f'(x)(h_1, h_2)$对 h_1, h_2 是对称的.

(iv)⇒(i):定义

$$F(x) = \int_0^1 (f(tx), x)dt,$$

然后我们证明,从(iv)可推出 $F(x)$可微,且

$$F'(x) = f(x).$$

事实上,

$$(\dagger)\quad F(x + h) - F(x) = \int_0^1 (f(tx + th), h)dt + \int_0^1 (f(tx + th) - f(tx), x)dt$$

令

$$\begin{aligned}
&\int_0^1 (f(tx + th) - f(tx), x)dt \\
&= \int_0^1 \left\{\int_0^t \frac{d}{ds}(f(tx + sh), x)ds\right\}dt \\
&= \int_0^1\int_0^1 (f'(tx + sh)h, x)dsdt
\end{aligned}$$

$$= \int_0^1 dt \int_0^t (f'(tx + sh)x, h) ds \qquad (\text{用(iv)})$$

$$= \int_0^1 ds \int_s^1 (f'(tx + sh)x, h) dt \quad (\text{交换积分次序})$$

$$= \int_0^1 (f(x + sh) - f(sx + sh), h) ds.$$

根据(†),

$$F(x + h) - F(x) = \int_0^1 (f(x + sh), h) ds.$$

因此由一个简单的计算可得

$$| F(x + h) - F(x) - (f(x), h) | = o(\| h \|),$$

从而

$$F'(x) = f(x).$$

注 若假定 f 连续但不一定属于 C^1,易证(i)~(iii)是等价的.

2.5B 基本性质

确定以下算子很重要:在其作用下,梯度算子仍是梯度算子.一些重要的情况如下:

(2.5.4) 若 $f(x)$是定义在 Hilbert 空间 H 的开子集 U 上的梯度算子,其值域在 H 中,且 A 是自伴线性算子,则 AfA 是梯度算子,其原函数是 $F(A(x))$,其中,$F'(x) = f(x)$.

证明 设

$$\widetilde{F}(x) = F(A(x)),$$

再计算

$$(d/dt)\widetilde{F}(x + th) |_{t=0}.$$

梯度映射 $f \in M(U, H)$在投影下仍是梯度映射.于是,若 $H = X_1 \oplus X_2$ 是 H 的直和分解,π 是$H \to X_1$ 的投影,则 $\pi f(x)$是 X_1 到自身的梯度映射.更一般地,

(2.5.5) 若 $H = Y_1 \oplus Y_2$ 是 Hilbert 空间 H 的直和分解,并且存在一个可微映射 $g \in C(Y_1, Y_2)$, $y_1 = g(y_2)$.以 $\pi: H \to Y_2$ 表示投

影映射,并假定

$$(I-\pi)f(y_1+y_2)=0.$$

那么,若 $f(x)$是梯度映射,则

$$f_1(y_2)=\pi f(y_2+g(y_2))$$

也是梯度映射.

证明 设 $F'(x)=f(x)$,然后我们证明

$$G(y_2)=F(y_2+g(y_2))$$

是 $f_1(y_2)$的原函数.事实上,对 $h\in Y_2$,利用所述的假设,有

$$\begin{aligned}(G'(y_2),h)&=(f(y_2+g(y_2)),h+g'(y_2)h)\\&=(\pi f(y_2+g(y_2)),h+g'(y_2)h).\end{aligned}$$

但由于 $g'\in L(Y_2,Y_1)$,同时,Y_1 与 Y_2 是互补的子空间,故

$$(\pi f(y_2+g(y_2)),g'(y_2)h)=0,$$

因此

$$(G'(y_2),h)=(\pi f(y_2+g(y_2)),h)=(f_1(y_2),h),$$

正如所需.

梯度算子 $f(x)$与其原函数 $F(x)$间存在重要的联系.例如,使 $f(x)=0$ 的点称为 $F(x)$的临界点,从而由研究实值函数$F(x)$的"图"可求得关于 $f(x)$的零点信息.但由于事实上$F(x)$可定义在无穷维 Banach 空间上,故关于临界点会出现某些困难.特别,定义在 X 上的C^1 泛函 $F(x)$不一定能达到下确界,甚至当$F(x)$在 $-\infty$处有界,以及当$-\infty<a,b<\infty$,$F^{-1}[a,b]$有界时亦如此.第六章将详细地讨论这个课题.现在对梯度映射 $f\in M(X,X^*)$,我们指出以下有用结果:

(2.5.6) 假定 $F(x)$是梯度映射 $f\in M(X,X^*)$的原函数,且 $F(0)=0$,则

(i) $F(x)=\int_0^1(f(sx),x)ds$.

(ii) 若 $f(x)$是全连续的,则对于 X 中的弱收敛,$F(x)$是连续的.

(iii) 假定 $\widetilde{f}$ 是多重线性算子 $f\in L_N(X,X^*)$ 的配极变换，使得

$$I^{①}(x_1,\cdots,x_{n+1})=(\widetilde{f}(x_1,\cdots,x_n),x_{n+1})$$

作为 $L_{N+1}(X,\mathbf{R}^1)$ 中的多重线性映射是对称的，则 $f(x,x,\cdots,x)$ 是梯度映射，而原函数

$$F(x)=(1/(n+1))(f(x),x).$$

(iv) $F(x)$ 是凸的当且仅当对每个 $x,y\in X$，单调性条件

$$(f(x)-f(y),x-y)\geqslant 0$$

成立.

证明 (i)：据(2.5.2(iii))，若令

$$\Phi(x)=\int_0^1(f(sx),x)ds,$$

则

$$(d/d\varepsilon)\Phi(x+\varepsilon h)\mid_{\varepsilon=0}=(f(x),h).$$

由于这个方程对每个 $h\in X$ 成立，故

$$\Phi'(x)=f(x);$$

又由于 $\Phi(0)=0$，故从 Gateaux 导数的唯一性可推出 $F(x)\equiv\Phi(x)$.

(ii)：若 f 是梯度映射，并且在 X 中 x_n 弱收敛于 x，则由(2.5.2(iii))，有

$$F(x_n)-F(x)=\int_0^1(x_n-x,f(x_n(s)))ds,$$

其中，

$$x_n(s)=x+s(x_n-x).$$

于是，记

$$\begin{aligned}(x_n-x,f_n(s))=&(x_n-x,f(x_n(s))-f(x))\\&+(x_n-x,f(x)),\end{aligned}$$

① 本书常常这样不加说明地使用新符号，后面还有类似情况，不再一一标注.——译者注

我们注意到,由于$\{\|x_n\|\}$是一致有界的,故

$$\lim_{n\to\infty}\{F(x_n)-F(x)\}=\lim_{n\to\infty}\int_0^1(x_n-x,f_n(s))ds=0.$$

事实上,因为 f 是全连续的,故对每一 $s\in[0,1]$,因为 $f(x_n(s))$ 强收敛于 $f(x)$,从而可知右端的极限是0(当右端的积分一致有界时).

(iii):令

$$\Phi(x)=(1/(n+1))(f(x),x),$$

则由

$$\Phi(x_1,\cdots,x_{n+1})=(f(x_1,\cdots,x_n),x_{n+1})$$

对称的假设,我们得到,对任一 $h\in X$,

$$(d/d\varepsilon)\Phi(x+\varepsilon h)\mid_{\varepsilon=0}=(f(x),h),$$

从而 $\Phi(x)$是 $f(x)$的原函数.

(iv):首先,我们假定对每个 $x,y\in X$,

$$(f(x)-f(y),x-y)\geqslant 0(\text{亦即 } f \text{ 是单调算子}),$$

并来建立 $F(x)$的凸性.事实上,不失一般性,我们可以假定 $F(0)=0$. 于是根据上面的(i),对任意 $t\in[0,1]$,有

$$\begin{aligned}F(tx+(1-t)y)&=F(y)+t\int_0^1(x-y,f(y+st(x-y)))ds\\&\leqslant F(y)+t\int_0^1(x-y,f(y+s(x-y)))ds\end{aligned}$$

(最后这个不等式可从 f 的单调性推出). 根据(2.5.2(iii)),上述不等式右端可写成 $t\{F(x)-F(y)\}$,于是

$$F(tx+(1-t)y)\leqslant tF(x)+(1-t)F(y).$$

现在,我们来证逆命题,即若 $F(x)$是凸的,则对每一 $x,y\in X$,有

$$(f(x)-f(y),x-y)\geqslant 0.$$

为此,我们首先证明,从 $F(x)$的凸性可推出对一切 $x,y\in X$,有

$$(*)\qquad F(x)+(f(x),y-x)\leqslant F(y).$$

从 $F(x)$的凸性可推出,对一切 $x,y\in X$ 及$s\in[0,1]$,有

$$sF(x)+F(x+s(y-x))-F(x)\leqslant sF(y),$$

用 s 同除以两端,并令 $s\to 0$,我们可得结果(*).其次,利用(*),交换 x 和 y,得到

(* *) $$F(y)+(f(y),x-y)\leqslant F(x).$$

将(*)与(* *)相加,我们得到

$$(f(x)-f(y),x-y)\geqslant 0,$$

这正是所需的.

2.5C 特殊的梯度映射

一般,若微分算子 A 是一个泛函的 Euler-Lagrange 导数(在 1.1C 节所述的意义下),则 A 可抽象地表示为一个梯度映射 $\mathscr{A}$.为了使 $\mathscr{A}$ 定义在一个 Sobolev 空间内,A 的项应满足一定的增长条件.作为一个有趣的非平凡例子,我们考虑以下偏微分方程,即在 1.3B 节中定义的 von Kármán 方程.已知一般弹性形变方程是作为 Euler-Lagrange 方程导出的,故似乎可期望相应的算子方程仅与梯度算子有关.事实上,我们现在证明,我们的演算可确保该事实.

(2.5.7) 方程(1.1.12)的弱解与 Sobolev 空间 $\mathring{W}_{2,2}(\Omega)$ 中算子方程

$$u+Cu=\lambda Lu$$

的解一一对应,其中,L 是将 $\mathring{W}_{2,2}(\Omega)$ 映到自身的自伴映射,Cu 是将 $\mathring{W}_{2,2}(\Omega)$ 映到自身的梯度映射.此外,存在一个将 $\mathring{W}_{2,2}(\Omega)$ 映到自身的对称双线性映射 $C(u,v)$,它由以下的(2.5.9′)定义,使得对某个固定的元素 $F_0\in\mathring{W}_{2,2}(\Omega)$,有

$$Lu=C(F_0,u),$$

并且

$$C(u,C(u,u))=Cu.$$

证明 首先我们注意到,(不失一般性)可在方程(1.1.12)中令 $\varepsilon=1$,并将 F_0 定义为

$$\Delta^2 F = 0, D^\alpha F\mid_{\partial\Omega} = \lambda\psi_0$$

的解，我们可将(1.1.12)的解(u,F)写成$(u,f+\lambda F_0)$的形式，于是，“点对”(u,f)满足系统

$$(2.5.8)\qquad \begin{aligned}&\Delta^2 f = -\frac{1}{2}[u,u],\\ &\Delta^2 u = \lambda[F_0,u]+[f,u],\\ &D^\alpha u = D^\alpha f = 0,\quad |\alpha|\leqslant 1,\end{aligned}$$

其中，

$$[f,g] = (f_{yy}g_x - f_{xy}g_y)_x + (f_{xx}g_y - f_{xy}g_x)_y.$$

因此，依照1.5节中给出的弱解定义，并在$\mathring{W}_{2,2}(\Omega)$中选择内积

$$(u,v)_{2,2} = \int_\Omega (u_{xx}v_{xx} + 2u_{xy}v_{xy} + u_{yy}v_{yy}),$$

则系统(2.5.8)的弱解(u,f)就可以写成任一点对(u,f)，它对一切$\varphi,\eta\in C_0^\infty(\Omega)$，满足以下两个积分恒等式：

$$(2.5.9)\qquad \begin{aligned}(u,\eta)_{2,2} &= \int_\Omega\Big\{(\bar f_{xy}u_y - \bar f_{yy}u_x)\eta_x\\ &\qquad + (\bar f_{xy}u_x - \bar f_{xx}u_y)\eta_y\Big\},\\ (f,\varphi)_{2,2} &= 2\int_\Omega\Big\{u_x u_{yy}\varphi_x - u_x u_{xy}\varphi_y\Big\},\end{aligned}$$

这因为

$$\frac{1}{2}[u,u] = (u_x u_{yy})_x - (u_{xy}u_x)_y,$$

其中$\bar f = \lambda F_0 + f$.

今借助于对偶方法(见2.2D节(iii))，我们定义双线性算子$C(\omega,g)$如下：当$g,\omega,\varphi\in H$时，令

(2.5.9′)

$$(C(\omega,g),\varphi) = \int_\Omega\{(g_{xy}\omega_y - g_{yy}\omega_x)\varphi_x + (g_{xy}\omega_x - g_{xx}\omega_y)\varphi_y\}.$$

不难看出，算子C满足如下性质：

(i) $(C(\omega,g),\varphi)$是g,ω和φ的一个对称函数(这由分部积分推出)；

(ii) $(C(\omega,g),\varphi)\leqslant K\|g\|_{2,2}\|\omega\|_{1,4}\|\varphi\|_{1,4}$,

其中,K 是绝对常数.这可由 Sobolev 嵌入定理和 Hölder 不等式推出.

于是系统(2.5.9)能以形式(对于 H 中的内积)

$$(u,\eta)=(C(u,\bar{f}),\eta),\quad (f,\varphi)=-(C(u,u),\varphi)$$

写出.因为 η 和 φ 任意,故可将这些又写为

$$u=C(u,f)+\lambda C(u,F_0),\quad f=-C(u,u).$$

于是,令

$$C(u)=C(u,C(u,u))$$

和

$$Lu=C(u,F_0),$$

我们可将这些改写为

(2.5.10) (a) $u+Cu=\lambda Lu$, (b) $f=-C(u,u)$.

这里,它被理解为:(a)的任何解 u 由(b)唯一确定 f.

上面定义的 $C(u)$ 是梯度映射这个事实,是易从 $(C(\omega,g),\varphi)$ 对 ω, g 和 φ 对称得到的推论.实际上,根据(2.5.2)或(2.5.6),由一个简短的计算可知,我们若令

$$I(u)=\frac{1}{4}(C(u),u),$$

则对一切 $u,v\in H$,有

$$d(I(u+\varepsilon v))/d\varepsilon\,|_{\varepsilon=0}=(Cu,v).$$

基于同样的理由,算子

$$Lu=C(u,F_0)$$

是自伴的.

有一个虽简单但不无意义的例子涉及到定义在区域 $\Omega\subset\mathbf{R}^N$ 上的半线性算子

$$Au=\Delta u+f(x,u).$$

倘若函数 $f(x,u)$ 满足光滑性和适当的增长条件,那么,这样的算子总可以表示为映 $\mathring{W}_{1,2}(\Omega)$ 到自身的一个梯度映射.事实上,用

2.2 节中的对偶方法,假定

$$\widetilde{f}(u) = f(x,u)$$

定义一个从 $\mathring{W}_{1,2}(\Omega)$ 到 L_p 中的有界算子,其中,$p<(N+2)/(N-2)$.那么由公式

$$(\mathscr{A}u, v) = \int_\Omega \{\nabla u \cdot \nabla v - f(x,u)v\}, \quad v \in C_0^\infty(\Omega)$$

隐式地定义出抽象算子 $\mathscr{A}u$.不难验证,$\mathscr{A}u$ 是一个梯度映射,而原函数

$$I(u) = \int_\Omega \left\{\frac{1}{2} |\nabla u|^2 - F(x,u)\right\} dV,$$

其中,

$$F_u(x,u) = f(x,u).$$

2.6 非线性 Fredholm 算子

Banach 空间 X, Y 之间的光滑映射 f 可根据其 Fréchet 导数 $f'(x)$ 的性质来研究.在 2.3 节对复解析映射,以及在 2.5 节对梯度映射已采用了这个办法.同样,基于 1.3F 一节的结果,我们考虑以下的等价定义.

2.6A 等价定义

(2.6.1)**定义** 设 X, Y 是 Banach 空间,而 U 是 X 的一个连通开子集.映射 $f\in C^1(U,Y)$ 称为非线性 Fredholm 算子,是指对每个 $x\in U$,f 的 Fréchet 导数 $f'(x)\in L(X,Y)$ 是线性 Fredholm 映射(见 1.3F 节).这时,f 的指标 $\mathrm{ind} f$ 定义为

$$\mathrm{ind} f(x) = \mathrm{ind} f'(x) = \dim \mathrm{Ker} f'(x) - \dim \mathrm{coker} f'(x), x \in U.$$

(2.6.2) $\mathrm{ind} f(x)$ 与 $x\in U$ 无关.

事实上,因为 $f'(x)$ 对 x 连续,故 $\mathrm{ind} f: U\to\mathbf{Z}$ 连续;又因 U 是连通的,故由 $x\in U$ 可推出 $\mathrm{ind} f(x)$ 是常数,于是 $\mathrm{ind} f(x)$ 与

$x\in U$无关.

(2.6.3) 不难得到 Fredholm 映射的例子并计算它们的指标.

(a) 有限维 Banach 空间之间的任何光滑映射都是 Fredholm 映射.

(b) Banach 空间之间的任何微分同胚都是零指标的 Fredholm 映射.

(c) 若 $f(x)$是任一 Fredholm 映射,且 $C(x)\in C^1(U,Y)$是紧算子,则 $f+C$ 是 Fredholm 算子,且

$$\mathrm{ind}(f+C)=\mathrm{ind}f.$$

这个结果可从(2.4.6)得到.事实上,因为 C^1 是紧的,且 $\mathrm{ind}(f')=\mathrm{ind}f$,所以

$$\mathrm{ind}(f+C)=\mathrm{ind}(f'+C')=\mathrm{ind}(f').$$

(2.6.4)**定理** 设 $f\in C^1(U,Y)$,则对 Banach 空间 Y 的一个开子集 U,以下命题等价:

(i) f 是 Fredholm 算子;

(ii) 对每个固定的 $x\in U$,当每个 $y\in Y$ 时,以下不等式成立:

(2.6.5) $$\|y\|\leqslant C_1\|f'(x)y\|+|y|_0,$$

(2.6.6) $$\|y\|\leqslant C_2\|f'^*(x)y\|+|y|_1,$$

其中,常数 C_1 和 C_2 与 y 无关,而$|y|_0$ 和$|y|_1$ 是定义在 Y 上的紧半范.

证明 根据(1.3.37),由不等式(2.6.5)和(2.6.6)推出,对每个 $x\in U$,$f'(x)$有闭值域,且 $\dim\mathrm{Ker}f'$和 $\dim\mathrm{Ker}f'^*$是有限的.反之,由(1.3.37)也可推出,对每个 $x\in U$,任何线性 Fredholm 映射 $f'(x)\in L(X,Y)$满足形如(2.6.5)和(2.6.6)的不等式,于是(i)和(ii)是等价的.

2.6B 基本性质

(1.6.1)中所讲的 Morse 定理和 Sard 定理有对非线性 Fredholm 映射的有用推广,这个推广将在第三章作出.作为这方面的

第一步,我们来定义可微算子正则点和奇点的概念.

(2.6.7)定义 设 $f\in C^1(U,Y)$,若 $f'(x)$是 $L(X,Y)$中的满射线性映射,则 $x\in U$ 是 f 的正则点.若 $x\in U$ 不是正则的,就称 x 是奇异的.类似地,可由集合 $f^{-1}(y)$来定义 f 的奇异值和正则值 y:若 $f^{-1}(y)$有奇点,则 y 称为奇异值,其余的 y 称为正则值.

正如有限维一样,在这方面我们证明

(2.6.8)定理 Fredholm 算子 $f\in C^1(X,Y)$的奇点集是闭的.

证明 设 $S=\{x\mid f'(x)$不是到上的$\}$,并假定 $x_n\in S$ 使得 $x_n\to\bar{x}$.根据小扰动下 f 的指标的连续性,对充分大的 n,

$$\operatorname{ind} f'(x_n)=\operatorname{ind} f'(\bar{x}).$$

又由第一章定理(1.3.38),若 $\|B\|$ 充分小,而 A 是 Fredholm 映射,则由(2.6.2)可得

$$\dim\operatorname{coker}(A+B)\leqslant\dim\operatorname{coker}A, \tag{2.6.9}$$

因而对充分大的 n,

$$\begin{aligned}(2.6.10)\quad &\dim\operatorname{coker}f'(\bar{x})\\ &\geqslant\dim\operatorname{coker}[f'(\bar{x})+(f'(x_n)-f'(\bar{x}))]\\ &\geqslant\dim\operatorname{coker}f'(x_n)\geqslant 1.\end{aligned}$$

因此 $f'(\bar{x})$不是满射线性映射,故 $\bar{x}\in S$.

例 怎样对照"瞬子"与非线性 Fredholm 算子的关系,见第一章和第四章的注记 H.

2.6C 微分 Fredholm 算子

在微分系统的研究中很自然出现非线性 Fredholm 算子类.这因为很多微分算子(可能要补上附加的边界条件)及其伴随算子只有有限维的解子空间.

现假定我们给出非线性椭圆型算子

$$N(u)=F(x,u,\cdots,D^{2m}u), \tag{2.6.11}$$

它定义在有界域 $\Omega\subset\mathbf{R}^N$ 上,服从 Dirichlet 边界条件 $D^\alpha u|_{\partial\Omega}=0$, $|\alpha|\leqslant m-1$.那么,我们可将 N 看作 $C^{2m,\alpha}(\Omega)\to C^{0,\alpha}(\Omega)$的映

射.倘若函数

$$F = F(x, \xi^1, \cdots, \xi^{2m})$$

是$(\xi^1, \cdots, \xi^{2m})$的 C^1 函数,则不难算出,$N(u)$在 u_0 处的 Fréchet 导数是

$$N'(u_0)v = \sum_{|\alpha| \leqslant 2m} F_\alpha(x, u_0, \cdots, D^{2m}u_0) D^\alpha v. \tag{2.6.12}$$

由 Schauder 估计式(1.4.27)和(1.4.28),存在可能与 u_0 有关的常数 c,使得

$$\| v \|_{C^{2m,\alpha}} \leqslant c \{ \| N'(u_0)v \|_{C^{0,\alpha}} + \| v \|_{C^{0,\alpha}} \}. \tag{2.6.13}$$

于是,$\| v \|_{C^{0,\alpha}}$是定义在$C^{2m,\alpha}(\Omega)$上的紧半范. $N'(u)$在 $C^{0,\alpha}$中有闭值域且有有限维的核.为证 N 是非线性 Fredholm 算子,必须验证除 $C^{0,\alpha}(\Omega)$的一个有限维子空间外,系统

$$N'(u_0)v = f, \quad D^\alpha v|_{\partial\Omega} = 0, \ f \in C^{0,\alpha}(\Omega) \tag{2.6.14}$$

可解.为此,我们注意:算子

$$L_1(v) = \sum_{|\alpha| = 2m} F_\alpha(x, u_0, \cdots, D^{2m}u_0) D^\alpha v$$

映 $C^{2m,\alpha}(\Omega)$到 $C^{0,\alpha}(\Omega)$上,并且还是一对一的.另一方面,作为从 $C^{2m,\alpha}(\Omega)$到 $C^{0,\alpha}(\Omega)$的映射,

$$L_2(v) = \sum_{|\alpha| \leqslant 2m-1} F_\alpha(x, u_0, \cdots, D^{2m}u_0) D^\alpha v$$

是紧的.从而

$$N'(u_0) = L_1 + L_2 = L_1\{I + L_1^{-1}L_2\}$$

作为一个作用在恒等算子紧扰动上的同胚能被分解.将紧算子理论用于 $I + L_1^{-1}L_2$,我们得到:倘若 f 与$C^{0,\alpha}(\Omega)$中一个有限维子空间正交,那么系统(2.6.14)可解.于是 N 是零指标的非线性 Fredholm 算子.更一般地,Fredholm 性质可由指出以下两点来建立.这两点是:线性化边值问题及其伴随问题均满足(2.6.13).

2.7 真 映 射

2.7A 等价定义

算子 $f \in C(X, Y)$称为真的,是指 Y 中任一紧集C 上的逆象

$f^{-1}(C)$在 X 中是紧的.这个概念的重要性在于:对任何固定的 $p\in Y$,算子 f 的真性限制着解集 $S_p=\{x\mid x\in X,f(x)=p\}$的"大小".于是直接得出在 $L(X,Y)$中仅有真线性算子既是一对一的,又有闭的值域.更一般地,我们证明

(2.7.1)**定理** 设 $f\in C(X,Y)$,则以下命题等价:

(i) f 是真的;

(ii) f 是闭映射,而且对任何固定的 $p\in Y$,解集 $S_p=\{x\mid x\in X,f(x)=p\}$是紧的;

(iii) 如果 X 和 Y 是有限维的,那么 f 是强制的(即在此意义下,每当 $\|x\|\to\infty$时,有 $\|f(x)\|\to\infty$).

证明 (i)⇒(ii):因为任何一点 $p\in Y$ 都是紧集,故由 f 的真性可推出 S_p 是紧的.为证 f 是闭的,设 K 是 X 的闭子集,且假设

$$y_n=f(x_n)\to y,x_n\in K.$$

那么,因为$\{y_n\}$的闭包$\{\bar{y}_n\}$是紧的,故由 f 的真性可推出 $\sigma=f^{-1}\overline{(\{y_n\})}$紧.因此(可能要在取子序列后),由于 $x_n\in\sigma$,故$\{x_n\}$收敛到一点 $\bar{x}$.因为 K 是闭集,所以 $\bar{x}\in K$.而由 f 的连续性有 $f(\bar{x})=y$.

(ii)⇒(i):现假定 f 是闭的,而且对任意的 $p\in Y$, S_p 是紧的.那么,为证 f 是真的,令 C 是 Y 的紧子集且$f^{-1}(C)=D$.假定 D 由闭集族D_α 所覆盖,其中,D_α 有有限交性质.我们证明$\bigcap\limits_\alpha D_\alpha\neq\varnothing$,推出 D 是紧的.为此,令$(\alpha_1,\cdots,\alpha_k)=\beta$是$\{\alpha\}$的任一子集,那么,$E_\beta=\bigcap\limits_{i=1}^{k}D_{\alpha_i}$是闭的且非空,从而 $f(E_\beta)$是闭集且 $C=\bigcup\limits_\beta f(E_\beta)$.此外,由于对任一有限子集 $\gamma\in 2^\alpha$,

$$\bigcap_\gamma f(E_\beta)\supset f(\bigcap_\gamma E_\beta)\neq\varnothing,$$

故闭集族 $f(E_\beta)$有有限交性质.于是,从 C 的紧性可推出

$$\delta=\bigcap_\beta f(E_\beta)\neq\varnothing.$$

今令 $y\in\delta$ 和 $D_y=D\cap f^{-1}(y)$,从而 $D_y\neq\varnothing$. 由假设条件,

$f^{-1}(y)$是紧的,集合

$$D_y = \bigcup_\alpha \left\{D_\alpha \cap f^{-1}(y)\right\}$$

同样也是紧的.于是只需证明$\{D_\alpha \cap f^{-1}(y)\}$有有限交性质.这因为此时

$$\bigcap_\alpha D_\alpha \supset \bigcap_\alpha \left\{D_\alpha \cap f^{-1}(y)\right\} \neq \varnothing.$$

最后,对$\{\alpha\}$的任一有限子集

$$\gamma = \{\alpha_1, \cdots, \alpha_j\},$$

由于 $y \in \bigcap_{\beta \in 2^\alpha} f(E_\beta)$, 故

$$\bigcap_{i=1}^{j} D_{\alpha_i} \cap f^{-1}(y) = E_\gamma \cap f^{-1}(y) \neq \varnothing.$$

(iii)⇔(ii):设 X, Y 是有限维的,则由 f 的真性可推出 Y 中的有界子集的逆象在 X 中是有界的,这即 f 的强制性的另一种说法.反之,若 f 是强制的,且 C 是 Y 的任一紧子集,则 $f^{-1}(C)$是有界的,且在 X 中相对紧.

对于作用在无穷维 Banach 空间之间的特殊类型的算子 $f \in C(X, Y)$,由 f 的强制性可推出其真性.更明确地,我们来证明有关真性的如下判别法:

(2.7.2) 假定 $f \in C(X, Y)$且当 $\|x\| \to \infty$时, $\|f(x)\| \to \infty$.若

(i) f 是真映射的一个紧扰动;或者

(ii) X 是自反的,且在 X 中 x_n 弱收敛于 x 而$\{f(x_n)\}$强收敛,可推出 x_n 强收敛于 x.

则 f 是真映射.

证明 (i):设 $f(x_n) = y_n$,使得在 Y 中 $y_n \to y$.那么,若

$$f(x) = g(x) + C(x),$$

其中,g 是真的,C 是紧的,则由 f 的强制性可推出$\{x_n\}$有界.从而(可能要在选子序列后)$\{C(x_n)\}$是收敛的.于是,因为序列

$$g(x_n) = y_n - Cx_n$$

收敛,同时 g 是真映射,故$\{x_n\}$有收敛子序列$\{x_{n_j}\}$,其极限为 $\bar{x}$.

然后,从 f 的连续性推出$f(\bar{x})=y$;于是 f 是真的.

(ii):若 X 是自反的,且在 Y 中$f(x_n)\to y$,则由 f 的强制性可推出$\{x_n\}$有界.因而(可能要在再次取子序列后),我们可以假定在 X 中 x_n 弱收敛于 $\bar{x}$.并因此再根据假设,x_n 强收敛于 $\bar{x}$,从而 $f(\bar{x})=y$,于是仍得 f 是真的.

2.7B 基本性质

真映射 $f\in C(X,Y)$有一个简单的定量性质是:在 p 或 f 的小扰动下,解集 $S_p(f)=\{x\mid x\in X,f(x)=p\}$的稳定性可表示如下:

(2.7.3)**定理** 设 $f\in C(X,Y)$是真映射,那么:

(i) 对每个 $p\in Y$ 和每个$\varepsilon>0$,存在 $\delta>0$,使得

(2.7.4) 由 $\|f(x)-p\|\leqslant\delta$ 可推出 $\|x-f^{-1}(p)\|\leqslant\varepsilon$;

(ii) 若 $g\in C(X,Y)$,则对一切 $x\in X$,从 $\|f(x)-g(x)\|\leqslant\delta$ 可推出$d(S_p(f),S_p(g))\leqslant\varepsilon$.

证明 只需证(i),因为(ii)是(i)的直接推论.

假定(i)是错的,则存在 $\varepsilon>0$,$p\in Y$ 和序列$\{x_n\}\in X$,使得对一切 n,有

(2.7.5) $\|f(x_n)-p\|\leqslant 1/n$ 而 $\|x_n-f^{-1}(p)\|\geqslant\varepsilon$.

因为 f 是真映射,而 $f(x_n)\to p$,如果必须,通过取子序列我们可以假定 $x_n\to x$.那么,因 $f\in C(X,Y)$,故 $f(x)=p$,且 $x\in f^{-1}(p)$,但这与(2.7.5)矛盾.

在同样的方面,我们证明

(2.7.6) 设 X,Y 是 Banach 空间,且 $f\in C(X,Y)$.假设 U 和 V 分别是 X 和 Y 的开子集,使得 f 映 U 到 V 上是局部可逆的,并在 U 上是真映射.那么,函数 c_p 等于 $S_p(U)=\{x\mid x\in U,f(x)=p\}$中点的个数,并在 $f(U)$的每一分支中 c_p 是有限常数(见图 2.1).

证明 显然,从 f 的局部可逆性和真性可推出$f^{-1}(p)$是离散的紧集,因此 c_p 是有限的.

以同样的方法,从刚才获得的定理(2.7.3)得出 c_p 在局部是常数.

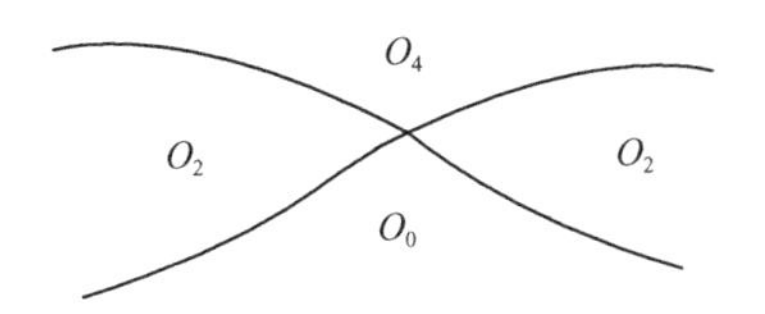

图 2.1 真 Fredholm 映射 f 的值域的一个典型分解
它的奇异值划分连通分支 O_i. 当 $p\in O_i$ 时
方程 $f(x)=p$ 恰有 i 个解.

更一般地,现在我们来考虑不是局部可逆的真映射. 正如(2.6.7)中那样,若 $f\in C^1(X,Y)$,只要 $f'(x)$在点 x 处不是局部可逆的,我们就说 x 是奇点. f 的这种奇点的集合称为奇异集 S. 用(2.6.7)中相同的记号和术语,我们证明

(2.7.7) 若 $f\in C^1(X,Y)$是零指标的真 Fredholm 算子,并用 S 表示 f 的奇异集. 则在 $Y-f(S)$的每个(连通)分支上,c_y 是常数(更一般地,对更高指标的真算子,集 $f^{-1}(y)$是同胚的).

证明 由(2.6.8),显然 S 是闭的;因为 f 是真映射,故从(2.7.1)可推出 $f(S)$是闭的,于是

$$U = X - f^{-1}(f(S))$$

和

$$V = Y - f(S)$$

分别是 X 和 Y 的开子集. 现在我们可将(2.7.6)用于 U 和 V. 显然,f 映 U 到 V 中,它是真映射,并在 U 上局部可逆. 于是,由 V 的分支是弧连通的就得到结果.

2.7C 作为真映射的微分算子

最后,我们来讨论与非线性微分算子有关的抽象映射真性的一些判别准则.

首先,考虑具体的算子

$$\mathscr{A}u = \sum_{|\alpha|\leqslant m}(-1)^{|\alpha|}D^\alpha\{A_\alpha(x,u,\cdots,D^\alpha u)\},$$

它定义在有界域 $\Omega\subset\mathbf{R}^N$ 上，而抽象算子 $A:\mathring{W}_{m,p}(\Omega)\to W_{-m,q}(\Omega)$ 由公式(用 2.2D 一节的对偶原理)

$$(2.7.8)\qquad (Au,\varphi)=\sum_{|\alpha|\leqslant m}\int_\Omega A_\alpha(x,u,\cdots,D^\alpha u)D^\alpha\varphi$$

与 $\mathscr{A}$ 联系起来. 我们来证明与(2.7.2)类似的结论:

(2.7.9) **定理** 假定 A 满足条件(2.2.7)，它确保 A 是从 $\mathring{W}_{m,p}(\Omega)\to W_{-m,q}(\Omega)$ 的有界连续映射. 若

(i) 当 $\|u\|\to\infty$ 时，$(Au,u)/\|u\|\to\infty$，

(ii) $\mathscr{A}$ 是下述意义上的强椭圆型算子: 即对 $p\in(1,\infty)$，

$$\sum_{|\alpha|=m}\{A_\alpha(x,y,z)-A_\alpha(x,y,z')\}\{z-z'\}\geqslant c\|z-z'\|^p,$$

其中，c 是与 y,z,z' 无关的常数，同时，较低阶项满足(2.2.7)的(*)式，则映射 A 是映 $\mathring{W}_{m,p}(\Omega)$ 到 $W_{-m,q}(\Omega)$ 中的真映射.

证明 首先我们注意到，由(i)，当 $\|u\|\to\infty$ 时，$\|Au\|\geqslant(Au,u)/\|u\|\to\infty$，故 A 在(2.7.1)意义下是强制的. 其次，我们考虑由(2.7.8)定义的算子 A，并就真性来验证(2.7.2)的充分条件. 为此，我们记

$$A=A_1+A_2,$$

而

$$(A_1u,\varphi)=\sum_{|\alpha|=m}\int_\Omega A_\alpha(x,u,\cdots,D^m u)D^\alpha\varphi,$$

$$(A_2u,\varphi)=\sum_{|\alpha|<m}\int_\Omega A_\alpha(x,u,\cdots,D^\alpha u)D^\alpha\varphi.$$

从我们的假设条件可推出(据(2.4.9)) A_2 全连续并且 A_1 满足不等式

$$(2.7.10)\qquad (A_1u-A_1v,u-v)\geqslant k\|u-v\|_{m,p}^p,$$

其中，$k>0$ 与 u,v 无关. 因此证明 A_1 是真的即可. 由于空间 $\mathring{W}_{m,p}$ 是自反的，故只需证明当 u_n 弱收敛于 u 和 $\{A_1u_n\}$ 强收敛时，可推出 u_n 强收敛于 u. 而这是不等式(2.7.10)的一个直接推论.

最后，当把定义在(2.5.7)中的 von Kármán 算子看成将 $\mathring{W}_{2,2}(\Omega)$映到自身的映射时，我们得到真性. 我们证明:

(2.7.11) 定义在(2.5.7)中的 von Kármán 算子

$$\mathscr{A}_\lambda(u) = u + Cu - \lambda Lu \quad (\text{对固定的 } \lambda)$$

是映 $\mathring{W}_{2,2}(\Omega)$到自身的真映射.

证明 暂且假定映射 C 和 L 全连续. 据(2.7.2(ii))，只需证实 $\mathscr{A}_\lambda(u)$的强制性. 为此，令 $\|u_n\| \to \infty$，则对固定的 λ，有

$$(\mathscr{A}_\lambda(u_n), u_n) = \|u_n\|^2 + (Cu_n, u_n) - \lambda(Lu_n, u_n).$$

据(2.5.7)，

$$(Lu_n, u_n) = (C(F_0, u_n), u_n) = (C(u_n, u_n), F_0),$$

同时，

$$(Cu_n, u_n) = \|C(u_n, u_n)\|^2.$$

于是，对任一 $\varepsilon > 0$，

$$(\mathscr{A}_\lambda(u_n), u_n) \geqslant \|u_n\|^2 + \|C(u_n, u_n)\|^2 - \varepsilon^{-1}\|F_0\|^2 - \varepsilon\|C(u_n, u_n)\|^2.$$

在最后的不等式中选择 $\varepsilon = 1$，我们可得

$$\|\mathscr{A}_\lambda(u_n)\| \geqslant (\mathscr{A}_\lambda(u_n), u_n)/\|u_n\| \geqslant \|u_n\| - \|u_n\|^{-1}\|F_0\|^2.$$

因此，作为从 $\mathring{W}_{2,2}(\Omega)$到自身的算子，$\mathscr{A}_\lambda(u)$是强制的.

最后，为确定算子 L 和 C 的全连续性，我们利用(2.5.7)的证明中提到过的不等式(ii)(接(2.5.9′)后). 事实上，在 $\mathring{W}_{2,2}(\Omega)$中若 u_n 弱收敛于 u，则由 Sobolev 不等式(1.4.18)可推出在 $W_{1,4}(\Omega)$中 u_n 强收敛于 u. 从而当 $n \to \infty$ 时，对某个绝对常数 $K_1 > 0$，

$$\|Lu_n - Lu\| = \sup_{\|\varphi\|=1}(Lu_n - Lu, \varphi) = \sup_{\|\varphi\|=1}(C(F, u_n - u), \varphi) \leqslant K_1\|F\|_{2,2}\|u_n - u\|_{1,4} \to 0.$$

类似可证 $C(u, u)$全连续. 于是，对任意 $\varphi \in \mathring{W}_{2,2}(\Omega)$，利用

(2.5.7),我们可得

$$
\begin{aligned}
(C(u_n)-C(u),\varphi)=&(C(u_n,u_n),C(u_n,\varphi))\\
&-(C(u,u),C(u,\varphi))\\
=&(C(u_n,u_n)-C(u,u),C(u,\varphi))\\
&+(C(u_n,u_n),C(u_n,\varphi)-C(u,\varphi)).
\end{aligned}
$$

从而,当 $\|\varphi\|_{2,2}\leqslant 1$ 时,存在绝对常数 M 使得

$$
\begin{aligned}
\|C(u_n)-C(u)\|\leqslant M\{&\|C(u_n,u_n)-C(u,u)\|\\
&+\|C(u_n,\varphi)-C(u,\varphi)\|\}.
\end{aligned}
$$

因此 $C(u_n)\to C(u)$, C 的全连续被证实.

于是,我们断定 $\mathscr{A}_\lambda(u)$是真的.

第六章中,结合大范围变分学,我们研究和利用 A_λ 的真性结论(即(2.7.6)和(2.7.7))来估计当 g 变动时,方程 $A_\lambda(u)=g$ 解的个数.

注　记

A　L_p 空间之间的算子 $f=f(x,u)$ 的映射性质

设 $f(x,u)$定义在 $\Omega\times\mathbf{R}^1$ 上,其中,Ω 是 R^N 的有界域,f 具有以下连续性性质:对几乎所有的 x,f 对 u 都是连续的,而对所有的 u,相对于 Lebesgue 测度,f 对 x 都是可测的. 于是,为证(2.2.1),可着手如下:

(i) f 保持依测度收敛　首先针对简单函数,然后进行线性组合并取极限,则不难证明之.

(ii) f 是连续的　给定的 $f(x,u)$满足增长条件

(*)　$|f(x,u)|\leqslant\alpha+\beta|u|^{p_1/p_2}$,对某些绝对常数 $\alpha,\beta>0$.

这个问题可归结为证明在积分号下取以下极限:

$$
\lim_{n\to\infty}\int_\Omega|f(x,u_n)-f(x,u)|^{p_2}dx,
$$

其中,

$$\| u_n - u \|_{L_{p_1}} \to 0.$$

在积分号下取极限,其根据是绝对等度连续积分上的 Vitali 定理以及所给的增长条件.

(iii) f 是有界的　这个结论从 f 在零处的连续性以及 Lebesgue 测度的连续性可得出.

虽然本书中我们将用不到这点,但要指出,增长条件(*)是以下事实的推论:f 将 $L_{p_1}(\Omega)$映入 $L_{p_2}(\Omega)$. 对于这点的证明,读者可参看 Krasnoselski(1964).

B　实解析算子

我们对复解析算子的改进基于分离解析性的 Hartogs 定理. 实 Banach 空间的类似情形并无广泛进展. 定义在实 Banach 空间 X 的开集 D 上,而取值在另一实 Banach 空间 Y 中的光滑映射 f,若在 D 中的每一点都有任意阶 Fréchet 导数,并且 $f(x)$可用它的导数展开为收敛的幂级数(如同在(2.3.3)(vi)),则称 f 在 D 中是实解析的. 实解析算子的某些结果可从复解析算子的类似结果推出. 事实上,每个实 Banach 空间 X 均可通过一个典型的方法等距地嵌入一个复 Banach 空间 $X+iX$ 中;而映 X 到 Y 中的有界多重线性对称映射可唯一扩展成 $X+iX$ 到 $Y+iY$ 中的有界多重线性对称映射. 于是可证,一个实解析映射可典型地扩展成复解析映射. 对这些结果,读者可参阅 Alexicwicz 和 Orlicz(1954).

C　抽象 Navier-Stokes 算子

根据 2.2D 中的对偶方法,可将 Navier-Stokes 方程(1.1.18)～(1.1.19)变形成 Hilbert 空间 $\mathring{H}$ 中的算子方程. 条件 div$\boldsymbol{u}=0$ 允许只注意 N 维螺线向量,以及把 N 维螺线向量 w 的空间选为 Hilbert 空间 $\mathring{H}$,w 由 Sobolev 空间 $\mathring{W}_{j,2}(\Omega)$中 $\boldsymbol{u}\in C_0^\infty(\Omega)$的每个分量完备化得到. 如果我们考虑一个 Navier-Stokes 方程,它定义在 $\mathbf{R}^N$ 中无界域 Ω 上,$N=2,3$,并满足齐次 Dirichlet 型边界条件,我们可知这些方程能写成

$$f_\lambda(w) \equiv w + \lambda N w = \tilde{g} \qquad (\lambda \equiv \text{Reynolds 数}).$$

(注意:这些方程缺了作为梯度的压力项,$\tilde{g}$ 表示扩展力向量).当 N 由公式

$$(**)\qquad (Nw,\varphi)_H = -\int_\Omega \{w\cdot \operatorname{grad} w\}\varphi \equiv \sum_{k=1}^{N}\int_\Omega w_k w_{x_k}\cdot\varphi,$$

隐式地定义时,利用对偶方法检验这件事.不难证明:

(i) 这样定义的算子 N 是从$\mathring{H}$ 到自身的紧映射.

(ii) 对每个 γ,相应的算子 f_γ 是真映射(注意,在这里,对每个 $w\in\mathring{H}$,有$(Nw,w)=0$,从而由(2.7.2)得出真性).

(iii) $f_\gamma(w)$是 Fréchet 可微的,因此 $f_\gamma(w)$是零指标的非线性 Fredholm 算子.

(iv) 对充分小的 γ,$f_\gamma(w)=g$ 的解是唯一的.更一般地,扣除 f_γ 的奇异值,解在数目上有限.

正如我们在第五章中将要看到的,对于很大一类非齐次边界条件,表示式(**)依然有效.此外易证,结果(i)~(iv)在这种情况下仍然成立.见 Ladyzhenskaya(1969).

D 文献书目的注记

2.1 节　无穷维线性空间之间映射的微积分学具有有趣的历史.早期的文献包括 Volterra(1930), Hadamard(1903)及 Fréchet(1906).以下较现代的书已被证明是有意思的:Dieudonné(1960), Nevanlinna(1957), Hille 及 Phillips(1957),Michal(1958)及 Cartan(1970,1971).在 Gateaux(1906)及 Fréchet(1925)中可找到导数的早期讨论.Ljusternik 和 Sobolev(1961)的书包含了更现代的论述.当把非线性算子看作微分形式时,Goldring(1977)在他的文章中已经完成了 Hodge 关于非线性算子分解定理的前面几个步骤.

2.2 节　Krasnoselski(1964)和 Vainberg(1964)的书包含了2.2A 的复合算子的详细讨论.结果(2.2.10)来自 Littman(1967). Schauder 反演法是 Schauder 的文章中一再重现的技巧的一个形式化,这些文章都在文献中.在许多不同的情况下,已证明了对偶方法对于定义抽象的非线性算子十分有效,这在 Brézis(1973),

Browder(1976)以及 Lions(1969)中均有叙述.

2.3 节　对于解析算子,我们的讨论模仿 Hille(1948). Taylor (1937)的文章使阅读变得趣味盎然,同时,Douady 近来的工作(1965)具有普遍价值.

2.4 节　紧算子以及它们与代数拓扑的关系的系统研究属于 Schauder(见列在文献中的他的文章).

2.5 节　在 Rothe(1933)和 Krasnselski(1964)中可找到有关梯度算子基本结果的很有用的综述. 这个工作的很大一部分基于把变分学的概念推广到更形式的情况. 在 Berger(1967)中可找到结果(2.5.7). Goldring(1977)通过证明 Frobenius 可积性定理的各种无穷维变形,推广了梯度映射的概念.

2.6 节　非线性 Fredholm 算子是 Smale(1965)引入的. 在 Palais(1967)的书中有一个有趣的设想,即想把 Atiyah 与 Singer 的指标定理推广到非线性情况. 毫无疑问,在我们学科的进一步发展中,非线性 Fredholm 算子的内容将被证明是重要的.

2.7 节　在 Bourbaki(1949)中可以找到对真映射的全面讨论. 同时,在 Ambrosetti 和 Prodi 的文章(1972)中证明了结果(2.7.7),并对它加以了应用. 在 Berger(1974)中可找到结果(2.7.11).

第二部分　局部分析

第二部分的目的　这里,我们讨论非线性算子 f 的局部映射性质,其中,f 限制在它的定义域内一个给定点的小邻域中.然后,我们将这些性质与理论上和实践上都重要的更具体的概念联系起来.

拟讨论的基本问题　为确定符号,设 f 表示定义在 Banach 空间 X 中点 x_0 邻域 $U(x_0)$中的一个算子,它的值域在另一 Banach 空间 Y 中.然后,我们拟通过以下问题尽可能以精确形式确定 $f(x)$在 $f(x_0)$附近的性状.

(i) 线性化问题　若 $f(x)$(在 x_0 点)可微,那么,在什么意义下可用算子 $f'(x_0)$来反映 $f(x)$在 $f(x_0)$附近的性质?

(ii) 局部可解性问题　若 $\| f(x_0) - y \|$ 是"小"的,那么,在什么情况下,对于 x_0"附近"的 x 我们能求解 $f(x) = y$?

(iii) 局部共轭问题　若 g 是另一个映射,其定义域为 $U(x_0)$,值域 V 包含在 Y 中且(在某种意义下)使得 $f - g$ 是小的.那么,在什么情况下 f 和 g 只相差一个局部坐标变换? 即什么情况下,存在局部同胚映射("坐标变换")$h_X: U(x_0) \to U(x_0)$和 $h_Y: V \to V$,使得 $f = h_Y^{-1} g h_X$? 特别,在 $x = 0$ 附近,若

$$f(x) = Lx + O(\| x \|^2),$$

其中,L 是线性算子,那么,L 和 f 的哪些性质确保这些算子在 $x = 0$ 附近是共轭的?

(iv) 稳定性问题　在什么意义下,算子 f 在 $U(x_0)$附近的映射性质不受小扰动(可能任意)εg 的影响(当 ε 是小实数时)? 如果"任意的"扰动会破坏所给的性质,那么由限制容许扰动类能保持这些性质吗?

(v) 关于解的局部结构问题　若 $f(x_0)=y_0$,那么,能给解集 $\{x \mid f(x)=y_0, x\in U(x_0)\}$ 一个完整的描述吗? 特别,解是孤立的吗?

(vi) 非线性效应问题　研究 f 在 $f(x_0)$ 附近的局部性质时,算子 f 的较高阶部分,即 $f(x)-f'(x_0)(x-x_0)-f(x_0)$ 的哪些特征是有意义的?

(vii) 参数依赖性问题　若映射 $f(x)=f(x,\lambda)$ 连续(光滑)地依赖于参数 λ,当 λ 变化时,f 的局部性质怎样变化? 特别是描述 $f(x,\lambda)=0$ 的解在"分歧"集

$$\Sigma = \{(x,\lambda) \mid \operatorname{coker} f_x(x,\lambda) \neq \{0\}, f(x,\lambda) = 0\}$$

附近的性状.

(viii) **关于适当解的结构的问题**　当 $f(x_0)-y$ 小时,若在 x_0 附近 $f(x)=y$ 有一个解 x,那么可以构造 x_0 的一个显式近似值 x,使得 $\|x-x_0\|$ 任意小吗?

(ix) **关于迭代格式的问题**　若序列 x_n 由以下规则

$$x_n = g(x_{n-1}, x_{n-2}, \cdots, x_{n-k})$$

定义(其中,k 是某个有限整数,与 n 无关,g 是定义在 $X\times X\times\cdots\times X$(共 k 个)上的连续映射),则在什么情况下,这个序列(或某个子序列)收敛到

$$x = g(x, x, \cdots, x)$$

的解 $\bar{x}$? 进一步,在上面问题(viii)的假设下,可由一个收敛的迭代格式来定义一个近似解吗?

仔细研究显式非线性系统时自然会出现刚才提到的问题.于是,对给定的局部问题 Π,获得近似解的方法是熟知的,(一般说来)也不难构造.例如,可以用问题 Π′来"接近"问题 Π,而 Π′的全部解都明显可知,并假定(作为首次近似)Π 的解"靠近"Π′的解.事实上,著名的线性化方法、逐次逼近法、平均法、待定系数法和奇异扰动法都是形式地构造这种近似解的技巧.用这些形式上的格式,近似解的有效性问题通常仍未解决.实际上,尽管有许多反例,但仍先假定其正确而这样做.正如今后我们将会看到的,研究局部分

析对这种问题大有裨益. 例如,对算子方程 $f_\varepsilon(x)=0$ 的解,通常可构造出一个高阶(任意阶 N)近似:

$$x_N(\varepsilon) = x_0 + \sum_{n=0}^{N} a_n\varepsilon^n,$$

它具有性质

$$f_\varepsilon(x_N(\varepsilon)) = O(\varepsilon^{N+1}).$$

但是,正如 1.2B 中提到过的,由于无穷级数 $\sum a_n\varepsilon^n$ 可能发散,故可能对任何 $\varepsilon \neq 0$, 极限 $\lim\limits_{N\to\infty} x_N(\varepsilon)$ 根本不存在. 于是,近似值 $x_N(\varepsilon)$对于方程 $f_\varepsilon(x)=0$ 的真解 $x(\varepsilon)$的有效性问题需要进一步研究.

除刚才提到的方法之外,对所给的问题,常常存在一个与局部方法和全局方法有关的紧密结合体. 于是,存在不能利用幂级数(或 Fourier 级数)展开来充分研究的许多局部分析问题,这种结果出现在 4.2 节中,它与 Hamilton 系统的周期轨道及去掉 Liapunov 定理的无理性条件有关(见 1.2B(v)). 相同的问题也产生于涡环的"非线性除奇异"现象中,它将在第四章注记中描述. 事实上,在当代科学的许多领域中,"非扰动效应"在理解问题时起着日益重要的作用.

第三章　单个映射的局部分析

在这一章,我们将注意力集中到作用在两个 Banach 空间之间或(正如在 3.4 节那样)两个 Banach 空间鳞之间指定的算子 f 上,并讨论基本的逼近和迭代格式,这些格式与反函数定理及隐函数定理有关.本章的第一节中,我们讨论基于初等压缩映射原理得出的结果,然后讨论这些结果对 Banach 空间中常微分方程、映射的奇异性、等周变分问题极值曲线的局部性质的应用.在随后的两节中,讨论经典的最速下降法和逐次逼近的强函数法.最后(在 3.4 节),我们介绍与反函数定理有关的迭代格式的最新推广.这些结果属于 Nash,Moser,Kolomogorov 及 Arnold.

3.1　逐次逼近法

为了回答刚才提出的局部分析问题,最简单而系统的手段是基于算子方程 $f(x)=0$ 可解性的逐次逼近法.事实上,本节的所有结果都基于这个课题.给定 $f\in C(\bar{U},Y)$,该方法的基本思想是(显式地)定义元素 $x_n\in\bar{U}$ 的一个 Cauchy 序列,使得 $f(x_n)\to 0$.然后由 $\bar{U}$(假定它是 Banach 空间 X 的一个开子集的闭包)的完备性,x_n 收敛到某个 $\bar{x}\in\bar{U}$,并由 f 的连续性,有 $f(\bar{x})=0$.这种构造法的最简单情况介绍如下.

3.1A　压缩映射原理

给定从集 S 到自身的连续映射 A,可设想由定义一个序列来找出 A 的不动点,该序列为 $x_0,Ax_0,A^2x_0,\cdots,A^nx_0,\cdots$,其中 $x_0\in S$,为找出关于 S 和 A 的条件来确保这个序列收敛.一个简单的答案是:

(3.1.1)**压缩映射原理** 用 $S(\bar{x},\rho)$表示 Banach 空间 X 中的球，球心为 $\bar{x}$，半径为 ρ. 假定 A 映 $S(\bar{x},\rho)$到自身，且对任意 $x,y\in S(\bar{x},\rho)$满足条件

(3.1.2) $$\| Ax-Ay \| \leqslant K \| x-y \|,$$

其中 K 是小于 1 的绝对常数. 则 A 在 $S(\bar{x},\rho)$中有且仅有一个不动点 x_∞，并且，对 $S(\bar{x},\rho)$中任取的一点 x_0，x_∞ 是序列 $x_n=A^n x_0 (n=0,1,2,\cdots)$的极限.

证明 我们首先证明，对任一 $x_0\in S(\bar{x},\rho)$，$x_n=A^n x_0$ 是 Cauchy 序列. 事实上，对任意正整数 n 和 p，对照几何级数 $K^n+K^{n+1}+\cdots$，可得

$$\begin{aligned}\| x_{n+p}-x_n \| &= \| A^{n+p}x_0 - A^n x_0 \| \\ &\leqslant \sum_{j=n}^{n+p-1} \| A^{j+1}x_0 - A^j x_0 \| \\ &\leqslant \sum_{j=n}^{n+p-1} K^j \| Ax_0 - x_0 \| \\ &\leqslant \frac{K^n}{1-K} \| Ax_0 - x_0 \|.\end{aligned}$$

因而，当 $n\to\infty$ 时，$\| x_{n+p}-x_n \|\to 0$ 与 p 无关. 故$\{x_n\}$的确是 $S(\bar{x},\rho)$中的 Cauchy 序列. 由于 $S(\bar{x},\rho)$是完备的，故 x_n 收敛到某个 x_∞(譬如说)，而 $x_\infty\in S(\bar{x},\rho)$. 因此，由 A 的连续性，有

(3.1.3) $$Ax_\infty = \lim_{n\to\infty} Ax_n = \lim_{n\to\infty} x_{n+1} = x_\infty,$$

即 x_∞是不动点，并且还是唯一的. 这因为如果 y_∞是另一个不动点，那么将从(3.1.3)推出

$$\| x_\infty - y_\infty \| = \| Ax_\infty - Ay_\infty \| \leqslant K \| x_\infty - y_\infty \|,$$

这只有当 $x_\infty = y_\infty$时才是可能的.

(3.1.1)有很多有意思的推广. 当映射 A 与参数有关时，下面的一个推广很有用.

(3.1.4)**推论** 假定 $A(x,\beta)$是 $S(\bar{x},\rho)\times B\to S(\bar{x},\rho)$的连续映射，其中，$B$ 是某个距离空间. 此外，对每个 $\beta\in B$，A 满足

(3.1.2),则映射 $g:B\to x_\beta$(x_β 是 $x=A(x,\beta)$ 的唯一不动点)是从 B 到 X 中的连续映射.

证明 在 B 中设 $\beta_n\to\beta_\infty$,则

$$g(\beta_n)=x_{\beta_n}=A(x_{\beta_n},\beta_n),$$

并且对 $\beta=\beta_\infty$ 类似.因而

$$\begin{aligned}\|g(\beta_n)-g(\beta_\infty)\| &= \|A(x_{\beta_n},\beta_n)-A(x_{\beta_\infty},\beta_\infty)\| \\ &\leqslant \|A(x_{\beta_n},\beta_n)-A(x_{\beta_\infty},\beta_n)\| \\ &\quad + \|A(x_{\beta_\infty},\beta_n)-A(x_{\beta_\infty},\beta_\infty)\| \\ &\leqslant K\|x_{\beta_n}-x_{\beta_\infty}\| + \|A(x_{\beta_\infty},\beta_n) \\ &\quad - A(x_{\beta_\infty},\beta_\infty)\|,\end{aligned}$$

从而

$$\|g(\beta_n)-g(\beta_\infty)\|\leqslant\frac{1}{1-K}\|A(x_{\beta_\infty},\beta_n)-A(x_{\beta_\infty},\beta_\infty)\|.$$

由于 A 对 β 连续,上式右端趋于 0,故结论得证.

3.1B 反函数定理和隐函数定理

我们现在证明反函数定理和隐函数定理在 Banach 空间中著名的类似结果.这两个结果都是由构造迭代格式得到的.对第二部分开始时所提出的基本线性化问题,反函数定理给出了第一个回答.同时,隐函数定理回答了与参数依赖性有关的类似问题.

(3.1.5)**反函数定理** 假定 f 是定义在 Banach 空间 X 中的某个点 x_0 的邻域里的 C^1 映射,其值域在 Banach 空间 Y 中.那么,若 $f'(x_0)$ 是从 X 到 Y 上的线性同胚,则 f 是从 x_0 的邻域 $U(x_0)$ 到 $f(x_0)$ 的邻域的局部同胚.此外,若 $\|y-f(x_0)\|$ 充分小,则序列

(3.1.6) $$x_{n+1}=x_n+[f'(x_0)]^{-1}[y-f(x_n)]$$

收敛到 $f(x)=y$ 在 $U(x_0)$ 中的唯一解.

证明 令 $f(x_0)=y_0$.倘若 $\|y-y_0\|$ 充分小,我们首先可试图确定 ρ,使得 $f(x_0+\rho)=y$;或等价地,

$$(3.1.7)\qquad f(x_0+\rho)-f(x_0)=y-y_0.$$

由于 f 在 x_0 处是 C^1 映射,且 $f'(x_0)$是可逆的,故由(3.1.7)可推出

$$f'(x_0)\rho+R(x_0,\rho)=y-y_0,$$

即

$$\rho=[f'(x_0)]^{-1}[(y-y_0)-R(x_0,\rho)],$$

其中,余项

$$R(x_0,\rho)=f(x_0+\rho)-f(x_0)-f'(x_0)\rho=o(\|\rho\|).$$

我们指出,当 $\|\rho\|$ 充分小时,(3.1.7)有且仅有一个解.而这只需证明对某个充分小的 $\varepsilon>0$,算子

$$A\rho=[f'(x_0)]^{-1}\{y-y_0-R(x_0,\rho)\}$$

是从 $S(0,\varepsilon)$到自身的压缩映射,其中,$S(0,\varepsilon)$是 X 中的球.事实上,对 ρ 和 $\rho_1\in S(0,\varepsilon)$,

$$\begin{aligned}
&f'(x_0)\{A\rho-A\rho_1\}\\
&=R(x_0,\rho_1)-R(x_0,\rho)\\
&=f(x_0+\rho_1)-f(x_0+\rho)-f'(x_0)(\rho_1-\rho)\\
&=\int_0^1\{f'(x_0+t\rho_1+(1-t)\rho)-f'(x_0)\}(\rho_1-\rho)dt.
\end{aligned}$$

因而

$$(3.1.8)\ \|A\rho-A\rho_1\|\leqslant\int_0^1\|[f'(x_0)]^{-1}\|\,\|f'(x_0+t\rho_1+(1-t)\rho)-f'(x_0)\|\,\|\rho_1-\rho\|dt.$$

由于 f 是C^1 映射,故可把 $\|\rho\|$ 和 $\|\rho_1\|$ 取得充分小,使最后一个积分的中间项任意小.因此,当某个常数 $K<1$(与 $y-y_0$ 无关)以及 $\varepsilon>0$ 充分小时,对 $S(0,\varepsilon)$中的一个切 ρ 及ρ_1,有

$$\|A\rho-A\rho_1\|\leqslant K\|\rho-\rho_1\|.$$

而且 A 映$S(0,\varepsilon)$到自身.事实上,

$$\begin{aligned}
\|A\rho\|&\leqslant\|A\rho-A(0)\|+\|A(0)\|\\
&\leqslant K\|\rho\|+\|A(0)\|,
\end{aligned}$$

并且,倘若

$$\| y - y_0 \| < (1 - K)\varepsilon \| [f'(x_0)]^{-1} \|^{-1},$$

就有

$$\| A(0) \| = \| [f'(x_0)]^{-1}(y - y_0) \| < (1 - K)\varepsilon.$$

因此在以上附加条件下,A 是由 $S(0,\varepsilon)$到自身的压缩映射. 根据压缩映射原理(3.1.1),A 在 $S(0,\delta)$中有唯一不动点,其中,$\delta \leqslant \varepsilon$ 选得如此小,使得

$$f(S(0,\delta)) \subset S(y_0,(1 - K)\varepsilon \| [f'(x_0)]^{-1} \|^{-1}).$$

将此证明步骤倒过来可得:当 $\| y - y_0 \|$ 和 $\| \rho \|$ 充分小时,

$$f(x_0 + \rho) = y$$

有且仅有一个解. 由推论(3.1.4)以及在算子

$$A\rho = [f'(x_0)]^{-1}\{y - y_0 - R(x_0,\rho)\}$$

连续依赖于 y 这个显然的事实下,可直接推出 y 连续依赖于 ρ,从而连续依赖于

$$x = x_0 + \rho.$$

于是,$f^{-1}(y) = x$ 有定义,并且是从 Y 中的球 $S(y_0,\eta)$到 X 的连续映射. 最后,当 $\| f(x_0) - y \|$ 充分小时,$f(x) = y$ 有唯一解 $x = x_0 + \rho$,其中,ρ 是序列 $\rho_0 = 0, \rho_n = A\rho_{n-1}$的极限. 于是,

$$\begin{aligned}
x_n &= x_0 + \rho_n \\
&= x_0 + A\rho_{n-1} \\
&= x_0 + [f'(x_0)]^{-1}[y - f(x_0) - R(x_0,\rho_{n-1})] \\
&= x_0 + [f'(x_0)]^{-1}[y + f'(x_0)\rho_{n-1} - f(x_0 + \rho_{n-1})] \\
&= x_{n-1} + [f'(x_0)]^{-1}[y - f(x_{n-1})],
\end{aligned}$$

从而

$$x = \lim_{n \to \infty} x_n,$$

其中,x_n 由迭代格式

$$x_n = x_{n-1} + [f'(x_0)]^{-1}[y - f(x_{n-1})]$$

定义.

(3.1.9)**推论** 在定理(3.1.5)的假设条件下,f^{-1}是可微的,且

$$(f^{-1}(y_0))' = (f'(x_0))^{-1}.$$

证明 若 $f(x_0)=y_0$ 且 $f(x_0+x)=y_0+y$,则

$$\begin{aligned}&f^{-1}(y_0+h)-f^{-1}(y_0)-f'(x_0)^{-1}h\\ &= f'(x_0)^{-1}\{f'(x_0)x-h\}\\ &= -f'(x_0)^{-1}\{f(x_0+x)-f(x_0)-f'(x_0)x\}\\ &= o(\|x\|)=o(\|h\|).\end{aligned}$$

于是 f^{-1}是可微的,且在 y_0 处

$$(f^{-1}(y_0))' = (f'(x_0))^{-1}.$$

以下我们寻找条件,使得方程 $f(x,y)=0$ 局部唯一可解,并有形式

$$y = g(x),$$

其中,函数 g 与 f 一样光滑.

(3.1.10) **隐函数定理** 设 X, Y 和 Z 是 Banach 空间,又假设 $f(x,y)$是从 U 到 Z 中的连续映射,而 U 是 $X\times Y$ 中点(x_0,y_0)的邻域,

$$f(x_0,y_0)=0,$$

$f_y(x_0,y_0)$存在并对 x 连续,它是 Y 到 Z 上的线性同胚,则有定义在 x_0 的邻域 U_1 中的唯一连续映射 $g:U_1\to Y$,使得

$$g(x_0)=y_0,$$

并对 $x\in U_1$,有

$$f(x,g(x))=0.$$

证明 对 x_0 附近固定的 x,我们改写

$$f(x,y)=f_y(x_0,y_0)(y-y_0)+R(x,y),$$

其中,对(x_0,y_0)附近的(x,y)和(x,y'),有

$$R(x,y)-R(x,y')=o(\|y-y'\|).$$

为了在(x_0,y_0)附近求解 $f(x,y)=0$,我们考虑映射

$$A_xy=y-[f_y(x_0,y_0)]^{-1}f(x,y)$$

$$= y_0 - f_y^{-1}(x_0,y_0)R(x,y).$$

对(x_0 附近)固定的 x,定理(3.1.5)的证明确保了 A_x 是从中心为 y_0 的小球到自身的压缩映射.由(3.1.1),$A_x(y)$存在唯一不动点 $y(x)$;由(3.1.4),$y(x)$连续依赖于 x.而且,$y(x_0)=y_0$和 $f(x,y(x))=0$.此外,因为任何其他这样的函数必然是 $A_x y$ 的不动点,$y(x)$是具有这些性质的唯一连续函数,于是我们只需令 $g(x)=y(x)$就得到所需的结果.

(3.1.11) **推论** 若在隐函数定理(3.1.10)的条件中再加上 $f_x(x,y)$存在,且对(x_0,y_0)附近的(x,y)连续,则函数 $g(x)$对 $x\in U_1$ 是连续可微的,并且

$$g'(x) = -[f_y(x,g(x))]^{-1}f_x(x,g(x)). \tag{3.1.12}$$

证明 我们首先建立 $g(x)$的 Lipschitz 连续性.在推论的假设下,$f(x,y)$在(x_0,y_0)附近是 C^1 映射,另外,对充分小的 $\|h\|$ 和(x_0,y_0)附近的(x,y),

$$f(x,g(x)) = f(x+h,g(x+h)) = 0.$$

因而将 $f(x+h,g(x+h))$在$(x,g(x))$处展开,我们得到

$$\|f_x(x,g(x))h + f_y(x,g(x))[g(x+h) - g(x)]\|$$
$$= o(\|h\| + \|g(x+h) - g(x)\|).$$

因为 $f_y(x,g(x))$可逆且在点 x 处连续,故

$$\|[f_y(x,g(x))]^{-1}f_x(x,g(x))h+[g(x+h) - g(x)]\| = o(\|h\| + \|g(x+h)-g(x)\|). \tag{3.1.13}$$

于是,存在与 h 无关的常数M,使

$$\|g(x+h) - g(x)\| \leqslant M\|h\|.$$

现在,可由(3.1.13)推出 $g(x)$是可微的,且(3.1.12)成立.

注 若在(x_0,y_0)附近 $f(x,y)\in C^n$,则函数 $g(x)$也属于 C^n.当 $n=2$ 时,这可直接从(3.1.12)推出,而对一般的 n,基于同样的公式用归纳法可得.

3.1C Newton 法

现在我们转向迭代格式(3.1.5)的一个改进,即转向所谓的

Newton 法,这个方法给(3.1.5)的收敛速度带来了实质性的改善.它可以描述如下:对 $f(x)=0$ 的解给出一个初始近似 x_0 后,我们设法找出更好的近似 $x_1=x_0+\rho_1$,其中,ρ_1 选得使不计高阶项时有 $f(x_1)=0$. 假定$[f'(x_0)]^{-1}$存在,于是由

$$f(x_1)=f(x_0+\rho_1)=f(x_0)+f'(x_0)\rho_1+o(\|\rho_1\|),$$

从而

$$\rho_1=-[f'(x_0)]^{-1}f(x_0).$$

按这个方法继续下去,在第 $n+1$ 步,令

$$\rho_{n+1}=-[f'(x_n)]^{-1}f(x_n),$$

求出近似解

$$x_{n+1}=x_n+\rho_{n+1}.$$

于是(倘若$[f'(x_n)]^{-1}$总是存在),我们就可求出 $f(x)=0$ 的一个形如

$$x_\infty=x_0+\sum_{n=1}^{\infty}\rho_n$$

的形式解 x_∞.

Newton 法的优点是 x_n 迅速收敛到 x_∞.即,它取代产生敛速

$$\|x_\infty-x_N\|=O(K^N)$$

的估计式

$$\|x_{n+1}-x_n\|\leqslant K\|x_n-x_{n-1}\|,$$

得到一个幂次收敛式:即对于某个绝对常数 ε_0 和 K,有

$$\|x_{n+1}-x_n\|\leqslant K\|x_n-x_{n-1}\|^2,$$

从而有

$$\|x_\infty-x_N\|=O[(\varepsilon_0K)^{2^N}],$$

其中

$$\varepsilon_0=\|f'^{-1}(x_0)\|\|f(x_0)\|.$$

事实上,假定序列$\{x_n\}$含在 X 中的某个球 S 内,f 属于 C^2 类,且当 $x,y\in S$ 时,有

$$\| f'(x) - f'(y) \| \leqslant M \| x - y \|,$$

则由 Taylor 公式(2.1.34),有

$$(3.1.14) \qquad \| f(x_n) - f(x_{n-1}) - f'(x_{n-1})(x_n - x_{n-1}) \| \leqslant M \| x_n - x_{n-1} \|^2.$$

根据定义,对任意的 k,有

$$f(x_k) = - f'(x_k)(x_{k+1} - x_k),$$

于是由(3.1.14),有

$$\frac{1}{\| f'^{-1}(x_n) \|} \| x_{n+1} - x_n \| \leqslant \| f'(x_n)(x_{n+1} - x_n) \| \leqslant M \| x_n - x_{n-1} \|^2.$$

从而有

$$(3.1.15) \quad \| x_{n+1} - x_n \| \leqslant M \| f'^{-1}(x_n) \| \, \| x_n - x_{n-1} \|^2.$$

我们可以取

$$K = M \sup_n \| [f'(x_n)]^{-1} \|.$$

(3.1.16) **定理** 设 f 是一个 C^1 映射,它定义在 Banach 空间 X 的一个球 $S(\bar{x},\delta)$上,其值域在 Banach 空间 Y 中.又设 x_0 是 $S(\bar{x},\delta)$ 中任一点.假定对任意 $x,y\in S(\bar{x},\delta)$,f 使得

(i) $\| f'(x) - f'(y) \| \leqslant M_1 \| x - y \|$;

(ii) $f'(x_0)$是 $X\rightarrow Y$ 的线性同胚.

那么,倘若 $\| f(x_0) \|$ 充分小,则序列

$$x_{n+1} = x_n - [f'(x_n)]^{-1} f(x_n)$$

就有定义,并收敛到 $f(x)=0$ 的唯一解 x_∞.此外,对某个正数 $\varepsilon<1$,当 $N\rightarrow\infty$时,

$$\| x_N - x_\infty \| = O(\varepsilon^{2^N}),$$

其中,ε 由下面的(3.1.18′)确定.

证明 如同反函数定理的证明,我们令

$$f(x_0) = y_0,$$

且寻找元素 ρ 使

$$f(x_0+\rho)-f(x_0)=-y_0.$$

假定$(x_0+\rho)\in S(\bar{s},\delta)$,并将$f(x_0)$在$x_0+\rho$处以形式

$$f(x_0)=f(x_0+\rho)-f'(x_0+\rho)\rho+R(x_0+\rho,\rho)$$

展开,我们得到ρ的如下方程

(3.1.17) $$-y_0=f'(x_0+\rho)\rho+R(x_0+\rho,\rho),$$

其中,

$$\| R(x_0+\rho,\rho)\| =o(\|\rho\|).$$

因为$f'(x_0)$是线性同胚,故对充分小的$\|\rho\|$,$f'(x_0+\rho)$也是线性同胚.因而对充分小的$\|\rho\|$,算子

$$B\rho=-[f'(x_0+\rho)]^{-1}\{y_0+R(x_0+\rho,\rho)\}$$

有定义.我们将证明:(i) 对充分小的$\delta'>0$,B定义一个映$S(x_0,\delta')$到自身的压缩映射,从而方程(3.1.17)是唯一可解的.(ii) 如此产生的收敛迭代格式与(3.1.16)的叙述中所定义的一致.

为了证明B是压缩映射,我们采用记号$[f'(x_0+\rho)]^{-1}=g(\rho)$.先将$[f'(x_0+\rho)]^{-1}$对$\rho$的依赖作出某些估计.由(ii)和恒等式

$$L_1^{-1}-L_2^{-1}=L_1^{-1}(L_2-L_1)L_2^{-1},$$

有 $\| g(\rho)-g(\rho')\| \leqslant M_1\|\rho-\rho'\|\| g(\rho)\|\| g(\rho')\|.$

于是,令$\| g(0)\| =C$,我们得到

$$\begin{aligned}\| g(\rho)\| &\leqslant \| g(\rho)-g(0)\| +C\\ &\leqslant CM_1\|\rho\|\| g(\rho)\| +C\\ &\leqslant C(1-CM_1\|\rho\|)^{-1}.\end{aligned}$$

因而,当$\|\rho\|\leqslant\delta'<\min\{(2M_1C)^{-1},\delta\}$时,$g(\rho)$存在且$\| g(\rho)\|\leqslant 2C$.

此外,对$\rho,\rho'\in S(x_0,\delta')$,有

$$\begin{aligned}\| B\rho-B\rho'\| \leqslant& \| g(\rho)\|\| R(x_0+\rho,\rho)-R(x_0+\rho',\rho')\|\\ &+\| g(\rho)-g(\rho')\|\| y_0+R(x_0+\rho',\rho')\|.\end{aligned}$$

现在,

$$
\begin{aligned}
&R(x_0+\rho,\rho)-R(x_0+\rho',\rho')\\
=\ &f(x_0+\rho')-f(x_0+\rho)\\
&+f'(x_0+\rho)\rho-f'(x_0+\rho')\rho'\\
=\ &\int_0^1\{f'(x_0+\rho+s(\rho'-\rho))\\
&-f'(x_0+\rho)\}(\rho'-\rho)ds\\
&+[f'(x_0+\rho')-f'(x_0+\rho)]\rho.
\end{aligned}
$$

综合以上结果,并利用定理的假设,倘若 δ' 和 $\|y_0\|$ 充分小,我们可得

$$
\begin{aligned}
\|B\rho-B\rho'\|&\leqslant 2CM_1\{\|\rho'-\rho\|^2+\|\rho\|\ \|\rho'-\rho\|\}\\
&\leqslant 4C^2M_1^2\left(\|y_0\|+\frac{1}{2}M_1\|\rho\|^2\right)\|\rho'-\rho\|\\
&\leqslant \overline{K}\|\rho'-\rho\|,
\end{aligned}
$$

其中,$\overline{K}<1$ 是与 ρ 和 ρ' 无关的正常数.另外,

$$
\begin{aligned}
\|B\rho\|&\leqslant\|B\rho-B(0)\|+\|B(0)\|\\
&\leqslant\overline{K}\|\rho\|+C\|y_0\|,
\end{aligned}
$$

这可推出:倘若 $C\|y_0\|\leqslant(1-K)\delta'$,则有

$$
\|B\rho\|\leqslant\delta'.
$$

从而,适当选取 $\|y_0\|$ 且因此使 δ' 充分小,则 B 是映 $S(x_0,\delta')$ 到自身的压缩映射.

于是,B 有唯一不动点 $\bar{\rho}\in S(x_0,\delta)$,它定义为以下序列的极限($\rho_0=0$):

$$
\begin{aligned}
(3.1.18)\quad \rho_{n+1}=B\rho_n&=-[f'(x_0+\rho_n)]^{-1}\{y_0+R(x_0+\rho_n,\rho_n)\}\\
&=-[f'(x_0+\rho_n)]^{-1}\{f(x_0+\rho_n)-f'(x_0+\rho_n)\rho_n\}\\
&=\rho_n-[f'(x_0+\rho_n)]^{-1}f(x_0+\rho_n).
\end{aligned}
$$

令 $x_n=x_0+\rho_n$,则(3.1.18)变成定理中提到的经典 Newton 迭代格式

$$
x_{n+1}=x_n-[f'(x_n)]^{-1}f(x_n).
$$

令 $x_\infty=\lim\limits_{n\to\infty}x_n$,可得对 $\|x_\infty-x_N\|$ 的估计.这因为由不等式

(3.1.15),有

$$\| x_{N+1} - x_N \| = O\left(\overline{K}^{2^N}\right).$$

事实上,

$$\| x_{N+1} - x_N \| \leqslant \overline{K} \| x_N - x_{N-1} \|^2 \leqslant \cdots$$
$$\leqslant \overline{K}^{1+2+\cdots+2^{N-1}} \| x_1 - x_0 \|^{2^N}$$
$$= O\left(\overline{K}^{2^N} \| x_1 - x_0 \|^{2^N}\right).$$

于是,若令

(3.1.18′) $\varepsilon = \overline{K} \| x_1 - x_0 \| = \overline{K} \| [f'(x_0)]^{-1} \| \| f(x_0) \|$,

则由(3.1.15)和

$$\| x_\infty - x_N \| \leqslant \sum_{j=0}^{\infty} \| x_{N+j+1} - x_{N+j} \|,$$

我们得到

$$\| x_\infty - x_N \| = O(\| x_{N+1} - x_N \|) = O\left(\varepsilon^{2^N}\right).$$

3.1D 局部满射性的一个判别法

若 $f'(x_0)$不可逆,那么,对 $f(x)$在 $f(x_0)$附近的性态能说些什么呢?下一章中我们将转向这个重要的问题.但现在,刚才展开的方法已使我们能够研究这种情况:$f'(x_0)$是满射,但不(必)是单射(通常出现在无穷维 Banach 空间中的情况).

(3.1.19) **定理** 设 X 和 Y 是 Banach 空间,f 是定义在 X 中 x_0 的某邻域内、值域在 Y 中的 C^1 映射,且使得 $f'(x_0)$映 X 到 Y 上.那么,对 x_0 附近的 x,f 是一个开映射.

证明 只需证明对 $y_0 = f(x_0)$附近的 y,当 $\| \rho \|$ 充分小时,方程

$$f(x_0 + \rho) - f(x_0) = y - y_0$$

有解.由于 f 在 x_0 附近属于 C^1,所以最后这个方程可以改写成

$$f'(x_0)\rho + R(x_0, \rho) = y - y_0,$$

其中,

$$\| R(x_0,\rho) \| = o(\| \rho \|).$$

为证最后这个方程有解，对给定的 $\rho \in X$，我们考虑以下线性方程

$$f'(x_0)\xi = (y - y_0) - R(x_0,\rho).$$

因为 $f'(x_0)$ 是满射，所以(1.3.24)保证这个方程有解 $\xi(\rho)$，使得

(3.1.20) $\quad \| \xi(\rho) \| \leqslant M \| (y - y_0) - R(x_0,\rho) \|,$

其中，M 是与 ρ 无关的常数. 于是，我们可以定义一个序列 $\{\rho_N\}$，让 ρ_N 满足：

(i) $f'(x_0)\rho_N = y - y_0 - R(x_0,\rho_{N-1})$；

(ii) $\| \rho_N \| \leqslant M \| y - y_0 - R(x_0,\rho_{N-1}) \|$.

显然，由 $\{\rho_n\}$ 在 x_0 的一个小球内的极限的存在性(对 y_0 附近的任何 y)将可证明定理. 由验证压缩映射原理的不等式

$$\| \rho_{N+1} - \rho_N \| \leqslant K \| \rho_N - \rho_{N-1} \|, K < 1,$$

我们来确定这个极限. 事实上，当 $\rho_N \in S(0,\delta_1)$ 和 $y \in S(y_0,c\delta_1)$，根据(3.1.20)，对 $\delta_1 < 1$，有

$$\| \rho_{N+1} \| \leqslant M_1\{c\delta_1 + \delta_1^2\} \leqslant \delta_1 \quad (\text{当 } c > 0 \text{ 充分小时}),$$

于是，对一切 N 有 $\{\rho_N\} \in S(0,\delta_1)$. 另一方面，对 $\rho_{N+1}, \rho_N \in S(0,\delta_1)$，

$$\begin{aligned}
&f'(x_0)(\rho_{N+1} - \rho_N) \\
&= R(x_0,\rho_N) - R(x_0,\rho_{N-1}) \\
&= f(x_0 + \rho_N) - f(x_0 + \rho_{N-1}) - f'(x_0)(\rho_N - \rho_{N-1}) \\
&= \int_0^1 [f'(x_0 + \rho_{N-1} + s(\rho_N - \rho_{N-1})) - f'(x_0)](\rho_N - \rho_{N-1})ds.
\end{aligned}$$

于是，据中值定理，对某个 $s_0 \in [0,1]$，有

$$\begin{aligned}
\| \rho_{N+1} - \rho_N \| \leqslant M \| f'(x_0 + \rho_{N-1} + s_0(\rho_N - \rho_{N-1})) \\
- f'(x_0) \| \| \rho_N - \rho_{N-1} \|.
\end{aligned}$$

因为 f 属于 C^1，故当 δ_1 充分小时，

$$\| \rho_{N+1} - \rho_N \| \leqslant \frac{1}{2} \| \rho_N - \rho_{N-1} \|.$$

因此，由(3.1.1)的证明，序列 $\{\rho_N\}$ 是收敛的，且 $\rho_N \to \rho_\infty \in S(0,$

δ_1),于是

$$f(x_0+\rho_\infty)=y,$$

从而对 x_0 附近的 x,f 是开映射.

3.1E 对常微分方程的应用

以上结果的一个重要应用涉及到初值问题

(3.1.21) $$\frac{dx}{dt}=f(t,x), \qquad x(0)=x_0$$

的解的性质.其中,我们假定,当 x 固定时,函数 $f(t,x)$ 对 $t\in[0,\alpha]$ 是连续的,而当 t 固定时,f 对 x 是局部 Lipschitz 连续的.即,当 $x_1,x_2\in U$,U 是 Banach 空间 X 的开子集,而 $\|x_i-x_0\|\leqslant R$ $(i=1,2)$ 时,存在一个仅与 R 有关的正常数 $K(R)$,使得

(3.1.22) $$\|f(t,x_1)-f(t,x_2)\|\leqslant K(R)\|x_1-x_2\|.$$

事实上,我们证明

(3.1.23) **定理** 若 $K(R)\alpha<1$,且上面关于 $f(t,x)$ 的假设条件均满足,则

(i) 初值问题(3.1.21)在区间 $[0,\alpha]$ 上有且仅有一个解 $x(t,x_0)$;

(ii) 在 $x(t,x_0)$ 有定义的任何有界闭区间上,$x(t,x_0)$ 是 x_0 的一致连续函数.事实上,若

$$\|f(t,x)-f(t,y)\|\leqslant K\|x-y\|,$$

则

(3.1.24) $$\|x(t,x_0)-x(t,y_0)\|\leqslant\|x_0-y_0\|e^{Kt}.$$

证明 (i):显然,(3.1.21)等价于积分方程

(3.1.25) $$x(t)=x_0+\int_0^t f(s,x(s))ds$$

(即,(3.1.21)在 $[0,\alpha]$ 上有解 $x(t)$ 当且仅当 $x(t)$ 满足(3.1.25)).设

$$Ax(t)=x_0+\int_0^t f(s,x(s))ds,$$

我们将证明,对于充分小的 $\alpha>0$,A 是映 $C\{[0,\alpha],X\}$ 中一个球

到自身的压缩映射.于是,据压缩映射原理(3.1.1),(3.1.21)将有且仅有一个解 $x(t,x_0)$.为此我们回顾

$$|||\, x \,||| = \sup_{[0,\alpha]} \| x(t) \|_X$$

是定义在 $C\{[0,\alpha],X\}$上的完备范数,故用$\Sigma(x_0,R)$表示 $C\{[0,\alpha],X\}$中半径为 R 而球心在x_0 处的球,则

$$\begin{aligned}|||\, Ax - x_0 \,||| &\leqslant \int_0^t |||\, f(s,x(s)) \,|||\, ds \\ &\leqslant \{K + |||\, f(s,x_0) \,|||\}\alpha;\end{aligned}$$

同时,对 $x,y \in \Sigma(x_0,R)$,

$$|||\, Ax - Ay \,||| \leqslant K\alpha \,|||\, x - y \,|||.$$

于是倘若 $K\alpha<1$,且 $K\alpha + |||\, f(s,x_0) \,|||\, \alpha \leqslant R$,那么,$A$ 将是映$\Sigma(x_0,R)$到自身的压缩映射.显然,若 $0<\alpha<1/K$ 和α 选得充分小,这些不等式会同时成立.

(ii):显然,(i)中所定义的映射 A 连续依赖于 x_0.故由(3.1.4),在 $C\{[0,\alpha],X\}$的拓扑意义下,A 的不动点$x(t,x_0)$连续依赖于 x_0.为证更精确的结果,我们指出,若用 $x(t,x_0)$和$x(t,y_0)$分别表示(3.1.21)关于初始条件 x_0 和 y_0 的解,则

$$\begin{aligned}&\| x(t,x_0) - x(t,y_0) \| \\ &\leqslant \| x_0 - y_0 \| + \int_0^t \| f(s,x(s,x_0)) - f(s,x(s,y_0)) \| ds \\ &\leqslant \| x_0 - y_0 \| + K\int_0^t \| x(s,x_0) - x(s,y_0) \| ds.\end{aligned}$$

然后,用 $w(t)$表示以上不等式的左端,我们有 $w(t)\geqslant 0$,并且$w(t)$满足不等式

$$(3.1.26) \qquad w(t) \leqslant \| x_0 - y_0 \| + K\int_0^t w(s)ds.$$

因此,对于使 $x(t)$存在的任意区间$[0,T]$,有

$$w(t) \leqslant \| x_0 - y_0 \| e^{Kt}.$$

事实上,乘以 e^{-Kt},我们得到

$$\frac{d}{dt}\left\{e^{-Kt}\int_0^t w(s)ds\right\} = e^{-Kt}\left\{w(t) - K\int_0^t w(s)ds\right\}$$

$$\leqslant \| x_0 - y_0 \| e^{-Kt}.$$

从 0 到 T 对以上不等式积分,我们得到

$$e^{-KT}\int_0^T w(s)ds \leqslant \| x_0 - y_0 \| \left\{\frac{1}{K} - \frac{e^{-KT}}{K}\right\}.$$

从而由(3.1.26),我们得出(3.1.24).

下面,我们来证明与(3.1.21)的解 $x(t,x_0)$的延拓性有关的几个结果.

(3.1.27) **定理** 假定 $f(t,x)$是定义在 $\mathbf{R}^1 \times X$ 上的连续函数,当 t 固定时,它对 x 是局部 Lipschitz 连续的.则(3.1.21)的解 $x(t,x_0)$可以唯一延拓到最大区间$[0,A)$仍作为(3.1.21)的解.若 $x(t,x_0)$在区间$[0,\beta)$上存在,同时,$\lim\limits_{t\uparrow\beta} x(t,x_0)$存在且有限,则 $A>\beta$.

证明 首先我们证明,(3.1.21)定义在区间$[0,\gamma)$上的任何解 $x(t,x_0)$都是唯一的.假定 $x(t,x_0)$和 $y(t,x_0)$是(3.1.21)定义在$[0,\gamma)$上的两个解,且设

$$J = \{t \mid t \in [0,\gamma) \text{ 使得 } x(t,x_0) = y(t,x_0)\}.$$

显然,由(3.1.23),J 非空.我们将证明:J 在$[0,\gamma)$中既开又闭,从而由$[0,\gamma)$连通可得 $J=[0,\gamma)$.因为 $x(t,x_0)$和 $y(t,x_0)$两者均是连续的,所以集合 J 必然是闭的.为证 J 是开的,设 $\gamma_0\in J$,则由局部唯一性结果(3.1.23),存在 $\delta>0$,使得当$|t|<\delta$ 时,系统

$$\frac{dx}{dt} = f(x,t), \qquad x(0) = x(\gamma_0,x_0)$$

有唯一解

$$x(t,x(\gamma_0,x_0)) = x(t+\gamma_0,x_0).$$

因此,区间$(\gamma_0-\delta,\gamma_0+\delta)\subset J$,且 J 是开的.

现在我们来证明最大区间$[0,\alpha)$存在,而$[0,\alpha)$上有满足(3.1.21)的解 $x(t,x_0)$存在.设 $\mathscr{E}$ 是点对$\{[0,\delta_x),x(t,x_0)\}$的集合,使得 $x(t,x_0)$在$[0,\delta_x)$上满足(3.1.23).显然,由上节的唯一性结果,对于任何两个这样的点对$\{[0,\delta_{x_1}),x_1(t,x_0)\}$和$\{[0,

$\delta_{x_2}), x_2(t, x_0)\}$，当 $t \in [0, \min(\delta_{x_1}, \delta_{x_2})]$时，有 $x_1(t, x_0) = x_2(t, x_0)$. 设 $\alpha = \sup\limits_{x \in \mathscr{E}} \delta_x$，则在$[0, \alpha)$上恰好存在一个函数 $x(t, x_0)$满足初值问题(3.1.21)，而区间$[0, \alpha)$正是所要的最大区间.

最后，在$[0, \beta)$上若 $x(t, x_0)$存在，且$\lim\limits_{t \uparrow \beta} x(t, x_0) = \bar{x}$ 也存在，并具有有限范数，我们则可将局部存在定理(3.1.23)用于初值问题

$$\frac{dx}{dt} = f(x, t), \qquad x(0) = \bar{x},$$

并可肯定对于 $t = 0$ 的某个开区间$(-\delta, \delta)$，其解 $\tilde{x}(t, \bar{x})$的存在性和唯一性. 再由(3.1.23)，对 $x(\beta, x_0) = \bar{x}$，当 $t \in (-\delta, \delta)$时，

$$\tilde{x}(t, \bar{x}) = x(t, x(\beta, x_0)) = x(t + \beta, x_0).$$

于是，$x(t, x_0)$可唯一延拓到区间$[0, \beta + \delta)$，并仍作为(3.1.21)的解.

对于有限维 Banach 空间，定理(3.1.23)可以改进：方法是，把 $f(t, x)$的 Lipschitz 连续假设减弱为仅自身连续. 利用 Schauder 不动点定理(2.4.3)可立即证明这一结果. 考虑初值问题(3.1.21)，我们现在假定 $x(t)$是一个 N 维向量，且 $f(t, x)$是 t 和 x 的连续 N 维向量函数. 那么，我们可证

(3.1.28) **Peano 定理**　在刚才叙述的条件下，倘若$|T|$充分小，则初值问题(3.1.21)在区间$[-T, T]$上至少有一个解 $x(t, x_0)$.

证明　不失一般性，我们可设 $x_0 = 0$，则(3.1.21)的解可由解积分方程

$$(3.1.29) \qquad x(t) = \int_0^t f(s, x(s))\,ds, \quad x(t) \in \mathbf{R}^N$$

得到. 将方程(3.1.29)右端的积分记为 $Ax(t)$，并令

$$\sup_{[0, T] \times [-M, M]} |f(s, S)| = K_M.$$

对定义在$[0, T]$上的任何连续 N 维向量 $x(t)$，而在$[0, T]$上 $|x(t)| \leqslant M$，我们可得

$$(3.1.30) \qquad |Ax(t)| \leqslant \int_0^t |f(s, x(s))|\,ds \leqslant K_M t \leqslant K_M T.$$

因此,若用 $C_N[0,T]$表示定义在$(0,T]$上的连续 N 维向量函数的 Banach 空间,它具有定义为上确界的范数,那么,我们可得 A 是从$C_N[0,T]$到自身的有界映射.同前面一样,(3.1.21)的解正是 A 在 $C_N[0,T]$中的不动点.由要求$|T|$充分小以及求助 Schauder 不动点定理(2.4.3),我们可得 A 的不动点.为此注意,由(3.1.30),只要$|T|\leqslant M/K_M$,就有 A 将球$\Sigma_M=\{x\mid\|x\|\leqslant M,x\in C_N[0,T]\}$映入自身.于是,为了利用 Schauder 定理,只需证明 A 是$\Sigma_M\subset C_N[0,M/K_M]$上的(连续)紧映射.从 $f(s,x(s))$ 的连续性可直接推出 A 的连续性.为证 A 的紧性,根据(3.1.30)和(1.3.13),要证明当 $x(t)\in\Sigma_M$ 时,向量 $Ax(t)$等度连续.为此,我们注意

$$|Ax(t_1)-Ax(t)|=\left|\int_t^{t_1}f(s,x(s))ds\right|\leqslant K_M|t_1-t|,$$

因此,所需的等度连续性成立,从而得到所需的不动点.定理证毕.

3.1F 对等周问题的应用

许多与梯度映射 $G'(x)\in M(H,H)$(H 是 Hilbert 空间)有关的问题能表述如下:在约束集 C 上找出$G'(x)$的原函数 $G(x)$ 的极值点 x.我们称这种问题为抽象的等周问题.这里,利用迄今为止本章已得到的结果来研究这种极值点应满足的算子方程.

作为 Peano 定理(3.1.28)的一个应用,现在我们对抽象等周变分问题建立以下结果.

(3.1.31) 设 H 是 Hilbert 空间,且假定 u_0 是 C^1 泛函 $G_0(u)$的条件极值点,它服从于约束 $C=\{u\mid G_i(u)=c_i,i=1,2,\cdots,N,c_i$ 为常数$\}$.则存在(不全为 0 的)数 λ_i,使得

$$\sum_{i=0}^{N}\lambda_i G_i'(u_0)=0,\tag{3.1.32}$$

其中,$G_i'(u_0)$表示 $G_i(u)$在 u_0 处的 Fréchet 导数.

证明 假定向量 $G_i'(u_0)$ $(i=0,1,\cdots,N)$是线性无关的,我们可导出矛盾.设 $G_0(u)$在 C 上的极值为c_0,然后我们证明,若

(3.1.32)不成立,则当$|t|$充分小时,我们可以找到一条曲线$u(t)\in C$,其中,$u(0)=u_0$,使得

$$G_0(u(t)) = c_0 + t.$$

由于t可正可负,这就与c_0是G_0在C上的极值相矛盾.为此,设

$$u(t) = u_0 + \sum_{j=0}^{N} a_j(t) w_j,$$

其中,实值函数$a_j(t)$和向量w_j待定,它满足

(3.1.33) $a_j(0)=0,\ G_0(u(t))=c_0+t,\ G_i(u(t))=c_i(i=1,\cdots,N)$.

假设w_j已给定,倘若我们能解以下初值问题

$$\frac{d}{dt}G_i\Big(u_0+\sum_{j=0}^{N}a_j(t)w_j\Big)=\gamma_i \quad (i=0,1,\cdots,N;\ a_j(0)=0), \tag{3.1.34}$$

其中,$\gamma_0=1$,而对$i>0$有$\gamma_j=0$,我们就能找出满足(3.1.33)的函数$a_j(t)$.化简(3.1.34),我们可将这个初值问题改写成向量形式

$$\mathscr{A}(a(t))\frac{da}{dt}=\gamma, \quad a(0)=0, \tag{3.1.35}$$

其中,$a(t)=(a_0(t),\cdots,a_N(t)),\gamma=(1,0,\cdots,0)$.而$\mathscr{A}(a(t))=(a_{ij})$是$(N+1)\times(N+1)$阶矩阵,其元素

$$a_{ij} = (G_i'(u_0 + a(t)\cdot w), w_j),$$

其中$w=(w_0,w_1,\cdots,w_N)$.今根据 Peano 定理(3.1.28),倘若对充分小的$|t|$,矩阵$\mathscr{A}(a(t))$有逆且连续依赖于$a(t)$,则(3.1.35)有解从而(3.1.33)就有解.显然,倘若$\det|\mathscr{A}(a(0))|\neq0$,则正是这种情况.于是由假设我们可利用向量$G_i'(u_0)(i=0,\cdots,N)$线性无关来选取$w_i$,使该行列式不等于0.

事实上,当$w_j=G_j'(u_0)$时,

$$\det|\mathscr{A}(a(0))| = \det|(G_i'(u_0),\ G_j'(u_0))| \neq 0.$$

如若不然,则线性方程组

$$\sum_j \beta_j (G_i'(u_0),\ G_j'(u_0)) = 0 \qquad (i = 0,1,\cdots,N)$$

将有非平凡解 $\bar{\beta}_j$(譬如说).然后,将上面的方程乘以 β_i 再求和,当 $\beta_i=\bar{\beta}_i$(譬如说)时,我们得到

$$\left\|\sum_{i=0}^{N}\bar{\beta}_i G_i'(u_0)\right\| = 0.$$

这可推出

$$\sum_{i=0}^{N}\bar{\beta}_i G_i'(u_0) = 0.$$

因为向量 $G_i'(u_0)$是线性无关的,我们得到 $\bar{\beta}_i=0\ (i=0,\cdots,N)$.于是,由于

$$\det|\mathscr{A}(a(0))|\neq 0,$$

故当$|t|$充分小时,曲线 $u(t)\in C$,并因此有

$$G_0(u(t)) = c_0 + t.$$

这正是所要的矛盾.

注:对于 Banach 空间 X,因为$\{w_j\}$元素可使 $\det|\mathscr{A}(a(0))|\neq 0$,所以结果(3.1.31)仍成立.

一个有关的但更一般的结果可叙述如下(对可能有无穷多个约束方程的情况):

(3.1.36) **定理** 假定 G 是映 Hilbert 空间 H 入 Hilbert 空间 H_1 中的 C^1 映射,它使得对某个 x_0,$G'(x_0)$映 H 到 H_1 上.那么,若 x_0 是限制在集合 $M=\{x|G(x)=0\}$的 C^1 泛函 $F(x)$的极值点,则存在元素 $h_1\in H_1$,使得 x_0 是无约束泛函 $F(x)-(G(x),h_1)$的临界点.

证明 设 $T=\{x|G'(x_0)x=0\}$.我们首先证明,对任意 $x\in T$,我们可将元素 $y\in M$ 写成 $y=x_0+x+g$ 的形式,其中,$g\in[T]^{\perp}$,且当$\|x\|\to 0$ 时,

$$\|g\| = o(\|x\|).$$

为此,我们对算子方程

$$\mathscr{G}(x,g)\equiv G(x_0+x+g)=0$$

使用隐函数定理.现在(看作线性算子),偏导数 $\mathscr{G}_g(0,0)=G'(x_0)$

将 $T^{\perp}$ 单射到 H_1 上. 根据 Banach 定理(1.3.20), $G'(x_0)$(限制于 $T^{\perp}$)是可逆的. 于是,从隐函数定理可推出,当 $\|x\|$ 充分小时,方程 $\mathscr{G}(x,g)=0$ 有唯一的 C^1 解

$$g = g(x) \in T^{\perp}.$$

为了证明 $\|x\| \to 0$ 时 $g(x)=o(\|x\|)$,我们注意,对充分小的 t 和固定的 $x \in T$,

$$G(x_0 + tx + \tilde{g}(t)) = 0,$$

其中, $\tilde{g}(t) \in T^{\perp}$ 是 t 的 C^1 函数. 这个方程对 t 微分并令 $t=0$,有

(3.1.37) $$G'(x_0)x + G'(x_0)\tilde{g}'(0) = 0.$$

因为 $x \in T$, $G'(x_0)x=0$,故从(3.1.37)可推出 $\tilde{g}'(0)=0$(因为 $G'(x_0)$ 限制在 $T^{\perp}$ 上时是可逆的). 因此,由(3.1.12),有 $\|g(x)\| = \|\tilde{g}(1)\| = o(\|x\|)$.

现在我们注意,对 $h \in T^{\perp}$,式 $f(h)=(F'(x_0),h)$ 是在 $T^{\perp}$ 上有定义的有界线性泛函,而由于 $G'(x_0)$ 是 $T^{\perp}$ 到 H_1 上的线性同胚,因此 $f(h)$ 也是 H_1 上有定义的有界线性泛函. 于是,存在一个固定的元素 $h_1 \in H_1$,使得对任一 $y \in H_1$,有

$$(F'(x_0),h) = (y,h_1).$$

于是,对每个 $h \in T^{\perp}$ 及 $y = G'(x_0)h$,有

(3.1.38) $$(F'(x_0),h) = (G'(x_0)h,h_1).$$

最后,对任意 $h \in H$,有 $h = n + m$,其中, $n \in T^{\perp}$ 而 $m \in T$. 显然,

$$G'(x_0)m = 0.$$

另一方面,根据第一段中建立的结果,

$$h(t) = x_0 + tm + g(t),$$

其中, $\|g(t)\| = o(|t|)$,从而对任意的 $m \in T$,

$$\frac{d}{dt}F(h(t))\bigg|_{t=0} = (F'(x_0),m) = 0.$$

因而不仅对 $h \in T^{\perp}$,而且对所有 $h \in H$,(3.1.38)都成立. 于是, x_0 是无约束泛函 $F(x)-(G(x),h_1)$ 在 H 上的临界点.

作为最后一个例子，考虑 C^2 泛函 $F(x)$ 的临界点，其中，$F(x)$ 限制在 Hilbert 空间 H 的超曲面 $\mathfrak{M}=\{x\mid G(x)=常数\}$ 上．若在 $\mathfrak{M}$ 上

$$G'(x)\neq 0,$$

则 F 的临界点 x_0 满足方程

(3.1.39) $$F'(x_0)-\lambda G'(x_0)=0,$$

其中，

$$\lambda=\frac{(F'(x_0),G'(x_0))}{\|G'(x_0)\|^2}.$$

这个二阶变分记为 $\delta^2F(x_0,v)$，它是借助于公式

$$\delta^2F(x_0,v)=\frac{d^2}{dt^2}F(v(t))\Big|_{t=0}$$

定义在超曲面 $\mathfrak{M}$ 的切向量上的一个二次型．这里，$v(t)$ 是 $\mathfrak{M}$ 上过 x_0 的一条 C^1 曲线，使得

$$\frac{d}{dt}v(t)\Big|_{t=0}=v,(v,G'(x_0))=0.$$

我们现在来计算 F 在 x_0 处对于 $\mathfrak{M}$ 的这个二阶变分．事实上，我们有如下简单公式

(3.1.40) F 限制于 Hilbert 空间 H 的 $\mathfrak{M}$ 上的二阶变分可写为

(3.1.41) $$\delta^2F(x_0,v)=([F''(x_0)-\lambda G''(x_0)]v,v),$$

其中，

$$(v,G'(x_0))=0,$$

而 λ 由(3.1.39)给出．

证明 如同(3.1.31)中的证明，若 x 位于 $\mathfrak{M}$ 上，则弧

$$x(t)=x+tv+a(t)G'(x)$$

也位于 $\mathfrak{M}$ 上．其中，$a(t)$ 定义为初值问题

(3.1.42) $$a'(t)=-(G'(x(t)),v)/(G'(x(t)),G'(x)),$$
$$a(0)=0$$

的解．此外，在导出(3.1.41)时，只要考虑形若 $x(t)$ 的弧即可．今

$$\frac{d}{dt}F(x(t))=(F'(x(t)),x'(t)),$$

和

$$(3.1.43)\qquad \frac{d^2}{dt^2}F(x(t))=(F''(x(t))x'(t),x'(t))+(F'(x(t)),x''(t)).$$

选取$(v,G'(x_0))=0$，$a'(0)=0$，从而 $x'(0)=v$. 于是

$$\frac{d^2}{dt^2}F(x(t))\Big|_{t=0}=(F''(x)v,v)+(F'(x),a''(0)G'(x)).$$

今在临界点 x_0 处，

$$F'(x_0)=\lambda G'(x_0),$$

这可推出

$$(3.1.44)\quad \delta^2F(x_0,v)=(F''(x_0)v,v)+\lambda a''(0)\|G'(x_0)\|^2.$$

另一方面，为计算 $a''(0)$，我们注意

$$(G'(x(t))-G'(x),v)=t(G''(x)v,v)+o(t).$$

由于

$$a''(0)=\lim_{t\to 0}(a'(t)/t),$$

于是由(3.1.42)可得

$$a''(0)=-(G''(x_0)v,v)/\|G'(x_0)\|^2.$$

最后，由(3.1.44)，我们得到

$$\delta^2F(x_0,v)=((F''(x_0)-\lambda G''(x_0))v,v),$$

其中，$(v,G'(x_0))=0$，而 λ 由(3.1.39)给出.

3.1G　对映射奇异性的应用

在 2.6 节，引进了 Banach 空间之间的 C^1 映射 f 的奇点和奇异值概念. 这些概念是对 1.6 节中所描述的有限维思想再一次的直接推广. 于是，自然想把(1.6.1)中总结的主要结果推广到无穷维的情况. 我们从证明 Sard 定理一个有用的类似结果开始，而这应归于 Smale(1965)

(3.1.45) 设 f 是一个 C^q 类 Fredholm 映射，它将可分 Banach 空间 X 映入可分 Banach 空间 Y 中，那么，若 $q>\max(\mathrm{ind}f,0)$，则 f 的临界值在 Y 中是疏集.

证明 由于 X 有可数基,且疏集在可数并集运算下是闭的,故只需局部地证明这个定理.为此,我们首先证明 Fredholm 映射是局部闭的.即,对任意 $x_0 \in X$,存在 x_0 的邻域 $N(x_0)$ 使 $f|_N$ 是闭的.事实上,因为 $f'(x_0)$ 是线性 Fredholm 映射,我们可以把 X 写成直和

$$X = \mathrm{Ker} f'(x_0) \oplus X_1;$$

而将 X 的任一元素 x 写成 $x = (z, v)$,其中 $z \in \mathrm{Ker} f'(x_0)$, $v \in X_1$.今对 x_0 附近的一切 $x = (z, v)$,偏导数 $f'_v(z, v)$ 映 X_1 到 Y 的一个闭子空间上.于是,根据隐函数定理,我们可以找到 x_0 在 $\mathrm{Ker} F'(x_0) \oplus X_1$ 中的一个开邻域 $D_1 \oplus D_2$,使 $\bar{D}_1$ 是紧的,并且当 f 限制于 $z \oplus D_2$ 时,它是从 $z \oplus D_2$ 到它的像上的微分同胚.现对于 $x_i = (z_i, v_i) \in D_1 \oplus D_2$,设

$$f(x_i) = y_i \to y.$$

为证 f 是局部闭的,我们证 x_i 有收敛子序列.因为 D_1 是紧的,故我们可假定 $z_1 \to \bar{z}$;又因 $f(\bar{z}, v_i) \to y$,故甚至可设 $z_i = \bar{z}$.可是,正如已提到的,f 限制于 $\bar{z} \times D_2$ 时是同胚映射,因此 $v_i \to \bar{v}$,从而 $\{x_i\}$ 有一个收敛的子序列.

根据(2.6.8),f 的临界点集是闭的;又因为 f 是局部闭的,故只需证明,对任意的 $x_0 \in X$ 以及对 $f(x_0)$ 在 Y 中的任何邻域 $O[f(x_0)]$,在 $O[f(x_0)]$ 中都存在 f 的正则值.事实上,此时 f 的临界值将在 Y 中是疏集.为此,我们来利用有限维结果(1.6.1(i)).由于

$$\dim \mathrm{coker} f'(x_0) < \infty,$$

故

$$Y = \mathrm{coker} f'(x_0) \oplus Y_1,$$

并存在一个典范投影 $P: Y \to \mathrm{coker} f'(x_0)$.现在,

$$\varphi(z) = Pf(z, v_0) \text{ 是 } \mathrm{Ker} f'(x_0) \oplus \{v_0\} \to \mathrm{coker} f'(x_0)$$

的一个 C^q 映射,故从 Sard 定理(1.6.1(i))可推出,在 $P\{O[f(x_0)]\}$ 中存在 φ 的正则值.设

$$y \in P^{-1}(z_0) \cap O[f(x_0)],$$

则 y 是所要的正则值.

作为这个结果的一个有用推论,我们来证明一个结果,由它可推出:由负指标 Fredholm 算子方程所定义的任何问题都是不适定的.

(3.1.46) 设 $f: X \to Y$ 是任一负指标的 Fredholm 映射,则 $f(X)$ 不含内点;即,若 $f(x) = y_0$ 在 X 中是可解的,则有与 y_0 任意接近的 y,使 $f(x) = y$ 在 X 中不可解.

证明 若 $f(X)$ 含有内点,则根据(3.1.45),在 f 的值域中存在 y,使得对某个 $x \in f^{-1}(y)$,$f'(x)$ 是满射,于是 $\operatorname{ind} f'(x) = \dim \operatorname{Ker} f'(x) \geqslant 0$,这与 $f(x)$ 有负指标矛盾.

关于非线性 Fredholm 算子的附注 这个结果表明,负指标的非线性 Fredholm 算子方程都是不适定的.更明确地,对自然出现在数学物理中(譬如说)的算子方程来说,形若 $f(x) = g$ 的方程可解性与 g 的精确性无关.事实上,由于实验误差或某些类似的原因,g 的完全精确的信息通常不可能得到.

对于有正指标 r 的 C^q 类 Fredholm 映射,(3.1.45)的另一个有用的推论是:对几乎所有的 $g \in Y$,若 $q > r$,则元素的集合

$$S = \{x \mid f(x) = g\}$$

或是 X 的 r 维子流形,或是空集.

现在我们将 Morse 定理(1.6.1(ii))推广到包括 $F(x)$ 的临界值的情况,而 $F(x)$ 是定义在自反 Banach 空间 X 上的光滑泛函.(3.1.45)不包括这种情况,这因为将 F 看作从 $X \to \mathbf{R}^1$ 的映射时,F 可能不是 Fredholm 映射.事实上,若

$$F'(x) = 0,$$

则集合

$$S = \{h \mid (F'(x), h) = 0\}$$

有时是无穷维的.我们将证明

(3.1.47) 假设 $F(x)$ 是定义在 X 上的 C^m 类实值泛函,而 X 是实可分自反 Banach 空间,使得 $F'(x)$ 是 $X \to X^*$(X 的共轭空间)的

(非线性)Fredholm 算子. 则当 $m \geqslant \max(\dim \mathrm{Ker}\, F''(x), 2)$时, $F(x)$的临界值集具有 Lebesgue 零测度(在 $\mathbf{R}^1$ 上).

证明 设 x_0 是 $F(x)$的临界点,我们将证明:

(*) x_0 的一个开邻域 O_{x_0} 中的临界点与一个 C^m 实值泛函的临界点重合,该泛函定义在 $\mathbf{R}^m$ 中一个点的开邻域上,其中 $m \geqslant \max(\mathrm{Ker} F''(x), 2)$.

然后,应用有限维结果(16.1(ii)),我们得到,与 $F(x)$在 x_0 附近的临界点相应的临界值集具有 Lebesgue 零测度. 设 C 表示 $F(x)$在 X 中的临界点集,则 C 可由形若 $O_{x_0} \cap C$ 的邻域覆盖,在每个这样的邻域上, $F(O_{x_0} \cap C)$具有零测度. 因为 X 是可分的,故覆盖

$$\bigcup_{x \in C} \{O_{x_0} \cap C\}$$

有可数个子覆盖,于是,因可数个零测度集之并仍为零测度集,故 $F(C)$有零测度.

于是,剩下的是证明(*). 为此,因为 $F'(x)$是 Fredholm 算子,我们故可以写

$$X = \mathrm{Ker} F''(x_0) \oplus X_2,$$

从而 $x \in X$ 可以唯一写成

$$x = z + x_2,$$

其中, $z \in \mathrm{Ker} F''(x_0)$, $x_2 \in X_2$. 用同样的方法,我们可以写

$$X^* = \mathrm{coker} F''(x_0) \oplus X_2^*,$$

同样

$$F'(z, x_2) = (P_1 F', P_2 F') = (f_1(z, x_2), f_2(z, x_2)),$$

其中, f_1 和 f_2 分别表示相对于这个分解的偏导数算子, P_1 和 P_2 分别表示 $X^* \to \mathrm{coker} F''(x_0)$和 $X^* \to X_2^*$ 的两个典范投影,然后把 $L = P_2 F'(x)$局限到 X_2 上时,则它是一对一且到上的. 于是由(1.3.20), L 可逆. 用这些记号,我们令 $h(z, x_2) = (\tilde{z}, L^{-1} f_2(z, x_2))$,由此在 x_0 附近定义一个 C^1 同胚 $h:(z, x_2)$

$\to(\tilde{z},\tilde{x}_2)$.

那么,因为

$$\varphi(\tilde{z},\tilde{x}_2)=F(h^{-1}(\tilde{z},\tilde{x}_2))$$

在 $h(x_0)$附近的临界点是

$$\varphi'(\tilde{z},\tilde{x}_2)=F'(h^{-1}(\tilde{z},\tilde{x}_2))h'^{-1}=0$$

的解,所以 φ 在 $h(x_0)$附近的临界点与 F 在 x_0 附近的临界点一一对应.

由隐函数定理不难验证 h 是微分同胚.

下面我们注意,$\varphi(\tilde{z},\tilde{x}_2)$的临界点全部属于子空间 $\mathrm{Ker}F''(x_0)$,从而$F(x)$的临界点与 $\varphi(\tilde{z},0)$的临界点一一对应.事实上,若$(\bar{z},\bar{x}_2)$是 φ 的临界点,且

$$h(z,x_2)=(\bar{z},\bar{x}_2),$$

则

$$f_1(z,x_2)=f_2(z,x_2)=0.$$

于是,根据上面给出的 h 的定义,$\bar{x}_2=0$.

最后我们注意,若 $F(x)$属于 C^m 类,则泛函 $\varphi(\tilde{z},0)$亦如此.这可从以下事实得出:若 $F(x)$是 C^m 类($m\geqslant 2$),则 h 是 C^{m-1} 类.事实上,

$$\varphi'(\tilde{z},0)=(f_1(h^{-1}(\tilde{z},0))+f_2(h^{-1}(\tilde{z},0))h'^{-1}).$$

根据定义,因为

$$f_2(h^{-1}(\tilde{z},0))=0,$$

所以

$$\varphi'(\bar{z},0)=f_1(h^{-1}(\tilde{z},0))h'^{-1}$$

属于 C^{m-1}类.由此可推出 $\varphi(\tilde{z},0)$是 C^m 类.于是(*)得证,其中,$\varphi(\tilde{z},0)$即为所要的实值泛函,从而定理得证.

3.2 梯度映射的最速下降法

对于映 Hilbert 空间 H 到自身的梯度映射 $f(x)=\mathrm{grad}F(x)$

来说，可用另外的技巧来补充刚才讨论的逐次逼近法.例如，对于求解 $f(x)=0$（譬如说），存在着不含显式计算任意点的 $[f'(x)]^{-1}$的迭代格式，也许，其中最有名的是最速下降法，它归功于 Cauchy.

这个方法在于求解初值问题

$$\frac{dx}{dt}=-f(x),\ x(0)=x_0, \tag{3.2.1}$$

其中，$f=\text{grad}F$.易见，当 $t\to\infty$ 时，$F(x(t))$（沿着(3.2.1)的解 $x(t)$）递减.倘若对所有的 t，(3.2.1)的解都存在，则可望证明

$$\lim_{t\to\infty}(t)=\bar{x}$$

存在，且 $\bar{x}$ 是 $f(x)=0$ 的解.该方法的收敛性需要讨论，而我们现在来研究这个问题.

3.2A 局部极小的连续下降法

若 $F(x)$在某点 x_∞处具有严格相对极小值，则以下定理非常顺利地证明了最速下降法是合理的.

(3.2.2) **定理** 假设 $F(x)$是定义在 $S(x_0,r)$上的 C^2 实值泛函，而 $S(x_0,r)$是 Hilbert 空间 H 的一个球.又设当 $x\in S(x_0,r)$和 $y\in H$ 时，对于某个绝对常数 $A>0$，

$$(F''(x)y,y)\geqslant A\|y\|^2. \tag{3.2.3}$$

那么，倘若

$$\|F'(x_0)\|/A\leqslant r,$$

则初值问题(3.2.1)有唯一解，它对所有的 t 都有定义，并且

$$\lim_{t\to\infty}x(t)=x_\infty$$

存在，它是 $F(x)$在 $S(x_0,r)$中的唯一极小点，也是 $f(x)=0$ 在 $S(x_0,r)$中的唯一解.此外，对 $x(t)\to x_\infty$的收敛速度，我们有如下估计：

$$\|x(t)-x_\infty\|=O(e^{-At}). \tag{3.2.4}$$

证明 首先我们注意，根据(3.1.23)，对于小的 t，初值问题(3.2.1)有且仅有一个解.为确保 $x(t)$在 $S(x_0,r)$中，且当 $t\to\infty$

时$\|dx/dt\|\to 0$,从而$\|f(x(t))\|\to 0$,我们讨论如下:沿着(3.2.1)的解$x(t)$,有

$$\frac{d}{dt}F(x(t))=(f(x(t)),\ x'(t))=-\|x'(t)\|^2. \tag{3.2.5}$$

因此,当t递增时,$F(x(t))$递减.另外,

$$\begin{aligned}\frac{d^2}{dt^2}F(x(t))&=-2(x''(t),x'(t))\\&=2(F''(x(t))x'(t),\ x'(t))\\&\geqslant 2A\|x'(t)\|^2=-2A\frac{d}{dt}F(x(t)).\end{aligned}$$

因此

$$F(x(t))=g$$

满足微分不等式

$$g''+2Ag'\geqslant 0.$$

于是

$$\frac{d}{dt}F(x(t))\geqslant -\|f(x_0)\|^2e^{-2At},$$

从而由(3.2.5),

$$\|x'(t)\|\leqslant\|f(x_0)\|e^{-At}. \tag{3.2.6}$$

求积分,我们得

$$\|x(t)-x_0\|\leqslant\|f(x_0)\|/A,$$

从而对所有的t,

$$x(t)\in S(x_0,r).$$

故对所有的t,(3.2.1)的解存在.当$0<t\leqslant t_1$时,用同样的方法可得

$$\|x(t_1)-x(t)\|\leqslant\|f(x_0)\|A^{-1}e^{-At}.$$

故对任何序列$t_n\to\infty$,$x(t_n)$是Cauchy序列,且因此

$$x_\infty=\lim_{t_n\to\infty}x(t_n)$$

存在于$S(x_0,r)$中.显然,由于

$$\|x(t)-x_\infty\|\leqslant\|f(x_0)\|A^{-1}e^{-At}, \tag{$*$}$$

故 x_∞ 与序列 t_n 的选择无关.从(3.2.6)还可推出

$$\| f(x(t)) \| = \| x'(t) \| \to 0,$$

因此

$$f(x_\infty) = 0.$$

从(*)可导出 x_∞ 的唯一性,这因为若 f 在 $x, y \in S(x_0, r)$ 处都为 0,而 $x(t)$ 是连接 x 与 y 的直线,则由(3.2.3),

$$\begin{aligned} 0 &= (f(x) - f(y), x - y) \\ &= \int_0^1 (f'(x(t))(x - y), x - y) \geqslant A \| x - y \|^2. \end{aligned}$$

类似可得

$$F(x_\infty) = \min_{S(x_0, r)} F(x)$$

是唯一的,这因为对于 $x \in S(x_0, r)$,

$$f(x_\infty) = 0,$$

且

$$\begin{aligned} & F(x) - F(x_\infty) \\ = & \int_0^1 (f(x_\infty + s(x - x_\infty)), x - x_\infty) ds \\ = & \int_0^1 (f(x_\infty + s(x - x_\infty)) - f(x_\infty), x - x_\infty) ds \\ \geqslant & \frac{1}{2} A \| x - x_\infty \|^2. \end{aligned}$$

3.2B 等周变分问题的最速下降法

正如上节所述,将结果(3.2.2)推广到抽象等周问题是有用的.为此我们考虑限制在超曲面 C 上的 C^2 泛函 $F(x)$,C 由 $G(x)$ 等于常数来定义.假定 $G(x)$ 充分光滑且约束集 C 是弧连通的,我们证明

(3.2.7) **定理** 假定 $F(x)$ 和 $G(x)$ 是 C^2 实值泛函,使得在约束集 $\mathscr{C} = \{x \mid G(x) = 常数\}$ 上,

$$G'(x) \neq 0.$$

并且由(3.1.41)定义的,F 在 x 处关于 $\mathscr{C}$ 的"形式"二阶变分对某个绝对常数 $A>0$ 和所有

$$x \in \mathscr{C}_A \equiv \mathscr{C} \cap \{x \mid \| x - x_0 \| \leqslant \| f(x_0) \| / A\},$$

满足不等式:

$$\delta^2 F(x,v) \geqslant A \| v \|^2, \quad (v, G'(x)) = 0, \tag{3.2.8}$$

那么,对所有 $t \geqslant 0$,初值问题

$$\begin{aligned} x'(t) &= -F'(x) + \lambda(x) G'(x), \\ \lambda(x) &= (F'(x), G'(x)) / \| G'(x) \|^2, \\ x(0) &= x_0 \end{aligned} \tag{3.2.9}$$

的解存在,

$$\lim_{t \to \infty} x(t) = x_\infty$$

存在,并且它是 $F(x)$ 在 $\mathscr{C}_A$ 中的唯一极小点.

证明 设 $x(t)$ 表示(3.2.9)的解. 由(3.1.27),对充分小的 t,它必然存在. 我们证明,当 $G(x(t))$ 为常数时,$F(x(t))$ 沿 $x(t)$ 递减. 此外,$x(t) \in \mathscr{C}_A$. 从这个事实可推出对所有的 t,$x(t)$ 存在且作为(3.2.9)的解. 事实上,若 $x(t)$ 只对某个极大时间区间 $[0,\beta)$ 存在,则紧接上面所讲的以及(3.1.27),可推出 $\beta = \infty$. 此外,以下简单算式成立:

$$[F(x(t))]' = (F'(x) - \lambda(x) G'(x), x'(t)) = - \| x'(t) \|^2,$$

$$[F(x(t))]'' = (F''(x) x'(t), x'(t)) + (F'(x), x''(t)),$$

$$[G(x(t))]' = 0 \quad (\text{根据 } \lambda(x) \text{ 的定义}).$$

从而,$F(x(t))$ 沿 $x(t)$ 递减,而且

$$\begin{aligned} [F(x(t))]'' &= \delta^2 F(x, x'(t)) - (x'(t), x''(t)) \\ &= \delta^2 F(x, x'(t)) + \frac{1}{2} [F(x(t))]''. \end{aligned}$$

故

$$[F(x(t))]'' = 2\delta^2 F(x, x'(t)).$$

于是从(3.2.8)可推出

$$g(t) = F(x(t))$$

满足微分不等式

$$g''(t) + 2Ag' \geqslant 0.$$

因此,同(3.2.3)一样,

$$\| x(t) - x_0 \| \leqslant \| f(x_0) \| / A,$$

故 $x(t) \in \mathscr{C}_A$.

今重复(3.2.3)中的讨论,我们可得 $x_\infty = \lim\limits_{t \to \infty} x(t)$存在;

$$F'(x_\infty) - \lambda(x_\infty) G'(x_\infty) = 0,$$

从而 x_∞就是 $F(x)$限于 $\mathscr{C}_A$ 的局部极小点.

为证 x_∞是所要的唯一极小点,我们证明,对任意 $x_0 \in \mathscr{C}_A$,有

$$F(x_0) \geqslant F(x_\infty) + \eta(\| x_0 - x_\infty \|),$$

其中,当 $t > 0$ 时 $\eta(t) > 0$. 为此我们设 $x(0, \mu)$是 $\mathscr{C}_A$ 中连接 x_0 和 x_∞的任一 C^1 曲线,并设 $x(t, \mu)$是初值问题(3.2.9)带初值 $x(0, \mu)$时的解. 然后,利用(3.2.8),令

$$x_\mu = (\partial / \partial \mu) x(t, \mu),$$

我们可得

$$\begin{aligned} \left(\frac{d}{dt} \right) \| x_\mu \|^2 &= 2(x_\mu, x_{\mu t}) \\ &= -2(F''(x) - \lambda(x) G''(x) x_\mu, x_\mu) \\ &\leqslant -2A \| x_\mu \|^2. \end{aligned}$$

于是 $\| x_\mu \| e^{At}$是 t 的递减函数,且

$$\begin{aligned} \| x(t,1) - x(t,0) \| &\leqslant \int_0^1 \| x_\mu(t, \mu) \| d\mu \\ &\leqslant e^{-At} \int_0^1 \| x_\mu(0, \mu) \| d\mu. \end{aligned}$$

因而

$$x_\infty = \lim_{t \to \infty} x(t,1) = \lim_{t \to \infty} x(t,0).$$

利用 Taylor 定理(2.1.33),当 $0 < \tau < t$ 时,略去下标 μ,我们可得

$$(3.2.10) \quad F(x_0) = F(x(t)) + t[F(x(t))]' + \frac{1}{2} t^2 [F(x(\tau))]''.$$

但

$$F(x(t)) \geqslant F(x_\infty),\ [F(x(t))]' = -\|x'(t)\|^2,$$

同时

$$[F(x(\tau))]'' \geqslant 2A\|x'(t)\|^2,$$

于是由(3.2.10),有

$$F(x_0) \geqslant F(x_\infty) + (At^2 + t)\|x'(t)\|^2.$$

从而正如所需,x_∞是唯一极小点.因此,利用(3.2.6)的类似结果,注意到

$$\begin{aligned}\|x'(t)\| &\geqslant A\|x(t) - x_\infty\| \\ &\geqslant A\{\|x_0 - x_\infty\| - \|x_0 - x(t)\|\},\end{aligned}$$

我们就得到所需的不等式.又因为对于绝对常数 $\alpha > 0$, $\|x_0 - x(t)\| < \alpha t$,故当 t 选得充分小时,$\|x_0 - x(t)\|$ 可充分小.

3.2C 对于一般临界点的结果

如果 $F(x)$有一个临界点 $\bar{x}$ 不是相对极小点,那么也许无论 $\|x_0 - \bar{x}\| > 0$ 如何小,一般,最速下降法却不收敛于 $\bar{x}$.例如,考虑定义在 $\mathbf{R}^2$ 上的函数

$$F(x,y) = x^2 - y^2 + \frac{1}{2}y^4.$$

其相应的初值问题

$$\frac{dx}{dt} = -2x,\ \frac{dy}{dt} = 2(y - y^3),$$
$$(x(0), y(0)) = (x_0, y_0)$$

总是仅仅收敛到 $F(x,y)$的三个临界点(0,0),(0,± 1)中的一个.点(0,0)是 $F(x,y)$的鞍点.且不难检验,无论(x_0, y_0)离(0,0)多么近,倘若 $y_0 \neq 0$,那么

$$(x(t), y(t)) = (x_0 e^{-2t}, y(y_0, t))$$

总是收敛到绝对极小点(0,± 1)中的某一个.于是,这里出现了这样一个普遍性的问题:像刚才给出的例子那样,最速下降法会趋向 $F(x)$的某个临界点吗(不必在初值 x_0 的附近)?

首先,我们证明以下简单结果:

(3.2.11) **定理** 假定 $F(x)$是定义在 Hilbert 空间 H 上的C^1 实值函数,使得 $F'(x)$是 Lipschitz 连续的,并有如下性质:

(i) $F(x)$在 H 上有下界;

(ii) 对 $\mathbf{R}^1$ 中任何有界集 B,$F^{-1}(B)$有界;

(iii) 若在 H 中 x_n 弱收敛于 x,且$\{\mathrm{grad}F(x_n)\}$强收敛于 v,则 $v=\mathrm{grad}F(x)$.

那么,对一切 t,初值问题(3.2.1)的解存在,并且(弱极限)

$$\lim_{t\to\infty}x(t) = \bar{x}$$

存在,它是 $F(x)$的临界点.

证明 正如定理(3.2.3)的证明中一样,$f(x)$是局部Lipschitz连续的.于是对小的 t,(3.2.1)的解 $x(t)$存在,并且$F(x(t))$沿$x(t)$递减.假定对 $t\in[0,t_*)$,$x(t)$存在,但对 $t=t_*<\infty$,$x(t)$不存在,则对 $0<t_1,t_2<t_*$,有

(3.2.12)
$$\begin{aligned}&\| x(t_2) - x(t_1) \|\\ &= \left\|\int_{t_1}^{t_2}\frac{dx}{ds}ds\right\|\\ &\leqslant\int_{t_1}^{t_2}\| \mathrm{grad}F(x(s)) \| ds\\ &\leqslant\left\{\int_{t_1}^{t_2}\| \mathrm{grad}F(x(s)) \|^2 ds\right\}^{1/2}(t_2 - t_1)^{1/2}.\end{aligned}$$

另一方面,由于对 $t\in[0,t_*)$,$F(s(t))$有下界,故

(3.2.13)
$$\begin{aligned}F(x(t_2)) - F(x(t_1)) &= \int_{t_1}^{t_2}\frac{d}{ds}F(x(s))ds\\ &=-\int_{t_1}^{t_2}\| \mathrm{grad}F(x(s)) \|^2 ds.\end{aligned}$$

综合(3.2.12)与(3.2.13),我们得到,若 $t\to t_*$,则$\{x(t)\}$是 X 中的 Cauchy 序列,故$\lim\limits_{t\to t_*}x(t)$存在且有限.因此,在 $t=t_*$处利用局部存在性定理(3.1.23),对于 $t>t_*$,我们得到,$x(t)$可以连续延拓以满足(3.2.1).这与 t_*的极大性矛盾,从而 $t_*=\infty$.

其次,我们证明$\{x(t)\}$的一个子序列收敛到 $F(x)$的一个临界点.由于 $F(x)$有下界,从(3.2.13)可推出

$$\int_0^\infty \| \operatorname{grad} F(x(s)) \|^2 ds < \infty.$$

于是当 $t \to \infty$时,

$$\| \operatorname{grad} F(x(t)) \| \to 0.$$

另一方面,由(ii),由于

$$\{x(t)\} \subset F^{-1}\{\inf_H F(x), F(x(0))\},$$

故集合$\{x(t)\}$有界,而且$\{x(t)\}$有弱收敛子序列$\{x(t_i)\}$,当 $t_i \to \infty$时,有弱极限 $\bar{x}$(譬如说).同时,$\operatorname{grad} F(x(t_i))$强收敛于 0,于是,根据(iii),

$$\operatorname{grad} F(\bar{x}) = 0,$$

而 $\bar{x}$ 就是所要的临界点.

如果我们假定 $F(x)$的所有临界点都是孤立的,那么,可得到比(3.2.11)更强的有用结果.

(3.2.14) 假定 $F(x)$是定义在 Hilbert 空间 H 上的 C^1 实值泛函,使得 $F'(x)$是 Lipschitz 连续的,$F(x)$在 H 上有下界,并满足以下条件:

(i) $F(x)$的所有临界点都是孤立的;

(ii) 任何使得$|F(x_n)|$有界,且使 $F'(x_n) \to 0$ 的序列$\{x_n\} \subset H$ 都有收敛子序列.

那么,对所有的 t,微分方程(3.2.1)的解 $x(t)$存在,$\lim\limits_{t \to \infty} x(t)$存在且它是 $F(x)$的临界点.

证明 重复(3.2.11)的讨论,利用上面更强的假设条件(ii),我们可以假定对某个子序列 $t_i \to \infty$,$x(t_i)$强收敛于 x_∞,从而只需证明

$$\lim_{t \to \infty}(t) = x_\infty$$

存在即可.

事实上,否则将存在两个以 x_∞为心的球形邻域 O_1 和 O_2,使

得 $O_2 \subset O_1$ 和 $\overline{O}_1 - O_2$ 不含 $F(x)$的临界点.同时,对于不相交的区间的一个无穷序列$[t_i, t_{i+1}]$①,存在数 $c>0$,使得当 $t \in [t_i, t_{i+1}]$时

$$x(t) \in \overline{O}_1 - O_2,$$

且

$$\| x(t_{i+1}) - x(t_i) \| \geqslant c.$$

根据假设条件(ii),存在正常数 d,使得对 $x \in \overline{O}_1 - O_2$ 有

$$\| \operatorname{grad} F(x) \| \geqslant d,$$

这因为否则将有临界点

$$x \in \overline{O}_1 - O_2.$$

此外,当 $t \to \infty$时,

$$\begin{aligned}\lim_{t\to\infty} F(x(t)) &= F(x(0)) - \int_0^{\infty} \| \operatorname{grad} F(x(s)) \|^2 ds \\ &\leqslant F(x(0)) - \sum_{i=1}^{\infty} \int_{t_i}^{t_{i+1}} \| \operatorname{grad} F(x(s)) \|^2 ds \\ &\leqslant F(x(0)) - \sum_{i=1}^{\infty} d \int_{t_i}^{t_{i+1}} \| \operatorname{grad} F(x(s)) \| ds.\end{aligned}$$

于是,根据上面的事实有

$$\begin{aligned}\lim_{t\to\infty} F(x(t)) &\leqslant F(x(0)) - \sum_{i=1}^{\infty} d \| x(t_{i+1}) - x(t_i) \| \\ &\leqslant F(x(0)) - \sum_{i=1}^{\infty} \{cd\} = -\infty,\end{aligned}$$

这与 $F(x)$有下界矛盾.

3.2D 关于一般光滑映射的最速下降法

我们针对最速下降法对一般映射的应用,用一个简短讨论来结束本节.在 Cauchy 早期的研究中,他指出刚才讨论的技巧可用

---

① 原文虽说区间不相交,但此处如此.——译者注

来研究光滑映射的可解性.为简单计,在讨论无穷维情况时,假定 f 是 C^q(非线性)Fredholm 算子,它具有非负指标 $r<q$,将实 Hilbert 空间 H 映入自身.然后我们证明:

(3.2.15) 对一般的 $p\in H$,

$$f(x) = p$$

的解与泛函

$$F(x) = \| f(x) - p \|^2$$

的临界点相同.

证明 由简单的计算可知,$F(x)$的临界点与算子方程

$$[f'(x)]^* \{f(x) - p\} = 0 \tag{3.2.16}$$

的解相同,其中,$[f'(x)]^*$ 表示 $f'(x)$的伴随算子.现根据 Sard 定理的无穷维推广(3.1.45),f 的奇异值 $f(S)$构成一个剩余疏集.于是,对(一般的)$p\overline{\in} f(S)$,

$$\dim \mathrm{Ker} f'^*(x) = \dim \mathrm{coker} f'(x) = 0.$$

故对这种一般的 p,如果 $\bar{x}$ 是(3.2.16)的解,则

$$f(\bar{x}) = p.$$

从而证明了所要的结果.

这样,假定点 $0\overline{\in} f(S)$,在 3.2A~C 的每个结果中,由考虑泛函

$$F(x) = \| f(x) \|^2$$

的临界点,我们可利用这节上面的结果来研究 $f(x)=0$ 的解.

3.3 解析算子和强函数法

对复解析映射,另外的一些方法常常有效,它们可使第二部分开始时所提出的问题有更完整的讨论.

3.3A 一些启发

为说明这点,我们从考虑形式上的待定系数法开始,再由"Cauchy 强函数"来验证其合理性.这个过程形成对非线性问题研

究的主要经典方法，在非线性分析中迄今仍保持重要地位．例如，假设对于小参数值 λ，要解定义在 Banach 空间 X 上的（解析）算子方程 $f(x,\lambda)=0$，给定的 $f(x,0)=0$ 有一个解 x_0．那么，用待定系数法，我们设想解的形式为

$$x(\lambda) = x_0 + \sum_{n=1}^{\infty} x_n \lambda^n, \quad x_n \in X.$$

假定这样的解存在且有正的收敛半径，将 $f(x(\lambda),\lambda)$ 以形式

$$f(x(\lambda),\lambda) = \sum_{n=0}^{\infty} f_n(x_1,\cdots,x_n)\lambda^n$$

来展开，求解得到的隐式方程组

$$f_n(x_1,\cdots,x_n) = 0 \ (n = 1,2,\cdots),$$

并去证明，在一个以 x_0 为心的小球中，这个方程组有且仅有一个解 $(\bar{x}_1,\cdots,\bar{x}_n)$．最后，找 $x(\lambda)$ 的一个强级数 $x^*(\lambda)$ 来证实这种解

$$x(\lambda) = x_0 + \sum_{n=1}^{\infty} \bar{x}_n \lambda^n$$

有正收敛半径的假设合理．更严格地

(3.3.1) **定义**　若

$$x^*(\lambda) = \sum_{n=0}^{\infty} x_n^* \lambda^n,$$

其中，x_n^* 是正实数，使得 $\| x_n \| \leqslant x_n^*$，则称 $x^*(\lambda)$ 强化 $x(\lambda)$（我们记之为 $x(\lambda) \ll x^*(\lambda)$）．

显然，若 $x^*(\lambda)$ 有

$$\limsup_{n\to\infty} \| x_n^* \|^{1/n} < \infty$$

意义下的正收敛半径，则由 2.3 节的结果，$x(\lambda)$ 也有正收敛半径．

3.3B　一个解析隐函数定理

作为强函数法一个简单而又典型的结果，我们证明：

(3.3.2) **解析隐函数定理**　假设算子 $F(x,y)$ 在复 Banach 空间 $X \times Y$ 中 (x_0, y_0) 的一个邻域内解析，其值域在复空间 Z 中．此外，设 $F(x_0,y_0)=0$ 且线性算子 $F_y(x_0,y_0)$ 可逆．那么，$F(x,y)$

$=0$ 在(x_0,y_0)附近有且仅有一个解 $y=f(x)$. 在 x_0 附近,$f(x)$ 是 x 的解析函数,并且,相应的幂级数的收敛半径可由下面的强函数(3.3.8)估计出来.

证明 不失一般性,我们可设$(x_0,y_0)=(0,0)$,并将$F(x,y)$在(0,0)处展开,写为

$$(3.3.3)\qquad F(x,y)=F_{10}(0,0)x+F_{01}(0,0)y+\sum_{i+j=2}^{\infty}F_{ij}(0,0)(x^i,y^j),$$

由 Cauchy 公式,这里

$$F_{ij}(0,0)(x^i,y^j)=\frac{1}{(2\pi i)^2}\int_{|\xi|=r_1}\int_{|\eta|=r_2}\frac{F(\xi x,\eta y)}{\xi^{i+1}\eta^{j+1}}d\xi d\eta.$$

我们现在寻找一个收敛级数

$$(3.3.4)\qquad y(x)=\sum_{n=1}^{\infty}a_n(x^n),$$

当 $\|x\|$ 充分小时,它满足方程 $F(x,y)=0$. 显然,由于

$$F_{01}(0,0)=-L$$

是可逆的,故 y 必满足

$$(3.3.5)\qquad \begin{aligned} y &= L^{-1}F_{10}(0,0)x+\sum_{i+j=2}^{\infty}L^{-1}F_{ij}(0,0)(x^i,y^j) \\ &= H(x,y). \end{aligned}$$

最后这个方程表明,若 x,y 满足(3.3.3),则这些系数至少形式上被唯一确定. 事实上,将(3.3.4)形式地代入(3.3.5),可得系数 a_n 必满足方程组

$$(3.3.6)\qquad a_{n+1}x^{n+1}=f_{n+1}(a_1,\cdots,a_n,x)\quad (n=0,1,2,\cdots),$$

其中,式 f_{n+1}是 x 的$n+1$ 次多重线性算子,包含 $a_1,a_2,\cdots$直到 a_n 以及表达式F_{ij},其中,$i+j=n+1$. 于是,当 $n=0,1,\cdots$时,$a_{n+1}x^{n+1}$可以表示为 x 的$n+1$ 次多重线性算子和 $F_{ij}(i+j=n+1)$的线性组合,其中,F_{ij}有正系数. 因而,我们若记 $a_{n+1}x^{n+1}=Q_{n+1}(x,F_{ij})$,则这些函数有定义,它们与函数 $F(x,y)$的特定形式无关. 为了证明级数(3.3.5)有正收敛半径,我们注意,根据

Cauchy 估计(2.3.5),若

$$S_r = \{(x, y) \mid \|x\|, \|y\| \leqslant r\},$$

则

$$(3.3.7) \qquad \|F_{ij}(x^i, y^j)\| \leqslant \frac{M}{r^{i+j}} \|x\|^i \|y\|^j,$$

其中,

$$M = \sup_{S_r} \|f(x, y)\|.$$

现在我们来考虑此证明中适当的强函数概念.

今根据(3.3.7),(3.3.5)右端在 S_r 上的一个直接的强函数 $\Phi(\|x\|, \|y\|)$ 是

$$\|L^{-1}\| \left\{ \sum_{i+j=1}^{\infty} \left(\frac{M}{r^{i+j}} \right) \|x\|^i \|y\|^j - \frac{M}{r} \|y\| \right\}$$

$$\leqslant \|L^{-1}\| \left\{ \frac{M}{(1 - \|x\|/r)(1 - \|y\|/r)} - M - \frac{M}{r} \|y\| \right\}.$$

现在进入强函数法的关键步骤.即注意:若

$$\Phi(\|x\|, \tilde{y}) \gg H(x, y) = \sum H_{ij}(x^i, y^j),$$

且方程

$$\tilde{y} = \Phi(\|x\|, \tilde{y})$$

有收敛的解析解

$$\tilde{y} = \sum \tilde{a}_n \|x\|^n,$$

则方程

$$y = H(x, y)$$

的形式解

$$y = \sum_{n=0}^{\infty} a_n (x^n)$$

被 $\tilde{y}$ 强化,并因此对 $\|x\| < R$ 收敛,其中,$R \leqslant \tilde{R}$,而 $\tilde{R}$ 表示 $\tilde{y}$ 的收敛半径.事实上,若 $\tilde{y} = \sum \tilde{a}_n \|x\|^n$,且

$$\Phi(\|x\|, \tilde{y}) = \sum \alpha_{ij} \|x\|^i \tilde{y}^j,$$

则 $\tilde{a}_n \leqslant Q_{n+1}(\|x\|, \alpha_{ij})$.正如已经提到的,因为 $\|H_{ij}\| \leqslant \alpha_{ij}$,故函

数 Q_{n+1}具有性质 $a_n = Q_{n+1}(x, H_{ij})$以及 $\| a_n \| = Q_{n+1}(\| x \|, \alpha_{ij})$,因而 $y \ll \tilde{y}$. 于是仅剩下计算方程

$$(3.3.8) \qquad \tilde{y} = c\left\{\frac{1}{(1-\|x\|/r)(1-\tilde{y}/r)} - 1 - \frac{\tilde{y}}{r}\right\}$$

的解的收敛半径. 其中, $c = \| L^{-1} \| M$. 下面直接给出的简单计算表明,若将这个方程看作 $\tilde{y}$ 的二次方程,则当 $\| x \| = 0$ 时,为 0 的那个根是

$$\tilde{y} = \frac{r^2}{2(r+c)}\left[1 - \left(1 - \frac{\|x\|}{r}\right)^{-1/2}\left(1 - \frac{\|x\|}{\alpha}\right)^{1/2}\right],$$

其中, $\alpha = r(1/r + 2c)^2$; $c = \| L^{-1} \| M$. 因此当 $\| x \| < \alpha$ 时, $\tilde{y}$ 对 $\| x \|$ 是解析的.

这个计算过程如下:看作 $\tilde{y} = \sigma$ 的二次方程时,(3.3.8)可改写成

$$\sigma^2 - \left\{\frac{r^2}{r+c}\right\}\sigma - \left\{\frac{cr^2}{r+c}\right\}\frac{\|x\|}{r}\Big/\left(1 - \frac{\|x\|}{r}\right) = 0.$$

当 x 与 r 固定时,在通常的二次方程求根公式中选择适当的负因子可得出这个方程最小的根(即当 $x = 0$ 时为 0 的那个根).

关于解析隐函数定理的注: 注意到(3.1.10)中给出的隐函数定理的证明建立在与压缩映射原理有关的迭代格式基础上,便可得到(3.3.2)中第一部分结论. 于是,解 $y = y(x)$是每个解析函数迭代的一致极限,因此, $y(x)$自身也是解析的. 但一般地,强函数法中收敛半径的估计更强些.

3.3C 复解析 Fredholm 算子的局部性态

作为(3.3.2)的一个简单应用,考虑方程 $f(z) = y$ 在给定的解 z_0 附近的局部结构,其中, f 是作用在复 Banach 空间之间的复解析 Fredholm 映射.

(3.3.9) **定理** 若 f 是一个复解析 Fredholm 映射,它定义在复 Banach 空间 X 的点 z_0 的邻域内,值域在复 Banach 空间 Y 中. 则在给定的解 z_0 附近, $y = f(x)$的解构成一个有限维解析簇的一对

一解析象.若解 z_0 不是孤立的,则存在非常数的收敛幂级数

$$z(\lambda) = z_0 + \sum_{n=1}^{\infty} z_n \lambda^n$$

满足 $y = f(z)$.

证明 不失一般性,设 $z_0 = 0$ 及 $\| y \|$ 小,从而方程 $y = f(z)$ 可写成

$$y = f'(0)z + R(z), \tag{3.3.10}$$

其中

$$\| R(z) \| = O(\| z^2 \|),$$

而 $R(z)$ 复解析.设

$$X = \mathrm{Ker}(f'(0)) \oplus X_2, Y = \mathrm{Range} f'(0) \oplus Y_2$$

而对

$$z \in S(0,\delta) = \{z \mid \| z \| \leqslant \delta\},$$

设 $z = z_1 + z_2$ 是 z 的对应的直和分解,然后,我们试着求解方程

$$y = f'(0)z_2 + R(z_1 + z_2). \tag{3.3.11}$$

据(1.3.38),存在有界线性映射 $A_0: Y \to X$,当 $y \in \mathrm{Range} f'(0)$ 时,它是一对一的,且有值域 X_2,使得

$$A_0 f'(0) = I - P,$$

其中,P 是到 $\mathrm{Ker} f'(0)$上的投影.用 A_0 左乘(3.3.11),我们得到

$$A_0 y = z_2 + A_0 R(z_1 + z_2).$$

那么,根据解析隐函数定理(3.3.2),有 $z_2 = h(z_1)$,其中 $h(w) = O(\| w \|^2)$是复解析映射.令 $\mathrm{Ker}(A_0) = Y_2$,而 A_0 在 $\mathrm{Range} f'(0)$上是一对一的.因此,由于 $\dim \mathrm{Ker}(A_0) < \infty$,故存在一个从 Y 到 Y_2 上的有界投影 P_2.于是(3.3.10)等价于方程组

$$0 = P_2[y - f'(0)h(z_1) + R(z_1 + h(z_1))].$$

对 Y_2 和 $\mathrm{Ker} f'(0)$选取一个有限基,后面这个方程组是复解析的,它等价于一个具有有限个复变量的复解析函数的有限方程组.然后,根据(1.6.2)的解析理论就得到结果.

3.4 广义反函数定理

3.4A 一些启发

在这里,我们将反函数定理(3.1.5)推广到线性算子$f'(x)$没有有界逆时的情况.但是我们仍假定,对于x_0附近的x,$f'(x)$有"近似"逆.更明确地,设f是C^1映射,它定义在Banach空间X中的$S(x,r)$上,映入Banach空间Y中.对$f(x)=0$的解给一个近似值x_0,令$x_{N+1}=x_N+\rho_N$后,我们可望构造出一个"更好的"近似序列$\{x_N\}$.此处,ρ_N是方程$f(x_N+\rho_N)=0$的"近似"解(对x_N线性化).定理(3.1.16)中介绍的Newton法指出,当$\rho_N=-[f'(x_N)]^{-1}f(x_N)$时,$f$在$x_0$附近的光滑性和可逆性可确保这个过程收敛(事实上二次收敛).若对x_0附近的x,$f'(x)$没有(有界)逆,则对每个线性化方程,仍有可能找到一个"近似"解ρ'_N,使

$$\lim x_{N+1} = \lim(x_N + \rho'_N)$$

收敛到

$$f(x) = 0$$

的解(事实上,如果每个ρ'_N对每个线性化方程的真解ρ的逼近程度可以精确测量,则Newton迭代格式的快速收敛将可用于对每个ρ'_N的逼近作补偿).在微分方程理论中,经常出现这类情况:即线性算子$(f'(x))^{-1}$不能保持函数在其定义域内的光滑性.例如,若$f'(x)$是有界线性映射,它将p次可微函数空间X^p映到$p-m$次可微函数空间X^{p-m}(即$f'(x)$有m阶)中.那么,对于每个p,我们期望$(f'(x))^{-1}$是从X^p到X^{p+m}中的有界线性映射,然而,通常遇到的是$(f'(x))^{-1}: X^p\to X^{p-\beta}$(损失$\beta$次可微),从而在有限步后,序列$\{(f'(x_N))^{-1}\}$不复存在.在这种情况,有时也许能用一个近似的线性光滑逆算子$T_{\xi_N}(f'(x_N))^{-1}=L_Nx_N$来代替$(f'(x_N))^{-1}$,从而实际上$L_N$有界地映$X^p$到$X^{p+m}$中,这就使得到线性化方程的近似解成为可能.

为了度量每个 ρ'_N 的近似程度,当 $\alpha > \alpha'$ 时,我们将 Banach 空间嵌入一个单参数 Banach 空间连续鳞 $X_\alpha \subset X_{\alpha'}$. 对 $\alpha > \alpha'$, X_α 到 $X_{\alpha'}$ 中的嵌入是连续的,并使 $f(\alpha) = \log \| \cdot \|_\alpha$ 是 α 的凸函数,其中,$\alpha \geqslant 0$. 因而,对 $0 \leqslant \rho \leqslant r$ 和 $v \in X_r$,有

$$\| v \|_\rho \leqslant \| v \|_0^{1-\rho/r} \| v \|_r^{\rho/r}.$$

若 $(f'(x))^{-1}: Y \to X_\alpha$ 是无界的,则对某个 $\delta > 0$,当把 X_α 换成 $X_{\alpha-\delta}$ 时,它可能是有界的. 于是,对于 $r' < r$,若 $f: X_r \to Y$,则逼近序列可能在 X_r 中发散而在 $X_{r'}$ 中收敛. 更清楚些,我们说 $f'(u)x = g$ 在 X_r 中是 λ 阶近似可解的,是指对每个 $\varepsilon > 0$,存在 $x_\varepsilon \in X_r$ 使得 $\| f'(u)x_\varepsilon - g \| \leqslant c \| g \| \varepsilon^\lambda$,同时,对 $\| u \|_r \leqslant K_0$ 有 $\| x_\varepsilon \|_r \leqslant K_0/\varepsilon$,其中,$c$ 和 K_0 是绝对常数. 利用这个概念,当 ρ_N(λ 阶)近似等于 ρ 时,由解一系列线性方程 $f'(x_r)\rho = g$,我们现在可以证明一个结果.

3.4B J. Moser 的一个结果

(3.4.1) **定理** 设 f 是从球 $S(x_0, \bar{r}) \subset X_r$ 到 Banach 空间 Y 中的 C^1 映射,使得

(i) 对于 $u \in S(x_0, \bar{r})$, $f'(u)$ 在 X_r 中是 λ 阶近似可解的;

(ii) 对于 $u \in S(x_0, \bar{r})$,有 $\| f'(u)v \| \geqslant c \| v \|_0$,其中,$c$ 与 u 和 v 无关;

(iii) 对于 $u, v \in S(x_0, \bar{r})$,存在绝对常数 $\beta \in [0,1]$ 和 $M > 0$,使得

$$\begin{aligned} \| Q(u,v) \| &= \| f(u+v) - f(u) - f'(u)v \| \\ &\leqslant M \| v \|_0^{2-\beta} \| v \|_r^\beta; \end{aligned}$$

(iv) 对于 $\| u \|_r \leqslant \bar{K}$,有 $\| f(u) \| \leqslant M\bar{K}$.

那么,倘若数 $\bar{r}$ 和 $\| f(x_0) \|$ 充分小,上面构造的 λ 阶逼近序列

$$x_{N+1} = x_N + \rho'_N$$

在 $X_{r'}$ 中收敛到 $\bar{x}$,其中 $r' < (\lambda/(\lambda+1))r$. 于是,若

$$f: X_{r'} \to Y$$

连续,则 $f(\bar{x})=0$.

证明 (不失一般性,假定(ii)的常数 $c=1$)我们的讨论基于证明三个归纳假设:

(1N) $\|f(x_N)\|\leqslant K^{-\mu s^N}$;

(2N) $\|x_N-x_{N-1}\|_0\leqslant 2K^{-\mu s^{N-1}}$;

(3N) $\|x_N-x_{N-1}\|_r\leqslant\frac{1}{2}K^{s^N}$;

其中,K,μ 和 s 是待定正数.若对所有的 N,这些假设成立,则当 $r'<r(\mu/(s+\mu))$时,$\{x_N\}$是 $X_{r'}$ 中的 Cauchy 序列.事实上,因为

$$\|v\|_{\rho'}\leqslant\|v\|_0^{1-\rho'/r}\|v\|_r^{\rho'/r},$$

故根据(2N)和(3N),有

$$\begin{aligned}\|x_N-x_M\|_{\rho'}&\leqslant\sum_{j=M+1}^{N}\|x_j-x_{j-1}\|_{\rho'}\\&\leqslant\sum_{j=M+1}^{N}\|x_j-x_{j-1}\|_0^{1-\rho'/r}\|x_j-x_{j-1}\|_r^{\rho'/r}\\&\leqslant R\sum_{j=M+1}^{N}K^{s^{j-1}[s\rho'/r-\mu(1-\rho'/r)]}.\end{aligned}$$

对于

$$s\frac{\rho'}{r}-\mu\left(1-\frac{\rho'}{r}\right)<0,$$

即对于

$$\rho'<\frac{r\mu}{s+\mu},$$

当 $N,M\to\infty$时,这个级数趋于0,因此,若当 $N\to\infty$时,

$$\bar{x}=\lim x_N$$

且 f 是$X_{\rho'}\to Y$ 的连续映射,则

$$f(\bar{x})=0.$$

故剩下的是验证(1N),(2N)及(3N).当 $N=0$ 时,(1N)是假设条件,同时,由于 x_{-1}无定义,故(2N)和(3N)无意义.当 $N=$

$0,\cdots,n$时,假定(1N)~(3N)成立,我们来依次证明不等式(2($n+1$)),(3($n+1$))及(1($n+1$)):

(2($n+1$))的验证:首先我们注意,当K充分大时

$$\begin{aligned}\|x_n\|_r &\leqslant \|x_0\|_r + \sum_{j=0}^{n-1}\|x_{j+1}-x_j\|_r \\ &\leqslant K + \sum_{j=0}^{n-1}\frac{1}{2}K^{s^{j+1}} \qquad (\text{由}(3n)) \\ &\leqslant K^{s^n}.\end{aligned}$$

由近似地求解线性化方程

$$f'(x_n)\rho_n + f(x_n) = 0,$$

我们可确定

$$x_{n+1} = x_n + \rho_n.$$

令 $\rho_n=\rho_\varepsilon$(其中,ε 在稍后选择),我们得到以下估计:

(a) $\|f'(x_n)\rho_\varepsilon + f(x_n)\| \leqslant MK^{s^n}\varepsilon^\lambda$,

(b) $\|\rho_\varepsilon\|_r \leqslant K^{s^n}\varepsilon^{-1}$.

因而,由(1n),

$$\|f(x_n)\| \leqslant K^{-\mu s^n},$$

而

$$\begin{aligned}\|x_{n+1}-x_n\|_0 = \|\rho_\varepsilon\|_0 &\leqslant \|f'(x_n)\rho_\varepsilon\| \\ &\leqslant \|f(x_n)\| + \|f'(x_n)\rho_\varepsilon - f(x_n)\| \\ &\leqslant K^{-\mu s^n} + M\varepsilon^\lambda K^{s^n}.\end{aligned}$$

现假定选取 $\varepsilon>0$ 使

$$M\varepsilon^\lambda K^{s^n} \leqslant K^{-\mu s^n}, \tag{3.4.2}$$

则

$$\|x_{n+1}-x_n\|_0 \leqslant 2K^{-\mu s^n}.$$

(3($n+1$))的验证:根据上面的(b),倘若

$$K^{s^n}\varepsilon^{-1} \leqslant \frac{1}{2}K^{s^{n+1}}, \tag{3.4.3}$$

就有

$$\| x_{n+1} - x_n \|_r = \| \rho_\varepsilon \|_r \leqslant K^{s^n} \varepsilon^{-1} \leqslant \frac{1}{2} K^{s^{n+1}}.$$

(1(*n*+1))的验证:再由上面的(a)和(b),

$$\begin{aligned}\| f(x_{n+1}) \| &\leqslant \| f(x_n) + f'(x_n)\rho_\varepsilon + Q(x_n, \rho_\varepsilon) \| \\ &\leqslant \| f(x_n) + f'(x_n)\rho_\varepsilon \| + \| Q(x_n, \rho_\varepsilon) \| \\ &\leqslant MK^{s^n}\varepsilon^\lambda + M \| \rho_\varepsilon \|_0^{2-\beta} \| \rho_\varepsilon \|_r^\beta \\ &\leqslant MK^{s^n}\varepsilon^\lambda + M\{2K^{-\mu s^n}\}^{2-\beta}\{\varepsilon^{-1}K^{s^n}\}^\beta.\end{aligned}$$

现在我们拟选择 ε 和 μ 使上式右端不超过 $K^{-\mu s^{n+1}}$. 因为若下面的(3.4.5)成立,则(3.4.2)自动满足,故只需选取 ε 和 μ 使得

(3.4.4) $$K^{s^n}\varepsilon^{-1} = \frac{1}{2}K^{s^{n+1}},$$

(3.4.5) $$MK^{s^n}\varepsilon^\lambda \leqslant \frac{1}{2}K^{-\mu s^{n+1}},$$

(3.4.6) $$M(2K^{-\mu s^n})^{2-\beta}(\varepsilon^{-1}K^{s^n})^\beta < \frac{1}{2}K^{-\mu s^{n+1}}.$$

因为当 K 充分大时,可从(3.4.4)推出 ε^{-1} 为 $K^{s^n(s-1)}$ 阶,故若

(3.4.7) $$s\mu + 1 < \lambda(s-1), \quad s(\mu+\beta) < \mu(2-\beta),$$

则(3.4.5)和(3.4.6)将成立. 现在,由一个简短的计算可知:若 $s>1$,则(3.4.7)的两个关系式都将成立,而这只要

(3.4.8) $$0 < \frac{\lambda+1}{\lambda-\mu} = \left(1 - \frac{\mu+1}{\lambda+1}\right)^{-1} < s < \frac{\mu(2-\beta)}{\mu+\beta}$$

(从而 $1<s<2$). 于是,这就完成了 1(*n*+1))的证明,而所要的结果(3.4.1)得证.

3.4C 光滑算子

为了应用定理(3.4.1),我们现在转而考察以下方法,它可用来保证形若 $f'(u)\rho + f(u) = 0$ 的线性算子方程的近似可解性.

光滑算子 我们假定当 $\varepsilon>0$ 和 $\alpha, \beta>0$ 时,已构造出了单参数线性算子族 $T_\xi: X_\alpha \to X_{\alpha+\beta}$,它们具有性质:

(a) 当 $v\in X_\alpha$ 时，$\| T_\xi v \|_{\alpha+\beta}\leqslant C\xi^\beta \| v \|_\alpha$，其中，$C$ 是绝对常数；

(b) 当 $v\in X_r$ 时，$\| (I-T_\xi)v \|_{r-\delta}\leqslant C\xi^{-\delta} \| v \|_r$. 我们还假定算子 $f'(u)$ 有单侧逆 $L(u)$，它有以下性质：若 $u\in X_\alpha$ 且 $f'(u)v=h$，则存在绝对常数 C_0，使得 $L(u)h=v$；

(c) $C_0^{-1}\| L(u)h \|_{\alpha-\sigma}\leqslant \| h \| \leqslant C_0 \| L(u)h \|_{\alpha+\sigma_1}$，

其中，数 σ 和 σ_1 表示由算子 $L(u)$ 引起的"光滑性损失"；

(d) $L(u)f(u)\in X_{\alpha+\beta_0}$，$\beta_0>\sigma_1$ 且 $\| L(u)f(u) \|_{\alpha+\beta_0}\leqslant C_1 \| u \|_\alpha$.

于是，若 $f'(u):X_\alpha\rightarrow Y$ 是有界算子，使得 $\| f'(u) \|\leqslant C_2$，对于方程 $f'(u)\rho+f(u)=0$ 我们取 $\rho_\xi=-T_\xi L(u)f(u)$ 作为一个近似解(我们将它理解为元素 $L(u)f(u)$ 的一次"光滑化"). 那么，为确定这样选取的线性方程的近似可解性，我们注意，当 $u\in X_\alpha$ 时，对 $\beta=\beta_0-\sigma_1$，有

$$
\begin{aligned}
&\| f'(u)\rho_\xi+f(u) \| \\
=&\ \| f'(u)\{(I-T_\xi)-I\}L(u)f(u)+f(u) \| \\
=&\ \| f'(u)(I-T_\xi)L(u)f(u) \| \\
\leqslant&\ \| f'(u) \| \ \| (I-T_\xi)L(u)f(u) \|_{\alpha+\sigma_1} \\
\leqslant&\ \| f'(u) \| \{C\xi^{-\beta}\} \| L(u)f(u) \|_{\alpha+\sigma_1+\beta} \\
\leqslant&\ C_2C_1\xi^{-\beta}C_0 \| u \|_\alpha.
\end{aligned}
$$

另一方面，

$$
\begin{aligned}
\| \rho_\xi \|_\alpha=&\ \| T_\xi L(u)f(u) \|_\alpha \leqslant C\xi^\sigma \| L(u)f(u) \|_{\alpha-\sigma} \\
\leqslant&\ C\xi^\sigma C_0 \| f(u) \|.
\end{aligned}
$$

于是，根据近似可解性概念 $\| \rho\xi \|_\alpha\sim 1/\varepsilon$，令 $\xi^{-\sigma}=\varepsilon$，

故
$$
\xi^{-\beta}=\varepsilon^{\beta/\sigma},
$$

我们可得：具有性质(a)～(d)的光滑算子决定了阶为$(\beta_0-\sigma_1)\sigma^{-1}$的

$$
f'(u)\rho+f(u)=0
$$

的近似可解性.

典型的光滑算子是:

A. d 个变量 $x=(x_1,\cdots,x_d)$ 的截尾 Fourier 级数. 事实上,若 X_r 是 C^r 类的 2π 周期函数 $v(x)$ 的空间 $\widetilde{C}^r$, $v(x)$ 定义在 $D=\{x \mid |x_i|\leqslant 2\pi(i=1,\cdots,d), x=(x_1,\cdots,x_d)\}$ 上,而

$$\| v \|_{C^r} = \max_{0\leqslant\rho\leqslant r} \sup_{x\in D} | D^\rho v |,$$

则每个 $v\in\widetilde{C}^r$ 可表示为 Fourier 级数

$$v = \sum_{|k|\leqslant\rho} v_k e^{i(k\cdot x)}, \qquad k = (k_1,\cdots,k_d).$$

然后,我们定义截尾算子

$$T_N v = \sum_{|k|\leqslant N} v_k e^{i(k\cdot x)}.$$

并对 $N>0$,注意下面的不等式成立:

(i) $\| T_N v \|_{\widetilde{C}^{r+s}} \leqslant cN^{s+d+1} \| v \|_{\widetilde{C}^r}$,

(ii) $\| (I-T_N) v \|_{\widetilde{C}^r} \leqslant cN^{-s+d+1} \| v \|_{\widetilde{C}^{r+s}}$.

B. 作用在具紧支集函数上的卷积算子　设 $\psi(x)$ 是这样一个函数:它的 Fourier 变换 $\hat{\psi}(\xi)$ 是定义在 $\mathbf{R}^d$ 上的 C^∞ 函数,而在 $|\xi|<1$ 之外为 0,并当 $|\xi|<\dfrac{1}{2}$ 时等于 1. 则卷积算子

$$T_\xi u = \xi^d \int \psi(\xi(x-y)) u(y) dy$$

满足上面的不等式(a)和(b),而 $X_\alpha = C_0^\alpha(\Omega)$,其中 Ω 是 $\mathbf{R}^d$ 中有界集. 事实上,因为微分运算与卷积运算可交换,所以(a)成立. 而若 $r=0$ 时我们验证了(b),鉴于同一理由,第二个不等式也成立. 此时,因为

$$u(x) - \int \psi(z) u\left(x - \frac{z}{\xi}\right) dz$$

$$= \int \psi(z) \left\{ u(x) - u\left(x - \frac{z}{\xi}\right) \right\} dz,$$

将 $u(x)-u(x-z/\xi)$ 展成 Taylor 级数,故有

$$\left| u(x) - u\left(x - \frac{z}{\xi}\right) - \sum_{|k|<s} a_k(x) z^k \right| \leqslant \frac{z^s}{\xi^s} C \| u \|_{C^s}.$$

3.4D 对于局部共轭问题的反函数定理

3.4A～C 节中,在给出的第一个近似值 x_0 的附近,对方程 $f(x)=0$的解,我们讨论了 Newton 迭代格式

$$x_{n+1} = x_n - [f'(x_n)]^{-1}f(x_n)$$

的一个推广.这里,对与反函数定理有关的迭代格式

$$x_{n+1} = x_n - [f'(x_0)]^{-1}f(x_n),$$

我们给出一个类似的推广.后面这个迭代格式具有的优点是只需计算 $f'(x)$在 x_0 点的逆.需要这种推广起因于对第二部分开始处提到的那些映射的共轭问题的研究.例如,假设 f 和 $f+a$ 是 C^1 映射,它们映 $S(x_0,r)\subset X$(Banach 空间)到自身,$S(x_0,r)$是以 x_0 为心以 r 为半径的实心球.此外,假设相对于在 $S(x_0,r)$中的 f,$\|a\|$ 足够小.然后,我们问:是否存在一个定义在 $S(x_0,r)$上的非奇异"坐标变换"u(即 u 是从$S(x_0,r)$到自身的微分同胚),使得对充分小的 $r>0$,有

$$u^{-1}(f+a)u=f. \tag{3.4.9}$$

在有限维 Banach 空间中,由高等微积分学的秩定理可推出,若 f 和$f+a$ 的导数$f'(x)$和 $f'(x)+a'(x)$在一个充分小的球 $S(x_0,r')$中有相同的秩,则 f 与$f+a$ 在上述意义下局部共轭.不幸的是,Banach 空间中相应的定理更难.这可见本章末的注记 E.在一定情况下,用下面的迭代格式对同胚 u 可给出一个形式构造:将 u 写成恒等算子的扰动

$$u = I + y,$$

然后我们定义

$$u_0\equiv I,\ u_{N+1}=u_N\circ\{I+y_{N+1}\}, \tag{3.4.10}$$

其中,y_{N+1}由求解(在某种"近似"意义下)

$$u_{N+1}^{-1}\circ\{f+a\}\circ u_{N+1}=f \tag{3.4.11}$$

来确定.

更明确地,对于同胚 $u\in C(S(x_0,r),S(x_0,r))$,定义一个

算子 $F(f,u)=u^{-1}fu$,注意下面的“半群”性质成立:

$$F(f,u\circ v)=F(F(f,u),v). \tag{3.4.12}$$

于是,(3.4.11)的左端可改写成

$$F(f+a,u_N\circ(I+y_{N+1}))=F(f_N,I+y_{N+1}),$$

其中 $f_N=F(f+a,u_N)$.假定 $F(f,u)$是其变元的 C^1 函数,注意 $F(f,I)=f$ 和 $F_f(f,I)=I$,并将 $F(f,u)$关于(f,I)展开,由(2.1.31)我们得到

$$\begin{aligned}F(f_N,I+y_{N+1})&=f+(f_N-f)+F_u(f,I)y_{N+1}\\&\quad+o(\|f_N-f\|+\|y_{N+1}\|).\end{aligned}$$

因此,(3.4.11)的解的“合理的”近似值 y_{N+1}是

$$F_u(f,I)y+(f_N-f)=0 \tag{3.4.13}$$

的解.若 $F_u(f,I)$是可逆的,则 y_{N+1}被唯一确定,并且,(3.4.9)的形式解 u 可写成

$$\begin{aligned}u&=\lim_{N\to\infty}u_0\circ u_1\circ u_2\circ\cdots\circ u_N\\&=\lim_{N\to\infty}(I+y_1)\circ(I+y_2)\circ\cdots\circ(I+y_N).\end{aligned} \tag{3.4.14}$$

现在,这个形式上的构造的收敛性仍存疑.这里,我们简单讨论一下这个问题.

在常微分方程的变换理论中,有一个问题与(3.4.9)所提的问题类似.在 $x=0$ 附近考虑 N 个常微分方程的方程组

$$\frac{dx}{dt}=f(x)+a(x). \tag{3.4.15}$$

鉴于 $a(x)$是 $f(x)$的小扰动(对小的$|x|$),假定简化方程组$\frac{dx}{dt}=f(x)$在 $x=0$ 附近的解已知,那么,自然要找 $x=0$ 附近的微分同胚(即局部坐标变换)$x=U(y)$,它使原点保持不动,但将扰动方程组(3.4.15)变换成已知的 $dy/dt=f(y)$.此时,例如可从已知方程组在 $y=0$ 附近的周期解求出扰动方程组在 $x=0$ 附近的周期解.事实上,x 坐标中 $x=0$ 附近的闭曲线对应于 y 坐标中 $y=0$ 附近的闭曲线.今若 $f(x)$是 $\mathbf{R}^N\to\mathbf{R}^N$ 的线性映射,且 $a(x)=o(|x|)$,那么,上面讨论的问题就与第二部分开始处提到的线性

化问题完全一致.在这种情况,设 $F(f,U)=U'^{-1}fU$, U 是 $S(x_0,r)$到自身的微分同胚,对 y 我们得到

$$F(f,y_1\circ y_2)=F(F(f,y_1),y_2),$$

从而可用求解(3.4.9)的相同形式体系来求解(3.4.15)提出的问题.事实上,如果我们能求得一个 y 满足

$$U'^{-1}(f+a)U=f \text{ 即 } F(f+a,U)=f, \tag{3.4.16}$$

那么,(3.4.15)就可以化成 $dy/dt=f(y)$.现在我们再考虑迭代格式(3.4.11).为此,我们把(3.4.9)改写为

$$G(x,a)\equiv(I+x)f-(f+a)(I+x)=0. \tag{3.4.17}$$

对(3.4.17),我们来寻找解 x.类似于隐函数定理(3.1.10),我们可望当 $\|G(0,a)\|$ 充分小并且 $G_x^{-1}(0,0)$存在时,解 x 存在.事实上,即使$[G_x(0,0)]^{-1}$是适度奇异的,通过对迭代格式(3.4.11)收敛性的本质研究,可以证明这样一个类似结果仍是正确的.

借助于 $G(x,a)=0$ 在 $x=0$ 附近的一个解,我们从改写迭代格式(3.4.11)着手.若

$$\begin{aligned}u_{N+1}&=I+x_{N+1}=u_N\circ\{I+y_{N+1}\}\\&=(I+x_N)\circ(I+y_{N+1}),\end{aligned}$$

则

$$\begin{aligned}x_{N+1}&=(I+x_N)(I+y_{N+1})-I\\&=(I+y_1)(I+y_2)\cdots(I+y_{N+1})-I,\end{aligned} \tag{3.4.18}$$

其中,y_{N+1}是(3.4.13)的解.于是,借助于 G,(3.4.13)可写成

$$G_x(0,0)y_{N+1}+a_{N+1}=0, \tag{3.4.19}$$

其中

$$\begin{aligned}a_{N+1}&=f_N-f=F(f+a,I+x_N)-f\\&\quad(\text{因为 } f_N=F(f+a,u_N))\\&=((I+x_N)^{-1})(f+a)(I+x_N)-f\\&=[(I+x_{N-1})(I+y_N)]^{-1}(f+a)\\&\quad\cdot(I+x_{N-1})(I+y_N)-f\end{aligned}$$

$$=((I+y_N)^{-1})f_{N-1}(I+y_N)-f,$$

即

$$a_{N+1}=(I+y_N)^{-1}(f+a_N)(I+y_N)-f. \tag{3.4.19′}$$

格式(3.4.19)~(3.4.19′)的收敛性,以及它对物理学和几何学的应用是 Sternberg(1969)和 Moser (1973b)新书的课题.关于进一步的信息,有兴趣的读者可以参考它们.

注　记

A　非线性椭圆型系统局部解的存在性

假设定义在某个区域 $\Omega\subset\mathbf{R}^N$ 上的 k 个未知量、k 个方程的方程组

$$\boldsymbol{F}(x,\boldsymbol{u},\cdots,D^m\boldsymbol{u})=0 \tag{$*$}$$

是椭圆型的.其中,$\boldsymbol{F}$ 和 $\boldsymbol{u}$ 表示向量值函数,$\boldsymbol{F}$ 是其变量的光滑函数.此外,还假定 $\boldsymbol{u}_0(x)$是($*$)的已知光滑解.则利用压缩映射原理可证明如下结果:在任一点 $x_0\in\Omega$ 的一个充分光滑的 ε 邻域 O_{x_0} 内,存在($*$)的一个光滑解 $\boldsymbol{u}$,使对$|\alpha|\leqslant m$ 有

$$\sup|D^\alpha\boldsymbol{u}-D^\alpha\boldsymbol{u}_0|\leqslant C\varepsilon^{m-|\alpha|+\sigma},$$

其中,$\sigma\in(0,1)$,σ 和 C 是绝对常数.证明思想是把所要求的($*$)的解看作某个压缩映射的不动点,其中,该映射将 Hölder 空间 $C^{m,\sigma}(O_{x_0})$映入自身.为此,不失一般性,我们假定 $x_0=0$,且 $\boldsymbol{u}_0(x)\equiv0$,并将一个小参数 $\varepsilon>0$ 引入问题中.方法是:令

$$x=\varepsilon y,\boldsymbol{u}(\varepsilon x)=v(y),$$

于是,可将($*$)改写成

$$Lv=Lv-\varepsilon^mF(\varepsilon y,v,\cdots,\varepsilon^{-m}D_y^m v) \tag{$**$}$$

的形式,其中,L 是常系数线性椭圆型算子,仅含最高阶导数,它由($*$)在 $x_0=0$ 和 $\boldsymbol{u}_0(x)\equiv0$ 处线性化得到.于是 L 是可逆的,而方程($**$)可写成

$$v=v-A(\varepsilon,v)$$

的形式,其中,当 $\varepsilon\to 0$ 时,其右端 $C^{m,\sigma}(O_{x_0})$ 范数是 $O(\varepsilon)$. 见 Nirenberg(1973).

B　Riemann 流形的等矩嵌入问题

设$(\mathfrak{M}^k,g)$是给定的具度量张量 $g=(g_{ij})$的 Riemann 流形. 然后,我们拟将 $\mathfrak{M}^k$ 作为子流形嵌入某个 Euclid 空间 $\mathbf{R}^N$ 中,而采用的嵌入是等距的,即在 $\mathfrak{M}^k$ 上由这个嵌入导出的度量是 g. 于是,设 $z_1,z_2,\cdots,z_N$ 是 $\mathbf{R}^N$ 中的Descartes 坐标,而 $\mathfrak{M}^k$ 光滑(等距)嵌入 $\mathbf{R}^N$ 中. 则对于 $\mathfrak{M}^k$ 中的局部坐标集$(x_1,x_2,\cdots,x_k)$,我们所需的函数

$$z=(z_1,\cdots,z_N)$$

满足非线性微分系统

$$g_{ij}(x)=\sum_{m=1}^{N}\frac{\partial z_m}{\partial x_i}\frac{\partial z_m}{\partial x_j}.$$

Nash(1956)证明了,倘若 N($\mathbf{R}^N$ 的维数)充分大,这个系统可解. 他证明这一结果的步骤中,关键点正是(3.4.1)中所叙述的隐函数定理的雏形. 由于已有几本专著讨论这个题目,我们就不赘述了,但仍建议读者参阅 Sternberg(1969)和 Schwartz(1969)的专著.

C　中心问题

作为 3.4D 节的直接应用,我们考虑以下问题:借助于变量 $u(z)$的解析变换,证明在 $z=0$ 附近,解析函数

$$f(z)=\lambda z+\sum_{n=2}^{\infty}a_nz^n=f_1(z)+f_2(z)$$

与线性函数 $f_1(z)=\lambda z$ 是共轭的. 于是,我们寻找一个定义在 $z=0$ 附近的共形映射

$$u(z)=\sum_{n=1}^{\infty}b_nz^n,$$

使得

$$(*)\qquad u(\lambda z)=f(u(z)).$$

若 λ 不是单位根,可以这样来求一个形式解:令 $b_1=1$,然后令$(*)$中 z 的同次幂系数相等,依次定出 b_n. 显然,当 $n>1$ 时,

$$(\lambda^n - \lambda) b_n = g_n(b_1, \cdots, b_{n-1}).$$

若$|\lambda| \neq 1$,根据 3.3 节中所讲的强函数法,可以证明这个级数收敛.但是,当$|\lambda| = 1$ 时,排除的单位根是稠密的.事实上,存在复数 λ 的稠密集,在它上面,这个形式级数发散.于是当$|\lambda| = 1$ 时,形式级数的收敛性是个问题,它要求有比强函数法更精细的方法. C.L.Siegel(1942)在这个形式级数收敛性的研究中获得了成功.方法是,他在数 λ 上加入无穷多个条件,其形式为

$$(**) \qquad |\lambda^q - 1|^{-1} \leqslant c_0 q^2, \quad q = 1, 2, \cdots.$$

(这些条件确保了将不用单位根来逼近 λ).我们将用 3.4D 节的方法证明 Siegel 的结果.

定理 假定$|\lambda| = 1$,λ 满足不等式$(**)$,则由变量的一个解析变换,可得 $f(z) = \lambda z + f_2(z)$共轭于 $f_1(z) = \lambda z$.

虽然这个结论可以用不同的方法来证明,但我们仅概述一下怎样在 3.4D 节的讨论基础上获得它.对其细节有兴趣的读者可查阅 Moser(1966)的文章或 Sternberg(1969)的专著.我们来考虑映射

$$G(z, a) = (I + z)(\lambda I) - (\lambda I + a)(I + z),$$

其中,$a(z) = f_2(z)$定义在一个 Banach 空间鳞$\{A_n\}$上,其值域在另一个鳞$\{B_n\}$上.两者都是全纯函数空间,这些函数定义在 $\mathbf{C}^1$ 中原点的不同邻域上.形式地计算 $G(x, 0)$对 x 的 Fréchet 导数并在$(0,0)$处求值可得到

$$G_x(0,0) v = v(\lambda z) - \lambda v(z).$$

作为空间$\{A_n\}$和$\{B_n\}$之间的映射,如果作适当选择,则线性算子 $G_x(0,0)$可逆.但是,在下面的意义上,$G_x(0,0)$的"范数"有三阶奇性:方程 $v(\lambda z) - \lambda v(z) = g(z)$的形式解是

$$v(z) = \sum_{k=2}^{\infty} (\lambda^k - \lambda) g_k z^k,$$

其中,$g(z) = \sum g_n z^n$.若 $g(z)$在圆盘 Σ_r 上是解析的,该圆盘$|z| < r$,我们令 $\| g \|_{A_r} = \sup_{|z| < r} |g(z)|$,则由 Cauchy 估计可推出

$$|g_k| \leqslant r^{-k} \sup_{\Sigma_r} |g(z)| = r^{-k} \|g\|_{A_r}.$$

从而在 $\Sigma_{r(1-\varepsilon)}$上，

$$|v(z)| \leqslant c_0 \left(\sum_{k=2}^{\infty} k^2 \left| \frac{z}{r-\varepsilon} \right|^k \right) \|g\|_{A_{r(1-\varepsilon)}}$$

$$\leqslant \|g\| c_0 \sum k^2 (1-\theta)^k \leqslant \frac{2c_0}{\varepsilon^3} \|g\|_{A_{r(1-\varepsilon)}}.$$

这个结果指出，如果我们用(3.4.19)～(3.4.19′)中定义的格式，并取定义在圆盘族上的解析函数组成的Banach空间鳞，而该圆盘族的半径依次缩小一个数量 k^{-n}(对某个固定的正数 k)，则在某个以原点为中心的极限区域中可得收敛性. 事实上，这就是参考文献(上面所述的)中所证明的.

D 可积的殆复结构

假定我们给出 N 个一阶微分算子

$$P_j = \sum_{i=1}^{n} a_{ij} D_i,$$

它们定义在 $\mathbf{R}^N$ 的原点的某邻域 Ω 中，其中，a_{ij}是复值光滑系数. 如果 $P_1, P_2, \cdots, P_n$ 以及它们的共轭 $\overline{P}_1, \overline{P}_2, \cdots, \overline{P}_n$ 线性无关，那么系统$(P_1, \cdots, P_n)$就称为 Ω 上的一个殆复结构. 我们要找一个充要条件，以确保存在新的局部坐标 $\mu_1, \mu_2, \cdots, \mu_{2n}$，使方程

$$P_j w = 0 \qquad (j = 1, 2, \cdots, n)$$

等价于 Cauchy-Riemann 方程

$$\partial w / \partial \overline{\eta}_j = 0 \quad (j = 1, 2, \cdots, n),$$

其中，

$$\eta_j = \mu_j + i\mu_{j+n}.$$

这时，我们可以把函数 w 定义成解析的，从而在 Ω 上的解析函数能被明确定义的意义下，殆复结构实际上是一个"复"结构. 不难找到一个必要条件，为此只需注意，若算子 P_j 是$\partial / \partial \overline{\eta}_i$ 的线性组合$(i, j = 1, 2, \cdots, n)$，那么因为

$$\partial \eta_n^2 = (\partial / \partial \eta_1, \cdots, \partial / \partial \eta_n)^2 = 0,$$

则(*)对于唯一的数对 j 和 k,换位子 $[P_j,P_k]$ 是 $P_1,\cdots,P_n$ 的线性组合.

条件(*)称为可积条件.因为它与坐标系无关,于是同在 Ω 上的情况一样,用流形上的殆复结构术语时也有意义.条件(*)对方程组 $P_jw=0$ 与 Cauchy-Riemann 方程组所需的共轭性也是充分的,但要证明这个事实不容易.

如果我们试图找坐标变换 $\{x\}\to\{\mu\}$,那么,这个充分性问题是局部非线性问题.为了证明这点,让我们选取新坐标 $\{\eta\}$ 使得 $P_j\eta=0\ (j=1,\cdots,n)$.我们可假定 P_j 能写成

$$\bar{\partial}\mu = A(\partial\mu),$$

其中,$A=(a_{ij})$ 是一个矩阵,其元素在原点处对于二阶来说是零,而 $\bar{\partial}=(\partial/\partial\bar{z}_1,\cdots,\partial/\partial\bar{z}_n)$.因此条件(*)可以写成

$$(\dagger)\qquad P_ja_{ik}=P_ka_{ij}.$$

由于 P_j 和 P_k 包括 A 的元素,故系统(†)是 A 中元素的非线性方程.Newlander 和 Nirenberg(1957)首次用这种方法证明了(*)的充分性.对(†)的解,Malgrange(1969)给出了一个新的独特方法.

E 非线性 Fredholm 算子的一个秩定理

对于 Banach 空间之间的 C^1 映射来说,尚不知道有无高等微积分经典的秩定理.但对非线性 Fredholm 映射倒有如下结果.

定理 设 f 是指标为 p 的 C^1 类 Fredholm 算子,它定义在 Banach空间 X 中某点 x_0 的邻域 U 上,值域在 Banach 空间 Y 中.若对 $x\in U$,$\dim \mathrm{Ker} f'(x)$ 是常数,则在 U 的充分小的邻域内,f 与线性投影 P 共轭,P 映 $\mathrm{Range} f'(x_0)\oplus \mathrm{Ker} f'(x_0)$ 到 $\mathrm{Range} f'(x_0)$ 上.

对这个结果的证明,我们建议读者参阅 Berger 和 Plastock (1977)的文章.

F 参考文献注记

3.1 节 正如前面提到的,压缩映射原理属于 Banach(1920),可以将它看成 Picard 逐次逼近法的自然推广.Dieudonné(1960)对

无穷维逆和隐函数定理有很好的讨论,但是秩定理仅在有限维的情况下被证实. Krasnoselski 等人(1972)很好地讨论了 Newton 法及其各种经典变形. 结果(3.1.19)属于 Graves(1950). 由于 Peano 定理(3.1.28)直接的无穷维推广不成立(见 Dieudonné(1960)的一个简单反例),解 Banach 空间中的常微分方程初值问题就变得更加困难. 在 Ljusternik 和 Sobolev 的书(1961)中可以找到结论(3.1.36). Sard 定理的无穷维推广属于 Smale(1965),而 Morse 定理的相应推广(3.1.47)则属于 Pohozaev(1968).

3.2 节　最速下降法可以追溯到 Cauchy(1847)的文章. 这里讨论的结果基于 Rosenbloom 的文章(1956),结果(3.2.14)属于 Browder(1965). 对第六章更全局性的结果来说,最速下降法技巧至关重要.

3.3 节　求解局部解析算子方程的强函数法也属于 Cauchy. 事实已经证明,这是一个高度灵活的工具. 不过,对某些问题来说,这个方法太一般了,因为针对涉及的算子定性特征时它常常失效. 在 Rosenbloom(1961), Treves(1970) Nirenberg(1972)中,可以找到运用这个方法获得 Cauchy-Kowalewski 定理的无穷维类似结果的精彩文章以及其他有关结果.

3.4 节　我们关于结果(3.4.1)的讨论基于 Moser 的文章(1966). 利用 Newton 法获得快速收敛,其原理可在 Cartan 的文章(1940)中找到(其中,解决了解析矩阵的因子分解问题),也可参阅 Kolomogorov 的评论文章(1954). 在 Nash 的文章(1956)中可找到算子光滑化的技巧. 在 Moser(1973b)和 Sternberg(1969)的专著中,详细地讨论了局部共轭问题. 关于这个课题, Zehnder 有一篇有意思的新文章(1975).

G　非线性映射的分解定理

将 Helmholtz, Hodge 以及 Frobenius 的分解定理推广到无穷维,能得到在共轭等价下研究非线性映射的一个有用的替代者. 在这些定理中,非线性算子被看作微分一次形式,而梯度映射的概念是借助于外微分术语来表述的. 在 1977 年的一篇论文中, T.

Goldring 将外微分的自伴算子推广到无穷维,得到了这个方向上一些最新的重要结果,这些结果在物理学和遗传学中有重要的应用.

第四章　依赖于参数的扰动现象

在这一章,我们推广前面的局部分析用以讨论某些临界现象,在 f 的奇点(x_0,λ_0)附近研究映射 $f(x,\lambda)$(f 光滑地依赖于参数 λ)时会出现这些现象.考虑两种特殊情况:第一,分歧现象.这时假定 $f(x,\lambda)$是 C^1 类 Fredholm 算子,并在给定的零点(x_0,λ_0)附近研究 $f(x,\lambda)=0$ 的零点集(x,λ)的结构,使得当 λ_0 固定时,x_0 是 $f(x,\lambda_0)$的奇点;第二,某种奇异扰动现象.这时试图找到在某种意义下,当 $\varepsilon>0$ 充分小时,所给的形式近似解 $x(\varepsilon)$满足一个 C^1 类 Fredholm 算子方程 $f(x,\varepsilon)=0$,而这时线性映射 $f'((x(0),0)$甚至可以不是 Fredholm 算子.在具体问题中这两种情况经常出现.在分歧现象中,解的非唯一性是应该首先考虑的.通常会发现,这种考虑会直接导致求解时比较复杂的拓扑技巧.另一方面,为了解决我们所研究的奇异扰动问题,一般需要对线性映射 $f'(x(\varepsilon),\varepsilon)$的范数作相当细致的解析估计.在研究形如 $Ax=\lambda Bx$ 的显式非线性本征值问题时,这两种情形都自然地出现.粗略地说,设 $\lambda\to\infty$并令 $\lambda=1/\varepsilon$,在奇异扰动理论中,自然想证明在 $Bx=0$ 的每个解 $x(0)$附近,都存在解族 $x(\varepsilon)$.另一方面,假定线性算子$A'(0)$和 $B'(0)$都非零,则当 $\|x\|$ 充分小时,分歧理论试图将 $Ax=\lambda Bx$ 的解(x,λ)与线性特征值问题 $A'(0)x=B'(0)x$ 的解进行比较.

4.1　分歧理论——一个构造性方法

分歧理论涉及方程 $f(x,\lambda)=0$ 在解(x_0,λ_0)附近的解结构,这些解作为参数 λ 的函数,而(x_0,λ_0)也是映射 $f(x,\lambda_0)$的奇点(从而 $f_x(x_0,\lambda_0)$不可逆).这里 $f(x,\lambda)$表示 C^1 类算子,它映

Banach空间 $X \times Z$ 中(x_0, λ_0)的一个邻域到 Banach 空间 Y 中(参数空间 $Z = \{\lambda\}$通常被选为实数和复数的). 于是在(x_0, λ_0)处,线性算子 f_x 不可逆,故不能直接使用第三章的隐函数定理. 事实上,$f(x, \lambda) = 0$在(x_0, λ_0)附近解的性态是不确定的. 正如1.6 节中提到过的,如果 $X = Y = \mathbf{C}^N$, $Z = \mathbf{R}^1$, 且 f 是复解析映射,那么可以断定映射 $f(x, \lambda_0)$在 x_0 附近不是一对一的,因而在这里,$f(x, \lambda_0)$不是局部同胚. 在这一节里,我们将从结构的观点来讨论这种"非唯一性"现象. 在 4.2 节,我们将回到上面提到的更有力的定性方法.

出于历史的原因,假定方程 $f(x, \lambda) = 0$ 有一个包含点(x_0, λ_0)的已知解族$(x_0(\varepsilon), \lambda_0(\varepsilon))$. 分歧理论的课题之一就是断定$f(x, \lambda) = 0$在$(x_0, \lambda_0)$附近有与族$(x_0(\varepsilon), \lambda_0(\varepsilon))$不同的另外解族$(x_1(\varepsilon), \lambda_1(\varepsilon))$,使得当 $\lambda_1 \to \lambda_0$ 时$(x_1(\varepsilon), \lambda_1(\varepsilon)) \to (x_0, \lambda_0)$(见图 4.1). 在这种意义下,分歧理论类似于线性算子的谱理论,此时已知的解族$(x_0(\varepsilon), \lambda_0(\varepsilon))$是零解$(0, \lambda)$,而第二个解族表示本征向量的线性子空间.

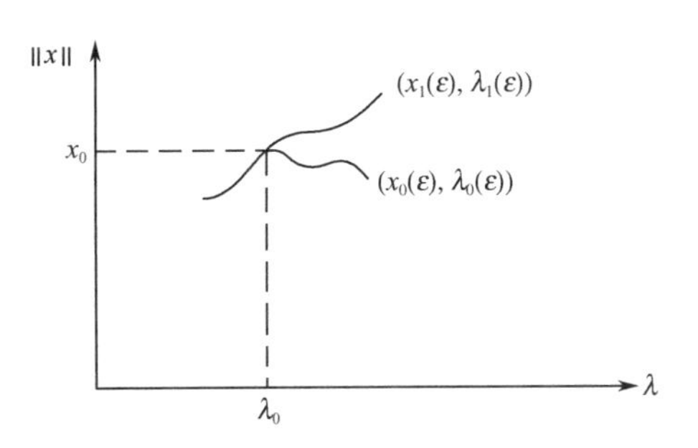

图 4.1　$f(x, \lambda) = 0$ 在歧点附近的解的通常性态
解的$(\| x \|, \lambda)$图称为分歧图.

4.1A　定义和基本问题

为了更好地理解分歧理论,让我们来考察这个课题的起源. 在1885 年发表的一篇论文中, H. Poincaré 试图回答以下问题:

(a) 当均匀的流体物质(服从重力)绕固定轴以等角动量 ω 旋转时,找出可能的平衡形状.

(b) 确定每种形状的稳定性或不稳定性.

已知:(i) 若 $\omega=0$,则唯一可能的形状是球;(ii) 若 ω 小,则有一族旋转椭球 M_{ω}(Maclaurin 椭球)存在,且稳定;(iii) 在某个临界数 ω_0 处,这个椭球族(虽然继续存在)变成"不稳定的",而一族新的平衡形状 J_{ω}(椭球有三个不等的轴,否则称为 Jacobi 椭球)变成稳定的. Poincaré 发现,在更高的临界数 ω_1 处,这些椭球(对 M_{ω} 有少许初始偏离)转而又变成不稳定. 靠近 ω_1,存在非椭球的梨形平衡形状 P_{ω}(对 J_{ω} 又有少许初始偏离). Poincaré 希望,由追踪 P_{ω} 随 ω 的变化来继续这个讨论,以证明月球是从地球"分裂"出去的(见图 4.2). 可惜的是(在经历了很多争论之后) P_{ω} 不稳定,因而 Poincaré 对月球起源的论证被放弃. 好在 Poincaré 思想的数学内涵却享受了完全不同的命运.

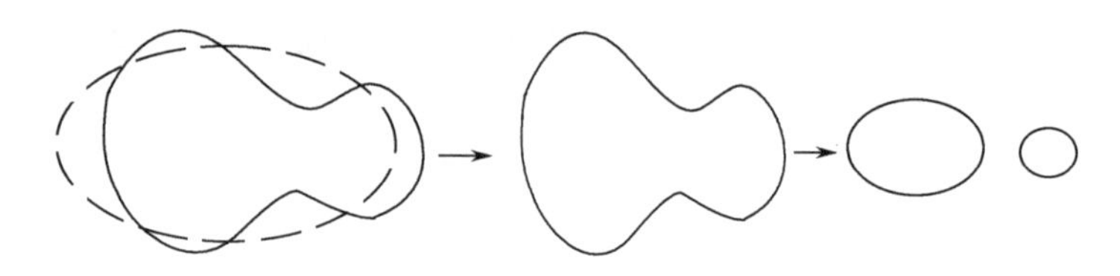

图 4.2　Poincaré 的由分裂创造月球的想象.

Poincaré 称椭球 J_{ω} 在 ω_0 处从 M_{ω} 分歧出来,而梨形在 ω_1 处从 J_{ω} 分歧出来,族 $\{M_{\omega}\}$, $\{J_{\omega}\}$, $\{P_{\omega}\}$ 称为线性列或分枝, (M_{ω_0},ω_0) 和 (J_{ω_1},ω_1) 称为歧点. 稳定性由形状(譬如说 F_{ω})的势能是相对极小来确定. Poincaré 把 (M_{ω_0},ω_0) 到 (J_{ω_1},ω_1) 稳定性的转移称为稳定性交换. 下一节我们将看到如何将这些术语用于更一般的情况,并在很多具体问题中阐明它们如何产生.

现在对上面有关算子方程

(4.1.1)
$$f(x,\lambda)=0,\quad (x,\lambda)\in X\times Z$$

的术语,我们给出精确描述.

(4.1.2) **定义**　点(x_0,λ_0)称为方程 $f(x,\lambda)=0$ 的歧点,是指:(i) (x_0,λ_0)位于过(x_0,λ_0)的解曲线$(x_0(\varepsilon),\lambda_0(\varepsilon))$上;(ii)在 $X\times Z$ 中(x_0,λ_0)的每一邻域都有 $f(x,\lambda)=0$ 的解,它们与族$(x_0(\varepsilon),\lambda_0(\varepsilon))$不同.

在(x_0,λ_0)是方程 $f(x,\lambda)=0$ 的歧点的情况下,$f(x,\lambda)=0$ 的解常由过(x_0,λ_0)的不同连续曲线构成,而这些曲线称为解的分枝.解的这样一个分枝(整体)延拓是 $f(x,\lambda)=0$ 的一条连续解曲线$(x(\varepsilon),\lambda(\varepsilon))$,使得$\|x(\varepsilon)\|+\|\lambda(\varepsilon)\|\to\infty$. $f(x,\lambda)=0$ 的解$(\tilde{x},\tilde{\lambda})$称为稳定的,是指线性算子 $f_x(\tilde{x},\tilde{\lambda})$的谱具有负实部;$(\tilde{x},\tilde{\lambda})$称为不稳定的,是指 $f_x(\tilde{x},\tilde{\lambda})$有一个具正实部的谱值.由此可推出初值问题(与 $f(x,\lambda)$在$(\tilde{x},\tilde{\lambda})$附近的线性化有关)

$$\frac{dy}{dt}=f_x(\tilde{x},\tilde{\lambda})y,\qquad y(0)=y_0$$

具有如下性质:如果稳定,则所有的解衰减;如果不稳定,则不衰减.由于将线性算子 $f_x(\tilde{x},\tilde{\lambda})$的谱作为稳定性的判据,所以这个概念一般称为线性稳定性理论(当然,更精确的稳定性理论要利用完全非线性算子的初值问题).

我们根据这些定义来叙述分歧理论的基本问题:

(i) **存在性问题**　确定 $f(x,\lambda)=0$ 的歧点.

(ii) **结构问题**　在每个歧点附近确定 $f(x,\lambda)=0$ 解集的完整结构.

(iii) **延拓问题**　确定解的分枝能整体延拓的条件(由于该问题的非局部性,故将在本书的第三部分处理它).

(iv) **稳定性问题**　在歧点附近确定方程 $f(x,\lambda)=0$ 解的稳定分枝.

(v) **线性化问题**　从歧点(x_0,λ_0)处的导数 $f_x(x_0,\lambda_0)$的信息中,能确定有关分歧理论问题的什么信息?

(vi) **非线性效应问题**　关于以上问题(i)~(iv),映射$f(x,y)$的非线性性质起什么作用?

作为一简单的例子,设 $U(x,\lambda)$是定义在 $\mathbf{R}^N\times\mathbf{R}^1$ 上的实解

析函数,考虑$\nabla U(x,\lambda)=0$在点(x_0,λ_0)附近的解,在这点上,$\nabla U(x,\lambda)=0$.若Hesse行列式

$$|U_{x_ix_j}(x_0,\lambda_0)|\neq 0,$$

则由隐函数定理可推出,存在通过(x_0,λ_0)的唯一一条曲线$(x(\varepsilon),\lambda(\varepsilon))$.但若$|U_{x_ix_j}(x_0,\lambda_0)|=0$,则$(x_0,\lambda_0)$可能是歧点.特别,总有通过$(x_0,\lambda_0)$的第二条曲线$(x(\varepsilon),\lambda(\varepsilon))$(也许是复值的)满足方程$\nabla U(x,\lambda)=0$.但是,因为不考虑复值解,所以确定$(x_0,\lambda_0)$究竟是不是歧点的问题需要进一步讨论.

一个有关的问题(正如这里所述的,它常可化为分歧问题)涉及到C^1类Fredholm算子方程$g(x)=0$非平凡解的结构,它是相对于过g的奇点$x(0)=x_0$的给定解曲线$x(t)$而言的.这里,术语非平凡是指$g(x)=0$的不同于$x(t)$的解.为把这个问题与我们的讨论联系起来,我们令

$$f(y,t)=g(x(t)+y),$$

则$f(0,t)=0$,此外,$f_y(0,0)=g'(x(0))$是线性Fredholm算子.

作为一个有意思的例子,考虑寻找系统

$$\ddot{\boldsymbol{x}}+A\boldsymbol{x}+\boldsymbol{f}(\boldsymbol{x},\dot{\boldsymbol{x}})=0, \tag{4.1.3}$$
$$|\boldsymbol{f}(\boldsymbol{x},\boldsymbol{y})|=o(|\boldsymbol{x}|+|\boldsymbol{y}|)$$

在奇点$\boldsymbol{x}=0$附近的周期解问题,这里,$\boldsymbol{x}(t)$是t的N维向量函数,A是$N\times N$阶(自伴)非奇异矩阵,它有k个正本征值

$$\lambda_1^2\leqslant\lambda_2^2\leqslant\cdots\leqslant\lambda_k^2(\text{譬如说}),$$

$\boldsymbol{f}(\boldsymbol{x},\boldsymbol{y})$是$\boldsymbol{x},\boldsymbol{y}$的光滑函数.线性化过程一般可得到(4.1.3)的周期解的首次逼近.即,我们来找靠近线性系统

$$\ddot{\boldsymbol{x}}+A\boldsymbol{x}=0 \tag{4.1.4}$$

周期解的(4.1.3)的周期解.因为这个线性系统有k个不同的"正规方式"周期解族$\boldsymbol{z}_1,\boldsymbol{z}_2,\cdots,\boldsymbol{z}_k$(见1.2B(v)),所以可尝试去找(4.1.3)的至少k个不同的周期解族,在点$\boldsymbol{x}=0$附近,它们仅略偏离$\boldsymbol{z}_1,\boldsymbol{z}_2,\cdots,\boldsymbol{z}_k$.为把这个问题与我们的分歧理论联系起来,重要的是显式地引进(4.1.3)的试探周期解的周期(在一般理论中,

这个周期起着参数 λ 的作用),这可由(4.1.3)中的变量代换 $t=\lambda s$ 得到.于是(4.1.3)变成

(4.1.3′) $$\boldsymbol{x}_{ss}+\lambda^2[A\boldsymbol{x}+\boldsymbol{f}(\boldsymbol{x},\boldsymbol{x}_s/\lambda)]=0.$$

因此,对 s 而言周期为 1 的解是对 t 而言周期为 λ 的解.在这方面,Liapunov 有个重要的经典结果是这样一个准则:在 $\boldsymbol{f}$ 的高阶扰动下,任何给定的周期解 $\boldsymbol{z}_j$ 仍保持.该结果可表述如下:

Liapunov 准则 假定 $\boldsymbol{f}(\boldsymbol{x},-\boldsymbol{y})=-\boldsymbol{f}(\boldsymbol{x},\boldsymbol{y})$.若当 $i\neq j(i=1,2,\cdots,k)$时 $\lambda_i/\lambda_j\neq$整数,则(4.1.3)第 j 个周期解族仍保持.若 $\boldsymbol{f}(\boldsymbol{x},\boldsymbol{y})$是 $\boldsymbol{x}$ 和 $\boldsymbol{y}$ 的实解析函数,则族 $\boldsymbol{x}_j(\varepsilon)$及其周期 $\lambda_j(\varepsilon)$可写成

$$\boldsymbol{x}_j(\varepsilon)=\sum_{n=1}^{\infty}\boldsymbol{\alpha}_{n,j}(t)\varepsilon^n,$$

其中,

$$\boldsymbol{\alpha}_{1,j}(t)=\boldsymbol{z}_j(t),\ \lambda_j(\varepsilon)=2\pi/\lambda_j+\sum_{n=1}^{\infty}\beta_n\varepsilon^n.$$

我们将证明,该结果可由这里讨论的一般结果所得到.事实上,我们将借助于线性化方程(4.1.4)解的多重性来解释“无理性”条件 $\lambda_i/\lambda_j\neq$整数.在这个结果的经典证明中,对解析函数 $\boldsymbol{f}(\boldsymbol{x},\boldsymbol{y})$应用强函数法时,这个条件是必需的.

4.1B 简化为有限维问题

(4.1.5)**定理** 假定 X 和 Y 是实 Banach 空间,$f(x,\lambda)$是 C^1 映射,它定义在点(x_0,λ_0)的邻域 U 中,取值在 Y 中,使得$f(x_0,\lambda_0)=0$.而 $f'_x(x_0,\lambda_0)$ 是线性 Fredholm 算子.那么,$f(x,\lambda)=0$ 在(x_0,λ_0)附近的解(x,λ)(其中 λ 固定)一一对应于某个有限维方程组的解,该方程组有 N_0 个实变量,N_1 个实方程.而且,

$$N_0=\dim\operatorname{Ker}L,N_1=\dim\operatorname{coker}L.$$

证明 令 $\lambda-\lambda_0=\delta,x-x_0=\rho$,然后令 $-L=f'_x(x_0,\lambda_0)$.我们注意到方程 $f(x,\lambda)=0$ 可改写为

(4.1.6) $$L\rho=R(\rho,\lambda_0,\lambda)$$

的形式,其中,

$$R(\rho,\lambda_0,\lambda)=f(x,\lambda)-f(x_0,\lambda_0)-f_x(x_0,\lambda_0)\rho,$$

于是

$$R(\rho,\lambda_0,\lambda)=O(\|\delta\|)+o(\|\rho\|+\|\delta\|).$$

事实上

$$\begin{aligned}f(x,\lambda)&=[f(x,\lambda)-f(x_0,\lambda)]+[f(x_0,\lambda)-f(x_0,\lambda_0)]\\&=f_x(x_0,\lambda_0)\rho+o(\|\rho\|+\|\delta\|)+O(\|\delta\|).\end{aligned}$$

现在我们记 $\rho=\rho_1+\rho_2$,其中 $\rho_1\in\mathrm{Ker}L,\rho_2\in X_1,X=\mathrm{Ker}L\oplus X_1$. 回顾(1.3.38),$L$ 有左逆 L_0,L_0 的值域为 X_1,而核为 $\mathrm{coker}L$. 于是,用 L_0 左乘后,(4.1.6)变成

(4.1.7) $$\rho_2=L_0R(\rho_1+\rho_2,\lambda_0,\lambda).$$

倘若 $\|\rho_1\|$, $\|\lambda-\lambda_0\|$ 和 $\|\rho_2\|$ 充分小,则将隐函数定理用于(4.1.7),可得(4.1.7)的唯一解 $\rho_2=g(\rho_1,\lambda)$. 因为 $Y=\mathrm{Range}L\oplus\mathrm{coker}L$,且在 L 的值域上 L_0 是一对一的,故剩下来是要在 $\mathrm{coker}L$ 上满足(4.1.6). 于是,若 P 是 Y 到 $\mathrm{coker}L$ 上的投影,则 $f(x,\lambda)=0$ 在 (x_0,λ_0) 附近的解一一对应于

(4.1.8) $$PR(\rho_1+g(\rho_1,\lambda),\lambda_0,\lambda)=0$$

的解. 对 $\ker L$ 和 $\mathrm{coker}L$ 选择适当的基,系统(4.1.8)就等价于 N_0 个实未知量的 N_1 个实方程.

(4.1.9)**推论** 在以上假设下,还假定对 λ_0 附近的 λ 有 $f(x_0,\lambda)=0$,并且 $f_x(x_0,\lambda)=I-\lambda L$,其中,$I$ 是恒等算子. 若 $X=\mathrm{Ker}(I-\lambda_0L)\oplus X_1$,而 (x,λ) 是 $f(x,\lambda)=0$ 在 (x_0,λ_0) 附近的一个解,其中 $x=\rho_1+g$, $\rho_1\in\mathrm{Ker}(I-\lambda_0I)$, $g\in X_1$, 则 $\|g\|=o(\|\rho_1\|)$.

证明 因为

$$f(x,\lambda)=f(x_0,\lambda)+f_x(x_0,\lambda)(x-x_0)+O(\|x-x_0\|^2),$$

所以我们可以假定方程(4.1.6)能改写成

$$(I-\lambda L)x+T(x,\lambda)=0,$$

其中,$T(0,\lambda)=T_x(0,\lambda)=0$. 于是,方程(4.1.8)可写成

(4.1.10) $$h(\rho_1,g)\equiv(I-\lambda L)g-PT(\rho_1+g,\lambda)=0.$$

由于 $g=g(\rho_1)$可由隐函数定理确定,故从(3.1.11)可推出

(4.1.11) $\quad g_{\rho_1}(\rho_1)=-[h_g(\rho_1,g)]^{-1}[h_{\rho_1}(\rho_1,g)].$

我们证明,当 $\|\rho_1\|\to 0$ 时 $\|g_{\rho_1}(\rho_1)\|=o(1)$,从而由中值定理(2.1.19)有 $\|g(\rho_1)\|=o(\|\rho_1\|)$. 事实上,

$$h_g=(I-\lambda L)g-PT_x(\rho_1+g,\lambda),$$

又因为 $T_x(0,\lambda)=0$,故 $h_g(0,0)=I-\lambda_0 L$,它在 X_1 上是可逆的,于是,由连续性,当 ρ_1 和 g 充分小时,$h_g(\rho_1,g)$可逆,且 $\|[h_g(\rho_1,g)]^{-1}\|\leqslant\left\|\left[\frac{1}{2}h_g(0,0)\right]^{-1}\right\|$.

今当 $\|\rho_1\|\to 0$ 时,

$$\|h_{\rho_1}(\rho_1,g)\|=\|PT_x(\rho_1+g,\lambda)\|=o(1).$$

这里,收敛对 λ_0 附近的 λ 一致成立. 于是,由(4.1.11),当 $\|\rho_1\|\to 0$ 时,$\|g_{\rho_1}(\rho_1)\|=o(1)$ 对 λ_0 附近的 λ 一致成立.

4.1C 单重情况

显然,由定理(4.1.5)可推出,在(x_0,λ_0)附近,解(x,λ)的总数可由有限维方程组(4.1.8)完全确定. 该方程组称为 $f(x,\lambda)=0$ 在 (x_0,λ_0) 处的分歧方程组. 应用时最重要的情况是 $\mathrm{index} f_x(x_0,\lambda_0)=0$,从而分歧方程组由 N 个未知数的 N 个方程组成,其中,$N=\dim \mathrm{Ker} f_x(x_0,\lambda_0)$. 即使在这种情况,除非 $N=1$,否则分歧方程很难对上面所述问题给出普遍性的明确答案. 为了说明分歧方程的效用,我们现在来讨论这种情况.

我们假定 $f(x,\lambda)$是其自变量的 C^2 函数,在点$(0,\lambda_0)$的邻域中,$f(0,\lambda)\equiv 0$,其中 $f_x(0,\lambda_0)$是零指标的线性 Fredholm 算子,而 $\dim \mathrm{Ker} f_x(0,\lambda_0)=1$. 然后,我们证明:

(4.1.12) **单重时的分歧定理** 假定以上条件成立,此外,假定对非零 $z\in \mathrm{Ker} L$ 有 $f_{\lambda x}(0,\lambda_0)z\notin \mathrm{Range} f_x(0,\lambda_0)$,则$(0,\lambda_0)$是方程 $f(x,\lambda)=0$ 的歧点,并且恰有一条非平凡解$(x(\varepsilon),\lambda(\varepsilon))$的连续曲线从$(0,\lambda_0)$分歧出来.

证明 在现在这种情况下,这个分歧方程(4.1.8)的左端可看成单值实值函数. 事实上,设 μ 是非零有界线性泛函,它在 $\operatorname{coker} f_x(0,\lambda_0)$外为 0. 那么,分歧方程(4.1.8)可改写成

$$(4.1.13)\qquad F(\rho,\lambda)\equiv\mu f(\rho+g(\rho,\lambda),\lambda)=0.$$

若有必要,就进一步平移原点,这样我们还可设 $\lambda_0=0$. 然后,在定理的条件下,我们证明(0,0)是 $F(\rho,\lambda)$的非退化临界点,其中,$F(\rho,\lambda)$可看成是两个实变量(ρ,λ)的 C^2 实值函数. 于是,由 Morse 引理(1.6.11),在适当的坐标变换$(\rho,\lambda)\rightarrow(\tilde{\rho},\tilde{\lambda})$后,(4.1.13)在(0,0)附近的解满足方程 $\tilde{\rho}^2-\tilde{\lambda}^2=0$. 即(4.1.13)在(0,0)附近的解$(\rho,\lambda)$由在(0,0)处相交的两条曲线组成. 由于这些曲线之一是$(0,\lambda)$轴,故恰有一条非平凡解曲线从$(0,\lambda_0)$分歧出来.

为验证(0,0)是实值函数 $F(\rho,\lambda)$的临界点,我们来证明 $g_\rho(0,0)\rho=0$. 事实上,在(4.1.13)中对 F 式微分,由链式法则,我们得到

$$\mu f_x(0,0)\{\rho+g_\rho(0,0)\rho\}=\mu f_x(0,0)g_\rho(0,0)\rho=0.$$

由此推出 $f_x(0,0)g_\rho(0,0)\rho\in Y_1=\operatorname{coker} f_x(0,0)$ 的补. 现在 $g_\rho(0,0)\rho\in Y_1$,同时,$f_x(0,0)$是 Y_1 上的同构,于是,正如所求,$g_\rho(0,0)\rho=0$,从而 $F_\rho(0,0)=0$. 类似可证 $F_\lambda(0,0)=0$. 从而(0,0)的确是 F 的临界点.

最后,我们来验证(0,0)是 F 的非退化临界点,其 Morse 指数为 1. 利用上段的结果,由简单的计算可知,F 在(0,0)处赋值的 Hesse 矩阵 $H_F(0,0)$是一个 2×2 阶矩阵,它的元素恰好是 $\mu f(\rho,\lambda)$在(0,0)处赋值的二阶导数(即属于 $g(\rho,\lambda)$项的贡献为 0). 因为在 λ_0 附近 $f(0,\lambda)\equiv0$,我们得到 $\mu f_{\lambda\lambda}(0,0)=0$;同时,由于我们已假定当 $\rho\neq0$ 时,$f_{\lambda x}(0,\lambda_0)\rho\in\operatorname{coker} f_x(0,\lambda_0)$是非零的,所以,有 $\mu f_{x\lambda}(0,0)=\mu f_{\lambda x}(0,0)\neq0$. 于是,Hesse 矩阵 $H_F(0,0)$是非奇异矩阵,相应的二次型是不定的. 因此,正如所希望的,(0,0)是 Morse 指数为 1 的非退化临界点,从而完成了定理的证明.

关于单重性的注:为了弄清(4.1.12)条件的含义,假定方程 $f(x,\lambda)=0$可写成

(4.1.14) $$(I-\lambda L)x+T(x,\lambda)=0$$

的形式,其中,$T(x,\lambda)$是(x,λ)的 C^2 函数,使

$$T(0,\lambda)=T_x(0,\lambda)\equiv 0.$$

那么, 由于对 $z\in \mathrm{Ker}(I-\lambda_0 L)$,有

$$f_{\lambda x}(0,\lambda_0)z\equiv -Lz=-\lambda_0^{-1}z, f_x(0,\lambda_0)=I-\lambda_0 L,$$

故从条件 $f_{\lambda x}(0,\lambda_0)z\notin \mathrm{Range} f_x(0,\lambda_0)\{z\neq 0\}$可推出 $I-\lambda_0 L$ 的值域与核仅交于零点,于是 λ_0^{-1} 是 L 的单重本征值.

此外,对于方程(4.1.14),结果(4.1.12)可以改进为仅要求 $T(x,\lambda)$是其变量的 C^1 函数.而且在这种情况下也不难证明,非平凡解曲线可写成$(x(\varepsilon),\lambda(\varepsilon))$的形式,其中 $x(\varepsilon)=\varepsilon\rho+o(|\varepsilon|)$.这个结果也可从分歧方程(4.1.8)得到.这次,我们不用 Morse 引理去解它们,而用隐函数定理证明,一旦 λ_0 和 $\rho\in \mathrm{Ker}(I-\lambda_0 L)$ 被给定,分歧方程就唯一确定附近的 λ(后面(4.1.31)中讨论这点).

作为这些结果的应用,我们给出一个

(4.1.3)的周期解 Liapunov 准则的证明 待克服的主要困难是为(4.1.3)选取一个适当的空间 X,使所得的算子方程有单重歧点.为此,我们将(4.1.3)改写为 Banach 空间 X_N 的一个闭子空间中的算子方程,这里,X_N 由定义在$\left(0,\frac{1}{2}\right)$上的 C^1 类 N 维向量函数

$$x(s)=(x_1(s),\cdots,x_N(s))$$

组成,它们满足边界条件

$$\dot{x}(0)=\dot{x}\left(\frac{1}{2}\right)=0,$$

元素 $x\in X_N$ 的范数是

(4.1.15) $$\|x\|=\sup_{(0,\frac{1}{2})}|x(s)+\sup_{(0,\frac{1}{2})}|\dot{x}(s)|.$$

当 $s\in\left[0,\frac{1}{2}\right]$时令 $x(-s)=x(s)$,再将 $x(s)$对所有的 s,周期性

地延拓,这个算子方程的解便可以延拓成(4.1.3′)的偶周期解.由于 X_N 的任一元素 $x(s)$ 均可唯一地写成 $x(s)=x_0(s)+x_m$,其中,x_m 是 $x(s)$ 在 $\left(0,\frac{1}{2}\right)$ 上的平均值,而 $x_0(s)$ 在 $\left(0,\frac{1}{2}\right)$ 上的平均值为 0,故方程(4.1.3′)可以写成一对方程

$$0=\ddot{x}+\lambda^2[Ax_0+f(x_0+x_m,\lambda^{-1}\dot{x}_0) - \frac{1}{2}\int_0^{\frac{1}{2}}f(x_0+x_m,\lambda^{-1}\dot{x}_0)ds], \tag{4.1.16}$$

$$0 = Ax_m+\frac{1}{2}\int_0^{\frac{1}{2}}f(x_0+x_m,\lambda^{-1}\dot{x}_0)ds. \tag{4.1.17}$$

由于 A 是可逆的,我们故可将隐函数定理用于(4.1.17)来求解 x_m.借助于 x_0 和 λ,可得 $x_m=g(x_0,\lambda)$.由于 f 光滑,故 g 也是光滑函数.今用 2.2C 节提到的步骤,方程(4.1.16)可写成积分方程

$$x_0(s) = \lambda^2\int_0^{\frac{1}{2}}G(s,s')\{Ax_0(s')+N(x_0(s'),\lambda)\}ds', \tag{4.1.18}$$

其中,$G(s,s')$ 是 $\ddot{x}_0$ 在 $\left(0,\frac{1}{2}\right)$ 上的 Green 函数,它服从边界条件

$$\dot{x}(0)=\dot{x}\left(\frac{1}{2}\right)=0,\ \int_0^{\frac{1}{2}}x(s)ds=0,$$

而且

$$Nx_0(s)=f(x_0+g(x_0,\lambda),\dot{x}_0/\lambda) - \frac{1}{2}\int_0^{\frac{1}{2}}f(x_0+g(x_0,\lambda),\dot{x}_0/\lambda)ds.$$

这个积分方程(4.1.18)显然可以写成空间 X_N^0 中的算子方程

$$x_0=\lambda^2\{Lx_0+T(x_0,\lambda)\}, \tag{*}$$

其中,X_N^0 是 X_N 的闭子空间,其组成元素在 $\left(0,\frac{1}{2}\right)$ 上的平均值为 0.线性算子 L 由

$$Lx_0(s)=\int_0^{\frac{1}{2}}G(s,s')Ax_0(s)ds$$

所定义,它是紧的,于是 $I-\lambda^2 L$ 是零指标的 Fredholm 算子. 同时,因为(4.1.3)的 $f(x,y)$ 充分光滑,所以 $T(x_0,\lambda)$ 是高阶 C^2 算子(正如下面将看到的,选取空间 X_N^0 是为了克服 L 的谱中多重性的困难).

有了这些稍微离题的准备之后,我们可将(4.1.12)的结果用于方程(*). 为完成这点,我们首先计算线性算子 $I-\lambda^2 A$ 在 Banach空间 X_N^0 中的实谱,即我们求系统 $\ddot{x}+\lambda^2 Ax=0$ 的本征值 λ^2 及相应的本征函数 $x(s)$,而 $\ddot{x}+\lambda^2 Ax=0$ 满足条件 $\dot{x}(0)=\dot{x}\left(\frac{1}{2}\right)=0$ 和 $\int_0^{\frac{1}{2}} x(s)ds=0$. 不失一般性,我们可以假定矩阵 A 是对角的. 于是由简单的计算可知, 这些本征值具有 $\{\lambda^2 \mid \lambda^2=4\pi^2 N^2/\lambda_i^2, N=1,2,\cdots; i=1,2,\cdots,k\}$ 的形式. 我们感兴趣的是本征值 $4\pi^2/\lambda_i^2 (i=1,\cdots,k)$ 附近的性状,以及我们希望证明当 $\varepsilon\to 0$ 时,(*)有非平凡解的分枝 $(x_0(\varepsilon),\lambda_0(\varepsilon))\to(0,2\pi/\lambda_i)$. 根据(4.1.12),如果本征值 $4\pi 2/\lambda_i^2$ 是单的,那么,这一点即可得到. 即如果

$$4\pi^2/\lambda_i^2 \neq 4N^2\pi^2/\lambda_j^2 \quad (i\neq j),$$

也即 $\lambda_j/\lambda_i \neq N$, N 为任意整数,那么,这一点即可得到. 这个条件正是 Liapunov 准则,现在可考虑由(4.1.12)来证明它. 易证,由 $f(x,y)$ 的实解析性可推出 $T(x,\lambda)$ 的实解析性,故族 $(x_0(\varepsilon),\lambda_0(\varepsilon))$ 的解析性也可由(4.1.15)确保.

4.1D 一个收敛的迭代格式

我们现在来构造(4.1.14)的非平凡解 $x(\varepsilon,y)$ 和 $\lambda(\varepsilon,y)$ 的一个收敛迭代格式,在(4.1.12)中已证明了它存在. 我们希望在线性化方程 $(\beta I-L)x=0$ 的单本征向量 εu_0 和本征值 β_0 的附近,构造出对方程

(4.1.19) $$F(\beta,x,y)=(\beta I-L)x-T(\beta,x,y)=0,\quad \beta=\lambda^{-1}$$

解的逼近.假定 ε 充分小且 $\| y \| = O(\varepsilon^2)$,我们有

$$\| x(\varepsilon, y) - \varepsilon u_0 \| = O(\varepsilon^2), \quad |\beta(\varepsilon, y) - \beta_0| = O(\varepsilon).$$

为此,我们考虑如下迭代格式(I_N):对于一个序列 $\{x_N = \varepsilon u_0 + v_N, \beta_N\}$,我们取 $v_0 = 0$ 和 $\beta = \beta_0$ 作为初始近似,然后依次计算 v_1 和 β_1 如下:

$$(\mathrm{I}_1) \qquad (\beta_0 I - L) v_1 = P^* T(\beta_0, \varepsilon u_0, y),$$
$$(\beta_1 I - L)(\varepsilon u_0) = PT(\beta, \varepsilon u_0 + v_1, y),$$

其中,P^* 和 P 是投影算子.更一般地,给定 v_N 和 β_N,我们由公式

$$(\mathrm{I}_{N+1}) \qquad (\beta_N I - L) v_{N+1} = P^* T(\beta_N, x_N, y),$$
$$(\beta_{N+1} I - L)(\varepsilon u_0) = PT(\beta_N, x_{N+1}, y)$$

依次计算(v_{N+1}, β_{N+1}).这显然要求 $\beta_{N+1} I - L$ 在 $\mathrm{Range}(\beta_0 I - L)$上可逆.

我们将叙述并证明有关这个格式的存在性和收敛性的一个结果.注意,若此格式收敛到 $\bar{x}(\varepsilon) = \varepsilon u_0 + \bar{v}$ 和$\bar{\beta}$,则$(\bar{x}(\varepsilon), \bar{\beta}(\varepsilon))$将满足(4.1.19).此外,若能证明:

$$\| x_N - \varepsilon u_0 \| \leqslant K\varepsilon^2, \quad \| \beta_N - \beta_0 \| \leqslant K\varepsilon,$$

其中,K 是与 N 及 ε 无关的实数,则这个解将与(4.1.12)中所说的解一致.为此,我们假定:

(*) 线性算子 $\beta_0 I - L$ 是 Fredholm 算子且

$$\dim \mathrm{Ker}(\beta_0 I - L) = 1.$$

(4.1.20) **定理** 假定算子 $\beta_0 I - L$ 满足以上条件(*),同时,当 $\| x \|$,$\| y \|$ 和$|\beta - \beta_0|$充分小时,算子 $F(\beta, x, y)$①满足以下估计式:

(a) $\| T(\beta, x, y) - T(\beta, x', y) \|$
$\leqslant M(\| x \| + \| x' \|) \| x - x' \|$,

(b) $\| T(\beta, x, y) - T(\beta', x, y) \|$

---

① 此 F 为(4.1.19)中的 F,下面的 T 也是(4.1.19)中的 T,但(4.1.21)中的$\overline{T}$是个新算子.由(4.1.21)来定义.这是本书叙述中的特点.以下对这种特点不一一标出.此外,推导中对符号作了适当变更与更正.——译者注

$$\leqslant M(\|x\|^2+\|y\|)|\beta-\beta'|,$$

(c) $\quad \|T(\beta_0,0,y)\|\leqslant M\|y\|,$

其中,M 是仅与 F 有关的常数.则当 y 固定且充分小时,对每个 N,迭代格式 $\mathrm{I}_1-\mathrm{I}_{N+1}$ 存在且收敛于 $(\bar{x}(\varepsilon,y),\bar{\beta}(\varepsilon,y))$. 此外, $\bar{x}(\varepsilon,y)$ 和 $\bar{\beta}(\varepsilon,y)$ 对 ε 和 y 连续,它们满足方程(4.1.19)且

$$\|\bar{x}(\varepsilon,y)-\varepsilon u_0\| = O(\varepsilon^2),\ \|\bar{\beta}(\varepsilon,y)-\beta_0\| = O(|\varepsilon|).$$

证明 对固定的 ε 和 y,考虑实值函数 $\alpha(\beta,v)$ 和算子 $\bar{T}(\beta,v)$,它们分别由公式

(4.1.21) $\quad \bar{T}(\beta,v)=(\beta I-L)^{-1}P^*T(\beta,\varepsilon u_0+v,y),$

(4.1.22) $\quad \alpha(\beta,v)=\beta_0+\varepsilon^{-1}PF(\beta,\varepsilon u_0+\bar{T}(\beta,v),y)$

定义.其中,P 是 $X\to\{u_0\}$ 的投影.我们将确定正数 K 和 ε_0,使得对 $|\varepsilon|<\varepsilon_0$,映射 $(\bar{T}(\beta,v),\alpha(\beta,v))$ 存在且定义一个从集合 $S_{K,\varepsilon}$ 到自身的压缩映射,其中,

$$S_{K,\varepsilon}=\{(\beta,v)\mid|\beta-\beta_0|\leqslant K|\varepsilon|,\|v\|\leqslant K^2|\varepsilon|\},$$

而 $S_{K,\varepsilon}$ 上的范数定义为 $|||(\beta,v)|||=|\beta|+\|v\|$.然后,由压缩映射原理可推出序列

$$(\beta_{N+1},v_{N+1})=(\alpha(\beta_N,v_N),\bar{T}(\beta_N,v_N))$$

收敛到 $S_{K,\varepsilon}$ 中的唯一不动点,我们记之为 $(\bar{\beta}(\varepsilon,y),\bar{v}(\varepsilon,y))$. 显然,该点满足(4.1.19)而 $\bar{x}=\varepsilon u_0+\bar{v}$.我们还要证明,当 $|\varepsilon|\leqslant\varepsilon_0$ 时,这个收敛对 ε 是一致的.于是,因为 β_N 和 v_N 是 ε 的连续函数,故 $\bar{\beta}(\varepsilon,y)$ 和 $\bar{x}(\varepsilon,y)$ 也是 ε 的连续函数.

为完成此证明,我们首先注意,对任何固定的数 K 和充分小的 ε,由 $(\beta,v)\in S_{K,\varepsilon}$ 和定理的假设条件可推出

$$\|T(\beta,\varepsilon u_0+v,y)\|\leqslant K_1\varepsilon^2,$$

其中,K_1 是与 β 和 $v\in S_{K,\varepsilon}$ 以及 y 无关的常数.事实上,自始至终令 $x=\varepsilon u_0+v$,有

$$\begin{aligned}\|T(\beta,x,y)\|\leqslant&\|T(\beta,x,y)-T(\beta,0,y)\|\\&+\|T(\beta,0,y)-T(\beta_0,0,y)\|+\|T(\beta_0,0,y)\|\\\leqslant&M(|\varepsilon|+\|v\|)^2+M\|y\|(\beta-\beta_0)\end{aligned}$$

$$+ M \| y \| \leqslant K_1 \varepsilon^2.$$

此外,对于任意两个可逆线性算子 $\mathscr{L}_1$ 和 $\mathscr{L}_2$,我们有

$$\mathscr{L}_1^{-1} - \mathscr{L}_2^{-1} = - \mathscr{L}_2^{-1}(\mathscr{L}_1 - \mathscr{L}_2)\mathscr{L}_1^{-1}.$$

又因为 $\mathscr{L}_1 = \beta_0 I - L$ 在$(\beta_0 I - L)$的值域上可逆,故对$(\beta, v) \in S_{K,\varepsilon}$,当 ε 充分小时,$\mathscr{L}_2 = \beta I - L$ 同样可逆.事实上,我们可假定

$$\| (\beta I - L)^{-1} \| \leqslant 2 \| (\beta_0 I - L)^{-1} \|.$$

现在我们来确定球 $S_{K,\varepsilon}$使

$$\mathscr{G}(\beta, v) = (\overline{T}(\beta, v), \alpha(\beta, v))$$

映 $S_{K,\varepsilon} \to S_{K,\varepsilon}$.将 $\| P \|$ 和 $\| P^* \|$ 分别记为 c_P 和 c_{P^*},则对充分小的 ε,有

(4.1.23)
$$\begin{aligned} & \| \overline{T}(\beta, v) \| \\ \leqslant & \| (\beta I - L)^{-1} \| P^* \| \| T(\beta, \varepsilon u_0 + v, y) \| \\ \leqslant & 2 \| (\beta_0 I - L)^{-1} \| c_{P^*} K_1 \varepsilon^2. \end{aligned}$$

(4.1.24)
$$\begin{aligned} |\alpha(\beta, v) - \beta_0| & \leqslant \varepsilon^{-1} \| P \| \| F(\beta, \varepsilon u_0 + \overline{T}(\beta, v), y) \| \\ & \leqslant \varepsilon^{-1} c_P M(\varepsilon + \| \overline{T}(\beta, v) \|)^2 \\ & \leqslant 2 c_P M \varepsilon. \end{aligned}$$

由于估计式(4.1.23)和(4.1.24)与 K 无关,故我们总可以将 K 选得充分大,将 ε 选得充分小,以使 $\mathscr{G}(\beta, v)$映 $S_{K,\varepsilon}$到自身.

最后,为证明 $\mathscr{G}(\beta, v)$是 $S_{K,\varepsilon}$上的压缩映射,只需证明对(β, v)和$(\beta', v') \in S_{K,\varepsilon}$,有

(4.1.25)
$$\begin{aligned} & \| \overline{T}(\beta', v') - \overline{T}(\beta, v) \| \\ \leqslant & g_1(\varepsilon) \| v - v' \| + g_2(\varepsilon) |\beta - \beta'|, \end{aligned}$$

(4.1.26)
$$\begin{aligned} & |\alpha(\beta, v) - \alpha(\beta', v')| \\ \leqslant & g_3(\varepsilon) \| v - v' \| + g_4(\varepsilon) |\beta - \beta'|, \end{aligned}$$

其中,当 $\varepsilon \to 0$ 时,

$$g_i(\varepsilon) = O(\varepsilon) \ (i = 1,2,3,4).$$

为证(4.1.25),我们注意,根据定理的假设条件(a)~(c),有

(4.1.27)
$$\begin{aligned} & \| \overline{T}(\beta, v) - \overline{T}(\beta, v') \| \\ \leqslant & \| (\beta I - L)^{-1} \| \| P^* \| \| T(\beta, \varepsilon u_0 + v, y) \end{aligned}$$

$$
\begin{aligned}
&- T(\beta, \varepsilon u_0 + v', y) \|\\
&\leqslant 2 \| (\beta_0 I - L)^{-1} \| c_{P^*} M(2|\varepsilon|\\
&\quad + \| v \| + \| v' \|) \| v - v' \|.
\end{aligned}
$$

另一方面,因为

$$
\begin{aligned}
&\| (\beta I - L)^{-1} - (\beta' I - L)^{-1} \|\\
&\leqslant 4|\beta - \beta'| \| (\beta_0 I - L)^{-1} \|^2,
\end{aligned}
$$

$$
\begin{aligned}
(4.1.28) \quad &\| \overline{T}(\beta, v') - \overline{T}(\beta', v') \|\\
&\leqslant \| (\beta I - L)^{-1} - (\beta' I - L)^{-1} \| \| P^* \| \cdot\\
&\quad \| T(\beta, \varepsilon u_0 + v', y) \|\\
&\quad + \| (\beta' I - L)^{-1} \| \| P^* \| \| T(\beta, \varepsilon u_0 + v', y)\\
&\quad - T(\beta', \varepsilon u_0 + v', y) \|\\
&\leqslant [4K_2 \| (\beta_0 I - L)^{-1} \|^2\\
&\quad + 2M \| (\beta_0 I - L)^{-1} \|] K_3 c_{P^*} \varepsilon^2 |\beta - \beta'|
\end{aligned}
$$

综合上面的(4.1.27)和(4.1.28),我们得到(4.1.25).为证(4.1.26),我们用(4.1.22),而差的估计与上面完全一样,故可略去细节.

为完成证明,我们指出,当$|\varepsilon|$充分小时,序列

$$
(\beta_{N+1}(\varepsilon, y), v_{N+1}(\varepsilon, y)) = (\alpha(\beta_N, v_N), \overline{T}(\beta_N, v_n))
$$

一致收敛,从而$(\bar{\beta}, \bar{x})$连续依赖于ε.事实上,令

$$
(\beta_{N+1}(\varepsilon, y), v_{N+1}(\varepsilon, y)) = \mathscr{G}(\beta_N, v_N),
$$

由简单的归纳法可知

$$
\begin{aligned}
&||| \mathscr{G}(\beta_i, v_i) - \mathscr{G}(\beta_{i-1}, v_{i-1}) |||\\
&\leqslant \left(\frac{1}{2}\right)^i ||| \mathscr{G}(\beta_0, 0) - (\beta_0, 0) |||\\
&\leqslant 2K\varepsilon_0 \left(\frac{1}{2}\right)^i.
\end{aligned}
$$

因而,对任意整数m, n,

$$
\begin{aligned}
(4.1.29) \quad &||| \mathscr{G}(\beta_m, v_m) - \mathscr{G}(\beta_n, v_n) |||\\
&\leqslant \sum_{i=n}^{m-1} ||| \mathscr{G}(\beta_{i+1}, v_{i+1}) - \mathscr{G}(\beta_i, v_i) |||
\end{aligned}
$$

$$\leqslant 2K\varepsilon_0 \sum_{i=n}^{\infty} 2^{-i}.$$

从而当 $m, n \to \infty$ 时,上面的项趋于零,因此,我们断定 $\{\mathscr{G}(\beta_N, v_N)\}$ 是 $\mathbf{R}^1 \times X$ 上有界连续函数的一致收敛序列,因而对于适当的范数,极限函数 $(\bar{\beta}(\varepsilon, y), \bar{v}(\varepsilon, y))$ 对 ε 连续.类似可得对 y 的连续性.

4.1E 高重情况

现在我们转向一个更困难的分歧问题.这时

$$\dim\mathrm{Ker} f_x(x_0, \lambda_0) > 1,$$

且 $f_x(x_0, \lambda_0)$ 是零指标的线性 Fredholm 算子.为简单计,我们假定 $x_0 = 0$ 且

(4.1.30) $\quad f(x, \lambda) = (I - \lambda L)x + T(x, \lambda),$

其中,

$$T(0, \lambda) = T_x(0, \lambda) = 0.$$

在这种情况,由于 $f_x(0, \lambda) = I - \lambda L$,故唯一可能的歧点 $(0, \lambda_0)$ 在实数 λ_0 处,而 λ_0^{-1} 在 L 的谱中.但是正如一些简单的例子所指出的那样,在这种情况下,$(0, \lambda_0)$ 不必是歧点.根据(1.3.38),从 $I - \lambda_0 L$ 有零指标的假设可推出,若 λ_0^{-1} 是 L 的 $N \geqslant 1$ 重本征值,则

$$\mathrm{Ker}(I - \lambda_0 L) \cap \mathrm{Range}(I - \lambda_0 L) = \varnothing,$$

$$\mathrm{Ker}(I - \lambda_0 L) \oplus \mathrm{Range}(I - \lambda_0 L) = X.$$

因为 $\dim\mathrm{Ker}(I - \lambda_0 L) = N > 1$,故对固定的 λ,分歧方程包括决定一组方程的实数解,这组方程的个数和它们的实变量的个数相同.因此这些方程可以有实的非零解,而事实上,这些方程的解本质上依赖于高阶项 $T(x, \lambda)$ 的性质.我们将简单讨论这些结果:它们不依赖于 $T(x, \lambda)$ 或 N 的奇偶性的任何条件即可证得.

我们首先指出,若 (x, λ) 是 $f(x, \lambda) = 0$ 在 $(0, \lambda_0)$ 附近的解,则 λ 可由 x 在 $\mathrm{Ker}(I - \lambda_0 L)$ 上的分量唯一确定.更明确地,我们证明

(4.1.31) **定理**　设(x,λ)是$f(x,\lambda)=0$充分靠近$(0,\lambda_0)$的一个解.若$x=u+v$,其中,$u\in \mathrm{Ker}(I-\lambda_0 L)$, $v\in \mathrm{Range}(I-\lambda_0 L)$,则存在唯一的函数$\lambda=g(u)$,使得

(i) $f(u+v,g(u))=0$;

(ii) 在$u=0$的一个去心邻域中,$g(u)$是C^1函数;

(iii) 若$f(u+v',\lambda')=0, f(u+v,\lambda)=0$,则

$$\lambda=\lambda', \qquad v=v'.$$

证明　根据(4.1.10),由$\beta=\lambda^{-1}$和$u\in \mathrm{Ker}(\beta_0 I-L)$,分歧方程可写成

$$(*)\qquad (\beta I-L)u+PT(u+g(u,\beta),\beta)=0,$$

这里,$g(u,\beta)$是(4.1.7)中定义的函数,设$[u,\bar{u}]$表示$\mathrm{Ker}(\beta_0 I-L)$上任意线性积,那么,取$(*)$与$u$的内积,我们有

$$(**)\qquad \beta-\beta_0+[u,u]^{-1}[PT(u+g(u,\beta),\beta),u]=0.$$

将这个方程的左端表示为$F(u,\beta)$,然后我们证明,在$(0,\beta_0)$的一个小邻域内,$F_\beta(u,\beta)\neq 0$. 于是,根据一维隐函数定理,存在一个定义在$(0,\beta_0)$附近唯一确定的函数$\beta=g(u)$满足$(**)$. 事实上,当$\|u\|+|\beta-\beta_0|\to 0$时,

$$F_\beta(u,\beta)=1+[u,u]^{-1}[PT_x(u+g(u,\beta),\beta)g_\beta + PT_\beta(u+g(u,\beta),\beta),u]=1+o(1),$$

从而,可直接得到定理的结论(i)和(ii). 为证(iii),注意到以上所述,若(x,λ)和(x_1,λ_1)在$(0,\lambda_0)$附近满足$(*)$,其中

$$x=u+f(\lambda,u), \qquad x_1=u+f(\lambda_1,u),$$

则(λ^{-1},u)和(λ_1^{-1},u)满足$(**)$,于是$\lambda=\lambda_1$,由(4.1.5)有$v=v'$.

对于用在分析中的具体问题,得出关于高维的分歧结果很重要.我们对系统(4.1.3)的周期解的 Liapunov 准则的证明表明,若“Liapunov 无理性条件”不满足,则会用高重分歧结果来研究非线性扰动下正规方式的保持问题.另一方面,我们对给在第一章的方程组(1.2.9)的讨论表明,在偶数重时,要作出有关歧点存在性的

一般结论有困难.事实上,今后我们将指出,在回答这种一般分歧问题时,$f(x,\lambda)$的高阶部分的定性性质通常起决定性的作用.

作为分歧方程(4.1.8)的第二个应用,我们考虑这样一个问题:确定定义在实 Hilbert 空间 H 上算子方程

(4.1.32) $$x=\lambda(Lx+Nx)$$

在点$(0,\lambda_0)$处解的下临界和上临界分歧.这里,我们假定,当$\|x\|\to 0$时$\|Nx\|=o(\|x\|)$,并假定 $Nx=Bx+Rx$,其中,B 是x 的p 阶齐次算子,当 $x\neq 0$ 时$(Bx,x)\neq 0$.同时,当 $x\to 0$ 时,$\|R(x)\|=o(\|x\|^p)$.

若$(0,\lambda_0)$是(4.1.32)的一个歧点,且在 λ_0 的任意小邻域内,(4.1.32)都有非平凡解(x,λ),其中 $\lambda<\lambda_0$($\lambda>\lambda_0$),那么,族(x,λ)被称作解的下临界(上临界)解族(见图 4.3).显然,通过考察(4.1.32)的结构而不考虑重数来确定下或上临界分歧是重要的.在大多数情况,这可借助于以下定理来完成.

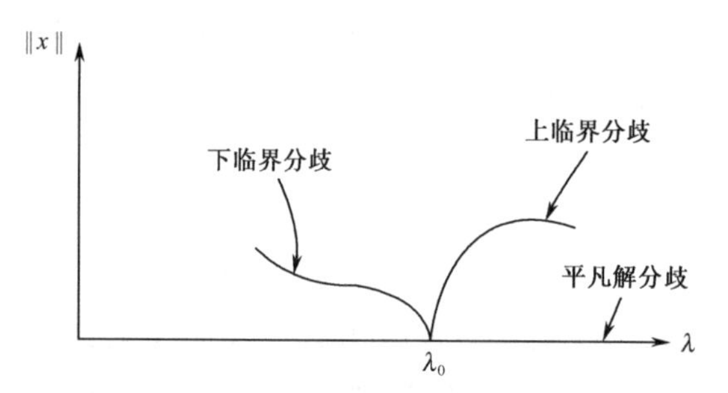

图 4.3 用分歧图说明上下临界分歧.

(4.1.33) **定理** 如果除了以上条件,还设 $I-\lambda_0L$ 的值域是闭的,

$$\dim\mathrm{Ker}(I-\lambda_0L)<\infty,$$

$$H=\mathrm{Ker}(I-\lambda_0L)\oplus\mathrm{Range}(I-\lambda_0L).$$

那么,若$(Bx,x)>0$,则(4.1.32)从$(0,\lambda_0)$分歧出来的任何解族都是下临界的;而若$(Bx,x)<0$,则都是上临界的.

证明 仍由分歧方程(4.1.8)和(4.1.9)的估计得到这个结果.关键是在给定的假设条件下,不需要了解分歧方程的真实解.事实上,用(4.1.5)的记号,分歧方程(4.1.8)可写成

$$P[(\lambda-\lambda_0)Lx+\lambda Nx]=0, \tag{4.1.34}$$

其中 P 是 $H\to \mathrm{Ker}(I-\lambda_0 L)$ 的投影.这因为在给定的假设条件下,

$$\mathrm{Ker}(I-\lambda_0 L)\equiv \mathrm{coKer}(I-\lambda_0 L).$$

于是,若

$$x=\rho_1+g,\rho_1\in \mathrm{Ker}(I-\lambda_0 L),g\in \mathrm{Range}(I-\lambda_0 L),$$

则(4.1.34)变成

$$[(\lambda_0-\lambda)/\lambda\lambda_0]\rho_1=P[B(\rho_1+g)+R(\rho_1+g)].$$

因此,取它与 ρ_1 的内积,利用(4.1.9),我们得到

$$((\lambda_0-\lambda)/\lambda_0\lambda)\|\rho_1\|^2=(B\rho_1,\rho_1)\{1+O\|\rho_1\|\}.$$

令 $\rho_1=|\varepsilon|\rho$,其中 $\|\rho\|=1$,又假定 $(B\rho,\rho)>0$,从而,在所有满足 $\|\rho\|=1$ 的 $\rho\in\mathrm{Ker}(I-\lambda_0 L)$ 上取的下确界 $\inf(B\rho,\rho)$ 将大于某个 $\alpha>0$,我们得到

$$(\lambda_0-\lambda)/\lambda\lambda_0\geqslant|\varepsilon|^{p-1}\alpha\{1+O(|\varepsilon|)\}.$$

因而对下临界分歧这种情况,当 λ 靠近 λ_0 时,由最后这个方程可直接推出结果.若 $(B\rho,\rho)<0$,通过类似的论证可得关于上临界分歧的结论.

4.2 分歧理论中的超越方法

4.2A 一些启发

有趣的是,在以前尚未解决的分歧问题中,利用拓扑学、复分析和临界点理论已经得到了一些有意义的结果.4.1E 节提到的困难的“退化”情况(即高重情况)尤其如此.这节,我们将针对方程

$$f(x,\lambda)\equiv(I-\lambda L)x+T(x,\lambda)=0 \tag{4.2.1}$$

来探索这个课题,其中,算子 $I-\lambda L$ 和 $T(x,\lambda)$ 满足 4.1 节的假设

条件,即 $I-\lambda L$ 是零指标的 Fredholm 算子,同时,

$$T(0,\lambda)=T_\lambda(0,\lambda)\equiv 0,$$

于是,$T(x,\lambda)$对 x 是高阶的.

粗略地说,这些所谓的超越方法之所以能成功,是因为或基于对方程(4.2.1)中高阶项 $T(x,\lambda)$的定性分析,或基于对导数 $f'(0,\lambda_0)$在 $f(x,\lambda)$的临界点$(0,\lambda_0)$的重数的奇偶性考虑.我们可望对给定的算子 $f(x,\lambda)$识别出一个适当的数值或代数种类的"不变量"I_f,这个不变量 I_f 需要具有如下性质:

(1) I_f 是算子 $f(x,\lambda)$零点的一个度量;

(2) 在 $f(x,\lambda)$的适当限制的"小"扰动下,I_f 是稳定的;

(3) I_f 可由线性化来逼近,即可借助于 f 的 Fréchet 导数 f_x 来逼近.

我们现在来考虑这种不变量的一些例子及其在分歧理论中的作用.我们将用 4.1 节的结果把分歧问题简化到有限维来考虑。于是(除 4.2C 节外),对于有限维空间之间的映射 f,我们将仅需这些(拓扑)不变量 I_f,而把那些由严格的无穷维论证得到的结果留给第三部分.

更明确地说,简化成有限维问题是基于 4.1 节中所讲的直和分解

$$X=\mathrm{Ker}(I-\lambda_0 L)\oplus\mathrm{Range}(I-\lambda_0 L)$$

来分解(4.2.1).若用 P 表示X 到 $\mathrm{Ker}(I-\lambda_0 L)$上的典范投影,用 $g(u,\lambda)$表示由(4.1.8)定义的

$$\mathrm{Ker}(I-\lambda_0 L)\times\mathbf{R}^1\to\mathrm{Range}(I-\lambda_0 L)$$

的函数,那么,如同(4.1.5)中提到的,方程 $f(x,\lambda)=0$ 在点$(0,\lambda_0)$附近的解一一对应于方程

$$(4.2.2)\qquad \begin{gathered}(I-\lambda L)u+PT(u+g(u,\lambda),\lambda)=0,\\ u\in\mathrm{Ker}(I-\lambda_0 L)\end{gathered}$$

的解,而在$(0,\lambda_0)$处,$f_x(0,\lambda_0)$不可逆.

4.2B 分歧理论中的 Brouwer 度

在 1.6C 节中已定义了连续可微映射 f 的度 $d(f,p,D)$，其中，f 的定义域为有界域 $D\subset\mathbf{R}^N$，值域为 $f(D)=\mathbf{R}^N$. 度正是我们所要寻找的一个不变量类型. 回忆一下，这个度是一个整数(正、负或零)，倘若在 ∂D 上 $f(x)\neq p$，则它度量了 $f(x)=p$ 在 D 中解的“代数”个数.

首先，我们指出，在这种意义下，度 $d(f,p,D)$ 满足 4.2A 节中的性质(1)～(3)，于是具有作为整数不变量 I_f 的资格. 根据 1.6A 节中的定义，$d(f,p,D)$ 度量了 $f(x)=p$ 在 D 中解的个数. 作法是:算出 $f(x)=p$ 带 + 或 − 号的“非退化”解的个数. 取正号或负号取决于在那个解处 f 保持或反转其定向的性质，这里，若在 D 中 $f(x)=p$ 的每个解处的 Jacobi 行列式不为 0，则 $f(x)=p$ 在 D 中的解都是非退化的.

此外，$d(f,p,D)$ 是同伦不变量，于是，它在以下意义的小扰动下稳定:若 $f(x,t)$ 是 $\bar{D}\times[0,1]\to\mathbf{R}^N$ 的连续映射，在 ∂D 上满足 $f(x,t)\neq p$，则 $d(f(x,t),p,D)$ 有定义，并且与 $t\in[0,1]$ 无关.

最后，在非退化的情况，

$$d(f,p,D)=\sum_{f(x)=p}\operatorname{sgn}\det|J_f(x)|.$$

于是，由 f 的导数决定 $f(x)=p$ 在 D 内解的“代数”个数.

现在，我们用 $d(f,p,D)$ 是不变量这个事实来证明

(4.2.3) **定理** 假定(4.2.1)中定义的算子 $f(x,\lambda)$ 满足如下假设条件:

(i) $(I-\lambda_0 L)$ 是零指标的 Fredholm 算子;

(ii) $\dim\operatorname{Ker}(I-\lambda_0 L)$ 是奇数;

(iii) $\operatorname{Ker}(I-\lambda_0 L)\cap\operatorname{Range}(I-\lambda_0 L)=\{0\}$;

(iv) $T(x,\lambda)$ 是 C^1 映射，而 $T(0,\lambda)\equiv T_x(0,\lambda)\equiv 0$，

那么，$(0,\lambda_0)$ 是方程 $f(x,\lambda)=0$ 的歧点.

证明 我们用反证法给出一个证明.假定$(0,\lambda_0)$不是(4.2.1)的歧点,于是,$(0,\lambda_0)$不是方程(4.2.2)的歧点.设

$$h(u,\lambda)=(I-\lambda L)u+PT(u+g(u,\lambda),\lambda),$$
$$N=\dim\mathrm{Ker}(I-\lambda_0 L).$$

则当(u,λ)属于$(0,\lambda_0)$的某个小球形邻域D时,在∂D上$h(u,\lambda)\neq 0$,于是$d(h(u,\lambda),0,D)$有定义.事实上,根据度函数的同伦不变性,$d(h(u,\lambda),0,D)$必是与λ无关的常数.另一方面,对于λ_0的充分小的去心邻域中的λ,由于在∂D上$\|h(u,\lambda)-(I-\lambda L)u\|$小,故

$$d(h(u,\lambda),0,D)=d(I-\lambda L,0,D).$$

在$\mathrm{Ker}(I-\lambda_0 L)$上,由$\det|I-\lambda L|$的简单计算可知,对$\lambda<\lambda_0$,有

$$d(I-\lambda L,0,D)=\mathrm{sgn}\prod_{i=1}^{N}(I-\lambda\lambda_0^{-1})>0;$$

同时,对$\lambda>\lambda_0$,由于

$$\dim\mathrm{Ker}(I-\lambda_0 L)=N$$

是奇数,故

$$d(I-\lambda L,0,D)=\mathrm{sgn}\prod_{i=1}^{N}(I-\lambda\lambda_0^{-1})<0.$$

因而,对于λ_0的任一充分小的去心邻域中的λ,$d(h(u,\lambda),0,D)$不是常数;而由于给定$\varepsilon>0$,当每一$\rho>0$充分小时,

$$h[u,t(\lambda_0-\varepsilon)+(1-t)(\lambda_0+\varepsilon)]=0$$

在$\{\|u\|=\rho\}$上一定有解,故我们得出所需的矛盾.

事实上,用L的本征值的重数代替$\dim\mathrm{Ker}(I-\lambda_0 L)$,可以证明一个更普遍一些的结果.这个结果可陈述如下:

(4.2.3′) 若将(4.2.3)的假设条件(ii)和(iii)换成假设λ_0对于L的重数是奇数,则定理依然成立.

证明 由以下证明可得结果:正如(4.2.3)的证明中一样,把定义在X上的方程$f(x,\lambda)=0$分解成两个方程,而此时我们所用的分解是

$$X=\bigcup_j\mathrm{Ker}(I-\lambda_0 L)^j\oplus X_1.$$

由假设，$\dim \bigcup_j \mathrm{Ker}(I-\lambda_0 L)^j$（$\lambda_0$ 的重数）是奇数；同时，当限于 X_1 上时，$I-\lambda_0 L$ 可逆．于是，类似于证明（4.2.3）时的讨论（用 Brouwer 度），可得到所要的结果．

对高阶项 $T(x,\lambda)$ 加以定性限制，能相当大地改进刚才得到的结果．事实上，在 2.3 节的意义下假设对 λ_0 附近的每个 λ，$T(x,\lambda)$ 是 U 上的复解析映射，其中，U 是 $(0,\lambda_0)$ 在 X 中的一个邻域．此时我们可证明如下定理：

（4.2.4）**定理** 假定对 λ_0 附近固定的实 λ，（4.2.1）中所定义的算子 $f(x,\lambda)$ 是复解析的，此外

(i) $I-\lambda_0 L$ 是零指标的 Fredholm 算子；

(ii) $\dim \mathrm{Ker}(I-\lambda_0 L)>0$，

同时

$$\mathrm{Ker}(I-\lambda_0 L)\cap \mathrm{Range}(I-\lambda_0 L)=\{0\},$$

那么，$(0,\lambda_0)$ 是方程 $f(x,\lambda)=0$ 的歧点．

事实上，存在一条解析曲线

$$x(\varepsilon)=\sum_{n=1}^{\infty}\alpha_n\varepsilon^n,\qquad \lambda(\varepsilon)=\lambda_0+\sum_{n=1}^{\infty}\beta_n\varepsilon^n,$$

它是 $f(x,\lambda)=0$ 从 $(0,\lambda_0)$ 分枝出来的非平凡解．

证明 依照（4.2.3）的证明，假定 $(0,\lambda_0)$ 不是方程

$$f(x,\lambda)=0$$

的歧点，那么，$(0,\lambda_0)$ 就不是方程

$$h(u,\lambda)=0$$

的歧点．现在，$\mathrm{Ker}(I-\lambda_0 L)$ 有偶数维．此外，当 λ 固定时，由于 $T(x,\lambda)$ 和 $g(u,\lambda)$ 两者都是复解析的，故映射

$$h(u,\lambda)=(I-\lambda_0 L)u+PT(u+g(u,\lambda),\lambda)$$

对 u 也是复解析的．注：$g(u,\lambda)$ 是由隐函数定理定义的，故可由（3.3.2）推出它的复解析性．又（根据度的同伦不变性（1.6.3）），对于 $[0,\lambda_0]$ 的小去心邻域中的 λ 以及 $\mathrm{Ker}(I-\lambda_0 L)$ 中 0 的小球形邻域 U，有

$$d(h(u,\lambda),0,U)=d(I-\lambda L,0,U)=1.$$

另一方面，在 $\lambda=\lambda_0$ 处，因已假设 $h(u,\lambda)=0$ 在 U 的边界上没有解，故 $d(h(u,\lambda),0,U)$ 有定义．但在 $\lambda=\lambda_0$ 处，$h(0,\lambda_0)$ 的 Jacobi 行列式 $\det(I-\lambda_0 L)$ 为零．于是由(1.6.3)中提到的关于复解析映射的基本结果可推出 $h(u,\lambda_0)$ 在 U 中不是一对一的，因而

$$d(h(u,\lambda_0),0,U)\geqslant 2.$$

于是，函数 $d(h(u,\lambda),0,U)$ 在通过 $\lambda=\lambda_0$ 时不连续．而作为度的同伦不变性推论，由此可推出对 λ_0 的某个小区间中的 λ，$h(u,\lambda)=0$ 在 U 的边界上有解．这导出了矛盾．

为证从 $(0,\lambda_0)$ 分枝出来的解析曲线的存在性，我们注意，由于 $(0,\lambda_0)$ 是来自方程 $h(u,\lambda)=0$ 的歧点，所以点 $(0,\lambda_0)$ 不是点簇 $V=\{(u,\lambda)\mid h(u,\lambda)=0\}$ 的孤立点．因为 $h(u,\lambda)$ 对 u 和 λ 是复解析的，故 V 可以看成是 $(0,\lambda_0)$ 附近的一个解析集，于是 V 一定包含一条解析曲线(见(3.3.9))

$$u(\varepsilon)=\sum_{n=1}^{\infty}a_n\varepsilon^n,\quad \lambda(\varepsilon)=\lambda_0+\sum_{n=1}^{\infty}\beta_n\varepsilon^n.$$

因此

$$x(\varepsilon)=u(\varepsilon)+g(u(\varepsilon),\lambda(\varepsilon))$$

也可写成

$$x(\varepsilon)=\sum_{n=1}^{\infty}\alpha_n\varepsilon^n,$$

从而定理得证．

4.2C 初等临界点理论

设 $f(x)=\mathrm{grad}F(x)$ 是定义在 Hilbert 空间 H 中的球 $\{x\mid \|x\|\leqslant R\}$ 上的梯度算子．回顾 3.2 节：$F(x)$ 限制在球面 $\{x\mid \|x\|=R\}$ 上的临界点 $\bar{x}$ 满足方程 $\lambda_1 x+\lambda_2 f(x)=0$，其中，$\lambda_1$ 和 λ_2 是实数($\lambda_2\neq 0$)，相应的临界值是实数 $c=F(\bar{x})$．一个有趣的事实是，在一些重要情况中，某些临界值正是 4.2A 节中所提到的那个类型的数值不变量．

这种不变量临界值最简单的例子是 C^2 弱序列连续泛函

$F(x)$限于小球面$\partial\Sigma_\varepsilon=\{x\mid \|x\|=\varepsilon\}$的上确界，其中，$F(x)$在原点附近具有形式

$$F(x)=\frac{1}{2}(Ax,x)+o(\|x\|^2).$$

线性算子 A 是紧自伴的. 我们假定 A 有最大的正本征值λ_1. 我们现在指出，在$\partial\Sigma_\varepsilon$ 上，数 $\sup F(x)$具有不变量的性质(1)～(3)(列在 4.2A 中). 首先，如果在$\partial\Sigma_\varepsilon$ 上由 $\bar{x}\in\partial\Sigma_\varepsilon$ 达到$\alpha=\sup F(x)$，则 $\bar{x}$ 将是方程$g(x,\mu)=\mu x-\operatorname{grad}F(x)$对某个实数 μ 的非平凡解. 我们将看到，这个 μ 一定处在λ_1 的一个小邻域内. 其意义是此临界值度量方程

$$g(x,\lambda)=0$$

的解. 为说明在适当限制的小扰动下 α 是稳定的，我们注意，若在 $x=0$ 附近加上一个高阶项 $G(x)=o(\|x\|^2)$来扰动 $F(x)$，则

$$\left|\sup_{\partial\Sigma_\varepsilon}[F(x)+G(x)]-\alpha\right|=o(\|x\|^2).$$

同样，α 可由线性化方法近似计算出来. 这因为由 λ_1 的变分特性((1.3.40)中提到过)，$\varepsilon^2\lambda_1=\sup\limits_{\partial\Sigma_\varepsilon}(Ax,x)$，从而

(4.2.5)
$$\begin{aligned}&\left|\alpha-\frac{1}{2}\varepsilon^2\lambda_1\right|\\&=\left|\sup_{\partial\Sigma_\varepsilon}\left\{\frac{1}{2}(Ax,x)+o(\|x\|^2)\right\}-\frac{1}{2}\varepsilon^2\lambda_1\right|\\&=o(\varepsilon^2).\end{aligned}$$

我们现在来指出这个简单的不变量在分歧理论中的重要性.

假定定义在 Hilbert 空间 H 原点的某邻域中的算子方程(4.2.1)可以写成

(4.2.6) $\quad f(x,\lambda)=x-\lambda\{Lx+T(x)\}=0,$

其中，L 是紧自伴算子，且 $T(x)=\operatorname{grad}\mathscr{T}(x)$是一个高阶全连续算子，具 $T(x)=o(\|x\|)$. 然后我们证明

(4.2.7) **定理** 设 λ_1 是 L 的最大严格正本征值，那么在以上假设下，$(0,1/\lambda_1)$是(4.2.6)的一个歧点.

证明 我们将证明每个充分小的球形邻域 $U_\varepsilon=\{x\mid \|x\|\leqslant$

$\varepsilon\}$都含有(4.2.6)的非平凡解 $(x(\varepsilon),\lambda(\varepsilon))$，其中

$$\| x(\varepsilon) \| = \varepsilon, \mid \lambda(\varepsilon) - 1/\lambda_1 \mid = o(1).$$

为此,可利用上面描述过的

$$\alpha_\varepsilon = \sup\left\{\frac{1}{2}(Lx, x) + \mathscr{T}(x)\right\},$$

其中,上确界在$\partial\Sigma_\varepsilon = \{x \mid \| x \| = \varepsilon\}$上取. 暂且假定 α_ε 可由$\partial\Sigma_\varepsilon$上的一个元素$x_\varepsilon$ 达到. 我们来证明 x_ε 所满足的方程,即 $\mu_\varepsilon x = Lx + T(x)$,使得$|\mu_\varepsilon - \lambda_1| = o(1)$.

一旦得出这个估计,则当 $\varepsilon\to 0$ 时,

$$\mid \lambda(\varepsilon) - 1/\lambda_1 \mid = \mid 1/\mu_\varepsilon - 1/\lambda_1 \mid = o(1).$$

这就是要证的. 为此,取(4.2.6)与 x_ε 的内积,利用(2.5.6),我们得

$$\begin{aligned}
\mu_\varepsilon &= \| x_\varepsilon \|^{-2}\{(Lx_\varepsilon, x_\varepsilon) + (Tx_\varepsilon, x_\varepsilon)\} \\
&= 2\varepsilon^{-2}\left\{\frac{1}{2}(Lx_\varepsilon, x_\varepsilon) + \mathscr{T}(x_\varepsilon)\right\} \\
&\quad + \varepsilon^{-2}\{(Tx_\varepsilon, x_\varepsilon) - 2\mathscr{T}(x_\varepsilon)\} \\
&\leqslant 2\varepsilon^{-2}\alpha_\varepsilon + \varepsilon^{-2}\| x_\varepsilon \|\{\| Tx_\varepsilon \| + 2\sup_{s\in[0,1]}\| T(sx_\varepsilon)\|\}.
\end{aligned}$$

于是,由上面的(4.2.5),当 $\varepsilon\to 0$ 时,

$$\begin{aligned}
\mid \mu_\varepsilon - \lambda_1 \mid &= 2\varepsilon^{-2}\left\{\alpha_\varepsilon - \frac{1}{2}\lambda_1\varepsilon^2\right\} + \varepsilon^{-1}o(\varepsilon) \\
&= o(1).
\end{aligned}$$

因而,此处剩下只要证明在$\partial\Sigma_\varepsilon$ 上能达到α_ε 即可. 这一事实可直接由以下的讨论证出:显然,$\alpha_\varepsilon < \infty$,于是,若$\{x_n\}$是$\partial\Sigma_\varepsilon$ 上的元素序列,而

$$F(x_n) = \frac{1}{2}(Lx_n, x_n) + \mathscr{T}(x_n) \to \alpha_\varepsilon,$$

则$\{x_n\}$有弱收敛子序列,其弱极限为 $\bar{x}$. 由于 $F(x)$对弱收敛连续,故 $F(\bar{x}) = \alpha_\varepsilon$. 今有 $\bar{x}\in\partial\Sigma_\varepsilon$,因为否则 $\| \bar{x} \| < \varepsilon$;且对某个 $t>1$,有 $t\bar{x}\in\partial\Sigma_\varepsilon$. 然后,由一个简单的计算可知 $F(t\bar{x}) > F(\bar{x})$,这与$F(\bar{x})$的极大性矛盾. 于是,定理证毕.

在第六章我们将指出，由各种极大极小原理计算出的临界值都是满足 4.2A 中性质(1)～(3)的数值不变量. 正如 6.7A 节将要指出的，这些更精细的不变量在分歧理论中也起着重要作用. 这些临界值是紧自伴算子 L 的正本征值以下特征的推广：将它们按递减次序排列并按重数计算

$$\lambda_n = \sup_{[\Sigma]_N} \min_{\Sigma}(Lx, x),$$

其中，$\Sigma = \{x \mid \|x\| = 1, x \in \mathscr{A}_N, \mathscr{A}_N$ 是 H 的一个 N 维子空间$\}$，而$[\Sigma]_N$ 是 H 中所有这种球面的类. 所要的这种推广在于用更大的“拓扑上的”类似集合族代替 Σ 和$[\Sigma]_N$.

为了说明定理(4.2.7)的重要性，我们考虑 4.1A 节 Liapunov 准则的如下推广：对形如

(4.2.8) $\quad \ddot{x} + Ax + \nabla f(x) = 0, \; f(x) = o(\|x\|)$

的 Hamilton 系统，正规方式的保持与奇点附近的无理性条件无关.

(4.2.9) **定理** 假定 $N \times N$ 阶矩阵 A 是非奇异自伴矩阵，有正本征值 $0 < \lambda_1^2 \leqslant \lambda_2^2 \leqslant \cdots \leqslant \lambda_k^2 (k \leqslant N)$. 又假定 $f(x) = \nabla F(x)$，其中，$F(x)$是光滑函数. 则(4.2.8)有(非平凡的)周期解族 $x(t)$，其最小周期 $\tau_\varepsilon(t)$趋于$(0, 2\pi/\lambda_k)$. 若 $F(x)$实解析，则这个解族实解析地依赖于 ε，并可选得使

$$x_\varepsilon(t) = \sum_{n=1}^{\infty} \alpha_n(t)\varepsilon^n, \quad \tau_\varepsilon(t) = \frac{2\pi}{\lambda_k} + \sum_{n=1}^{\infty} \beta_n \varepsilon^n,$$

其中，$\alpha_1(t)$是 $2\pi/\lambda_k$ 周期的，并且满足 $\ddot{x} + Ax = 0$(即在 Hamilton 扰动下，最小周期的正规方式被保持).

证明思想 这个证明类似于(4.1.15)中建立 Liapunov 准则所用的那个证明. 不同的是，我们把(4.2.8)变形为适当的 Hilbert 空间中的算子方程. 这个方程中的算子是梯度映射，从而可用(4.2.7).

证明 作为第一步，我们改写(4.2.8)为 Hilbert 空间 H 中的算子方程，H 是N 维向量函数

$$x(s) = (x_1(s), \cdots, x_N(s))$$

构成的空间,对于 $i=1,\cdots,N$,$x_i(s)$在$\left(0,\frac{1}{2}\right)$上是绝对连续的,并且 $\dot{x}_i(s)\in L_2\left(0,\frac{1}{2}\right)$.那么,这个方程的解可延拓为(4.2.8)的偶周期解.事实上,我们构造的解会自动满足条件

$$\dot{x}(0)=\dot{x}\left(\frac{1}{2}\right)=0.$$

按照 2.2D 节的对偶方法,这容易完成:由公式

$$(4.2.10)\qquad (Lx,y)=\int_0^{\frac{1}{2}}\dot{x}(s)\cdot\dot{y}(s)ds,$$

$$(Ax,y)=\int_0^{\frac{1}{2}}Ax(s)\cdot y(s)ds,$$

$$(T(x),y)=\int_0^{\frac{1}{2}}f(x(s))\cdot y(s)ds$$

来隐式地定义算子 $L(x)$,$A(x)$和 $T(x)$.这样,(4.2.8)的周期为 1 的偶广义解与算子方程

$$(4.2.11)\qquad Lx=\lambda^2[Ax+T(x)]$$

在 H 中的解是一一对应的.显然,线性算子 L 和 A 有界,并且自伴,同时,A 和 T 是紧的,且当 $\|x\|\to 0$ 时 $\|T(x)\|=o(\|x\|)$.现在,H 的元素 $x(s)$可唯一写成 $x(s)=x_m+x_0(s)$,其中,x_m 是 $x(s)$在$\left(0,\frac{1}{2}\right)$上的平均值,且 $x_0(s)$在$\left(0,\frac{1}{2}\right)$上的平均值为 0.这对应于 $H=\mathbf{R}^N+H_0$ 这样一个正交分解.由于 H_0 中的内积可以取作

$$(x_0,y_0)_{H_0}=\int_0^{\frac{1}{2}}\dot{x}_0(s)\cdot\dot{y}_0(s)ds,$$

故方程(4.2.8)可以分解为一对方程

$$(4.2.12)\qquad x_0=\lambda^2[Ax_0+PT(x_0+x_m)],$$

$$(4.2.13)\qquad 0=Ax_m+(I-P)T(x_0+x_m),$$

其中,P 是$H\to H_0$ 的投影.由于 A 是可逆的,故将隐函数定理用于(4.2.13)可得唯一的可微函数

$$x_m = g(x_0).$$

注意,这里 g 与 λ 无关.代入(4.2.12),这个方程变成

(4.2.14) $$x_0 = \lambda^2[Ax_0 + PT(x_0 + g(x_0))].$$

现在,一旦我们验证了 A 是 H_0 中的紧自伴算子,同时,$PT(x_0 + g(x_0))$是高阶梯度算子,我们就可将定理(4.2.7)用到这个算子方程.这两个事实都可从定义(4.1.2)以及2.5节与梯度算子有关的事实直接推出.事实上,由(2.5.5),若

$$\mathscr{T}(x_0) = \int_0^{\frac{1}{2}} F(x_0(s) + g(x_0(s)))ds,$$

则在 H_0 中,

$$\mathscr{T}'(x_0) = PT(x_0 + g(x_0)).$$

于是,利用1.3节中算子 $I - \lambda^2 L$ 的谱的计算,我们发现,不论在本征值 $\lambda_1^2, \lambda_2^2, \cdots, \lambda_k^2$ 之间的任何无理性条件满足与否,集合

$$\{\lambda^2 \mid \lambda^2 = 4\pi^2 N^2/\lambda_i^2, (N = 1,2,\cdots; i = 1,2,\cdots,k)\}$$

的最小正数 $\lambda_{\min}$总是给出方程(4.1.4)的一个歧点$(0,\lambda_{\min})$.因为

$$\lambda_{\min} = 2\pi/\lambda_k,$$

我们求得(4.2.11)的周期解族 $s_\varepsilon(s)$,而 $\| x_\varepsilon(s) \|_{H_0}^2 = \varepsilon$,使得当 $\varepsilon \to 0$ 时,$\lambda(\varepsilon) \to 2\pi/\lambda_k$.借助于 t,我们就得到周期为 τ_ε 的周期解族$x_\varepsilon(t)$,当 $\varepsilon \to 0$ 时,它满足$(x_\varepsilon(t), \tau_\varepsilon) \to (0, 2\pi/\lambda_k)$.于是,若$F(x)$是实解析的,则算子 $T(x)$也是实解析的,从而(由(1.6.2)的实的类似结果),方程(4.2.8)将有一条解析的解曲线 $x_\varepsilon(t)$,其周期为 τ_ε,具有定理中所叙述的性质.而且,τ_ε 将是 x_ε 的最小周期.这因为反之,族$(x_\varepsilon(t), \tau_\varepsilon)$将给出(4.2.8)的一个歧点$(0, \tilde{\lambda})$,这与本征值 $2\pi/\lambda_k$ 的极小性矛盾.

4.2D 分歧理论中的 Morse 型数

1.6C节中已定义了 $F(x)$的孤立临界点 p 的 Morse 型数$\{M_F(p)\}$,其中,$F(x)$是(有限数)N 个实变量的 C^2 实值函数.$\{M_F(p)\}$是 $N+1$ 维向量$(m_0, m_1, \cdots, m_N)$,其分量都是有限正

整数,它们度量 $F(x)$(可能退化)的临界点 p 的"重数".我们现在指出,如果我们将注意力限制于自伴算子 L 和梯度算子 $T(x,\lambda)$,那么 Morse 型数也是方程(4.2.1)的不变量.

此外,从 4.2A 末尾的讨论可知,我们仅需验证 Morse 型数对有限维 Hilbert 空间的不变性.这里,我们已隐含地应用了一个(由(2.5.5)推出的)事实:因为从(4.2.1)到(4.2.2)的过程中这个性质仍保持,故(对于固定的 λ 和 0 附近的 u)(4.2.2)左端的算子是梯度算子.如果我们假定 $\bar{x}$ 是一个非退化的临界点,则不难算出 $\bar{x}$ 的 Morse 型数.事实上,若 $\bar{x}$ 的 Morse 指数为 k,则 $M_F(\bar{x}) = (0,0,\cdots,1,0,\cdots,0)$,其中,1 是第 $k+1$ 个坐标.非退化临界点 $\bar{x}$ 的 Morse 指数可由线性算子 $F''(\bar{x})$确定,故至少在非退化的情况,Morse 型数可由线性化方法算出.最后,Morse 型数在"小扰动"下是"稳定的".这个事实在孤立临界点 $\bar{x}$ 非退化时是显而易见的.在较难的退化情况下,设 $\bar{x}$ 是孤立临界点,其 Morse 型数 $M_F(\bar{x})=(m_0,m_1,\cdots,m_N)$.由(1.6.14),若$G(x)$是 C^2 函数,在 C^1 意义下与 $F(x)$充分接近,且在 $\bar{x}$ 附近只有非退化临界点,则在 $\bar{x}$ 附近,$G(x)$至少有 m_k 个指数为k 的非退化临界点($k=0,1,\cdots,N$).

作为 Morse 型数对分歧理论的一个应用,我们证明

(4.2.15) **定理** 假定 $I-\lambda_0 L$ 是不可逆的自伴 Fredholm 算子,那么,若 $T(x,\lambda)$是 C^1 高阶梯度算子,则$(0,\lambda_0)$是方程(4.2.1)的一个歧点.

证明 假定$(0,\lambda_0)$不是(4.2.1)的歧点,那么$(0,\lambda_0)$也不是(4.2.2)的歧点.于是,对 λ_0 的小邻域中固定的 λ,$(0,\lambda)$是实值函数

$$H(u,\lambda) = \frac{1}{2}(u - \lambda Lu, u) + \mathscr{T}(u + g(u,\lambda),\lambda)$$

的孤立临界点,其中 $\mathscr{T}$是实值函数,满足

$$\mathscr{T}(0,\lambda) \equiv 0, \mathscr{T}_u(u + g(u,\lambda),\lambda) = PT(u + g(u,\lambda),\lambda).$$

显然,对于 λ_0 的去心小邻域中的 λ,$\det|H_{uu}(0,\lambda)| \neq 0$.故当 λ

固定时，$(0,\lambda)$是 $H(u,\lambda)$的孤立非退化临界点．由 Hesse 矩阵$(H_{uu}(0,\lambda))$的一个简易计算可知，当 $\lambda<\lambda_0$ 时，$(0,\lambda)$关于 $H(u,\lambda)$的 Morse 指数为 0，而当 $\lambda>\lambda_0$ 时，

$$\dim\mathrm{Ker}(I-\lambda_0 L)=N(\text{譬如说}).$$

另一方面，$(0,\lambda_0)$是 $H(u,\lambda_0)$的孤立退化临界点，假定其型数至少有一个不为 0．根据上面提到的 Morse 型数的不变性性质，由于当$(u,\lambda)\to(0,\lambda_0)$时，在 C^1 意义下，

$$\sup\|H(u,\lambda)-H(u,\lambda_0)\|\to 0,$$

故对 λ_0 的小邻域中每个 λ，$H(u,\lambda)$在$(0,\lambda)$处的 Morse 型数 $M_\lambda(0)$依坐标方式满足不等式

$$M_\lambda(0)\geqslant M_{\lambda_0}(0).$$

从这些不等式推出，若

$$M_{\lambda_0}(0)=(m_0,m_1,m_2,\cdots,m_N),$$

则当 $\lambda<\lambda_0$ 时，$m_0=1$ 而 $m_i=0(i=1,2,\cdots,N)$．同时，当 $\lambda>\lambda_0$ 时，$m_N=1$ 而 $m_i=0(i=0,1,\cdots,N-1)$．于是对 $i=0,1,2,\cdots,N$，有 $m_i=0$．这正是所要的矛盾．剩下仅需考虑的情况是 Morse 型数 $M_{\lambda_0}(0)$全部为 0 的可能性．但根据 Brouwer 度和 Morse 型数之间的关系(1.6.15)，排除了这种可能．事实上，从(1.6.15)可推出

$$d(H_u(u,\lambda_0),0,|u|<\varepsilon)=0.$$

但这与下面的事实相矛盾：因 $u=0$ 是 $H(u,\lambda_0-\delta)$的相对极小，故对于充分小的 ε 和 δ，

$$d(H_u(u,\lambda_0-\delta),0,|u|<\varepsilon)=1.$$

定理(4.2.15)显然是(4.2.7)中类似结果的深远推广．于是，相对于(4.2.8)在 $x=0$ 附近的周期解，一个直接推论是(4.2.9)的如下推广

(4.2.16) **定理**　在(4.2.9)同样的条件下，在 $x=0$ 的任何充分小的邻域 U 中，系统(4.2.8)都有非平凡周期解 $x_i(t)(i=1,2,\cdots,k)$，使得当 U 的直径趋于 0 时，$x_i(t)$的周期 τ_i 趋于 $2\pi/\lambda_i$．若实

值函数 $F(x)$是实解析的,则(4.2.8)将有实解析解曲线 $x_\varepsilon(t)$,其周期 $\tau_i(\varepsilon)$满足

$$x_\varepsilon(t)=\sum_{n=1}^{\infty}\alpha_n(t)\varepsilon^n,\qquad \tau_i(\varepsilon)=\frac{2\pi}{\lambda_i}+\sum_{n=1}^{\infty}\beta_n\varepsilon^n.$$

证明 将(4.2.9)的证明与上面的结果(4.2.15)综合起来就得到这个定理.

注:Weinstein(1974)最近已指出,(4.2.16)中的周期解相互不同.第六章中我们将指出,Ljusternik-Schnirelmann 理论可用于这方面(见本章末的注记 F).

4.3 具体的分歧现象

某些临界参数的大小常常决定自然界很多事物的性状.在很多情况下,分歧现象在理解问题时起着重要的作用.前两节中,我们用"非线性扰动"谐振子系统在平衡点附近的周期运动说明了这个事实.这里,我们在数学分析的不同领域继续这个课题,以阐明前几节中发展起来的分歧理论的重要性,以及将这个理论用到特别难的情况时所包含的问题.为简单计,我们从非常成熟的学科中选取例证.尽管它们是古典的,但下面讨论的每个课题中都充满尚未解决的基本问题,而它们的解决需要分歧理论.

4.3A 限制三体问题中平衡点附近的周期运动

限制三体问题可叙述如下:两个质量比为 μ 和 $1-\mu$ 的质点 P_1 和 P_2(在 Newton 引力下)沿圆周轨道围绕它们的质心运动,第三个可忽略质量的质点 P_3 运动在前两个旋转体所确定的平面上.质点 P_3 受 P_1 和 P_2 的 Newton 引力控制,但假定它不影响 P_1 和 P_2 的圆周运动.待解决的问题是,描述 P_3 在各种给定的初始条件下的运动.

Euler 在 1772 年提出这个问题.由于 Poincaré 意义深远的研究,它已成为天体力学中的中心课题.Poincaré 强调该限制问题中

周期运动的重要性,并猜测,对给定的时间区间,该限制问题的任何解都可由周期解来任意精确地逼近.

Jacobi 发现了描述 P_3 运动的相对简单的微分方程(在一个旋转坐标系中).这些方程是自治的,并可写成(以无量纲形式)

$$(4.3.1)\qquad x_{tt}-2y_t=U_x(x,y),$$

$$(4.3.2)\qquad y_{tt}+2x_t=U_y(x,y),$$

其中

$$(4.3.3)\quad U(x,y)=\frac{1}{2}(x^2+y^2)+(1-\mu)\{(x-\mu)^2+y^2\}^{-1/2}+\mu\{(x-1+\mu)^2+y^2\}^{-1/2}.$$

系统(4.3.1)~(4.3.2)是自治的 Hamilton 方程.它的平稳点(由解 $U_x=U_y=0$ 得到)是这个系统最简单的解.结果是:存在 5 个这种平稳点:3 个形若 $(x_k(\mu),0)(k=1,2,3)$,通常称为 L_1,L_2,L_3;另两个是 L_4 和 L_5.而 L_4 或 L_5 与点 P_1 和 P_2 构成一个等边三角形(见图 4.4).

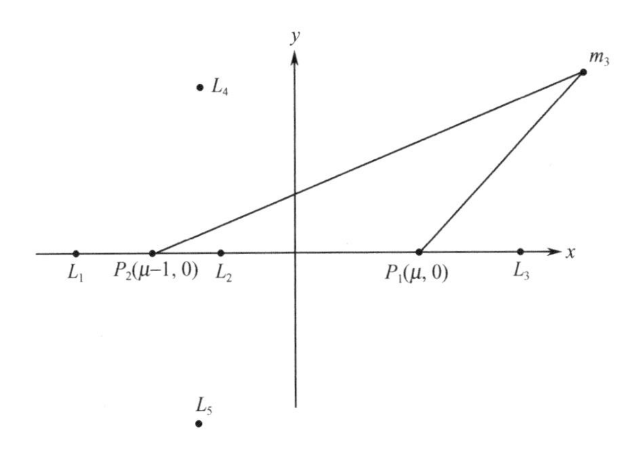

图 4.4 限制三体问题的平衡点

点 L_4 与 L_5 称为三角平稳点或平衡点.这里,根据与 4.1 节和 4.2 节类似的考虑,我们将讨论在这种平稳点附近周期运动的可能性.首先,我们注意,对于所要的周期解,不难求出线性近似.

事实上,若(x_0,y_0)是(4.3.1)～(4.3.2)的平稳点坐标,则关于(x_0,y_0)的线性化方程是

(4.3.4) $\xi_{tt}-2\eta_t=U_{xx}(x_0,y_0)\xi+U_{xy}(x_0,y_0)\eta,$

(4.3.5) $\eta_{tt}+2\xi_t=U_{xy}(x_0,y_0)\xi+U_{yy}(x_0,y_0)\eta.$

结果是,若将共线点L_1,L_2,L_3中的一个选作(x_0,y_0),则该线性化系统有一族周期解.而在点L_4和L_5处,系统(4.3.4)～(4.3.5)或有两个,或无不同的周期解,这取决于质量比μ是否小于或等于某个临界数μ_0.这里,我们留有一个问题是(4.3.1)～(4.3.2)的周期解线性近似的有效性.更明确地说,在每个平稳点(L_1-L_5)附近,(4.3.4)～(4.3.5)的周期解是对(4.3.1)～(4.3.2)周期解精确的首次近似吗?在4.1和4.2节中,对类似于(4.3.1)～(4.3.2)的系统,我们用分歧理论部分地解决了这个问题.事实上,在这里我们借助于非线性扰动下正规方式的保持性来考虑这个问题.我们要指出,我们的方法可以推广到更难的情况.事实上,我们证明

(4.3.6) **定理** 如果对于点$L_i(i=1,\cdots,5)$,线性系统(4.3.4)～(4.3.5)有非平凡周期解,则在L_i的小邻域内,非线性系统(4.3.1)～(4.3.2)至少有一个非平凡的周期解族$x_\varepsilon(t)$及周期τ_ε,两者都解析地依赖于ε,并使得$(x_\varepsilon(t),\tau_\varepsilon)\to(0,\tau_i)$,其中,$\tau_i$是(4.3.4)～(4.3.5)关于$L_i$的所有非平凡周期解中最小非零周期.

证明 我们的证明仿照(4.2.9)中所用过的方法.第一步,在(4.3.1)～(4.3.2)中令$t=\lambda s$,并将注意力定在变换后的方程对s的1周期的解上.依照(4.2.9)的过程,产生的系统在Hilbert空间H中,可写成

(4.3.7) $(\mathscr{L}-\lambda B-\lambda^2L)X-\lambda^2R(X)=0$

的形式.其中,H由定义在$\left(0,\frac{1}{2}\right)$上的绝对连续的2维向量函数

$$X(s)=(x(s),y(s))$$

组成,并使$\dot{X}(s)\in L_2\left(0,\frac{1}{2}\right)$.这里,算子$\mathscr{L},B,L$和$R$由公式

$$(\mathscr{L}X,\varphi)=\int_0^{\frac{1}{2}}X_s\cdot\varphi_x ds,$$

$$(BX,\varphi)=2\int_0^{\frac{1}{2}}(x_s\varphi_2-y_s\varphi_1)ds,$$

$$(LX,\varphi)=\int_0^{\frac{1}{2}}(H(x_0,y_0)X\cdot\varphi)ds,$$

$$(RX,\varphi)=\int_0^{\frac{1}{2}}\nabla V(X)\cdot\varphi ds$$

隐式地定义.其中,$H(x_0,y_0)$是 Hesse 矩阵$(U_{x_ix_j}(x_0,y_0))$,而 $V(X)=V(x,y)$表示实值函数

$$V(x,y)=U(x_0+x,y_0+y)-U(x_0,y_0)$$
$$-\frac{1}{2}H(x_0,y_0)\{X\cdot X\}.$$

于是,B 和 L 是自伴紧算子,同时,R 是高阶全连续梯度算子.

仍如(4.2.9)中一样,在 H 中将向量 $X(s)$分解成它在 $\left(0,\frac{1}{2}\right)$上的平均值 X_m 和一个平均值为 0 的向量 $X_0(s)$,则方程在 H_0 上可以改写成

(4.3.8) $\quad f(X_0,\lambda)=(I-\lambda B-\lambda^2L)X_0-\lambda^2T(X_0)=0$

的形式,其中,H_0 是 H 的一个闭子空间,H 由$\left(0,\frac{1}{2}\right)$上平均值为 0 的那些向量 $X_0(s)$组成.现若线性算子 $f_x(0,\lambda)=I-\lambda B-\lambda^2L$ 在数 λ 处不可逆,则该数 λ 与(4.3.4)~(4.3.5)的非平凡周期解的周期一致.因为算子 B 和 L 是紧且自伴的,故对所有的 λ 值,$f_x(0,\lambda)$是零指标的 Fredholm 算子.于是,4.1 和 4.2 节中所展开的分歧理论方法就变得可用了.由于在每个 $L_i(i=1,\cdots,5)$处,Hesse 矩阵 $H(x_0,y_0)$是非奇异的,故由重复给在(4.1.13)中的论证可知,当 $\lambda=\lambda_0$ 时,若 $\dim\mathrm{Ker}(I-\lambda B-\lambda^2L)=1$,则方程(4.3.8)有唯一的非平凡解曲线$(x(\varepsilon),\lambda(\varepsilon))$实解析地依赖于 ε,并从$(0,\lambda_0)$分歧出来.因为函数 $V(x,y)$是实解析的,所以这些解

依次产生所要求的(4.3.1)～(4.3.2)的周期解族.另一方面,若 $\lambda = \lambda_0$ 时 $\dim\mathrm{Ker}(I-\lambda B-\lambda^2 L)>1$,则用定理(4.2.15)和(4.2.7)的证明,我们可得出方程(4.3.8)总是有非平凡解曲线($x(\varepsilon)$, $\lambda(\varepsilon)$)实解析地依赖于 ε,并从(0, λ_0)分歧出来,这些解产生(4.3.1)～(4.3.2)的非平凡周期解族.

(4.3.9) **推论** 对任一 $\mu>0$,在 L_1, L_2 和 L_3 的任一小邻域内,系统(4.3.1)～(4.3.2)都有周期解.此外,存在临界数 $\mu_0<1$,使得当 $\mu\leqslant\mu_0$ 时,在 L_4 和 L_5 的任一小邻域内,系统(4.3.1)～(4.3.2)都有周期解,但对 $\mu>\mu_0$ 则无.事实上,除了$(0,\mu_0)$中的一个可数无穷点集 Σ_μ 外,在 L_4 和 L_5 附近,(4.3.1)～(4.3.2)有两个不同的周期解族.

证明 由定理(4.3.6),只要确定数 λ 使得

$$f_x(0,\lambda)=I-\lambda B-\lambda^2 L$$

有非平凡核;或等价地,确定(4.3.4)～(4.3.5)非平凡解的周期 λ.为确定这些线性方程的周期,我们构造这个系统的特征方程.对 L_1, L_2 和 L_3,该方程可写成

$$s^4+\alpha(\mu)s^2-\beta^2(\mu)=0.$$

其中 $\alpha(\mu)$ 和 $\beta(\mu)$ 是常数.由于周期解对应于 s 的纯虚值,我们看到,因为 $\beta^2(\mu)>0$,故对于任何 μ,仅存在一个这样的共轭对.另一方面,对于 L_4 和 L_5,特征方程是

$$s^4+s^2+\frac{27}{4}\mu(1-\mu)=0,$$

并且,当且仅当 $1\geqslant 27\mu(1-\mu)$ 时,这个方程有所要的纯虚数复共轭根($\pm is_1$, $\pm is_2$).于是值 μ_0 是方程 $1=27\mu(1-\mu)$ 的最小正解,因而当 $s_2>s_1$ 时,只要 $s_2/s_1\neq N$, N 是整数,将推广了的 Liapunov 准则用于系统(4.3.1)～(4.3.2),就得两个周期解族,其周期分别接近 $2\pi/s_2$ 和 $2\pi/s_1$. 令 $D=1-27\mu(1-\mu)$,所排除的 μ 值正是使

$$(1+\sqrt{D})/(1-\sqrt{D})\neq N^2 (N=1,2,\cdots)$$

的那些值.注意,当 $N\to\infty$ 时,这些 μ 值有极限点.

尚未解决的问题的注 显然，与上述结果有关的尚未解决的(和我们的方法所使用的)重要经典问题是：

(i) 大振幅周期轨道族的延拓；

(ii) 在 L_4 和 L_5 附近，对于两个不同的周期解族的存在性来说，$\mu\in\Sigma_\mu$ 的禁用值除去的可能性(见本章末的注记 F).

4.3B 非线性弹性中的屈曲现象

在非线性弹性问题中出现很多有趣的分歧现象，最早的也许就是第一章中提到的 Euler 弹性杆问题. Euler 问题是对均匀弹性杆上轴向力作用给出的一个数学描述. 他在 1744 年的论文中，把这个问题化为描述如下半线性边值问题

$$\ddot{w} + Pw[1 - \dot{w}^2]^{3/2} = 0,\ w(0) = w(1) = 0$$

的解.

Euler 发现，当轴向力大小 P 超过某数时，杆就要偏离其平面或"屈曲". 这个数即所谓的"屈曲负荷"，是相应的线性问题

$$\ddot{w} + Pw = 0,\ w(0) = w(1) = 0$$

的最小本征值. 他还指出，拟线性问题可借助于含参数 P 的椭圆函数显式地解出.

1910 年，von Kármán 提出，可用两个 4 阶拟线性偏微分方程组来描述一个类似但更难的二维问题：对于沿边界受到任意力和应力的一个弹性薄板的屈曲作一个数学描述. 在随后的岁月中，对这些方程的充分讨论表明，不对薄板的形状或屈曲板的对称性作额外假定，则因所涉及的偏微分方程的非线性性质，问题极其困难. 在这里，我们要论证，4.1 和 4.2 节中展开的分歧理论，可用于薄板和更一般的弹性薄壳的弹性屈曲的数学研究.

确切描述 von Kármán 方程如下：我们考虑一个薄弹性体 B，它在没有变形时是平的. 它受到作用于其边界上的压力(其大小为 λ)，那么，在 B 中产生的应力可用 Airy 应力函数 $f(x,y)+\lambda F_0(x,y)$来度量，而 B 距离它所处平面的位移为 $u(x,y)$，可由以下拟线性椭圆型方程

$$(4.3.10) \qquad \Delta^2 f = -\frac{1}{2}[u,u],$$
$$\Delta^2 u = \lambda[F_0,u]+[f,u]$$

来确定(见(1.1.12)).其中,Δ^2 表示双调和算子,且

$$[f,g] = f_{xx}g_{yy} + f_{yy}g_{xx} - 2f_{xy}g_{xy}.$$

如果我们把 B 表示成 $\mathbf{R}^2$ 中的有界域 G,而 B 的边界表示为∂G,那么,相应于(4.3.10),我们可考虑以下边界条件

$$(4.3.11) \qquad u = u_x = u_y = 0,$$
$$f = f_x = f_y = 0, \quad \text{在}\partial G\text{ 上}.$$

此时,$F_0(x,y)$是由解一个相应的非齐次线性问题所得出的函数,并且若要阻止板的偏转的话,则它是未偏转板中所产生的应力的一个量度.所得的平衡态称为“屈曲”状态,而这个问题称为“弹性屈曲”.

为了研究开始的屈曲,一般假定方程(4.3.10)中的非线性项$[u,u]$和$[f,u]$可以忽略不计,于是,已知可用以下线性本征值问题

$$(4.3.12) \qquad \Delta^2 w - \lambda[F_0,w]=0, \quad \text{在 }\Omega\text{ 中},$$
$$(4.3.13) \qquad w = w_x = w_y = 0, \quad \text{在}\partial\Omega\text{ 上}$$

来描述板屈曲的经典线性化问题.

借助于泛函分析语言,这个线性化问题在于研究自伴算子的线性本征值问题

$$(4.3.14) \qquad w = \lambda L w \quad \text{在 } \mathring{W}_{2,2}(\Omega)\text{中}.$$

贯穿于这个工作,我们将对函数 $F_0(x,y)$加上以下条件:算子

$$Lw = [F_0, w]$$

是$\mathring{W}_{2,2}(\Omega)$上的有界紧算子.例如,若 F_0 的所有二阶导数在 Ω 中一致有界,则这个条件一定合理.此外,我们注意,这个假设允许我们去考虑有正和负本征值的算子 L.这种情况对应于以下物理作用:在$\partial\Omega$ 的一部分上是压力,而在$\partial\Omega$ 的另一部分上是张力.事实上,由本征值$\{\lambda_n\}$组成(4.3.14)的谱构成一个趋于$+\infty$或$-\infty$或两者的离散数列,每个 λ_n 的重数是有限的,而零不是(4.3.14)的

本征值.

我们举一个夹紧板的线性化问题的简单例子.

例 一个圆形夹紧板,在它的边界受到均匀压力.这时,方程(4.3.12)-(4.3.13)简化为

(4.3.15) $$\Delta^2 w - \lambda \Delta w = 0,\ w = w_x = w_y = 0.$$

研究这个问题的解,就变成分析径向对称本征函数及非径向对称本征函数.

(4.3.15)的径向对称解 $w = w(r)$可由 Bessel 函数$J_1(r)$的零点来显式地确定.这些本征函数是单重的,可刻画为二阶常微分方程

$$r^2 \ddot{\psi} + r\dot{\psi} + (r^2 - 1)\psi = 0$$

的解,它在 $r=0$ 处是有限的.

非径向对称本征函数问题可由下式

$$w(r,\theta) = R(r)\begin{cases}\sin\mu\theta, \\ \cos\mu\theta.\end{cases}$$

得到.这些本征函数不一定是单重的,但已知第一本征函数是轴对称的,且是单重的.

现在我们指出,在刚才的意义下,(i) 本征值 λ_n 和本征函数是对(4.3.12)~(4.3.13)的解有效的首次近似;(ii)为了理解屈曲现象.为此我们证明

(4.3.16) **定理** (i) 假定 λ_n 是线性系统(4.3.14)的本征值,则$(0,\lambda_n)$是非线性系统(4.3.12)~(4.3.13)的歧点.于是,对每个λ_n,存在(4.3.12)~(4.3.13)的一个单参数解族$(w_\varepsilon, f_\varepsilon, \lambda_\varepsilon)$,它解析地依赖于 ε,使得

$$w_\varepsilon = \sum_{n=1}^{\infty} w_n \varepsilon^n,\ f_\varepsilon = \sum_{n=2}^{\infty} f_n \varepsilon^n,\ \lambda_\varepsilon = \lambda_n + \sum_{n=1}^{\infty} \beta_n \varepsilon^n,$$

且 w_1 是(4.3.13)~(4.3.14)的解.

(ii) 系统(4.3.12)~(4.3.13)在区间(λ_{-1},λ_1)中无解.其中,λ_1 和 λ_{-1}分别是(4.3.13)~(4.3.14)的最小正本征值和最大负本征值.

(iii) 在 $w=0$ 和 $\lambda=\lambda_N$ 附近，当 $\lambda_N>0$ 时，非线性系统(4.3.12)～(4.3.13)对 $\lambda\leqslant\lambda_N(N=1,2,\cdots)$无解，而当 $\lambda_N<0$ 时，对 $\lambda\geqslant\lambda_N$ 无解.

(i) 的证明 在 2.5C 节中，我们证明了系统(4.3.12)～(4.3.13)的解能一一对应于定义在 Hilbert 空间 $H=\mathring{W}_{2,2}(\Omega)$上的算子方程

$$w+Cw=\lambda Lw \tag{4.3.17}$$

的解.其中，算子 $C(w)$定义如下：首先由

$$(C(w,v),\varphi)=\int_{\Omega}[w,v]\varphi,\quad \varphi\in C_0^{\infty}(\Omega) \tag{4.3.18}$$

隐式地定义双线性算子 $C(w,v):H\times H\to H$. 那么，$C(w)=C(w,C(w,w))$是全连续梯度算子，三次齐次，并且使$(Cw,w)\geqslant0$. 令 $f(w,\lambda)=w+Cw-\lambda Lw$，我们指出，根据定理(4.2.15)，所有使 $\dim\mathrm{Ker}f_w(0,\lambda_N)>0$ 的点$(0,\lambda_N)$都是(4.3.17)的歧点，而这些相应的数 λ_N 与(4.3.12)～(4.3.13)的本征值 λ_N 一致.因为 $f(w,\lambda)$对 w 和λ 是实解析的，故同(4.2.16)一样，又得到(i)中的展开式.

(ii) 的证明 假定(w,f)是(4.3.12)～(4.3.13)当 $\lambda\in[\lambda_{-1},\lambda_1]$时的解，则$(w,\lambda)$将满足(4.3.17).取(4.3.17)与 w 的内积，并且利用 λ_1 和 λ_{-1}的变分特性，我们得到$(Cw,w)=0$. 于是，对所有的 $\varphi\in H$，有

$$\int_{\Omega}[w,w]\varphi=0,$$

从而 w 满足系统

$$[w,w]=w_{xx}w_{yy}-w_{xy}^2=0,\quad 在\ \Omega\ 中; \tag{4.3.19}$$

$$D^{\alpha}w|_{\partial\Omega}=0,\ |\alpha|\leqslant1. \tag{4.3.20}$$

于是，曲面 $w=w(x,y)$的 Gauss 曲率为 0，因而是可展的.这个曲面被射线覆盖，且根据(4.3.20)，在 Ω 中 $w(x,y)\equiv0$.

(iii) 的证明 上面刚证明了，对(4.3.12)～(4.3.13)的任何非平凡解有$(Cw,w)>0$. 将(4.1.33)用于方程(4.3.17)，就得到

所需的结果.

关于(4.3.16)的一个改进的注 在第六章我们将得到上述结果(i)的一个重要改进.即:如果 λ_n 是一个 k 重本征值,那么,粗略地说,非线性系统(4.3.12)~(4.3.13)至少有 k 个从$(0,0,\lambda_n)$分歧出来的单参数解族(更详的结果见6.7C节).

与弹性薄壳(即本来就弯曲的弹性结构)有关的屈曲现象比弹性板的情况考虑起来更复杂,尽管有类似的 von Kármán 方程.事实上,众所周知的经验事实是:线性化常常不能解释所观察到的变形.为说明这个事实,我们考虑一个任意形状的浅薄壳 S,它在 xy 平面中的投影是有界域 Ω,边界是$\partial\Omega$.假定壳上受一个外力 $Z(x,y)$作用,并且沿边界$\partial\Omega$ 有力的作用,那么,加上适当的边界条件,S 的平衡态将由解以下 von Kármán 方程

$$(4.3.21)\qquad \Delta^2 f=-\frac{1}{2}[w,w]-(k_1w_x)_x-(k_2w_y)_y,$$

$$(4.3.22)\qquad \Delta^2 w=[f,w]+(k_1f_x)_x+(k_2f_y)_y+Z$$

来确定.这里,k_1 和 k_2 分别表示壳在平行于 zx 和 zy 平面的横截面处的初始曲率.于是,初始曲率在 von Kármán 方程上的影响仅是在(w,f)中加一个线性曲率项.

此外,如果选取 $Z=\lambda\psi_0$,使得同时满足边界条件

$$(4.3.23)\qquad w=w_x=w_y=0,$$

$$(4.3.24)\qquad f_{n\tau}=\lambda\psi_1,\ f_{\tau\tau}=\lambda\psi_2,\text{在}\partial\Omega\text{ 上}$$

那么,对所有的 λ,方程组(4.3.21)~(4.3.24)有解

$$(w,f)=(0,\lambda F_0)$$

(即一个线性依赖于 λ 的解,使得变形壳的中曲面被伸展而不是被弯曲).这里,n 和 τ 分别表示法向和切向导数;ψ_1 和 ψ_2 表示作用在$\partial\Omega$ 上的边应力;而 λ 度量边应力的大小.我们指出,对于给定的光滑的 ψ_1,ψ_2,总可以确定出这样一个线性地依赖于 λ 的函数$Z=\lambda\psi_0$.事实上,如果 λF_0 是带边界条件(4.3.24)的 Dirichlet 问题 $\Delta^2F=0$ 的解,我们可用公式

$$(k_1F_{0x})_x-(k_2F_{0y})_y=-\psi_0$$

计算 ψ_0,因而 $w=0, F=\lambda F_0$,满足所得到的方程(4.3.21)~(4.3.24).

今记整个方程组(4.3.21)~(4.3.24)的试探解为

$$w = w,\ f = F + \lambda F_0,$$

我们发现,可由下面的方程组确定出所希望的平衡态:

(4.3.25) $\Delta^2 F = -\frac{1}{2}[w,w] - (k_1 w_x)_x - (k_2 w_y)_y,$

(4.3.26) $\Delta^2 w = [F,w] + \lambda[F_0,w] + (k_1 F)_x + (k_2 F)_y,$

(4.3.27) $w = w_x = w_y = 0, F = F_x = F_y = 0$,在$\partial\Omega$ 上.

这时,相应的线性系统可以写成

(4.3.28) $\Delta^2 F = -(k_1 w_x)_x - (k_2 w_y)_y,$

(4.3.29) $\Delta^2 w = \lambda[F_0 w] + (k_1 F)_x + (k_2 F)_y,$

其边界条件为(4.3.27).显然(依照(2.5.7)的论证),这个系统可以写成 Hilbert 空间 $H = \mathring{W}_{2,2}(\Omega)$中的算子方程

(4.3.30) $$w + L_1^2 w = \lambda L w.$$

其中,Lw 的定义同(2.5.7)中一样,而

$$(L_1 w, \varphi) = \int_\Omega (k_1 w_x \varphi_x + k_2 w_y \varphi_y).$$

在以上假定下,(4.3.30)的谱有如平面情况一样完全相同的性质.

系统(4.3.25)~(4.3.27)及其关于点$(0,\lambda)$的线性化之间的关系可表述如下:

(4.3.31) **定理** (i) 设 λ_N 表示线性化系统(4.3.30)的一个本征值,则$(0,\lambda_N)$是系统(4.3.25)~(4.3.27)的歧点,且存在一个解析地依赖于 ε(对小的 ε)的单参数族$(w_\varepsilon^{(N)}, f_\varepsilon^{(N)}, \lambda_\varepsilon^{(N)})$,使得

$$w_\varepsilon^{(N)} = \varepsilon w_N(x) + O(\varepsilon^2),$$

$$f_\varepsilon^{(N)} = O(\varepsilon^2),$$

$$\lambda_\varepsilon^{(N)} = \lambda_N + O(\varepsilon),$$

其中,w_N 是(4.3.30)的正规化本征函数.

(ii) 对 $0<\lambda\leqslant\bar{\lambda}_0$，平凡解$(w,\lambda)=(0,\lambda)$可达到势能的绝对极小，其中，$\bar{\lambda}_0$ 是相应的线性化板方程 $w=\lambda Lw$ 的最小正本征值. 但对 $\lambda\in(\bar{\lambda}_0,\lambda_1)$，平凡解$(0,\lambda)$(虽然是相对极小，但一般地)不是达到势能绝对极小值的解.

(i) 的证明 我们又可将方程组(4.3.25)～(4.3.27)变形为 Hilbert 空间 H 中的一个算子方程. 该算子方程可写成(2.5.7)中的那样，首先是一对方程

$$F=-\frac{1}{2}C(w,w)-L_1w, \tag{4.3.32}$$

$$w=C(F,w)+\lambda Lw+L_1F. \tag{4.3.33}$$

然后，将(4.3.32)代入(4.3.33)，并且如同在(2.5.7)中那样，令 $Cw=C(w,(Cw,w))$，可得

$$\begin{aligned}G(w,\lambda)&=w+\frac{1}{2}C(w)+C(w,L_1w)\\&\quad+\frac{1}{2}L_1C(w,w)+L_1^2w-\lambda Lw\\&=0.\end{aligned} \tag{4.3.34}$$

此时，点 λ_N 使 $G_w(0,\lambda)$不可逆则它与(4.3.30)的本征值重合. 为了证明每个这样的 λ_N 都是与 $\dim\operatorname{Ker}(1+L_1^2-\lambda_NL)$无关的歧点，我们来证明 $G(w,\lambda)$是梯度算子，然后再利用定理(4.2.15). 由一个简单的计算可知，若

$$\mathscr{G}(w,\lambda)=\|w\|^2+\left\|\frac{1}{2}C(w,w)+L_1w\right\|^2-\lambda(Lw,w),$$

则 $\mathscr{G}_w(w,\lambda)=2G(w,\lambda)$，故 $G(w,\lambda)$是梯度算子. 此外，在 $\mathring{W}_{2,2}(\Omega)$上定义一个 Hilbert 空间范数，就可将 $G(w,\lambda)$置于标准型

$$G(w,\lambda)=(I-\lambda L)w+T(w).$$

做法是：令 $\|w\|_{2,2}^2+\|Lw\|_{2,2}^2$作为新范数，让该 Hilbert 空间在 $\mathring{W}_{2,2}(\Omega)$上的范数等价于范数 $\|w\|_{2,2}=\int_\Omega|\Delta w|^2$.

(ii) 的证明 系统的势能可用(i)的证明中所定义的泛函

$\mathscr{G}(w,\lambda)$来表示.根据 $\bar{\lambda}_0$ 的变分特性,对 $\lambda\in[0,\lambda_0]$,

$$\mathscr{G}(w,\lambda)\geqslant\left\|\frac{1}{2}C(w,w)+L_1w\right\|^2\geqslant 0.$$

因为 $\mathscr{G}(0,\lambda)=0$,故对于 $\lambda\in[0,\lambda_0]$,平凡解 $(0,\lambda)$ 达到 $\mathscr{G}(w,\lambda)$ 的极小.另一方面,根据 λ_1 的变分特性,对于 $\lambda\in[\bar{\lambda}_0,\lambda_1]$ 及任意的 $z\in H$,二次型

$$(\mathscr{G}_{ww}(0,\lambda)z,z)=(z,z)+(L_1^2z,z)-\lambda(Lz,z)\geqslant 0.$$

于是,对于 $\lambda\in[\bar{\lambda}_0,\lambda_1]$,平凡解是势能泛函 $\mathscr{G}(w,\lambda)$ 的相对极小.为证(一般)平凡解不是绝对极小,我们注意,若 $(\bar{w},\bar{F},\lambda)$ 是(4.3.24)的解,则

$$\mathscr{G}(\bar{w},\bar{\lambda})=-\frac{1}{4}\|C(\bar{w},\bar{w})\|^2-\frac{1}{2}(C(\bar{w},\bar{w}),L\bar{w}).$$

现在,若 $\dim\operatorname{Ker}(I+L^2-\lambda_1L_1)=1$,并且像一般情况那样,对于

$$u_1\in\operatorname{Ker}(I+L^2-\lambda_1L)$$

有

$$(C(u_1,u_1),Lu_1)\neq 0,$$

则当 $\lambda<\lambda_1$ 时 $\mathscr{G}(\bar{w},\bar{\lambda})$ 可为负.故一般地,对小于 λ_1 的 λ 值,平凡解不是绝对极小.

对系统(4.3.10)~(4.3.11)解的稳定性的研究是重要的.事实上,有各种理论来阐述物理原理,据此,在 λ 的每个值提供的各种可能之中,板"选择"了一个特殊的解或"分歧状态".此处,我们谈谈这样一个原理,该原理可追溯到 Dirichlet.

最小势能原理:在 λ 的特定值处,板选择使势能极小的状态.反之,一个平衡态的势能不是相对极小就不稳定.

对于提到的问题,若不计常数因子,由 $u(x,y)$ 所确定的平衡态的势能可由下式来定义:

(4.3.35) $$V(u)=(u,u)+\frac{1}{2}(Cu,u)-\lambda(Lu,u).$$

从而,板未屈曲的状态 u_0 有势能

$$V(u_0)=0.$$

(4.3.36)**定理** 由 $u=u(x,y)$定义板的任何屈曲状态都有严格的负势能,即 $V(u)<0$. 因此,当 $\lambda>\lambda_1$ 时,未屈曲的状态是不稳定的.

证明 对于任意屈曲状态,

$$(u,u)+(Cu,u)=\lambda(Lu,u).$$

于是,因 $u\neq 0$,故

$$V(u)=-\frac{1}{2}(Cu,u)<0.$$

因而,根据最小势能原理,当 $\lambda>\lambda_1$ 时,板总会弯离平面位置;故而当 $\lambda>\lambda_1$ 时,平凡解不稳定.

4.3C Navier-Stokes 方程的第二定常流

在很多情况下,刻画黏性不可压流体运动的 Navier-Stokes 方程定常解结构,决定性地依赖于单的实的无因次参数 R,该 R 称为 Reynolds 数.对于充分小的 R,存在唯一的"层状"定常流满足 Navier-Stokes 方程.事实上,第五章将证明,在很一般的情况下,对任何正值 Reynolds 数 R,Navier-Stokes 方程至少有一个定常解.但在很多情况下都可观察到,对于大的 Reynolds 数,Navier-Stokes 方程的这些定常解不稳定.事实上,当 Reynolds 数增大时,可观察到不定常的高度不规则(湍流)流体运动.仅就 Navier-Stokes 方程的非线性来解释这个现象是尚未解决的突出问题.这里,借助于分歧理论,我们研究起源于层状定常流的这种处理.特别,我们指出,(在某些情况)首先可以把 Navier-Stokes 方程的歧点与某个线性算子的本征值联系起来;其次,在这些歧点上发生了"稳定性交换"现象.

(i)第二定常流的一般问题 设 Ω 是 $\mathbf{R}^N(N=2,3)$中的有界域,边界为$\partial\Omega$.在给定力 f 和 a 作用下,黏性流体运动的 Navier-Stokes 方程是

(4.3.37) $$\beta\Delta v=(v\cdot\operatorname{grad})v+\nabla P+f,$$
$$\operatorname{div}v=0,$$

$$v|_{\partial\Omega}=a,$$

这里,向量 v 和标量 $P(x)$ 是未知的.我们假定

$$f = \nu f_0$$

线性地依赖于参数 ν,且系统(4.3.37)对所有的实值 ν,有形如

(4.3.38) $\qquad v(\nu)=\nu v_0,\quad P(\nu)=P_0(x_0,\nu)$

的已知解,这时,我们要找(4.3.7)的形若

$$v=\nu w+v(\nu),\quad P=cp+P_0$$

的其余解.为确定 w 和 p,令 $\lambda=\nu/\beta$,我们研究方程

(4.3.39)
$$\begin{aligned}\Delta w=\lambda\{(w\cdot\text{grad})v+(v\cdot\text{grad})w\\+(w\cdot\text{grad})w\}+\nabla p,\end{aligned}$$
$$\text{div}w=0,$$
$$w|_{\partial\Omega}=0$$

的非平凡解.显然,用2.2D节的结果(见第二章的注记C),我们可以把(4.3.39)的解变为实 Hilbert 空间 $\mathring{H}_1$ 中的算子方程

(4.3.40) $\qquad f(w,\lambda)\equiv w-\lambda\{Lw+Nw\}=0$

的解,其中 $\mathring{H}_1$ 是螺线 N 维向量空间,它由 $C_0^\infty(\Omega)$ 中的螺线 N 维向量的每一分量在 Sobolev 空间 $\mathring{W}_{1,2}(\Omega)$ 中完备化而获得.算子 L 和 N 由公式

$$(Lw,\varphi)_{\mathring{H}_1}=-\int_\Omega[\{w\cdot\text{grad}v\}+\{v\cdot\text{grad}w\}]\cdot\varphi,$$

$$(Nw,\varphi)_{\mathring{H}_1}=-\int_\Omega\{w\cdot\text{grad}w\}\cdot\varphi$$

隐式地定义(见第二章注记C).正如第二章的注记C中提到的,由 Sobolev 嵌入定理可推出 L 和 N 是 $\mathring{H}_1\to\mathring{H}_1$ 的紧映射.

实际上,我们将只考虑在 $\mathring{H}_1$ 中 $\dim\text{Ker}(I-\lambda L)$ 是奇数的那些问题.事实上,在实 Hilbert 空间 $\mathring{H}_1$ 上,算子 N 既不是梯度映射,也不是复解析的,故唯一可用于(4.3.40)的一般性结果是限制 $\dim\text{Ker}(I-\lambda L)$ 奇偶性的那些结果.为了分析 $\text{Ker}(I-\lambda L)$,需对 Ω 以及对向量 f 和 a 给予限制.于是,由4.1~4.2节的歧点分析

我们指出,为了证明 Navier-Stokes 方程有不同于$(v(\nu),P(\nu))$的第二定常流,只需求出方程(4.3.40)的歧点$(0,\lambda)$. 因此,我们必须确定$\mathring{H}_1$中线性算子 $f'(0,\lambda)w=(I-\lambda L)w$ 的实本征值λ,并确定其中哪些对应于(4.3.40)的歧点.

称不定常 Navier-Stokes 方程(1.1.18)~(1.1.19)的解 $u(x,t)$稳定或不稳定,对应于确定解 $u(x,t)$的数据有任何小扰动时,对所有 t,在适当的范数下,引起的扰动解 $v(x,t)$接近或不接近 $u(x,t)$. 对于定常态 $u(x)$,这个稳定性准则有时可由如下样式的线性化来检验:考虑方程组(1.1.18)~(1.1.19)形若 $v(x,t)=e^{\sigma t}w(x)+u(x)$的解,这里,$w(x)$中略去了高阶项;即,我们考虑 Navier-Stokes 算子对于 $u(x)$的线性化的算子谱. 如果这个算子有带正实部的一个本征值,则对应于线性化稳定性理论,$u(x)$称为不稳定的;当线性算子所有本征值均有负实部时,则 $u(x)$称为稳定的(在线性化意义下). 于是,为了研究线性化稳定性理论,必须研究方程

$$f_w(u,\lambda)w=-\sigma\mathscr{L}w \tag{4.3.41}$$

的非平凡解(w,σ). 其中 $\mathscr{L}$ 是 Hilbert 空间$\mathring{H}_1$ 中 $W_{1,2}(\Omega)\to L_2(\Omega)$的嵌入算子,而 $f_w(u,\lambda)$表示算子 $f(w,\lambda)$(定义在(4.3.40)中)在定常解(w,λ)处赋值的 Fréchet 导数.

作为阐述刚才描述的非唯一现象的第一个例子,假定 $\bar{\Omega}$ 是旋转光滑曲面,它不含旋转轴 z 上的点. 对这种特殊的几何体,借助于柱面极坐标(r,θ,z),我们求旋转对称的第二定常流 $w=w(r,z)$.

我们假定当 $\nu\in(+\infty,\infty)$时,外力 $F=(0,F_0(r),0)$使(4.3.37)有平凡解 $v(r)=(0,\nu v_0(r),0)$. 由(4.3.40),在柱面坐标中对 $w=(w^{(r)},w^{(\theta)},w^{(z)})$所得到的 Navier-Stokes 方程可写成算子形式

$$f(w,\lambda)=(I-\lambda L)w+\lambda T(w),$$

该算子作用在$\mathring{H}_1$ 的闭子空间 A_0 中,而 A_0 由旋转对称的螺线向

量组成,其内积

$$(w,v)_{A_0}=\int_D(\nabla w\cdot\nabla v)rdrdz,$$

其中,D 是 Ω 的轴截面.于是,若

$$w_0=-v_0/r,\quad g=-(dv_0/dr+v_0/r),$$

则有

$$(4.3.42)\quad (Lw,\varphi)_{A_0}=\int_D(2w_0w^{(\theta)}\varphi^{(r)}+gw^{(r)}\varphi^{(\theta)}).$$

一般,L 不是自伴算子;但若 $v_0(r)=r^\beta$,其中,$\beta<-1$,则只需对 A_0 上的内积稍作改变,L 就成为自伴的.事实上,令

$$[w,\varphi]_{\tilde{A}_0}=(w,\varphi)_{A_0}+\int_D(w^{(r)}\varphi^{(r)}$$

$$-\left(\frac{2}{\beta+1}\right)w^{(\theta)}\varphi^{(\theta)}+w^{(z)}\varphi^{(z)})rdrdz,$$

我们就可在 A_0 上定义一个等价内积.因为

$$2w(r)=(-2/(\beta+1))g(r),$$

$$[Lw,\varphi]_{\tilde{A}_0}=\int_D2w(r)\{w^{(\theta)}\varphi^{(r)}+w^{(r)}\varphi^{(\theta)}\}rdrdz$$

$$=[w,L\varphi]_{\tilde{A}_0},$$

故算子 L 是紧的并且是自伴的.因此,存在一个可数无穷离散实数列

$$0<\lambda_1\leqslant\lambda_2\leqslant\cdots\leqslant\lambda_n\to\infty$$

使得

$$0<\dim\operatorname{Ker}(I-\lambda_iL)<\infty\qquad(i=1,2,\cdots).$$

这些事实的直接推论是(4.3.37)的定常态的非唯一性.

(4.3.43)**定理** 设 Ω 如上所述,则存在向量 f 和边界条件 a,使得 Navier-Stokes 方程(4.3.37)对应的旋转对称定常态不是唯一的.

证明 设 $\lambda=\nu/\beta$ 是上述任一本征值 λ_i,其本征向量为 u_i.设

$$v_1=\frac{1}{2}(a+u_i),\quad v_2=\frac{1}{2}(a-u_i),$$

其中，$a=(0,\lambda r^{\beta},0)$，$\beta<-1$. 则 v_1 和 v_2 是螺线的，并且在$\partial\Omega$ 上取值相同. 此外，在 Ω 内

$$(I-\lambda L)v_1+\lambda T(v_1)=(I-\lambda L)v_2+\lambda T(v_2).$$

因此，若向量 f 是这个公共值，则 v_1 和 v_2 两者都是所需的旋转对称定常态.

我们现在证明

(4.3.44) **定理** 在上述条件下，若 $\dim \mathrm{Ker}(I-\lambda_i L)$ 是奇数，则对 λ_i 附近的 $\lambda(\varepsilon)$，Navier-Stokes 方程(4.3.37)有一族第二类旋转对称定常态解

$$w_i=w_i(r,z,\varepsilon),$$

使得

$$w_i(r,z,\varepsilon)=\varepsilon u_i(r,\theta)+O(|\varepsilon|^2),$$

$$\lambda(\varepsilon)=\lambda_i+O(|\varepsilon|),$$

其中，u_i 是 $\lambda=\lambda_i$ 时线性化方程的解.

证明 证明可直接从(4.2.3)以及下面的事实得到. 这个事实是，在 $\widetilde{A}_0$ 中，当 T 在 $w=0$ 附近是一个高阶的 C^1 算子时，算子方程

$$f(w,\lambda)=(I-\lambda L)w+Tw=0$$

使得 L 是紧的且自伴.

(4.3.45) **推论** 用 λ_1 表示使 $\dim \mathrm{Ker}(I-\lambda L)>0$ 的最小正数，则当$|\lambda|<\lambda_1$ 时，平凡解 $v_0(\nu)$(在线性化意义下)稳定，当$|\lambda|>\lambda_1$ 时，$v_0(\nu)$(在线性化意义下)不稳定.

证明 当$0<\lambda<\lambda_1$ 时，从方程$(I-\lambda L)u=-\sigma\mathscr{L}u$，$\|u\|=1$ 可推出

$$(\mathscr{L}u,u)\sigma=-((I-\lambda Lu),u).$$

于是，由 λ_1 的变分特性，对 $u\neq0$，有$(\mathscr{L}u,u)\sigma<0$. 因此 $\sigma<0$，并且相应于平凡解$(0,\lambda)$的定常态是线性稳定的. 当 $\lambda>\lambda_1$ 时，$I-\lambda L$ 的最小本征值σ_1 被刻划为

$$-\sigma_1=\inf\frac{((I-\lambda L)u,u)}{(\mathscr{L}u,u)}\leqslant\frac{((I-\lambda L)u_1,u_1)}{(\mathscr{L}u_1,u_1)} \tag{4.3.46}$$

$$\leqslant \frac{(\lambda_1 - \lambda)\| u_1 \|^2}{\lambda_1(\mathscr{L}u_1, u_1)} < 0.$$

因此,按照线性化稳定性理论,当 $\lambda > \lambda_0$ 时,平凡解$(0,\lambda)$不稳定.

(ii) Taylor 旋涡

在两个无限长的同轴旋转圆柱面中间的黏性不可压流体的流动,是刚才讲的第二类定常流的极好例子(虽然更复杂).假定这两个圆柱面的半径分别为 r_1, r_2,且 $r_1 < r_2$,而这些圆柱面分别以角速度 ω_1 和 ω_2 旋转.假定选择柱面坐标系(r,θ,z)使 z 轴与圆柱面的公共轴重合,则不难证明,对 $f=(0,\nu f_0,0)$和 $a=0$,Navier-Stokes 方程有解$(v(r,\nu),P(\nu))$,其中, $v(r,\nu)=(0,v_\nu^{(\theta)}(r),0)$. 这个解称为 Couette 流.我们将寻找 r_1, r_2, ω_1 和 ω_2 之间的关系,使(4.3.37)有形若

$$v = v(r,\nu) + w(r,z)$$

的"周期"第二种流(即轴对称流),其周期是对于 z 的.这种流后来称为 Taylor 旋涡(见图 4.5).这因为在 1923 年,G. I. Taylor 在实验中发现了它们并在数学上研究了它们,其方法是把 Navier-Stokes 方程对 Couette 流线性化.

有了上面的准备,我们来找向量 $w=(w^{(r)},w^{(\theta)},w^{(z)})$使

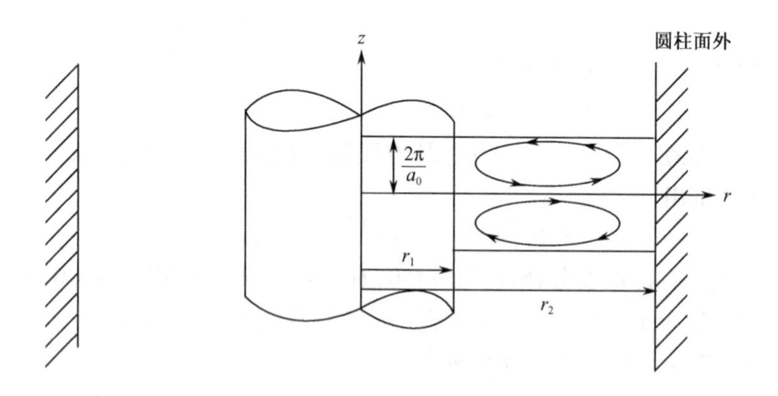

图 4.5　Taylor 旋涡的记号

得:(i) 当 $r = r_1, r_2$ 时,w 为 0;(ii) 对 z 的周期为 $2\pi/\alpha_0$,其中,α_0 是待定的;(iii) 在 z 方向上没有净质量流,即 $\int_{r_1}^{r_2} w^{(z)} r dr = 0$;(iv) $w^{(r)}, w^{(z)}$ 是 z 的偶函数,而 $w^{(\theta)}$ 是 z 的奇函数.不难把这些条件结合成(4.3.37)的解的容许族.显然,这个族 $\mathring{K}_1$ 是 $\mathring{H}_1$ 的闭子空间.为了证明 Taylor 旋涡的存在性,我们证明在 $\mathring{K}_1$ 中算子方程(4.3.40)歧点的存在性.

实际上可以证明

(4.3.47) **定理** 若 $\omega_1 > 0, \omega_2 \geqslant 0$,则对于上面刚描述的结构来说,倘若 $\omega_2 r_2^2 < \omega_1 r_1^2$(即若内圆柱面以充分大的角速度旋转),则 Navier-Stokes 方程(4.3.37)有第二类 Taylor 旋涡.

证明 据上面已提到的,只需分析 Hilbert 空间 $\mathring{K}_1$ 中线性化算子 L 的谱.于是,我们来分析系统

(4.3.48)
$$\begin{aligned} &\Delta u^{(r)} - u^{(r)}/r^2 - \partial q/\partial r + \lambda\omega(r) u^{(\theta)} = 0, \\ &\Delta u^{(\theta)} - u^{(\theta)}/r^2 + \lambda g(r) u^{(r)} = 0, \\ &\Delta u^{(z)} - \partial q/\partial z = 0, \\ &(1/r)(\partial/\partial r)(r u^{(r)}) + \partial u^{(z)}/\partial z = 0, \\ &\int_{r_1}^{r_2} u^{(z)} r dr = 0, \end{aligned}$$

其中 $\omega(r) = a + b/r^2, g(r) = -2a$.我们求这个系统形若

$$\begin{aligned} u &= (u^{(r)}, u^{(\theta)}, u^{(z)}) \\ &= (u(r)\cos\alpha z, v(r)\cos\alpha z, w(r)\sin\alpha z) \end{aligned}$$

的解.将这些代入(4.3.48)并消去 q,由解常微分方程组

$$\begin{aligned} &(L - \alpha^2 I)^2 u = 2\alpha^2 \lambda\omega(r) v, \\ &(L - \alpha^2 I) v = -\lambda g(r) u, \\ &u(r_i) = v(r_i) = u_r(r_i) = 0,\ i = 1,2, \end{aligned}$$

我们得到函数 $u(r), v(r)$ 和本征值 λ.其中,$L = d^2/dr^2 + (1/r)d/dr - 1/r^2$.设 $G_1(r, r')$ 和 $G_2(r, r')$ 是服从以上边界条件的微分算子 $-r(L - \alpha^2)$ 和 $r(L - \alpha^2)^2$ 的 Green 函数.G_1 和 G_2

对 r 和 r' 连续且对称. 事实上, 在 $\mathring{K}_1$ 中求(4.3.48)的解显然等价于求方程组

(4.3.49) $\qquad \mu = uG_2\omega G_1 gu,$

(4.3.50) $\qquad v = \mu G_1 g G_2 \omega v, \mu = 2\alpha^2\lambda^2$

的非平凡解. 现在, 我们证明, 如果数 μ 是(4.3.49)的单本征值, 则 $\lambda \mp \sqrt{\mu/2\alpha^2}$ 也是 L 的单本征值. 最后, 我们注意 Green 函数 G_1 和 G_2 是"振荡核"(见 Karlin(1968)). 于是, 只要 $w(r)$和$g(r)$二者都是正的, 则算子 $B = G_2\omega G_1 g$ 也是正的. 因此, 算子方程(4.3.49)有一单本征值序列

$$0 < \mu_1(\alpha) < \mu_2(\alpha) < \cdots < \mu_n(\alpha) < \cdots.$$

于是 $I - \lambda L$ 的谱由本征值$\lambda_{ik}(\alpha_0) = \pm[\mu_i(k\alpha_0)/2k^2\alpha_0^2]^{1/2}$组成. 现在, 为确保(4.3.48)有单本征值, 我们注意函数 $\mu_k(\alpha)$是 α 的实解析函数. 令 $\Lambda_i(k\alpha) = \lambda_{ik}(\alpha)$, 函数 $\Lambda_{ikrs}^{(\alpha)} = \Lambda_i(k\alpha) - \Lambda_r(s\alpha)$对 α 实解析(这不难证明盖因 $i \neq r$ 时不恒为0). 于是 $\Lambda_{ikrs}^{(\alpha)}$的零点集可数, 且因此集合

$$\Sigma = \{\alpha \mid \Lambda_{ikrs}^{(\alpha)} = 0;\ r, s = 1, 2, \cdots;\ r, s \neq i, k\}$$

也可数. 显然, Σ 的余集中的正数α 给出L 的单本征值, 故对这样的值 α,

$$\dim \operatorname{Ker}(I - \lambda(\alpha)L) = 1,$$

$$\operatorname{Ker}(I - \lambda L) \cap \operatorname{Range}(I - \lambda L) = \{0\}.$$

于是, 根据(4.1.12), 此时$(0, \lambda(\alpha))$是(4.3.40)的歧点.

在讨论 1.1 节提到过的复流形理论中的分歧现象之前, 我们建议读者参阅附录 B 中关于复流形分析的简单讨论.

4.3D 紧复流形上复结构的分歧

复流形经常决定性地依赖一些参数. 在此意义下, 随着确定结构的参数变化, 与这些流形相应的复结构也发生改变. 当我们考虑"平凡"族时(从分歧理论的观点看), 解析地依赖于复参数 ω 的复结构族M_ω 的每个成员都可以是复解析同胚的. 这里, 我们考虑求

给定的复结构非平凡形变的问题.即求一个复结构族 M_ω,它解析地依赖于复参数 ω,但族 M_ω 的成员不是复解析同胚的.我们根据1.1节简要提过的非线性偏微分方程来处理这个问题.在这里将比较详细地探讨它的某些解析方面(对于更完整的讨论,我们建议读者参阅 Kodaira 和 Morrow 的专著(1971)).

以下与非线性偏微分方程联系起来.设 $\mathfrak{M}_0$ 是复 N 维紧复解析流形.我们将用4.1节的分歧结论来构造 $\mathfrak{M}_0$ 上复结构的非平凡族 $\mathfrak{M}_t$,当 $|t|$ 充分小时,它连续依赖于有限个复参数 t,而 $\mathfrak{M}_0$ 对应于 $t=0$.如果$\widetilde{\mathfrak{M}}$的局部全纯坐标为 $\xi^1,\cdots,\xi^n$,形式 $d\xi j$ 可用 $\mathfrak{M}_0$ 的适当的局部全纯坐标 $z^1,\cdots,z^n$ 表示为

$$d\xi^j = dz^j + \sum_{k=1}^{n}\varphi_{j\bar{k}}(z^1,\cdots,z^n)d\bar{z}^k, \tag{4.3.51}$$

其中,$\varphi_{j\bar{k}}$在某个公共坐标卡上很小,则定义在同一流形 $\mathfrak{M}$ 上的两个复结构 $\mathfrak{M}_0$ 和$\widetilde{\mathfrak{M}}$是接近的.

复结构$\widetilde{\mathfrak{M}}$定义一个分裂:将 $\mathfrak{M}$ 上一个复一阶微分形式分裂成一个 n 维子空间 T 及其复共轭空间的直和,并因此定义 $\mathfrak{M}$ 上的一个殆复结构.于是,若$\widetilde{\mathfrak{M}}$是 $\mathfrak{M}$ 上满足(4.3.51)的殆复结构,则形式 $\omega = \sum \omega_k d\bar{z}^k$ 是 $\mathfrak{M}_0$ 上有定义的向量(0,1)微分形式.(根据 Newlander-Nirenberg 定理,见第三章的注记 D)已知这个殆复结构定义 $\mathfrak{M}$ 上一个复结构当且仅当如下"可积性条件"

$$\bar{\partial}\omega - [\omega,\omega] = 0 \tag{4.3.52}$$

满足.其中,对任意向量值$(0,p)$和$(0,q)$形式 ω 和σ,$[\sigma,\omega]$是一个$(0,p+q)$形式,它的第 i 个分量是

$$[\sigma,\omega] = \frac{1}{2}\sum_j(\sigma^j \wedge \partial_j\omega^i + (-1)^\sigma\omega^j \wedge \partial_j\sigma^i),$$

其中,$\partial_j=\partial/\partial z_j$,$\sigma=pq+1$.于是,双线性算子$[\sigma,\omega]$满足以下恒等式

(4.3.53) (i) $[\sigma,\omega]=(-1)^\sigma[\omega,\sigma]$;

(ii) $\bar{\partial}[\sigma,\omega]=[\bar{\partial}\sigma,\omega]+(-1)^P[\sigma,\bar{\partial}\omega]$;

(iii) $[[\sigma,\sigma],\sigma]=0$.

在这个意义下,确定复流形的非平凡族可化为研究(4.3.52).事实上,$\mathfrak{M}$ 上的复结构可以由求解方程(4.3.52)来构造.我们将在 $\omega=0$附近求(4.3.52)的解族.更明确地,我们来证明(依照 Kuranishi(1965)):

(4.3.54) **定理** 设 m 是向量空间 $H^1(\mathfrak{M},\Theta)$的维数,$H^1(\mathfrak{M},\Theta)$是紧复解析流形 $\mathfrak{M}$ 上的第一上同调群,系数取自全纯向量场(Θ)的芽层.那么,方程(4.3.52)在 $\omega=0$ 附近有解族,它依赖于 m 个复参数,并位于 C^m 中原点附近的一个复解析集上.此外,若上同调群 $H^2(\mathfrak{M},\Theta)$为 0,则 $H^1(\mathfrak{M},\Theta)$的每个元素都有非平凡形变族.

证明 由下面一系列步骤可得出结果:考虑扩大的偏微分方程组

(4.3.55) (i) $\bar{\partial}\omega=[\omega,\omega]$; (ii) $\bar{\partial}^T\omega=0$

及其在 $\omega=0$ 附近的线性化方程组(依照 Kuranishi)

(4.3.56) (i) $\bar{\partial}\omega=0$; (ii) $\bar{\partial}^T\omega=0$

的解,这里算子$\bar{\partial}^T$ 是$\bar{\partial}$的 L_2 伴随算子.

现在,正如附录 B 中所述,(4.3.56)的解恰好是向量 Laplace 方程

(4.3.57) $$\Box\omega=0,\quad \Box=\bar{\partial}^T\bar{\partial}+\bar{\partial}\,\bar{\partial}^T$$

的解.于是,(4.3.56)的解与定义在复解析流形 $\mathfrak{M}$ 上的(复)向量值调和(0,1)形式 $H_{0,1}(\mathfrak{M},\Theta)$相同,这些形式依次对应于 $H^1(\mathfrak{M},\Theta)$的元素.最后这个结论是由 Hodge 理论推出的.

步骤 1.变形 为了将 4.1 节的分歧理论用于这个问题,我们首先用 Hodge-Kodaira 分解定理(附录 B)改写方程组(4.3.55).利用 $\mathfrak{M}_0$ 上固定的 Hermite 度量,我们在 $\Lambda_{0,p}$ 上引进一个 L_2 数量积.对于 $\omega,\sigma\in\Lambda_{0,p}$,此数量积记为$\langle\omega,\sigma\rangle$.那么,根据定义,

$$\langle\bar{\partial}\sigma,\omega\rangle=\langle\sigma,\bar{\partial}^T\omega\rangle.$$

设 H 是 $\Lambda_{0,p}\to H_{0,p}(\mathfrak{M})$的投影,且 $G\Box$是 $\Lambda_{0,p}\to[H_{0,p}(\mathfrak{M})]^{\perp}$的投影,则 G 与$\bar{\partial},\bar{\partial}^T$ 可换.同时,若令 $\Omega=\bar{\partial}^T G$,则当 $\omega\in\Lambda_{0,p}$时

可得(因为 H 和 $G\Box$ 是互余投影)

(4.3.58) $$\omega = H\omega + \bar{\partial} Q\omega + Q\,\bar{\partial}\omega$$

或

$$\omega = H\omega + \Box G\omega.$$

因此,从(4.3.55)可推出 ω 满足

(4.3.59) $$\omega = H\omega + Q[\omega,\omega].$$

这里,我们已用到如下事实:因 $\bar{\partial}^T\omega = 0$,故

$$\bar{\partial} Q\omega = \bar{\partial} G\,\bar{\partial}^T\omega = 0.$$

反之,我们将证明

(*) 如果 ω 满足(4.3.59)(且充分小),那么,倘若 $H[\omega,\omega]=0$,则 ω 在 $\mathfrak{M}$ 上也满足方程组(4.3.55),其中,H 是从 $\wedge_{0,2}$ 到向量值(0,2)调和形式 $H_{0,2}(\mathfrak{M},\Theta)$ 上的投影.

作为这方面的准备步骤,我们首先注意,若 ω 满足(4.3.59),则因 $\bar{\partial}^T Q$ 和 $\bar{\partial}^T H$ 两者都恒为 0,故 $\bar{\partial}^T\omega = 0$;其次,将 $\bar{\partial}$ 作用于(4.3.59),再利用(4.3.58),有

(4.3.60) $$\bar{\partial}\omega = \bar{\partial} Q[\omega,\omega] = \Box G[\omega,\omega] - \bar{\partial}^T\,\bar{\partial} G[\omega,\omega],$$
$$\bar{\partial}\omega - [\omega,\omega] = -H[\omega,\omega] - Q\,\bar{\partial}[\omega,\omega].$$

此外,稍后我们将证明,由 $H[\omega,\omega]=0$ 可推出 $Q\,\bar{\partial}[\omega,\omega]=0$.

为了讨论(4.3.59)的解的光滑性,我们考虑定义在 $\mathfrak{M}_0$ 上的半线性椭圆型方程

(4.3.61) $$\Box\omega - \partial^T[\omega,\omega] = 0.$$

我们首先注意,该方程的光滑解包含(4.3.59)的光滑解,从而这些解的正则性可从(4.3.61)的性质推出. 事实上,若 ω 满足(4.3.59),则

(4.3.62) $$\Box\omega = \Box Q[\omega,\omega] = \Box G\,\bar{\partial}^T[\omega,\omega] = \bar{\partial}^T[\omega,\omega].$$

于是我们断言,若 ω 是(4.3.59)在 Sobolev 空间 W_k 中 k 次可微(0,1)形式上的任一已知解,则当 k 选得充分大时,从二阶非线性强椭圆型方程组的正则性理论可推出 ω 的光滑性性质. 事实上,ω 可看作 C^∞ 函数(更详细的见 Kodaira 和 Morrow(1971)).

现在,可将方程(4.3.59)变形成 W_k 中的以下算子方程

(4.3.63)　$L\omega + B(\omega) = 0,$

其中

$$L\omega = \omega - H\omega, B(\omega) = Q[\omega, \omega].$$

这里,有界双线性算子 B 满足以下估计:对任意 $\omega, \bar{\omega} \in H$ 和充分大的k,有

$$\| B(\omega) - B(\bar{\omega}) \|_k \leqslant c(\| w \|_k, \| \bar{\omega} \|_k) \| \omega - \bar{\omega} \|_k,$$

其中,当$|x| + |y| \to 0$ 时 $c(x, y) \to 0$. 这个事实是以下常规而又冗长的估计之推论:

$$\| [\omega, \sigma] \|_{k-1} \leqslant C \| \omega \|_k \| \sigma \|_k,$$

$$\| Q\omega \|_{k+1} \leqslant C \| \omega \|_k,$$

其中,C 是绝对常数,并且 k 选得充分大,使得由 Sobolev 不等式(1.4.12)可得出逐点估计. 此外,我们注意,因 W_k 是复数上的 Hilbert 空间,故映射 B 是复解析的.

步骤 2. 分歧理论的应用　将定理(4.1.5)用于(4.3.63),我们得到(4.3.59)在 $\omega = 0$ 附近的解与有限维方程组

(4.3.64)　$PB(\omega_0 + g(\omega_0), \omega_0 + g(\omega_0)) = 0$

的解相同,其中,P 是从 W_k 到 Ker$L$ 上的投影,ω_0 是 Ker$L$ 的任一元素,g 是 W_k 中 Ker$L \to [\text{Ker}L]^{\perp}$ 的复解析映射. 显然,Ker$L$ 与调和(0,1)形式一致,从而

$$P = H.$$

于是,因

$$PB \equiv HQ \equiv QH \equiv 0,$$

故方程(4.3.64)是自动满足的,因此,(4.3.60)指出,若

(4.3.65a)　$H[\omega_0 + g(\omega_0), \omega_0 + g(\omega_0)] = 0,$

(4.3.65b)　$Q\,\bar{\partial}[\omega_0 + g(\omega_0), \omega_0 + g(\omega_0)] = 0,$

则(4.3.52)严格成立.

步骤 3. 摘要说明　最后,倘若 ω_0 充分小,由证可从(4.3.65a)推出(4.3.65b),就把我们的结果联到一起了(于是,对于在 $\omega = 0$ 附近求(4.3.59)具 $\omega = \omega_0 + g(\omega_0)$ 的解,方程

(4.3.65a)是唯一障碍). 为证明这一事实,假定 ω 满足(4.3.59)和(4.3.65a),则由(4.3.53),有

$$
\begin{aligned}
Q\bar{\partial}[\omega,\omega] &= 2Q[\bar{\partial}\omega,\omega] = 2Q[\bar{\partial}Q[\omega,\omega],\omega] \\
&= 2Q\{[[\omega,\omega],\omega]-[Q\bar{\partial}[\omega,\omega],\omega]\}(\text{由(4.3.58)}) \\
&= -2Q[Q\bar{\partial}[\omega,\omega],\omega].
\end{aligned}
$$

于是,令 $\sigma = Q\bar{\partial}[\omega,\omega]$,我们得 $\sigma=-2Q[\sigma,\omega]$. 根据(4.3.63)以及对某绝对常数 $\bar{c}>0$,有

$$\|\sigma\|_H \leqslant \bar{c}\|\sigma\|_H\|\omega\|_H,$$

因此当 $\|\omega\|_H$ 充分小时, $\|\sigma\|_H=0$,从而对充分小的 ω,由(4.3.59)和(4.3.64)可推出(4.3.65b)(这就完成了步骤 1 中(*)的证明).

于是,我们得到,若 $H^2(\mathfrak{M},\Theta)=0$,则投影映射 $H\equiv 0$(在(4.3.65a)中),从而对每个 $\omega_0 \in H^1(\mathfrak{M},\Theta)$,方程(4.3.52)在 $\omega=0$ 附近有一个解族. 更一般地,若 $H^2(\mathfrak{M},\Theta)\neq 0$,则对固定的 ω_0,方程(4.3.52)可解当且仅当方程(4.3.65a)成立. 可以将后边这个方程组解释为依赖于 $m_1=\dim H^1(\mathfrak{M},\Theta)$个复参数的"解析集". 这因为,对 $\mathrm{Ker}L$ 固定一组基 ω_i,并令

$$\omega_0 = \sum t_i u_i,$$

我们就可得(4.3.65a)解析地依赖于复变量 $t=(t_1,\cdots,t_{m_1})$. 此外可证:在 $\mathfrak{M}_0$ 附近的任何其他形变都等价于上面构造的某个 $\mathfrak{M}_t$ 这种意义上,刚才证明了存在性的形变 $\mathfrak{M}_t$ 不是复解析同胚和"局部完备"的. 对于这个证明的细节,我们仍建议读者参阅 Kodaira和 Morrow 的专著(1971).

4.4 渐近展开和奇异扰动

4.4A 一些启发

设 $f_\varepsilon(x)$是从 Banach 空间 X 到 Banach 空间 Y 中的 C^1 映射,它连续依赖于小实参数 ε. 在有关求解算子方程 $f_\varepsilon(x)=0$ 的

物理问题中,一般会遇到以下抽象出来的情况:存在一个序列 $x_n(\varepsilon)\in X(n=0,1,2,\cdots,N)$,使得

(i) 对固定的 n,当 $\varepsilon\to 0$ 时,$\|f_\varepsilon(x_n(\varepsilon))\|=O(\varepsilon^{n+1})$;

(ii) 对小的非零 $|\varepsilon|$,存在 $f_\varepsilon(x)=0$ 的解 $\bar{x}(\varepsilon)$,使得对固定的 n,当 $\varepsilon\to 0$ 时,$\|\bar{x}(\varepsilon)-x_n(\varepsilon)\|=O(\varepsilon^{n+1})$.

在这种情况下,我们称 $x_n(\varepsilon)$ 渐近逼近于解 $\bar{x}(\varepsilon)$. 显然,对充分小的 ε 和固定的 n,渐近解 $x_n(\varepsilon)$ 可提供解 $\bar{x}(\varepsilon)$ 的一个精确得如同所需的近似,虽然在很多重要的应用中,对固定的 $\varepsilon\neq 0$,当 $n\to\infty$ 时,序列 $\{\|x_n(\varepsilon)\|\}$ 甚至发散(见 1.2B 节中(1.2.12)的讨论). 显然,因满足(i)的数值格式是熟知的,故必须确定那些条件,确保当给定的序列 $\{x_n(\varepsilon)\}$ 满足(i)时,有渐近逼近的性质(ii).

作为这方面的一个具体问题,考虑定义在 R^N 中区域 Ω 上的半线性 Dirichlet 问题

$$(\Pi_\varepsilon)\qquad \varepsilon^2\Delta u+u-g^2(x)u^3=0,\quad u|_{\partial\Omega}=0,$$

其中,$g(x)$ 是 Ω 的严格正光滑函数. 我们希望对小的 ε 来讨论该方程组的解,特别,我们希望验证以下带启发性的思想:在(Π_ε)中令 $\varepsilon=0$ 时得到的单符号解(即 $u_0(x)=\pm 1/g(x)$)将是 ε 很小时对(Π_ε)的解的"零阶"近似. 不过,这要求在$\partial\Omega$ 附近作适当修改以便满足$\partial\Omega$ 上的 Dirichlet 边界条件. 若 $N=1$, $g(x)=1$, $\Omega=(0,1)$,这个验证则相对容易. 这因为借助于 Jacobi 椭圆函数[①] $\mathrm{sn}(x,k)$,一个显式解是

---

① 这里 Jacobi 椭圆函数 $\mathrm{sn}(\xi-\xi_0,k)$ 是微分方程 $v_\xi^2=(1-v^2)(1-k^2v^2)$ 的解. 函数 $\mathrm{sn}(\xi,k)$ 是 ξ 的周期函数,其 $\frac{1}{4}$ 周期是 $K(k)$,与 $\sin\xi$ 有同样的对称性,并且在 $\xi=K(k)$ 处取到极大值 1. 此外,$\mathrm{sn}(\xi,0)=\sin\xi$, $K(0)=\frac{\pi}{2}$,而当 $k\uparrow 1$ 及 ξ 固定时,$\mathrm{sn}(\xi,k)\sim\tanh\xi$, $K(k)\sim\ln\{4(1-k^2)^{-\frac{1}{2}}\}$,并且 $K(k)$ 是$[0,1)$上的递增函数.——原注

$$u_1=\left(\frac{2k^2}{1+k^2}\right)^{1/2}\operatorname{sn}(K(k)x,k),$$

而

$$1/\varepsilon=2(1+k^2)K(k)>\pi.$$

现因

$$\begin{aligned}\xi&=\int_0^v\frac{dw}{\sqrt{1-w^2}\sqrt{1-k^2w^2}}\\&\leqslant\int_0^v\frac{dw}{1-w^2}=\operatorname{arctanh}v,\end{aligned}$$

故

$$\tanh\xi\leqslant\operatorname{sn}(\xi,k)\leqslant 1,\quad 0\leqslant\xi\leqslant K(k).$$

令

$$\delta(\varepsilon)=(1-k^2)^{1/2},$$

那么当 $\varepsilon\downarrow 0,k\uparrow 1,\ \delta\sim 4\exp(-1/2^{3/2}\varepsilon)$ 时,

$$\tanh\frac{x}{\varepsilon\sqrt{2-\delta^2}}\leqslant\left(1+\frac{\delta^2}{2(1-\delta^2)}\right)u_1\leqslant 1,\ 0\leqslant x\leqslant\frac{1}{2}.$$

于是当 $\varepsilon\downarrow 0$,x 离开 0,1 但有界时,函数 u_1 与 1 的差依 ε 的指数变小,而且使 $u_1<1$. 在 $x=0,1$ 附近,有宽度为 $O(\varepsilon)$的边界层,使得在其中

$$u_1\sim\tanh(x/\sqrt{2}\varepsilon).$$

但对 $N>1$,不能像刚才所描述的那样来明确验证,从而需要一个定性的讨论. 为此我们在下一个小节将证明一个一般结果,然后将它用于$(\mathrm{II}_\varepsilon)$.

4.4B 形式渐近展开的有效性

上述例子显然与本章前一部分分歧理论中所谈到的那些问题不同,它是一类奇异扰动问题的例子,这类问题可以简要地归结如下:设 $f_\varepsilon(x)$是刚才所讲的那类 C^1 映射,假定存在 X 的元素序列 $\{x_n(\varepsilon)\}(n=0,1,2,\cdots N)$使得(i):对固定的 n,当 $\varepsilon\to 0$ 时,

$$\|f_\varepsilon(x_n(\varepsilon))\|=O(\varepsilon^{n+1}),$$

但是(ii):线性算子 $f'_\varepsilon(x_n(0))$不必对一切 n 可逆. 那么,在什么条

件下，$x_n(\varepsilon)$是 $f_\varepsilon(x)=0$ 的解 $x(\varepsilon)$的一个渐近近似(在 4.4A 节的定义下)?

一般说来，通常所用的渐近近似 $x_n(\varepsilon)$可写成 ε 的幂级数

$$x_n(\varepsilon) = \sum_{i=0}^{n} \alpha_i \varepsilon^i,$$

其中，α_i 可能与 ε 有关，但 $\|\alpha_i\|$ 有与 ε 无关的界. 这种截尾幂级数称为渐近展开式. 这种情况下，我们应假定有下面的条件(Ⅰ)~(Ⅲ)，以便对刚才提出的奇异扰动问题给出回答.

(Ⅰ) 存在与 ε 无关的常数 M 和 $x, y, \rho \in X$，使得

(a) 对所有满足 $\|x\|$ 和 $\|y\| \leqslant R$ 的 x 和 y，有

$$\|f_\varepsilon(x+y) - f_\varepsilon(x) - f_\varepsilon{}'(x)y\| \leqslant M\|y\|^2;$$

(b) 对所有 $\|\rho\| \leqslant R$，有

$$\|(f_\varepsilon{}'(x) - f_\varepsilon{}'(y))\rho\| \leqslant M\|x-y\|\|\rho\|.$$

(注意，若映射 $f_\varepsilon(x)$有一致有界的二阶导数，则此条件自动满足).

(Ⅱ) 对所有整数 $n \leqslant N$(一个给定的正整数)，存在元素 $x_n(\varepsilon) \in X$，使得

$$x_n(\varepsilon) = \sum_{i=0}^{n} \alpha_i \varepsilon^i,$$

同时，$\|\alpha_i\| \leqslant A_i < \infty$，其中 A_i(但 α_i 不必)与 ε 无关，而

$$\|f_\varepsilon(x_n(\varepsilon))\| = O(|\varepsilon|^{n+1}).$$

(Ⅲ) 存在与 ε 和 ρ 无关的常数 $c, p > 0$，使得当 $\varepsilon > 0$ 时，对某个 $i \geqslant p$，$f_\varepsilon{}'(x_i)$是可逆的，并有

$$\|f_\varepsilon{}'(x_i)\rho\| \geqslant c\varepsilon^p\|\rho\|.$$

(符号的注：为简便计，符号 $\|\cdot\|$ 用于同时表示 X 或 Y 中适当的范数.)

我们现在叙述

(4.4.1)**定理** 假定 $f_\varepsilon(x)$是映 X 到 Y 中的单参数连续可微映射族，对于小的非负 ε，$f_\varepsilon(x)$满足条件(Ⅰ)~(Ⅲ). 则当 $N \geqslant 2p$ 和

$n \leqslant N-p$ 时，对每个 n 和对 $(0,\varepsilon_0)$ 中的每个 ε（其中 ε_0 是某个小正数），存在 $f_\varepsilon(x)=0$ 的解

$$\bar{x}_\varepsilon = x_n(\varepsilon) + \rho_n(\varepsilon) \in X,$$

同时

$$\| \rho_n(\varepsilon) \| = O(\varepsilon^{n+1}).$$

这个解 $\bar{x}_\varepsilon$ 与 n 无关，而且是 $f_\varepsilon(x)=0$ 的使 $\| x - x_p \| = O(\varepsilon^{p+1})$ 的唯一解.

证明思想 分 4 步来证结论：

(i) 将方程 $f_\varepsilon(x_n+\rho_n)=0$ 的解 ρ_n 改写为 $\rho_n = T_\varepsilon \rho_n$，其中，$T_\varepsilon$ 是将 X 映入自身的有界映射；

(ii) 对任意整数 $n \geqslant N-p$（特别，对 $n=N$），将压缩映射原理用于方程 $\rho = T_\varepsilon \rho$，得唯一解 ρ_n，使 $\| \rho_n \| = O(\varepsilon^{n-p+1})$；

(iii) 对任意整数 $n \leqslant N-p$，证明由(ii)可得

$$\rho_n = \rho_N + \sum_{j=n+1}^{N} \alpha_j \varepsilon^j$$

满足 $\rho = T_\varepsilon \rho$，使 $\| \rho_n \| = O(\varepsilon^{n+1})$，正如所需；

(iv) 当 $\rho = T_\varepsilon \rho$ 的任意两个解 ρ_n 和 ρ_n' 的阶均为 $O(\varepsilon^{n+1})$，而 $n \geqslant p$ 时，它们的差 $\delta_n = \rho_n - \rho_n'$ 满足方程

$$\delta = T_\varepsilon(\rho_n + \delta) - T_\varepsilon \rho_n.$$

这一事实可推出 $\delta_n = 0$.

注意，一旦得到(i)～(iii)，则当 $0 \leqslant n \leqslant N-p$ 时，$\bar{x}_\varepsilon = x_n(\varepsilon) + \rho_n$ 与 n 无关. 这因为若当 $0 \leqslant m, n \leqslant N-p$ 时，有

$$\bar{x}_\varepsilon = x_n(\varepsilon) + \rho_n, \bar{x}_\varepsilon' = x_m(\varepsilon) + \rho_m,$$

则根据(iii)给出的 ρ_n 和 ρ_m 的定义，可直接推出 $\bar{x}_\varepsilon = \bar{x}_\varepsilon'$.

证明 (i)：我们首先指出，根据定理的假设条件，倘若 $n \geqslant i$ 并且 ε 充分小，就有

$$\| f_\varepsilon'(x_n)\rho \| \geqslant \frac{1}{2} c\varepsilon^p \| \rho \|. \tag{4.4.2}$$

事实上，

$$\begin{aligned}\| f'_\varepsilon(x_n)\rho \| &\geqslant \| f'_\varepsilon(x_i)\rho \| - \| (f'_\varepsilon(x_n) - f'_\varepsilon(x_i))\rho \| \\ &\geqslant c\varepsilon^p \| \rho \| - M \| x_n - x_i \| \| \rho \| \quad (\text{由(I),(iii)}) \\ &\geqslant \Big(c\varepsilon^p - \sum_{j=i+1}^{n} A_j \varepsilon^j \Big) \| \rho \| \quad (\text{由(II)}) \\ &\geqslant \frac{1}{2} c\varepsilon^p \| \rho \| \quad (\text{当 } \varepsilon \text{ 充分小时}) \text{因为 } i \geqslant p.\end{aligned}$$

因而当 $n \geqslant i$ 时，$f'_\varepsilon(x_n)$是可逆的线性映射：

(4.4.3) $$\| f_\varepsilon'^{-1}(x_n) \| \leqslant \frac{2}{c} \varepsilon^{-p}.$$

今设试探解为 $\bar{x}_\varepsilon = x_n + \rho_n$，且

$$f_\varepsilon(x_n) = -\varepsilon^{n+1} g_n(x, \varepsilon),$$

其中 $\| g_n \| \leqslant \tilde{c}_n$，$\tilde{c}_n$ 是与 ε 无关的常数. 我们希望定出 ρ_n 使得 $f_\varepsilon(x_n + \rho_n) = 0$，即我们希望求解

(4.4.4) $$f_\varepsilon(x_n + \rho_n) - f_\varepsilon(x_n) = \varepsilon^{n+1} g_n.$$

现根据条件(Ⅰ)，方程(4.4.4)可改写成

(4.4.5) $$f'_\varepsilon(x_n)\rho_n + R_\varepsilon(x_n, \rho_n) = \varepsilon^{n+1} g_n,$$

其中，

(4.4.6) $$\| R_\varepsilon(x_n, \rho_n) \| \leqslant M \| \rho_n \|^2.$$

由(4.4.3),(4.4.5)可改写成

(4.4.7) $$\rho_n = f_\varepsilon'^{-1}(x_n)\{\varepsilon^{n+1} g_n - R_\varepsilon(x_n, \rho_n)\}.$$

(ii)：为了得到(4.4.7)的一个解 ρ_n，我们将压缩映射原理(3.1.1)用于映射

$$T_\varepsilon \rho = f'^{-1}_\varepsilon(x_n)\{\varepsilon^{n+1} g_n - R_\varepsilon(x_n, \rho)\}.$$

这个映射作用在球 $S(\delta, s) = \{\rho \mid \rho \in X, \| \rho \| \leqslant \delta\varepsilon^s\}$上，其中，数 δ 和 s 待定，它们使 T_ε 映$S(\delta, s)$入自身. 为此，当 $\rho \in S(\delta, s)$时，我们注意以下估计：

$$\| \varepsilon^{n+1} f'^{-1}_\varepsilon(x_n) g_n \| = O(\varepsilon^{n+1-p}) \qquad (\text{由(4.4.3)});$$

$$\| f'^{-1}_\varepsilon(x_n) R_\varepsilon(x_n, \rho) \| = O(\varepsilon^{2s-p}) \quad (\text{由(4.4.6)}).$$

于是，如果我们选取 s 使得(a) $n + 1 - p \geqslant s$; (b) $2s - p > s$，则对充分大的 δ(事实上，$\delta > 2\tilde{c}_n / c$)和充分小的 ε，T_ε 将映 $S(\delta, \varepsilon)$入

自身.将(a)和(b)合在一起,可知能选取 s 使得 $n+1-p \geqslant s > p$.于是,对任何 $n \geqslant 2p$,我们可令 $s=n-p+1$(注:因 $N \geqslant 2p$,故这样的 n 存在).另一方面,对任意 $\rho, \rho' \in S(\delta, n-p+1)$,有

$$\| T_\varepsilon \rho - T_\varepsilon \rho' \| \leqslant \| f_\varepsilon'^{-1}(x_n) \| \, \| R_\varepsilon(x_n, \rho) - R_\varepsilon(x_n, \rho') \| .$$

因

$$\begin{aligned}(4.4.8) \qquad & R_\varepsilon(x_n,\rho) - R_\varepsilon(x_n,\rho') \\ &= f_\varepsilon(x_n+\rho) - f_\varepsilon(x_n+\rho') - f_\varepsilon'(x_n)(\rho-\rho') \\ &= \int_0^1 [f_\varepsilon'(x_n + t\rho + (1-t)\rho') \\ &\quad - f_\varepsilon'(x_n)](\rho-\rho')dt,\end{aligned}$$

利用中值定理和条件(Ⅰ),我们可得,当某个 $t_0 \in (0,1)$时,

$$\| T_\varepsilon \rho - T_\varepsilon \rho' \| \leqslant \| f_\varepsilon'^{-1}(x_n) \| \{ M(t_0 \| \rho \| + (1-t_0) \| \rho' \|) \| \rho - \rho' \| \}.$$

于是,因为 $\| \rho \|, \| \rho' \| \leqslant \delta \varepsilon^{n-p+1}$,根据(4.4.3),有

$$\begin{aligned}\| T_\varepsilon \rho - T_\varepsilon \rho' \| &\leqslant \left(\frac{1}{2} c \varepsilon^p \right)^{-1} (M \delta \varepsilon^{n-p+1}) \| \rho - \rho' \| \\ &\leqslant \frac{2}{c} M \delta \varepsilon^{n-2p+1} \| \rho - \rho' \|,\end{aligned}$$

其中,$n \geqslant 2p$.于是,选取 $\varepsilon < c/(2M\delta)$,则 T_ε 是映 $S(\delta, n-p+1)$ 入自身的压缩映射,故有唯一不动点 ρ_n 使 $\| \rho_n \| = O(\varepsilon^{n-p+1})$.特别,对 $n=N$,我们有

$$(4.4.9) \qquad \| \rho_N \| = O(\varepsilon^{N-p+1}).$$

(iii):今假定 $n \leqslant N-p$,我们找一个 ρ_n 使得

$$f(x_n + \rho_n) = 0, \ \| \rho_n \| = O(\varepsilon^{n+1}).$$

事实上,若令

$$\rho_n = \sum_{i=n+1}^{N} \alpha_i \varepsilon^i + \rho_N,$$

则

$$f(x_n + \rho_n) = f\left(x_n + \sum_{i=n+1}^{N} \alpha_i \varepsilon^i + \rho_N \right)$$

$$= f(x_N + \rho_N) = 0.$$

而且,

$$\| \rho_n \| \leqslant \left\| \sum_{i=n+1}^{N} \alpha_i \varepsilon^i \right\| + \| \rho_N \|$$

$$\leqslant \sum_{i=n+1}^{N} A_i \varepsilon^i + O(\varepsilon^{N-p+1}) \quad (\text{由}(4.4.9)),$$

因而 $\| \rho_n \| = O(\varepsilon^{n+1}) + O(\varepsilon^{N-p+1})$. 倘若 $n \leqslant N-p$,则有

$$\| \rho_n \| = O(\varepsilon^{n+1}). \tag{4.4.10}$$

于是,对 $n \leqslant N-p$,我们已求得方程(4.4.4)所需的解 ρ_n,并且进而得到所需的估计式(4.4.10).

(iv): 最后我们证明当 $n \geqslant p$ 及 $\| \rho_n \| = O(\varepsilon^{n+1})$ 时 ρ_n 的唯一性. 对 $n \geqslant 2p$,这是 T_ε 为压缩映射的直接推论. 此外,对 $n \geqslant p$,假定存在(4.4.5)的两个解 ρ_n 和 $\rho_n + \delta_n$ 满足估计式(4.4.10),则由(4.4.7)和(4.4.8),ρ_n 是方程

$$v = - f_\varepsilon'^{-1}(x_n) \int_0^1 [f_\varepsilon'(x_n + \rho_n + tv) - f_\varepsilon'(x_n)] v dt \tag{4.4.11}$$

的解. ρ_n 的唯一性是下面引理的推论:

(4.4.12) **引理** 当 ε 充分小时,方程(4.4.11)有使得

$$\| v \| = O(\varepsilon^{p+1})$$

的唯一解 $v=0$.

证明 令

$$J(v) = \int_0^1 [f_\varepsilon'(x_n + \rho_n + tv) - f_\varepsilon'(x_n)] v dt.$$

假定 v 和 $v+\delta$ 均是(4.4.11)的解,那么

$$f_\varepsilon'(x_n)\delta = J(v) - J(v+\delta),$$

故由(Ⅲ)有

$$\| J(v+\delta) - J(v) \| = \| f_\varepsilon'(x_n)\delta \| \geqslant \frac{1}{2} c\varepsilon^p \| \delta \|. \tag{4.4.13}$$

另一方面,经过适当重排,令 $y_n = x_n + \rho_n$,有

$$J(v+\delta) - J(v)$$

$$= \int_0^1 \{ [f'_\varepsilon(y_n + t(v+\delta)) - f'_\varepsilon(y_n + tv)] v$$

$$+ [f'_\varepsilon(y_n + t(v+\delta)) - f'_\varepsilon(x_n)] \delta \} dt.$$

根据条件(i),于是

$$\| J(v+\delta) - J(v) \|$$

$$\leqslant M \|\delta\| \|v\| + M\{ \|v\| + \|\delta\| + \|\rho_n\| \} \|\delta\|.$$

假定$\|\delta\| \neq 0$,结合(4.4.13)和上面的式子,我们得到

$$\frac{1}{2} c\varepsilon^p \leqslant M \|v\| + M\{ \|v\| + \|\delta\| + \|\rho_n\| \},$$

其中,$\|\rho_n\| = O(\varepsilon^{n+1})$. 这与$\|v\| = \|\delta\| = O(\varepsilon^{p+1})$矛盾,因此$\delta = 0$. 引理得证.

注: 在 $X = Y$ 是 Hilbert 空间时,可用以下条件代替条件(Ⅲ):

(Ⅲ′) 存在 Banach 空间 $X' \supset X$,使得

(4.4.14) (a) $(f'_\varepsilon(x_i)\rho, \rho) \geqslant c_1 \|\rho\|^2_{X'}$,

(b) $(f'_\varepsilon(x_i)\rho, \rho) \geqslant c_2 \varepsilon^p \|\rho\|^2_X - K \|\rho\|^2_{X'}$,

其中,c_1, c_2 和 K 是与 ε 无关的正常数.

事实上,将(a)乘以 K,将(b) 乘以 c_1,并相加,可得

$$(c_1 + K)(f'_\varepsilon(x_i)\rho, \rho) \geqslant c_2 c_1 \varepsilon^p \|\rho\|^2_X,$$

从而,利用 Cauchy-Schwarz 不等式可得

$$\| f'_\varepsilon(x_i)\rho \|_X \geqslant \left(\frac{c_2 c_1 \varepsilon^p}{c_1 + K} \right) \|\rho\|^2_X.$$

从 Lax-Milgram 定理(1.3.21)可得 $f'_\varepsilon(x_i)$的可逆性.

在给出一个一阶近似 $x_1(\varepsilon) = x_0 + \alpha_1 \varepsilon$ 时,对近似值 x_0 的渐近性状的重要情况需要特别关注. 更一般地,在 $N = 2p - 1$($p \geqslant 1$)时,有一个与定理(4.4.1)类似的结果. 事实上,有兴趣的读者不难证明

(4.4.15) **定理** 假如除了定理(4.4.1)的条件之外,对所有充分小的正数 ε 还有

$$c^2 > 4M \| f_\varepsilon(x_N(\varepsilon)) \| / \varepsilon^{N+1},$$

则对 $N=2p-1$ 及 $n\leqslant p-1$,定理(4.4.1)的结论仍然成立.但当 $n=p-1$ 时,唯一性结论(可能)不成立.

例 (一个序列$\{x_n(\varepsilon)\}$,若对任意固定的 n,当 $\varepsilon\to 0$ 时使 $\varepsilon^{-n}f_\varepsilon(x_n)\to 0$,则对任一 $\varepsilon\neq 0$,它都不是 $f_\varepsilon(x)=0$ 的解的近似).考察问题

(4.4.16) $$\varepsilon^2 k\frac{d^2x}{dt^2}+x=g(t),\quad \text{当}\quad t\to\pm\infty\text{时 } x\to 0.$$

其中,$k=\pm 1$,g 是给定的函数,g 在$(-\infty,\infty)$上 $N+2$ 次连续可微,同时,对 $r=0,1,\cdots,N+2$,当 $t\to\infty$ 时有 $g^{(r)}(t)=O(|t|^{-\frac{1}{2}-\delta})$,$\delta>0$.

对 k 的两个值,都有函数 $x_n(t,\varepsilon)$看上去是问题的近似解.事实上,有一个显而易见的迭代格式始于 $x_0(t)=g(t)$并产生

(4.4.17) $$x_{2m}(t,\varepsilon)=g(t)-\varepsilon^2kg''(t)+\cdots+\varepsilon^{2m}(-k)^m g^{(2m)}(t),$$

$(0<2m=N)$.由初等的计算可知

(4.4.18) $$\varepsilon^2k\frac{d^2x_{2m}}{dt^2}+x_{2m}=g(t)+O(\varepsilon^{2m+2})\text{对 } t \text{ 一致},$$

$$x_{2m}\to 0,\ t\to\pm\infty.$$

但是,对 $k=1$,这个结果是错误的.这个微分方程的一般解可以显式地写出来.在此基础上可直接证明

(a) 对 $k=1$,$\varepsilon\neq 0$ 和 $g=e^{-t^2}$(譬如说),问题(4.4.16)没有解;

(b) 对 $k=-1$,问题有解 $\bar{x}(t,\varepsilon)$,并且 x_{2m}是$\bar{x}$ 的渐近逼近.

现在我们指出这两个结论与定理(4.4.1)的(充分)条件一致.取 X 和 Y 为 Sobolev 空间 $W_{1,2}(-\infty,\infty)$,它是实 Hilbert 空间,内积为

$$(x,y)=\int_{-\infty}^{\infty}\left\{\frac{dx}{dt}\frac{dy}{dt}+xy\right\}dt.$$

则 $f_\varepsilon(x)$和 $f'_\varepsilon(x)$(在此情况下简记为 f'_ε,这因为它与 x 无关)隐式地定义为

$$(f_\varepsilon(x),\varphi)=\int_{-\infty}^{\infty}\left\{-\varepsilon^2 k\frac{dx}{dt}\frac{d\varphi}{dt}+x\varphi-g\varphi\right\}dt,\text{对一切 }\varphi\in X,$$

$$(f'_\varepsilon\rho,\varphi)=\int_{-\infty}^{\infty}\left\{-\varepsilon^2 k\frac{d\rho}{dt}\frac{d\varphi}{dt}+\rho\varphi\right\}dt,\text{对一切 }\varphi\in X.$$

这里,我们用了 Hilbert 空间中线性泛函的 Riesz 表示定理以及以下事实:对固定的 x 和 ρ,该积分是对所有 $\varphi\in X$ 定义的有界线性泛函.

可立即推出当 $M=0$ 时条件(Ⅰ)满足,条件(Ⅱ)也满足(我们可定义 $x_{2m+1}=x_{2m}$):利用 x_{2m} 的可微性以及 Schwarz 不等式和(4.4.18),此时 O 项实际上是 $\varepsilon^{2m+2}(-k)^m g^{(2m+2)}(t)$,我们得到

$$(4.4.19)\quad \|f_\varepsilon(x_{2m})\| = \sup_{\|\varphi\|=1}\int_{-\infty}^{\infty}\left(\varepsilon^2 k\frac{d^2x_{2m}}{dt^2}+x_{2m}-g\right)\varphi dt$$
$$\leqslant\left\{\int_{-\infty}^{\infty}\left(\varepsilon^2 k\frac{d^2x_{2m}}{dt^2}+x_{2m}-g\right)^2dt\right\}^{1/2}$$
$$=O(\varepsilon^{2m+2}).$$

此外,剩下要证的是条件(Ⅲ)对 $k=1$ 不成立,而对 $k=-1$ 成立.

为确定前者,考虑函数

$$(4.4.20)\qquad z(t,\varepsilon,\mu)=\zeta(\mu t)\cos(t/\varepsilon),$$

其中,μ 是小正数,且 $\zeta(s)$是如下光滑子:$\zeta\in C^\infty(-\infty,+\infty)$,对 $|s|\leqslant1$ 有 $\zeta(s)=1$,对$|s|\geqslant2$ 有 $\zeta(s)=0$,而对一切 s 有 $0\leqslant\zeta(s)\leqslant1$. 显然,$z\in X$. 而且,如果我们能证明当 $\mu\to0$ 时,

$$(4.4.21)\qquad \frac{\|f'_\varepsilon z\|}{\|z\|}\to0\qquad(\varepsilon\text{ 固定且 }k=1),$$

那么,形若(Ⅲ)的不等式不可能成立. 为证(4.4.21),以(4.4.20)代入,我们有(见(4.4.19)的推导)

$$\|f'_\varepsilon z\|\leqslant\left\{\int_{-\infty}^{\infty}\left(\varepsilon^2\frac{d^2z}{dt^2}+z\right)^2dt\right\}^{1/2}=O(\mu^{\frac12}),$$

又有

$$\|z\|^2>\int_{-1/\mu}^{1/\mu}\left\{\left(\frac{dz}{dt}\right)^2+z^2\right\}dt$$

$$= \int_{-1/\mu}^{1/\mu} \left\{ \left(\frac{1}{\varepsilon} \sin \frac{t}{\varepsilon} \right)^2 + \cos^2 \frac{t}{\varepsilon} \right\} dt$$

$$\geqslant \frac{2}{\mu}, \qquad \varepsilon \leqslant 1.$$

于是(4.4.21)得证.

为了证明 $k = -1$ 时(Ⅲ)成立,我们参照替换形式(Ⅲ′),取

$$X' = L_2(-\infty, \infty),$$

对一切 $\rho \in X$,我们有

$$(f'_\varepsilon \rho, \rho) \geqslant \| \rho \|_{X'}^2, \quad (f'_\varepsilon \rho, \rho) \geqslant \varepsilon^2 \| \rho \|_X^2 - \| \rho \|_{X'}^2.$$

4.4C 对半线性 Dirichlet 问题(Π_ε)的应用

为了说明定理(4.4.1)的适应用性,我们考虑先前提到的半线性 Dirichlet 问题(Π_ε),可建立以下结论:

(A) 对充分小的 ε 值,在 $\partial\Omega$ 附近集结的宽度为 $O(\varepsilon)$ 的窄"边界层"外,问题(Π_ε)有唯一光滑正解 $u(x,\varepsilon)$,当 $\varepsilon \to 0$ 时,

$$u(x,\varepsilon) \to \frac{1}{g(x)}.$$

该结果是这样证明的:

(B) 构造一个近似解

$$U_M(x,\varepsilon) = \sum_{m=0}^{M} \varepsilon^m u_m(x,\varepsilon),$$

使得在 $\bar{\Omega}$ 上,$u(x,\varepsilon) - U_M(x,\varepsilon)$ 一致为 $O(\varepsilon^{M+1})$(对任意整数 M). 然后我们证明,对 $M=0$,当 ε 充分小时,这个展开式的确渐近于(Π_ε)的真解,并考察 $U_0(x,\varepsilon)$ 在 ε 很小时的性状. 为了利用(4.4.1),对 $M \geqslant 1$,我们构造近似解 $U_M(x,\varepsilon)$,它在 Ω 中一致满足

$$K_\varepsilon(U_M) = \varepsilon^2 \Delta U_M + U_M - g^2(x) U_M^3 = O(\varepsilon^{M+1}), \tag{4.4.22}$$

$$U_M|_{\partial\Omega} = 0.$$

为了说明构造这个逼近时的主要思想,我们来叙述一下导出最初近似 $U_0(x,\varepsilon)$ 的步骤.

(a) 在微分方程 $K_\varepsilon u=0$ 中略去 $\varepsilon^2\Delta u$,我们得到近似

$$v_0(x) = 1/g(x),$$

我们希望在与$\partial\Omega$ 距离有限的 x 处,当 $\varepsilon\downarrow 0$ 时 $v_0(x)$与正解 u 相差$O(\varepsilon^2)$.

(b) 为描述边界$\partial\Omega$ 附近的 u,我们首先对$\partial\Omega$ 的某个固定邻域$\Omega_*=\{x\,|\,0<t<t_*\}$中的点配上标号$(s,t)$,这里

$$s = s(x_0)(x_0\in\partial\Omega)$$

表示通过点 x_0 处对$\partial\Omega$ 的法向,同时,t 度量到$\partial\Omega$ 的距离,如图4.6.

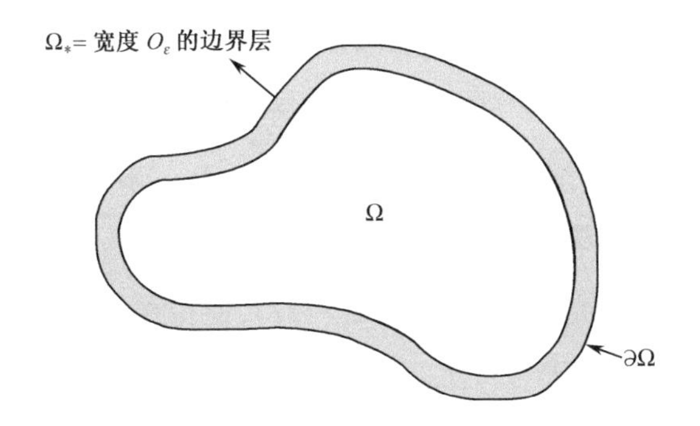

图 4.6 (Π_ε)的边界层现象图示

为了直接计算,用一个$(N-1)$维曲面坐标 σ 代替s.作伸缩变换 $t=\varepsilon\tau$,然后,我们寻找一个函数 $w_0(s,\tau)$,在"边界层"内它逼近 u;更明确地说,当 $\varepsilon\downarrow 0$ 和 τ 固定时(从而 $t\downarrow 0$),$u-w_0$ 是$O(\varepsilon)$阶,用 s,τ 和ε 写出算子K_ε,并只保留 K_ε 的主项,我们得到边界层问题

(4.4.23a) $$\frac{\partial^2 w_0}{\partial\tau^2}+w_0-g_*^2(s,0)w_0^3=0,$$

(4.4.23b) $$w_0|_{\tau=0}=0,\ w_0\to\frac{1}{g_*(s,0)},\text{当 }\tau\uparrow\infty,$$

其中,$g_*(s,t)=g(x)$. 这里,当 $\tau\uparrow\infty$时,条件是一个"匹配"条件. 它是由 $t\downarrow 0$ 时

$$v_0(x) \to \frac{1}{g_*(s,0)}$$

引出来的.问题(4.4.23)的解是

$$w_0 = \frac{1}{g_*(s,0)} \tanh \frac{\tau}{\sqrt{2}},$$

此处,s 起参数作用.

(c) 因$\lim\limits_{t \downarrow 0} v_0(x) = \lim\limits_{\tau \uparrow \infty} w_0(s,\tau)$(这是通常称为"渐近匹配原理"的特殊情况),故现在可以利用构造"复合展开"首项的规则.在 $\bar{\Omega}_*: 0 \leqslant t \leqslant t_*$ 上,我们定义

$$(4.2.24) \quad U_0^*(x,\varepsilon) = v_0(x) + w_0\left(s, \frac{t}{\varepsilon}\right) - \lim_{\tau \uparrow \infty} w_0 = \frac{1}{g(x)} + \frac{1}{g_*(s,0)}\left(\tanh \frac{t}{\sqrt{2}\varepsilon} - 1\right).$$

为克服一个普通的困难,即在 $\Omega - \Omega_*$ 上 t 不唯一确定,我们注意,当 $\varepsilon \downarrow 0$,以及 t 固定并且是正的时,$\tanh(t/\sqrt{2}\varepsilon) - 1$ 超常地小.引进一个光滑子 $\zeta(x) \in C^\infty(\bar{\Omega})$,使得在 $0 \leqslant t \leqslant \frac{1}{2} t_*$ 上,有 $\zeta(x) = 1$,在 $\Omega - \Omega_*$ 上,有 $\zeta(x) = 0$,而在 $\bar{\Omega}$ 上,有 $0 \leqslant \zeta \leqslant 1$.然后我们定义

$$(4.4.25) \quad U_0(x,\varepsilon) = \frac{1}{g(x)} + \frac{\zeta(x)}{g_*(s,0)}\left(\tanh \frac{1}{\sqrt{2}\varepsilon} - 1\right),$$

不难验证,它满足 $M = 0$ 时的(4.4.22).这因为(4.4.24)中最后一项的双重作用:对最低阶,在边界层中它消去 v_0,在离开$\partial\Omega$ 但有界的点处消去w_0,而在由 $t = \theta(\varepsilon)$定义的中间区域内,使 U_0 比 v_0 或 w_0 更精确,其中,θ 是这样的任意函数:它使得当 $\varepsilon \downarrow 0$ 时 $t = \theta(\varepsilon) \downarrow 0, \quad \tau = \varepsilon^{-1}\theta(\varepsilon) \uparrow \infty$.

对于更高的近似 $U_M, M > 1$,将(4.4.24)中形成的函数分别换成有限级数

$$\sum_{m=0}^{M} \varepsilon^m v_m(x), \sum_{\mu=0}^{M} \varepsilon^\mu w_\mu(s,\tau), \sum_{\mu=0}^{M} \varepsilon^\mu \sum_{n=0}^{\mu} w_{\mu,n}(s)\tau^n,$$

然后,由巧妙的递推关系所定义的系数函数 v_m, w_μ 和 $w_{\mu,n}$ 来完

成(4.4.22)的证明.

今假定近似解 $U_M(x,\varepsilon)$已构造出来,我们必须把 Dirichlet 问题变成在适当定义的 Banach 空间 X 到 Y 中的一个算子方程 $f(x,\varepsilon)=0$, 用这种方法,我们可验证定理(4.4.1)中的条件(Ⅰ)~(Ⅲ). 2.2D 节中所讲的对偶过程指出(至少对 $N\leqslant 3$),(Π_ε)的解可以看成形如

$$L_\varepsilon u+Nu=0$$

的算子方程的广义解,其中,L_ε 和 N 是映$\mathring{W}_{1,2}(\Omega)$入自身的有界映射,它们分别由公式

$$(L_\varepsilon u,v)_{1,2}=\int_\Omega(\varepsilon^2\nabla u\cdot\nabla\varphi-u\cdot\varphi),$$

$$(Nu,v)_{1,2}=\int_\Omega g^2(x)u^3\varphi$$

隐式地定义.

今若定义 $f_\varepsilon(u)=L_\varepsilon u+Nu$,则不难验证条件(Ⅰ)和(Ⅱ).这因为 $f_\varepsilon(x)$的二阶导数在任何球 $\|u\|_{1,2}\leqslant R$ 中是一致有界的,并且根据(4.4.22),

$$\begin{aligned}\|f_\varepsilon(U_M(x,\varepsilon))\|_{1,2}&=\sup_{\|v\|_{1,2}\leqslant 1}(L_\varepsilon U_M+NU_M,v)\\&=\sup_{\|v\|_{1,2}\leqslant 1}\left|\int_\Omega K_\varepsilon(U_M)v\right|\\&\leqslant O(\varepsilon^{M+1}).\end{aligned}$$

不过,条件(Ⅲ)的验证细致得多.事实上,激发我们选$\mathring{W}_{1,2}(\Omega)$为 X,是因为此时积分估计式比逐点估计式容易建立.如同在 $M=0$ 中一样,现在假定近似解

(4.4.26) $$U_M(x,\varepsilon)=\frac{1}{g(x)}\left\{\zeta(x)\tanh\frac{\tau}{\sqrt{2}}+[1-\zeta(x)]\right\}\cdot\{1+O(\varepsilon)\}.$$

我们令 $f'_\varepsilon(U_M)=\mathscr{L}_{M,\varepsilon}$,并证明下面引理中的估计式.

(4.4.27) **引理** 存在正数 $\nu(M)$和 $\varepsilon_0(M)$,使得对任意 $\rho\in$

$\mathring{W}_{1,2}(\Omega)$和$0<\varepsilon\leqslant\varepsilon_0$,有

$$(4.4.28)\qquad \langle \mathscr{L}_{M,\varepsilon}\rho,\rho\rangle=\int_\Omega\{\varepsilon^2(\nabla\rho)^2+(3g^2U_M^2-1)\rho^2\}$$
$$\geqslant \varepsilon^2\nu^2\int_\Omega(\nabla\rho)^2,$$

其中,ν与ε及ρ无关.

证明 证明中主要步骤是:第一,对 Poincaré 不等式改进形式;第二,对函数 U_M 作简单逼近.

(i):将ρ记为沿$\partial\Omega$的内法线的线积分,利用 Schwarz 不等式,我们有

$$\rho^2=\left\{\int_0^t\rho_{t'}(s,t')\mathrm{d}t'\right\}^2\leqslant t\int_0^t\rho_{t'}^2dt'.$$

在由$0\leqslant t\leqslant l$决定的$\bar{\Omega}_*$的子集上积分,我们得到

$$(4.4.29)\qquad \int_{t\leqslant l}\rho^2\leqslant H(l)\frac{l^2}{2}\int_{t\leqslant l}\rho_t^2,$$

其中,$H(l)$是由$\partial\Omega$的曲率产生的连续函数,使得当$l\to0$时$H(l)\to1$.

(ii):我们定义

$$h_M(x,\varepsilon)=3-3g^2U_M^2.$$

那么,可证(利用(4.4.25)前面定义的光滑子$\zeta(x)$)

$$\frac{1}{3}h_M-\zeta(x)\mathrm{sech}^2\frac{\tau}{\sqrt{2}}$$
$$=\zeta(1-\zeta)\left(1-\tanh\frac{\tau}{\sqrt{2}}\right)^2+O(\varepsilon).$$

而且,在使$\zeta(1-\zeta)\neq0$的点t上($t_*/2<t<t_*$),函数$1-\tanh\left(\frac{\tau}{\sqrt{2}}\right)$在$\varepsilon\downarrow0$时依指数变小.相应地,

$$(4.4.30)\qquad h_M(x,\varepsilon)=3\zeta(x)\mathrm{sech}^2\frac{\tau}{\sqrt{2}}+r_M,\ |r_M|\leqslant k\varepsilon,$$

其中,$k=k(M)$是与x和ε无关的常数.

(iii):现在我们可以估计泛函

$$\langle \mathscr{L}_{M,\varepsilon}\rho,\rho\rangle = \int_{\Omega}\{\varepsilon^2(\nabla\rho)^2 + (2-h_M)\rho^2\}.$$

根据(4.4.29),对于 $l=a\varepsilon$(其中 a 待定),有

$$\int_{\Omega}\varepsilon^2(\nabla\rho)^2 \geqslant \frac{2}{a^2H(a\varepsilon)}\int_{t\leqslant a\varepsilon}\rho^2,$$

而由近似(4.4.30),

$$-\int_{\Omega}h_M\rho^2 \geqslant -3\int_{t\leqslant a\varepsilon}\rho^2 - 3\operatorname{sech}^2\frac{a}{\sqrt{2}}\int_{t\leqslant a\varepsilon}\rho^2 - k\varepsilon\int_{\Omega}\rho^2,$$

其中,$t\geqslant a\varepsilon$ 是指 $t<a\varepsilon$ 在整个区域 Ω 中的余集(虽然在 $\Omega-\Omega_*$ 上 t 并不唯一确定).那么

$$\langle \mathscr{L}_{M,\varepsilon}\rho,\rho\rangle \geqslant \left(\frac{2}{a^2H(a\varepsilon)}-1-k\varepsilon\right)\int_{t\leqslant a\varepsilon}\rho^2 + \left(2-3\operatorname{sech}^2\frac{a}{\sqrt{2}}-k\varepsilon\right)\int_{t\leqslant a\varepsilon}\rho^2.$$

今当 $a<\sqrt{2}$ 时,$2/a^2H(0)-1>0$,且当 $a>\frac{2}{3}\sqrt{2}$ 时,$2-3\operatorname{sech}^2\left(\frac{a}{\sqrt{2}}\right)>0$.取 $a=\frac{5\sqrt{2}}{6}\equiv a_0$,再取 ε_0 小得当 $0<\varepsilon\leqslant\varepsilon_0$ 时,有

$$\min\left\{\frac{2}{a_0^2H(a_0\varepsilon)}-1,2-3\operatorname{sech}^2\frac{a_0}{\sqrt{2}}\right\}-k\varepsilon_0\geqslant\mu^2>0,$$

其中 $\mu(M)$ 与 ε 无关,那么

$$\langle \mathscr{L}_{M,\varepsilon}\rho,\rho\rangle \geqslant \mu^2\int_{\Omega}\rho^2,\quad 0<\varepsilon\leqslant\varepsilon_0. \tag{4.4.31}$$

(iv):由于从(4.4.30)可推出 $2-h_M\geqslant-1-k\varepsilon$,故对 $0<\varepsilon\leqslant\varepsilon_0$,我们还有

$$\begin{aligned}\langle \mathscr{L}_{M,\varepsilon}\rho,\rho\rangle &= \int_{\Omega}\{\varepsilon^2(\nabla\rho)^2 + (2-h_M)\rho^2\}\\ &\geqslant \varepsilon^2\int_{\Omega}(\nabla\rho)^2 - (1+k\varepsilon_0)\int_{\Omega}\rho^2.\end{aligned}$$

用 $\mu^2/(1+k\varepsilon_0)$乘上式再加上(4.4.31),并定义

$$\nu^2 = \mu^2/(1+k\varepsilon_0+\mu^2),$$

我们可得结论(4.4.27).

于是,定理(4.4.1)的假设条件全部证实了.从而,由于当 $M=2$ 时近似解 $U_M(x,\varepsilon)$ 可以算出,故在 $\mathring{W}_{1,2}(\Omega)$ 范数下,$U_0(x,\varepsilon)$ 是真解的一个渐近逼近.然而,还剩下在逐点意义下验证(A)这个问题.倘若我们能证明 $U_0(x,\varepsilon)$ 是在 $C(\bar{\Omega})$ 范数下的渐近逼近,就可从(4.4.25)中讨论的 $U_0(x,\varepsilon)$ 的形式直接得到(A).当 $N=1$ 时,这个事实可从 Sobolev 不等式(1.4.1)得到.事实上,

$$\| U_0(x,\varepsilon) \|_C \leqslant c \| U_0(x,\varepsilon) \|_{1,2},$$

其中常数 c 与 ε 无关.当 $N=2,3$ 时,该结果可由(4.4.1)证明细节以及 1.5 节中线性椭圆型方程的 L_2 正则性定理得到.事实上,利用定理(4.4.1)的记号和结果,有

$$u(x,\varepsilon) = U_0 + \sum_{i=1}^{3} U_i \varepsilon^i + \rho_4, \tag{4.4.32}$$

而 $\| \rho_4 \|_{1,2} = O(\varepsilon^3)$.从 L_2 正则性定理可推出,当 $N=3$ 时,ρ_4 是线性方程 $\varepsilon^2 \Delta u = f(\rho_4)$ 的广义解,其中,$f \in L_2(\Omega)$ 且 $\| f \|_{0,2} = O(\varepsilon^3)$.于是,

$$\| \rho_4 \|_{2,2} = \varepsilon^{-2} \| f(\rho_4) \|_{0,2} = O(\varepsilon).$$

今由 Sobolev 嵌入定理得到估计 $\| \rho_4 \|_{C(\bar{\Omega})} = O(\varepsilon)$,于是从(4.4.32)可推出

$$\| u(x,\varepsilon) - U_0 \| = O(\varepsilon).$$

注 当 $N>3$ 及非线性增长超过 u^3 时,有一个与结果(A)完全类似的结论成立.参考文献和证明思想见本章末的注记.

4.5 经典数学物理中的某些奇异扰动问题

数学物理中的很多问题 P_ε 可以这样处理:P_ε 光滑地依赖于一个小的实参数 ε,据此,当 $\varepsilon=0$ 时 P_0 的解 x_0 可以显式地得出.然后,可试图证明,从 P_ε 转化到 P_0 时,小的简化改变在 P_ε 的解 $x(\varepsilon)$ 中只有相对应的小影响,即当 $\varepsilon \to 0$ 时,问题 P_ε 有解 $x(\varepsilon) = x_0 + o(1)$.在一大类由形如 $f_\varepsilon(x)=0$ 的方程定义的重要问题 P_ε

中,实际产生的是 $f_\varepsilon(x)=0$ 的形式解

$$x(\varepsilon)=\sum_{i=0}^{\infty}\alpha_i\varepsilon^i,$$

其中 $x(0)=\alpha_0$ 满足 $f_0(x)=0$. 然而,当 $\varepsilon\neq 0$ 时,由于系数 α_i 的大小不趋于 0,故这种级数实际上常常发散. 不过,我们希望,若 $x(\varepsilon)$被截成

$$x_n(\varepsilon)=\sum_{i=0}^{n}\alpha_i\varepsilon^i,$$

则 $x_n(\varepsilon)$将(在 4.4 节提到的意义下)渐近到 $f_\varepsilon(x)=0$ 的真解 $\tilde{x}(\varepsilon)$. 在这一节,我们举出三个这类问题,并在定理(4.4.1)的基础上证明这些问题中的形式解的渐近性质. 在下面考虑的所有情况中,我们注意到,由(4.4.1)可将问题化为求某些线性算子范数的精确界.

4.5A 由瞬时力作用的非谐振子的扰动

考虑常微分方程

(4.5.1) $\ddot{x}+x=f(x)+\varepsilon g(t)$; 在 $x=0$ 处 $f(x)=O(|x|^2)$,

其中,$g(t)$是$(-\infty,\infty)$上的连续函数,它在∞处按指数衰减,而 ε 是小参数. 我们感兴趣的是,对于(4.5.1),当 $t\to\infty$时,具有零初值条件的 Cauchy 问题解 $x(t)$的性状. 当 $t\to\infty$时这个解不趋于 0;至少对小的$|\varepsilon|$会如此. 事实上,可以证明以下结论

(4.5.2) 当 ε 充分小以及在 $x=0$ 附近 $f(x)$实解析时,解 $x(t)$当 $t\to\infty$时渐近地趋向于方程 $\ddot{x}+x=f(x)$的周期解 $u(t)$(在 $x=0$ 附近).

从某种程度上来说,这个结果的证明放在 4.4 节中讨论也许更恰当. 如果采用强函数法,试图以 ε 的幂级数

$$x(t)=\sum_{n=1}^{\infty}a_n(t)\varepsilon^n$$

来计算(4.5.1)的解 $x(t)$,会发现在区间$[0,\infty)$上系数 $a_n(t)$是 t 的无界函数. 另一个成功方法在于把(4.5.1)可能的解 $x(t)$表示

成

$$x(t) = u(t,\lambda,b) + y(t),$$

其中，$u(t,\lambda,b)$是(4.5.1)周期为 λ 相位为 b 的解，并且使得 $t\to\infty$时，$y(t)\to 0$. 接下去找出周期 $\lambda(\varepsilon)$，相位 $b(\varepsilon)$及余量 $y(t)$的形式渐近展开式，然后在(4.4.1)的基础上证实这些渐近展开式. 事实上，这正是 Ter-Krikorov(1969)的文章中采用的方法. 在那里，有兴趣的读者可以找到详细的证明.

4.5B 非线性弹性中的薄膜逼近

决定弹性薄板平衡态的偏微分方程自然包含一个小参数 ε^2，它是板的厚度的一个度量(见(1.1.12)). 在给定的物体力之下对决定平衡态问题作薄膜逼近，在于在上述方程中令 $\varepsilon^2=0$ 并求这个简化系统的解. 更明确地，设 Ω 是 $\mathbf{R}^2$ 中具边界$\partial\Omega$ 的一个有界域，那么，定义在 Ω 上的偏微分方程可写成

(4.5.3) $$\Delta^2 F+\frac{1}{2}[w,w]=0,\varepsilon^2\Delta^2 w-[w,F]=g,$$

的形式. 其中双线性型

$$[f,g] = f_{xx}g_{yy} + f_{yy}g_{xx} - 2f_{xy}g_{xy}.$$

物理量 F, w 和 g 以前已经描述过了. 为简单计，我们假定板是夹紧的，从而所给问题由附加的边界条件

(4.5.4) $$D^\alpha w|_{\partial\Omega}=0,\qquad |\alpha|\leqslant 1;$$

$$F_{\tau\tau}|_{\partial\Omega}=T,\qquad F_{\eta\tau}|_{\partial\Omega}=S$$

具体指定.

在 6.2 节，我们将证明这个系统总是有解的，这个解使得与该物理问题相应的势能极小化. 现在我们来考虑把解$(w_\varepsilon, F_\varepsilon)$与以下退化系统($\Pi_0$)的解进行比较的这样一个问题，而($\Pi_0$)由(4.5.3)中令 $\varepsilon=0$，再加上边界条件

(4.5.5) $$w|_{\partial\Omega}=0,\ F_{\tau\tau}|_{\partial\Omega}=0, F_{\eta\tau}|_{\partial\Omega}=S$$

所得到. 这个问题主要困难之一是系统(4.5.3)～(4.5.4)解的非唯一性. 不过将可证实这种情况：即(Π_0)的解是对(4.5.3)的一类

特殊解的渐近逼近的首项. 薄膜逼近的渐近性质是以下事实的推论：当$|\alpha|=1$时，可略去边界条件$D^{\alpha}w|_{\partial\Omega}=0$. 事实上，可望当$\varepsilon\to 0$时，除了在边界$\partial\Omega$附近，(4.5.3)～(4.5.4)的解将一致趋近于(4.5.3)和(4.5.4)在$\varepsilon=0$时的解. 而在$\partial\Omega$附近，则出现边缘效应(或边界层)(即在$\partial\Omega$的附近，函数w的梯度或$D^{\alpha}w$急剧改变). 这正如4.4C节中的例子$(\mathrm{II}_{\varepsilon})$.

为验证薄膜逼近，必须限制作用在弹性体上的力. 我们因此将只考虑这样的系统：其退化问题(II_0)有正解(w_0,F_0)，即一个使$F_{0,xx}$和$[F_0,F_0]$在Ω中大于零的解. 不难证明，这种正解是唯一的(如果它们存在). 而事实上，利用第Ⅲ部分的技巧可证，在一大类弹性问题中它们都存在. 更重要地，已知以下结果：

(4.5.6) **定理** 假定系统(4.5.3)～(4.5.5)有正解(w_0,F_0)，那么对充分小的$\varepsilon>0$，系统(4.5.3)～(4.5.4)有唯一正解$(w_{\varepsilon},F_{\varepsilon})$，使得除了$\Omega$在$\partial\Omega$附近的一个窄区域外，

$$(w_{\varepsilon},F_{\varepsilon})\to(w_0,F_0)$$

一致成立.

(4.5.6)的证明与4.4C节(A)的证明平行. 首先，对函数$w_m(x,\varepsilon)$和$F_m(x,\varepsilon)$构造形式渐近展开式，使得它们严格满足边界条件(4.5.4)，而且除去$O(\varepsilon^{m+1})$阶项就满足方程. 然后，同(2.5.7)中完全一样，将(4.5.3)～(4.5.4)的解表示为作用在Sobolev空间$\mathring{W}_{2,2}(\Omega)$上一个形如$f_{\varepsilon}(x)=0$的算子方程的解$x=(w,F)$. 由Sobolev不等式可知，二阶导数$f_{\varepsilon xx}(x)$在集合$\{x\mid\|x\|=(\|w\|_{2,2}^2+\|F\|_{2,2}^2)^{1/2}\leqslant R\}$上是一致有界的，于是，在这种情况下使用定理(4.4.1)，只需证明$\|f'_{\varepsilon}(x_k)\|$有下界. 为此我们注意：在$\mathring{W}_{2,2}(\Omega)$中，算子$f_{\varepsilon}(x)$可写成

$$\left(F_*+\frac{1}{2}C(w,w),\varepsilon^2 w-C(w,F)\right),$$

其中$F_*=F(x,y)-g$，g是满足系统$\Delta^2 g=0$及(4.5.4)后两个边界条件的唯一函数. 于是，若$y=(\overline{w},\overline{F})$，则

$$f'_\varepsilon(x)y = (\bar{F} + C(w,\bar{w}), \varepsilon^2\bar{w} - C(\bar{w},F) - C(w,\bar{F})),$$

因而

$$(f'_\varepsilon(x_k)y,y) = \int_\Omega \{|\Delta F|^2 + \varepsilon^2 |\Delta w|^2\}$$
$$+ \int_\Omega \{F_{k,xx}w_y^2 + F_{k,yy}w_x^2 - 2F_{k,xy}w_x w_y\}.$$

由 x_0 的正性,有$(f'_\varepsilon(x_0)y,y) \geqslant \varepsilon^2 \| y \|^2$. 事实上,存在一个与 ε 无关的正常数c,使上式最后那个积分不小于 $c\int_\Omega |\nabla w|^2$. 进而,由逼近解 F_k 的构造,$|\alpha|=2$ 和 $k \geqslant 0$,

$$\sup_\Omega |D^\alpha(F_k - F_0)| = O(|\varepsilon|).$$

于是,当$|\varepsilon|$充分小时,

$$(f'_\varepsilon(x_k)y,y) \geqslant \frac{1}{2}\varepsilon^2 \| y \|_{2,2}^2.$$

因此,正如(4.4.14)的论证那样,由 Lax-Milgram 定理可知,$f'_\varepsilon(x_k)$是可逆的,且

$$\| f'_\varepsilon(x_k) \| \geqslant \frac{1}{2}\varepsilon^2.$$

因此,一旦注意到 F_k 和 w_k 的渐近展开式中的首项是(w_0,F_0),则(4.4.1)的假设条件就全被证实,从而定理(4.5.6)得证. 更详细的,见 Srubshchik(1964).

4.5C 黏性流体的扰动 Jeffrey-Hamel 流

确定两个斜交平面(交角 2α)间黏性不可压缩流体定常平面径向流的 Navier-Stokes 方程有精确解. 这些解已知为 Jeffrey-Hamel 流 $G(\alpha,R)$,它对一切 Reynolds 数 R 都存在,而对给定的参数(α 和R),解(一般)不唯一. 大多数 Jeffery-Hamel 流表现为沿截面流进与流出的混合. 于是,用以下观点来考虑这些流的几何方面的扰动是有意义的:即证明在特殊的 Jeffrey-Hamel 流中存在一个流,它是扰动问题解的首次逼近. 正如 L. E. Fraenkel 所观察到的,一类二维对称通道 C 构成一个有趣的扰动问题. 这时,相对局

部通道宽度来说,通道壁的曲率半径一样大. Fraenkel 证明了存在唯一的 Jeffrey-Hamel 流 $G_0(\alpha,R)$,它在 $\alpha=0$ 附近解析地依赖于 α. 利用通道壁小曲率 ε,他构造了 Navier-Stokes 方程在 C 中的一个形式解①

$$u(x,\varepsilon)=G_0+\sum_{n=1}^{\infty}\varepsilon^n\psi_n.$$

对于物理参数 R 和 α 的适当值,这个形式解展示出分离现象,使得流的速度场划分为向前流和逆流的不同区域,它们由零速度曲线分开,这条曲线本身与通道壁是分离的.

在这方面一个重要的数学问题(用(4.4.1)的方法可解)是:用形式解 $u(x,\varepsilon)$当作物理问题真解的近似合理否. 当 $\varepsilon\neq 0$ 时,不能期望上述形式解 $u(x,\varepsilon)$收敛. 这因为在 $u(x,\varepsilon)$的构造中,某些函数的反复微分会使 ε^n 的系数大致与 $n!$ 同阶. 于是,这时自然要证明在 4.4A 节的意义下,截断的形式解是 Navier-Stokes 方程真解的一个渐近近似.

为了从数学上系统描述这个问题,我们着手如下:假定通道 C 是带形 $\Omega=\mathsf{R}^1\times(-1,1)$在共形映射 $z=z(w,\varepsilon)$下的象,其中,$z(w,\varepsilon)$由方程 $dz/dw=he^{i\theta}$和函数

$$\alpha(\varepsilon w)=(d/dw)(\log(dz/dw))$$

来刻画. 于是,对 $z=x+iy,w=u+iv$,有$|dz|=h|dw|$,并且 $\alpha(\varepsilon w)$近似地是上通道壁与 x 轴构成的角. 然后,Navier-Stokes 方程的"旋度形式"可写成

$$\left[\Delta+R\left(\psi_u\frac{\partial}{\partial v}+\psi_v\frac{\partial}{\partial u}\right)\right]\frac{1}{h^2}\Delta\psi=0,\tag{4.5.7}$$

其中,ψ 与流函数成比例,并且 Δ 是关于(u,v)的 Laplace 算子. 令 $h_u=hk,h_v=h\lambda$,再利用 $\Delta(\log h)=0$,我们发现(4.5.7)可改写为

$$f_\varepsilon(\psi)\equiv\left\{\Delta-4\left(k\frac{\partial}{\partial u}+\lambda\frac{\partial}{\partial v}\right)+4(k^2+\lambda^2)\right\}\Delta\psi\tag{4.5.8}$$

---

① 在 Jeffrey-Hamel 问题中,α 是固定参数,但在扰动问题中,它是缓慢变化的函数. ——原注

$$- R\left\{\psi_v\left(\frac{\partial}{\partial u} - 2k\right) - \psi_u\left(\frac{\partial}{\partial v} - 2\lambda\right)\right\}\Delta\psi$$

$$= 0.$$

对这个方程再补充边界条件

(4.5.9) $\psi = \pm 1, \psi_v = 0, v = \pm 1,$

(4.5.10) 当$|u| \to \infty$时 $\psi_u \to 0$.

若 α 是实常数,$k = \alpha, \lambda = 0$,且 ψ 与 u 无关,则(4.5.8)变成

(4.5.11) $\psi_{vvvv} + (4\alpha^2 + 2R\alpha\psi_v)\psi_{vv} = 0.$

两点边值问题(4.5.9)和(4.5.11)的解显然就是上面提到的 Jeffrey-Hamel 流. 为确定形式解 $u(x,\varepsilon)$,在(4.5.8)中我们令 $u = \sigma/\varepsilon$,并假定$|\psi_n| = O(\varepsilon)$,于是当 $\lambda = O(\varepsilon)$时,

$$k = \alpha(\sigma) + O(\varepsilon^2).$$

然后(4.5.8)可写成

$$\psi_{vvvv} + 4\alpha^2\psi_{vv} + 2R\alpha\psi_v\psi_{vv} = O(\varepsilon).$$

现在,如果我们假定

$$\psi(x,\varepsilon) = G_0(v, R, \alpha(\sigma)) + \sum_{n=1}^{N} \varepsilon^n \psi_n,$$

那么 ψ_n 可以迭代算出,每一个都是

$$L\psi = \psi_{vvvv} + 4\alpha^2\psi_{vv} + 2R\alpha\left(\frac{\partial G_0}{\partial v}\psi_v\right)_v$$

$$= F_n(G_0, \psi_1, \cdots, \psi_{n-1}),$$

$$\psi = \psi_v = 0, v = \pm 1$$

的唯一奇数解,其中,F_n 是从精确方程(4.5.8)求出的. 现在,我们注意(不带证明),在 4.4A 记号的意义下,上面构造的截断形式解

$$\bar{\psi}_N = G_0 + \sum_{n=1}^{N} \varepsilon^n \psi_n$$

是(4.5.8)的一个近似解:

(i) 在 Ω 上一致地有 $f_\varepsilon(\bar{\psi}_N) = O(\varepsilon^{N+1})$;

(ii) $\bar{\psi}_N$ 满足边界条件(4.5.9),(4.5.10);

(iii) 对充分小的 ε, $\| f_\varepsilon(\bar{\psi}_N) \|_{L_2(\Omega)} \leqslant k_N(R, \alpha)\varepsilon^{N+\frac{1}{2}}$.

我们现在可叙述：

(4.5.12) 对充分小的 ε 和适当限制的数 R 与 α,(4.5.7)有经典解

$$\psi = G_0 + \rho_0.$$

此外,ψ 是使

$$\| \psi - G_0 \|_{\mathring{W}_{2,2}(\Omega)} = O(\varepsilon)$$

成立的唯一解. 这里, $G_0 = G_0(\alpha, R)$ 是 4.5C 节开始处提到的 Jeffrey-Hamel 流.

证明 对 $p=0, n=1$ 和 $N=1$,我们利用(4.4.1)将(4.5.8)改写为闭子空间 H 中的算子方程,其中,H 由属于$\mathring{W}_{2,2}(\Omega)$的奇函数组成. 对 H,可选择一个适当范数为

$$\| u \|_H^2 = \sum_{|\alpha|=2} \int_\Omega | D^\alpha u |^2.$$

事实上,在(4.5.8)中用 $G_0+\rho$ 代换 ψ,我们可以假定 ρ 满足零边界条件. 显然,如同2.2D 中的论证,方程(4.5.8)可以改写成 H 中形如

$$\tilde{f}_\varepsilon(\rho) = L_\varepsilon \rho + R N_\varepsilon \rho = O(\varepsilon)$$

的算子方程,其中,L_ε 和N_ε 是映H 入自身的有界连续映射,它们由方程

$$f_\varepsilon(G_0 + \rho) = f_\varepsilon(G_0) + L_\varepsilon \rho + N_\varepsilon(\rho)$$

形式地定义. 从而,线性算子 L_ε 由

$$(L_\varepsilon \psi, \varphi) = \int_\Omega [(\Delta\psi)(\Delta\varphi) + \Delta\psi(4k\varphi_u + 4\lambda\varphi_v) + 4(k^2 + \lambda^2)\varphi\Delta\psi] + O(R)$$

隐式地定义. 显然,对于某个与 ψ 和 φ 无关的常数k,有

$$\| N_\varepsilon \psi - N_\varepsilon \varphi \| \leqslant k(\| \psi \| + \| \varphi \|) \| \psi - \varphi \|,$$

且 N_ε 满足(4.4.1)的假设条件(Ⅰ). 于是据(4.4.1),为了证明(4.5.12),只需证明

(∗) L_ε 是可逆的,且 $\| L_\varepsilon \psi \| \geqslant k \| \psi \|$,其中,$k$ 是与 ε 无关的常

数.

根据(1.3.21),一旦我们找到与 ε 无关的正数 k_1,使

$$(L_\varepsilon\psi,\psi)\geqslant k_1\|\psi\|_H^2,$$

那将得到(*). 今对 $p=4\alpha+R(\partial G_0/\partial v)$ 和 $q=4\alpha^2+2R\alpha(\partial G_0/\partial v)$,由一个简单的计算可知

$$(L_\varepsilon\psi,\psi)=\int_\Omega\{|\Delta\psi|^2+(p\psi_u+q\psi)\Delta\psi+q_v\psi\psi_v$$
$$+p_{vv}\psi\psi_u\}+O(\varepsilon)\|\psi\|_H^2.$$

分部积分,利用 $\alpha=\alpha(\varepsilon u)$ 给出

$$(\dagger)(L_\varepsilon\psi,\psi)=\int_\Omega\{|\Delta\psi|^2+R(\partial^2G_0/\partial v^2)\psi\psi_{uv}-q(\psi_u^2+\psi_v^2)\}$$
$$+O(\varepsilon)\|\psi\|_H^2.$$

于是,只要从(†)右端对第一个二次型找到一个适当的下界即可. 为此,适当限制 R 和 α,我们将求出一个与 ε 无关的常数 $\lambda=\lambda(R,\alpha)>0$,使得对一切(对 v 的)奇函数 $\psi\in C_0^\infty(\Omega)$,有

$$(4.5.13)\qquad Q_1(\psi)=\int_{-1}^1(2\psi_{uv}^2+\psi_{vv}^2+RG_{vv}\psi\psi_{uv}$$
$$-q(\psi_u^2+\psi_v^2))dv$$
$$\geqslant\lambda\int_{-1}^1(2\psi_{uv}^2+\psi_{vv}^2)dv.$$

一旦这个不等式得证,将(4.5.13)的两端加上 ψ_{uu}^2 并对 u 积分,就得到(*). 为证(4.5.13),我们注意,适当限制 R 和 α 可得不等式

$$(4.5.14)\qquad \int_{-1}^1(\varphi_{vv}^2-q\varphi_v^2)dv\geqslant\mu\int_{-1}^1\varphi_v^2dv,$$
$$\varphi\in\mathring{W}_{2,2}(-1,1).$$

并且,如果 φ 是 v 的奇函数,则 μ 可以增大到某个 μ_1(譬如说),将这个不等式用于 ψ 及 $\int_{-1}^v\psi_u dv$,我们得到

$$\int(\psi_{vv}^2-q\psi_v^2)\geqslant\mu_1\int\psi_v^2,$$
$$\int(\psi_{uv}^2-q\psi_u^2)\geqslant\mu\int\psi_u^2.$$

然后,正如(4.4.14)中的论述那样,由这两个不等式可推出存在正常数 $\mu_2<\mu_3$ 使得

$$\int_{-1}^{1}(\psi_{uv}^2+\psi_{vv}^2-q(\psi_u^2+\psi_v^2))dv$$

$$\geqslant\int_{-1}^{1}(\mu_2\psi_{uv}^2+\mu_3\psi_{vv}^2)dv.$$

从(4.5.13)和

$$\int_{-1}^{1}\psi^2\leqslant c\int_{-1}^{1}\psi_{vv}^2,$$

对任意的 $\delta>0$ 有

$$Q_1(\psi)\geqslant\int_{-1}^{1}(\psi_{uv}^2+\mu_2\psi_{uv}^2+\mu_3\psi_{vv}^2)dv-\beta\left(\delta\int\psi_{uv}^2dv+\frac{1}{\delta}\int\psi_{vv}^2\right)$$

$$\geqslant(1+\mu_2-\beta\delta)\int_{-1}^{1}\psi_{uv}^2dv+(\mu_3-\beta/\delta)\int_{-1}^{1}\psi_{vv}^2dv.$$

剩下的是选取 δ 使

$$1+\mu_2-\beta\delta>0,\mu_3-\beta/\delta>0.$$

显然,这可由限制 R 和 α 从而 $\beta^2<(1+\mu_2)\mu_3$ 来完成.

至此,剩下的是对某个固定的 $\mu>0$,讨论(4.5.14)成立. 为此,必须讨论线性本征值问题

$$w^{(\text{iv})}+(qw')'+\lambda w''=0,$$
$$w=w'=0,v=\pm1$$

的最小本征值. 继续论证可知,对所有 $R\geqslant0$,倘若 α 位于下面这样一个区间中,就有 $\mu>0$:在该区间内,形式近似 $G_0(\alpha)$是唯一的 Jeffrey-Hamel 流,它解析地依赖于 α. 细节见 Fraenkel(1973).

注　　记

A　解的分歧分枝的线性稳定性

正如 4.1 节中所言,在物理系统中,经过歧点之后常会发生"稳定性交换". 在(4.3.36)的弹性结果中,通过考虑能量论证了这

点.一般,对于非 Hamilton 系统,4.1 节中提到的线性稳定性判别法虽欠精确但仍有用.该判别法基于与线性算子 $f_x(\tilde{x},\tilde{\lambda})$在$(\tilde{x},\tilde{\lambda})$处的谱有关的信息,其中,$(\tilde{x},\tilde{\lambda})$是 $f(x,\lambda)=0$ 的解.在这方面,Leray-Schauder 度理论通常是有用的.例如在有限维系统中,线性稳定性可由证明 $f_x(\tilde{x},\tilde{\lambda})$的本征值实部都是负的来确定;同时,由任何带正实部的本征值可得出不稳定结论.于是,如果我们计算 $f(x,\lambda)$在 0 处的 Brouwer 度,把它作为 λ 的函数,当 λ 通过歧点时,我们就能查明有关 f_x 在$(\tilde{x},\tilde{\lambda})$处谱的情况,其中$(\tilde{x},\tilde{\lambda})$是 $f(\tilde{x},\tilde{\lambda})=0$ 的任一解.这因为根据非奇异解处的线性化,Brouwer 度能用可加性来计算.在无穷维情况,类似结果成立.对于进一步的信息,有兴趣的读者可参考 Sattinger(1971)的文章.

B　一般算子方程在奇重本征值处的分歧

设 $f(x,\lambda)$是 C^1 映射,它将 Bahacn 空间 $X\times R$ 的(0,0)点处的某个邻域映入 Y 中,使得:(i)对 0 附近所有的 λ,$f(0,\lambda)\equiv 0$;(ii) $f_{\lambda x}(x,\lambda)$是 x 的C^1 函数;(iii) 线性算子 $f_x(0,0)$是零指标线性 Fredholm 映射,且 dimKer $f_x(0,0)$ 是奇数,(iv) 当 $x\in \mathrm{Ker} f_x(0,0)$时,

$$f_{x\lambda}(0,0)\ x\ \overline{\in}\ \mathrm{Range} f_x(0,0).$$

那么,作为结果(4.1.12)和(4.2.3)的推广,可证(0,0)是关于算子方程 $f(x,\lambda)=0$ 的歧点.此结果可这样得到:如同(4.1.12)中那样,分解 Banach 空间,并把 Brouwer 度的性质用于相应的分歧方程.证明的全部细节给在 Westreich(1973)中.

C　对称假设下分歧方程的简化

在很多分歧问题中,相应的线性问题的 m 重本征值λ 的分歧问题起因于等距群下相应的算子方程不变性.在许多情况下,利用对称性可以减少分歧方程中方程以及方程中未知变量这两者的个数.于是,在 Navier-Stokes 方程的第二定常流中,观察到的第二个解具有六边形胞腔模式,而该方程与从底部加热的水平流中的对流有关(所谓 Bénard 问题).由 4.1 节中展开的分歧理论可得出这个结果,方法是,在一个向量值函数的 Banach 空间中求相应的非

线性边值问题的解，其中，这个 Banach 空间的函数本身具有“六边形”对称性. 这首先在 Judovitch(1968)中获得，这种情况的一般研究由 Loginov 和 Tregonin(1972)获得.

D　半线性 Dirichlet 问题的边界层现象

对定义在 $\Omega\subset\mathbf{R}^N$ 上的边值问题

$$(\dagger)\qquad \varepsilon^2\Delta u+f(x,u)=0,\ u|_{\partial\Omega}=0,$$

可获得给在 4.4C 节中的结果的推广，其中，$f(x,u)$是其变量的 C^∞ 函数，它具有如下性质：

(i) 存在一个定义在 $\bar{\Omega}$ 上的 C^∞ 正函数 $T(x)$，使得在 $\bar{\Omega}$ 上

$$f(x,T(x))\equiv 0;$$

(ii) 对固定的 $v\in[0,T(x)]$，在 $\bar{\Omega}$ 上

$$f_u(x,T(x))<0$$

同时，

$$\int_v^{T(x)} f(s,y)dy>0.$$

其中，$f(x,u)$不受任何增长限制的约束. 于是，当 $\varepsilon\to 0$ 时，除$\partial\Omega$ 附近宽度 $O(\varepsilon)$的一个小边界层外，为了对正解 $f(x)$验证逼近值 $u_0=T(x)$合理，可在 Hölder 空间 $C^{m,\mu}(\Omega)$中用 4.4B 节的步骤. 但为了得到对线性算子 $L=[f_\varepsilon'(u_i)]^{-1}$的形式的决定性估计，上下文中 Sobolev 空间是本质的. 一旦对 L 得到某个估计，在把 L 看作适当的 Hölder 空间之间的映射时，Sobolev 不等式就给出了对 L 的逐点估计. 对整个详情有兴趣的读者可参考 De Villiers (1973)，也可见 Fife(1973).

E　参考文献的注记

4.1 节　Poincaré 关于分歧理论的最初文章能在 Poincaré (1885)找到. 这篇文章致力于确定旋转的理想流体的平衡形状，他从 Kelvin 和 Tait(1879)的文章的许多猜测中得到了启发. 后来，对这个问题的论述包括了 Liapunov(1906～1914)，Lichtenstein (1933)和 Appell(1921). 迄今仍缺少一个综合的现代研究. 正如前面的注记中提到的，Liapunov 判别准则(4.1A)一般是用强函数法

证明的.现代的处理方法可见 Siegel 和 Moser(1971).如同(4.1.5)中那样,将分歧理论化为有限维问题,一般称为 Liapunov-Schmidt 方法.它归功于 Liapunov(1906)和 Schmidt(1908)奠基性的文章.关于这个课题的新近一本书是 Vainberg 和 Tregonin(1974)写的.我们关于单重数的处理(4.1.12)应归功于 Diustermatt.同时还要指出有关奇异性的新近理论的技巧用在更困难的分歧问题中的重要性.在单重情况中,分歧的其他新近论述包括 Crandall 和 Rabinowitz(1971)以及 Westreich(1972). Krasnoselski 的书(1964)对这个问题给出了很详尽的资料.在 Berger(1969)中可找到分歧理论与非线性正规方式之间的关系.在 Berger 和 Westreich(1974)中可找到 4.1D 节的迭代格式.在 Sather(1973)以及一系列其他文章和书中可找到对高重情况的构造方法的综述,不幸的是,这些方法在实际中常常失效.这因为确切的结果都要加上很多不易验证的条件才能获得.

4.2 节　在 Krasnoselski(1964), Berger(1970a)以及 Cronin(1964)中,很好地描述了超越方法在分歧理论中的应用,特别,映射度的运用应归功于 Krasnoselski(1964).为得到与重数无关的歧点的进一步结果,他还注意到了梯度算子的重要性. Prodi 的文章(1971)似乎是分歧问题中运用 Morse 理论的第一篇,这也可见 Berger(1973).(4.2.4)的关于复解析映射分歧理论的进一步结果在 Cronin(1953)中已有描述.我们的证明仿照 Schwartz 的文章(1963). Berger 的文章(1969, 1970)中描述了 Liusternik Schnirelmann 范畴论在分歧理论中的应用.在 Ize(1975)中,将较高的球面同伦群应用到了分歧问题,这些问题不只涉及一个参数,得到了有意思的新结果.见美国数学会专题报告 174 号.

4.3 节　平衡点 $L_1 - L_5$ 附近的限制三体问题的周期解有一个很好的综述,它可在 Deprit 和 Henrard 的文章(1969)中找到.这里,非线性弹性体中屈曲现象的论述来自 Berger(1967).仿照 Judovitch(1966,1967),我们将粘性流体的湍流当作分歧现象来讨论.其他有用的结果包括 Kirchgassner 和 Sorger(1969)以及

Gortler(1968)等. Taylor(1923)首次描述了 Taylor 旋涡,但其数学研究借助完全非线性 Navier-Stokes 方程则始于 Velte(1966)和 Judovitch(1966)的文章.关于高维复流形上复结构分歧问题的讨论,我们依照 Nirenberg(1964)和 Kuranishi(1965).最近,Kuranishi 利用 Nash-Moser 隐函数定理得到了带奇异性的形变结果.在 Forster(1975)的最近文章中,可以找到对这个问题利用非线性泛函分析的又一方法.对这个问题,由于所构造的形式幂级数解一般发散,从而纯代数方法受到影响.

4.4 节　结果(4.4D)由 Berger 和 Fraenkel(1969,1970)的文章改写而成. Fife(1973)进一步发展了更一般的椭圆型边值问题的方法.

4.5 节　数学物理中的奇异扰动问题有一篇极好的综述是 Friedrich(1955)的.关于非谐振子周期解的扰动结果归于 Ter-Krikorov(1969).我们关于非线性弹性体中薄膜逼近有效性的讨论改写自 Schrubshik 的文章(1964).同时,在 Fraenkel 的文章(1962,1973)中,可以找到我们对受扰动的 Jeffrey-Hamel 流的讨论.

F　非线性 Hamilton 系统的正规方式

正如 4.2 节所述,在高阶非线性 Hamilton 扰动下,关于常微分方程组线性自治 Hamilton 系统正规方式的保持问题,在建立一般结果时,分歧理论的超越方法至关重要.在 Berger(1969,1970a,1971c)的文章中,对二阶系统描述了这个情况.在 Westreich 尚未发表的最近文章中,Berger 的方法被改进,使之适用于一阶系统,不过,这时由于 Siegel 的例子,要加某些限制条件.见 Siegel 和 Moser(1971),(109~110 页).在 Weinstein(1974)和 Moser(1976)中,对这个问题可以找到处理一阶系统的有趣的有限维方法.他们两人都利用了类似于 Berger(1970a)的 Ljusternik-Schnirelmann 超越方法,见 6.7 节.在 Berger(1973)中对双曲型偏微分方程指出了可能的推广.

G　奇异性理论对分歧现象的应用

由 H. Whitney 开创而由 R. Thom, J. Mather 和 V. Arnold 继

续的奇异性理论为构造性分歧理论提供了一个新的和有前途的方法.尽管过分的要求会产生“突变理论”,但毫无疑问,根据奇异性理论方法,精心考察含有梯度映射的特定分歧问题将会带来进展.V·Arnold 最近在这方面精心考察的问题很重要.他考虑的是与一个实值函数的退化临界点有关的奇异性问题,而该实值函数定义在 $\mathbf{R}^N$ 中某点的邻域内.这个研究可用于 4.1E 节的“高重情况”.

在将奇异性理论用于无穷维分歧问题时,可将问题化为 4.1 节中所描述的分歧方程,并考虑作为等价的任何两个分歧问题,这些分歧方程因“限定”坐标变换而有区别.然后,可得出由一个歧点到正规典范式附近性状的分类.需要限定坐标变换是因为在分歧现象中,通常必须很小心地对待“分歧参数 λ”.这些思想,眼下正由包括 M. Golubitsky, D. Schaeffer, J. Hale, S. Chow 和 J. Mallet Paret 在内的许多研究者在继续做下去.

H　瞬子及局部分析

正如第一章注记 H 中所提到的,根据定义,瞬子是定义在 R^4 上(关于规范群 G 和 Pontrigjagin 指标为 k 的场 A 的同伦类)的 Yang-Mills 作用泛函 $S(A)$ 的光滑(有限作用)绝对极小.出人意外的是,就特定的非 Abel Lie 群 G 而言,k 不变的瞬子数可由第二部分的局部分析结果加上有关椭圆型偏微分方程的结果和非 Abel Lie 群的表示理论来共同确定.至此,对于 $G = SU(2)$, Atiyah, Hitchin 和 Singer(Proc. Nat. Acad. Sci. 1977 及后继文章)已证出,指标为 k 的不等势瞬子数依赖 $8k-3$ 个参数.对于高规范群,也有类似的明确结果,尽管其中的若干情况描述了新的现象.

第三部分　大范围分析

第三部分的目的　是将已讲过的局部结果推广到全局，以此可以成功地处理(第一章中所讨论的)具体问题.为达到这个目标，将分析和拓扑结合起来的方法被证明是相当有效的.就第四章中的分歧理论而言，这种超越方法很有价值.然而，对于全局性问题，为了真正理解非线性现象，这种混合通常是本质性的.在我们的课题中，分析方法和拓扑技巧的这种结合已经导出重大成果.

在实际中，鉴于以下两个主要的理由，从局部到全局的推广特别重要.首先，对给定问题的解给出充分精确的首次近似可能是徒劳的；其次，虽然这个近似可能存在，但许多问题要求把所给问题的全部解 $\mathscr{S}$看作一个整体，而事实上，在不同的情况下，集合 $\mathscr{S}$经常被分成各种具有重要特性的不同类$\{\mathscr{S}_\alpha\}$.

我们与其提出很一般的全局理论，不如来描述这样一个领域：即介于经典线性泛函分析与一般无穷维流形上的非线性泛函分析理论之间的思想领域.

我们现在来(摘要地)总结一下：

待讨论的问题：为了记号不变，设 f 是一个有界映射，它定义在 Banach 空间 X 中的开域 U 上，而在另一 Banach 空间 Y 中取值.然后，我们提出如下问题：

(i) (映射问题)　在什么条件下，f 是满射(即 $f(U)=Y$)？是单射？或是从 U 到$f(U)$上的同胚？

(ii) (线性化问题)　f 的哪些全局性质可由其局部性状推导出来？特别，若 $f\in C^1(U,Y)$，从 $f'(x)$可推出 f 的哪些全局性质？

(iii) (可解性问题)　类似于经典线性 Fredholm 理论，对于固定的 $y\in Y$，就算子方程 $f(x)=y$ 的可解性定出必要和充分条件.

(iv) (有关解的整体结构问题) 对于固定的 $y\in Y$,算子方程 $f(x)=y$ 的解集可进行描述吗?特别,在什么条件下,方程至少有给定个数的解?

(v) (有关解的分类问题) 定出算子方程 $f(x)=y$ 解的一个分类,在映射 f(适当限制)的小扰动下,分类不变.

(vi) (变形问题) 在什么条件下,将给定的映射 $f\in M(U,Y)$光滑地变形为较简单的映射 $f_1\in M(U,Y)$后,上面的任一问题均能解答?

(vii) (有关参数依赖性问题) 假定所给的映射 f 连续依赖于参数λ,那么 $f(\lambda)=0$ 的解如何确切地依赖于参数 λ?

(viii) (逼近问题) 在什么条件下,作用于无穷维空间之间的映射 f 的性质可从对 f 值域的有限维逼近推出?

(ix) (广义算子理论) 经典泛函分析中线性算子理论的哪些部分可以直接推广到非线性情况?

(x) (非线性效应的问题) 算子 f 的哪些定性性质影响上述问题的答案?

(xi) (无穷维的影响问题) 对上述问题的哪些回答关系到 Banach 空间 X 和 Y 的无穷维数?

我们考虑的典型情况是形如 $Ax=\lambda Bx$ 的非线性本征值问题,其中,算子 A 和B 至少有一个是非线性的.问题是求出这个方程的非平凡解(x,λ)的全体,并且,如果可能,用一个与线性本征值理论一致的方法对这些解进行分类.因为我们要找的解在性质上不是局部的,所以第二部分的方法必须由更全面的方法来补充.于是,适合于这些问题的有趣的非线性现象(例如"连续谱"(见图6.3))为发展更深刻的研究方法提供了动机.

第五章　一般非线性算子的全局性理论

研究一般非线性算子的映射性质需要新方法,它完全不同于第二部分的理论.这里讨论三个这种一般的方法.第一,线性化:它基于考察映射 $f\in C^1(X,Y)$的象 $f(X)$的几何性质,将 f 的 Fréchet 导数 $f'(x)$的局部信息汇合在一起;第二 ,我们采用逼近法:对作用于无穷维 Banach 空间 X 和 Y 之间的一个算子f,由作用于 X 和 Y 的有限维子空间之间的一个映射列$\{f_n\}$来逼近;最后,我们考虑映射 $f\in C(X,Y)$的无穷维同伦理论.在这个理论中,拟用同伦来回答与 f 的映射性质有关的问题,即把 f 连续变形成较简单的$\tilde{f}$,而$\tilde{f}$的映射性质容易确定.最后这个理论导致各种数值拓扑不变量与 f 的联系(在很多情况下),我们以这些不变量对各类具体问题的应用来结束这一章.第六章中,我们着手处理可以用于梯度映射的另外方法.

用第一章中描述过的确定流体流动的偏微分方程能很好阐明这个区别.对于涉及理想定常流的问题来说,相应的 Euler 方程一般确定适当的 Banach 空间之间的梯度映射.事实上,这也可用于大范围涡环问题(待 6.4 节讲述).但对粘性定常流,更一般的 Navier-Stokes 方程并不确定梯度映射,从而在研究与这种流有关的问题时,研究方法要用到本章的理论.此外,在 5.5 节,通过求解周期理想流体流动的经典问题,我们来显示这些方法的能力.

5.1　线　性　化

设 $f(x)$是定义在 Banach 空间 X 的区域D 上的C^1 算子,它在 Banach 空间 Y 中取值.即,$f\in C^1(D,Y)$.在第二部分,算子 $f(x)$在点 $x_0\in D$ 附近的各种局部性质是从 Fréchet 导数 $f'(x_0)$

的性状推导出来的.这里,自然要把这些信息汇集起来,并考虑映射 $f(x)$ 的那些可由 $f'(x)$ 在每点 $x\in D$ 处的性状所决定的整体性质.

有简单的例子指出,对每个 $x\in D$,即使 Fréchet 导数 $f'(x)$ 是线性同胚或满射(作为从 X 到 Y 的线性映射),$f(x)$ 仍可能不具备这些性质.这一节,在同胚和 $f(D)$ 连通的情况下,我们基于与覆叠空间有关的思想,利用简单的拓扑考虑来对满射性阐明这个情况.

5.1A 整体同胚

假定对每个 $x\in X$,算子 $f\in C^1(X,Y)$ 的 Fréchet 导数 $f'(x)$ 是从 X 到 Y 的线性同胚,那么由第三章的反函数定理可推出 f 是从每个点 x 的邻域 U_x 到 $f(U_x)$ 上的同胚.我们于是要问:*为使 f 是从 X 到 Y 上的同胚,f 必须具有什么性质?* 在这种情况下解决该问题的拓扑手段很自然地是*覆叠空间*的概念.事实上,从我们总结在下面的已知定义和性质不难推出,f 是从 X 到 Y 上的同胚的充要条件是 (X,f) 为 Y 的覆叠空间,这可由 Banach 空间 Y 的单连通性推出.

定义 假定 X 是连通的,而又是局部连通的 Hausdorff 拓扑空间,Y 是连通的 Hausdorff 拓扑空间.称 (X,f) 是 Y 的一个覆叠空间,是指:

(i) f 是从 X 到 Y 上的连续映射;并且

(ii) 每个 $y\in Y$ 都有开邻域 U_y,使得 $f^{-1}(U_y)$ 是 X 中不交开集 O_i 的并,而每个 O_i 由 f 同胚映到 U_y 上.

今后将用到覆叠空间的如下性质.事实上,为了用于分析,这些性质至关重要.

假定 (X,f) 覆盖 Y,那么覆叠映射 f 有性质:

(i) *唯一道路提升* 假定 $f(x_0)=y_0$,且 $L(t)$ 是 Y 中连续道路,$L(0)=y_0$.那么,在 X 中有且仅有一条连续道路 $p(t)$,其中 $p(0)=x_0$,并对 $t\in[0,1]$ 有 $fp(t)=L(t)$.

(ii) 覆叠同伦性质　假定 $L_1(t)$和 $L_2(t)$是 Y 中有固定基点的连续道路,它们是同伦的,那么这些道路可以提升为 X 中连续道路 $\mathscr{L}_1(t)$和 $\mathscr{L}_2(t)$,$\mathscr{L}_1(t)$和 $\mathscr{L}_2(t)$也是同伦的,并有固定基点.

(iii) 对每个 $y\in Y$,$f^{-1}(y)$中的点数是常数.

(iv) 假设 Y 是单连通的,那么 f 是同胚.

关于这些结果的证明,我们建议读者参考 Hu 的书(1959),也可见 Spanier 的书(1966).

至此,为回答同胚问题,我们将定出同胚是覆叠映射的充要条件.为此,我们证明

(5.1.1) **定理**　假定 D 是 X 的一个区域,且 $f\in C(D,Y)$,那么,(D,f)覆盖 $f(D)$的充要条件是:

(i) f 是局部同胚;且

(ii) f 提升线段.即,当任一 $x_0\in D$ 时,对连接 $y_0=f(x_0)$和 $y_1\in f(D)$的任何有限直线段 $L(t)\in f(D)$,都存在曲线 $x(t)$使 $f(x(t))=L(t)$,其中 $x(0)=x_0$(见图 5.1).

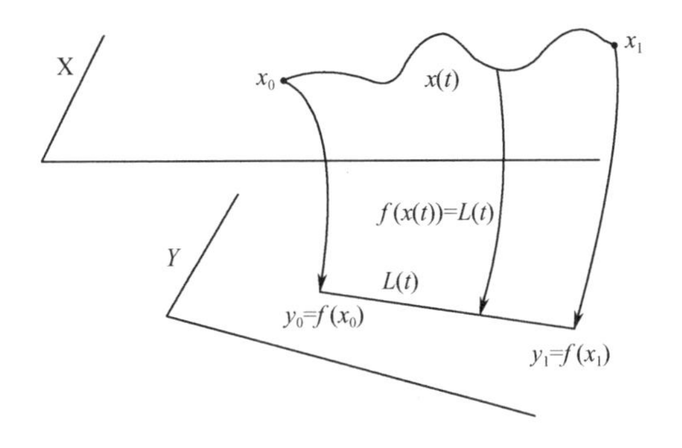

图 5.1　求曲线 $x(t)$,提升为线段$\{L(t),0\leqslant t\leqslant 1\}$.

证明(R. Plastock)　从上面覆叠空间的讨论中提到的结果可推出(i)和(ii)的必要性.

为证(i)和(ii)的充分性,我们进行如下:因为 f 既是局部同胚,又是开映射,并且对直线段有唯一提升性质.因而,若

$y \in f(D)$且$\{x_\alpha\} = f^{-1}(y)$,则存在开球

$$B(y,r) = \{z \mid \|z - y\| < r, z \in Y\},$$

它包含在 $f(D)$中，且对范数为1的任何元素 $\bar{z}$,从 x_α 出发的曲线集

$$O_{x_\alpha} = \{x_\alpha(t) \mid t \in [0,1), x_\alpha(t) \in X, x_\alpha(0) = x_\alpha,$$

$$f(x_\alpha(t)) = y + tr\bar{z}\}$$

有定义(由假设条件(ii),曲线 $x_\alpha(t)$存在).现在,我们证明集合 O_{x_α}是同胚映射到$B(y,r)$上的不交开集,且 $f^{-1}(B(y,r)) = \bigcup_\alpha O_{x_\alpha}$. 显然,一旦这些事实确立,我们就已证明了$(D,f)$覆盖 $f(D)$.根据构造法还可推出

$$\bigcup_\alpha O_{x_\alpha} = f^{-1}(B(y,r)).$$

在进一步进行充分性那一半的证明之前,我们作出以下判断:假定 f 满足(i)和(ii).那么

(a) O_{x_α}中不同道路映到$B(y,r)$中不同的半径上.

(b) 若 $P_1(t)$和 $P_2(t)$是任意两条相交道路,那么,或者 $P_1(t)$和 $P_2(t)$都被映到同一半径上;或者仅在 $t=0$ 处出现相交点.

(c) 若 $f:D \to f(D)$是局部同胚,M_1 和 M_2 是 D 的开子集,它们有非空交集,在每个 M_i 上 f 是同胚.那么,倘若 $f(M_1) \cap f(M_2)$连通,则 f 是$M_1 \cup M_2$ 到 $f(M_1 \cup M_2)$上的同胚.于是,若 $f(M_1)$和 $f(M_2)$是球,则 $f(M_1) \cap f(M_2)$是凸的,且因此连通.

由 O_{x_α}的构造和上面的(a),我们可以断定,每个 O_{x_α} 以一对一方式映到 $B(y,r)$上,又因 f 自身是开映射,从而是同胚的.剩下要证 O_{x_α}是不交开集,而它们的并是 $f^{-1}(B(r,y))$.可由(b)推出不交.若

$$P_1(t_1) = P_2(t_2) = \bar{x} \in O_{x_{\alpha_1}} \cap O_{x_{\alpha_2}} \ (x_{\alpha_1} \neq x_{\alpha_2}),$$

则证出

$$P_1(0) = P_2(0)$$

将得到所要的矛盾. 但如果 P_1 和 P_2 被映到同一半径上,则必有 $t_1 = t_2$,从而

$$s = \{t \mid P_1(t) = P_2(t), 0 \leqslant t \leqslant 1\}$$

是非空集,且既开又闭,因此 $s = [0,1]$. 特别,$P_1(0) = P_2(0)$.

下面我们证明每个 O_{x_α} 都是开的,设

$u \in O_{x_\alpha}, f(u) = v, f(p(t)) = (1-t)y + tv, p(0) = x_\alpha$.

根据紧性,我们可用有限多个开集 D_j 覆盖 $p(t)$,而每个 D_j 在 f 下的象都是球. 则由上面的(c),$\Delta = \bigcup_j D_j$ 被同胚映到 $f(\Delta)$上. 现在我们断定,存在某个数 $\varepsilon > 0$,使得若 $\| v - w \| < \varepsilon$,则连接 y 与 w 的直线属于$f(\Delta)$. 事实上,反之存在序列 $w_n \to v$,使得

$$y(t_n) = (1 - t_n)y + t_n w_n \overline{\in} f(\Delta),$$

从而

$$y(t_n) \to (1 - \bar{t})y + \bar{t}v \in f(\Delta),$$

但因 $f(\Delta)$是开集,故是一个矛盾. 因此,将 f 限制在 Δ 上时,我们注意到,$f^{-1}|_\Delta(w \mid \| w - v \| < \varepsilon)$是 O_{x_α} 中包含 u 的开集. 最后我们证明

$$f^{-1}(B(r,y)) = \bigcup_{x \in f^{-1}(y)} O_x.$$

由于只需证明右端包含左端,我们故假定 $x \in f^{-1}(B(r,y))$. 设

$$L(t) = (1 - t)f(x) + ty \subseteq B(y,r),$$

由假设条件,存在道路 $P(t)$使 $P(0) = x$ 且 $f(P(t)) = L(t)$,特别,$P(1) \in f^{-1}(y)$. 如果我们令

$$\widetilde{L}(t) = L(1 - t), \widetilde{P}(t) = P(1 - t),$$

那么,

$$f(\widetilde{P}(t)) = \widetilde{L}(t), \widetilde{P}(0) \in f^{-1}(y), \widetilde{P}(1) = x,$$

从而 $x \in O_{P(1)}$. 至此,(5.1.1)的证明完成.

于是,为证 C^1 映射 $f: X \to Y$ 是整体同胚,我们只需证明 f 是局部同胚,并对任何 $y \in Y$ 和 $x_0 \in X$,存在曲线 $x(t) \in X$ 使得当

$t\in[0,1]$时,

(5.1.2) $f(x(t))=ty+(1-t)y_0$, $x(0)=x_0$,

(这要求我们预先知道 f 的满射性).然后,在这个意义下,同胚问题可以化为较简单的一维问题.

构造满足(5.1.2)的曲线 $x(t)$有一个有用的明确方法,它基于 Banach 空间中的常微分方程理论.事实上,将关系式(5.1.2)对 t 微分,我们可得曲线 $x(t)$满足初值问题

(5.1.3) $\frac{dx}{dt}=[f'(x)]^{-1}(y-y_0), x(0)=x_0.$

反之,当 $t\in[0,1]$时,若(5.1.3)的解 $x(t)$存在,则曲线 $x(t)$将满足(5.1.2).因为有 Peano 定理(3.1.28),这个思想对有限维问题有用.而对于无穷维问题研究(5.1.3)用处较小.

但是,不难把基于常微分方程的论证一般化.在 Banach 和 Mazur 的以下结果的证明中就能清楚看到这点.

(5.1.4) **定理** (i) 设 $f\in C(X,Y)$,则 f 是X 到 Y 上的同胚当且仅当f 是局部同胚并且是真映射.(ii) 倘若 $f\in C^1(X,Y)$,则 f 是微分同胚当且仅当f 是真映射,并对每个 $x\in X$, $f'(x)$是线性同胚.

证明 (i):若 $f\in C(X,Y)$,则所述条件的必要性是显然的.

为证充分性,我们首先注意 f 映X 到Y 上.事实上,因 f 是局部同胚,故 $f(X)$是开集;而从 f 是真映射这一事实可推出$f(X)$又是闭集.从而由 Y 的连通性可推出 $f(X)=Y$.于是,根据(5.1.1),我们仅需证明存在满足(5.1.2)的曲线 $x(t)$.由 f 是局部同胚这一事实可推出,对某个小的 $\varepsilon>0$ 和 $t\in[0,\varepsilon)$,存在满足

$$f(x(t)) = ty + (1-t)y_0$$

的曲线 $x(t)$.设 $\beta>0$ 是这样的最大数:对它,$x(t)$可连续地延拓到满足

$$f(x(t)) = ty + (1-t)y_0, 0\leqslant t < \beta,$$

并假定 $t_i\to\beta$.因为

$$L = \{y(t) \mid y(t) = ty + (1-t)y_0, t \in [0,1]\}$$

是紧的，且 f 是真的，所以 $f^{-1}(L)$ 是紧的，从而当 $t_{i_n}\to\beta$ 时，$x(t_i)$ 有收敛子序列 $x(t_{i_n})\to\bar{x}$. 由连续性可得

$$f(\bar{x}) = \beta y + (1-\beta)y_0.$$

由 f 是局部同胚，可知 $x(t)$ 可连续地延拓到适合 $t>\beta$. 这与 β 的最大性矛盾. 于是我们断定，当 $t\in[0,1]$ 时，$x(t)$ 存在而与 $x_0\in X$ 和 $y\in Y$ 无关

(ii)：若 $f\in C^1(X,Y)$ 是微分同胚，其逆为 g，则对每个 $x\in X$，$f'(x)$ 必是线性同胚. 这因为关系式

$$fg(y) = y, gf(x) = x$$

都是可微的. 于是，所述条件的必要性是显然的. 为证条件的充分性，我们用反函数定理和上面的(i)证明 f 是同胚，其逆为 g(譬如说). 然后，因为对每个 $y\in Y$ 有 $fg(y)=y$，故由 f 的可微性就可推出 g 的可微性.

对于有限维情况，下面的定量准则归功于 Hadamard.

(5.1.5) **定理**(Hadamard)　假定 $f\in C^1(X,Y)$ 是局部同胚，且

$$\zeta(R) = \inf_{\|x\|\leqslant R}\frac{1}{\|[f'(x)]^{-1}\|},$$

那么，若

$$\int_0^\infty \zeta(R)dR = \infty,$$

则 f 是 X 到 Y 上的同胚. 特别，若对所有 $x\in X$，

$$\|[f'(x)]^{-1}\| \leqslant M,$$

则 f 是 X 到 Y 上的同胚.

证明　我们来证明 (X,f) 覆盖 $f(X)$，此外还有 $f(X)=Y$. 根据(5.1.1)，当且仅当 f 提升线段时，(X,f) 覆盖 $f(X)$. 为建立这个事实，我们如同(5.1.5)的证明中那样来讨论. 设 $x_0\in f^{-1}(y_0)$，$y\in Y$. 然后，我们找一条曲线 $x(t)$ 使得

$$f(x(t)) = ty + (1-t)y_0.$$

因 $f(x)$ 是局部同胚，故对于小的 $t>0$，$x(t)$ 存在. 设 β 是使 $x(t)$ 可以连续延拓到 $0\leqslant t<\beta$ 并满足

$$f(x(t)) = ty + (1-t)y_0$$

的最大数，我们将证明$\lim\limits_{t\to\beta} x(t)$存在且有限. 暂且假定有这个事实，那么正如(5.1.4)的证明中那样，当 $t\in[0,1]$时 $x(t)$存在，从而 f 提升线段. 由于 $y\in Y$ 是任意的，所以这个证明指出 $f(X)=Y$.

因此，我们仅需利用定理的假设条件去证明$\lim\limits_{t\to\beta} x(t)$存在且有限. 若$\|[f'(x)]^{-1}\|\leqslant M$，则不难建立这个事实. 事实上，若 $t<\beta$，则 $x(t)$满足方程

$$(*)\qquad x'(t)=[f'(x(t))]^{-1}(y-y_0),$$

从而对任意 $t_1,t_2<\beta$，有

$$\|x(t_2)-x(t_1)\|\leqslant\left\|\int_{t_1}^{t_2}[f'(x(t))]^{-1}(y-y_0)\right\|$$
$$\leqslant M\|y-y_0\|\,|t_2-t_1|.$$

于是当 $t<\beta$ 时，$x(t)$满足 Lipschitz 条件，又因为 X 是完备的，故$\lim\limits_{t\to\beta}x(t)$ 存在且有限.

更一般地，若$\int^{\infty}\zeta(t)=\infty$，则刚才所给的证明可修改如下：当$0\leqslant t<\beta$时，我们可定义 $x(t)$ 关于权

$$g(x)=\frac{1}{\|[f'(x)]^{-1}\|}$$

的长度为

$$L_g(x(t),[0,\beta))=\int_0^{\beta}g(x(t))\|x'(t)\|\,dt.$$

现在，我们来获取所需的结论. 而这只要证明，若$\int^{\infty}\zeta(t)=\infty$，则上面定义在 X 上的度量在如下意义上是完备的：若 $L_g(x(t),[0,\beta))<\infty$，则$\lim\limits_{t\to\beta}x(t)$存在且有限. 设$0<s<\beta$. 我们根据上面的估计，因为 $d\|x(t)\|$ 具有有界变分，故

$$\infty>\int_0^{s}g(x(t))\|x'(t)\|\,dt\geqslant\int_0^{s}g(x(t))d\|x(t)\|$$

$$\geqslant \int_0^s \zeta(\| x(t) \|) d\| x(t) \| \geqslant \int_{\| x(0) \|}^{\| x(s) \|} \zeta(\tau) d\tau.$$

因此,由于$\int^{\infty} \zeta(t) dt = \infty$,故当$t \in [0,\beta)$时,$\| x(t) \|$一致有界.另一方面,因$\zeta(t)$是不增的,且$\int_0^{\infty} \zeta(t) dt = \infty$,$\sup\{t \mid \zeta(t) > 0\} = \infty$,故在任何有界集上,$g(x)$有下界.特别,当$0 \leqslant t < \beta$时$g(x(t))$有下界,譬如说$\| g(x(t)) \| \geqslant G$.今设$t_i \uparrow \beta$,则

$$(**) \quad \sum_{i=1}^n \| x(t_{i+1}) - x(t_i) \| \leqslant \sum_{i=1}^n \sup_{t \in [t_i, t_{i+1}]} \| x'(t) \| (t_{i+1} - t_i)$$

$$\leqslant \int_0^{\beta} \| x'(t) \| dt \leqslant \frac{1}{G} \int_0^{\beta} g(x(t)) \| x'(t) \| dt < \infty.$$

于是,从(∗∗)可推出

$$\sum_{i=1}^n \| x(t_{i+1}) - x(x_i) \| < \infty,$$

从而$\{x(t_i)\}$是X中的Cauchy序列,因此$\lim\limits_{t_i \to \beta} x(t)$存在且有限.

作为(5.1.4)的一个应用,我们证明

(5.1.6) 假定$f(x)$是从自反Banach空间X到其共轭空间X^*中的连续映射,并具有性质:

(†) $(f(x) - f(y), x - y) \geqslant \eta(\| x - y \|) \| x - y \|$,

其中,$\eta(r)$是满足$\eta(0) = 0$的正函数,且当$r \to \infty$时,$\eta(r) \to \infty$.则f是X到X^*上的同胚.

证明 我们来证明f是真映射和局部同胚.为证f是真的,我们注意,从(†)可看出:只要$x_n \to x$弱收敛且$f(x_n) \to z$,则$f(x) = z$且$x_n \to x$强收敛.因此,假定$\{f(x_n)\}$在X^*中收敛,则由(†)和X的自反性,可得$\{x_n\}$是有界的.必要时取子序列后,我们可设x_n在X中弱收敛到某个$\bar{x}$,故由性质(†),$\{x_n\}$强收敛.

为证f是一个局部同胚,我们看到,根据(†),f单射地映X到它的值域上.另外,若

$$x_1 = f^{-1}(z_1), x_2 = f^{-1}(z_2),$$

则从(†)也可推出

$$\| z_1 - z_2 \| \geqslant \eta(\| f^{-1}(z_1) - f^{-1}(z_2) \|),$$

从而 f^{-1}是连续的. 于是由(5.1.4), f 是 X 到 Y 上的整体同胚, 这因为可证 f 的值域是开的.

在实际中,应用 Hadamard 定理时,常需要对适当的 Banach 空间 X 和 Y 作一个初始分解,同时也需要利用映射 f 关于这个分解的特殊性质. 这种例子在微分几何问题中就有,这就是:在 $(\mathfrak{M}, g)$上,求具有常值 Gauss 曲率为 -1 的 Riemam 度量,其中, $(\mathfrak{M}, g)$是一个光滑的二维 Riemann 流形,它有负 Euler-Poincaré 示性数 $\chi(\mathfrak{M})$. 在 1.1A 节涉及代数曲线的单值化问题时曾提到过这个问题. 根据我们在那里的讨论(见方程(1.1.5)),这个度量的存在性可由求如下偏微分方程

(5.1.7) $$\Delta u - K(x) - e^{2u} = 0$$

定义在 $\mathfrak{M}$ 上的光滑解来保证.

在这方面,我们将用 Hadamard 定理证明

(5.1.8) **定理** (5.1.7)可解的充要条件是 $\int_{\mathfrak{M}} K(x) dV_g < 0$. 因此,若 $K(x)$ 表示 $(\mathfrak{M}, g)$ 的 Gauss 曲率,而 $\chi(\mathfrak{M}) < 0$,则根据 Causs-Bonnet 定理,方程(5.1.7)始终可解.

证明 证明需要分三个步骤. 第一,我们来建立这样的变形:把问题变为定义在 Sobolev 空间 $W_{1,2}(\mathfrak{M}, g)$上适当的算子方程,以这种方式来实现算子方程任何一个(广义)解 u 自动是(5.1.7)的光滑解. 第二,为了利用 Hadamard 定理,我们必须把所得到的抽象算子方程分解到对应以下事实: Laplace 算子 Δ 在$(\mathfrak{M}, g)$上有核,该核由常数函数构成. 而事实上,所要的结论本身断定,除非修改相应的映射 f,否则将必然不是整体同胚. 最后一步在于估计经过适当修改 f 后的 Fréchet 导数的大小,以这种方法来满足 Hadamard 定理(5.1.5)的假设条件.

步骤 1 倘若我们采用 2.2D 节的对偶方法,在这种情况下,

所要的(5.1.7)的变形不难得到.事实上,可由公式

$$(Lu,v)=\int_{\mathfrak{M}}\nabla u\cdot\nabla v,\quad (Nu,v)=\int_{\mathfrak{M}}e^{2u}v$$

隐式地定义算子 L 和 N.我们看到,L 是有界自伴映射,它映 Sobolev 空间 $W_{1,2}(\mathfrak{M},g)$ 入自身,同时,根据估计式(1.4.6),N 是作用在相同空间之间的 C^1 映射.于是,偏微分方程(5.1.7)可以写成

$$(*)\quad Lu+Nu=f,\quad \text{其中},(f,v)=-\int K(x)v.$$

对这个算子方程在 $W_{1,2}(\mathfrak{M},g)$ 中的解自动足够光滑(可能要在一个 Lebesgue 零测集上改变定义)并逐点满足(5.1.7)进行验证,是 1.5B 节所讲的 L_p 正则性理论和估计式(1.4.6)的推论.

步骤 2 我们现在来分解算子方程(*):令

$$W_{1,2}(\mathfrak{M},g)=H,$$

并记

$$H=\mathrm{Ker}L\oplus H_1,$$

用 P 表示 H 到 H_1 上的典范投影.那么,若给出了(*)对这个分解的一个试探解

$$u=w+c,$$

则(*)等价于一对方程

$$(**)\quad Lw+PN(c+w)=Pf;e^{2c}\int_{\mathfrak{M}}e^{2w}=-\int_{\mathfrak{M}}K(x)dV_g.$$

得到这个结果是因为 H_1 是 H 中的函数子空间,而函数在 $(\mathfrak{M},g)$ 上均值为 0.现在,第二个方程表明:当且仅当 $\int_{\mathfrak{M}}K<0$ 时,常数 c 可作为 w 的函数而被决定.在(**)的第一个方程中用这个值 $c=c(w)$.我们看到,问题就转化成证明在(**)的第一个方程左端的算子是 H_1 到自身上的整体同胚.

步骤 3 我们用以下讨论来结束证明:当看作 H_1 入自身的 C^1 映射时,算子

$$\tilde{f}(w)=Lw+PN(c(w)+w)$$

有 Fréchet 导数$\tilde{f}'(w)$,对所有 $w\in H_1$,它都是可逆的线性算子,并且事实上,$[\tilde{f}'(w)]^{-1}$是一致有界的.然后,可从 Hadamard 定理(5.1.5)推出$\tilde{f}$是 H_1 到自身上的整体同胚.这正如所需.为此,我们必须计算并估计$\tilde{f}'(w)$.在现在的情形下,这很容易办到:这只要回到 L 和 N 的隐式定义,并对 $v\in H$,估计如下的二次型(定义在 H_1 上),

$$(\tilde{f}'(w)v,v)=\int_{\mathfrak{M}}|\nabla v|^2+2[e^{2c(w)}e^{2w}]v^2$$

$$\geqslant\int_{\mathfrak{M}}|\nabla v|^2=\|v\|_{H_1}^2.$$

注意,在 H_1 上范数化成 Dirichlet 积分,因此,从 Lax-Milgram 引理(1.3.21)可推出$\tilde{f}'(w)\in L(H_1,H_1)$是可逆线性算子,并且

$$\|[\tilde{f}'(w)]^{-1}\|\leqslant 1,$$

这正是所要的一致界.于是我们的结果成立.

5.1B 具奇异值的映射

即使 C^1 算子 f 有奇异值,我们刚才得到的整体同胚上的结果仍然有用.事实上,当从值域和定义域中剔除某些有限余维数集合时,f 仍可能是整体同胚.正如我们将要看到的,这把对 f 映射性质的研究化成了有限维问题.

在最简单的情况下我们来说明这个思想,这里,问题中的集合是线性子空间.首先,我们给出一个一般结果,然后将它用于决定具体的半线性椭圆型微分算子(带有 Dirichlet 边界条件)值域的精确结构(在 5.3 节将给出这个基本的一般思想的其他应用).这个一般结果体现在以下引理中:

(5.1.9)**约化引理** 设 X,Y 是 Banach 空间,$L\in(X,Y)$是具非负指标 p 的 Fredholm 算子,且 $N\in C^1(X,Y)$.此外,还假定对某固定的数 $\varepsilon>0$,除了某个有限维子空间 $W=\mathrm{Ker}L\oplus V$ 以外(即对 $x\in W^{\perp}$),以下结果成立:

(5.1.10) $Lx + PN'(u)x$ 可逆，且 $\|Lx + PN'(u)x\| \geqslant \varepsilon\|x\|$，其中，$P$ 是 Y 到 $L(W^{\perp})$上的典范投影. 则 $f \in \text{Range}(L + N)$当且仅当这样的方程组是可解的：这个方程组共有 $\dim W - p$ 个方程，有 $\dim W$ 个未知数，它由下面的(5.1.12)定义，并且 $Lx + Nx = f$ 的解严格对应于(5.1.12)的解. 此外，若

$$Lx + Nx = f,$$

同时

$$x = w_0 + w_1, w_0 \in W, w_1 \in W^{\perp},$$

则当 $N'(x)$一致有界时，下面的估计式

(5.1.11) $\|w_1\| \leqslant c_1\|w_0\| + c_2$ (c_1, c_2 是绝对常数)

成立.

证明 我们将 X 分解成直和

$$X = W \oplus W^{\perp}, \text{并且 } Y = L(W^{\perp}) \oplus Y_0,$$

而 P_0 是 Y 到 Y_0 上的典范投影. 则对 $x = w_0 + w_1$ 和 $f \in Y$，方程 $Lx + Nx = f$ 可改写成方程组

(5.1.12) (i) $Lw_0 + P_0Nx = P_0f$,

(ii) $Lw_1 + PNx = Pf$.

当看作从 $W^{\perp}$ 到 $L(W^{\perp})$的 C^1 映射时，$Aw_1 = Lw_1 + PNx$ 有 Fréchet 导数 $A'(u)w_1$(根据不等式(5.1.10))，它有下界

$$\|A'(u)w_1\| = \|Lw_1 + PN'(u)w_1\| \geqslant \varepsilon\|w_1\|.$$

而且，由 Banach 定理(1.3.20)，由于 $L \in L(W^{\perp}, L(W^{\perp}))$是可逆的，故 $A'(u)$也可逆. 于是从 Hadamard 定理(5.1.5)推出(5.1.12(ii))唯一可解，而这只要 $w_1 = w_1(w_0, Pf)$光滑地依赖于 w_0 和 Pf. 此外，把 w_0 看作 w_1 的参数(Pf 固定)，在方向 v 上对 w_0 微分(5.1.12(ii))，我们得到

$$Lw_1'(w_0[v]) + PN'(x)\{v + w_1'(w_0[v])\} = 0.$$

因此，利用(5.1.10)以及 $N'(x)$的一致有界性的一个简单估计式可证，对所有的 v，$\dfrac{\|w_1'(w_0)[v]\|}{\|v\|}$一致有界. 于是

$$\varepsilon\|w_1\| \leqslant K_0\|w_0\| + K_1,$$

其中，K_1 和 K_0 是绝对常数. 现在，由这个估计可推出界 (5.1.11).

最后，我们注意，由于 x 可以写成

$$x = w_0 + w_1(w_0, Pf),$$

所以可将方程组(5.1.12(i))看成包含 $\dim W$ 个未知数，$\dim Y_0$ 个方程的方程组. 因为 L 是指标为 p 的 Fredholm 算子，我们注意到

$$\dim Y_0 = \dim N - p,$$

于是引理得证.

(5.1.11′) 此外，若算子 $N(x)$ 一致有界，则当 w_0 变化时，函数 $w_1 = w_1(w_0, Pf)$ 也是一致有界的.

证明 我们现假设 N 一致有界，那么由(5.1.12)可推出

(*) $$\| Lw_1 \| \leqslant \| Pf \| + \| PN(w_0 + w_1) \| \leqslant K,$$

其中，K 是正绝对常数. 因为 L 作为 $W^{\perp}$ 和 $L(W^{\perp})$ 间的线性映射可逆，于是从(*)可推出 $\| w_1 \|$ 一致有界.

回到约化引理的一个简单但重要的应用(在这个应用中，无穷维问题化成了一维问题). 我们考虑映射 A，它由显式半线性椭圆型偏微分算子

(5.1.13) $$Au \equiv \nabla u + f(u), \qquad u|_{\partial\Omega} = 0$$

在有界域 $\Omega \subset \mathbb{R}^N$ 上所定义(在 Ω 上增加零 Dirichlet 边界条件). 这里，∇ 表示对于 Ω 的 Laplace 算子，它有本征值 $\lambda_1 < \lambda_2 \leqslant \lambda_3$，同时 $\lambda_1 > 0$，且 f 是 C^2 严格凸函数，它满足 $f(0) = 0$ 及渐近关系式

(5.1.13′) $$0 < \lim_{t \to -\infty} f'(t) < \lambda_1; \lambda_1 < \lim_{t \to +\infty} f'(t) < \lambda_2.$$

在这些条件下，我们来证明求解实数上二次方程的如下类似结果.

(5.1.14) 将 A 看作由 $X = \mathring{W}_{1,2}(\Omega)$ 到 $Y = W_{-1,2}(\Omega)$ 中的映射时，A 的值域有以下性质：

(a) A 的奇异值形成 Y 中一个连通余一维流形 M，使得 $Y - M$ 恰有两个分支 O_0, O_2(见图 5.2).

(b) 对于 $g \in O_j$，方程 $Au = g$ 恰有 j 个解($j = 0, 2$)，而对 $g \in M$，方程 $Au = g$ 恰有一个解.

(c) 对给定的 $g\in L_2$, $Au=g$ 解的个数完全由 g 在一维子空间 S_1 上投影的大小决定,其中, S_1 是 Δ 相应于 λ_1 的本征子空间. 于是, 若用 $u_1\in S_1$ 表示(L_2 范数为 1 的)正本征函数,且 $g=\alpha u_1+g_1$,同时, $u_1\perp g_1$(在 L_2 意义下),则存在 g_1 的连续实值函数 $\alpha(g_1)$,使得若 $\alpha=\alpha(g_1)\ g\in M$,则分别地,当 $\alpha<\alpha(g_1)$ 时 $g\in O_0$,或当 $\alpha>\alpha(g_1)$ 时 $g\in O_2$.

(d) A 的所有奇异值都可写成 $g=\alpha(g_1)u_1+g_1$.

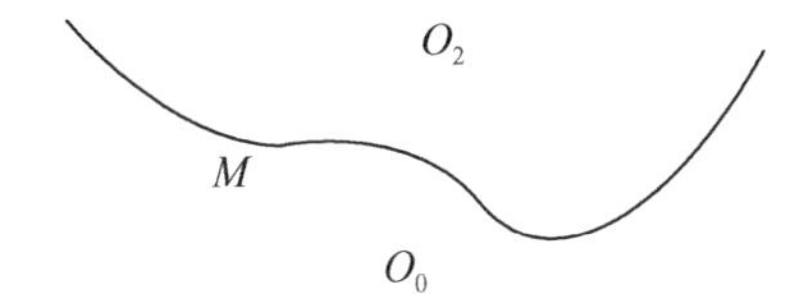

图 5.2 (5.1.13)可解性结果的图示.

注 此外,如果 $f(t)$ 的凸性条件去掉,则注意,仍可由(5.1.14)(c)决定(5.1.13)的可解性(但不能确定解的个数).最后,这个问题的"完全可积性"见本章末的注记 F.

证明 分三个步骤来建立结果:首先,把问题变形为一个抽象算子方程;其次,应用约化引理把问题转化为研究含单个未知数的单个方程的解;最后,由考虑简单的图形来解决定义在 S_1 上的一维问题.

步骤 1 (变形) 我们首先利用对偶方法(2.2D(iii)),以形式 $Lu-Nu=-g$ 表示方程 $Au=g$,其中, $g\in H$(一个 Hilbert 空间).事实上,我们用公式

$$(Lu,v)=\int_\Omega(\nabla u\cdot\nabla v-\lambda_1 uv),$$

$$(Nu,v)=\int_\Omega[f(u)-\lambda_1 u]v$$

来隐式地定义 L 和 N.此外,遍及 $v\in C_0^\infty(\Omega)$,我们注意,倘若令 $H=W_{1,2}(\Omega)$,并由关系式 $\int_\Omega gv=(g,v)$ 定义 g,则(5.1.13)的

弱解满足(5.1.12). 显然,由上面公式定义的 L 是自伴 Fredholm 映射,它映 $\mathring{W}_{1,2}(\Omega)$ 到自身,使得 $\dim \operatorname{Ker}L = 1$,而且对一切 $u \in H$ 有 $(Lu, v) \geqslant 0$. 此外, N 是映 H 到自身的有界映射,具一致有界的 Fréchet 导数 $N'(u)$,而 $N'(u)$ 由关系式

$$(N'(u)w, v) = \int_\Omega (f'(u) - \lambda_1) wv$$

隐式地定义. 验证这些性质是常规的事. 事实上,上面定义的 N 是 C^1 映射(这个事实今后有用). 为检验它,我们注意,从渐近性质(5.1.13′)可推出当 $|t| \to \infty$ 时 $f''(t) \to 0$. 从而 $f''(t)$ 在 $(-\infty, \infty)$ 上一致有界. 此外,若在 H 中 $u_n \to u$,则 $f'(u_n)$ 在 Ω 上依测度收敛于 $f'(u)$. 因此,利用 Lebesgue 控制收敛定理可证,从 N 的隐式定义能直接算出 $N'(u)$ 存在并对 u 连续.

步骤 2(化成一维问题) 我们把约化引理用于算子 $f = L - N$. 在此时,因为 L 是自伴的,所以 $p = 0$. 此外,此时在约化引理叙述中的子空间 W 与一维子空间

$$\operatorname{Ker}L = \{v \mid \Delta v + \lambda_1 v = 0, v \in H\}$$

相同(这里我们已用到这个事实: Δ 在 Ω 上的最小本征值总是单的). 事实上,对 $v \perp \operatorname{Ker}L$,由(5.1.13)和 f 的性质,有

$$\begin{aligned}(Lv - PN'(u)v, v) &= \int_\Omega [|\nabla v|^2 - f'(u)v^2] \\ &\geqslant (1 - (\lambda_2 - \varepsilon_+)/\lambda_2)\int_\Omega |\nabla v|^2.\end{aligned}$$

于是,在 H 中以令 $\|u\|_H^2 = \int_\Omega |\nabla u|^2$ 来定义范数,再利用(1.3.20),我们发现可以把 W 选成 $\operatorname{Ker}L$. 于是,根据约化引理,只需研究一维问题

$$-P_0 N(tu_1 + w(t, g_1)) = -\int_\Omega g u_1,$$

其中, u_1 是与 Ω 相应的 Δ 的正规化本征函数. 将上式两端反号,由 $h(t)$ 和 K 分别记之, 我们仅需研究方程

(5.1.15) $\quad h(t) \equiv -\lambda_1 t + \int_\Omega f[tu_1 + w(t, g_1)]u_1 = K$

的解.此外,由(5.1.11),估计式 $\| w(t,g_1) \| \leqslant c_1 t + c_2$ 成立.

步骤 3 由证明(5.1.15)所定义的函数 $h(t)$ 有如下两个性质,我们现在来建立(5.1.14)的论述中提到的结果(a)~(d).

(α) 当 $|t| \to \infty$ 时 $h(t) \to \infty$;

(β) $\inf\limits_t h(t) > -\infty$ 是 $h(t)$ 的唯一临界点,且在 $t = t_1$ 处(譬如说)恰好达到一次.此外,t_1 由 g_1 唯一确定,且是 g_1 的连续函数.

暂且假定有(α)及(β)成立.我们注意,正如(5.1.14)中所讲的,(a)~(d)是令 $\alpha(g_1) = h(t_1)$ 的直接推论.于是,当 g 在 $(\mathrm{Ker}L)^{\perp}$ 上变化时,为证 A 的奇异值 $A(S)$ 确实是形若 $g = h(t_1)u_1 + g_1$ 的点,我们首先将方程

$$A(tu_1 + w(t,g_1)) = h(t)u_1 + g_1$$

对 t 微分,并令 $t = t_1$,得到

$$A'(t_1u_1 + w(t_1,g_1))(u_1 + w'(t_1)) = 0,$$

于是,$t_1u_1 + w(t_1,g_1) \in S$.反之,假定 $u \in S$ 和

$$A(u) = c_1u_1 + g_1 \in A(S).$$

于是,根据我们至此已得到的结果,

$$u = tu_1 + w(t,g_1),$$

且对某个 $v = \alpha u_1 + w_1$,有 $A'(u)v = 0$.于是若用 P 表示 H 到 $(\mathrm{Ker}L)^{\perp} = H_1$ 上的投影,则

$$PA'(u)(\alpha u_1) = -PA'(u)w_1;$$

又因为 $-PA'(u)$ 在 H_1 上是可逆的,故

$$w_1 = -(PA'(u))^{-1}PA'(u)\alpha u_1 = \alpha w'(t,g_1).$$

于是,$v = \alpha u_1 + \alpha w'(t,g_1)$.又因从 $(I-P)A'(u)v = 0$ 可推出 $h'(t) = 0$,由(β)我们得到 $t = t_1$,故 $u = t_1u_1 + w(t_1,g_1)$.这正如所需.

最后,我们来证明(α)和(β).基本问题是验证这样一个简单思想:如果由 $w(t_1,g_1)$ 引起的对 $h(t)$ 的贡献可略去不计,那么(α)和(β)这两个事实都不难得到.给定一个子集 $\{t\}$,其中,$|t| \to$

∞,我们注意,只需证明对任意两个序列 $t = t_n \to +\infty$ 和 $t = s_n \to -\infty$,都有 $h(t) \to +\infty$ 即可.找一个绝对常数 $c_1 > 0$,使得

$$(*) \qquad \lim_{t_n \to +\infty} \frac{h(t_n)}{t_n} \geqslant c_1,$$

$$(**) \qquad \lim_{s_n \to -\infty} \frac{h(s_n)}{s_n} \leqslant -c_1,$$

将可推出这个结果.

这里,我们仅证明($*$),这因为($**$)的证明完全类似.为此,我们注意,从步骤 2 结尾提到的先验估计可推出,当 t 充分大时,$\{w(t)/t\}$ 是一致有界的.故可假定存在弱收敛子列 $\{w(t_n)/t_n\}$.不失一般性,可设它在 $L_2(\Omega)$ 中强收敛及(几乎处处)逐点收敛到某个元素 $\overline{w} \in H$.

其次,对应于 $u_1(x) + w(x)$ 正,负或零,可把 Ω 分成三个集合 Ω_+,Ω_- 和 Ω_0. 令

$$\lim_{t \to +\infty} f'(t) = \lambda_2 - \varepsilon_+, \lim_{t \to -\infty} f'(t) = \lambda_1 - \varepsilon_-,$$

从(5.1.15)我们可得

$$(5.1.16) \qquad \lim_{n \to \infty} \frac{h(t_n)}{t_n} = -\lambda_1 + (\lambda_2 - \varepsilon_+) \int_{\Omega_+} (u_1 + w) u_1 + (\lambda_1 - \varepsilon_-) \int_{\Omega_-} (u_1 + w) u_1.$$

这里,我们已用到了 Lebesgue 有界收敛定理,并注意到当 $n \to \infty$ 时,$f(t_n u_1 + w(t_n))/t_n$ 在 Ω_0 上的积分也趋于零.此外,因为在 H 中的弱收敛下这个结果仍成立,所以 $\int_\Omega w u_1 = 0$. 因此

$$\int_{\Omega_+} (u_1 + w) u_1 + \int_{\Omega_-} (u_1 + w) u_1 = \int_\Omega (u_1 + w) u_1 = \int_\Omega u_1^2 = 1.$$

于是,由改变从 $\lambda_1 - \varepsilon_-$ 到 $\lambda_2 - \varepsilon_+$ 的负部积分的系数,我们能估计(5.1.16)右端的下界.至此,综合(5.1.16)和上面列出的等式,又

由于在 L_2 的意义下 $w \perp u_1$，故当 $c_1 = \lambda_2 - \lambda_1 - \varepsilon_+ > 0$ 时，我们得到

$$\lim_{t_n \to \infty} \frac{h(t_n)}{t_n} = -\lambda_1 + (\lambda_2 - \varepsilon_+)\int (u_1 + w) u_1 = c_1.$$

于是，若擅长利用 f 的渐近线性获得 u_1 与 $w(t)$ 的正交性，就得到所要的结果(α).

正如我们将要看到的，由于不能运用由关系式(5.1.13)所确定的 f 的渐近线性，故在某种程度上，(β)的证明将要擅长更复杂地利用 f 的凸性.

下面我们证明，在函数 $h(t)$ 两次可微的情况下，在临界点 t_0 处，函数 $h(t)$ 具有性质

$$(*) \quad h''(t_0) = \int_\Omega f''(u(t_0))(u_1 + w'(t_0))^3.$$

然后，我们用本征函数 u_1 的正性来证明

$$\operatorname{sgn}(u_1 + w'(t_0)) > 0,$$

从而 $h''(t_0) > 0$. 为此，我们将(5.1.15)改写成

$$h(t) = PA(u(t)),$$

其中，P 是 H 到 $\operatorname{Ker} L$ 上的投影. 然后，假定 $h'(t_0) = 0$，则形式上的演算可给出公式

$$h''(t_0) = (A''(u(t_0)(u'(t_0), u'(t_0)), u'(t_0)),$$

于是得到表达式($*$). 此外，$u'(t) = u_1 + w'(t)$ 满足线性方程

$$A'(u(t))u'(t) = 0.$$

在此时，可由它推出 $v = u'(t)$ 是方程

$$(5.1.17) \quad \Delta v + f'(u(t))v = 0, \qquad v|_{\partial\Omega} = 0$$

的本征函数，这对应于本征值 $\lambda = 1$. 今由 $f'(s)$ 所满足的渐近式和本征值的极值特性可推出 $\lambda = 1$ 是(5.1.17)的最小本征值. 此外，还可推出

$$\operatorname{sgn} u'(t) = \operatorname{sgn}(u_1 + w'(t))$$

在 Ω 中是常数. 现因

$$\int_\Omega u_1 w'(t) = 0,$$

故对 Ω 的某个开子集 Ω'，$w'(t)>0$. 于是正如所希望的，在 Ω 上

$$\operatorname{sgn}(u_1 + w'(t)) > 0,$$

并在 $h(t)$ 二次可微的情况下 (β) 得证. 但是，一般说来，$h(t)$ 不是 C^2 的. 于是，刚才给出的直接想法需要修改. 为此，我们指出，只要 $|t-t_0|$ 充分小，就有

$$h(t) > h(t_0),$$

或等价地，有

$$\operatorname{sgn} h'(t) = \operatorname{sgn}(t - t_0).$$

为得到这个，我们用确定的关系 $A'(u(t))u'(t)=0$ 来求

$$\int_\Omega f'(u(t))u'(t)w'(t_0) = \int_\Omega f'(u(t_0)u'(t)w'(t_0)).$$

因此，由一个简短的计算可给出关系式

$$h'(t)-h'(t_0)=\int_\Omega \{f'(u(t))-f'(u(t_0))\}u'(t)u'(t_0). \tag{5.1.18}$$

今不直接计算 $h''(t_0)$，而代之以将上面右端积分分成两部分，其中一个积分在 $\Omega_1=\{x\mid u'(t_0)\leqslant 1\}$ 上，另一个积分在 $\Omega-\Omega_1$ 上. 在 Ω_1 上，由 Lebesgue 控制收敛定理对(5.1.18)的一个简单应用可知，因为 f'' 是一致有界的，所以

$$\lim_{t\to t_0}(h'(t) - h'(t_0))/(t - t_0)$$

存在，并与(*)的右端相等，从而是正的. 因此只剩下要在 $\Omega-\Omega_1$ 上讨论(5.1.18). 因为在 $L_2(\Omega)$ 中 $u(t)\to u(t_0)$，我们首先注意，任何序列 $t_n\to t_0$ 都有子序列(我们仍记之为 t_n)，使得对 $n\geqslant n_0$ 和某个 $\varepsilon>0$，有

$$u'(t_n)\geqslant\frac{1}{2}\ (\text{a.e.}),\quad (u(t_n) - u(t_0))/(t_n - t_0)\geqslant\varepsilon.$$

于是对 $n\geqslant n_0$，在 $\Omega-\Omega_1$ 上，有

$$f(u(t_n))\geqslant f(u(t_0)), u'(t_n) > 0.$$

从而当 $t>t_0$ 时，在 $\Omega-\Omega_1$ 上(5.1.18)中的积分是正的，这得出了所要的结果.

(关于(5.1.14)的推广可见本章末的注记 B).

5.2 有限维逼近

定义在 Banach 空间 X 上的算子方程 $f(x)=0$ 解的性质可由映射列 $\{f_n\}$ 逼近 f 以及空间列 $\{X_n\}$ 逼近 X 来研究. 在有定义的意义下,假定 (f_n, X_n) 收敛到 (f, X),可尝试去分析 $n\to\infty$ 时 $f_n(x_n)=0$ 在 X_n 上的解 $\{x_n\}$,其目的在于指出 $\{x_n\}$ 有适当的子序列收敛于 $f(x)=0$ 在 X 上的解. 假定 $\dim X=\infty$,我们将讨论如下一系列想法:用有限维子空间列 X_n 逼近 X,用序列 $\{f_n\}$(有有限维值域)逼近 f,而 $\{f_n\}$ 由限制 f 的定义域到 X_n 上来获得.

5.2A Galerkin 逼近

更清楚些,设 X 是实可分自反 Banach 空间(其共轭空间为 X^*),又设 $\{X_n\}$ 是 X 中确定的有限维子空间序列,使 $X_n\subset X_{n+1}$ 及 $\bigcup\limits_{n=1}^{\infty} X_n$ 在 X 中稠密. 为确定记号,设 P_n 表示 X 到 X_n 上的投影,P_n^* 表示其共轭算子 ,且

$$X_n' = P_n^* X^* .$$

于是,若 f 是 X 到 X^* 中的有界连续映射,且 $g\in X^*$,则对定义在 X 上的方程 $f(x)=g$,有限维逼近序列可记为

$$(5.2.1)_n \qquad P_n^* f(x)=P_n^* g, \qquad x\in X_n .$$

方程组 $(5.2.1)_n$ 通常称为方程 $f(x)=g$ 的 Galerkin 逼近. 这里,我们将注意力限于定义在自反 Banach 空间 X 上的方程,是为了利用 X 中有界集的弱紧性. 事实上,当 n 充分大时,为了从 $(5.2.1)_n$ 的可解性导出 $f(x)=g$ 在 X 上的可解性,我们只需要:

(i) 确定 $(5.2.1)_n$ 的解 $\{x_n\}$ 的先验界 $\|x_n\|_X\leqslant M$(譬如说),其中 M 与 n 无关. 从而(必要时取子序列)可以假定 $\{x_n\}$ 弱收敛于唯一的弱极限 $\bar{x}$;

(ii) 用 f 的定性性质和 Galerkin 构造本身来证明 $f(\bar{x}) = g$.

于是,(在最简单的情况)若 f 作为从 X 到 X^* 的映射是弱序列连

续的，则从(i)就直接推出 $f(\bar{x})=g$.

实际上，仔细研究逼近过程$(5.2.1)_n$，发现可降低刚才提到的弱连续性条件. 为此，我们注意 Galerkin 逼近解$\{x_n\}$有两个特有的定性性质，它们可用两列方程

(5.2.2) (a) $(f(x_n),x_n)=(g,x_n)$,

(b) $(f(x_n),z)=(g,z),\ z\in X_n$

来表示. 这些结果是由$(5.2.1)_n$ 分别与 x_n 及 z 取内积得到的. 于是，为了收敛目的，一旦(i)成立，那么，我们不仅可假定 x_n 弱收敛于$\bar{x}$，还可假定 $f(x_n)$弱收敛于 ξ(因为 f 是有界的). 而且，从(5.2.2b)可推出 $\xi=g$. 同时，由(5.2.2a)得到

$$(f(x_n),x_n)\to(g,\bar{x}),$$

因而，从(i)推出(ii)时，算子 f 所必要的关键性质可叙述如下：

条件(G) 若在 X 中 x_n 弱收敛到 x，在 X^* 中 $f(x_n)$弱收敛到 y，并且$(f(x_n),x_n)\to(y,x)$，则 $f(x)=y$.

有限维 Banach 空间之间的一切连续映射，一切弱序列连续映射，以及正如我们今后将要看到的，与拟线性椭圆型偏微分方程有关的一大类映射，都满足这个条件.

现在我们有能力证明如下的定理.

(5.2.3) **定理** 假定 f 是从 X 到 X^* 中的有界连续映射，其中，X 是实可分自反 Banach 空间，X^* 是其共轭空间，且满足条件

(Ⅰ) 当 $\|x\|\to\infty$时，$(f(x),x)\|x\|^{-1}\to\infty$;

(Ⅱ) f 满足条件(G).

那么，f 是从 X 到 X^* 上的满射，且对任意 $g\in X^*$，$f(x)=g$ 的解可作为一个极限而得到，该极限是 Galerkin 逼近$(5.2.1)_n$ 的解的一个适当的子序列的弱极限.

证明 主要思想是用条件(Ⅰ)来确保两件事：$(5.2.1)_n$ 的解 x_n 的存在性以及序列$\{x_n\}$的一致先验界的存在性. 然后，如同上面提到的，用(Ⅱ)证明，对任意 $g\in X^*$，$\{x_n\}$的某个弱收敛子序列收敛到 $f(x)=g$ 的解.

今假定 g 是 X^* 的一个任意元素，那么，为了证明对每个 n，

$(5.2.1)_n$ 是可解的,我们证明,当有限维映射 $f_n = P_n^* f$ 被看作从 X_n 到 $P_n^* X_n$ 的映射时,它是满射. 为此,我们注意,对 $x \in X_n$,由假设条件(Ⅰ)可推出,当 $\| x \|_{X_n} \to \infty$ 时,

$$\| x \|_{X_n}^{-1} (f_n(x), x) = (f(x), x) \| x \|_X^{-1} \to \infty.$$

于是,在 $P_n^* X_n$ 的任一固定元素 $\tilde{g}$ 处,f_n 关于充分大的球 $\{x \mid \| x \| \leqslant R\}$ 的 Brouwer 度是 1,故 $f_n(x) = \tilde{g}$ 在 X_n 中有解. 因此存在 $x_n \in X_n$ 满足 $(5.2.1)_n$. 进一步,根据(5.2.2a)和 Schwarz 不等式,有

$$(f_n(x_n), x_n) = (f(x_n), x_n) = (g, x_n) \leqslant \| g \| \| x_n \|.$$

于是,由假设条件(Ⅰ)可推出序列 $\{x_n\}$ 一致有界.

因此,选取适当子序列后,我们可以假定 $\{x_n\}$ 在 X 中弱收敛到 $\bar{x}$. 并且,根据 f 的有界性,$f(x_n)$ 在 X^* 中弱收敛到 g. 进一步,重复(5.2.2)后面给出的论证,我们又可以假定 $(f(x_n), x_n) \to (g, \bar{x})$. 然后,因 f 满足条件(G),故 $f(\bar{x}) = g$. 由于 g 是任意的,故 f 是满射. 定理得证.

现在通过以下两点来阐明刚才所得结果的实用性:(i)确定一大类满足条件(G)的映射 f,(ii)就 Galerkin 逼近的收敛性,证明某些条件,例如条件(G)的必要性.

(5.2.4) **例**(若除去条件(Ⅱ),定理(5.2.3)不真)　设 $X = l_2$ 是平方可和序列的 Hilbert 空间. 又设元素 $x \in l_2$ 写为

$$x = (x_1, x_2, \cdots),$$

而 $\| x \|^2 = \sum_{i=1}^{\infty} x_i^2$. 如果当 $\| x \| \leqslant 1$ 时,

$$Tx = (\sqrt{1 - \| x \|^2}, x_1, x_2, \cdots),$$

而当 $\| x \| \geqslant 1$ 时,

$$Tx = (\sqrt{1 - \| x \|^{-2}}, x_1 \| x \|^{-2}, x_2 \| x \|^{-2}, \cdots),$$

那么,T 是 $l_2 \to l_2$ 的连续映射,且对所有 $x \in l_2$ 有

$$\| Tx \| = 1.$$

令

$$f(x) = x - Tx,$$

我们注意到 f 是连续的,且

$$(f(x),x) = \| x \|^2 - (Tx,x) \geqslant \| x \|^2 - \| Tx \| \| x \|,$$

于是,当 $\| x \| \to \infty$ 时,有

$$(f(x),x)/\| x \| \geqslant \| x \| - 1.$$

另一方面,因为 $f(x)=0$ 无解,故 f 不是满射,事实上,若 $f(y)=0$,则因 $\| Ty \| = 1$,有 $\| y \| = 1$. 于是,若

$$y = (y_1, y_2, \cdots), y = Ty,$$

则 $y_1 = 0$,且对所有的 i 有 $y_{i+1} = y_i$,因此 $y=0$. 这与 $\| y \| = 1$ 的事实相矛盾.

我们现在来确定一大类映射,它们满足条件(G),但不必弱序列连续. 为此,我们证明

(5.2.5) 下面的映射类满足条件(G):

(i) $X \to X^*$ 的连续单调映射 T. 这因为对一切 $x, y \in X$,有 $(T(x) - T(y), x - y) \geqslant 0$;

(ii) 连续单调映射的全连续扰动;

(iii) 形若 $T(x) = Px + Rx : X \to X^*$ 的映射. 其中映射 T, P 和 R 可以写成形如 $Tx = T(x,x)$,而 $T(x,y) = P(x,y) + R(x,y) : X \times X \to X^*$ 且满足

(a) $(y - z, P(x,y) - P(x,z)) \geqslant 0$.

(b) 若 x_n 弱收敛于 x,且 $(P(x_n, x_n) - P(x_n, x), x_n - x) \to 0$,则 Rx_n 弱收敛于 Rx.

(c) 若 $\{x_n\}$ 和 $\{y_n\}$ 在 X 中弱收敛,而 $\lim\limits_{n\to\infty} y_n = 0$,则 $(Rx_n, y_n) \to 0$.

(d) 对固定的 $x \in X$, $R(y,x)$ 和 $P(y,x)$ 是从 $X \to X^*$ 的全连续映射.

(e) 对固定的 $y \in X$,映射 $P(y,x)$ 和 $R(y,x)$ 从 X 的强拓扑到 X^* 的弱拓扑中是有界且连续的,并在每一变量的有界集上一致.

证明 (i):设 T 单调,w 是 X 的任意元素,则对每个 n,有

$$(5.2.6) \qquad (x_n - w, Tx_n - Tw) \geqslant 0.$$

若 x_n 弱收敛于 x,Tx_n 弱收敛于 y,并且 $(Tx_n, x_n) \to (y, x)$,则在(5.2.6)中令 $n \to \infty$,我们得到

$$(5.2.7) \qquad (x - w, y - Tw) \geqslant 0.$$

对 $\lambda > 0$ 和任一 $z \in X$,令(5.2.7)中的 $w = x - \lambda z$,我们得到

$$(z, y - T(x - \lambda z)) \geqslant 0.$$

因此令 $\lambda \to 0$ 时,我们看到,对任意的 $z \in X$,有 $(z, y - Tx) \geqslant 0$,于是 $Tx = y$ 正如所求.

(ii):单调映射 P 的全连续扰动 R 满足条件(iii),其中,

$$P(x, y) = P(x), R(x, y) = R(y).$$

因此(ii)可从更一般的情况得到.

(iii):所用的证明是(i)中证明的推广.对任意的 $w \in X$ 和每个 n,由条件(a),

$$(5.2.8) \qquad (x_n - w, T(x_n, x_n) - T(x_n, w)) \geqslant (x_n - w, R(x_n, x_n) - R(x_n, w)).$$

对任一 $x \in X$,令

$$R(x, x) = R(x), P(x, x) = P(x),$$

那么,如果 x_n 弱收敛于 x,Tx_n 弱收敛于 y,同时,$(Tx_n, x_n) \to (y, x)$,由令 $n \to \infty$ 并利用假设条件(c)和(e),我们有

$$(x_n - x, Tx_n - Tx) \to 0, (x_n - x, Rx_n - Rx) \to 0.$$

相减,我们得到

$$(Px_n - Px, x_n - x) \to 0.$$

从而由条件(d),有

$$(x_n - x, P(x_n, x_n) - P(x_n, x)) \to 0.$$

因而由条件(b),Rx_n 弱收敛到 Rx;再根据条件(c),有

$$(Rx_n, x_n) \to (R(x), x).$$

在(5.2.8)中当 $n \to \infty$ 时,由条件(d),对任意的 w,我们看到

$$(5.2.9) \qquad (x - w, y - T(x, w)) \geqslant (x - w, R(x, x) - R(x,$$

$w)).$

在(5.2.9)中,当 $\lambda>0$ 时,令 $w=x-\lambda z$,正如(i)中一样,除以 λ 后再令 $\lambda\to 0$,我们得到

$$(z,y-T(x,x))\geqslant 0,$$

于是,$y=T(x)$,正如所求.

5.2B 对拟线性椭圆型方程的应用

在研究散度型的一般拟线性椭圆型微分算子时,自然会产生满足条件(G)的算子.事实上,设微分算子

$$Au=\sum_{|\alpha|\leqslant m}(-1)^{|\alpha|}D^\alpha A_\alpha(x,u,\cdots,D^m u)$$

定义在有界域 $\Omega\subset\mathbb{R}^N$ 上,那么,正如在2.2节(iii)中那样,假定系数 $A_\alpha(x,u,\cdots,D^m u)$ 满足适度的连续性和增长限制,我们就可以把 A 与一个抽象算子 $T:\mathring{W}_{m,p}(\Omega)\to W_{-m,q}(\Omega)$ 联系起来,而这个 T 由

$$(Tu,\varphi)=\sum_{|\alpha|\leqslant m}\int_\Omega A_\alpha(x,u,\cdots,D^m u)D^\alpha\varphi$$

隐式地定义.可以这样说,A 的椭圆性可由 A 对含 $2m$ 阶导数的项的依赖性来详细说明,而 A 含较低阶导数的项可以看作是"紧"扰动.于是自然要区分 Tu 对 u 的 m 阶导数的依赖性和对 u 的较低阶导数项的依赖性.为此,我们把 Tu 写为主部 Pu 和余项 Ru 之和.另外,定义

$$(5.2.10)\quad (P(u,v),\varphi)=\sum_{|\alpha|=m}\int_\Omega A_\alpha(x,u,\cdots,D^{m-1}u,D^m v)D^\alpha\varphi,$$

$$(5.2.11)\quad (R(u,v),\varphi)=\sum_{|\alpha|\leqslant m-1}\int_\Omega A_\alpha(x,u,\cdots,D^{m-1}u,D^m v)D^\alpha\varphi.$$

那么,至少在形式上有

$$T(u,u)=P(u,u)+R(u,u),$$

其中

$$T(u,v)=P(u,v)+R(u,v),\quad P(u,u)=Pu,$$

等等.

受上一段的启发，现在我们可用具体的微分算子 A 来解释(5.2.5(iii))的假设条件(a)～(e). 条件(a)是 A 的椭圆性的一个表达，而(d)是以下事实的抽象描述：低于 m 阶的项是 A 的紧扰动. 正如上面所提到的，条件(e)是加在 A 的系数 A_α 上的增长限制和光滑性限制. 对条件(b)和(c)要稍微多作一些解释. 由方程(5.2.11)和 Hölder 不等式可推出，对于适当的共轭指数 p_α, q_α(待选)，有

(5.2.12) $$|(R(u_n), y_n)| \leqslant \sum_{|\alpha| \leqslant m-1} \| A_\alpha(x, u_n, \cdots, D^m u_n) \|_{q_\alpha} \| D^\alpha y_n \|_{p_\alpha}.$$

今若 y_n 在 $\mathring{W}_{m,p}(\Omega)$ 中弱收敛到 0，则当 $|\alpha| \leqslant m-1$ 时 $D^\alpha y_n$ 在 $L_{p_\alpha}(\Omega)$ 中强收敛到 0，其中，

$$p_\alpha < \frac{Np}{N-(m-\alpha)p}.$$

于是，因 $\{u_n\}$ 弱收敛，故 $\| u_n \|_{m,p}$ 是一致有界的. 而由(5.2.12)，当 $|\alpha| \leqslant m-1$ 时，条件(c)可以考虑为纯粹是关于 $A_\alpha(x, u, \cdots, D^m u)$ 的增长限制. 为解释条件(b)，下面的结果是有用的.

(5.2.13) 设 u_n 在 $\mathring{W}_{m,p}(\Omega)$ 中弱收敛到 u，又假定定义在 $\Omega \times \mathbb{R}^n \times \mathbb{R}^q$ 上的函数 $A_\alpha(x, y, z)$ 满足 Carathéodory 限制条件及椭圆性条件：对于 $z \neq z'$，有

$$\sum_{|\alpha|=m} \{A_\alpha(x, y, z) - A_\alpha(x, y, z')\}(z_\alpha - z'_\alpha) > 0 \quad (\text{a.e. 在 } \Omega \text{ 中})$$

那么，若当 $n \to \infty$ 时，

$$\sum_{|\alpha|=m} \int_\Omega \{A_\alpha(x, u_n, \cdots, D^m u_n) - A_\alpha(x, u_n, \cdots, D^{m-1} u_n, D^m u)\}(D^\alpha u_n - D^\alpha u) \to 0,$$

则在 Ω 上，$D^\alpha u_n$ 依测度收敛到 $D^\alpha u$(对 $|\alpha| = m$).

这个结果不难证明. 首先证明，若在 L_p 中，$u_n \to u$ 弱收敛且对 $y>0$ 有 $f(y)>0$，则由

$$\int_{\Omega} f(u_n) \to \int_{\Omega} f(u)$$

可推出在 Ω 上，u_n 依测度收敛于 u.

今综合(5.2.11)和(5.2.13)，我们注意，对任意 $\varphi \in C_0^{\infty}(\Omega)$ 和 $|\alpha| \leqslant m-1$，若 u_n 在 $\mathring{W}_{m,p}(\Omega)$ 中弱收敛到 u，那么，在 Ω 上依测度有

$$A_\alpha(x, u_n, \cdots, D^m u_n) D^\alpha \varphi \to A_\alpha(x, u, \cdots, D^m u) D^\alpha \varphi.$$

于是，由于函数 A_α 满足适当的增长限制，故

$$\lim_{n\to\infty}(R(u_n), \varphi) = \lim_{n\to\infty} \sum_{|\alpha| \leqslant m-1} \int_{\Omega} A_\alpha(x, u_n, \cdots, D^m u_n) D^\alpha \varphi$$
$$= (Ru, \varphi),$$

因此 Ru_n 弱收敛于 Ru. 根据条件(b)，可推出 A 上的限制同时也是 A_α 上的增长限制，其中，$|\alpha| \leqslant m-1$.

5.2C 强制性限制的消除

在某些情况下，把强制性条件：当 $\|x\| \to \infty$ 时 $(f(x), x)\|x\|^{-1} \to \infty$ 换成较弱的限制条件，结果(5.2.3)可得到实质性改进. 事实上，一个满足条件(G)的算子 $f \in B(X, X^*)$ 可能映 X 到 X^* 的真子集上，从而不是满射.

在(5.2.3)中，刚才提到的强制性条件可用于证明：(a) Galerkin 逼近$(5.2.1)_n$ 的可解性；(b) 这些逼近方程的解的先验估计. 至此，在某些情况下，由我们现在讲的改进可同时推出(a)和(b).

(5.2.14) **定理** 假定 f 是有界连续映射，它将一个实可分自反 Banach 空间 X 映到 X^* 中，并满足如下条件：

(Ⅰ) f 是奇映射，即，对一切 $x \in X$，

$$f(-x) = -f(x).$$

(Ⅱ) **条件**(G′) 若 x_n 在 X 中弱收敛到 x，$f(x_n)$ 在 X^* 中弱收敛到 y，且 $(f(x_n), x_n) \to (y, x)$，则 x_n 强收敛到 x.

那么，若对

$$x \in \partial \Sigma_R = \{z \mid \|z\| = R\}$$

有

$$\|f(x)\| \geqslant \alpha,$$

则对所有使 $\|g\| < \alpha$ 的 g,方程 $f(x)=g$ 在 Σ_R 中均有解.

证明 证明的基本思想仍是用定理的假定条件保证 Galerkin 逼近解的存在性以及所得解的先验界. 对此,因为从条件(G′)可推出条件(G),我们故可从前面的讨论推出 Galerkin 逼近解的一个子序列将收敛到 $f(x)=g$ 的解.

为了证明当 n 充分大时 Galerkin 逼近$(5.2.1)_n$ 在 $\Sigma_R \cap X_n$ 上有解 x_n,我们首先指出,若 $g \in X$, $\|g\| < \alpha$,并且对任何 $t \in [0,1]$ 和 $x \in \partial \Sigma_R$ 有 $f(x) \neq tg$,那么,对于充分大的 n,存在常数 β 和 $N > 0$,使得对 $t \in [0,1]$ 以及 $z \in \partial \Sigma_R \cap X_n$,当所有的 $n \geqslant N$ 时,有

$$\|P_n^*(f(z) - tg)\| \geqslant \beta.$$

事实上,否则将存在序列$\{P_{n_k}^*\}$,$\{z_k\}$和$\{t_k\}$,使得 $z_k \in \partial \Sigma_R \cap X_n$, $t_k \in [0,1]$,且 $k \to \infty$时,

$$\|P_{n_k}^*[f(z_k) - t_k g]\| \to 0.$$

于是,在选取适当的子序列后,我们可以假定 z_k 弱收敛于 z_0, $t_k \to t_0$,而 $P_{n_k}^* f(z_k)$在 X^* 中强收敛于 $t_0 g$. 因而对任意 $w \in X$,有

$$(P_{n_k}^* f(z_k), w) = (f(z_k), P_{n_k} w) \to (t_0 g, w),$$

还有

$$|(f(z_k) - t_0 g, P_{n_k} w - w)| \leqslant \|f(z_k) - t_0 g\| \|P_{n_k} w - w\| \to 0.$$

因此,展开$(f(z_k) - t_0 g, P_{n_k} w - w)$,我们得到 $f(z_k)$在 X^* 中弱收敛于 $t_0 g$,从而,由条件(G′)可推出 z_k 强收敛于 z_0,故 $f(z_0) = t_0 g$. 因此 $\|z_0\| = R$, $f(z_0) = t_0 g$, $\|f(z_0)\| \leqslant \|g\|$.

这与假设对 $z \in \partial \Sigma_R \cap X_n$ 有

$$\|f(z)\| \geqslant \alpha > \|g\|$$

矛盾.

这个结果表明,当 $n \geqslant N$ 时,首先,映射 $P_n^*(f(z)-g)$ 与 $P_n^* f(z)$ 在 $\partial \Sigma_R \cap X_n$ 上同伦. 其次,对 $g=0$,在 $\partial \Sigma_R \cap X_n$ 上 $P_n^* f(z) \neq 0$. 于是,由(1.6.3),Brouwer 度 $d(P_n^* f(z), 0, \Sigma_R \cap X_n)$ 是奇数,从而不为 0. 因此,由度的同伦不变性,

$$d(P_n^*(f(z)-g), 0, \Sigma_R \cap X_n) \neq 0.$$

这意味着对 $n \geqslant N$,在 $\Sigma_R \cap X_n$ 中

$$P_n^*(f(z)-g)=0$$

有解 z_n. 于是,当 $n \geqslant N$ 时,Galerkin 逼近$(5.2.1)_n$ 有解$\{z_n\}$,而这些解自动满足先验界 $\| z_n \| < R$. 于是定理得证.

正如在 5.2A 节中那样,我们现在来说明可推出条件(G′)的假设条件.

(5.2.15) 设 f 是映 X 到 X^* 中的有界连续算子. 若存在一个全连续算子 $R: X \to X^*$ 使得对 $P=f-R$,当 $x, z \in X$ 时,有

(5.2.16) $(Px-Pz, x-z)+f(x-z) \geqslant c(\| x-z \|)$,

其中,f 是上半弱连续的,满足 $f(0)=0$,而 $c(r)$是实值正连续函数,并且当且仅当 $r \to 0$ 时 $c(r) \to 0$,则 f 满足条件(G′).

证明 若

$$x_n \to x, f(x_n) \to y, (f(x_n), x_n) \to (y, x),$$

则由简短的计算可知

$$(Px_n - Px, x_n - x) \to 0.$$

又若 x_n 弱收敛于 x,则

$$\overline{\lim} f(x_n - x) \leqslant 0.$$

于是从(5.2.16)可推出

$$\lim_{n \to \infty} c(\| x_n - x \|)=0.$$

因 c 是连续的,并且 $c(\beta)=0$ 当且仅当 $\beta=0$,故 x_n 在 X 中强收敛于 x.

对(5.2.3)中讨论的拟线性椭圆型算子类,我们证明与(G′)类似的以下条件.

(5.2.17) **定理** 假定 A 是满足椭圆性条件(5.2.13)的拟线性算子. 此外假定

(a) 相应的抽象算子 $\mathscr{A}: \mathring{W}_{m,p}(\Omega) \to W_{-m,q}(\Omega)$ 满足 5.2B 节提到的条件以及假设条件

(*)若 u_n 弱收敛于 u,则 $(P(u_n, u_n) - P(u, u_n), u_n) \to 0$;

(b) 对固定的 y,存在可积函数 $c_0(y) > 0$ 和 $c_1(y)$,使得

$$\sum_{|\alpha| = m} A_\alpha(x, y, z) z_\alpha \geqslant c_0(y) |z|^p - c_1(y).$$

那么,根据对偶性可知,与 A 相应的抽象算子 $\mathscr{A}$ 满足条件(G′).

证明 首先我们注意,因为 $\mathscr{A}$ 满足假设条件(a),由条件(G′)的假设,在 $\mathring{W}_{-m,q}(\Omega)$ 中 $\mathscr{A}u_n$ 强收敛于 $\mathscr{A}u$.

为证在 $\mathring{W}_{m,q}(\Omega)$ 中 u_n 强收敛于 u,我们将证明,对于 $|\alpha| = m$,(i) 积分 $\int_\Omega |D^m u_n|^p$ 是等度绝对连续的,(ii) $D^\alpha u_n$ 依测度收敛于 $D^\alpha u$. 然后,由 Vitali 定理就得到所需的强收敛. 现根据(5.2.13),从假设条件可直接推出结果(ii). 另一方面,为证(i),我们使用条件(b) 和(*) 如下:

由条件(5.2.5)和 $(\mathscr{A}u_n, u_n) \to (\mathscr{A}u, u)$,
我们得出(在一个简短的计算后)

$$(Pu_n, u_n) \to (Pu, u).$$

然后,从条件(*)推出

$$(P(u, u_n), u_n) \to (Pu, u). \tag{5.2.18}$$

今根据定义和条件(b),有

$$(P(u, u_n), u_n) = \sum_{\substack{|\alpha| = m \\ |\gamma| < m}} \int_\Omega A_\alpha(x, D^\gamma u, D^m u_n) D^\alpha u_n,$$

$$c_1(D^\gamma u) + \sum_{\substack{|\alpha| = m \\ |\gamma| < m}} A_\alpha(x, D^\gamma u, D^m u_n) D^\alpha u_n \geqslant c_0(D^\gamma u) |D^m u_n|^p. \tag{5.2.18′}$$

利用与等度绝对连续积分有关的事实,(5.2.13),$D^\alpha u_n$ 依测度收

敛于 $D^\alpha u$ 以及表达式 $\sum_{|\alpha|=m} A_\alpha(x,y,z)z_\alpha$ 的正性，可推出函数 $\sum_{|\alpha|=m} A_\alpha(x,D^\gamma u,D^m u_n)D^\alpha u_n$ 在 Ω 上有等度绝对连续积分.但在这样的情况下，由不等式(5.2.18′)可推出，当 $|\alpha|=m$ 时，对于积分 $|D^\alpha u_n|^p$，同样有等度绝对连续性.于是，在 $\mathring{W}_{m,q}(\Omega)$ 中 u_n 强收敛于 u.结论得证.

5.2D 梯度算子的 Rayleigh-Ritz 逼近

若映射 f 是梯度算子，即 $f(x)=F'(x)$，其中，$F(x)$ 是定义在 X 上的 C^1 实值泛函，则 Galerkin 逼近 $(5.2.1)_n$ 取特别雅致的形式.事实上，在这种情况下，$(5.2.1)_n$ 的解恰好是定义在 X_n 上的泛函

$$\mathscr{I}_n(x) = F(x) - (g,x)$$

的临界点.从而，在 1.6 节曾简单讨论过的有限维临界点理论这一强有力的方法，变得可用于 $(5.2.1)_n$ 的研究中.由于历史的原因，这个方法称为 Rayleigh-Ritz 逼近.在这里，我们将考虑一类非线性本征值问题，以说明 Rayleigh-Ritz 方法.

例如，我们研究方程

(5.2.19) $\lambda_1\mathscr{A}'(x)=\lambda_2\mathscr{B}'(x),\ x\in\{x\mid\mathscr{A}(x)=\text{常数},x\in X\}$

的解.它可作为 Rayleigh-Ritz 逼近

(5.2.20) $\lambda_1^{(n)}P_n^*\mathscr{A}'(x)=\lambda_2^{(n)}P_n^*\mathscr{B}'(x)$,

$x\in\{x\mid\mathscr{A}(x)=\text{常数},x\in X_n\}$

的解的极限而得到.

首先，我们证明一个与(5.2.19)的“第一本征向量”逼近有关的结果.

(5.2.21) 设 $\mathscr{A}(x)$ 和 $\mathscr{B}(x)$ 是两个 C^1 实值泛函，它们定义在可分自反 Banach 空间 X 上，使得

(i) $\mathfrak{M}=\{x\mid\mathfrak{M}(x)=\text{常数}\}$ 是 X 上有界星形集；

(ii) $Ax=\mathscr{A}'(x)$ 是满足条件(G′)的有界连续映射；

(iii) $B(x)=\mathscr{B}'(x)$ 全连续，其中，$\mathscr{B}(x)=0$ 当且仅当 $x=0$.

那么,可由元素 $\bar{x}$ 在 $\mathfrak{M}$ 上达到上确界

$$c_1 = \sup_{\mathfrak{M}} \mathscr{B}(x),$$

而 $\bar{x}$ 满足方程

$$\lambda_1 A\bar{x} = \lambda_2 B\bar{x}, \tag{5.2.22}$$

其中,λ_1 和 λ_2 是两个不同时为零的实数. 而且,

$$c_1 = \lim_{n\to\infty} \sup_{\mathfrak{M}\cap X_n} \mathscr{B}(x),$$

且元素$(\bar{x}, \lambda_1, \lambda_2)$是序列$(x_n, \lambda_1^{(n)}, \lambda_2^{(n)})$的极限,该序列满足(5.2.20)并有极值性质

$$\sup_{\mathfrak{M}\cap X_n} \mathscr{B}(x) = \mathscr{B}(x_n),\ x_n \in X_n \cap \mathfrak{M}.$$

证明 我们首先指出,根据假设条件,集合 $\mathfrak{M}\cap X_n$ 是紧的,故对每个 n,可由元素 $x_n \in \mathfrak{M}\cap X_n$ 达到

$$c_{1,n} = \sup_{\mathfrak{M}\cap X_n} \mathscr{B}(x).$$

于是,对每个 n,存在不同时为零的常数 $\lambda_1^{(n)}, \lambda_2^{(n)}$ 使三元组$(x_n, \lambda_1^{(n)}, \lambda_2^{(n)})$满足(5.2.20). 不失一般性,我们可设

$$|\lambda_1^{(n)}| + |\lambda_2^{(n)}| = 1,$$

使得(也许要在选子序列后)$\lambda_1^{(n)}$ 和 $\lambda_2^{(n)}$ 收敛到 λ_1 和 λ_2(譬如说),且

$$|\lambda_1| + |\lambda_2| = 1.$$

因 X 是自反 Banach 空间,且序列$\{\|x_n\|\}$,$\{\|Ax_n\|\}$是一致有界的,故我们可以假定,在又一次选适当的子序列后,x_n 弱收敛于 $\bar{x}$,Ax_n 弱收敛于 y. 假定 $\lambda_1 \neq 0$,我们可得 x_n 强收敛于 $\bar{x}$,这因为算子 A 满足条件(G′),$y = \dfrac{\lambda_2}{\lambda_1} Bx$,并且

$$\begin{aligned}\lambda_1^{(n)}(Ax_n, x_n) &= \lambda_1^{(n)}(P_n^* Ax_n, x_n)\\ &= \lambda_2^{(n)}(P_n^* Bx_n, x_n) \to \lambda_2(Bx, x).\end{aligned}$$

于是,因 $\mathfrak{M}$ 闭,故 $\bar{x}$ 属于 $\mathfrak{M}$,并且,根据 5.2.1 节中的讨论,$\bar{x}$ 满足(5.2.22).

最后,我们排除 $\lambda_1 = 0$ 的可能性. 若 $\lambda_1 = 0$,则

$$\mathscr{B}'(\bar{x}) = 0,$$

从而 $\bar{x}=0$. 但因 $\mathscr{B}(x)$是弱连续泛函,由此可推出

$$0 = \mathscr{B}(x) = \lim_{n\to\infty}\mathscr{B}(x_n) = \lim_{n\to\infty}\sup_{\mathfrak{M}\cap X_n}\mathscr{B}(x) = c_1.$$

而这与(5.2.21)的条件(iii)矛盾.因此,所要的结果得证.

我们现在简单谈谈更一般的临界点结果,它们可由有限维逼近和 Ljusternik-Schnirelmann 范畴得出(见 6.6 节).

(5.2.23) **定理** 假定泛函 $\mathscr{A}(x)$和 $\mathscr{B}(x)$满足(5.2.21)的假设条件,此外还假定

(a) $\mathscr{A}(x)$和 $\mathscr{B}(x)$是 x 的偶泛函;

(b) 对 $x\neq 0$,$(\mathscr{A}'(x),x)$和 $\mathscr{B}(x)$是严格正的.

那么,实数

(5.2.24) $$c_N = \sup_{[A]_N}\inf_{A}\mathscr{B}(x)$$

是 $\mathscr{B}(x)$受限于 $\mathfrak{M}=\{x\mid\mathscr{A}(x)=常数,x\in X\}$的临界点,其中

(5.2.25) $[A]_N=\{A\mid A\subset\mathfrak{M},A\ 紧,\mathrm{cat}(A/Z_2,\mathfrak{M}/Z_2)\geqslant N\}$.

此外,对每个固定的 N,存在点对序列$(\bar{x}_{N,n},\lambda_{N,n})$,满足 $c_{N,n}=\mathscr{B}(\bar{x}_{N,n})\to c_N$,并且 $\bar{x}_{N,n}\in\mathfrak{M}\cap X_n$,使$(\bar{x}_{N,n},1,\lambda_{N,n})$满足 Rayleigh-Ritz 逼近$(5.2.1)_n$,同时,有极小极大特性

$$c_{N,n} = \sup_{[A\cap X_n]}\inf_{A\cap X_n}\mathscr{B}(x).$$

此外,对每个 N,存在点对的子序列$(\bar{x}_{N,n_j},\lambda_{N,n_j})$在 $X\times\mathsf{R}^1$ 中强收敛到$(\bar{x}_N,\lambda_N)$,其中,$\bar{x}_N\in\mathscr{B}^{-1}(c_N)\cap\mathfrak{M}$ 是 $\mathscr{B}(x)$限于 $\mathfrak{M}$ 的临界点,而$(\bar{x}_N,\lambda_N)$满足方程

$$\mathscr{A}'(\bar{x}_N) = \lambda_N\mathscr{B}'(\bar{x}_N).$$

关于这个结果的证明,我们建议读者参考 Rabinowitz 的文章(1973).

5.2E Navier-Stokes 方程的定常态解

在 R^3 的有界域 Ω 中,粘性不可压缩流体的三维定常流的 Navier-Stokes 方程可写成

(5.2.26) $\quad -\nu\Delta u+(u\cdot\nabla)u+\nabla p=g,$

(5.2.27) $\quad \mathrm{div}u=0,$

(5.2.28) $\quad u|_{\partial\Omega}=\beta(x),$

其中,$u(x)$表示流体的速度向量,ν 表示流体的粘度,p 表示压力,g 表示作用在流体上的外力,而 $\beta(x)$表示 $u(x)$在$\partial\Omega$ 上的值.我们利用(5.2.1)中所讲的 Galerkin 逼近格式来证明,对 ν 的任意值,只要适当限制 $\beta(x)$,系统(5.2.26)~(5.2.28)的解就存在.用极限过程可以证明,对于无界域,系统(5.2.26)~(5.2.28)的类似系统也有解.实际上,我们可证

(5.2.29) **定理** 倘若 $g\in L_2(\Omega)$并且 $\beta(x)$是函数 $\beta_*(x)$的边界值,则系统(5.2.26)~(5.2.28)具有 1.5 节意义下的广义解 $u(x)$.其中,$\beta_*(x)$定义在 $\bar{\Omega}$ 上,而$\nabla\beta_*$是 Hölder 连续的,β_*使得:或者(i),$|\nabla\beta_*(x)|$或$|\beta_*(x)|$是充分小的;或者(ii),$\beta_*(x)=\mathrm{curl}\gamma(x)$,其中,对于 C^2 类的$\partial\Omega$,$\gamma(x)\in C^1(\bar{\Omega})$.倘若 g 在$\bar{\Omega}$中是 Hölder 连续的,则解 $u(x)$在 Ω 中和在$\partial\Omega$ 的所有足够光滑的部分上光滑.

证明 我们这样着手:首先用算子方程 $f(u)=g$ 的解来表示(5.2.26)-(5.2.28)的广义解,其中,f 是 Hilbert 空间$\mathring{H}$ 上的映射,而$\mathring{H}$ 的元素为螺线向量 $w(x)$,其分量 $w_i(x)\in\mathring{W}_{1,2}(\Omega)$.然后我们证明,当 $\beta(x)$受适当限制时,算子 f 满足(5.2.3)的假设条件.于是,从 1.5 节提到的结果可得到广义解的正则性.

首先,设 $\beta(x)\equiv 0$.那么,$\mathring{H}$ 中的弱解一一对应于算子方程

(5.2.30) $$\nu u-\mathscr{B}(u,u)=\tilde{g}$$

的解,其中,$\mathscr{B}(u,u)$和 $\tilde{g}$ 由公式

(5.2.31) $$(\mathscr{B}(u,u),\varphi)=\sum_{k=1}^{3}\int_{\Omega}u_k u\cdot D_k\varphi;$$

$$(\tilde{g},\varphi)=\int_{\Omega}g\cdot\varphi$$

定义在$\mathring{H}$ 上.如同 4.3 节中的证明一样,算子 $\mathscr{B}(u)=\mathscr{B}(u,u)$是

映$\mathring{H}$到自身的全连续映射. 此外,对 $u\in C_0^\infty(\Omega)\cap\mathring{H}$,因 $\operatorname{div}u=0$ 且 $u|_{\partial\Omega}=0$,故

$$(5.2.32)\quad (\mathscr{B}(u,u),u)=\sum_{k=1}^{3}\int_\Omega u_k u\cdot D_k u=\frac{1}{2}\int_\Omega u\cdot\nabla|u|^2=0.$$

于是对 $0<\nu<\infty$,有

$$f_\nu(u)\equiv\nu u-\mathscr{B}(u,u)$$

满足条件(G). 且由(5.2.32),

$$(\nu u-\mathscr{B}u,u)/\|u\|=\nu\|u\|.$$

故 $f_\nu(u)$是强制的. 因此,由定理(5.2.3),算子方程(5.2.30)有解 $\tilde{u}\in\mathring{H}$;从而(5.2.26)~(5.2.28)在$\mathring{H}$中有广义解 $\tilde{u}$.

更一般地,若 $\beta(x)\neq0$,根据定理的限制条件,假定存在常数 c 使 $\nu>c\geqslant0$ 并且

$$(5.2.33)\quad |(\mathscr{B}(\beta_*,u),u)|\leqslant c\|u\|_{\mathring{H}}^2,\ u\in\mathring{H}.$$

那么,如果我们用

$$u=w+\beta_*$$

表示(5.2.26)~(5.2.28)的广义解,其中 $w\in\mathring{H}$,则 w 满足方程

$$(5.2.34)\quad \nu w-\{\mathscr{B}(w,w)+\mathscr{B}(w,\beta_*)+\mathscr{B}(\beta_*,w)\}=f_*,$$

其中,

$$f_*=f-\beta_*-\mathscr{B}(\beta_*,\beta_*).$$

现在我们指出,可将定理(5.2.3)用于(5.2.34). 为此,注意到每个算子 $\mathscr{B}(w,w)$,$\mathscr{B}(w,\beta_*)$和 $\mathscr{B}(\beta_*,w)$都是全连续的,于是对 $0<\nu<\infty$,(5.2.34)左端的算子 $f_\nu(w)$满足条件(G). 此外,根据(5.2.32)中的同样理由,有

$$(\mathscr{B}(w,\beta_*),w)=0,$$

故由(5.2.33),有

$$\begin{aligned}(f_\nu(w),w)/\|w\|_{\mathring{H}}&=\nu\|w\|+(\mathscr{B}(\beta_*,w),w)/\|w\|\\&\geqslant(\nu-c)\|w\|.\end{aligned}$$

因而,$f_\nu(w)$满足(5.2.3)的强制性条件,且因此方程(5.2.34)是可解的,于是系统(5.2.26)~(5.2.28)在$\mathring{H}$中有广义解.

最后,假设 $\beta(x)$ 满足定理的限制之一,我们来证明(5.2.33).先假定对 $x\in\bar{\Omega}$,或有

$$|\beta_*(x)|\leqslant M_0,$$

或有

$$|\nabla\beta_*(x)|\leqslant M_1.$$

那么,根据(5.2.31),利用$|\beta_*(x)|\leqslant M_0$和 Sobolev 不等式有

$$|(\mathscr{B}(\beta_*,w),w)|\leqslant M_0\|w\|_{0,2}\|\nabla w\|_{0,2}$$

$$\leqslant M_0c_1\|w\|^2_{\mathring{H}},$$

而利用$|\nabla\beta_*(x)|\leqslant M_1$,有

$$|(\mathscr{B}(\beta_*,w),w)|\leqslant M_1\|w\|^2_{L_2}\leqslant M_1c_1^2\|w\|^2_{\mathring{H}}.$$

于是,无论 $\nu>M_0c_1$ 还是 $\nu>M_0c_1^2$,(5.2.33)都满足.另一方面,正如定理的假设条件(ii)中那样,若 $\beta_*(x)=\operatorname{curl}\gamma(x)$,我们使用不等式

$$(5.2.35)\qquad \int_\Omega\frac{v^2}{\rho^2}\leqslant\bar{c}_1\int_\Omega|\nabla u|^2,v\in\mathring{W}_{1,2}(\Omega),$$

其中,$\rho=\operatorname{dist}(x,\partial\Omega)$,并构造一个依赖于两个参数 k 和 α 的函数 $h(t)\in C^\infty[0,\infty)$,使得(i),对 $0<t<k\alpha$ 有 $h(t)=1$,对 $t>(1-k)\alpha$ 有 $h(t)=0$;(ii),当 $k\to0$ 时,$th'(t)\to0$ 对 α 和 t 一致.然后,设

$$\rho(x)=\operatorname{dist}(x,\partial\Omega),\beta_{**}=\operatorname{curl}(h(\rho)\gamma),$$

那么

$$\beta_{**}=h\operatorname{curl}\gamma-\gamma\times h'(\rho)\nabla\rho.$$

于是在$\partial\Omega$上,$\beta_{**}=\beta_*$;在$\partial\Omega$的某个小邻域外,$\beta_{**}\equiv0$. 并且因 $\rho^2\in C^2$,故 $\beta_{**}\in C^{1,\mu}(\bar{\Omega})$. 此外,对任意 $\varepsilon>0$ 有$|\rho\beta_{**}(x)|<\varepsilon$. 由(5.2.35),对所有 $u\in C_0^\infty(\Omega)$,有

$$|(\mathscr{B}(\beta_{**},u),u)|\leqslant\left|\left(\mathscr{B}\left(\rho\beta_{**},\frac{u}{\rho},u\right)\right|\right.$$

$$\leqslant \varepsilon \left\| \frac{u}{\rho} \right\|_{0,2} \| \nabla u \|_{0,2}$$
$$\leqslant \varepsilon c_1 \| w \|^2.$$

于是,当 ε 充分小时,β_{**} 满足(5.2.33),这就完成了定理的证明.

5.3　同伦,映射度及其推广

5.3A　一些启发

将注意力集中在由给定的非线性算子 $f \in C(X, Y)$ 定义的映射的拓扑性质上,可对许多涉及 f 的问题进行研究.特别,若用一个较简单的映射 $\tilde{f}$ 代替 f,而 $\tilde{f}$ 在 f 的相同(适当定义的)同伦类中,则把求解 f 的问题转化为求解较简单的映射 $\tilde{f}$ 的类似问题有时是可能的.

对于有限维空间之间的映射,这个过程是众所周知的.例如,对于一个定义在闭圆盘 $\Sigma_R = \{z \mid |z| \leqslant R\}$ 上给定的解析函数 $f(z)$ 来说,倘若在 $\partial\Sigma_R = \{z \mid |z| = R\}$ 上 $f(z) \neq 0$,那么 f 在 Σ_R 内零点的个数是拓扑不变量.事实上,根据 Rouche 定理,定义在 Σ_R 上的两个解析函数 f 和 $f+g$ 若在 $\partial\Sigma_R$ 上同伦,则在 Σ_R 内有相同数目的零点.在此意义下,对 $z \in \partial\Sigma_R$ 和 $t \in [0,1]$,有 $|f(z) + tg(z)| \neq 0$.更一般地,由(1.6.7)中提到的 H.Hopf 定理,定义在 $\mathbb{R}^N$ 中球 $\Sigma_R = \{x \mid |x| \leqslant R\}$ 上并在 $\partial\Sigma_R = \{x \mid |x| = R\}$ 上使 $f \neq 0$ 的两个连续映射 f 和 $f+g$,在 Σ_R 中有相同"代数"个数的零点当且仅当它们同伦.

这里,我们将针对定义在 Banach 空间有界域上的算子的非线性问题,讨论这个同伦方法.而在无穷维的情况下,除非我们修正同伦的概念,否则立即会出现难以克服的障碍.

(5.3.1)　设 H 是无穷维可分 Hilbert 空间,设 f 和 g 是任意两个将球面

$$\partial\Sigma_1 = \{x \mid \|x\|_H = 1\}$$

映 入自身的连续映射,那么 f 与 g 同伦,即,存在连续映射 $h(x,t):\partial\Sigma_1\times[0,1]\to\partial\Sigma_1$,使得

$$h(x,0)\equiv f(x),h(x,1)\equiv g(x).$$

证明 证明的基本思想是构造一个从球

$$\Sigma_1=\{x\mid \|x\|_H\leqslant 1\}$$

到自身的没有不动点的映射 σ,并由此构造一个从 Σ_1 到 $\partial\Sigma_1$ 上的保核收缩 $r(x)$,那么,所要的同伦能显式地写为

$$h(x,t)=r(tg(x)+(1-t)f(x))$$

的形式.

为构造这个没有不动点的连续映射 σ,设 $(e_1,e_2,\cdots)$ 表示 H 的一个完备正交基,从而 H 的任一元素 x 可以写成

$$x=\sum_{i=1}^{\infty}x_ie_i=(x_1,x_2,\cdots),$$

同时

$$\|x\|^2=\sum_{i=1}^{\infty}x_i^2.$$

于是,对 $x\in\Sigma_1$,我们可定义

$$\sigma(x)=(\sqrt{1-\|x\|^2},x_1,x_2,\cdots).$$

由一个简单计算得到 $\|\sigma(x)\|^2=1$. 故若 σ 有不动点 $y\in\Sigma_1$,则 $\|y\|=1$. 因此,如果 $y=(y_1,y_2,\cdots)$, 那么对 $i=1,2,\cdots$,有 $y_i=y_{i+1}$, 同时 $y_1=0$,因而 $y=0$. 这与 $\|y\|\neq 0$ 的事实矛盾. 因此 σ 是 Σ_1 到 Σ_1 中的没有不动点的连续映射 .

为构造将 Σ_1 映到 $\partial\Sigma_1$ 上的保核收缩 $r(x)$,我们这样着手:对 $x\in\Sigma_1$,因 σ 没有不动点,故连接 x 与 $\sigma(x)$ 的直线 $L(x)$ 不会退化成一个点,于是,可以将直线 $L(x)$ 延长与 $\partial\Sigma_1$ 相交于点 $r(x)$, 而 $r(x)$ 位于由 x 出发的 $\sigma(x)$ 的那个对边上,但异于 $\sigma(x)$. 映射 $x\to r(x)$ 就是所需的保核收缩. 这是因为它显然连续地将 Σ_1 映到 $\partial\Sigma_1$ 上,并且根据构造法,它保持 $\partial\Sigma_1$ 逐点不动.

5.3B 连续映射的紧扰动

因为(5.3.1)的缘故,在 5.3B～5.3D 节中,我们将注意力集

中到以下一类特殊的同伦形变.

(5.3.2) **定义** 设 S 是 Banach 空间 X 的闭子集. 并设 f 是 $X \to Y$ (Banach 空间)中确定的连续映射. 那么,称 g_0 和 g_1 在 S 上(对于 f)紧同伦,是指存在一个连续紧映射 $h(x,t): S \times [0,1] \to Y$,使

$$g_0(x) = f(x) + h(x,0), g_1(x) = f(x) + h(x,1),$$

并且在 $S \times [0,1]$ 上使得

$$g(x,t) = f(x) + h(x,t) \neq 0.$$

显然,在 f 的紧扰动类 $\mathscr{C}_f(S,Y)$ 上,紧同伦定义一个等价关系,上面的

$$\mathscr{C}_f(S,Y) = \{g \mid g = f + K, K \text{ 紧}, g \in C(S,Y)\},$$

而 $f \in \mathscr{C}_f(S,Y)$. 今后,我们将打算用可计算的拓扑不变量来表示所得的等价类,并拟借助于映射 f 的一个确定的紧扰动的映射性质来解释这些不变量. 为得出这方面的第一个结果,设 S 是 X 的闭子集,而 O 表示 $X - S$ 的一个分支.

记号和定义 设

$$\mathscr{C}_f(S,Y) = \{g \mid g = f + K\},$$

$$\mathscr{C}_f^0(S,Y) = \{g \mid g \in \mathscr{C}_f(S,Y), \text{在 } S \text{ 上 } g \neq 0\}.$$

设 O 是 $X - S$ 的一个分支,则 $g \in \mathscr{C}_f^0(S,Y)$ 称为非本质的(关于 O),是指 g 有延拓 $\tilde{g} \in \mathscr{C}_f^0(O \cup S, Y)$. 反之,$g$ 称为作本质的. 此外,我们设

$$\mathscr{C}_f^p(S,Y) = \{g \mid g = f + K, \text{在 } S \text{ 上 } g \neq p\}.$$

于是,如果 g 的每个扩张 $\tilde{g} \in \mathscr{C}_f(O \cup S, Y)$ 在 O 中有零点,那么 g(关于 O)是本质的. 显然,为证一个给定的 $g \in \mathscr{C}_f(O \cup S, Y)$ 在 O 有零点,我们只需证明 g 是本质的(关于 O). 根据以下结果,我们将看到,如果某个映射 $\tilde{g}$ 是本质的,它紧同伦于 g(在 S 上),则 g 有相同的结论.

(5.3.3) **定理** (关于 O 的)本质性与非本质性在紧同伦下是不变的.

证明 只需对非本质映射 $g\in\mathscr{C}_f^0(S,Y)$证明这个结果即可. 在这种情况下,假定 $g,\tilde{g}\in\mathscr{C}_f^0(S,Y)$在 S 上是紧同伦的,而 g 有扩张$G\in\mathscr{C}_f(O\cup S,Y)$. 然后,我们要构造 $\tilde{g}$ 的一个扩张 $\tilde{G}\in\mathscr{C}_f(O\cup S,Y)$,使得 G 和$\tilde{G}$ 在$O\cup S$ 上是紧同伦的.

因为 g 与 $\tilde{g}$ 紧同伦,故存在紧连续映射 $h(x,t):S\times I\to Y$ 满足定义. 设

$$T_0=(S\times[0,1])\cup(S\cup O\times\{0\}),$$

又由

$$h^*(x,t)=\begin{cases}G(x)-f(x), & x\in S\cup O,t=0,\\ h(x,t) & x\in S,t\in[0,1]\end{cases}$$

来定义 $h^*:T_0\to Y$,那么,在 T_0 上 h^* 是紧的并且连续. 于是,由紧算子的扩张性质(2.4.4),h^*可扩张成$(S\cup O)\times[0,1]\to Y$ 的紧连续映射$H^*(x,t)$.

为了定义所需的扩张 $\tilde{G}$,我们必须确保在 $S\cup O$ 上$\tilde{G}\neq 0$. 因此,我们令

$$S_1=\{x\mid x\in S\cup O,f(x)=-H^*(x,t),t\in[0,1]\}.$$

现在,S 和 S_1 是不相交的闭集,根据 Tietze 定理,存在连续函数 $Y(x):S\cup O\to[0,1]$,在 S_1 上取值为 0,而在 S 上为 1. 在$(S\cup O)\times[0,1]$上设

$$H(x,t)=H^*(x,Y(x)t),$$

且令

$$\tilde{G}(x)=f(x)+H(x,1).$$

现在我们注意:

(i) $\tilde{G}$ 是g 的扩张. 这因为若 $t=1$ 和 $x\in S$,则

$$H(x,1)=H^*(x,Y(x))=H^*(x,1)=h(x,1).$$

于是,

$$\tilde{G}(x)=f(x)+h(x,1)=g.$$

(ii) 对 $x\in S\cup O$,有

$$\tilde{G}(x)\neq 0.$$

事实上,更一般地,对 $t\in[0,1]$,有

$$\widetilde{G}(x,t)=f(x)+H(x,t)\neq 0, x\in S\cup O,$$

否则实际上有 $x\in S_1$,从而

$$f(x)+H(x,0)=f(x)+H^*(x,0)=G(x)=0.$$

但是,因 $G(x)$在 $S\cup O$ 上没有零点,故知最后这个等式不可能.于是,不仅扩张 $\widetilde{G}$ 存在,而且因

$$f(x)+H(x,0)=G(x),$$

故 G 和$\widetilde{G}$ 在$S\cup O$ 上紧同伦.

为进一步发展这个想法,我们注意来自有限维同伦理论中的以下事实对于理解后面的进展是重要的.

(5.3.4) 连续映射 $f:S^n\to S^m$ 关于开球

$$\Sigma_1=\{x\mid x\in \mathrm{R}^{n+1}, \|x\|<1\}$$

是本质的当且仅当同伦类

$$[f]\in \pi_n(S^m)$$

是非平凡的(见 1.6 节).

证明 设 f 不是本质的. 于是,存在 f 对 $\overline{\Sigma}_1$ 的一个扩张 F 使 $F(x)\neq 0$. 然后,对 $t\in[0,1]$,令 $H(x,t)=F(tx)/|F(tx)|$. 我们注意,由这个同伦 $f(x)$ 同伦于点 $H(x,0)=F(0)/|F(0)|$,知 $[f]\in\pi_n(S^m)=0$. 反之,若$[f]=0$,则对 $t\in[0,1]$,存在 $f(x)$ 的同伦 $h(x,t)$,使 $|h(x,t)|=1$. 因此,$F(tx)=h(x,t)$ 是所要的 f 到$\overline{\Sigma}_1$ 的非零扩张 .

为了继续进行下去,建立(5.3.4)的无穷维类似结论将是必须的,它产生判断一个给定的映射 $g\in\mathscr{C}_f(S,Y)$是否本质的准则. 在下一小节中,我们将对一些特别选取的 f 来处理这个问题和更多的问题. 首先,我们选取 f 为 Banach 空间 X 到自身的恒等映射. 第二,我们假定 f 是映 X 到 Y 中的指标 p 非负的线性 Fredholm 映射 L.

事实上,例(5.3.1)表明,类似于(5.3.4)的无穷维结果更精致. 而实际上,我们今后只考虑给定的线性算子的紧同伦. 在这种

情况我们来证明(5.3.4)对无穷维的一个推广.但是,一般说来(对 index$L>0$),这些推广将要用相应的无穷维映射稳定同伦类的概念(稳定这个词的用途见(1.6.8),即对 $p>0$,同伦群$\{\pi_{n+p}(S^n), n=1,2,\cdots\}$仅仅对充分大的 n 是同构的).于是,一般说来,为在我们的类中确定所给映射的本质性,只检验充分近的有限维逼近的同伦类是不够的(见下面 5.3D 一节).

5.3C 恒等算子的紧扰动与 Leray-Schauder 度

设 I 表示 Banach 空间到自身的恒等映射,D 表示 X 的有界域,而∂D 表示 D 的边界.则正如有限维情况那样,借助于被称为 Leray-Schauder 度的函数,在 $\mathscr{C}_I(\partial D, X)$的紧同伦类与整数集 Z 之间可以建立一一对应.此外,我们将建立映射 $g\in\mathscr{C}_I(\partial D, X)$是本质的充要条件,即,它的 Leray-Schauder 度不等于 0.

假定在∂D 上 $g(x)\neq p$,由一个类似于 5.2 节的 Galerkin 逼近过程可以定义 g 关于点 $p\in X$ 和 D 的 Leray-Schauder 度(写为 $d(I+C,p,D)$).其中,$g=I+C$ 是恒等映射的紧扰动.假定知道与维数相同的有限维空间之间连续映射的 Brouwer 度的有关事实(1.6.3),我们就可按以下两个步骤来定义整值函数 $d(I+C,p,D)$:

步骤 1 若紧映射 $C:D\to X$ 具有有限维值域(即 $C(D)\subset X_n$,X_n 是 X 的某个有限维线性子空间),那么,假定 $p\in X_n$,则当 $I+C\in\mathscr{C}_1(\partial D, X)$时,我们定义 $I+C$ 在 p 处关于 D 的 Leray-Schauder 度为

(5.3.5) $$d(I+C,p,D)=d_B(I+C,p,D\cap X_n).$$

这时,根据假设,对 $x\in\partial(D\cap X_n)=\partial D\cap X_n$,因为$(I+C)x\neq p$,所以 Brouwer 度 d_B 是有限整数.因此,此时倘若这个整数与包含 p 和$C(D)$的有限维子空间无关,那么,Leray-Schauder 度就有定义.

步骤 2 对一般的紧映射 $C:D\to X$,利用(2.4.2),我们可由一个紧映射序列 C_n 逼近C,其中,C_n 有有限维值域,$C_n:D\to X_n$

(X_n 是 X 的有限维子空间)使得

$$\sup_{x\in D}\| C_n x - Cx \| \leqslant 1/n.$$

然后再假定 $p\in X_n$,并且逼近序列的 Leray-Schauder 度存在(如步骤 1 中所定义的),我们定义

$$(5.3.6)\qquad d(I+C,p,D)=\lim_{n\to\infty}d(I+C_n,p,D).$$

显然,若极限(5.3.6)存在且与逼近序列 C_n 无关,则函数 $d(I+C,p,D)$有定义.

对刚才给出的 $d(I+C,p,D)$的定义,我们现在提出以下验证:

(5.3.7) **步骤 1 的验证** 我们证明,由(5.3.5)定义的整数 $d(I+C,p,D)$与包含 p 和$C(D)$的有限维线性子空间 X_n 无关.于是,设有限维子空间 X_n 和X_p 两者都包含$\{p\}\cup C(D)$.因为 $X_p\cap X_n$ 也是包含$\{p\}\cup C(D)$的有限维线性子空间,所以,只需假设(i) $I+C$的定义域限于$D\cap X_p$;(ii) $X_n\subset X_p$;并且(iii),要证

$$d_B(I+C,p,D\cap X_n)=d_B(I+C,p,D\cap X_p)$$

(一个仅与有限维 Brouwer 度性质有关的命题).为此,假定

$$\dim X_n = n,\dim X_p = n+k,$$

并选取 X_p 中的基 $\mathscr{B}$ 使我们可将 X_n 与 R^n,X_p 与 R^{n+k}等同起来.因 Brouwer 度与基 $\mathscr{B}$ 的选取无关,所以,一旦我们证明了以下引理,(5.3.7)将得证.

(5.3.8) **引理** 设 Δ 是 R^{n+k}中有界域,f 是 $\Delta\to\mathrm{R}^n$ 的连续映射,对所有的 $p\in\mathrm{R}^N$,当 $x\in\partial\Delta$ 时,倘若有

$$x+f(x)\neq p,$$

那么,

$$d_B(I+f,p,\Delta)=d_B(I+f,p,\Delta\cap\mathrm{R}^n).$$

证明 根据 Brouwer 度的定义,只需假定 f 是C^1 映射以及映射 $x+f(x)$的 Jacobi 行列式 $J_{n+k}(x)$在集合 σ 上不为 0 即可,其中 $\sigma=\{x\mid x\in\Delta,x+f(x)=p$,对固定的 $p\in\mathrm{R}^n\}$.然后,由 1.6 节中 Brouwer 度的性质,有

$$\begin{aligned} d_B(I+f,p,\Delta) &= \sum_{\sigma} \operatorname{sgn} \det J_{n+k}(x) \\ &= \sum_{\sigma} \operatorname{sgn} \det \begin{pmatrix} J_n(x) & 0 \\ 0 & I_k \end{pmatrix} \\ &= \sum_{\sigma} \operatorname{sgn} \det(J_n(x)) \\ &= d_B(I+f,p,\Delta \cap \mathsf{R}^n), \end{aligned}$$

其中,I_k 是 R^k 中的恒等矩阵,$J_n(x)$是映射 $x+f(x)$在 $\Delta \cap \mathsf{R}^n$ 上的 Jacobi 行列式.

(5.3.9) **步骤 2 的验证** 我们从证明以下事实开始:当 n 充分大时,整数 $d(I+C_n,p,D)$(正如步骤 1 中所指明的)有定义(即,对 $x \in \partial D$ 有$(I+C_n)x \neq p$).于是,根据

$$I+C \in \mathscr{C}_1(\partial D, X),$$

我们首先找一个数 $\alpha>0$ 使得

$$\inf_{x \in \partial D} \| (I+C)x-p \| \geqslant \alpha.$$

事实上,否则将存在有界序列$\{x_j\} \in \partial D$ 使

$$\| x_j + Cx_j - p \| \to 0.$$

根据 C 的紧性,在可能要选一个子序列后,我们可以假定 $Cx_j \to y$(譬如说),因而$\{x_j\}$收敛到 z(譬如说).那么,因为∂D 是闭的,所以 $z \in \partial D$,且 $z+Cz=p$,这是所需的矛盾.现在不难证明,当 n 充分大时,

$$I+C_n-p \in \mathscr{C}_I(\partial D, X).$$

这因为对 $x \in \partial D$ 和 $n \geqslant n_0$(譬如说)

$$\begin{aligned} \| x + C_n x - p \| &\geqslant \| x + Cx - p \| - \| Cx - C_n x \| \\ &\geqslant \alpha - \frac{1}{2}\alpha = \frac{1}{2}\alpha. \end{aligned}$$

下面,假设对任意整数 $n, m \geqslant n_0$,有

$$\sup_{\partial D} \| Cx - C_n x \| \leqslant \frac{1}{2}\alpha,$$

以及证明对任意整数 $m \geqslant n_0$ 有 $d_n = d_m$,我们就可证出当 n 充分

大时,数 $d_n = d(I + C_n, p, D)$ 保持稳定. 这个事实将保证极限(5.3.6)存在,且与逼近序列 C_n 无关. 为此,设整数 $n, m \geqslant n_0$, $C_n(D) \subset X_n$, $C_m(D) \subset X_m$, 以及用 X_{n+m} 表示由 X_n 和 X_m 生成的子空间. 那么,由引理(5.3.8),有

(5.3.10) $$d_B(I + C_n, p, D \cap X_n) = d_B(I + C_n, p, D \cap X_{n+m}),$$

并对映射 $I + C_m$ 有类似结果. 然后,对 $x \in D \cap X_{n+m}$, 设

$$h(x,t) = x + tC_m x + (1-t)C_n x - p,$$

故在 $\partial D \cap X_{n+m}$ 上,有

$$\begin{aligned} \| h(x,t) \| &\geqslant \| x + Cx - p \| - t \| C_m x - Cx \| \\ &\quad - (1-t) \| C_n x - Cx \| \\ &\geqslant \alpha - \frac{1}{2}(t\alpha + (1-t)\alpha) \\ &= \frac{1}{2}\alpha. \end{aligned}$$

因此,根据 Brouwer 度的同伦不变性和(5.3.8),有

$$\begin{aligned} d_n &= d_B(I + C_n, p, D \cap X_{n+m}) \\ &= d_B(I + C_m, p, D \cap X_{n+m}) = d_m. \end{aligned}$$

我们现在能叙述并证明前面提到的 Leray-Schauder 度的两个主要性质.

(5.3.11) **定理** 设 $f, g \in \mathscr{C}_I^0(\partial D, X)$, 其中 D 是 X 的凸区域. 那么 f 和 g 紧同伦当且仅当

$$d(f,0,D) = d(g,0,D).$$

(5.3.12) **定理** 设 $f \in \mathscr{C}_I^0(\partial D, X)$, 那么 f 关于 D 本质当且仅当

$$d(f,0,D) \neq 0.$$

于是,如果 $d(f,0,D) \neq 0$, 那么方程 $f(x) = 0$ 在 D 中有解.

(5.3.11)的证明 根据刚才所给出的 Leray-Schauder 度的定义,若 $f, g \in \mathscr{C}_I(\partial D, X)$ 并且是紧同伦,则映射 f 和 g 在零处显然有相同的 Leray-Schauder 度.

反之,假定 $f, g \in \mathscr{C}_I(\partial D, X)$ 并且

$$d(f,0,D) = d(g,0,D),$$

则由刚才所给的定义,我们可以假定紧算子

$$c = f - I$$

和

$$c_1 = g - I$$

的值域都包含在同一 X_n 中,其中 X_n 是 X 的一个有限维线性子空间.此外,把 f 和 g 的定义域限制到 $X_n \cap D$ 上,我们也就可以假定

$$d_B(I + c, 0, X_n \cap D) = d_B(I + c_1, 0, X_n \cap D).$$

然后,由 H. Hopf 的结果(1.6.7),f 和 g 在 $X_n \cap \partial D$ 上同伦,从而有定义在闭集

$$\Sigma = [X_n \cap \partial D] \times [0,1]$$

上的连续函数

$$h(x,t) = x + c(x,t),$$

使得

$$h(x,0) = f(x)|_{X_n \cap \partial D}, \quad h(x,1) = g(x)|_{X_n \cap \partial D}.$$

在 X_n 中选取基底$(e_1, e_2, \cdots, e_n)$,我们可以把 $c(x,t)$写成实值连续函数 $c_i(x,t)(i=1,2,\cdots,n)$的一个 n 元组.

根据 Tietz 定理,这些连续函数中的每一个都可以连续扩张到$\partial D \times [0,1]$上的函数 C_i,使

$$\sup_{\Sigma} | C_i(x,t) | = \sup_{\partial D \times [0,1]} | c_i(x,t) |.$$

然后,我们考虑函数

$$H(x,t) = x + \sum_{i=1}^{n} C_i(x,t) e_i.$$

$H(x,t) - x$ 在$\partial D \times [0,1]$上是紧的,这因为它有闭的有界有限维值域,此外,当 $x \in \partial D$ 时

$$H(x,0) = f, H(x,1) = g.$$

而且,$H(x,t)$是在类 $\mathscr{C}_I(\partial D, X)$中 f 和 g 之间的紧同伦.这因为根据定义,对 $t \in [0,1]$和 $x \in \Sigma$ 有 $H(x,t) \neq 0$,同时,对 $x \in \partial D \cap X_n$,由于 x 和$C(x,t)$是线性无关的,所以 $H(x,t) \neq 0$. 因此 f

和 g 在∂D 上是紧同伦的.

(5.3.12)的证明 首先假定

$$f \in \mathscr{C}_I(\partial D, X), d(f,0,D) \neq 0.$$

则由(5.3.11),对恒等映射的任何紧扰动 $g = I + C$ 有

$$d(g,0,D) = d(f,0,D) \neq 0,$$

其中,g 定义在$\bar{D}$ 上,并在∂D 上与 f 重合.事实上,f 与 g 的凸组合定义了 f 到 g 的一个紧同伦.于是只需证明方程 $g(x)=0$ 有解即可.根据 Leray-Schauder 度的定义,我们可以假定存在一个映射系列 $g_n = I + C_n$,其中,对每一个 n,C_n 是一个具有有限维值域的紧映射,并且

$$\sup_D \| C_n x - Cx \| \leqslant \frac{1}{n}.$$

此外,当 n 充分大时,

$$d(I + C_n,0,D) = d(I + C,0,D) \neq 0.$$

将 $I + C_n$ 限制到D 与 X_n 的交上,我们得到

$$d_B(I + C_n,0,D \cap X_n) = d(I + C,0,D) \neq 0.$$

其中,X_n 是X 的有限维线性子空间.然后,根据 Brouwer 度的性质,可推出$(I + C_n)x = 0$ 有解 $x_n \in D \cap X_n$.

其次,我们证明$\{x_n\}$有极限为 $\bar{x}$ 的收敛子序列,并且 $g(\bar{x}) = 0$.事实上,$\{x_n\}$是有界的,且对适当的子序列$\{x_{n_j}\}$来说,$\{Cx_{n_j}\}$收敛.于是,

$$\| x_{n_j} + Cx_{n_j} \| \leqslant \| Cx_{n_j} - C_{n_j}x_{n_j} \| + \| x_{n_j} + C_{n_j}x_{n_j} \| \leqslant \frac{1}{n_j}. \tag{5.3.13}$$

故当 $n \to \infty$时,$\{x_{n_j}\}$收敛到 $\bar{x}$(譬如说),因而由(5.3.13)可推出

$$g(\bar{x}) = 0.$$

为了证明反之亦然,我们设

$$f \in \mathscr{C}_I(\partial D, X), \quad d(f,0,D) = 0,$$

并且 f 是本质的.则由(5.3.3)和(5.3.11),所有使

$$d(\tilde{f},0,D) = 0$$

的映射$\tilde{f}\in\mathscr{C}_I(\partial D,Z)$都必须是本质的.因而,根据 Leray-Schauder 度的定义,定义在 $D\cap X$ 上的所有连续映射 $f\in\mathscr{C}_I(\partial D,X)$当在 $\partial D\cap X$ 上 $f\neq0$时,都必须是本质的.因此,常值映射是本质的(一个矛盾).于是,为使 $f\in\mathscr{C}_I(\partial D,X)$是本质的,$d(f,0,D)\neq0$.

Leray-Schauder 度的性质 现在,当把 Leray-Schauder 度 $d(f,p,D)$看作三个变元 f,p 和D 的函数时,我们来描述它的基本性质.然后,我们用这些性质来讨论 $\mathscr{C}_I(\partial D,X)$中一般映射类的度的计算.首先我们证明:

(5.3.14) **定理** 假定 D 是 Banach 空间 X 的有界域,且 $f-p\in\mathscr{C}_I^0(\partial D,X)$,那么,Leray-Schauder 度 $d(f,p,D)$是具有如下性质的整数:

(i) (同伦不变性) 对 $t\in[0,1]$,若$(h(x,t)-p)\in\mathscr{C}_I^0(\partial D,X)$是紧同伦,其中 $h(x,0)=f$,则对 $t\in[0,1]$,有

$$d(f,p,D)=d(h(x,t),p,D).$$

(ii) 若 p 和p'位于$X-f(\partial D)$的同一分支中,则

$$d(f,p,D)=d(f,p',D).$$

(iii) $d(f,p,D)$由它在∂D 上的值唯一确定.

(iv) (连续性) $d(f,p,D)$是 $f\in C(\bar{D})$(关于一致收敛)和 $p\in X$ 的连续函数(局部为常数).

(v) (区域分解性) 若 D 是有限个不交开集$D_i(i=1,2,\cdots,N)$之并,而$\partial D_i\subset\partial D$,且在$\bigcup_{i=1}^{N}\partial D_i$ 上有$f(x)\neq p$,则

$$d(f,p,D)=\sum_{i=1}^{N}d(f,p,D_i).\tag{5.3.15}$$

(vi) (切除性) 若Δ是 $\bar{D}$ 的闭子集,在其上 $f(x)\neq p$,则

$$d(f,p,D)=d(f,p,D-\Delta).$$

(vii) (笛卡尔乘积公式) 若 $X=X_1\oplus X_2$,而 $D_i\subset X_i$, $f=(f_1,f_2)$,其中 $f_i:D_i\to X_i(i=1,2)$, $D=D_1\times D_2$ 以及 $p=(p_1,p_2)$,那么,倘若下式右端有定义,则

$$d(f,p,D)=d(f_1,p_1,D_1)d(f_2,p_2,D_2).$$

(viii)（指数定理） 若 $f(x)=p$ 的解在 D 中是弧立的，则

$$d(f,p,D)=\sum_i d(f,p,O_i).$$

其中，O_i 是任一充分小的只含一个解的开邻域；并且，所有的解包含在 $\bigcup_i O_i$ 中.

证明 (i)：这个结果是(5.3.11)的另一种表述.

(ii)：我们首先注意，因为 f 在 ∂D 上是真映射，所以 $f(\partial D)$ 是闭的. 于是 $X-f(\partial D)$ 的每个分支都是开的弧连通集. 设这样的分支表示为 D_i，那么在 D_i 中当 $t\in[0,1]$ 时有弧 $p(t)$，它连接 p 和 p'，并与 $f(\partial D)$ 不交. 于是由(i)，对 $t\in[0,1]$，

$$d(f,p,D)=d(f,p(t),D)=d(f,p',D).$$

(iii)：设 f_0 是恒等映射的紧扰动，在 ∂D 上与 f 一致. 则由(i)，

$$h(x,t)=tf+(1-t)f_0$$

是连接 f 与 f_0 的紧同伦，故

$$d(f_0,p,D)=d(f,p,D).$$

(iv)：这由定义和(i)可直接推出.

(v)－(vii)：因为对 Brouwer 度，这里的每一结论都成立，故由 $d(f,p,D)$ 的定义可推出，对于具有有限维值域的映射 f，每个结论都成立，于是，由逼近法，结论对所有的 $f\in\mathscr{C}_I^0(\partial D,X)$ 成立.

(viii) 利用若 $f(x)=p$ 的解是孤立的，则它们的个数有限这一事实，从度的切除性以及度的区域分解性可直接得到指数定理.

我们现在把刚才建立的 Leray-Schauder 度的这 8 个性质用于讨论如下映射类，该映射类对于 Banach 空间 X 的有界域 D 有非零 Leray-Schauder 度. 根据(5.3.12)，这种映射对 D 是本质的，因而特别重要.

(5.3.16) **定理** 假定 $f\in\mathscr{C}_I^0(\partial D,X)$，那么

(i) 若 D 包含原点且 $f=I-C$ 是线性同胚，则

$$d(f,0,D)=(-1)^\beta,$$

其中，β 是区间$(1,\infty)$内 C 的所有本征值数目（按重数总计）. 更

一般地,假定 f 是恒等算子的紧扰动,且若 f 是 D 到自身的同胚,则当 D 包含原点时,

$$d(f,0,D)=\pm 1.$$

(ii) 若 f 是渐近线性的,即,存在一个紧线性映射 C,使得当 $\| x \| \to \infty$ 时,

$$\| f(x)-x+Cx \| / \| x \| \to 0,$$

并且,若 D 是包含原点的充分大区域,则当 $I-C$ 是线性同胚时,

$$d(f,0,D)=(-1)^{\beta},$$

其中,β 是 C 的本征值数目(在区间 $(1,\infty)$ 中按重数总计).

(iii) 若 f 是奇映射,且 D 是包含原点的对称区域,则 $d(f,0,D)$ 是奇数. 更一般地,若将奇性假设条件减弱为对 $t\in[0,1]$ 和 $x\in\partial D$ 有

$$f(x)\neq tf(-x),$$

则 $d(f,0,D)$ 仍是奇数.

(iv) 假定 $f=I+N$,其中 N 紧,且对 $t\in[0,1]$,方程族

$$f_t(x)=x+tNx=0$$

的所有解都在某个包含原点的确定的有界域 D 中,则

$$d(f,0,D)=1.$$

(v) 若 X 是复 Banach 空间,且 f 是复解析的,则:

(a) $d(f,0,D)\geqslant 0$;

(b) $d(f,0,D)>0$ 的充要条件是 $0\in f(D)$;

(c) $d(f,0,D)\geqslant 2$ 的充要条件是:或者方程 $f(x)=0$ 在 D 中不只一个解,或者在 $f(x)=0$ 的唯一解 x_0 处线性算子 $f'(x_0)$ 不可逆.

证明 (i): 假定 $f=I-C$ 是线性同胚,其中 $f\in\mathscr{C}_I(\partial D,X)$. 又设 X_1 是 C 对应于 $(1,\infty)$ 中本征值的不变子空间的直和. 那么,根据假设有 $\dim X_1=\beta<\infty$,因而 $X=X_1\oplus X_2$,其中,X_2 在 f 下是不变的. 又由(5.3.14),若

$$f_i=f|_{X_i}\quad(i=1,2),\quad f=(f_1,f_2),$$

则

(5.3.17) $d(f,0,D)=d(f_1,0,D\cap X_1)d(f_2,0,D\cap X_2)$.

今在有限维空间 $D\cap X_1$ 上,f_1(紧)同伦于 $-I$.事实上,对 $t\in[0,1]$,令

$$h(x,t)=-(1-t)x+t(I-C)x=((2t-1)I-tC)x.$$

我们注意到对于 $t=0$,在$\partial D\cap X_1$ 上 $h(x,t)\neq 0$ 是显然的,而对于 $t=1$ 和 t 的其他值,这可从假设条件推出.这因为否则 C 将在 X_1 上有一个本征值属于区间$(-\infty,1)$.从而由(1.6.3),有

$$d(f,0,D\cap X_1)=(-1)^{\beta}.$$

其次,我们注意到,根据紧同伦

$$g(x,t)=x-tCx,$$

f_2 与恒等映射 I 在$\partial D\cap X_2$ 上同伦.显然,在$(\partial D\cap X_2)\times[0,1]$ 上 $g(x,t)\neq 0$.这因为它若为 0,则 C 在 X_2 中将有本征值属于区间$(1,\infty)$.因此

$$d(f_2,0,D\cap X_2)=1.$$

最后由(5.3.17),

$$d(f,0,D)=(-1)^{\beta}.$$

其次,设 f 是逆为 f^{-1}的同胚,且 $f(D)=D$.则因 D 含原点,由定义得 $d(I,0,D)=1$,故

$$1=d(ff^{-1},0,D)=d(f,0,D)d(f^{-1},0,D),$$

从而 $d(f,0,D)=\pm 1$(更一般的结果见注记 C).

(ii):设∂D 是某个含原点的充分大区域的边界,由度在∂D 上的同伦不变性,知 f 紧同伦于$I-C$.事实上,若 $f=I-C-N$ 线性渐近于$I-C$,则当$\|x\|\to\infty$时,

$$\|N(x)\|/\|x\|\to 0.$$

因而,连接 f 与$I-C$ 的紧同伦

$$h(x,t)=x-\{Cx+tNx\}$$

在∂D 上不为 0.事实上,由 $h(x,t)=0$ 可推出对某个 $t_0\in[0,1]$ 和 $x_0\in\partial D$,有

$$\| x_0 - Cx_0 \| = t_0 \| Nx_0 \|.$$

又因 $I - C$ 是可逆的,故对某个常数 $\gamma > 0$,有

$$\gamma \| x_0 \| \leqslant \| x_0 - Cx_0 \| = t_0 \| Nx_0 \| \leqslant \| Nx_0 \|.$$

因 γ 与 x 无关,最后这个不等式与 $\| x \| \to \infty$ 时 $\| Nx \| / \| x \| \to 0$ 矛盾. 于是,由度的同伦不变性以及上面的(i),有

$$d(f,0,D) = d(I - C,0,D) = (-1)^{\beta}.$$

(iii): 假定 $f = I + N$ 是奇映射,其中 N 是紧的. 那么,若 N 具有有限维值域,则 $d(f,0,D)$ 是奇数. 这因为根据(1.6.3), Brouwer 度有这个性质. 于是,在一般情况下,只需证明可用具有有限维值域的奇紧映射 N_ε 来紧密逼近 N. 事实上,我们可构造这样的逼近,使对一切 $x \in D$ 和任意 $\varepsilon > 0$ 有

$$\| Nx - N_\varepsilon x \| \leqslant \varepsilon.$$

为此,假定 M 是在 D 上对 N 的一个紧有限维逼近,它使

$$\| Mx - Nx \| \leqslant \varepsilon.$$

那么,算子

$$N_\varepsilon x = \frac{1}{2}(Mx - M(-x))$$

显然是奇紧映射,它具有有限维值域,且

$$\| Nx - N_\varepsilon x \| \leqslant \frac{1}{2}\{ \| Mx - Nx \| + \| M(-x) - N(-x) \| \} \leqslant \varepsilon.$$

为了证明更一般的结果,由证明映射 $f = I + N'$(譬如说)在 ∂D 上紧同伦于

$$f_1(x) = \frac{1}{2}\{f(x) - f(-x)\} = x + \frac{1}{2}\{N'(x) - N'(-x)\},$$

我们就可利用度的同伦不变性. 事实上,考虑定义在 ∂D 上的紧同伦

$$h(x,t) = (1 + t)^{-1}\{f(x) - tf(-x)\}$$

$$= x + (1+t)^{-1}\{N'(x) - tN'(-x)\},$$

由 $t\in[0,1]$和 $x\in\partial D$ 时

$$f(x) \neq \lambda f(-x),$$

可推出在 $t\in[0,1]$和 $x\in\partial D$ 时 $h(x,t)\neq 0$.

因此,根据上一段的结果,有

$$d(f,0,D) = d(h(x,t),0,D) = d\left(\frac{1}{2}(f(x) - f(-x)),0,D\right)$$

是奇数.

(iv): 紧同伦

$$f_t = I + tN$$

连接 f 与 I,并且,由假设条件,它在$\partial D\times[0,1]$上不为 0,因此,由度的同伦不变性有

$$d(f,0,D) = d(f_t,0,D) = d(I,0,D) = 1.$$

(v):对一般复解析算子 $f\in\mathscr{C}_I(\partial D,X)$,为建立(a)和(b),我们首先利用结果(1.6.2)来断定集合

$$\sigma = \{x \mid x\in D, f(x) = 0\}$$

有限.记 σ 中点为 $x_1,\cdots,x_n$,于是,有

$$d(f,0,D) = \sum_{i=1}^{n}(f,0,O_i), \tag{5.3.18}$$

其中,O_i 是D(两两不相交)的开邻域,使得对 $i=1,\cdots,n$,有 $x_i\in O_i$.于是,为证(a)和(b),我们只需证明(5.3.18)右端每一项都是正的.为此注意,在 f 上加一个任意小的有限秩复线性映射 $L_i(x-x_i)$后,我们就可以假定 $f'(x_i)$是线性同胚.然后,因为

$$f(x) = f'(x_i)(x - x_i) + O(\|x - x_i\|^2),$$

则由度的同伦不变性可推出若 O_i 是x_i 的充分小邻域,就有

$$d(f,0,O_i) = d(f'(x_i),0,O_i) = (-1)^{\beta}.$$

但因 $f'(x_i)$是定义在复 Banach 空间 X 上的线性同构,故 β 是偶数,从而(a)和(b)得证.

最后,我们注意,当 $f = I + N$,而 N 是具有有限维值域的紧

复解析算子时,性质(c)成立.这因为它对 Brouwer 度成立(见(1.6.3)(x)).此外,根据用于证明(a)和(b)时的论证,若 $f(x)=0$ 的解不唯一,则

$$d(f,0,D)\geqslant 2.$$

因此,只需在下面的假定下证明(c):即,假定在 D 中 $f(x)=0$ 的解 $x_0=0$ 存在且唯一,$f'(0)$在 X_1 上不可逆,$X_1\cap \mathrm{Ker}f'(0)=0$,$X=\mathrm{Ker}f'(0)\oplus X_1$. 那么

$$f'(0)=I+C,$$

其中 C 紧.我们令

$$C_1=PC,\quad C_2=(I-P)C,$$

其中,P 和 $I-P$ 分别表示 X 到 $\mathrm{Ker}f'(0)$和 X_1 上的典范投影,那么 $I+C_2$ 在 X 上可逆.此外,因为 C_2 是紧的,故存在一个连续复值函数 $\alpha(t)$对 $t\in[0,1]$有定义,其中,

$$\alpha(0)=0,\alpha(1)=1,$$

使得算子 $I-\alpha(t)C_2$ 可逆(事实上,C 有离散的本征值,它们唯一可能的极限点是零).那么,根据反函数定理(3.1.1)的解析形式,若

$$f(x)=x+Cx+R(x),$$

其中

$$Rx=O(\|x\|^2),$$

则对于 $t\in[0,1]$,算子 $I+\alpha(t)[C_2x+Rx]$有唯一确定的逆

$$h(x,t)=x+\mu(x,t),$$

它连接

$$h(x,0)=x$$

和

$$h(x,1)=[x+C_2x+Rx]^{-1}.$$

后者在原点的一个邻域 U 中有定义且连续.此外,因

$$x=h(x,t)+\alpha(t)(C_2+R)h(x,t),$$

故

$$x-h(x,t)=\mu(x,t)$$

对 x 和 t 是紧的. 又,若在 $\bar{U}\times[0,1]$ 中

$$f\circ h(x,t)=0,$$

则

$$h(x,t)=0,$$

从而 $x=0$. 于是对 $t\in[0,1]$,由度的同伦不变性有

$$\begin{aligned} d(f,0,U) &= d(f\circ h(x,t),0,U) \\ &= d(f\circ h(x,1),0,U) \\ &= d(I+C_1h(x,1),0,U). \end{aligned}$$

$C_1h(x,1)$是紧复解析映射,具有有限维值域. 此外,$x+C_1h(x,1)$ 在 $x=0$处的 Fréchet 导数是 $I+C_1(I+C_2)^{-1}$. 于是,映射

$$\tilde{f}(x)=x+C_1h(x,1)$$

(限制在 X 的相应有限维子空间上)是恒等映射的紧复解析扰动,它具有有限维值域,使$\tilde{f}'(0)$不可逆,同时,$d(\tilde{f},0,D)$有定义. 于是,利用 Brouwer 度的类似结果(1.6.3),有 $d(f,0,D)\geqslant 2$.

最后,我们考察以下条件:在该条件下,映射 $f\in\mathscr{C}_I(\partial D,X)$关于 D 是非本质的.

(5.3.19)**定理** 设 $f=I+C$ 是定义在 Banach 空间 X 的有界域上的恒等映射的紧扰动. 那么,如果有定义,则

(i) 当 f 映D 入X 的一个真子空间且$p\in X'$时$d(f,p,D)=0$;

(ii) 当在 D 中 $f(x)\neq p$ 时,$d(f,p,D)=0$. 当 X 是复 Banach 空间且 f 复解析时,其逆亦真.

证明 (i): 设 Δ_p 是$X-f(\partial D)$包含 p 的开分支. 因为$f(D)$在 X 的真子空间X'中,故有点 $q\in\Delta_p$ 不在f 的值域中,否则 $\Delta_p\subset f(D)$. 今根据(5.3.1.4(ii))以及在证明 Leray-Schauder 度的性质(5.3.12)时用到的论证,有

$$d(f,p,D)=d(f,q,D)=0.$$

(ii):这个事实是证明(5.3.12)和(5.3.16)时所用论证的直接推论.

5.3D 线性 Fredholm 映射的紧扰动及稳定同伦

设 L 是一个确定的有界线性 Fredholm 算子,其指标 p 非负[①],L 映 Banach 空间 X 到自身.设

$$D=\{x\mid \|x\|<1\},\partial D=\{x\mid \|x\|=1\}.$$

然后,我们用已知的同伦不变量来表示 $\mathscr{C}_L^0(\partial D,X)$ 的紧同伦类.此外,在某些情况,我们将要定出 $g\in\mathscr{C}_L^0(\partial D,X)$ 是本质的具体的充要条件,再将它用于含算子方程问题的可解性.

为达到这些目标,与球面 S^n 的同伦群序列有关的概念 $\{\pi_{n+p}(S^n)\}$ 很重要(其中,p 固定,n 跑遍正整数).正如我们在 1.6 节中提到过的,对固定的 $p>0$,当 $n>p+1$ 时,群 $\pi_{n+p}(S^n)$ 是同构的有限 Abel 群.而这个同构是由一个典范的,所谓的 Freundenthal 纬垂同态

$$E:\pi_{n+p}(S^n)\to\pi_{n+1+p}(S^{n+1})$$

给出.这些同构群称为 S^n 的第 p 个稳定同伦群.对于 $[f]\in\pi_{n+p}(S^n)$ 的给定代表 $f:S^{n+p}\to S^n$ 的 Freundenthal 纬垂 Ef,找出其简单解析表达式是有用的.为了办到这点,设 $\tilde{f}$ 是 f 到 $S^n\subset\mathsf{R}^{n+1}$ 内部的任一连续扩张,又设

$$Ef:S^{n+p+1}\to S^{n+1}$$

是映射

$$(*)\,Ef(x_1,\cdots,x_{k+1})=(\tilde{f}(x_1,\cdots,x_{k+1}),\ x_{k+2})/|\tilde{f}(x_1,\cdots,x_{k+2})|,$$

其中,$k=n+p$.根据第一章给出的纬垂的几何定义以及 Ef 的同伦类只与 $[f]$ 有关这个事实,这不难验证.此外,不难把表达式 $(*)$ 推广,以给出 $E^kf(k>0)$ 的简单解析表达式,其中,E^kf 是各

---

① 读者应注意,在负指标 Fredholm 算子 L 的情况下考虑同伦价值不大.事实上,在 3.1 节我们证明了形若 $L+C$ 的 C^1 算子定有疏集值域.于是,扰动的简单想法,即将 $L+C$ 的值域中的点 p 扰动到附近的点 p' 就不会不影响 $L+C$ 的可解性,与(3.1.46)总的结论相抵触.——原注

种累次 Freundenthal 纬垂.

在 $p=0$ 的情况下,$\pi_n(S^n)\approx\mathsf{Z}$(整数加法群),并且,所得的映射 $f:S^n\to S^n$ 的同伦类在纬垂下有很好的性质,即在纬垂下,这种映射的本质性被保持.一般,如果 $p>0$ 就不再如此.事实上,在累次纬垂作用下,映射 $f:S^{n+p}\to S^n$ 的一些有意义的同伦性质可能会丢失.有一个与群 $\pi_3(S^2)$有关的恰当例子:已知 $\pi_3(S^2)$同构于 Z,同时 $\pi_4(S^3)\approx\mathsf{Z}_2$,于是,若$[\alpha]$是 $\pi_3(S^2)$的生成元,则当 n 是偶数时$E[na]=0$.

给出映射 $f:S^{n+p}\to S^n$,于是,我们可将它与其同伦类$[f]\in\pi_{n+p}(S^n)$联系起来.此外,我们考虑它经过 Freundenthal 纬垂 E^kf 累次作用后的序列以及相应的同伦类 $E^k[f]\in\pi_{n+p+k}(S^{n+k})$.于是,倘若整数 k 大得使$n+k>p+1$,我们就称 $E^k[f]$为 f 的稳定同伦类.至此我们可证

(5.3.20)**定理**(Svarc,1964) 假定 L 是映X 入 Y 的一个确定的线性 Fredholm 算子,其指标 p 非负.那么,紧同伦类 $\mathscr{C}_L^0(\partial D,Y)$ 一一对应于第 p 个稳定同伦群$\pi_{n+p}(S^n)$的元素$(n>p+1)$.

证明 基本思想是重复给在构造 Leray-Schauder 度中的论证,以代替 Brouwer 度的稳定同伦性.于是,给定 $f\in\mathscr{C}_L^0(\partial D,Y)$,我们可以假定 $f=L+C$,其中:(i)由(2.4.2)(当 $n>p+1$ 时),C 有含在 Y 的(有限维)子空间 Y_{n+1}中的有限维值域;(ii)由(1.3.38),L 是满射.因为 L 是指标为 p 的线性 Fredholm 算子,所以我们可记

$$X=\mathrm{Ker}L\oplus X_1,$$

其中 $\dim\mathrm{Ker}L=p$,且 $L:X_1\to Y$ 是逆为L^{-1}的有界线性同胚.当把 f 的定义域限制到$\partial D_{n+p}\cap\{\mathrm{Ker}L\oplus L^{-1}(Y_{n+1})\}$时,我们就得到一个自然映射$\tilde{f}:\partial D_{n+p}\to Y_{n+1}$,它定义为:

$$\tilde{f}(x)=\tilde{f}(x_0+x_1)=Lx_1+C(x_0+x_1).$$

此外,因为 $f\in\mathscr{C}_L^0(\partial D,Y)$,故不仅对 $x\in\partial D$ 有$f(x)\neq0$,而且也存在一个正数 $\alpha>0$,使得

$$\inf_{x\in\partial D}\|f(x)\|\geqslant\alpha>0.$$

事实上,否则根据(5.3.9)的证明,利用线性 Fredholm 算子的性质,将会存在序列$\{x_n\}\in\partial D$ 使得 $x_n\to\bar{x}$ 和 $\|f(x_n)\|\to 0$,从而 $f(\bar{x})=0$和 $\bar{x}\in\partial D$. 于是,对 $x\in\partial D_{n+p}$有 $f(x)\neq 0$. 并且我们可定义一个 $S^{n+p}\to S^n$ 的自然映射;对 $x\in S^{n+p}$,

$$f_0(x)=\tilde{f}(x)/\|\tilde{f}(x)\|.$$

$f\in\mathscr{C}_L(\partial D,Y)$的同伦类和 $\pi_{n+p}(S^n)$之间的对应 τ 可由 $\tau([f])=[f_0]$来定义. 为说明 τ 被很好地定义了,必须证明 τ 与定义$[f_0]$的有限维子空间 Y_n 选择无关. 为此,设 Y_{n+1}和 Y_{m+1}是两个包含 $C(\partial D)$的子空间,其中,$n,m>p+1$. 又设 f_0 和 g_0 表示球面之间的相应映射. 那么,子空间 $Y_{n+1}\cap Y_{m+1}$包含 $C(\partial D)$,而 f_0 和 g_0 都可看作同一映射

$$\gamma_0:\partial D\cap\{\mathrm{Ker}L\cap h^{-1}(Y_{n+1}\cap Y_{m+1})\to Y_{n+1}\cap Y_{m+1}$$

由累次纬垂作用后的扩张. 根据基本拓扑结果,f_0 和 g_0 两者的同伦类$[f_0]$和$[g_0]$仅与$[\gamma_0]$有关. 因此,由 Freundenthal 纬垂算子的性质,$[f_0]$和$[g_0]$处在同一稳定同伦类中.

为了证明对应 τ 是一对一的,设两个映射 $f,g\in\mathscr{C}_L^0(\partial D,Y)$是 L 的有限维紧扰动,使 $\tau[f]=\tau[g]$. 我们希望证明,f 和 g 在$\mathscr{C}_L^0(\partial D,Y)$中是紧同伦. 根据如同(5.3.4)的第一部分中的论证,可以假定 $f-L$ 和 $g-L$ 的值域都包含在 Y 的同一个有限维子空间 $\tilde{Y}$ 中,那么,从 f 到 g 有紧同伦

$$Lx_1+C(x,t):\tilde{X}\times[0,1]\to\tilde{Y}.$$

重复(5.3.11)的证明,由 Tietze 扩张定理可确保映射 $Lx_1+C(x,t)$扩张成 $\mathscr{C}_L^0(\partial D,Y)$中的紧同伦.

剩下要证明:若 f_1 和 f_2 在 $\mathscr{C}_L^0(\partial D,Y)$中是紧同伦的,则

$$\tau[f_1]=\tau[f_2].$$

为此,我们先假定

$$f_1=L+C_1,f_2=L+C_2$$

使每个紧算子 $C_i(i=1,2)$ 具有有限维值域，那么，如同(5.3.11)中那样，我们注意到可以选取连接 f_1 和 f_2 的紧同伦

$$h(x,t) = L + C(x,t)$$

使得对一切 $t\in[0,1]$，$C(x,t)$ 有不变的有限维值域. 然后，根据上面给出的 $\tau[f_1]$ 和 $\tau[f_2]$ 的定义，可得 $\tau[f_1]=\tau[f_2]$. 对一般情况，我们首先注意，对于紧同伦类 $[f_1]$ 和 $[f_2]$，每个都有特定形式的代表 $\tilde{f}_i=L+C_i(i=1,2)$，其中，C_i 紧. 那么，刚才给出的论证指出，对应 $\tau[f_i]=\tau[\tilde{f}_i](i=1,2)$ 与特定的代表 $\tilde{f}_i$ 选取无关.

(5.3.20′)**推论** 在 Svarc 定理的假设条件下，

$$f = L + C$$

是非本质的，当且仅当(5.3.20)的证明中构造的自然映射 τ 使 $\tau(f)=0$.

证明 令 $g=L-c_0$，其中，c_0 是到 Y 中的常值映射，选 c_0 使集合

$$\{x_1 \mid x = x_1 + x_0, X = X_1 \oplus \mathrm{Ker}L, x_1 \in X_1, \|x\| \leqslant 1\}$$

在 L 下的象不含 c_0. 因此，根据我们在(5.3.20)中对 τ 的构造，$\tau[g]=0$. 今假定 $\tau[f]=0$ 使得 $\tau[f]=\tau[g]$，那么，f 和 g 有相同的紧同伦类. 根据(5.3.3)，因为 g 是非本质的，故 f 必然也是非本质的.

另一方面，如果 f 是非本质的，则 f 必然紧同伦于 g，但 $\tau[g]=0$，故 $\tau[f]=0$.

具有 $\mathrm{index}L=p$ 的映射 $g\in\mathscr{C}_L(\partial D,Y)$ 有一个简单而有趣的构造可获取如下：设 ψ 是紧的，且 $I+\psi$ 是从 Banach 空间 X 到线性子空间 Y 上的映射，Y 的余维数为 p，同时，在 X 的单位球边界 $\partial\Sigma_1$ 上，$x+\psi(x)\neq 0$. 根据(5.3.19)，Leray-Schauder 度 $d(I+\psi,0,\partial\Sigma_1)=0$，故映射 $I+\psi$ 关于 0 是非本质的. 但是，将 I 和 ψ 的值域限制到 Y，并将 $g=I+\psi$ 看成从 X 的单位球面到 Y 中的映射时，可借助于 g 来研究 $I+\psi$ 的映射性质，事实上，若用 L 和 C 表示将 I 和 ψ 的值域局限到 Y 所得的算子，则 $g\in\mathscr{C}_L(\partial D,Y)$；

并且 L 可看作是指标为 p 的线性算子.事实上,为了这样的映射 g 是本质的,我们将定出充要条件.

对含有具奇点的算子方程的应用

为了利用 Svarc 定理(5.3.20),我们拟用它来研究一类简单的半线性算子方程的可解性.我们考虑的这类算子由 L 及其一致有界紧扰动 N 组成,L 是一个确定的线性 Fredholm 算子,$L\in L(X,Y)$,其指标为 p.若 $p\geqslant 0$,对于充分大的 n,当把 τ 看成 $\pi_{n+p}(S^n)$ 的元素时,倘若 $L+N$ 相应的稳定同伦类 τ 是非平凡的,则可从(5.3.20)推出 $Lu+Nu=0$ 可解性的一个判别准则.这个结果用在 $p>0$ 时显然是困难的.事实上,若 $p=0$,正如已提到过的,在累次纬垂的作用下,对形如 $L+C$ 的映射,好的有限维逼近的本质性保持不变.但是,一般说来,若 $p>0$,这就不再成立.于是必须补充一个一般的定理.它使用简化的假设条件,在具体问题中通常又能验证.

于是,今后我们将不仅假定算子 N 一致有界,而且还在 N 的渐近性状上作如下限制:

假设条件 设 $X=\mathrm{Ker}L\oplus X_1$,并且 P_0 是 Y 到 $\mathrm{coker}L$ 上的典范投影,那么,每当 $x_1\in X_1$ 一致有界且 $x_0\in\mathrm{Ker}L$ 在范数意义下充分大时,就有

$$\| P_0N(x_0+x_1)\| \neq 0.$$

对于有先验估计的那些算子方程,该假设条件一般都成立.我们现在能证明(5.3.20)的如下改进:

(5.3.21)**定理** 设 D_R 是 Banach 空间 X 中的球,其半径 R 充分大,再设 $L+N\in\mathscr{C}_L^0(\partial D_R,Y)$,其中,$N$ 在 X 上一致有界,并满足上面的假设条件(A).那么,$L+N$ 是本质的当且仅当映射

$$\tilde{\mu}(a)=\mu(a)/|\mu(a)|:S^{d-1}\to S^{d_*-1}$$

的稳定同伦类是非平凡的,其中,

$$\mu(a)=P_0N(Ra),d=\dim\mathrm{Ker}L,d_*=\dim\mathrm{Ker}L^*,$$

a 是 $\mathrm{Ker}L$ 上范数为 1 的元素.

证明 我们首先证明,满足所述条件的算子

$$f = L + C,$$

在∂D_R上可由一个紧同伦变形为

$$\tilde{f}(x_0, x_1) = (Lx_1, P_0 N x_0): X_1 \oplus \mathrm{Ker}L \to Y \oplus \mathrm{coker}L.$$

然后,用给在证明 Svarc 的结果(5.3.20)中的构造法来证明,在$Lx_1 = x_1$时,当把$\tilde{f}$的同伦类看成∂D_R的无奇异性映射时,它对应于正规化映射$\tilde{\mu}$的稳定同伦类,其中,$\tilde{\mu}$相应于$\mu(a) = P_0 N(Ra)$.那么,由于映射f的本质性在线性同胚下不变,所以不难得出该结果.

步骤 1 于是为了讨论连接f到$\tilde{f}$的紧同伦,我们把f写成形如$f = (P_1 f, P_0 f)$,其中,P_1和P_0分别是Y到Y_1和$\mathrm{coker}L$上的典范投影.然后,我们考虑连接f和$\tilde{f}$的紧同伦

$$h(x,t) = (Lx_1 + tP_1 Nx, P_0 N(x_0, tx_1)).$$

假定一致有界映射N满足条件(A),倘若R充分大,那么在$\partial D_R \times [0,1]$上$h(x,t) \neq 0$. 事实上,若

$$P_0 N(x_0 + tx_1) = 0, Lx_1 + tP_1 Nx = 0$$

则$\| x_0 \|$和$\| x_1 \|$(从而$\| x \|$)就必须充分小.

步骤 2 现在我们注意,因$L: X_1 \to Y_1$是线性同胚,不失一般性,我们设

$$\tilde{f}(x_0, x_1) = (x_1, P_0 N x_0),$$

并设$\mathrm{coker}L \subset \mathrm{Ker}L$,从而

$$\mathrm{Ker}L = \mathrm{coker}L \oplus W.$$

在这种情况下,当把$[\tilde{\mu}]$看作$\pi_{d-1}(S^{d_* - 1})$的元素时,用(5.3.20)证明中的构造法,我们可以断定$\tilde{f}$的同伦类$[\tilde{f}]$对应于正规化映射$\tilde{\mu}$的稳定同伦类$[f]$.其中,$\tilde{\mu}$相应于$P_0 N(Ra)$.为验证这点,依照(5.3.20)中的对应τ的构造法,我们用满射$Lx = x_1 + \varepsilon v$代替$Lx = x_1$,其中,$\varepsilon > 0$很小,且

$$x = x_1 + v + w, v \in \mathrm{coker}L = V, w \in W,$$

而

$$Cx = P_0N(x_0), \tilde{C}x = P_0N(x_0) - \varepsilon v.$$

于是,Range$C \subseteq$coker$L$,并且我们可以把 C 看作 $X_1 \oplus \mathrm{Ker}L \to X_K \oplus \mathrm{coker}L$ 的映射(其中,X_K 是 K 维线性子空间,K 选得使 $K+n > p+2$).令

$$S^{N+p} = \{x \mid \|x\| = 1, x \in \mathrm{Ker}L \oplus L^{-1}(V \oplus X_K)\},$$

因为

$$L^{-1}(V \oplus X_K) = V \oplus X_K,$$

我们可以把 S^{N+p} 与 $X_K \oplus V \oplus W$ 中的单位球等同起来.因此,$[f]$ 与映射

$$f(x) = (x_K + \varepsilon v) + P_0Nx_0 - \varepsilon v = x_K + P_0Nx_0$$

的正规化同伦类一致.故 $\tau[f]$是$[\tilde{\mu}(a)]$的 K 次 Freundenthal 纬垂同态的同伦类 $E^K[\tilde{\mu}]$,由 K 的取法,$E^K[\tilde{\mu}]$是稳定的.

步骤 3 最后来证明我们的结果.我们注意,由(5.3.20′),$\tilde{f}$(从而 f)非本质当且仅当 $\tilde{\mu}(a)$的稳定同伦类为 0.

不稳定同伦群对算子方程的应用

类似于(5.3.4),从可解性的同伦判别准则的叙述中删去术语"稳定",就可对刚才得到的结果(5.3.21)作进一步的改进.事实上,在 L 的指标 $p=0$ 的情况下,由(5.3.21)可推出,若映射 $\tilde{\mu}(a)$ 的同伦类是非平凡的,则算子方程

$$Lx + Nx = 0$$

可解.另一方面,当 $p>0$ 时,对同伦群 $\pi_{n+p}(S^n)$的表(该表在 Toda[1961]中可找到)作简单研究可知,在用 $\tilde{\mu}$ 的稳定同伦类作为可解性准则时,常会丢失很多信息,以致于由 $\tilde{\mu}$ 的同伦类的非平凡性不能保证可解性.但下面的较强结果成立.

(5.3.22)**定理** 设 $L \in L(X, Y)$是指标 p 非负的线性 Fredholm 算子,且 $N \in C^1(X, Y)$满足条件(A),同时,$\|N(x)\|$ 和 $\|N'(x)\|$ 均一致有界.假定对某个 $\varepsilon>0$,除了某个有限维空间 $W = \mathrm{Ker}L \oplus V$ 外,以下不等式成立:

(5.3.23) $\|Lw\| \geqslant (c+\varepsilon)\|w\|$, $\|PN'(u)w\| \leqslant c\|w\|$,
其中,P 是从 Y 到 $L(X/W)$上的典范投影.那么,若

$$\dim V = m,$$

则方程

$$Lx + Nx = 0$$

可解,这只要 $E^m[\tilde{\mu}]$是 $\pi_{d+m-1}(S^{d_*+m-1})$的非平凡元素即可,其中,$E^m[\tilde{\mu}]$是$[\tilde{\mu}]$的 m 次 Freudenthal 纬垂同态的(它定义在在上面 5.3D)而$[\tilde{\mu}]$是 $\tilde{\mu}$ 的同伦类.特别,若 $p=0, m=0$,或者更一般地,若 E^m 是$\pi_{d-1}(S^{d_*-1})$到 $\pi_{m+d-1}(S^{m+d_*-1})$中的同构,则只要$[\mu]$是非平凡的,方程就是可解的.

证明 这里用到的基本思想是直接应用约化引理(5.1.9),用有限维问题代替可解性问题,然后用 Freudethal 纬垂映射的性质解决该有限维问题.

为实现这个想法,我们记 $X = W \oplus W_1$,并注意,由约化引理(5.1.9)可推出,$Lu + Nu = 0$ 的可解性研究能化为对方程

(5.3.23′) $Lw_0 + P_Y N(w_0 + w_1[w_0]) = 0$

的研究,其中,P_Y 是 $Y = L(W_1) \oplus Y_0 \to Y_0$ 的典范投影.此外,由约化引理和 Nu 在 Y 上的一致有界性可推出 $\|w_1(w_0)\|$ 在 W 上也一致有界.我们现在来研究方程(5.3.23′).为此,再次把它分解成两部分,一部分在 $\mathrm{Ker}L$ 上,而另一部分在 V 上.于是可记 $W = \mathrm{Ker}L \oplus V$,且可把 $w_0 \in W$ 写成 $w_0 = x_0 + v$,而(5.3.23′)的左端可以写成映射

$$\tilde{g}(w) = (Lv + P_v N(w), P_0 N(w_0 + w_1(w_0))).$$

其次,我们注意,在 W 中半径R 充分大的球面上,由同伦

$$h(w,t) = (Lv + tP_v N(w), P_0 N(x_0 + t(w_0 + w_1[w_0]))),$$

$g(w)$可以同伦变形到映射

$$g_0(w) = (Lv, P_0 N(x_0)).$$

事实上,在半径为 R 的球面∂D_R 上(R 选得充分大),由 N 的一致有界性和条件(A)可再次推出:若 $h(x,t)=0$,则 $\|v\|$ 和 $\|x_0\|$

都一定很小.从而在∂D_R上$h(x,t)\neq 0$. 最后,我们注意,因为这里L被看作是V到$L(V)$上的线性同胚,故假定L是恒等映射不会影响$g_0(w)$的同伦类的本质性.因此,可把$g_0(w)$写成

$$g_0(w) = (v, P_0 N(Ra)),$$

其中, $a \in \{a \mid a \in \text{Ker}L, \| a \| = 1\}$. 于是,相应的正规化映射$\tilde{g}_0 = g_0 / |g_0|$的同伦类$[\tilde{g}_0]$与$\tilde{\mu}$的$m$次 Freudenthal 纬垂$E^m[\tilde{\mu}]$一致,因此得出所要的结果.

注 (a) 结果(5.3.22)的成立不要求N的紧性,这是对(5.3.21)的另一个重大改进.

(b) 在下面的意义下,结果(5.3.22)加强了,即,不难构造两个例子:(i)一个不可解方程$Lu + Nu = 0$,其中,L和N满足定理(5.3.21)的条件,而$[\tilde{\mu}]$的同伦类是非平凡的;(ii) 一个可解方程,其中,$[\tilde{\mu}]$的稳定同伦类是平凡的,但同伦类$[\tilde{\mu}]$自身是不平凡的.这里,我们来概述含在(i)中的基本思想:选取的 Hilbert 空间是具有标准内积的序列空间l_2,且$L + N \in M(H,H)$.实际中,我们在最简单的可能情况 index$L = 1$中来找所要的例子,再尝试用有趣的同伦事实:$\pi_3(S^2) = Z$,同时,$\pi_4(S^3) = Z_2$,其中,$\pi_3(S^2)$的生成元α的 Freudenthal 纬垂$E[\alpha]\neq 0$,而$E[2\alpha] = 0$. 于是,若映射N选得使相应的映射$\tilde{\mu}$的同伦类$[\tilde{\mu}] = [2\alpha] \in \pi_3(S^2)$,则$[\mu] \neq 0$,同时,对$K>0$,$E^K[\tilde{\mu}] = 0$. 为了更清楚些,我们设$x = (x_1, x_2, \cdots)$表示$l_2$的一个典型的元素,并令

$$Lx = (0,0,0,x_5,x_6,x_7,\cdots)$$

使得

$$\dim \text{Ker}L = 4, \dim \text{coker}L = 3, \text{index}L = 1.$$

为了定义N,我们注意,利用复数Z_1和Z_2,$[2\alpha]$的一个代表$h(Z_1, Z_2)$可由

$$h(Z_1, Z_2) = (2Z_1^2 |Z_1|^{-1} Z_2, 1 - 2|Z_2|^2)$$

给出.而对实的X_5,$E[2\alpha]$的一个代表$\varphi = (\varphi_1, \varphi_2, \varphi_3, \varphi_4)$可由

$$\varphi_E(Z_1, Z_2, X_5) = (h(Z_1, Z_2), 2X_5 |Z_2|)$$

给出.此外,因为 φ_E 是非本质的,它有到 S^5 内部的非零扩张,我们记其为 $\tilde{\varphi}=(\tilde{\varphi}_1,\tilde{\varphi}_2,\tilde{\varphi}_3,\tilde{\varphi}_4)$. 而且,对 $R\geqslant 1$,令 $\tilde{\varphi}(Ra)=\varphi_E(a)$,我们可将 $\tilde{\varphi}$ 扩张到 $\mathbb{R}^4$. 对一般的 $u\in l_2$,保留(5.3.21)的记号,我们令

$$u = ra + x, ra \in \ker L, \| a \| = 1, x \perp \mathrm{Ker} L,$$

又定义

$$N_i(Ra + x) = \tilde{\varphi}_i(a)(i = 1,2,3),$$

$$N_4(Ra + x) = \tilde{\varphi}_4(a) - a_5, N_i(u) = 0, i \geqslant 5.$$

不难验证

$$N = (N_1, N_2, N_3, N_4, \cdots)$$

满足假设条件(A).而且,正如上面提到的,易证与 N 相应的映射使$[\tilde{\mu}]\neq 0$,同时 $E[\tilde{\mu}]$的稳定同伦类等于0. 最后,易证方程 $Lu+Nu=0$ 在 l_2 中无解.事实上,由 $\tilde{\varphi}$ 的构造,$Lu+Nu\neq 0$. 另一方面,若 $R>1$,则对 $a_5\neq 0$,$Lu+Nu$ 的第四个坐标是$a_5(2|Z_2|+R-1)>0$;反之,若 $a_5=0$,对$(a_1,a_2,a_3,a_4)\in S^3$,有 $\tilde{\varphi}=(\tilde{\varphi}_1,\tilde{\varphi}_2,\tilde{\varphi}_3,0)\neq 0$.

(c) 在奇点处将一个非线性 Fredholm 算子展开,就出现(5.3.21)中所讨论的算子 $L+N$.

5.3E 零指标 C^2 真 Fredholm 算子的广义度

如果映射 $f(x)-p$ 属于 $\mathscr{C}_I^0(\partial D, X)$,并在 X 的有界域D 上光滑(譬如说 C^2),那么,可根据微分手段定义它的 Leray-Schauder 度.更明确地,对 $x\in\partial D$,假设 $f(x)\neq p$,我们将证明 Leray-Schauder 度 $d(f,p,D)$可计算如下:

步骤 1 假定在 σ_p 上$f'(x)$是可逆的,其中,σ_p 是$f(x)=p$ 在D 中所有解的集合,那么,由反函数定理和 f 是D 上的真算子可知σ_p 有限;并且我们令

$$d(f,p,D) = \sum_{x\in\sigma_p} d(f'(x),0,D). \tag{5.3.24}$$

步骤 2 若 $f'(x)$在 σ_p 上不可逆,由(3.1.45),我们可找到 X 中的序列 $p_n \to p$,从而在∂D 上 $f(x) \neq p_n$,并在集合

$$\sigma_{p_n} = \{x \mid x \in D, f(x) = p_n\}$$

上,$f'(x)$可逆.那么我们令

$$d(f,p,D) = \lim_{n\to\infty} d(f,p_n,D).$$

(5.3.25) 刚才给出的 $d(f,p,D)$的定义与 5.3C 节中给出的定义一致.

证明 如果 $f'(x)$在 σ_p 上是可逆的,根据 Leray-Schauder 度的性质,两个定义必然一致.否则,我们注意,因 Leray-Schauder 度 $d(f,p,D)$对 p 连续并在∂D 上 $f(x) \neq p$,故当 $p_n \to p$ 时,$\lim\limits_{n\to\infty} d(f,p_n,D)$必然存在并等于 $d(f,p,D)$.

上面所讲的定义光滑映射的度的方法,显然可以用于很广泛的一类(非线性)Fredholm 算子.但是,在 Leray-Schauder 度的任何这种推广中,如果同伦由给定指标的真 Fredholm 算子得到而无额外限制,那就不再保持至关重要的同伦不变性.例如,Kuiper 证明过,定义在可分无穷维 Hilbert 空间 H 上的可逆线性算子群是可缩的.于是,定义在 H 上的任意两个可逆算子 L_1 和 L_2,不管用(5.3.24)型的何种定义,由可逆(零指标)线性 Fredholm 算子,它们在单位球面$\{\|x\|_H = 1\}$上同伦.L_1 与 L_2 可能有不同符号.

因而,对定义在 D 上的零指标光滑真 Fredholm 算子,我们将以如下方式定义一个同伦不变(mod2)度:设 f 是零指标真 Fredholm 算子,且在有界域 D 上是C^2 类的,它在 Banach 空间 Y 中取值,并假定对 $x \in \partial D$ 有 $f(x) \neq p$.

步骤 1′ 假定在集合

$$\sigma_p = \{x \mid x \in D, f(x) = p\}$$

的每一点处,映射 f 都是正则的(即,$f'(x)$是 $X \to Y$ 的满射线性映射),那么,f 是真映射可保证集合 σ_p 是紧的.同时,从 $f'(x)$具有指标 0 并且是满射可推出 $f'(x)$可逆.因而,由反函数定理,$f(x)$在 σ_p 上是局部同胚,于是 σ_p 是有限的.我们令广义度

$d_g(f,p,D)$等于集合 σ_p 中的点数的奇偶性.

步骤 2′ 如果在 σ_p 的某点处映射 f 不是正则的,则由(3.1.45),我们可在 Y 中找到序列 $p_n \to p$,使得当 $x \in \partial D$ 时 $f(x) \neq p_n$,并在

$$\sigma_{p_n} = \{x \mid x \in D, f(x) = p_n\}$$

上 f 是正则的.然后,我们令

$$d_g(f,p,D) = \lim_{n\to\infty} d_g(f,p_n,D).$$

显然,若 $d_g(f,p,D)$仅与序列 p_n 无关,且有关的极限存在,则刚才给出的定义有意义.事实上,我们证明

(5.3.26) 步骤 1′,步骤 2′中讨论的函数$d_g(f,p,D)$有定义.

证明 只需证明,若 p 是f 的正则值,且当 $x\in\partial D$ 时$f(x)\neq p$,则在 $f^{-1}(p)\cap D$ 中,点的数目是 $C^2(D)\cap C(\bar{D})$中的局部常值函数.此时如果存在 y 的两个正则值序列$\{p_n\}$和$\{q_n\}$在 Y 中都趋于p,那么当 n 充分大时,

$$d_g(f,p_n,D) = d_g(f,q_n,D),$$

此外,整数列 $d_g(f,p_n,D)$稳定,因此在步骤 2′中,$d_g(f,p,D)$的定义合理.

我们来证明更稍微一般的结果:如果对 $x\in\partial D$ 有$f(x)\neq p$,p 是f 的一个正则值,且在 $C^1(D)\cap C(\partial D)$中 g 和f 充分接近,那么,$f^{-1}(p)\cap D$ 中的点数等于$g^{-1}(p)\cap D$ 中的点数.正如在上面步骤 1′中所讨论的,$f^{-1}(p)\cap D$ 包含有限多个点$x_1,\cdots,x_k$(譬如说).设 $O_i(i=1,\cdots,k)$是两两不交的小的开邻域族,其中,$x_i\in O_i$,那么 $f(\bar{D}-\bigcup_{i=1}^{k}O_i)$不含 p;且对与 f 充分接近的g,由 f 是真映射可推出$g(\bar{D}-\bigcup_{i=1}^{k}O_i)$也不含 p.因 $g'(x_i)$是零指标的满射线性 Fredholm 算子$(i=1,2,\cdots,k)$,故对每个 $i=1,\cdots,k$,$g'(x_i)$是线性同胚,然后,由反函数定理推出 g 是从O_i 到p 的某邻域上的微分同胚.于是,恰好有一个点 $z_i\in O_i$,使 $g(z_i)=p$,这意味着 $f^{-1}(p)\cap D$ 中的点数同$g^{-1}(p)\cap D$ 中的点数一样.

现在我们证明函数 $d_g(f,p,D)$ 具有度的关键性质.

(5.3.27) 设 f 是定义在 D(X 的凸开子集)上的一个零指标 C^2 真 Fredholm 映射,同时,在 ∂D 上 $f(x)\neq p$,那么

(i) 从 $d_g(f,p,D)\neq 0$ 可推出方程 $f(x)=p$ 在 D 中有解(所以若在 D 中 $f(x)\neq p$,则 $d_g(f,p,D)=0$);

(ii) 在真 C^2 同伦 $h(x,t)$ 下 $d_g(f,p,D)$ 是不变量,$h(x,t)$ 是零指标 Fredholm 算子,其中,对 $x\in\partial D$, $t\in[0,1]$,有 $h(x,t)\neq p$;

(iii) $d_g(f,p,D)$ 对 p 和 $f\in C^2$ 连续,且仅依赖于 $Y-f(\partial D)$ 中包含 p 的分支;

(iv) 若 D 是中心在原点的球,且 f 是奇映射,则 $d_g(f,0,D)\neq 0$.

证明 (i):若

$$d_g(f,p,D)\neq 0,$$

由定义,存在点列 $p_n\to p$ 和 $x_n\in D$ 使

$$f(x_n)=p_n.$$

因 f 是 $\bar{D}$ 上的真映射,故 $\{x_n\}$ 有收敛子序列,其极限为 $\bar{x}$. 显然,由 f 的连续性可得 $f(\bar{x})=p$,故 $\bar{x}\in D$,这因为对 $x\in\partial D$ 有 $f(x)\neq p$. 若在 $\bar{D}$ 中 $f(x)\neq p$,则由定义,$d_g(f,p,D)=0$.

(ii):设 $h(x,t)$ 是定义在 $\bar{D}\times[0,1]$ 上的零指标 C^2 真 Fredholm 算子,它连接 f 与 g,使得对 $x\in\partial D$ 和 $t\in[0,1]$ 有 $h(x,t)\neq p$,且 p 是 $h(x,t)$ 的正则值,那么,$h^{-1}(p)$ 是紧一维带边流形[①],其边界等于 $(f^{-1}(p),0)\cup(g^{-1}(p),1)$,即等于 $f^{-1}(p)$ 中的点数(记作 $\#(f^{-1}(p))$)和 $g^{-1}(p)$ 中的点数(记作 $\#(g^{-1}(p))$)之和. 因为紧一维流形的边界有偶数个点,故

(5.3.28) $$\#(f^{-1}(p))=\#(g^{-1}(p)) \pmod 2.$$

---

① 对于固定的 t,$h(x,t)$ 是零指标 Fredholm 映射. 因为在 $D\times[0,1]$ 上 $h(x,t)$ 是 C^2 类的并且是真映射,故 $h(x,t)$ 是指标为 1 的 Fredholm 映射,从而在 $h(x,t)$ 的正则值 p 处,$\dim h^{-1}(p)=1$.

今假定 p 是 f 和 g 的正则值,但不是 h 的正则值,则由(5.3.26)的证明中的讨论,存在 p 的邻域 V,使对所有的 $p'\in V$,有

$$\#(f^{-1}(p')) = \#(f^{-1}(p)); \#(g^{-1}(p')) = \#(g^{-1}(p)).$$

由(3.1.45),$h(x,t)$在 V 中有正则值 $\tilde{p}$,根据我们前面的证明,因(5.3.28)对 $\tilde{p}$ 成立,故对 p 也成立.

最后,如果 p 既不是 f 也不是 g 的正则值,则由(3.1.45),有序列 $p_n\to p$ 将是 f 和 g 两者的正则值,且使得在 $\partial D\times[0,1]$ 上 $h(x,t)\neq p_n$. 于是,由 $d_g(f,p,D)$的定义和上面一段,有

$$d_g(f,p,D) = d_g(f,p_n,D) = d_g(g,p_n,D) = d_g(g,p,D).$$

(iii)~(iv): 正如 5.3C 一样,这些是(ii)的直接推论.

5.4 同伦和非线性算子的映射性质

在这一节,我们将从如下事实导出非线性算子 $f\in C(X,Y)$ 的一般映射性质:(a)关于各种有界域 $D\subset X$ 的(广义)度函数,以及更一般地(b) f 关于 D 的"本质性". 除非另外声明,我们这里讨论的容许映射类 Δ 受限于如下假设:若 D 是 X 中有界凸区域,在 ∂D 上 $f(x)\neq p$,则存在一个度函数 $\tilde{d}(f,p,D)$(在 Z 或 Z_2 中取值),使得

(i) 由 $\tilde{d}(f,p,D)\neq 0$ 可推出 $p\in f(D)$;

(ii) $\tilde{d}(f,p,D)$在容许紧同伦下是不变量;

(iii) 若 D 是中心在原点的球,且 f 是奇函数,则 f 关于 D 是本质的,并且 $\tilde{d}(f,0,D)\neq 0$.

根据我们上节的讨论,Δ 包含恒等算子和非负指标的线性 Fredholm 算子的紧扰动,同样,据 5.3E 节,也包含零指标的 C^2 类真 Fredholm 算子的紧扰动.

5.4A 满射性质

我们首先证明

(5.4.1) **定理** 设 $f\in C(X,Y)\cap\Delta$ 是真映射,且存在某个点 p_*

$\in Y$,使得每当 Σ 是球心在原点包含 $f^{-1}(p_*)$ 的开球时,就有 $d(f,p_*,\Sigma)\neq 0$,那么 f 是满射.

证明 设 $p\in Y$,且设 L 是 Y 中连接 p 和 p_* 的直线段.那么,因为 f 是真映射,且 L 紧,所以 $f^{-1}(L)$ 也是紧的,并因此有界.因此我们可找一个有充分大半径 R 的球

$$\Sigma_R = \{x \mid \| x \| \leqslant R\}$$

使

$$f^{-1}(L) \subset \Sigma_R.$$

然后,若对 $t\in[0,1]$,我们用

$$p(t) = tp + (1-t)p_*$$

表示 L 的点,则由度的同伦不变性可推出

(5.4.2) $\tilde{d}(f,p,\Sigma_R)=\tilde{d}(f,p(t),\Sigma_R)=\tilde{d}(f,p_*,\Sigma_R)\neq 0.$

于是方程 $f(x)=p$ 在 Σ_R 中有解,故 f 是满射.

(5.4.3)**推论** 设 $f\in C(X,Y)\cap\Delta$ 是奇的真映射,则 f 是满射.

证明 因为 $f\in\mathcal{K}$ 并且是真映射,故 $f^{-1}(0)$ 有界,从而对于球 $\Sigma_R=\{x\mid \| x \| <R\}$ 有 $d(f,0,\Sigma_R)\neq 0$. 其中,R 大得使 $f^{-1}(0)\subset\Sigma_R$. 于是由上面的定理(5.4.2),f 是满射.

(5.4.4)**推论** 设 $f\in C(X,Y)\cap\Delta$ 是复 Banach 空间之间的复解析真映射,假定(如同 Leray-Schauder 度)对这种映射,每当 D 是球且 $p\in f(D)-f(\partial D)$ 时就有 $\tilde{d}(f,p,D)\neq 0$,那么 f 是满射.

证明 由定理(5.4.2),只需找出一个点 $p_*\in Y$,使得每当球 Σ 大到包含 $f^{-1}(p_*)$ 时就有 $\tilde{d}(f,p_*,\Sigma)\neq 0$. 今设 p_* 是 $f(X)$ 中任一点,则由假设条件,因 $p_*\in f(\Sigma)-f(\partial\Sigma)$,故 $\tilde{d}(f,p_*,\Sigma)\neq 0$. 因此 f 是满射.

(5.4.5)**推论** 设 C 是定义在 Banach 空间 X 上的紧渐近线性算子,其渐近导数为 C_1. 此外,假定 $L\in L(X,Y)$ 是零指标的线性 Fredholm 算子使 $L+C_1$ 可逆,那么 $f=L+C$ 是满射.

证明 在所给条件下,我们首先证明,若 $f=L+C$,则 Y 的有界集 B 的逆象在 X 中是有界的,并且 f 是闭映射,然后,完全重

复定理(5.3.16(ii))中对 Leray-Schauder 度 $\tilde{d}(f-p,0,D)$给出的论证,我们就可证明 f 是满射.

首先我们证明,若 B 是 Y 中有界集,则 $f^{-1}(B)$是 X 中有界集.否则将存在序列 $x_n\in X$, $\|x_n\|\to\infty$ 和一个与 n 无关的数 M,使得

(5.4.6) $\qquad \|(L+C_1)x_n+(C-C_1)x_n\|\leqslant M.$

另一方面,因 $L+C_1$ 是可逆的,故存在常数 $k>0$(与 n 无关),使

$$\|(L+C_1)x_n\|\geqslant k\|x_n\|.$$

因而从(5.4.6)可推出

$$\|x_n\|\left\{k-\frac{\|(C-C_1)x_n\|}{\|x_n\|}\right\}\leqslant M.$$

因 C_1 是 C 的渐近导数,因此当 n 充分大时,

$$\|(C-C_1)x_n\|/\|x_n\|<\frac{1}{2}k.$$

故令 $n\to\infty$时,我们得出所需的矛盾.

其次,我们证明 f 是闭映射.事实上,令 D 是 X 中的闭集,$y_n\in f(D)$,同时,在 Y 中 $y_n\to y$.由上面的证明,存在有界集$\{x_n\}$使 $f(x_n)=y_n$.于是,必要时选择子序列后 ,我们可以假定 $Cx_n\to z$(譬如说),使得$\{Lx_n\}$在 Y 中强收敛.但由(1.3.27),存在某个子序列$\{x_{n_j}\}$收敛到某元素 $\bar{x}$(譬如说),而由连续性得 $f(\bar{x})=y$,于是 f 有闭值域.

5.4B 单叶性和同胚性质

正如 5.1 节那样,度可用于由局部数据来证明整体单叶性结果.作为例子,我们证明下面唯一性结果.

(5.4.7)**定理** 设 D 是 Banach 空间 X 的有界域,f 是$D\to X$ 的局部同胚.若 $f\in\mathscr{C}_I(\partial D,X)$是恒等映射的紧扰动,而 $d(f,p,D)=\pm1$,则方程 $f(x)=p$ 在D 中恰有一个解.

证明 首先我们注意,因 f 是局部同胚,且 f 是$\bar{D}$ 上的真映射,故集合 $\sigma_p=\{x\mid f(x)=p,x\in D\}$离散,因此有限.由

(5.3.24),

$$(5.4.8)\quad \pm 1 = d(f,p,D) = \sum_{x\in f^{-1}(p)} d(f,p,O_x),$$

其中,O_x 是含 x 的不交小开集.于是只需证明

(*) 每当 $p(t)$是 D 中的道路时,$d(f,f(p(t)),O_{p(t)})$就是常数.

因为,如果 $x,y\in\sigma_p$,则

$$d(f,p,O_x) = d(f,p,O_y).$$

从而由(5.4.8)得出 σ_p 中的点数是1.

为证(*),设 $p(t)$是 D 中任一道路.然后,对固定的 T,选取 $O_{p(T)}$如上,并令 $p(t_1)\in O_{p(T)}$.根据度的同伦不变性,

$$d(t) = d(f,f(p(t)),O_{p(t)})$$

是 $t\in[t_1,T]$的常值函数.我们将证明 $\tilde{d}(t)=d(f,f(p(t)),O_{p(t)})$是 $t\in[t_1,T]$的常值函数.为此,设 $S_{p(t_1)}$是一个围绕$p(t_1)$而含在 $O_{p(t_1)}\cap O_{p(T)}$中的开球,那么

$$(5.4.9)\quad \begin{aligned} d(f,f(p(t_1)),O_{p(t_1)}) &= d(f,f(p(t_1)),S_{p(t_1)}) \\ &= d(f,f(p(t_1)),O_{p(T)}). \end{aligned}$$

于是,倘若 $\|t_1-T\|$ 小到确保 $p(t_1)\in O_{p(T)}$,从(5.4.9)就可推出在$[t_1,T]$中 $\tilde{d}(t)$是常数.因而,集$\{t\mid\tilde{d}(t)=\tilde{d}(1)\}$在$[0,1]$中既开又闭.于是,正如所要求的,$\tilde{d}(t)$是 $t\in[0,1]$的常值函数.

(5.4.10)**推论** 假定(5.4.7)的条件满足,且 $f(D)\cap f(\partial D)=\varnothing$,那么 f 是D 到$f(D)$上的单叶映射.

证明 为证该结果,我们注意

$$f(D)\subset(X-f(\partial D)),$$

于是 $d(f,p',D)$对 $p'\in f(D)$有定义,并且是常数,这因为 $f(D)$是弧连通的.从而,根据假设 $d(f,p',D)=\pm 1$,再根据定理(5.4.7),方程 $f(x)=p'$恰有一个解,因此,f 在$f(D)$上是单叶的.

在上述观点下,自然要问,从有界开集 D 到$f(D)$上的一对一

映射 f 是不是同胚映射？正如有限维时一样，任何这种结果都需要认真的论证.实际上，我们证明

(5.4.11)**区域不变性定理**　设 $f\in C(D,Y)\cap\Delta$ 是线性映射 L 的紧扰动，其中，L 是零指标的 Fredholm 算子，D 是 Banach 空间 X 中的开子集.若 f 是 D 到 $f(D)$ 上的一对一映射，则 f 是开映射，且因此是 D 到 $f(D)$ 上的同胚.

证明　我们分两步来证明 D 的内点 x_0 被 f 映成 $f(D)$ 的内点.首先我们证明，在给定的条件下，若映射 $f(x)$ 在绕 x_0 的一个小球 Σ 中是本质的，那么对某个 $\varepsilon>0$，$f(\Sigma)$ 包含一个绕 $f(x_0)$ 而半径为 ε 的球.其次我们证明，在定理的假设条件下，由证明 f 同伦于奇映射 $\tilde{g}\in\Delta$，以及利用定义 Δ 时的性质(iii)，可得 $f(x)-f(x_0)$ 在 Σ 中是本质的.

不失一般性，假定 x_0 是原点，而 Σ 的半径为 1. 那么，为完成刚才简述的证明的第一步，我们注意，因在 D 的有界子集上 f 是真映射，故 $f(\partial\Sigma)$ 是闭集.从而，由于在 $\partial\Sigma$ 上

$$\tilde{f}(x)=f(x)-f(0)\neq 0,$$

故距离

$$\varepsilon=d(\tilde{f}(\partial\Sigma),0)>0.$$

今设

$$\|y-f(0)\|<\varepsilon,$$

由令

$$h(x,t)=f(x)-ty-(1-t)f(0),t\in[0,1],$$

我们证明 $g(x)=f(x)-y$，并且 $\tilde{f}(x)$ 在 $\partial\Sigma$ 上是紧同伦，则在 $\partial\Sigma$ 上有

$$\|h(x,t)\|\geqslant\|f(x)-f(0)\|\\ -t\|f(0)-y\|>\varepsilon-t\varepsilon\geqslant 0.$$

由假设条件，因 $\tilde{f}(x)$ 在 $\partial\Sigma$ 上是本质的，故根据(5.3.3)，g 在 $\partial\Sigma$ 上也是本质的.于是对

$$\|y-f(0)\|<\varepsilon,$$

$f(x)=y$ 在 Σ 中有解,因此 $f(\Sigma)$覆盖一个绕 $f(0)$的 ε 开球.第一步证毕.

其次我们证明,在假设条件下,映射$\tilde{f}(x)=f(x)-f(0)$关于 Σ 是本质的.我们可由证明$\tilde{f}$紧同伦于一个奇映射 $\tilde{g}\in\mathscr{K}$来做到这点.

事实上,若$\tilde{f}=L+C$,而 C 紧,设

$$h(x,t)=Lx+\{C(x/(1+t))-C(-tx/(1+t))\}.$$

显然,$h(x,t)$是所要的紧同伦.这因为在$\partial\Sigma$ 上,若对 $\|x_0\|=1$ 和某个 $t_0\in[0,1]$有

$$h(x_0,t_0)=0,$$

则

$$f(x_0/(1+t_0))=f(-t_0x_0/(1+t_0)).$$

但因为在 Σ 上 f 是一对一的,故上式不可能成立.现在,$h(x,t)$把$\tilde{f}$与一个奇映射

$$h(x,1)=Lx-\left\{C(\frac{x}{2})-C(-\frac{x}{2})\right\}$$

连接起来,又由于 $h(x,1)\in\mathscr{K}$,故在 Σ 上是本质的,于是正如所求,f 在Σ 上是本质的.

5.4C 不动点定理

正如第三章中所提到的,给出从 Banach 空间 X 到它自身的映射f 具有不动点的明确条件通常是重要的.借助于例(5.3.1)可知,仅基于 f 的连续性,对 Brouwer 不动点定理(1.6.4)作直接推广是失败的.因此,自然要尝试在假定映射 $I-f\in\Delta$ 时来解方程

$$x=f(x).$$

作为第一个结果,我们证明 Schauder 不动点定理(2.4.3)的如下版本:

(5.4.12)(Rothe) 设 f 是定义在Banach 空间 X 的闭单位球$\bar{\Sigma}=\{x\mid\|x\|\leqslant1\}$上的紧映射,假定 f 映$\partial\Sigma=\{x\mid\|x\|=1\}$入 $\bar{\Sigma}$,

那么 f 在 $\bar{\Sigma}$ 中有不动点.

证明 假设不然,那么,因为对 $t\in[0,1]$和 $x\in\partial\Sigma$,紧同伦

$$h(x,t)=x-tf(x)\neq 0,$$

由 Leray-Schauder 度的同伦不变性,有

$$d(I-f,0,\Sigma)=d(h(x,t),0,\Sigma)=d(I,0,\Sigma)=1.$$

因此,方程 $x=f(x)$在 Σ 中有解,这与 f 在 $\bar{\Sigma}$ 中没有不动点矛盾.

对于复解析映射 f,(5.4.12)可进一步改进如下:

(5.4.13)**推论**[①] 设 f 是定义在复 Banach 空间 X 的闭单位球 $\bar{\Sigma}_1$ 上的紧复解析映射,此外还假定 f 映 $\partial\Sigma_1=\{x\mid \|x\|=1\}$ 入 Σ_1 的内部,那么 f 在 Σ_1 中有且仅有一个不动点.

证明 上面(5.4.12)的证明指出

$$d(I-f,0,\Sigma_1)=1,$$

于是,由结果(5.4.7)推出 f 的不动点一定唯一.

不难推广刚才给出的证明来证明以下先验界原理.

(5.4.14) **定理** 设 $f(x,t)$是定义在 Banach 空间 X 上的单参数紧算子族,$t\in[0,1]$. 而对固定的 $x\in X$,$f(x,t)$对 t 一致连续. 此外,假定对某个 $t\in[0,1]$,$x=f(x,t)$的每个解都在固定的开球 $\Sigma=\{x\mid \|x\|<M\}$中,那么,设 $f(x,0)\equiv 0$ 时,紧算子 $f(x,1)$有不动点 $x\in\Sigma$.

证明 因为对固定的 t,在 $\bar{\Sigma}$ 上 $f(x,t)$是紧的,且对固定的 x,$f(x,t)$对 t 一致连续,所以 $f(x,t)$在 $X\times[0,1]$上是紧的. 此外,根据假设,对 $x\in\partial\Sigma$ 及 $t\in[0,1]$,因 $x\neq f(x,t)$,故

$$h(x,t)=x-f(x,t)$$

是$\partial\Sigma\times[0,1]$上的紧同伦. 根据假设条件,对任意 $t\in[0,1]$,方程 $x=f(t,x)$在$\partial\Sigma$ 上无解. 于是根据度的同伦不变性,有

$$d(x-f(x,1),0,\Sigma)=d(h(x,t),0,\Sigma)=d(I,0,\Sigma)=1.$$

所以 $f(x,1)$在 Σ 中有不动点.

---

① Earle 和 Hamilton 已经指出,该结果中的紧性条件可去掉.——原注

以同样的思想,我们证明

(5.4.15) 设 f 是映闭单位球 $\bar{\Sigma}_1=\{x \mid \|x\| \leqslant 1\}$ 入 Banach 空间 X 中的紧映射,使得对任意 $\beta>0$ 和 $x \in \partial \Sigma_1$,映射 $g=I-f$ 满足

(5.4.16) $g(x) \neq \beta g(-x)$,

那么 f 在 $\bar{\Sigma}_1$ 中有不动点.

证明 再次假定 f 在 $\bar{\Sigma}_1$ 中没有不动点.然后令

$$g_t(x)=x-\frac{1}{1+t}(f(x)-tf(-x)), t \in[0,1].$$

我们注意,从上面的条件(5.4.16)可推出,对 $x \in \partial \Sigma_1$ 有 $g_t(x) \neq 0$,且 $g_0(x)=g(x)$.于是对 $t \in[0,1]$,$d(g_t, 0, \Sigma_1)$ 有定义.根据 Leray-Schauder 度中 g_1 的奇性,$d(g_1, 0, \Sigma_1)$ 是奇数.因此,根据度的同伦不变性

$$d(g, 0, \Sigma_1)=d(g_1, 0, \Sigma_1) \neq 0,$$

知 $g(x)=0$ 在 Σ_1 中可解,从而 f 在 Σ_1 中有不动点.然而,这个事实与 f 在 $\bar{\Sigma}_1$ 中没有不动点的假设相矛盾,故证毕.

这方面的另一个有趣的结果是(5.4.12)的如下类似结果.

(5.4.17) 设 f 是定义在有界域 D 上的紧映射,使得 ∂D 不包含 Hilbert 空间 X 的原点.此外还假定对每一 $x \in \partial D$ 有

(5.4.18) $$(f(x), x) \leqslant\|x\|^2,$$

那么 f 在 $\bar{D}$ 中有不动点.

证明 设 f 在 $\bar{D}$ 中没有不动点,那么,映射 $g=I-f \in \mathscr{C}_I(\partial D, X)$,而 Leray-Schauder 度 $d(I-f, 0, D)=0$.于是,在 ∂D 上 g 不能紧同伦于 I,从而对某个 $\lambda_0 \in[0,1]$ 和 $x_0 \in \partial D$,有 $x_0=\lambda_0 f(x_0)$.但由(5.4.18)可推出 $\lambda_0 \geqslant 1$,因此 $\lambda_0=1$,故 f 在 ∂D 上有不动点.这即所要的矛盾.定理得证.

(5.4.17)的一个有意思的 Banach 空间类似结果是

(5.4.19) 设 T 是 $C(D, X)$ 中的紧映射,其中

$$D=\{x \mid \|x\|<1\},$$

而且,对每一 $x \in \partial D$,有

$$\| x - Tx \|^2 \geqslant \| Tx \|^2 - \| x \|^2,$$

那么,T 在$\bar{D}$ 中有不动点.

证明 我们考虑定义在$\partial D \times [0,1]$上的紧同伦 $h(x,t) = x - tTx$.重复(5.4.14)的论证,假设 T 在$\bar{D}$ 中没有不动点,则可由证明在$\partial D \times [0,1]$上 $h(x,t) \neq 0$ 得出矛盾.事实上,若 $x_0 \in \partial D, t_0 \in (0,1)$,且 $h(x_0,t_0)=0$,则由

$$\| Tx_0 \| = \frac{1}{t_0}$$

和

$$\| x_0 - Tx_0 \|^2 = (1 - t_0)^2 \| Tx_0 \|^2 = \frac{(1-t_0)^2}{t_0^2}$$

可推出

$$\| Tx_0 \|^2 - \| x_0 \|^2 = \frac{1}{t_0^2} - 1 = (1 - t_0^2)/t_0^2.$$

于是,从(5.4.19)的假设条件可推出

$$(1 - t_0)^2 \| Tx_0 \|^2 \geqslant (1 - t_0^2) t_0^{-2},$$

$$(1 - t_0) \| Tx_0 \|^2 \geqslant (1 + t_0) t_0^{-2} \quad (\text{因为 } t_0 \neq 1),$$

$$(1 - t_0)[t_0^2 \| Tx_0 \|^2] \geqslant 1 + t_0 \quad (\text{不可能}),$$

于是我们得到了所要的矛盾.结论得证.

5.4D 谱性质和非线性本征值问题

设 $f(x,\lambda)$是定义在 $\bar{D} \times \mathrm{R}^1$ 上的恒等映射的紧扰动单参数族,且(一致)连续依赖于实参数 λ,其中,D 是 Banach 空间 X 的一个区域.此外,设 $f(0,\lambda) \equiv 0$,那么,利用 Leray-Schauder 度非常有利于对方程 $f(x,\lambda)=0$ 的解(x,λ)的研究,这些解不同于明显的"平凡解"$(0,\lambda)$.作为一个简单的例子,我们证明

(5.4.20)**定理** 设单参数族 $f(x,\lambda)$满足以上限制,并对 λ 的两个不同值λ_0 和 λ_1,Leray-Schauder 度有定义,且

$$d(f(x,\lambda_0),0,D) \neq d(f(x,\lambda_1),0,D),$$

则方程 $f(x,\lambda)=0$ 有解$(\bar{x},\bar{\lambda})$,其中,$\bar{x} \in \partial D, \bar{\lambda} \in [\lambda_0,\lambda_1]$.

证明 设方程 $f(x,\lambda)=0$ 没有解 $(\bar{x},\bar{\lambda})$，其中，$\bar{x}\in\partial D$，$\bar{\lambda}\in[\lambda_0,\lambda_1]$. 则对 $t\in[0,1]$，

$$h(x,t) = f(x,t\lambda_1+(1-t)\lambda_0)$$

定义了一个连接 $f(x,\lambda_0)$ 和 $f(x,\lambda_1)$ 的紧同伦. 由度的同伦不变性，

$$d(f(x,\lambda_0),0,D) = d(f(x,\lambda_1),0,D),$$

这与定理的条件矛盾. 因此，对某个 $x_0\in\partial D$ 和 $t_0\in[0,1]$，有 $h(x_0,t_0)=0$.

作为(5.4.20)的一个简单而有意思的推论，我们来叙述

(5.4.21)**推论** 设 N 是定义在 Banach 空间 X 上的紧渐近线性算子，它有渐近导数 C. 若 λ_0^{-1} 是 C 的奇重本征值，则对任一 $\varepsilon>0$，都存在 X 的一个球 Σ 使得对每个包含 Σ 的开集 D，方程 $x=\lambda Nx$ 有解 $(\bar{x},\lambda)$，其中，$\bar{x}\in\partial D$，$\lambda\in[\lambda_0-\varepsilon,\lambda_0+\varepsilon]$.

证明 设 $\varepsilon>0$ 已给定，然后，我们计算算子 $I-(\lambda_0+\varepsilon)N$ 和 $I-(\lambda_0-\varepsilon)N$ 在零处关于 D 的 Leray-Schauder 度，其中，D 是 X 的任一有界集，它包含球 $\Sigma_\varepsilon=\{x\mid\|x\|\leqslant R_\varepsilon\}$，而 R_ε 充分大. 我们将证明这两个度不相等，从而由定理(5.4.20)知方程 $x=\lambda Nx$ 有一个上述类型的解 $(\bar{x},\lambda)$.

为计算 Leray-Schuder 度 $d(I-(\lambda_0+\varepsilon)N,0,D)$，我们将证明，当距离 $d(\partial D,0)$ 充分大时，$I-(\lambda_0+\varepsilon)N$ 在 ∂D 上与线性算子 $L_\varepsilon=I-(\lambda_0+\varepsilon)C$ 紧同伦. 事实上，设 $\varepsilon>0$ 充分小，那么由于 C 紧，且 L_ε 可逆，故存在一个常数 β(与 x 无关)使 $\|L_\varepsilon x\|\geqslant\beta\|x\|$. 因为 C 是 N 的渐近导数，对 $t\in[0,1]$ 和 $\|x\|\geqslant R_\varepsilon$，$R_\varepsilon$ 大得使

$$\|Nx-Cx\| < \beta\|x\|/2(|\lambda_0|+1),$$

于是，

$$\begin{aligned}&\|L_\varepsilon x-(\lambda_0+\varepsilon)t(Nx-Cx)\|\\&\quad\geqslant\|L_\varepsilon x\|-t(\lambda_0+\varepsilon)\|Nx-Cx\|\\&\quad\geqslant\left(\beta-\frac{1}{2}\beta\right)\|x\|\end{aligned}$$

$$= \frac{1}{2}\beta\|x\| > 0.$$

因而,由度的同伦不变性和(5.3.16),若 D 包含 Σ_{R_ε},则

(5.4.22) $d(I-(\lambda_0+\varepsilon)N,0,D) = d(L_\varepsilon,0,D) = (-1)^{\mu}$,

其中,μ 是 C 的大于 $(\lambda_0+\varepsilon)^{-1}$ 的本征值个数.类似,若 $L_{-\varepsilon} = I-(\lambda_0-\varepsilon)C$,则

(5.4.23) $d(I-(\lambda_0-\varepsilon)N,0,D) = d(L_{-\varepsilon},0,D) = (-1)^{\mu_1}$,

其中,μ_1 是 C 的大于 $(\lambda_0-\varepsilon)^{-1}$ 的本征值个数.因 λ_0^{-1} 的重数是奇数,故 $\mu \neq \mu_1 (\bmod 2)$,于是正如所希望的,$I-(\lambda_0\pm\varepsilon)N$ 在 D 上关于 0 的 Leray-Schauder 度是不相等的.推论证毕.

以同样方法我们证明

(5.4.24)**推论** 设 D 是 Banach 空间 X 中含原点的有界开集,N 是映 ∂D 入 X 的一个紧算子,其中,X 是无穷维的,且对一切 $x \in \partial D$ 有

(5.4.25) $$\|Nx\| > 0,$$

那么,方程 $x = \lambda Nx$ 有解 $(\bar{x},\lambda)$,其中 $\bar{x} \in \partial D$.

证明 设推论不成立,则由(5.4.20),对一切 $\lambda \in \mathsf{R}^1$,函数 $d(\lambda) = d(I-\lambda N,0,D)$ 有定义.并且事实上它是常值函数.显然,当 $\lambda = 0$ 时,$d(\lambda) = 1$.这因为此时 $d(\lambda) = d(I,0,D) = 1$.利用(5.4.25)证明对某个绝对值充分大的 λ 有 $d(\lambda) \neq 1$,我们将得到矛盾(根据(5.3.14),这个事实与 N 到 D 的任何紧扩张无关).

为此,注意从 N 的紧性可推出存在一个数 $\alpha > 0$,使得当 $x \in \partial D$ 时 $\|Nx\| \geqslant \alpha > 0$;同时,从 D 有界这一事实可推出 $\|x\| \leqslant R$(譬如说).于是,当 λ 充分大,$\lambda > \frac{2R}{\alpha}$(譬如说)时,有

$$\|\lambda N - I\| \geqslant \lambda\alpha - \|x\| \geqslant R.$$

于是,由 Leray-Schauder 度的定义,存在 X 的有限维子空间 X_n 和紧映射 $N_n: D \to X_n$ 逼近 N,使

$$d(I-\lambda N,0,D) = d(I-\lambda N_n,0,D).$$

此外,若把 N_n 受到 $D \cap X_n$ 的限制记作 $\widetilde{N}_n$,则

$$d(I-\lambda N_n,0,D)=d_B(I-\lambda\widetilde{N}_n,0,D\cap X_n).$$

不失一般性，我们可以假定 $\dim X_n$ 是奇数，且在 $\partial D\cap X_n$ 上有

$$\|N_n x\|\geqslant\frac{\alpha}{2}.$$

其次，我们证明

(*) 当 $|\lambda|$ 充分大时，在 $\partial D\cap X_n$（避开零）上 $I\pm\lambda\widetilde{N}_n$ 同伦于 $\pm\lambda\widetilde{N}_n$.

一旦(*)成立，定理将得证. 从 X_n 是奇维数这一事实可推出，(当 $\lambda\neq0$ 时)Brouwer 度 $d_B(\lambda\widetilde{N}_n,0,D\cap X_n)$ 和 $d_B(-\lambda\widetilde{N}_n,0,D\cap X_n)$ 或者两者同时为 0，或者反号，从而它们中的一个一定不等于 1. 于是，由上一段的结论，正如所需，对某个 $\lambda\in(-\infty,\infty)$，有 $d(I-\lambda N,0,D)\neq1$.

为证(*)，设 $|\beta|$ 充分大，且 $x\in\partial D\cap X_n$，则对 $t\in[0,1]$ 有

$$\begin{aligned}&\|t(x+\beta\widetilde{N}_n x)+(1-t)\beta\widetilde{N}_n x\|\\&\quad=\|\beta N_n x+tx\|\geqslant|\beta|\,\|N_n x\|-\|x\|\\&\quad>\frac{1}{2}|\beta|\alpha-R>0.\end{aligned}$$

故(*)成立，定理得证.

对复解析映射，我们有(5.3.16(v))的如下重要推论：

(5.4.25′)**推论** 设 D 是复 Banach 空间 X 的有界域(而 $0\notin\partial D$)，又设 $f(x,\lambda)$ 是定义在 $\bar{D}\times\mathrm{R}^1$ 上复解析映射的单参数族，它们在 $\bar{D}$ 与 R^1 的任何有界区间的乘积上是紧的，且使 $f(x,0)\equiv0$. 此外，还假定 $(x_0,\lambda_0)\in D\times\mathrm{R}^1$ 是方程

$$g(x,\lambda)=x-f(x,\lambda)=0$$

的歧点. 那么，方程 $g(x,\lambda)=0$ 有解 $(\bar{x},\bar{\lambda})$，其中，$\bar{x}$ 在 ∂D 上，$\bar{\lambda}\in(0,\lambda_0]$.

证明 因为 (x_0,λ_0) 是 $g(x,\lambda)=0$ 的歧点，故 $g_x(x_0,\lambda_0)$ 是不可逆的，于是，根据(5.3.16(v))，若 $g(x,\lambda_0)=0$ 在 ∂D 上无解，则 $d(g(x,\lambda_0),0,D)\geqslant2$. 另外，$d(g(x,0),0,D)=0$ 或 1 取决于是否有 $0\in D$. 无论哪种情况，从定理(5.4.20)均可得推论的

结论.

现在我们用刚才建立的结果来研究两个有关问题:

(i) 方程 $x=f(x,\lambda)$的谱问题,其中,$f(0,\lambda)\equiv0$. 在此情况下,当 λ 在实数上变化时,研究 $x=f(x,\lambda)$的解集 $\mathscr{S}$的"谱"σ_p,其中

$$\sigma_p=\{\mu\mid\mu\in\mathrm{R}^1,(x,\mu)\in\mathscr{S},x\neq0\};$$

(ii) $x=f(x,\lambda)$的延拓问题.在此情况下,假定(x_0,λ_0)是方程 $x=f(x,\lambda)$的歧点(在第四章的意义下),研究包含(x_0,λ_0)的非平凡解$(\bar{x},\bar{\lambda})\in\mathscr{S}$的闭包中的分支.

作为与集合 σ_p 有关的第一个结果,我们设 $d(Z,Y)$表示集合 Z 和 Y 之间的距离,并证明

(5.4.26) **定理** 设 $f(x,\lambda)$是定义在 $X\times(-\infty,+\infty)$上的紧算子,而 $f(0,\lambda)\equiv0$,并使得当 $\lambda\to\infty$时 $\|f(x,\lambda)\|\to\infty$在每个 Σ 上一致,其中,Σ 是X 的有界集合,同时 $d(\Sigma,0)>0$. 假定对含原点的每个开集 U,方程 $x=f(x,\lambda)$总有解$(x(u),\lambda_u)$,其中,$x(u)\in\partial U,\lambda_u\in\mathrm{R}^1$ 使得当 $\|x(u)\|\to\infty$时 $\lambda_u\to\lambda_\infty$,并且当 $\|x(u)\|\to0$时 $\lambda_u\to\lambda_0$. 那么,对任何 $\bar{\lambda}\in(\lambda_0,\lambda_\infty)-\{0\}$,方程 $x=f(x,\lambda)$有解$(\bar{x},\bar{\lambda})$,$\bar{x}\neq0$,即 $\bar{\lambda}\in\sigma_p$.

证明 假定 $\mu\in(\lambda_0,\lambda_\infty)-\{0\}$不在 σ_p 中,那么,构造一个含原点的有界开集 V,使得在∂V 上$g(x,\lambda)=x-f(x,\lambda)$没有非平凡解,我们将得到矛盾.为此,设 $\mathrm{R}^1-\{\mu\}$的两个分支是 E_∞和 E_0,而 $\lambda_\infty\in E_\infty,\lambda_0\in E_0$. 此外,还假定

$$F_\infty=\{x_u\mid x_u=f(x_u,\lambda_u),\lambda_u\in E_\infty\},$$

$$F_0=\{x_u\mid x_u=f(x_u,\lambda_u),\lambda_u\in E_0\}\cup\{0\}.$$

显然,由 $f(x,\lambda)$的紧性可推出不交集 F_∞和 F_0 是闭的. 同时,$F_0\cup F_\infty$包含该定理中提到的 $x=f(x,\lambda)$的所有非平凡解. 于是 $d(F_\infty,0)>0$.同时,F_0 中的元素是一致有界的. 其次,我们可以证明 $d(F_0,F_\infty)>0$. 事实上,否则将有序列$\{x_n\}\subset F_\infty$和$\{y_n\}\subset F_0$ 离开了零和无穷大后一致有界,但使

$$\| x_n - y_n \| \to 0,$$

同时,当 $\lambda_n \in E_\infty, \lambda'_n \in E_0$ 时,

$$x_n = f(x_n, \lambda_n), \quad y_n = f(y_n, \lambda'_n).$$

根据假设条件,我们可设$|\lambda_n|$和$|\lambda'_n|$是一致有界的.可能要在选择子序列后,我们可假定 $\lambda_n \to \lambda$ 和$\lambda'_n \to \lambda'$.因而,可能要在再一次选择子序列后,我们可以假定$\{x_n\}$从而$\{y_n\}$强收敛到某个 $z \neq 0$,并且 $z \in F_0 \cap F_\infty$.最后这个事实正是所要的矛盾.因此存在数 $\beta > 0$,使 $d(F_0, F_\infty) = \beta$.今设 $O(F_0)$是一个有界开集,它是所有中心在 F_0 而半径为$\frac{1}{2}\beta$ 的开球的并.那么,$\partial O(F_0)$与 F_0 和 F_∞不交,这与定理的假设矛盾,从而 $\mu \in (\lambda_0, \lambda_\infty) - \{0\}$.

其次,我们转向 4.1 节中提到过的延拓问题,并且对方程

(5.4.27) $$(I - \lambda L)x + g(x, \lambda) = 0,$$

证明以下与(4.2.3)类似的全局性结果.

(5.4.28)**定理**(Rabinowitz) 设 L 是映 Banach 空间入自身的线性紧算子,而 λ_0^{-1} 是它的奇重本征值,同时,$g(x, \lambda)$定义在 $X \times \mathrm{R}^1$ 的区域 $D \times U$ 上,对 x 连续且紧,对 λ 连续且在原点处具有 x 的高阶项,即,当$\|x\| \to 0$ 时,

$$\| g(x, \lambda) \| = o(\| x \|)$$

对有界的 λ 一致.那么,若 $\overline{C}$ 表示C 的闭包,C 是(5.4.27)的非平凡解集包含$(0, \lambda_0)$的分支,则以下两者之一成立:或者(i) $\overline{C}$ 在$D \times U$ 中是非紧的(从而若 $D \times \mathrm{R}^1$ 与 $Z \times \mathrm{R}^1$ 重合,则 $\overline{C}$ 是无界的);或者(ii)$\overline{C}$ 包含至少一个而至多有限个点$(0, \lambda_i)$,同时,λ_i^{-1} 是L 的不同于λ_0 的本征值,并且奇重的这种 λ_i 的数目(不包括 λ_0)一定是奇数.

证明 假定 $\overline{C}$ 在$D \times U$ 中是紧的,那么,形若$(0, \lambda_i)$的不同点(如定理中所述)的数目必有限,这因为否则从 L 的紧性将可推出$\overline{C}$ 的非紧性.于是,为证定理,我们仅需证明点$(0, \lambda_k)$的数目为偶数,同时,λ_k^{-1} 是L 包含在$\overline{C}$ 中的奇重本征值.

为此,我们选取 $D \times U$ 的一个包含$\overline{C}$ 的有界开子集Ω,并且

使(5.4.27)在$\partial\Omega$上没有解(x,λ)，于是Ω不包含$\overline{C}$以外的形若$(0,\lambda_k)$的点.然后，为度量

$$f(x,\lambda)=(I-\lambda L)x+g(x,\lambda)$$

在$\|x\|=\rho$上非平凡解的个数，我们考虑映射

$$f_\rho(x,\lambda)=(f(x,\lambda),\|x\|^2-\rho^2)$$

关于Ω在(0,0)处的 Leray-Schauder 度.根据Ω的结构，这个度$d_\rho=d(f_\rho,(0,0),\Omega)$有定义.

我们将用三个简单步骤得出所要的奇偶性结果：(i)当ρ可选得如此大，以致$f_\rho(x,\lambda)=0$无解时，由度的同伦不变性，d_ρ与ρ无关，并且事实上等于0；(ii)然后，由选取小的$\beta>0$并证明，当ρ足够小时，对d_ρ的唯一贡献来自形若$(0,\lambda_k)$的点附近的局部贡献，这一点从(5.3.14)可推出；最后，(iii)当ρ小时，计算$d(f_\rho,(0,0),\Omega)$，我们断定它等于下面(*)式的右端.于是和(i)，(ii)一起，我们求

$$(*)\qquad \begin{aligned}0&=\sum_{\lambda_k}\{d(I-(\lambda_k-\varepsilon)L,0,\|x\|<\rho)\\&\quad-d(I-(\lambda_k+\varepsilon)L,0,\|x\|<\rho)\}\\&=\sum_{\lambda_k(\text{奇重})}\pm 2,\end{aligned}$$

(其中，和式仅遍及奇重的λ_k).由此我们得到结论：奇重的点λ_k的个数为偶数.

为证(iii)，在每个$(0,\lambda_k)$附近，我们计算对d_ρ的贡献$d_\rho(k)$.对于小的$\varepsilon\neq0$和小的$\rho>0$，在集合

$$\Sigma=\{(x,\varepsilon)\mid\|x\|^2+\varepsilon^2<\rho^2+\varepsilon_0^2\}$$

上，我们考虑关于(0,0)的同伦

$$\begin{aligned}h(x,t)&=tf_\rho(x,\lambda+\varepsilon)\\&\qquad+(1-t)\{I-(\lambda_k+\varepsilon)L,\varepsilon_0^2-\varepsilon^2\}.\end{aligned}$$

显然，在$\partial\Sigma$上$h(x,t)\neq0$，而这只要(r,ε)选得充分小，对于这种情况，$\varepsilon=\pm\varepsilon_0$，从而$x=0$.于是，由度的同伦不变性，

$$d_\rho(k)=d(I-(\lambda_k+\varepsilon)L,\varepsilon_0^2-\varepsilon^2).$$

为计算后面这个度,我们利用(5.3.16).这因为

$$h(x,t)=0$$

只有解 $\rho=0,\varepsilon=\pm\varepsilon_0$,并且 $h(x,1)$在$(0,\varepsilon)$处的 Fréchet 导数由

$$h'(0,\varepsilon)[\tilde{x},\tilde{\varepsilon}]=((I-\lambda L)\tilde{x},-2\varepsilon\tilde{\varepsilon})$$

给出.于是,在 $\varepsilon=\pm\varepsilon_0$ 处,对 $\varepsilon>0$,局部指标是 $-d(I-(\lambda_k+\varepsilon)L,0,\|x\|<\rho)$. 同时,在 $\lambda=\lambda_k-\varepsilon$ 处是 $d(I-(\lambda_k-\varepsilon)L,0,\|x\|<\rho)$. 因此,从(5.3.25)和 Leray-Schauder 度的可加性得到(iii).

5.4E 可解性的充要条件及其推论

在形如 $Lu+Nu=f$ 的算子方程情况(这里,$L\in L(X,Y)$映 Banach 空间 X 到 Banahc 空间 Y 中,它是具有非负指标 p 的线性 Fredholm 算子,且 N 满足(5.3.21)条件的紧映射)我们前面的结果还可以改进.事实上,我们现在证明:(a)可解性的充要条件;(b) $L+N$值域的开性.事实上,我们从零指标和 $\dim \mathrm{Ker}L>0$ 的情况开始,并证明:

(5.4.29) **定理** 设 L 是线性 Fredholm 自伴算子,它映 Hilbert 空间 H 入自身,并且 N 是映H 入自身的一致有界紧连续映射,使得当$\|x\|$一致有界时,极限

$$\varphi(a)=\lim_{r\to\infty}P_0N(ra+x)$$

一致存在,而 $a\in\mathrm{Ker}L\cap\{\|x\|=1\}$.此外,假定对一切正数 r 有

(5.4.30) $\quad (N(ra+x),a)<(\varphi(a),a) \qquad x\perp\mathrm{Ker}L.$

那么,(i)方程 $Lu+Nu=f$ 可解的充要条件是

$$(f,a)<(\varphi(a),a);$$

(ii) 映射 $L+N$ 有开值域.

证明 取 $Lu+Nu=f$ 与$a\in\mathrm{Ker}L$ 的内积,并利用 L 的自伴性,从(5.4.30)直接可得到条件$(f,a)<(\varphi(a),a)$的必要性.为推导出条件的充分性,我们首先注意,如果满足此条件,则由(5.4.30),算子 $L+N$ 满足(5.3.21)的条件(A).此外,在 $\mathrm{Ker}L$

中半径为 r 的充分大的球面 $\partial\Sigma_r$ 上，Brouwer 度 $d_B(\varphi(a),f,\Sigma_r)=1$. 因此由(5.3.21)的判别准则可推出 $f\in\text{Range}(L+N)$.

为导出 $L+N$ 的值域的开性，我们证明，若 $f_0\in\text{Range}(L+N)$，则 $L+N$ 的值域也包含绕 f_0 的正半径的球. 此结论我们讨论如下：首先，若 $f-f_0\in(\text{Ker}L)^{\perp}$，则方程 $Lu+Nu=f$ 的可解性是刚才建立的(i)的直接推论. 另一方面，若 $f-f_0$ 到 $\text{Ker}L$ 上的投影依范数充分小，根据充要条件（如所述）的严格不等式和 $\dim\text{Ker}L$ 有限，f 也在 $L+N$ 的值域中，于是(5.4.29)得证.

作为这个结果的一个应用，我们给出定理(5.1.8)中曾讨论过的偏微分方程可解性的另一证明. 这个方程与紧 2 流形 $\mathfrak{M}$ 上负常数 Gauss 曲率度量有关，所包括的方程可以写成：

(5.4.31) $$\Delta u-e^{2u}=K(x),\quad \text{vol}(\mathfrak{M},g)=1,$$

其中，Δ 表示定义在流形 $(\mathfrak{M},g)$ 上的 Laplace-Beltrami 算子. 显然，因为到此为止提到过的任何 Banach 空间中的非线性项 $\exp 2u$ 都不是一致有界的，故看来(5.4.31)不满足(5.4.29)的条件. 为克服这个困难，我们在 $\mathfrak{M}$ 上对 Δ 应用极大原理，就是说，若 $u(x)$ 是(5.4.31)的光滑解，则在 $u(x)$ 的正极大点 x_0 处，

$$\Delta u(x_0)=\exp 2u(x_0)+K(x_0)<0,$$

从而 $u(x_0)\leqslant c_0$（c_0 是一个绝对常数）. 这就证实了我们可用

(5.4.31′) $$\Delta u-f_0(u)=K(x)$$

代替方程(5.4.31)，其中，当 $u\leqslant c_0$ 时，$f_0(u)=e^{2u}$，并且对 $u\geqslant c_0$，$f_0(u)$ 严格递增到极限 $f(\infty)$. 现在 $f_0(u)$ 一致有界，而我们可以对结果(5.1.8)给出另一个证明.

(5.4.31)可解的充要条件是 $\overline{K}<0$，即 $K(x)$ 在 $(\mathfrak{M},g)$ 上的平均值是负的.

证明 显然只需考虑被截断的方程(5.4.31′). 在 Sobolev 空间 $W_{1,2}(\mathfrak{M},g)$ 中，这个方程显然可写成

$$Lu+Nu=-g$$

的形式，其中，L 是自然相应于 Δ 的算子，Nu 相应于 $f_0(u)$，g 相

应于$K(x)$.这里,L 是自伴的,并且当

$$(Lu,u)=\int_{\mathfrak{M}}|\nabla u|^2,$$

$$(Nu,v)=\int_{\mathfrak{M}}f_0(u)v,$$

$$(g,v)=\int_{\mathfrak{M}}K(x)v$$

时,(5.4.30)被满足,而 $\mathrm{Ker}L$ 由常数组成.于是,(5.4.31′)可变形到算子形式,并且结果(5.4.29)适用.我们注意到,对 $a=-1$,(5.4.29)的可解性准则变成

$$(-g,-1)=\int_{\mathfrak{M}}K(x)<\lim_{r\to-\infty}\int_{\mathfrak{M}}f_0(-r)(-1)=0,$$

于是,倘若 $f_0(u)$定义中的常数 c_0 取得足够大,使得当 $a=1$ 时不等式自动满足,也就满足了可解的充要条件.

注 在第六章,我们将再次涉及方程(5.4.31)的高维类似情况.在那里,通过极小化技巧不难解决它.此外,在 5.5E 节中给出椭圆型边值问题其他例子,它们服从(5.4.29).

我们现在来处理映射 f 更一般的情况,其中,$f=L+N$ 映 Banach 空间 X 到 Banach 空间 Y 中,L 是指标 $p>0$ 的线性 Fredholm 算子.

(5.4.32)**定理** 用 P 表示 Y 到 $\mathrm{coker}L$ 上的典范投影,其中,$L\in\Phi_p(X,Y)$如上所述.那么,若 $N\in M(X,Y)$是紧的且一致有界,并满足以下条件:

(i) 当 $x\in(\mathrm{Ker}L)^{\perp}$且 $\|x\|$一致有界时,

$$\lim_{R\to\infty}PN(Ra+x)=\eta(a)\neq 0$$

一致成立,其中 $a\in\mathrm{Ker}L$,同时,$\|a\|=1$;

(ii) $\|PN(Ra+x)\|<\|\eta(a)\|$;

(iii) $\eta(a)$的稳定同伦类 $\lim_{k\to\infty}E^k[\eta(a)]\neq 0$,

那么,方程 $Lu+Nu=f$ 可解的充要条件是:对所有的 a,$\|Pf\|<\|\eta(a)\|$.此外,映射 $L+N$ 在 Y 中有开值域.

证明 设 $f \in \text{Range}(L+N)$,则对某个 $u \in X$,

$$PN(u) = Pf,$$

从而由(ii)有

$$\| Pf \| < \| \eta(a) \| .$$

于是,上面的定理中所述条件是必要的.另一方面,若后面这个条件成立,我们注意,根据(5.3.21),只需证明(当 R 充分大时)$P[N(Ra)-f]$的稳定同伦类不等于0.但从条件(i)和(ii)可推出,在足够大的球面上(即,R 充分大时),通过简单的同伦 $tf_1+(1-t)f_2$,映射 $f_1 = P[N(Ra)-f]$与 $f_2 = P[N(Ra)]$同伦.于是,因为 $P[N(Ra)]$的稳定同伦类不为0,根据上面的假设条件(iii),$P[N(Ra)-f]$的稳定同伦类不为0.利用(5.3.21),定理的第一部分得证.

$L+N$ 有开值域的证明可如同上面的(5.4.29)那样得出.

(5.4.29)的一个有意思的推论是:在 $\text{index}L=0$ 的情况下(倘若 N 足够光滑),对 $L+N$ 的值域中的几乎一切 f,方程 $Lu+Nu=f$ 解的个数有限.以及在 $\text{index}L \geqslant 0$ 的情况下,有相应的结果成立.事实上,我们证明

(5.4.32′)**定理** 假定(5.4.32)的条件成立,此外,X 是自反的,同时,N 是紧的.那么,对任何正则值 $f \in \text{Range}(L+N)$(即,根据(3.1.45),除去可能的第一 Baire 范畴集),$Lu+Nu=f$ 的解的个数,或者当 $\text{index}L=0$ 时有限;或者当 $\text{index}L=p>0$ 时是 Y 的 p 维紧子流形,以上,N 充分光滑.

证明 我们首先假定 $f \in \text{Range}(L+N)$和 $\text{index}L=0$.我们将证明从(5.4.32)可推出如下事实:

(*) 任何使 $\| Lu_n + Nu_n - f \| \to 0$ 的序列$\{u_n\}$依范数一致有界.

暂且假定(*)成立.我们注意,若 f 是 $L+N$ 的正则值,则 $Lu+Nu=f$ 的解 $\tilde{u}$ 是孤立的(因为 $L+N'$是可逆的).同时,从(*)可推出,若 $Lu+Nu=f$ 的解$\{\tilde{u}\}$无穷多,它们必然一致有界.在此情况,从自反 Banach 空间中有界集的弱紧性和 N 的紧性,可推出对某个弱收敛子序列$\{u_{n_j}\}$,Lu_{n_j}是强收敛的.因此,根

据 Fredholm 算子的性质,$\{u_{n_j}\}$也是强收敛的.这与 $Lu+Nu=f$ 的解是孤立的事实相矛盾,因此这些解的数目一定是有限的.对于 $\text{index}L>0$ 的情况,可从 Smale 定理后的附注得到结论.

最后,我们来证明(*).为此我们假定序列 u_n 满足条件:

$$F(u_n)=Lu_n+Nu_n-f$$

依范数趋于0.然后,将 u_n 分解成 $u_n=v_n+z_n$ 的形式,其中,$z_n\in\text{Ker}L$,$v_n\in X_1$,我们得到

$$\|Lv_n\|\leqslant\|F(u_n)\|+\|Nu_n-f\|.$$

于是,从 N 的一致有界性可推出 $\|Lv_n\|$ 的一致有界性.另一方面,因 L 在 $\text{Ker}L$ 外是可逆的,故$\{\|v_n\|\}$也一致有界.从而,为证(*),只需证$\{\|z_n\|\}$一致有界,而这可由假设不然并引出矛盾而得到.因为,由 $f\in\text{Range}(L+N)$这一事实,可从(5.4.29)推出若 $\|z_n\|\to\infty$,则

$$\|P_0f\|<\|P_0N(z_n+v_n)\|;$$

但因 $F(u_n)\to0$,故

$$P_0(N(z_n+v_n)-f)\to0,$$

从而我们得出所需的矛盾.

5.4F 保锥算子的性质

称实 Banach 空间 X 有锥 K,是指 K 是 X 的闭凸子集,使得 (i) 对任意非负实数 α,从 $x\in K$ 可推出 $\alpha x\in K$; (ii) 除非 $x\equiv0$,由 $x\in K$ 可推出 $-x\notin K$.对于映 X 的锥到自身中的映射 f,前面几小节中证明的很多结果都可以大大改进.这种映射称为保锥映射.作为这种改进的一个例子,我们证明(5.4.24)的如下推广:

(5.4.33)**定理** 设 D 是 Banach 空间 X 中(含原点)的有界开域,X 有锥 K.设 N 是紧保锥映射,使得

(5.4.34) $$\|Nx\|>0,\quad x\in(K\cap\partial D).$$

那么,方程 $x=\lambda Nx$ 有解(x_0,λ_0),使 $\lambda_0>0$ 且 $x_0\in(\partial D\cap K)$.

证明 我们讨论如同(5.4.24),把问题化成有限维的.事实

上，若 $x=\lambda Nx$ 没有定理中所描述的解，则由(5.4.34)和 N 的紧性，存在数 $\alpha>0$，使得

(5.4.35) $\quad \| Nx-tx \| \geqslant \alpha>0, \quad t>0,\ x\in\partial D\cap K.$

那么，根据(2.4.2)，存在紧算子 N_α，它有奇有限维值域 X_k，使得对 $x\in\partial D\cap K$，有

$$\| N_\alpha x - Nx \| \leqslant \frac{1}{2}\alpha.$$

于是，由(5.4.34)，对 $t>0$ 和任何 $x\in\partial D\cap K$，有

$$\| N_\alpha x - tx \| \geqslant \frac{1}{2}\alpha;$$

从而方程 $x=\lambda N_\alpha x$ 没有解 (x,λ). 其中，$x\in\partial D\cap K$，$\lambda>0$.

我们来反驳最后这段话. 做法是：对 X 是奇有限维 Banach 空间的情形证明这个定理，因为方程 $x=\lambda N_\alpha x$ 有解 (x,λ)，其中 $x\in X_k\cap(\partial D\cap K)$，$\lambda>0$. 当 X 有奇有限维时，暂且假定 N 有一个到 ∂D 上的扩张 $\widetilde{N}$，使得(i) $\widetilde{N}$ 映 ∂D 到 K 上；(ii) 对 $x\in\partial D$，$\| \widetilde{N}(x) \| >0$. 那么，根据(5.4.24)的证明，方程 $x=\lambda\widetilde{N}x$ 有解 (x_0,λ_0)，其中，$x_0\in\partial D$. 我们将证明，当 λ 充分大时，

$$d_B(I-\lambda\widetilde{N},0,D)=0,$$

从而 $\lambda_0>0$. 一旦得到这个结论，则

$$x_0=\lambda_0\widetilde{N}x_0\in\partial D\cap K,$$

从而

$$\widetilde{N}x_0=Nx_0;$$

由此，方程 $x=\lambda Nx$ 有解 (x_0,λ_0)，其中 $x_0\in\partial D\cap K$，$\lambda_0>0$.

为证 λ 充分大时 $d_B(I-\lambda\widetilde{N},0,D)=0$，我们指出，当 λ 充分大时，向量场 $x-\lambda\widetilde{N}x$ 少一个方向. 事实上，设 $u\in K(u\neq 0)$，并假定当 $\lambda_n\to\infty$ 时，有序列 (t_n,x_n) 使得

(5.4.36) $\qquad x_n-\lambda_n\widetilde{N}x_n=t_nu,\ x_n\in\partial D,\ t_n>0,$

那么(可能要在选子序列后)，我们可以假定 $\widetilde{N}x_n\to v$；并且，因为对 $x\in\partial D$，有 $\inf\| \widetilde{N}x \| >0$，故 $v\neq 0$，$v\in K$，因此

$$\frac{x_n}{\lambda_n}-\widetilde{N}x_n\to -v.$$

但由(5.4.36),

$$\frac{x_n}{\lambda_n} - \widetilde{N}x_n = \frac{t_n}{\lambda_n}u.$$

因为 $-v \notin K$,同时,对一切 n 有 $\frac{t_n}{\lambda_n}u \in K$,这便是一个矛盾.

最后我们证明扩张 $\widetilde{N}$ 存在,此处,$N(\partial D \cap K)$ 在 X 的 k 维线性子空间 X_k 中,并且,对 $x \in \partial D \cap K$,有 $\| Nx \| \geqslant \beta > 0$,那么,$\overline{\mathrm{co}}N(\partial D \cap K)$ 不含 0. 此外,在 X_k 中选取一个正交基,我们可记

$$N(x) = (n_1(x), \cdots, n_k(x)), \ x \in \partial D \cap K.$$

根据 Urysohn 引理,我们可以假定函数 $n_i(x)$ 保持连续性地扩张到 $\bar{D}$ 上的函数 $\tilde{n}_n(x)$. 现在来构造 $\widetilde{N}$. 设

$$y \in \operatorname{int} \operatorname{co} N(\partial D \cap K),$$

且设 $r(x)$ 是 X_k 到 $\mathrm{co}N(\partial D \cap K)$ 上的连续保核收缩,它定义为:当 $x \notin \mathrm{co}N(\partial D \cap K)$ 时,在 X_k 中构造连接 x 与 y 的直线段 $L(x, y)$,并令 $r(x)$ 是交集 $L(x, y) \cap \partial\overline{\mathrm{co}}N(\partial D \cap K)$ 的点. 现在我们在 $\bar{D}$ 上,由 $\widetilde{N}(x) = P\tilde{n}(x)$ 来定义 $\widetilde{N}(x)$,其中,

$$\tilde{n}(x) = (\tilde{n}_1(x), \cdots, \tilde{n}_k(x)).$$

显然,对 $x \in \partial D \cap K$,$\widetilde{N}(x) = N(x)$,于是 $\widetilde{N}$ 是 N 对 $\bar{D}$ 的连续扩张. 此外,

$$\widetilde{N}(\bar{D}) \subset \overline{\mathrm{co}}N(\partial D \cap K) \subset K,$$

且对 $x \in \bar{D}$,

$$\| \widetilde{N}(x) \| \geqslant d(\overline{\mathrm{co}}N(\partial D \cap K), 0) > 0,$$

于是,$\widetilde{N}$ 就是所要的扩张.

(5.4.33)的一个重要推论是下面的 Krasnoselski 定理(1964).

(5.4.37) **单调弱函数定理** 设 N 是定义在锥 K 上的紧保锥算子,使得存在线性保锥算子 L(即保持 K 中次序关系的单调算子)和非零元 $x_0 \in K$,使得

(5.4.38) $\qquad Nx \geqslant Lx, \ Lx_0 \geqslant \alpha x_0, \ \alpha > 0.$

那么,对任何有界域 D(含 0),方程 $x = \lambda Nx$ 有解 (x, λ),其中,

$x\in\partial D\cap K,\lambda>0$.

证明 对任意 $\varepsilon>0$,令 $N_\varepsilon x=Nx+\varepsilon x_0$. 则 N_ε 是紧的,且对 $x\in\partial D\cap K$,有

$$\| N_\varepsilon x\| \geqslant \inf_{y\geqslant \varepsilon x_0}\| y\| >0.$$

因而,由(5.4.33),存在一对$(\lambda_\varepsilon,x_\varepsilon)$,满足

(5.4.39) $\qquad Nx_\varepsilon+\varepsilon x_0=\lambda_\varepsilon x_\varepsilon,\ \lambda_\varepsilon>0,x_\varepsilon\in\partial D\cap K.$

今当 $\varepsilon\to0$ 时,(可能要在取子序列后)我们可以假定 $Nx_\varepsilon\to y$,并且 $\lambda_\varepsilon\to\lambda_0$. 显然,$y\in\partial D\cap K$;从而只剩下证明 $\lambda_0\neq0$.

为此,我们首先注意:从(5.4.38)可推出

(5.4.40) $\quad Lx_\varepsilon+\varepsilon x_0\leqslant\lambda_\varepsilon x_\varepsilon,\quad x_\varepsilon\geqslant\lambda_\varepsilon^{-1}\varepsilon x_0.$

于是,存在最大的 $t_\varepsilon>0$ 使得 $x_\varepsilon\geqslant t_\varepsilon x_0$,由此推出 $Lx_\varepsilon\geqslant t_\varepsilon\alpha x_0$. 但从(5.4.39)可推出 $Lx_\varepsilon\leqslant\lambda_\varepsilon x_\varepsilon$,因此,$x_\varepsilon\geqslant t_\varepsilon\alpha\lambda_\varepsilon^{-1}x_0$. 并且由 t_ε 的最大性,有 $t_\varepsilon\geqslant\dfrac{t_\varepsilon\alpha}{\lambda_\varepsilon}$,从而 $\lambda_\varepsilon\geqslant\alpha>0$,因此 $\lambda_0>0$. 这正如所需.

5.5 对非线性边值问题的应用

在证明非线性偏微分方程或常微分方程边值问题解结构的定性结果时,5.3 节和 5.4 节的结果具有巨大价值. 特别,我们在这里将要考虑的问题包括:(a) 存在性(或不存在性);(b)唯一性(或非唯一性);(c)对参数的连续依赖性;(d)依赖于参数的问题的解的延拓.

一般,为把前面几节证明的一般结果用于具体问题,下面几个步骤是必要的:首先,通过适当的坐标变换,隐含在非线性系统中的任何参数将被显式地引入. 第二,必须选取适当的 Banach 空间 X 和 Y,使所考虑的微分系统能表示为一个定义好了的映射 f,其中,f 定义在 X 的一个区域上,其值域在 Y 中. 再其次,必须证明 f 的基本性质:有界性,连续性及可微性. 这些性质对于把适当的度理论用于即将讨论的问题是必需的. 最后,必须证明计算 f 的度时所需的解析估计.

根据 Leray 和 Schauder 在他们基础文章(1934)中讨论过的原始问题,我们由考虑一个类似问题开始.

5.5A 拟线性椭圆型方程的 Dirichlet 问题

设 Ω 是 $\mathbb{R}^N$ 中的有界域,边界为$\partial\Omega$,考虑定义在 $\bar{\Omega}$ 上的如下方程组

$$\sum_{|\alpha|+|\beta|=2} A_{\alpha\beta}(x,u,Du)D^{\alpha}D^{\beta}u + A_0(x,u,Du) = 0, \quad \text{在 } \Omega \text{ 中}, \tag{5.5.1}$$

$$u|_{\partial\Omega} = g. \tag{5.5.2}$$

(5.5.1)~(5.5.2)的经典 Dirichlet 问题在于决定一个函数 $u \in [C^2(\Omega) \cap C(\bar{\Omega})]$在逐点意义下满足(5.5.1)~(5.5.2).如果存在常数 $\mu>0, M>0$,使得对$|y| \leqslant M, |z| \leqslant M, x \in \bar{\Omega}$,有

$$A_{\alpha\beta}(x,y,z)\xi_{\alpha}\xi_{\beta} \geqslant \mu|\xi|^2,$$

那么,(5.5.1)左端的微分算子是椭圆型的.1.2 节中所给出的例子表明,由于各种原因,这样的拟线性椭圆型 Dirichlet 问题可能是不可解的.这些原因包括 Ω 的形状,大小,或 $A_0(x,y,z)$的增长速度及符号.

这类 Dirichlet 问题的可解性问题是由 Hilbert 于 1900 年在他的著名讲演中提出来的(Hilbert,1900),随后 S. Bernstein 对它进行了广泛研究.当 $N=2$ 时, Bernstein 试图求解(5.5.1)~(5.5.2).方法是:(a) 将参数 t 显式地引入方程组(5.5.1)~(5.5.2),得到一个单参数方程组族 P_t,以便 $t=0$ 时方程组 P_0 是可解的,同时,当 $t=1$ 时方程组 P_1 与(5.5.1)~(5.5.2)一致;(b)利用延拓法(也称连续法),证明当 $t\in(0,1]$时,每个 P_t 是可解的.在 1934 年,Leray 和 Schauder 大大地推广了延拓法,借助于度,他们将其转换成同伦论证.但这个方法需要难对付的解析先验估计,以保证映射 f 的度有定义.一旦有了这个估计,基本思想就是应用(5.4.14)中所讨论的先验界原理.

作为一个简单的例子,我们提到

(5.5.3)**定理** 设$\partial\Omega$和g属于C^3类,同时,函数$A_{\alpha\beta}(x,y,z)$和$A_0(x,y,z)$对x,y,z是C^1类.那么,倘若对于$t\in[0,1]$,从以tA_0代换A_0和以tg代换g后的(5.5.1)得到的方程组的任何解v_t满足先验估计

(5.5.4) $$\sup_{\Omega}|v_t|\leqslant M_1,\qquad \sup_{\Omega}|\nabla v_t|\leqslant M_2,$$

其中,M_1和M_2是与t和v_t无关的常数,则(5.5.1)-(5.5.2)的Dirichlet问题可解.

证明概略 如上所述,我们利用(5.4.14)来证明结论.但首先必须为算子确定一个适当的Banach空间X.为此,我们遵照2.2D节中讨论过的Schauder反演法.事实上,先验估计(5.5.4)表明,调整过的方程组的任何解v_t都有Hölder连续梯度,其指数$\alpha\in(0,1)$,且与t和v_t无关.我们设

$$X=C^{1,\alpha}(\bar{\Omega}),$$

并定义一个映$C^{1,\alpha}(\bar{\Omega})$到自身的映射$T$,方法是:固定$u\in X$,并考虑线性椭圆型Dirichlet问题

$$\sum_{|\alpha|+|\beta|=2}A_{\alpha\beta}(x,u,Du)D^{\alpha}D^{\beta}U+A_0(x,u,Du)=0,\text{在 }\Omega\text{ 上},$$

$$U|_{\partial\Omega}=g,$$

的解U.根据2.2D节的结果,$Tu=U$映X入自身,是有界的.而事实上,它映X的有界集到$C^{2,\alpha}(\bar{\Omega})$中的有界集.因为$C^{2,\alpha}(\bar{\Omega})$是$C^{1,\alpha}(\bar{\Omega})$的紧子集,所以映射$T$是紧的.

对

$$f(u,t)=tTu,X=C^{1,\alpha}(\bar{\Omega}),$$

我们现在来应用先验界原理(5.4.14).根据假设,若v满足$u=tTu$,则$v\in C^{2,\alpha}(\bar{\Omega})$,并且也满足调整过的方程组.因此

$$\|v\|_{C^1(\bar{\Omega})}\leqslant M_1+M_2.$$

此外,根据证明开始时提到的先验估计(5.5.4)以及Ladyhenskaya和Uralsteva的Hölder连续性(1968),存在数$\alpha\in(0,1)$,

$$|\nabla v(x)-\nabla v(y)|\leqslant M_3|x-y|^{\alpha},$$

其中,$M_3>0$ 与 $t\in[0,1]$和 v 都无关.于是根据(5.4.14),由

$$\|v\|_{C^{1,\alpha}(\bar{\Omega})}\leqslant M_1+M_2+M_3,$$

可推出(5.5.1)-(5.5.2)有解 $u\in C^2(\bar{\Omega})$.更详细的证明见 Ladyhenskaya 和 Uralsteva(1968).

5.5B $\Delta u+f(x,u)=0$ 的 Dirichlet 问题的正解

Schauder 不动点定理的一个有意思的应用与如下 Dirichlet 问题的正解有关,该 Dirichlet 问题定义在有界域 $\Omega\subset\mathbb{R}^N$ 上:

(5.5.5) $\Delta u+\lambda^2 f(x,u)=0,\ f(x,u)\geqslant\beta>0, u\geqslant 0,$

$u|_{\partial\Omega}=0.$

我们来证明系统(1.2.3)-(1.2.4)所得结果的如下推广:

(5.5.6) 假定对 $u\geqslant 0$,另有 $f(x,u)\geqslant\beta>0$,对固定的 x,$f(x,u)$对 u 不减,对 $u\geqslant 0$,有 $f(x,u)\geqslant g(x)u$.那么,存在一个有限(临界)数 $\lambda_c>0$,使得对 $\lambda<\lambda_c$,(5.5.5)至少有一个正解,而对 $\lambda>\lambda_c$,(5.5.5)无正解.

证明 证明能以自然的方式分成三个部分.首先,证明在所给条件下,(5.5.5)对某个 $\lambda>0$ 有解;其次,证明若对 $\lambda_0,>0$ (5.5.5)有正解,则它对区间$(0,\lambda_0]$中所有的 λ 都有正解;最后,我们证明,对所有充分大的 λ,(5.5.5)无正解.

(i) (5.5.5) 对某个 λ 有正解:注意到(5.5.5)的正解一一对应于积分方程

(5.5.7) $$u=\lambda^2\int_\Omega G(x,y)f(x,u)$$

的正解.现在注意,在 Ω 上 Green 函数 $G(x,y)>0$,并且它在 Ω 上可积,我们可断定,对 $u\geqslant 0$,存在一个常数 γ,使

(5.5.8) $Tu=\int_\Omega G(x,y)f(x,u)\geqslant\beta\int_\Omega G(x,y)=\gamma$.(譬如说)用 $C(\Omega)$表示定义在 Ω 上的连续函数的 Banach 空间,它取上确界范数,那么,刚才定义的算子 T 显然是连续的紧映射,它映 $C(\Omega)$的正锥入自身.不等式(5.5.8)可保证对映射

$$Su = Tu / \| Tu \|_{C(\Omega)}$$

作出同样的描述. 事实上, S 是紧连续映射, 它映有界闭凸集

$$\Sigma^{+} = \{u \mid u \geqslant 0, \| u \|_{C} \leqslant 1\}$$

到

$$\partial\Sigma^{+} = \{u \mid u \geqslant 0, \| u \|_{C} = 1\}$$

中, 并且 S 的不动点 $\bar{u}$ 是(5.5.5)的解, 而

$$\lambda^2 = 1 / \| T\bar{u} \|.$$

今从 Schauder 不动点定理(2.4.3)可推出 S 有不动点 $\bar{u} \in \partial\Sigma^{+}$, 因而(5.5.5)有正解, 其中 $\lambda > 0$.

(ii) 若对 $\lambda_0 > 0$, (5.5.5)有正解 u_0, 那么对区间$(0, \lambda_0]$中所有的 λ, (5.5.5)有正解: 设

$$T_\lambda u = \lambda^2 \int_\Omega G(x, y) f(x, u),$$

对 $\lambda \in (0, \lambda_0]$, 我们将证明 T_λ 映有界闭凸集

$$\Sigma_0 = \{u \mid 0 \leqslant u \leqslant u_0, u \in C(\Omega)\}$$

入自身. 因为 T_λ 是连续的且紧, 故从 Schauder 不动点定理可推出 T_λ 在 Σ_0 中有不动点 u_λ, 且 u_λ 满足(5.5.5). 为证 T_λ 映 Σ_0 到自身, 我们注意, 因 $f(x, u)$对 u 不减, 并在 Ω 中有 $G(x, y) > 0$, 故对 $u \in \Sigma_0$,

$$f(x, 0) \leqslant f(x, u) \leqslant f(x, u_0),$$

且

$$\int_\Omega Gf(x, 0) \leqslant \int_\Omega Gf(x, u) \leqslant \int_\Omega Gf(x, u_0).$$

于是, 对 $\lambda \in (0, \lambda_0]$和 $u \in \Sigma_0$,

$$0 < T_\lambda(0) \leqslant T_\lambda(u) \leqslant T_{\lambda_0}(u_0) = u_0,$$

正如所需, $T_\lambda(u) \in \Sigma_0$.

(iii) 当 λ 充分大时, (5.5.5)无正解: 若用(u_1, λ_1^2)表示

$$\Delta u + \lambda^2 g(x) u = 0$$

服从 Dirichlet 边界条件 $u|_{\partial\Omega} = 0$ 的第一本征函数和本征值, 则在

Ω 中 $u_1>0$. 于是,(5.5.5)乘以 u_1,再分部积分两次,我们可得:若 u 满足(5.5.5),则

$$0=\int_{\Omega}\{\Delta u+\lambda^2 f(x,u)\}u_1$$
$$=\int_{\Omega}\{-\lambda_1^2 g(x)u_1 u+\lambda^2 f(x,u)u_1\}$$
$$\geqslant\int_{\Omega}(\lambda^2-\lambda_1^2)g(x)u_1 u.$$

于是,这与 $\lambda>\lambda_1$ 矛盾.

5.5C 周期水波

这里,我们考虑一个经典问题:证明在重力作用下,理想不可压缩流体的自由表面$\partial\Gamma$ 上存在一个定常周期波. 因其精确性和相对简单性,这里所讲的结果是最成功的尝试之一,它把我们的分析用于给出的困难的非线性本征值问题. 我们假定流体是定常、无旋和二维的. 流体在 $\mathbb{R}^2$ 空间中占据一个区域 Γ,$\mathbb{R}^2$ 中的点用笛卡尔坐标(x,y)表示,那么,这个问题的 Euler 运动方程和连续方程变成

(5.5.9) $\quad \Delta\zeta=0,\qquad$ 在 Γ 中,

(5.5.10) $\quad \dfrac{1}{2}|\nabla\zeta|^2+gy=c$,在$\partial\Gamma$ 上,

其中,ζ 表示流动的速度势,c 是常数. 因而,我们被迫要解一个非线性自由边值问题. 以下的论证归于 Levi-Civita:引进复变量 $z=x+iy$ 和 z 的两个解析函数

$$u(z)=\zeta+i\psi,$$
$$\omega=\log\left(\frac{\partial\zeta}{\partial x}-i\frac{\partial\zeta}{\partial y}\right)=C(\Phi)+i\Phi,$$

其中,ψ 是ζ 的流函数,Φ 是速度向量 V 在点(x,y)处形成的角,而 $C(\Phi)$是 Φ 的调和共轭函数. 为了在已知区域进行讨论,可选取 $u=\zeta+i\psi$ 作为独立变量,并把 ω 看作 u 的函数. 为简单计,假定流体处于无限深处,并经过适当的周期变换变形后,所需的周期

解一一对应于非线性积分方程

$$(5.5.11)\qquad \Phi(\theta)=\lambda\int_0^{\pi}K(\theta',\theta)e^{3C(\Phi)}\sin\Phi d\theta'$$

的非平凡解. 其中, $\lambda=\dfrac{gv}{2\pi c^2}$, v 是波长, c 表示运动波的恒水平速度, $K(\theta',\theta)$是 Δ 在圆内相应于 Neumann 问题的 Green 函数, 而 $C(\Phi)$定义中所附的常数如此选取:它使

$$\int_0^{2\pi}C(\Phi(\theta))d\theta=0.$$

注意:(5.5.11)处于非线性本征值问题的形式. 关于记号见图 5.3.

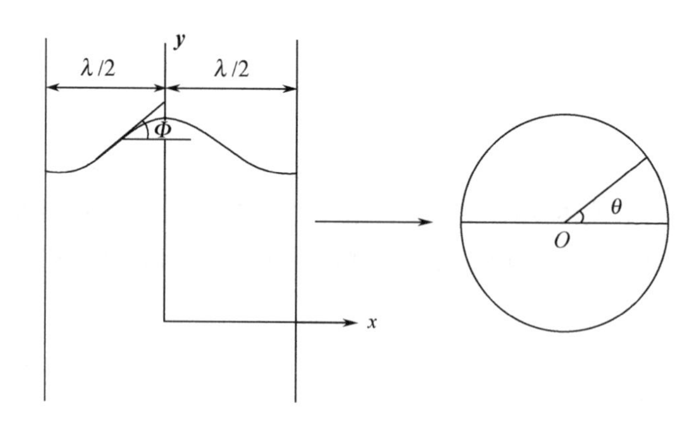

图 5.3 周期水波问题的记号

与(5.5.11)有关的问题基本上有两类:(i) Φ 很小时的局部分歧问题;(ii) 对$|\Phi|$不加限制时一般的全局性问题. 局部问题在 1925 年由 Levi-Civita"解决", 而全局性问题(我们这里讨论的)则留下来, 直到 1961 年才部分地解决, 当时俄国数学家 Y. P. Krasovskii 证明了以下结果.

(5.5.12)**定理** 存在满足(5.5.9)和(5.5.10)的定常周期波, 此波形剖面的切线极大倾角在开区间$(0,\pi/6)$中取任意值. 该波对称于通过波峰的纵轴. 此外, 带任意大 Froude 数 λ 的该类型波不存

在.

在概述这个有意思的结果的证明之前,我们注意,如下意义上出现在定理中的数 $\pi/6$ 很精彩:(i) Stokes 周期"极限"波有 $\max|\Phi|=\pi/6$(见图 5.4),并有尖点;(ii) (5.5.9)和(5.5.10)的解表明,当 $\max|\Phi|>\pi/6$ 时,不存在定常周期波(进一步的信息见 Wehausen(1969)). 实际上,稍微修改下面给出的证明后,Krasovskii 对于有限深度和有周期底部的波,证明了与定理(5.5.12)类似的改近结论.

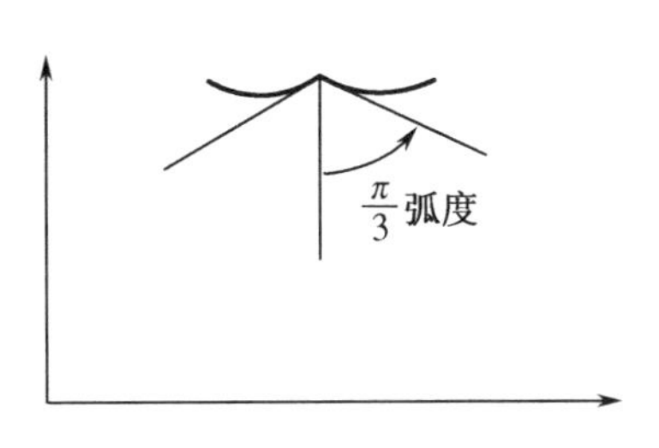

图 5.4 周期水波波峰处的极限形式

定理(5.5.12)的证明概略 证明分为以下几个步骤:

(1) 在适当的 Banach 空间 X 中,方程(5.5.11)表示为形若 $x=\lambda Ax$ 的算子方程;

(2) 映射 A 在 X 中全连续性的证明;

(3) Leray-Schauder 度对算子方程的应用;

(4) 证明计算 Leray-Schauder 度所必需的估计.

为实现步骤(1)~(4),我们需要知道与调和函数的共轭算子 C 以及核 $K(\theta',\theta)$有关的解析内容(有趣的是,从这些内容以及算子 A 全连续性的要求中,会自然出现极限数 $\pi/6$).

对共轭调和函数边值的 L_p 估计 设 $u(z)$是定义在复平面的单位圆$|z|<1$ 中的调和函数,其边界值 $u(e^{i\theta})\in L_p[0,2\pi]$ $(1\leqslant p<\infty)$.那么,若用 $v(z)$表示$|z|<1$ 中共轭于 $u(z)$的调和函数,并由$\int_0^{2\pi} v(z)d\theta=0$来正规化,则 $f(z)=u(z)+iv(z)$在

$|z|<1$内解析,且 $f(0)$ 是实的.现在我们定义线性映射

$$C(u(e^{i\theta})) = v(e^{i\theta}),$$

并探究 C 的 L_p 有界性.在这方面,我们有以下结果.

事实 1　M. Riesz 定理　对于 $1<p<\infty$, C 是 $L_p[0,2\pi]\to L_p[0,2\pi]$的有界映射,故存在与 u 无关的常数 c_p,使得

$$\| Cu \|_{L_p} \leqslant c_p \| u \|_{L_p}.$$

事实 2　Zygmund 定理　若$|u|\leqslant 1$,则

$$\int_0^{2\pi} \exp(\lambda |Cu|) d\theta \leqslant \frac{4\pi}{\cos\lambda}, \quad 0 \leqslant \lambda < \frac{\pi}{2}.$$

通过把(1.3.18)推广到"周期的情况",可用奇异积分算子法再次证明这些结果.见 Zygmund(1934).

事实 3　K 的 L_p 估计

$$\max_{\theta} \int_0^{\pi} |K(\theta',\theta)|^p d\theta' \leqslant C_p,$$

且对 $1<p<\infty$ 和固定的 θ, $\dfrac{\partial K}{\partial \theta}$有界地映 $L_p[0,2\pi]\to L_p[0,2\pi]$.第三个事实是 Δ 的 Green 函数的众所周知的性质.

步骤 1 和步骤 2　今设 $X=C_0[0,\pi]$,即,它是在$[0,\pi]$上 0 和 π 两处为 0 的连续函数集.设 $\| \Phi \|_X = \sup\limits_{[0,\pi]} |\Phi(\theta)|$,并定义算子

$$(5.5.13)\quad A\Phi(\theta) = \int_0^{\pi} K(\theta',\theta) e^{3C(\Phi)} \sin\Phi d\theta'.$$

可证 A 是定义在 X 中半径$\rho<\pi/6$ 的球 $S(0,\rho)$上的一个全连续映射.注意,综合(5.5.13)和事实 2 会自然产生 $\pi/6$.显然,由上面的事实 1 和事实 3, A 有定义,并且是从 $S(0,\rho)\to X$ 的连续映射,其中 $\rho<\pi/6$.事实上,用 Hölder 不等式易证,对

$$\Phi_1, \Phi_2 \in S(0,\rho), \rho = \frac{\pi}{6} - d\,(d>0),$$

有

$$\| A\Phi_1 - A\Phi_2 \| \leqslant K_d \| \Phi_1 - \Phi_2 \|.$$

为验证 A 的紧性,我们再用事实 1 和 3 证明,若 $\tilde{\Phi}(\theta) = A\Phi$,则对

某个 $s>1$，当 $\Phi\in S(0,\rho)$ 时，有 $\left\|\frac{d\widetilde{\Phi}}{d\theta}\right\|_{L_s}\leqslant K_{d,s}$. 其中，$\rho=\frac{\pi}{6}-d$（如上）. 因此，对某个 $\mu>0$，$\|\widetilde{\Phi}\|_{C_{0,\mu}}\leqslant M_\rho$. 于是，得到所要的 A 的紧性（这里，$C_{0,\mu}$ 是指数为 μ 的 Hölder 连续函数 Banach 空间）.

步骤 3 为了利用 Leray-Schauder 度来证明(5.5.11)解的存在性，我们设

$$A_{\varepsilon,\lambda}\Phi=\lambda\left[A\Phi+\varepsilon\int_0^\pi K(\theta',\theta)\sin\theta' d\theta'\right].$$

注意 $A_{\varepsilon,\lambda}$ 是紧的（并且是正的）. 我们证明

($\dagger$)：对大的 λ 和小的 $\lambda>0$，$I-A_{\varepsilon,\lambda}$ 在正锥 K_β 上的 Leray-Schauder 度不相等，其中

$$K_\beta=\{\Phi(\theta)\mid\Phi\in C_0[0,\pi],\Phi\geqslant 0,$$
$$\|\Phi\|_{C_0}\leqslant\beta\},\ 0<\beta<\pi/6.$$

定理(5.5.12)最后部分和($\dagger$)足以证明定理(5.5.12)的存在性部分. 为看出这点，我们首先注意，由($\dagger$)可推出存在序列 $\{\lambda_n\}$，$\{\varepsilon_n\}$ 和 $\{\Phi_n\}$，其中 $\lambda_n>0$，$\varepsilon_n\to 0$ 和 $\Phi_n\in C_0[0,\pi]$，使得

$$\Phi_n=\lambda_n A_{\varepsilon_n,\lambda_n}\Phi_n,\ \ \|\Phi_n\|_{C_0}=\beta.$$

根据 A 的紧性和 $|\lambda_n|$ 的有界性（归于定理(5.5.12)的不存在性部分），存在（强）收敛子序列 $\{\lambda_{n_j}\}$ 和 $\{\Phi_{n_j}\}$，其极限为 λ_β 和 Φ_β，使得

(5.5.14)
$$\Phi_\beta=\lambda_\beta A\Phi_\beta,\ \|\Phi_\beta\|_{C_0}=\beta,$$
$$\Phi_\beta(\theta)\geqslant 0, \text{在}[0,\pi]\text{上}.$$

于是可将 $\Phi_\beta(\theta)$ 扩张成 θ 的奇的 2π 周期函数.

步骤 4 我们首先证明上面步骤 3 中提到的结论($\dagger$). 当 λ 很小时，$d(I-A_{\varepsilon,\lambda},0,K_\beta)=1$. 这因为当 $\lambda=0$ 时，$A_{\varepsilon,\lambda}\equiv 0$. 另一方面，当 λ 很大时，对于 $\max|\Phi(\theta)|\leqslant\beta$，$\Phi(\theta)-A_{\varepsilon,\lambda}\Phi(\theta)$ 不可能是正的，所以这时 $d(I-A_{\varepsilon,\lambda},0,K_\beta)=0$.

某种程度上，获得定理(5.5.12)的不存在性结论更困难. 它基于对(5.5.11)的解 $\Phi(\theta)$ 的以下两个先验估计：

(5.5.15)　倘若 $\|\Phi\|_{C_0}\leqslant\frac{\pi}{2}$,那么,存在绝对正常数 γ 和 δ,使得

$$\Phi^{\gamma}(\theta)\geqslant(\frac{\lambda}{\delta})^{\gamma}L(\Phi^{\gamma}),$$

其中,

$$L\Phi=\int_0^{\pi}K(\theta',\theta)\Phi(\theta')d\theta'.$$

(5.5.16)　存在绝对常数 $\beta>0$ 使得 $\Phi^{\gamma}(\theta)\geqslant\beta\sin\theta$.

假定(5.5.15)和带最大值 β 的(5.5.16)成立,则不存在性的证明如下:将算子 L 用于(5.5.16),再用(5.5.15),我们有

$$\left(\frac{\delta}{\lambda}\right)^{\gamma}\Phi^{\gamma}\geqslant L\Phi^{\gamma}(\theta)\geqslant\beta L(\sin\theta)=\beta\sin\theta,$$

即,$\Phi^{\gamma}\geqslant\left(\frac{\lambda}{\delta}\right)^{\gamma}\beta\sin\theta$,从而$\left(\frac{\lambda}{\delta}\right)^{\gamma}\leqslant1$,因此对 $\lambda>\delta$,(5.5.11)可无解.为结束定理(5.5.12)的证明概略,我们来证明(5.5.15)和(5.5.16).为证(5.5.15),只需证明对 $\Phi\in K_{\beta}$,

(5.5.17)
$$L(e^{3C(\Phi)}\sin\Phi)\geqslant\frac{1}{\delta}L(\Phi^{\gamma})^{\frac{\lambda}{\gamma}}.$$

今由 Hölder(逆)不等式可得到(5.5.17).这因为

$$\begin{aligned}L(e^{3C(\Phi)}\sin\Phi)&\geqslant L(e^{3C(\Phi)}\Phi)\\&\geqslant\{L(e^{3qC(\Phi)})\}^{1/q}\{L(\Phi^{\gamma})\}^{1/\gamma},\end{aligned}$$

其中,$\frac{1}{q}+\frac{1}{\gamma}=1$ $(q<0)$.于是,从基本事实 2 和 3 可推出,对 $q=-\frac{1}{10}$和$|\Phi|\leqslant\frac{\pi}{2}$,有

$$|L(e^{3|q|C(\Phi)})|<\delta^{-|q|}.$$

最后,我们来证明(5.5.16).将不等式(5.5.15)用 k 次,并令

$$\Phi^{\gamma}(\theta)=\sum_{n=1}^{\infty}a_n\sin n\theta,$$

我们得到

(5.5.18)
$$L^k\Phi^{\gamma}=\sum_{n=1}^{\infty}\frac{a_n}{n^k}\sin n\theta\leqslant\left(\frac{\delta}{\lambda}\right)^{\gamma k}\Phi^{\gamma}(\theta).$$

此外,

$$\sum_{n=1}^{\infty}\frac{a_n}{n^k}\sin n\theta \geqslant a_1\sin\theta - \left|\sum_{n=2}^{\infty}\cdots\right|,$$

且

$$\left|\sum_{n=2}^{\infty}\frac{a_n}{n^k}\sin n\theta\right| \leqslant \max_n |a_n| \sum_{n=2}^{\infty}\frac{|\sin\theta|}{n^{k-1}},$$

于是,从(5.5.18)可推出

$$\Phi^{\gamma}(\theta) \geqslant \left(\frac{\lambda}{\delta}\right)^{\gamma k}\left(a_1 - \max_n |a_n| \sum_{n=2}^{\infty}\frac{1}{n^{k-1}}\right)\sin\theta.$$

因为在$[0,\pi]$上 $\Phi(\theta)\geqslant 0$,故 $a_1>0$ 以及 k 取得充分大,我们就能选取

$$\left\{a_1 - \max_n |a_n| \sum_{n=2}^{\infty}\frac{1}{n^{k-1}}\right\} \geqslant \frac{a_1}{2}.$$

5.5D 自治系统周期运动的延拓

我们考虑二阶系统

(5.5.19) $\ddot{x} + Ax + f(x) = 0;\ |f(x)| = o(|x|)$

的周期解.这里,$x(t)$是 t 的N 维向量函数,A 是一个$N\times N$ 阶正定矩阵,$f(x)$是 x 的一个奇 C^2 类高阶 N 维向量函数.在 4.1 节,借助于分歧理论,我们考察了(5.5.19)在奇点 $x=0$ 附近的周期解.这里,我们将把注意力集中到(5.5.19)的周期解的整体结构上.

作为第一个结果,我们考虑 Liapunov 定理(4.1.4)的一个全局性类似结果.

(5.5.20)**定理** 设非奇异矩阵 A 的正本征值 $\lambda_1^2,\lambda_2^2,\cdots,\lambda_N^2$ 对某个整数 $j(1\leqslant j\leqslant n)$,使得

(5.5.21) $$\frac{\lambda_i}{\lambda_j}\neq \text{整数},\ i=1,\cdots,N\ (i\neq j),$$

那么,(5.5.19)有一族周期解 $x(\varepsilon)$,其周期 $\tau(\varepsilon)$连续依赖于实参数 ε,且使得

(i) 当 $\varepsilon\to 0$ 时 $x(\varepsilon)\to 0$,且 $\tau(\varepsilon)\to\dfrac{2\pi}{\lambda_j}$;同时

(ii) 当 $\varepsilon \to \infty$ 时,或者

$$\sup|x(\varepsilon)| + \tau(\varepsilon) \to \infty;$$

或者

$$x(\varepsilon) \to 0$$

并且

$$\tau(\varepsilon) \to \frac{2n\pi}{\lambda_k},$$

其中,$k=1,\cdots,N$, $n=1,2,\cdots$. 但若 $n=1$,则 $k \neq j$(即,或者 $x(\varepsilon)$ 的振幅趋于∞,周期 $\tau(\varepsilon) \to \infty$,或者 $x(\varepsilon)$ 趋于线性化方程周期解的一个覆盖(可能多重)).

证明 重复4.1节的证明,并令 $t=\lambda s$,那么,(5.5.19)的奇周期解一一对应于算子方程

$$x = \lambda^2(\mathscr{G}x + \mathscr{N}(x)) \tag{5.5.22}$$

在 Sobolev 空间 $H = \mathring{W}_{1,2}\{[0,\pi];\mathrm{R}^N\}$ 中的解,这里,算子 $\mathscr{G}$ 和 $\mathscr{N}$ 全连续并且当 $x, y \in H$ 时,由公式

$$(\mathscr{G}x, y) = \int_0^\pi Ax(s) \cdot y(s)ds; \tag{5.5.23}$$

$$(\mathscr{N}x, y) = \int_0^\pi f(x(s))y(s)ds$$

隐式地定义. 由条件(5.5.21)可推出,在 H 的适当选取的闭子空间上,$\mathscr{G}$ 的本征值 λ_j^2 是单重的(见 4.1C 节). 因此,由定理(5.4.28),存在(5.5.22)的解的连续统$(x(\varepsilon), \tau(\varepsilon))$,将$\left(0, \frac{1}{\lambda_j^2}\right)$或者与无穷,或者与$\left(0, \frac{N^2}{\lambda_k^2}\right)$连接起来,其中,$N=1,2,\cdots$; $k=1,2,\cdots,N$. 同时,当 $N=1$ 时 $k \neq j$. 于是定理得证.

在(5.5.19)中的向量函数 $f(x)$ 上加其他限制,我们可改进刚才得到的结果.

将结果(5.4.37)用到单调弱函数上,可得一类重要的结果. 例如,假定我们令 $g(x) = Ax + f(x)$,且记

$$g(x) = (g_1(x), \cdots, g_N(x)),$$

其中,$x=(x_1,\cdots,x_N)$,然后,我们证明

(5.5.24)**定理** 设 $g(x)$是 x 的奇函数,具有性质:

(i) 每当 $x_i\geqslant 0\ (i=1,2,\cdots,N)$,就有 $g_i(x)\geqslant 0$;

(ii) 存在常数 $k>0$ 和整数 $j\ (1\leqslant j\leqslant N)$,使得对所有非负向量 x,有 $g_j(x)\geqslant kx_j$.

那么,系统(5.5.19)有单参数周期解族 $x(\varepsilon)$,当 $\varepsilon\in(0,\infty)$时,它有周期 $\tau(\varepsilon)$,其中,$\varepsilon=\sup\limits_{[0,\tau(\varepsilon)]}|x(\varepsilon)|$.

证明 为了用(5.4.37),设 Banach 空间 $X=\prod\limits_{i=1}^{N}C[0,2\pi]$,并且考虑两点边值问题

$$x_{ss}+\lambda^2(Ax+f(x))=0, \tag{5.5.25}$$

$$x(0)=x(1)=0. \tag{5.5.26}$$

正如(5.5.20)中的论证,我们可以假定(5.5.25)~(5.5.26)的 λ 周期解对应于(5.5.22)的解.然而,后一个系统的解能写成积分方程

$$x(s)=\lambda^2\int_0^1 G(t,s)g(x(t))dt \tag{5.5.27}$$

的解,其中,G 是算子 x_{ss}和边界条件(5.5.26)的 Green 函数.显然,如果 K 是X 上非负向量函数的锥,那么,G 是映K 入自身的紧线性映射.根据假设条件,$g(x(s))$也映 K 到K,于是

$$Tx(s)=\int_0^1 G(t,s)g(x(t))dt$$

也是保锥紧映射.然后,从(5.5.24)的假设条件可推出 $Tx\geqslant\mathscr{B}x$,其中

$$\mathscr{B}x(s)=\left\{0,0,\cdots,k\int_0^1 G(t,s)x_i(t)dt,0,\cdots\right\}. \tag{5.5.28}$$

显然,$\mathscr{B}$ 在 K 上是单调的并且保锥.于是,由(5.4.37),(5.5.25)和(5.5.26)有解族$(x(\varepsilon),\lambda(\varepsilon))$,其中,$\|x(\varepsilon)\|=\varepsilon,\lambda(\varepsilon)>0$.因此,把这些解延拓到$(-\infty,\infty)$成为 s 的周期奇函数,这个函数族就对应于所希望的(5.5.19)的周期解族.

5.5E 强制半线性椭圆型边值问题可解的充要条件

我们从考虑定义在有界域 $\Omega\subset\mathrm{R}^N$ 上的如下半线性 Dirichlet 问题

(5.5.29) $$\mathscr{L}u+f(u)=g,\quad D^\alpha u|_{\partial\Omega}=0,\ |\alpha|\leqslant m-1$$

着手. 其中, $\mathscr{L}$ 是形式自伴算子

$$\mathscr{L}u=\sum_{|\alpha|,|\beta|\leqslant m}(-1)^{|\alpha|}D^\alpha\{a_{\alpha\beta}(x)D^\beta u\}.$$

而函数 f 满足如下假设条件:

(*) $$\lim_{s\to\pm\infty}f(s)=f(\pm\infty)<\infty$$

存在, 而且

$$f(-\infty)<f(s)<f(+\infty).$$

我们证明以下结果:

(5.5.30) **定理** (5.5.29)可解性的充要条件是: 对 Ker$\mathscr{L}$ 中范数为 1 的 $L_2(\Omega)$ 中每个 z_0, 下面的不等式

$$\int_\Omega gz_0<f(+\infty)\int_{\{z_0>0\}}|z_0|-f(-\infty)\int_{\{z_0<0\}}|z_0|$$

成立.

证明 用 2.2D 节的对偶方法表示(5.5.29), 我们得到(5.5.29)的一个 Hilbert 空间中的变形为算子方程

(5.5.31) $$Lu+Nu=\tilde{g},$$

其中, L 和 N 映 Sobolev 空间 $\mathring{W}_{m,2}(\Omega)$ 入自身, 它们由公式

$$(Lu,v)=\sum_{|\alpha|,|\beta|\leqslant m}\int_\Omega a_{\alpha\beta}(x)D^\alpha uD^\beta v,$$

$$(Nu,v)=\int_\Omega f(u)v,$$

$$(\tilde{g},v)=\int gv$$

隐式定义.

现在可将我们的结果(5.4.29)直接用于(5.5.31).这因为,正如我们将要看到的,从假设条件(*)可推出条件(5.4.30)会自动满足.事实上,我们指出,当 $v \perp \mathrm{Ker}L$ 且 $\| v \|$ 一致有界时,有

$$\lim_{R\to\infty}(N(Rz_0+v),z_0) = f(+\infty)\int_{z_0>0}|z_0| - f(-\infty)\int_{z_0<0}|z_0| \tag{5.5.32}$$

一致成立.一旦证明了(5.5.32),将可从结果(5.4.29)直接推出我们的结果.为此,用 $n(z_0)$ 表示(5.5.32)的右端,并注意:由定义,

$$(N(Rz_0+v),z_0) = \int_\Omega f(Rz_0+v)z_0.$$

于是,任给 $\varepsilon>0$,我们将证明,当 R 充分大时,

$$\left| n(z_0) - \int_\Omega f(Rz_0+v)z_0 dx \right| < \varepsilon. \tag{5.5.33}$$

首先,我们注意,存在 $\delta>0$,使得对任何可测集 A,当 $m(A)<\delta$ 时 ,有

$$\int_A f(\infty)|z_0|dx < \varepsilon/4,$$

这里,$m(A)$表示集合 A 的 Lebesgue 测度.我们注意,因 $\mathrm{Ker}L$ 是有限维空间,故 δ 可以选得与 $z_0\in\mathrm{Ker}L$ 无关,其中,z_0 的 L_2 范数为1.

今对任何满足 $\| v \| \leqslant k$ 的 v,设

$$\Omega_N = \{x\in\Omega, |v(x)|\leqslant N\},$$

我们可以选取 N 充分大,使得对所有这样的 v,有

$$m(\Omega-\Omega_N) < \delta.$$

于是,

$$\begin{aligned} &|n(z_0) - \int_\Omega f(Rz_0+v)z_0 dx| \\ &\leqslant \left|\int_{\Omega_+\cap\Omega_N}[f(\infty)-f(Rz_0+v)]|z_0|dx\right| \\ &\quad + \left|\int_{\Omega_-\cap\Omega_N}[f(-\infty)-f(Rz_0+v)]|z_0|dx\right| \end{aligned}$$

$$+ \left| \int_{\Omega-\Omega_N} f(Rz_0 + v) z_0 dx \right|$$

$$+ \left| \int_{\Omega-\Omega_N} f(\infty) z_0 dx \right|.$$

根据刚才所讲的理由,上式最后两项都小于$\frac{\varepsilon}{4}$.其次,我们证明,当 R 充分大时,前两项中的每一项都小于$\frac{\varepsilon}{4}$.这可由 Lebesgue 收敛定理推出.这因为对$|v|\leqslant N$,在 $\Omega_+ \cap \Omega_N$ 上每个被积函数逐点趋于 0,同时被一个可积函数界定,于是,我们已证明了(5.5.33),完成了证明.

利用(5.3.22)和(5.4.32),对与 Dirichlet 问题(5.5.29)有关的结果(5.5.30)可作出实质性推广.事实上,用 Pu 表示有 k 个未知量的 m 阶椭圆型方程组,它带有"强制的"边界条件 Bu,而 Bu 用小于 m 阶的微分算子表示.然后,用 $f(x,D^\alpha u)$表示向量 u 的连续有界向量值函数,使 $\lim_{R\to\infty} f(x, Ru_0)$一致存在,那么在(5.4.32)的基础上,我们可以得到椭圆型方程

$$Pu + f(x,D^\alpha u) = 0, \text{ 在 } \Omega \subset \mathbb{R}^N \text{ 上},$$
$$Bu \mid_{\partial\Omega} = 0$$

可解性的充要条件.这样一个系统可由一个算子方程来表示,该算子方程的定义域是向量值函数的 Banach 空间 X,该向量值函数的每个分量是 Sobolev 空间 $W_{m,p}(\Omega)$的元素,并满足边界条件 B.这个映射的值域是向量值函数的 L_2 空间,此外,由(P,B)定义的相应的抽象线性算子 L 定义在一个 Banach 空间 X 上,在这个空间,已知 L 是具离散谱的 Fredholm 算子,从而(5.3.22)的条件(5.3.23)一般都满足.

注　记

A　真非线性 Fredholm 算子进一步线性化结果

试图把 5.1 节关于线性化的结果推广到更一般的情形是自然

的，在这方面，与 Banach-Mazur 定理有关的如下结果成立：

(1) 设 f 是指标 $p>0$ 的非线性 Fredholm 算子，它作用于 Banach 空间 X 和 Y 之间．那么，若 f 是真映射，则 f 必有奇点（见 Berger 和 Platock，1977）．

这个结果的证明基于如下判断：如果映射 f 无奇点，f 将必然决定空间 X 和 Y 之间的一个"纤维"（见 Spanier，1966）．那么，根据覆叠同伦定理的一个推论，对每个 $y\in Y$，由 Y 可缩能推出 $f^{-1}(y)$ 可缩，这与 $f^{-1}(y)$ 是紧的可定向 p 维流形矛盾．

B　关于具奇点映射的其他结果

用在(5.1.14)的证明中确定算子 A 的值域构造的论证，可在多个方向上进行推广，其中，A 由

$$Au = \Delta u + f(u),\ u\mid_{\partial\Omega} = 0$$

定义在 $\mathbb{R}^N$ 的有界域 Ω 上，在这些推广中有 Podolak(1976)的结果：

(1) 假定渐近条件(5.1.13′)换成

$$(5.1.13^k)\quad \lambda_{k-1}<\lim_{t\to-\infty} f'(t)<\lambda_k<\lim_{t\to+\infty} f'(t)<\lambda_{k+1},$$

其中 $\lambda_{k-1},\lambda_k,\lambda_{k+1}$ 表示 Δ 的三个接连的本征值．那么，倘若我们假定

$$\dim \operatorname{Ker}(\Delta+\lambda_k) = 1,\quad \int_\Omega u_k\mid u_k\mid\neq 0,$$

其中 u_k 是 λ_k 相应的本征函数，则有类似于(5.1.14c)的结果．特别，在(5.1.14c)中，$g\in O_2$ 意味着边值问题

$$\Delta u + f(u) = g,\ u\mid_{\partial\Omega} = 0$$

至少有两个解．

(2) 更一般地，假定 $L\in\Phi_p(X,Y)$ 是指标 $p\geqslant 0$ 的线性 Fredholm 算子，同时，$\dim\operatorname{coker}L=1$ 且 N 是从 X 到 Y 中的紧非线性映射，满足全局 Lipschitz 条件（带一个充分小的 Lipschitz 常数）以及渐近条件

$$\lim_{t\to\infty}\frac{N(tu)}{t} = n(u).$$

若用 P_0 表示 Y 到 coker$L$ 上的投影,且对一切范数为 1 的元素 $x_0 \in \mathrm{Ker}L$,有 $P_0 n(x_0) \neq 0$,那么,倘若我们把 $g \in O_2$ 解释为意味着方程 $Lu + Nu = g$ 有重解(在当前情况是一个 p 维紧子流形),就有类似于(5.1.14(c))的结果.

C　Leray-Schauder 度的进一步性质和应用

(1) 设 D 是 Banach 空间 X 的有界域,并假定 f 和 g 表示恒等算子的紧扰动.那么,对于 fg 的 Leray-Schauder 度,当任一 $\delta_i \in \Delta_i$ 时,下面的分解定理成立:

$$d(fg, p, D) = \sum_i d(f, p, \Delta_i) d(g, \delta_i, \Delta_i),$$

其中,Δ_i 表示 $X - g(\partial D)$ 的有界分支.

作为这个结果的应用,可得 Jordon 分离定理的如下推广:

(2) 设 D 和 D' 是 Banach 空间 X 中的有界开集,使得在 $\bar{D}$ 和 $\bar{D}'$ 间有同胚(即恒等映射的一个紧扰动),那么,$X - D$ 和 $X - D'$ 的分支个数相同.

D　关于拟线性椭圆型偏微分方程 Dirichlet 问题的进一步结果

设 Ω 是 R^N 中有界域,带光滑边界 $\partial\Omega$,然后,我们考虑如下拟线性椭圆型边值问题

(i) $\displaystyle\sum_{i,j=1}^{n} a_{ij}(x, u, \nabla u) \frac{\partial^2 u}{\partial x_i \partial x_j} = f(x, u, \nabla u),$

(ii) $u|_{\partial\Omega} = 0.$

的可解性.这里,f 是给定的连续函数.我们要寻找一个光滑函数 u,它在 Ω 的点上满足(i),还满足假定的边界条件(ii).这导致的(i)~(ii)的几何问题的例子包括:求一个非参数极小曲面,或更一般地,求具指定平均曲率的曲面.

然后,由 Leray-Schauder 度和某个较精确的先验界,可得(i)~(ii)的存在性定理.当用于方程

$$\{(1 + |\nabla u|^2) I - \nabla u \nabla u\} \frac{\partial^2 u}{\partial x_i \partial x_j} = nk(1 + |\nabla u|^2)^{3/2}$$

来定义一个光滑有界域 Ω 上常平均曲率为 k 的超曲面时,得到以下结果:

定理 对任意 C^2 边界数据,Ω 中具常平均曲率的超曲面 Dirichlet 问题可解当且仅当对边界的每一点,带边界曲面的平均曲率 H 满足不等式 $H \geqslant [n/(n-1)]k$. 此外,如果解存在则唯一.

关于这些结果的充分讨论,我们建议读者参阅 Serrin(1969) 的文章.

E 参考文献的注

5.1 节 本章节中所讨论的材料拥有有趣的历史. 例如,可去看看 Hadamard(1904)以及复变教材中单值定理的讨论. (5.1.1) 的讨论属于 Plastock(1974),我们也建议参阅 Browder(1954)和 John(1968)的文章. 满足诸如(5.1.6)中条件的算子称为强单调算子的理论已是无数近代文章和专著的课题,我们建议读者参阅 Brezis(1968),Lions(1969)和 Browder(1976). 在 Banach 和 Mazur 的文章中(1934),读者将找到结果(5.1.4). 在 5.1B 节中我们的讨论基于 Berger 和 Podolak 的文章(1976,1975). 带限制条件(5.1.13′)的非线性 Dirichlet 问题(5.1.13),开创性的研究在 Ambrosetti 和 Prodi(1972)中.

5.2 节 本节,我们的讨论基于 Lions(1969)和 Pohozaev (1967)的工作. 在 Browder(1968)以及 Rabinowitz(1973)中,对非线性本征值问题的 Rayleigh-Ritz 逼近进行了很好的讨论. 有关 Navier-Stokes 方程的定常态解的结果(5.2.29)依照 Fujita 的工作(1961),而这转而又基于 Hopf(1951)和 Leray(1933)的文章.

5.3 节 非线性分析问题中的同伦讨论始于 Schauder. 我们对本质和非本质映射的讨论依照 Granas(1961). 在 Leray 和 Schauder 的文章(1934)中,将 Brouwer 度推广到了恒等算子的紧扰动,在那里,可找到对非线性椭圆型方程 Dirichlet 问题可解性的应用. 在很多书中都可找到 Leray-Schauder 度的极好处理及应用,这当中包括 Krasnoselski(1964),Cronin(1964),Schwartz(1969),Nirenberg(1974)以及 Bers(1957). 这里仅仅提到了一小部分. 在

Svarc(1964)和 Geba(1964)的文章中,可以找到同伦论对于正指标线性 Fredholm 算子紧扰动的应用.该理论对椭圆型边值问题的应用首先由 Nirenberg(1972)给出,也可见 Berger 和 Podolak(1977),那里可找到结果(5.3.22).零指标真 Fredholm 算子广义度的讨论改写自 Elworthy 和 Tromba(1970).对于较高指标的算子,类似结果可在 Smale(1965)中找到,也可参阅 Palais(1967).

5.4节　在 Plastock(1974)中可找到结果(5.4.1),而结果(5.4.5)属于 Krasnoselski(1964).区域不变性定理最早由 Schauder 得到,这里给出的证明改写自 Granas(1961).在 Rothe(1953)中可以找到 Rothe 定理(5.4.12).结果(5.4.24)可在 Cronin(1973)中找到.结果(5.4.28)最初是由 Rabinowitz(1973)证明的,这里给出的证明属于 Ize(1975).结果(5.4.29)可在 Berger 和 Podolak(1975)中找到,其推广(5.4.32)可在 Berger 和 Podolak(1977)中找到.5.4F 节中讨论的保锥映射的研究基于 Krasnoselski 的论证(1964),这已是当代被大量涉及的课题,对现代工作的综述可见 Amann(1976).

5.5节　正如本书中所述,拟线性椭圆型方程的 Dirichlet 问题的可解性是 Hilbert 在他的讲演(Hilbert,1900)中提出的问题之一.在 Serrin 的文章(1969)以及 Ladyhenzskaya 和 Uralsteva(1968)的书中可以找到关于这个问题的极好的现代综述和很多新成果.半线性椭圆型边值问题正解的研究已成为许多现代研究成果的焦点,它大大超越了结果(5.5.6).至于好的综述,可见 Amann(1976)以及 Krasnoselsk(1964).在 Levi-Civita(1925)中可找到他们关于周期水波的早期结果.在 Wehausen(1968)中可找到来自物理学观点的很好综述.在 Krasovskii(1961)中可找到他的包含了结果(5.5.12)的文章.关于 Hamilton 系统周期解的延拓问题的研究可以追溯到 Poincaré.这方面有趣的实验结果已由 Stromgren 和他的同事们得到,见 Stromgren(1932).结果(5.5.24)可在 Krasnoselski(1964)中找到.结果(5.5.30)属于 Landesmann 和 Lazar(1970)以及 Williams(1972),此处所给的证明属于 Podolak

(1974).

F　非线性椭圆型边值问题的完全可积性

在某种意义下,可以完成结果(5.1.14).事实上,可以证明,由(5.1.13)定义的映射 A,典范拓扑等价于(按通常的符号)映射 $A_0:(t,w)\rightarrow(t^2,w)$,它与区域 Ω 的维数无关.假定(5.1.13)的函数 f 较光滑,要证拓扑等价实际上可微是可能的.以至于可以说,A 的所有临界点都是“折”,“折”是 Witney 的概念在一个适当的无穷维中的推广.这个工作的详情包含在 Berger 和 Church 的一篇文章中(*Indiana J. Math.*).

在这方面,重要的是以下事实:与其他完全可积性问题相反,这里所用的研究方法是“稳定的”.事实上,若映射 A 受到扰动,那么,即使扰动映射并不拓扑等价于 A,但仍可得到扰动问题的有意思结果.

第六章　梯度映射的临界点理论

这一章中我们将讨论涉及梯度映射的算子方程的某些基本性质.因为梯度映射 F' 的零点恰好是实值泛函 F 的临界点,所以我们将把注意力集中到 F' 的那些可借助于 F 的图形几何学来讨论的性质上.对于用变分来系统描述的许多经典问题而言,所得到的一般结果具有根本上的重要性.事实上,如同第一章中讨论的那样,通过求解一系列微分几何和数学物理问题,我们来说明这些结果的应用.

梯度算子的特殊性质及其有关的临界点理论导致对第五章中所述的一般问题的超常洞察力.这里我们将看到,这些相同问题如何用变分法来研究.与第五章更一般的技巧所得到的结果相比较,这些方法一般提供了更丰富的信息.

首先,我们研究可作为泛函 F 在线性空间 X 上的绝对极小点而得到那些临界点.然后,我们转向等周问题,即 F 在 X 的弯曲子空间上的绝对极小.当把 F 看成 X 上的泛函时,等周问题可看成是研究 F 的鞍点的简单解析方法.最后,我们讨论一个对鞍点更深刻的处理方法,即,讨论它们的分类以及与 F 的图形有关的拓扑不变量的联系.这些拓扑不变量的非零保证了各种类型临界点的存在性.此外,在每种情况下,我们讨论所得结果对几何和物理中某些有关问题的应用.

6.1　极小化问题

科学认识中一个基本而又具有启发性的原则可以简明陈述如下:“很多现象可借助于能量泛函 $\mathscr{I}(u)$ 在一个适当的‘目标类 C’上的极小化来理解”.例如,在第一章,我们从这个方面描述了测地线和极小曲面.就数学物理中的问题而言,相变、弹性不稳定性以及光的衍射等等都包括在这种现象中,都可以依据这个观点来研究.事实上,根据变分原理,现象的这个特征是从经典物理过渡到现代物理的奠基石.

设$\mathscr{I}(u)$是定义在 Banach 空间 X 的开集 U 上的实值 C^1 泛函,于是在数学上,自然要研究它的简单但重要的临界点类,这就是相对极小点,亦即,点 $u_0 \in U$,对于 u_0 附近的一切 u,有 $\mathscr{I}(u) \geqslant \mathscr{I}(u_0)$.

除了上述段落中具有启发性的原则外,这类点的重要性还在于有以下事实:这样的点不仅是梯度算子方程 $\mathscr{I}'(u)=0$ 的解,而且还具有值得注意的稳定性.简略地说,这些稳定性有两种:第一种断定,在 u_0 处有相对极小的泛函 $\mathscr{I}(u)$的光滑扰动也一定在附近有相对极小;第二种断定,从 $\mathscr{I}(u)$的严格相对极小点 u_0 附近开始的振动总停在 u_0 附近.我们注意,无论对相对极小的实际计算还是对它们的自然意义的解释来说,这种稳定性都是至关重要的.在这一节和下一节,我们从事泛函极小的研究,以及我们的结果对于有普遍意义的具体问题的适用性研究.

6.1A 下确界的达到

在一个有限维 Banach 空间 X 中,定义在有界闭集 M 上的任何连续泛函都可达到它的极值.正如众所周知的,对于无穷维空间,这个性质不一定成立[①].这因为此时有界闭集不一定是紧的.于是,在一个无穷维的 Hilbert 空间 H 中,一个没有点谱的有界自伴线性算子 L 具有这样的性质:在单位球面$\partial\Sigma=\{u \mid \|u\|=1\}$上达不到 $\alpha=\inf(Lu,u)$.事实上,若在$\partial\Sigma$ 上达到α,则 α 将是L 的本征值,因而在 L 的点谱中.

自从 Weierstrass 第一个指出不能达到下确界的泛函例子后,

① 历史上,就位势理论 Riemann 方法的合理性而言,这被证明是至关重要的(见 Courant 的前言部分(1950)).——原注

人们一直在研究这样的实际问题：在 Banach 空间 X 的闭子集 M 和泛函 $\mathscr{I}(u)$ 上确定什么限制条件可以保证达到所需的下确界？这些基本限制条件包括围绕集合

$$M^{\alpha} = \{u \mid u \in M, \mathscr{I}(u) \leqslant \alpha\}$$

的各种紧性概念以及 $\mathscr{I}$ 的各种下半连续性概念. 在第一章的极小曲面讨论中，我们已经引进了下半连续性的概念，它是 Lebesgue 积分的熟知性质(见 Fatou 定理). 泛函 $\mathscr{I}(u)$ 的弱下半连续性被理解为：每当 u_n 在 X 中弱收敛于 u，就有 $\mathscr{I}(u) \leqslant \underline{\lim}\mathscr{I}(u_n)$. 于是，根据(1.3.11)，Banach 空间 X 的范数在 X 上弱下半连续.

这方面的一个简单结果是

(6.1.1) **定理** 设 $\mathscr{I}(u)$ 是定义在 M 上的有界泛函，M 是自反 Banach空间 X 的一个(序列)弱闭非空子集. 那么，若 $\mathscr{I}(u)$ 在 M 上强制(在此意义上：每当 $u \in M$，$\|u\| \to \infty$ 时，就有 $\mathscr{I}(u) \to \infty$). 此外，若 $\mathscr{I}(u)$ 在 M 上弱下半连续，则 $c = \inf \mathscr{I}(u)$ 在 M 上是有限的，且在某点 $u_0 \in M$ 达到.

特别，若 $M = X$ 且 $\mathscr{I}(u)$ 属于 C^1 类，则 $\mathscr{I}'(u_0) = 0$，从而 $c = \mathscr{I}(u_0)$ 是 $\mathscr{I}(u)$ 的临界值，并且 $\mathscr{I}(\overset{-1}{c})$ 中任一元素是 $\mathscr{I}(u)$ 的一个临界点.

证明 根据 $\mathscr{I}$ 在 M 上的强制性，对任何有限数 α，集 $M^{\alpha} = \{u \mid u \in M, \mathscr{I}(u) \leqslant \alpha\}$ 是有界的. 因为泛函 $\mathscr{I}(u)$ 本身是有界的，于是 $c = \inf\limits_{M} \mathscr{I}(u)$ 有下界大于 $-\infty$. 此外，任何极小化序列 $\{u_n\} \subset M^{\alpha+1}$ 有界，于是有弱收敛子序列(我们仍记之为 $\{u_n\}$)，其弱极限为 $\bar{u}$. 然后，从 $\mathscr{I}(u)$ 的弱下半连续性可推出 $c = \mathscr{I}(\bar{u})$，这因为

$$\mathscr{I}(\bar{u}) \leqslant \lim \mathscr{I}(u_n) = c = \inf_{M} \mathscr{I}(u).$$

此外，因为 M 是弱闭的，所以 $\bar{u} \in M$. 故 $\bar{u} = u_0$ 是所需的极小. 若 $M = X$ 且 $\mathscr{I}(u)$ 属于 C^1 类，则对任何点 $u \in \mathscr{I}^{-1}(c)$，有 $\mathscr{I}(u + th) \geqslant \mathscr{I}(u)$，于是对任何 $t \in \mathbf{R}^1$ 和 $h \in X$，有

(6.1.2) $$(d/dt)\mathscr{I}(u + th)\big|_{t=0} = (\mathscr{I}'(u), h) = 0,$$

所以 $\mathscr{I}'(u)=0$.

为了考察这个结果的适用性,对泛函 $\mathscr{I}(u)$导出如下准则是必需的:(i)弱下半连续的判别准则,(ii) 强制的判别准则.下面两个引理提供了相当通用的判别准则,今后将证实,这是很有用的.

(6.1.3) **弱下半连续性的判别准则** 泛函 $\mathscr{I}(u)$在一个自反 Banach 空间 X 上弱下半连续,只要它可以表示为一个和:$\mathscr{I}(u)=\mathscr{I}_1(u)+\mathscr{I}_2(u)$,其中 $\mathscr{I}_1(u)$是凸的,$\mathscr{I}_2(u)$是序列弱连续的(即,对于弱收敛连续).更一般地,$\mathscr{I}(u)$弱下半连续,只要 $\mathscr{I}(u)=\mathscr{I}(u,u)$,其中 $\mathscr{I}(x,y)$是定义在 $X\times X$ 上的函数,它具有以下性质:对于固定的 y,$\mathscr{I}(x,y)$对 x 是凸的,并且对 y 序列弱连续,而序列弱连续在 $x\in X$ 中的有界集上一致.

证明 首先我们验证凸泛函 $\mathscr{T}(x)$是弱下半连续的.根据(2.5.2),若在 X 中 x_n 弱收敛到 x,则

$$\begin{aligned}\mathscr{T}(x_n)-\mathscr{T}(x)&=\int_0^1(x_n-x,\mathscr{T}'(x_n(s)))ds\\&=\int_0^1(x_n-x,\mathscr{T}'(x))dx\\&\quad+\int_0^1(x_n-x,\mathscr{T}'(x_n(s))-\mathscr{T}'(x))ds,\end{aligned}$$

其中 $x_n(s)=sx_n+(1-s)x$.由 $\mathscr{T}$ 的凸性,右端后一个积分是非负的(因为被积函数本身是非负的).另一方面,因为在 X 中 x_n 弱收敛到 x,故第一项趋于零,于是

$$\underline{\lim}[\mathscr{T}(x_n)-\mathscr{T}(x)]\geqslant 0.$$

其次假定 $\mathscr{I}(x)$满足定理中提到的更一般的性质.那么,若在 X 中 x_n 弱收敛到 x,记

(6.1.4) $\quad\mathscr{I}(x_n,x_n)=\mathscr{I}(x_n,x)+(\mathscr{I}(x_n,x_n)-\mathscr{I}(x_n,x)),$

我们得到 $\mathscr{I}(x_n,x)=\mathscr{T}(x_n)$(譬如说)凸,弱下半连续.因此,当 $n\to\infty$时,$\mathscr{I}(x,x)\leqslant\underline{\lim}\mathscr{I}(x_n,x)$.进一步,因为 x_n 弱收敛到 x,故$\{\|x_n\|\}$一致有界.于是,由假设条件,

$$|\mathscr{I}(x_n,x_n)-\mathscr{I}(x_n,x)|\to 0$$

一致成立.因而

$$\mathscr{I}(x)=\mathscr{I}(x,x)\leqslant\underline{\lim}\mathscr{I}(x_n,x_n)=\underline{\lim}\mathscr{I}(x).$$

结果得证.

(6.1.5) **强制性判别准则** 设 C^1 泛函 $\mathscr{I}(u)$ 定义在自反 Banach 空间 X 上,满足以下二条件之一:

(i) 对某个连续函数 $g(r)$,有 $(\mathscr{I}'(u),u)\geqslant g(\|u\|)$,使得 $\int^{\infty}g(r)/rdr=\infty$;

(ii) $\mathscr{I}'(u)=Lu+R'(u)$ 是半线性算子,使得 $m=\inf\limits_{\|u\|_X=1}(Lu,u)\notin\sigma_e(L)$,且当 $\|u\|_X$ 充分大时,

$$R(u)+\frac{m}{2}\|u\|_X^2\geqslant\eta(\|u\|_{\tilde{X}}),$$

其中,X 连续嵌入到 Banach 空间 $\tilde{X}$ 中,$\eta(r)$ 是一个连续泛函,当 $r\to\infty$ 时 $\eta(r)\to\infty$.那么,$\mathscr{I}(u)$ 在 X 上强制.

证明 (i):我们将证明,当 $\|u\|\to\infty$ 时,

$$\underline{\lim}\mathscr{I}(u)=\infty.$$

对 X 中范数为 1 的任何 w 以及 $s\geqslant0$,

$$\begin{aligned}\mathscr{I}(sw)-\mathscr{I}(0)&=\int_0^s(w,\mathscr{I}'(tw))dt\\&=\int_0^s(tw,\mathscr{I}'(tw))\frac{dt}{t}.\end{aligned}$$

于是,根据假设条件,有正数 $R>0$(R 与 w 无关),使得

$$\mathscr{I}(sw)\geqslant\mathscr{I}(0)+\mathscr{I}(Rw)+\int_R^s\frac{g(t)}{t}dt.$$

当 $\|u\|\to\infty$ 时,$\underline{\lim}\mathscr{I}(u)\geqslant\int_R^{\infty}\frac{g(t)}{t}dt+C$($C$ 为常数),因此,$\mathscr{I}(u)$ 是强制的.

(ii):设 N 是 $L-mI$ 的有限维零空间,又设 $\{u_k\}$ 是一个使得 $\|u_k\|_X\to\infty$ 的序列,我们有 $u_k=u_k'+u_k''$,其中 $u_k'\perp N,u_n''\in N$.现因 $m\notin\sigma_e(L)$,故存在绝对常数 $c_0>0$,使

$$\mathscr{I}(u_k)=\frac{1}{2}(Lu_k,u_k)+R(u_k)>c_0\|u_k'\|_X^2+\eta(\|u_k\|_{\tilde{X}}).$$

于是,若 $\|u_k'\|_X\to\infty$,我们有 $\mathscr{I}(u_k)\to\infty$. 否则,我们一定有 $\|u_k'\|_X\leqslant C$ 和 $\|u_k''\|_X\to\infty$. 并可推出 $\|u_k'\|_{\tilde{X}}\leqslant C'$,因此 $\|u_k''\|_{\tilde{X}}\to\infty$,这因为 $\dim(L-mI)<\infty$,并且定义在有限维空间上的所有 Banach 空间有等价范数. 这给出 $\|u_k\|_{\tilde{X}}\to\infty$,因而,在这种情况也有 $\mathscr{I}(u_k)\to\infty$. 以上 C 与 C' 是正常数.

(6.1.6) **例**

(i) 若 $\mathscr{I}'(u)=Lu+\mathscr{N}'(u)$ 是半线性算子,L 的本质谱 $\sigma_e(L)$ 是非负的,则 $\mathscr{I}(u)$ 在 X 上弱下半连续. 事实上,这时

$$\mathscr{I}(u)=\frac{1}{2}(Lu,u)+\mathscr{N}(u).$$

$L=L_1+L_2$,其中,$L_1\geqslant 0$, L_2 紧. 于是,$\mathscr{I}(u)$ 可以写成凸泛函 $\frac{1}{2}(L_1u,u)$ 和泛函 $\mathscr{I}_2(u)=\frac{1}{2}(L_2u,u)+\mathscr{N}(u)$ 之和,显然,$\mathscr{I}_2(u)$ 对于弱收敛是连续的,于是可用(6.1.3).

(ii) 设 $\{g_{ij}(x)\mid i,j=1,2,\cdots,N\}$ 是光滑函数,在函数空间 $W_N=\mathring{W}_{1,2}[(a,b),\mathrm{R}^N]$ 上考虑泛函

$$\mathscr{I}(x)=\sum_{i,j=1}^{N}\int_a^b g_{ij}(x)\dot{x}_i\dot{x}_j,$$

其中,$\sum\limits_{i,j=1}^{N}g_{ij}(\xi)\xi_i\xi_j$ 是 ξ 的正定二次型. 为了使用(6.1.3),设

$$\mathscr{I}(x,y)=\sum_{i,j=1}^{N}\int_a^b g_{ij}(y)\dot{x}_i\dot{x}_j,$$

对固定的 y,$\mathscr{I}(x,y)$ 定义在 W_N 上,并对 x 凸. 另一方面,若在 W_N 中 y_n 弱收敛于 y,则在 $[a,b]$ 上 $g_{ij}(y_n)$ 一致收敛于 $g_{ij}(y)$. 于是对于一个绝对常数 $K>0$,

$$\begin{aligned}|\mathscr{I}(x,y_n)-\mathscr{I}(x,y)|&=\left|\sum_{i,j}\int_a^b\{g_{ij}(y_n)-g_{ij}(y)\}\dot{x}_i\dot{x}_j\right|\\&\leqslant K\sup_{i,j}\sup_{[a,b]}|g_{ij}(y_n)-g_{ij}(y)|\,\|x\|_{W_N}^2\to 0.\end{aligned}$$

其中,在 W_N 中的有界集上收敛是一致的.

对于定义在 Hilbert 空间 X 上的 C^1 泛函 $\mathscr{I}(u)$是否达到下确界,另一个有用的判别准则可表述为不依赖半连续性条件,但要求 $\mathscr{I}(u)$满足下面的"紧性条件".

条件(C) 若序列 $\{x_n\}\subset X$ 使 $\mathscr{I}'(x_n)$一致有界,且 $\mathscr{I}'(x_n)\to 0$,则 x_n 有收敛的子序列.

事实上,以下结果成立:

(6.1.1′)**定理** 设 $\mathscr{I}(x)$是定义在 Hilbert 空间 X 上的 C^1 泛函,使 $\mathscr{I}'(x)$满足一致 Lipschitz 条件,并且 $\mathscr{I}(x)$有下界.那么,若 $\mathscr{I}(x)$满足条件(C),则在某点 $\bar{x}$ 处达到$\inf\limits_X \mathscr{I}(x)$,且$\mathscr{I}'(\bar{x})=0$.

证明 假定达不到 $c=\inf\limits_X \mathscr{I}(x)$,于是,$c$ 不是 $\mathscr{I}(x)$的临界值.那么,从条件(C)可推出,对某个 $\varepsilon>0$,

$$I^{c+\varepsilon} = \{x \mid \mathscr{I}(x)\leqslant c+\varepsilon\}$$

也不包含临界点(事实上,否则将有收敛的临界点列$\{x_n\}$使$\mathscr{I}(x_n)$趋于 c,于是,由条件(C)可推出 $\lim\limits_{n\to\infty} x_n = \bar{x}$ 是个临界点,而 $\mathscr{I}(\bar{x})=c$).我们现在把 3.2 节的最速下降法用于这种情况:考虑初值问题

$$\frac{dx}{dt} = -\mathscr{I}'(x), \qquad x(0) = x_0,$$

其中 x_0 是 $I^{c+\varepsilon}$的任一点.根据前面的结果,对于所有的 t,要这个初值问题有解 $x(t)$.就只要 $x(t)$保持一致有界.此外,沿着 $x(t)$

$$(*) \qquad \frac{d}{dt}\mathscr{I}(x(t)) = -\|\mathscr{I}'(x(t))\|^2;$$

于是,因为 $\mathscr{I}(x(t))$有下界,故当 $t\to\infty$时 $\|\mathscr{I}'(x(t))\|\to 0$.其次,我们利用 $\mathscr{I}(x)$满足条件(C)这一事实,可断定对任一序列 $t_n\to\infty$,因为 $\mathscr{I}(x(t_n))$必一致有界,所以 $x(t_n)$有收敛子序列 $x(t_{n_j})$,其极限为 $\bar{x}$.并由 $\mathscr{I}'(x)$的连续性,$\mathscr{I}'(\bar{x})=0$.因此 $\bar{x}$ 是 $\mathscr{I}$ 的临界点,由$(*)$,$\bar{x}\in I^{c+\varepsilon}$,这就是所要的矛盾.

6.1B 一个例证

定理(6.1.1)的一个简单(而非平凡的)例子是考虑非自治 Hamilton 系统

$$(6.1.7) \qquad \ddot{x}=\nabla U(x,t)$$

的 T 周期解,其中 $x(t)$是一个 N 维向量,$U(x,t)$是 x 和t 的C^1 实值函数.假定 $U(x,t)$对 t 是T 周期的,我们要找(6.1.7)的 T 周期解.事实上,我们可以证明

(6.1.8)**定理** 若 T 周期函数$U(x,t)$具有强制性质,当$|x|\to\infty$时,对 t 一致地有$U(x,t)\to\infty$,则(6.1.7)有 T 周期解,它可作为泛函

$$(6.1.9) \qquad \mathscr{I}(x)=\int_0^T\left(\frac{1}{2}\dot{x}^2+U(x,t)\right)dt$$

在所有的 T 周期C^1 类 N 维向量函数$x(t)$上的极小值点而获得.

证明 用 W_N 表示所有使$|\dot{x}(t)|^2\in L_2[0,T]$的绝对连续 T 周期向量函数$x(t)$的空间. $W_N=W_{1,2}([0,T],\mathrm{R}^N)$是 Hilbert 空间,其内积

$$(6.1.10) \qquad (x,y)_{W_N}=\int_0^T\{\dot{x}(t)\cdot\dot{y}(t)+x(t)\cdot y(t)\}dt.$$

我们将证明,在 $\bar{x}(t)\in W_N$ 处达到

$$(6.1.11) \qquad \inf_{W_N}\mathscr{I}(x)=\inf_{W_N}\int_0^T\{\frac{1}{2}\dot{x}^2(t)+U(x,t)\}dt.$$

然后,据 1.5 节中提到的结果,$\bar{x}(t)$是 C^2 类函数,因此 $\bar{x}(t)$是(6.1.7)所要的 T 周期解.为验证在$\inf\mathscr{I}(x)$在 W_N 上有限,且在$\bar{x}(t)$处可达到,我们利用定理(6.1.1),并验证 $\mathscr{I}(x)$的弱下半连续性和强制性.我们首先注意到,若 x_n 在W_N 中弱收敛到x,则根据 Sobolev 嵌入定理,x_n 在$[0,T]$上一致收敛到 x.于是 $\mathscr{I}(x)$是凸二次泛函$\int_0^T\dot{x}^2(t)dt$ 与(序列) 弱连续泛函$\int_0^T U(x,t)dt$ 之和,(6.1.3) 确保 $\mathscr{I}(x)$ 弱下半连续.为证 $\mathscr{I}(x)$ 的 强制性,我们设

(6.1.12) $$(Lx,x)=\int_0^T \dot{x}^2 dt,$$

$$R(x)=\int_0^T U(x,t)dt.$$

显然,这样定义的算子 L 是自伴 Fredholm 算子,且在 $\|x\|=1$ 上 $m=\inf(Lx,x)=0$. 此外,Ker$L$ 由常 N 维向量$\{c\}$组成,所以 W_N 的一般元素 $x(t)$可唯一写成

$$x(t)=y(t)+c,$$

其中 $y(t)$在$(0,T)$上的平均值为 0. 现在

(6.1.13) $$\|y(t)\|_{W_N}\leqslant\sqrt{T}\|\dot{y}(t)\|_{L_2[0,T]}.$$

又因为当$|x|\to\infty$时 $U(x,t)$一致趋于无穷,所以 $U(x,t)$在$[0,T]$上有一致的下界(譬如说 $-K_0$). 于是

(6.1.14) $$\mathscr{I}(x(t))=\mathscr{I}(c+y(t))\geqslant\frac{1}{2}\|y\|_{W_N}^2-K_0T.$$

故当$\|y(t)\|_{W_N}\to\infty$时,$\mathscr{I}(x(t))\to\infty$. 因此,只需考虑这种可能性:当常数列$\{c_u|\to\infty$时,序列 $x_n(t)=y_n(t)+c_n$ 使$\{\|y_n\|_{W_N}\}$一致有界. 为此,设

(6.1.15) $$\Omega_n=\left\{t\,|\,t\in[0,T],|y_n(t)|>\frac{1}{2}|c_n|\right\},$$

那么

$$\int_{\Omega_n}\frac{1}{4}c_n^2\leqslant\|y_n(t)\|_{L_2}^2\leqslant C_0(\text{譬如说}),$$

从而 $\mu(\Omega_n)\leqslant 4C_0/c_n^2$. Ω_n 的余集 Ω_n' 有测度 $\mu(\Omega_n')\geqslant T-4C_0/c_n^2$. 设 n 大得使$\mu(\Omega_n')>T/2$. 则在 Ω_n' 上,有

$$|x_n|=|y_n+c_n|\geqslant|c_n|-|y_n|\geqslant|c_n|/2,$$

根据假设条件,存在函数 $\eta(r)$,使得当 $r\to\infty$时,$\eta(r)\to\infty$,同时,$U(x,t)\geqslant\eta(\|x\|)$,以及

(6.1.16) $$R(x_n)=\int_0^T U(y_n(t)+c_n,t)dt=\int_{\Omega_n}+\int_{\Omega_n'}$$

$$\geqslant -TK_0 + \eta\left(\frac{|c_n|}{2}\right)\frac{T}{2}.$$

于是,当 $c_n\to\infty$ 时,$R(x_n)\to\infty$. 我们可断定 $\mathscr{I}(x)$ 在 W_N 上强制,从而定理得证.

6.1C 与拟线性椭圆型方程有关的极小化问题

在具体的变分问题中,一些包含单重积分,另一些又包含多重积分,已知这两者之间有重大差别,而前一节的一般性考虑对此不加以区分. 事实上,对于形若 $\mathscr{I}(u)=\int_a^b F(x,u,u_x)dx$ 的一大类"正则的"变分问题(其中 $u(x)$ 是 x 的 N 维向量函数),在小范围内,可以同时建立 $\mathscr{I}(u)$ 的任何临界点 $\tilde{u}(x)$ 的存在性和极小化性质. 因此,对 $\mathscr{I}(u)$ 在大范围内的临界点搜索可以分解成一系列的局部问题. 对于含多重积分的变分问题则不能这样做. 例如,一条曲线的长度可以用折线逼近来确定,但正如在 1.1 节中已讲过的,曲面的面积就不能用类似的简单东西来逼近.

此外,含单重积分的泛函绝对极小的正则性相对容易建立,而至今为止,多重积分极小值的类似正则性质却仅部分地得到证明.

然而,与拟线性椭圆型算子有关的泛函临界点却具有某种有趣的"局部"极小化性质. 事实上,设 Ω 是有界域,且 $\tilde{u}(x)$ 是

(6.1.17) $$\mathscr{I}(u)=\int_\Omega F(x,D^\alpha u,D^\beta u)dx$$

的一个光滑临界点,其中,$|\alpha|\leqslant m-1$, $|\beta|=m$, $u(x)$ 在 $C^m(\Omega)$ 中的函数类上,它们及其不大于 $m-1$ 的导数在 $\partial\Omega$ 上都为零. 同时,函数 $F(x,y,z)$ 属于 C^m 类,且对于固定的 x 和 y, F 对 z 严格凸(于是,与 $\mathscr{I}$ 相应的 Euler-Lagrange 方程是椭圆型的). 那么,$\tilde{u}$ 有如下的极小化性质:

(6.1.18) 设 $\eta(x)(\neq 0)$ 是 C^∞ 函数,它在一个任意点 $x_0\in\Omega$ 的充分小邻域 Ω_{x_0} 之外为零,那么,$\mathscr{I}(\tilde{u}+\eta)>\mathscr{I}(\tilde{u})$,从而 $\tilde{u}$ 不可能是相对极大.

证明 因为 $\mathscr{I}'(\tilde{u})=0$, Taylor 定理指出,对某个 $t\in[0,1)$,

有

$$(6.1.19)\quad \mathscr{I}(\tilde{u}+\eta)=\mathscr{I}(\tilde{u})+\frac{1}{2}(\mathscr{I}''(\tilde{u}+t\eta)\eta,\eta),$$

其中,

$$(\mathscr{I}''(v)\eta,\eta)=\sum_{|\alpha'|,|\beta'|\leqslant m}\int_\Omega F_{X'_\alpha X'_\beta}(x,D^\alpha v,D^\beta v)D^{\alpha'}\eta D^{\beta'}\eta.$$

由证明(6.1.19)中的第二项是严格正的,我们可证明 $\mathscr{I}(\tilde{u}+\eta)>\mathscr{I}(\tilde{u})$. 为此,我们注意,对 $|\alpha|<m$,有 $\|\eta\|_\alpha\leqslant\varepsilon(\Omega_{x_0})\|\eta\|_m$,其中,当 $\mu(\Omega_{x_0})\to0$ 时,$\varepsilon(\Omega_{x_0})\to0$. 于是,由简单的计算可知,当 $\mu(\Omega_{x_0})$充分小时,存在与 η 无关的常数 $c_1,c_2>0$,使得

$$\begin{aligned}(\mathscr{I}''(\tilde{u}+t\eta)\eta,\eta)&\geqslant c_1\|\eta\|_m^2-c_2\|\eta\|_{m-1}^2\\&\geqslant(c_1-c_2\varepsilon(\Omega_{x_0}))\|\eta\|_m^2>0.\end{aligned}$$

其次,我们可着手处理这样的问题:找一个达到泛函 $\mathscr{I}(u)=\int_\Omega F(x,D^\alpha u,D^m u)dx$, $|\alpha|<m$ 的下确界的函数,它定义在有界域 $\Omega\subset\mathbb{R}^N$ 上,带光滑边界 $\partial\Omega$,当 $|\alpha|\leqslant m-1$ 时,满足 Dirichlet 边界条件 $D^\alpha u|_{\partial\Omega}=f_\alpha(x)$. 这方面的一个已知结果是

(6.1.20)**定理** 假定在 $W_{m,p}(\Omega)$中存在函数 $f(x)$,使得 $D^\alpha f$ 在 $\partial\Omega$ 上的迹与 f_α 重合,$|\alpha|\leqslant m-1$. 此外,假定函数 $F(x,y,z)$及其偏导数$\partial F/\partial y$ 和$\partial F/\partial z$ 是连续的,且 F 满足下面两个条件:

$$(6.1.21a)\qquad F(x,y,z)\geqslant c_0|z|^p-c_1,$$

其中 c_0,c_1 是大于零的常数;

(6.1.21b) 对于固定的 x 和 y,$F(x,y,z)$是 z 的凸函数.

那么,在类 $\mathscr{C}=\{u\,|\,u\in W_{m,p}(\Omega)$使 $D^\alpha u|_{\partial\Omega}=f_\alpha,|\alpha|\leqslant m-1\}$上,$\inf\mathscr{I}(u)$是有限的,且由一个函数 $\tilde{u}(x)\in\mathscr{C}$达到.

证明 首先我们注意,因为根据条件 $f(x)\in\mathscr{C}$,所以类 $\mathscr{C}$ 是非空的. 其次,由于 $\mathscr{I}(u)$和 $\mathscr{I}(u)+c_1$ 有相同的临界点,所以我们可以假定 $c_1=0$ 时(61.1.21a)成立. 又由条件(6.1.21a)可推出 $\mathscr{I}(u)$在 $\mathscr{C}$ 上是强制的. 这因为 $\mathscr{I}(u)\geqslant c_0\int_\Omega|D^m u|^p$. 同时,由

Sobolev 定理,当$|\alpha|\leqslant m-1$时,存在与 u 无关的正常数c_α,使得

$$\begin{aligned}\| D^\alpha u \|_{L_p} &\leqslant \| D^\alpha(u-f)\|_{L_p} + \| D^\alpha f\|_{L_p} \\ &\leqslant c_\alpha \| D^m(u-f)\|_{L_p} + \| D^m f\|_{L_p} \\ &\leqslant c_\alpha \| D^m u \|_{L_p} + \text{const.},\end{aligned}$$

因此,每当

$$\| u \|_{m,p} = \left\{\sum_{|\beta|\leqslant m} \| D^\beta u \|_{L_p}^p\right\}^{1/p} \to \infty,$$

就有 $\mathscr{I}(u)\to\infty$. 此外,$\mathscr{I}(u)$有下界. 于是,一旦我们由假设条件(6.1.21b)证明在 $W_{m,p}(\Omega)$中关于弱收敛,$\mathscr{I}(u)$下半连续,就可利用(6.1.1)的证明. 设 u_n 在$W_{m,p}(\Omega)$中弱收敛到 u,其中 $u_n\in\mathscr{C}$,那么 $u\in\mathscr{C}$,而且对$|\alpha|<m$,在 $L_p(\Omega)$中 $D^\alpha u_n$ 强收敛于$D^\alpha u$,故$\{u_n\}$有弱收敛子序列(我们仍记之为$\{u_n\}$)在 Ω 中几乎处处收敛到u. 根据 Egorov 定理,给定 $\varepsilon>0$,则存在集合 $\Omega_\varepsilon\subset\Omega$,使得当$|\alpha|\leqslant m-1$时,在 Ω_ε 上一致地有 $D^\alpha u_n\to D^\alpha u$,同时 $\mu(\Omega_\varepsilon)\geqslant\mu(\Omega)-\varepsilon$. 设

$$\Omega_{\varepsilon,N} = \left\{x \,\middle|\, x\in\Omega_\varepsilon, \sum_{|\alpha|\leqslant m}\left|D^\alpha u\right|\leqslant N\right\},$$

因为 $u\in W_{m,p}(\Omega)$,故当 $\varepsilon\to0$ 以及 $N\to\infty$时,$\mu(\Omega-\Omega_{\varepsilon,N})\to0$. 随着这些准备,我们现在利用凸性条件(6.1.21b)来证明所需的下半连续性. 定义

$$\mathscr{I}_{\varepsilon,N}(u,v) = \int_{\Omega_{\varepsilon,N}} F(x,D^\alpha u,D^m v)dx$$

和

$$\mathscr{I}_{\varepsilon,N}(u,u) = \mathscr{I}_{\varepsilon,N}(u),$$

我们有

$$\begin{aligned}&\mathscr{I}_{\varepsilon,N}(u_n)-\mathscr{I}_{\varepsilon,N}(u) \\ &\quad = \{\mathscr{I}_{\varepsilon,N}(u_n,u_n) - \mathscr{I}_{\varepsilon,N}(u_n,u)\} \\ &\qquad + \{\mathscr{I}_{\varepsilon,N}(u_n,u) - \mathscr{I}_{\varepsilon,N}(u,u)\}.\end{aligned}$$

根据假设条件(6.1.21b),有

$$\mathscr{I}_{\varepsilon,N}(u_n,u_n)-\mathscr{I}_{\varepsilon,N}(u_n,u)$$
$$\geqslant\int_{\Omega_{\varepsilon,N}} F_z(x,D^\alpha u_n,D^m u)(D^m u_n-D^m u),$$

同时,在 $\Omega_{\varepsilon,N}$上一致地有

$$F(x,D^\alpha u_n,D^m u)\to F(x,D^\alpha u,D^m u),$$

并且一致地有

$$F_z(x,D^\alpha u_n,D^m u)\to F_z(x,D^\alpha u,D^m u).$$

因此,由于在 $L_p(\Omega)$中 $D^m u_n$ 弱收敛于$D^m u$,所以当 $n\to\infty$时,

$$\underline{\lim}\,\mathscr{I}_{\varepsilon,N}(u_n)\geqslant\mathscr{I}_{\varepsilon,N}(u).$$

现因 $F(x,y,z)$是非负的,故

$$\mathscr{I}_{\varepsilon,N}(u_n)\leqslant\mathscr{I}(u_n);$$

又因 ε 和N 是任意的,故当 $n\to\infty$时,

$$\underline{\lim}\,\mathscr{I}(u_n)\geqslant\mathscr{I}(u).$$

于是,(6.1.20)得证.

正如已提过的,若 m 和N 同时大于 1,则仍未找到保证在(6.1.20)中得到的极小值 $\tilde{u}(x)$的正则性的一般结果. 于是,一般地,不能说 $\tilde{u}(x)$满足所得的 Euler-Lagrange 系统

$$\sum_{|\alpha|\leqslant m}(-1)^{|\alpha|}D^\alpha F_\alpha(x,Du,\cdots,D^m u)=0,$$
$$D^\alpha u\,|_{\partial\Omega}=f_\alpha,\qquad |\alpha|\leqslant m-1,$$

其中 $F_\alpha=\partial F(x,X^\beta)/\partial X^\alpha$.

最近,对所有的 N,已成功地解决了 $m=1$ 的情况,并且它已成为若干本书的课题(例如 Morrey(1966), Ladyhenskaya 和 Uraltseva(1968)). 对 $N=1$ 这种情况,问题相当简单. 事实上,此时 $\tilde{u}(x)$是绝对连续的. 而且当 $p>1$ 时,在$W_{m,p}(a,b)$中,$\tilde{u}(x)$是具有指数为 $m-1/p$ 的 Hölder 连续函数. 1.5 节已得到这个结果.

进一步作出如下两个简化假设很有用. 一是假设与泛函$\mathscr{I}(u)$相应的 Euler-Lagrange 方程 $\mathscr{I}'(u)=0$ 是半线性的;二是假设方程

$\mathscr{I}'(u)=0$ 是二阶. 上述半线性的意义是双重的:(i) 任何广义解的光滑性通常可归结到线性椭圆型方程的正则性理论(如 1.5 节中所述);(ii) (6.1.3)和(6.1.5)的下半连续性判别准则和强制性判别准则容易应用. 于是,例如,若

$$\mathscr{I}(u) = \frac{1}{2}(Lu, u) + \mathscr{N}(u);\ u \in \mathring{W}_{m,2}(\Omega),$$

其中,

$$(Lu, u) = \int_{\Omega} \sum_{|\alpha|,|\beta| \leqslant m} a_{\alpha,\beta}(x) D^{\alpha}u D^{\beta}u$$

是与线性椭圆型算子 L 相应的二次型,且

$$\mathscr{N}(u) = \int_{\Omega} F(x, u),$$

其中,$F(x,u)$是 C^1 非负函数,下界为固定的抛物线

$$P(u) = c_1 u^2 + c_2, c_1 > 0.$$

那么,假定 $\Omega \subset \mathrm{R}^N$ 是有界域,系数 $\alpha_{\alpha\beta}(x)$在 Ω 中光滑,则由 Gårding 不等式(1.4.22)用于(Lu, u),以及由 Fatou 定理用到 $\mathscr{N}(u)$将得出 $\mathscr{I}(u)$在$\mathring{W}_{m,2}(\Omega)$上的弱下半连续性. 为得到最后这点,注意,若在$\mathring{W}_{m,2}(\Omega)$中 u_n 弱收敛到u,则在 Ω 上u_n 依测度收敛到 u,并且据 Fatou 定理,由 $F(x,u)$的非负性可推出

$$\varliminf_{n\to\infty} \int_{\Omega} F(x, u_n) \geqslant \int_{\Omega} F(x, u).$$

证明 $\mathscr{I}(u)$的强制性较困难,但这可从(6.1.5(ii)推出,此时 $X = L_2(\Omega)$,而这只要与 $P(u)$相应的正常数 c_1 能控制 L 的负谱. 这里,关键是不必在函数 $F(x,u)$上附加增长限制. 其理由是:在 $F(x,u)$上的非负假设保证了 $F(x,u)$对 $u \in \mathring{W}_{m,2}(\Omega)$的可积性,并且只要 $\inf\mathscr{I}(u)$在 $W_{m,2}(\Omega)$上是某个有限数,譬如说 c. 对任何固定的 $\varepsilon>0$,我们只需考虑定义在集合$\mathring{W}_{m,2} \cap \mathscr{I}^{-1}(c, c+\varepsilon)$上的 $\mathscr{I}(u)$.

与二阶拟线性椭圆型方程相应的变分问题具有特别简化了的性质. 这主要归于 $W_{1,p}(\Omega)$中函数的特殊性质以及众所周知的方

法(例如极大原理),用它们可得这类方程解的先验界.我们由指出这种简化的一个简单(但有用)的例子来结束这一小节.

(6.1.22) **关于先验界** 假定在 $W_{1,p}(\Omega)$ ($p\geqslant 1$)中函数 u 的类 $\mathscr{C}$ 上,$\tilde{u}(x)$使泛函

$$\mathscr{I}(u)=\int_\Omega F(x,u,Du)dx$$

极小化,其中,$\mathscr{C}$ 中的 u 满足指定的边界条件 $u|_{\partial\Omega}=f$.若存在数 $k>0$ 使得对所有的 $x\in\Omega$ 和 $|z|>0$:

(i) 每当 $y>k$ 时,$F(x,y,z)>F(x,k,0)$;

(ii) 每当 $y<-k$ 时,$F(x,y,z)>F(x,-k,0)$;

(iii) 在 $\partial\Omega$ 上 $\text{ess sup}|f|\leqslant k$.

那么在 Ω 上 $\text{ess sup}|\tilde{u}(x)|\leqslant k$.此外,如果

(iv) 当 $|z|\to\infty$ 时,对有界的 $|x|+|y|$,有 $F_z(x,y,z)=O(|z|^{p-1}),F_y(x,y,z)=O(|z|^p)$,

那么,$\tilde{u}$ 是所得到的 Euler-Lagrange 方程组的广义解.

证明 我们首先注意,从 $W_{1,p}(\Omega)$的特性可推出 $\mathscr{C}$ 中函数的截断函数仍在 $\mathscr{C}$ 中.事实上,设 $v\in\mathscr{C}$,同时,$\text{ess sup}|v|>k$,用 $\tilde{v}$ 表示截断函数

$$\tilde{v}(x)=\begin{cases}\inf(v,k), & v\geqslant 0,\\ \sup(v,-k), & v<0,\end{cases}\tag{6.1.23}$$

那么,$\tilde{v}(x)\in W_{1,p}(\Omega)$,且由(iii)有 $\tilde{v}|_{\partial\Omega}=f$,于是 $\tilde{v}\in\mathscr{C}$.

其次,我们用(i)和(ii)来证明 $\mathscr{I}(\tilde{v})<\mathscr{I}(v)$,从而证明(6.1.22)的第一部分.事实上,从(i)和(ii)可推出

$$\begin{aligned}&\mathscr{I}(v)-\mathscr{I}(\tilde{v})\\ &=\int_{|v|\geqslant k}(F(x,v,v_x)-F(x,\tilde{v},\tilde{v}_x))>0,\end{aligned}\tag{6.1.24}$$

于是在 Ω 上 $\text{ess sup}|\tilde{u}(x)|\leqslant k$.

然后,为完成此证明,我们注意,$\tilde{u}(x)$也是 $\mathscr{I}(u)$在限制类

$$\mathscr{C}_{k+1}=\{u\mid u\in\mathscr{C},\ |u|_{L_\infty}\leqslant k+1\}$$

上的极小,于是从(iv)推出,对任意 $\zeta\in C_0^\infty(\Omega)$,$\mathscr{I}(\tilde{u}+t\zeta)$在 $\mathscr{C}_{k+1}$

中是可微的,因而

$$\frac{d}{dt}\mathscr{I}(\tilde{u}+t\zeta)\mid_{t=0}=0,$$

并且对所有的 $\zeta\in C_0^\infty(\Omega)$,

$$\int_\Omega\{F_z(x,\tilde{u},\tilde{u}_x)\zeta_x+F_y(x,\tilde{u},\tilde{u}_x)\zeta\}dx=0.$$

于是,正如所需,$\tilde{u}$ 是 $\mathscr{I}(u)$的 Euler-Lagrange 方程组的广义解.

我们现在考虑定义在有界域 $\Omega\subset\mathbb{R}^N$ 上的以下二阶半线性边值问题

(6.1.25) $\quad Lu+f(x,u)=0,\qquad u|_{\partial\Omega}=g(x).$

这里,L 是具有光滑系数的线性二阶椭圆型微分算子.

每当我们可对$|\tilde{u}(x)|$找出一个先验界时,就可利用(6.1.22)第二部分中所用的论证.事实上,我们证明

(6.1.26) 方程(6.1.25)总有解 $\tilde{u}(x)$使相应的泛函 $\mathscr{I}$达到极小,而与在函数 $f(x,u)$上的任何增长限制无关,这只要 $g(x)$连续,

$$Lu=\sum_{|\alpha|,|\beta|=1}D^\alpha\{a_{\alpha\beta}(x)D^\beta u\}-cu,$$

其中,$c>0$,同时,对某个数 $M>0$,当$|y|>M>\max\limits_{\partial\Omega}|g(x)|$时,

(6.1.27) $\quad(\operatorname{sgn}y)f(x,y)<0.$

此外,在这些限制条件下,方程(6.1.25)在 Ω 中所有解 $w(x)$满足 $\sup|w(x)|\leqslant M$.

证明 我们首先用二阶椭圆型方程的极大值原理来证实(6.1.26)的第二部分.设 $f_M(x,y)$是由

(6.1.28) $$f_M(x,y)=\begin{cases}f(x,M), & y>M,\\ f(x,y), & -M\leqslant y\leqslant M,\\ f(x,-M), & y<-M\end{cases}$$

定义的 Lipschitz 连续函数,则

(6.1.29) $\quad Lu+f_M(x,u)=0,\quad u|_{\partial\Omega}=g$

在 Ω 中的任何解 $w_M(x)$都与(6.1.25)的解一致.事实上,在 Ω 中 $w_N(x)$的一个正极大值 $\overline{w}$ 处 $Lu=0$,于是 $f_M(x,u)\geqslant0$,从而根

据 L 的极大值原理(见 Protter 和 Weinberger,1967)有 $\overline{w} \leqslant M$.另一方面,在负的极小值 $\widetilde{w}$ 处,同样的论证得到 $\widetilde{w} \geqslant -M$.于是有 $|w_M(x)| \leqslant M$,且 $f_M(x, w_M(x)) = f(x, w_M(x))$.

现因 $f_M(x,u)$对(6.1.3)所必需的增长限制自动满足,故所得的与(6.1.29)相应的极小化问题不难解决,其解为 $\bar{u}(x)$(譬如说).另一方面,$|\bar{u}(x)| \leqslant M$,且 $\bar{u}(x)$满足(6.1.25).从条件(6.1.27)也可推出,对

$$F_M(x,u) = \int_0^u f_M(x,s)ds$$

有

$$\int_\Omega F_M(x,u) \geqslant \int_\Omega F(x,u).$$

因为在 $W_{1,2}(\Omega)$中具指定边界值 $g(u)$的函数类上

$$\mathscr{I}_M(u) = \frac{1}{2}(Lu,u) - \int_\Omega F_M(x,u) \leqslant \mathscr{I}(u),$$

所以 $\bar{u}(x)$也使

$$\mathscr{I}(u) = \frac{1}{2}(Lu,u) - \int_\Omega F(x,u)$$

极小化.

(6.1.26)的重要性在于它与非唯一性的考虑无关.考虑 Ω 上的 Dirichlet 问题

(6.1.30) $\quad \varepsilon^2 \Delta u + u - g^2(x) u^3 = 0, \quad u|_{\partial\Omega} = 0,$

可对这点作出很好说明,这在 4.4 节简单讨论过.我们现在未证明关于解 $u_1(x,\varepsilon)$的延拓的一个决定性结果,这在 4.4C 节中描述过.即使对于充分小的 $\varepsilon > 0$,这个方程组仍将有任意多个不同的解(正如我们将在 6.6 节中证明的).

(6.1.31) 4.4 节中所描述的(6.1.30)的解 $u_1(x,\varepsilon)$可唯一延拓到开区间$(0, \lambda_1^{-\frac{1}{2}})$上,成为 ε 的连续正函数,并且不能进一步延拓.其中,λ_1 是 Ω 上服从零边值条件的 Laplace 算子的最小本征值.

证明 我们首先注意,对每个 $\varepsilon>0$,当 $K=\sup\limits_{\Omega}\sqrt{2}/|g(x)|$ 时,方程满足(6.1.22)的条件,使得如果

$$\mathscr{I}_\varepsilon(u)=\int_\Omega(\varepsilon^2|\nabla u|^2-u^2+\frac{1}{2}g^2u^4),$$

那么在 $v_1(x,\varepsilon)\in C^2(\Omega)$(譬如说)处可达到 $\inf\limits_{\mathring{W}^{1,2}(\Omega)}\mathscr{I}(u)$,并且 $v_1(x,\varepsilon)$满足(6.1.30).此外,对 $\varepsilon^2>1/\lambda_1$,由 λ_1 的变分特性,对 $\mathring{W}_{1,2}(\Omega)$中光滑的 $u(x)\neq0$,有 $\mathscr{I}_\varepsilon(u)>0$. 故对 $\varepsilon^2>\frac{1}{\lambda^1}$,

$$v_1(x,\varepsilon)\equiv0.$$

另一方面,对 $\varepsilon^2<1/\lambda_1$,当 u_1 是与 λ_1 相应的正本征函数时 $\mathscr{I}_\varepsilon(u_1)<0$,同时,对 $u\in\mathring{W}_{1,2}(\Omega)$有 $|u|\in\mathring{W}_{1,2}(\Omega)$,并且 $\mathscr{I}_\varepsilon(u)=\mathscr{I}_\varepsilon(|u|)$,于是,(我们可以假定)对 $\varepsilon<1/\lambda_1$,在 Ω 中有 $v_1(x,\varepsilon)>0$. 从而剩下要证明 $v_1(x,\varepsilon)$是(6.1.30)的唯一正解,并证明 $v_1(x,\varepsilon)$连续依赖于 ε.

(6.1.32) **引理** 对 $\varepsilon\in(0,\lambda_1^{-1/2})$,(6.1.30)的解 $u_1(x,\varepsilon)$是唯一正解,且连续依赖于 ε.

证明 假定对固定的 $\varepsilon^2\in(0,\lambda_1^{-1})$,$u_1$ 和 u_2 是(6.1.30)的两个不同的正解.那么,对 $\lambda=\varepsilon^{-2}$,当 $\mu=\lambda$ 时,差 $v=u_1-u_2$ 满足系统

(6.1.33) $\Delta v-\lambda g^2(u_1^2+u_1u_2+u_2^2)v+\mu v=0$, 在 Ω 中;
$v|_{\partial\Omega}=0$.

把(6.1.33)看作 μ 的本征值问题,同时,λ 固定,将(6.1.33)的最小本征值表示为 μ_1. 类似地,对 $\nu=\lambda$,把正解 u_1 看作系统

(6.1.34) $\Delta w-\lambda g^2u_1^2w+\nu w=0$,在 Ω 中,
$w|_{\partial\Omega}=0$

的一个本征函数.用 ν_1 表示当 λ 固定时(6.1.34)的最小本征值.从最小本征值 μ_1 和 ν_1 的变分特性推出 $\mu_1>\nu_1$. 另一方面,(6.1.34)的正本征函数属于最小本征值,我们有 $\lambda=\nu_1$;又由 μ_1 的定义,μ_1 是最小本征值,有 $\mu_1\leqslant\lambda$,因而 $\mu_1\leqslant\nu_1$,我们得出矛盾.

从而结论是 $v\equiv 0$,即 $u_1=u_2$.

最后,我们分两步来证明 $u_1(x,\varepsilon)$连续依赖于 ε. 首先,假定 $\varepsilon_n\to\bar{\varepsilon}\in(0,\lambda_1^{-1/2})$,那么 $u_1(x,\varepsilon_n)$满足(6.1.30). 于是,两个序列 $\{|\Delta u_1(x,\varepsilon_n)|\}$和$\{|u_1(x,\varepsilon_n)|\}$在 Ω 上都一致有界,界为一个绝对常数 M(譬如说),又,存在一个正常数 c_Ω 使得

$$\sup_\Omega|\nabla u_1(x,\varepsilon_n)|\leqslant c_\Omega,\ \sup_\Omega|\Delta u_1(x,\varepsilon_n)|\leqslant c_\Omega M.$$

从而序列$\{u_1(x,\varepsilon_n)\}$一致有界且等度连续. 利用 Arzela-Ascoli 定理,知$\{u_1(x,\varepsilon_n)\}$有一致收敛的子序列$\{u_1(x,\varepsilon_{n_j})\}$,有极限 $\bar{u}(x)$. 显然,对 $\varepsilon=\bar{\varepsilon}$,$\bar{u}$ 满足(6.1.30). 因 $\bar{u}$ 是非负函数列的一致极限,故非负,并且 $\bar{u}$ 不恒为零,这因为 $\mathscr{I}_{\varepsilon_{n_j}}(u_1(x,\varepsilon_{n_j}))\to\mathscr{I}_{\bar{\varepsilon}}(\bar{u})$,且 $\min\mathscr{I}_\varepsilon(u)$是 ε 的单调递减函数,对 $\varepsilon<\lambda_1^{-1/2}$ 严格正,于是由唯一性,$\bar{u}=u_1(x,\bar{\varepsilon})$. 其次,如果我们假设$\sup\limits_\Omega|u_1(x,\varepsilon_n)-u_1(x,\bar{\varepsilon})|\not\to 0$,那么,对某个子序列(我们仍记之为$\{\varepsilon_n\}$),有绝对常数 α 使

$$\sup_\Omega|u_1(x,\varepsilon_n)-u_1(x,\bar{\varepsilon})|\geqslant\alpha>0.$$

这与上面的结果矛盾.

6.2 来自几何学与物理学的具体极小化问题

为改进上一节的一般性结果,我们现在着手处理微分几何和数学物理中某些具体的重要极小化问题.

6.2A 常值负 Hermite 纯量曲率的 Hermite 度量

从 1.2 节讨论的 Riemann 曲面的经典单值化定理可推出,任何 C^∞紧 Riemann 2 维流形$(\mathfrak{M},g)$有常值负 Gauss 曲率的共形等价度量 $\tilde{g}$,当且仅当 $\mathfrak{M}$ 的 Euler 示性数 $\chi(\mathfrak{M})$是负的. 作为 Hadamard 定理(5.1.5)的一个应用,在第五章我们证明了这个结果. 这里,用一个适当的纯量曲率函数代替 Gauss 曲率,我们将对高维紧复 Kähler 流形证明一个类似结果((5.1.5)对此不能用).

对这样一个复流形 $\mathfrak{M}$,我们要找的充要条件仅取决于$(\mathfrak{M},g)$的适当纯量曲率函数的积分符号.由于我们的结果一般与 g 无关,因此根据经典的Gauss-Bonnet 定理,该结果是复一维情况的一个直接推广.

我们给出的证明十分依赖极小化方法和流形上半线性椭圆型偏微分方程的全局性理论.高维情况中的主要困难在于要找出适当的 Sobolev 嵌入定理的替代者.对于$\dim_C \mathfrak{M}>1$,这一点失败了,这因为对任意的 $u\in W_{1,2}(\mathfrak{M},g)$,$\exp u$ 不可积.

将问题表述为偏微分方程

设 $\mathfrak{M}$ 是一个复 N 维的 C^∞ 复紧流形,具一个 Kähler 度量 g(在局部坐标下),g 由

$$ds^2 = \sum_{\alpha,\beta} g_{\alpha,\beta} dz^\alpha d\bar{z}^\beta$$

来定义.那么,若 σ 是定义在 $\mathfrak{M}$ 上的一个实 C^∞ 函数,我们考虑由

$$\overline{ds}^2 = e^{2\sigma} ds^2$$

所定义的 Hermite 度量 $\tilde{g}$.然后,我们求出 R 和$\tilde{R}$,R 和$\tilde{R}$ 分别是$(\mathfrak{M},g)$和$(\mathfrak{M},\tilde{g})$的 Hermite 纯量曲率,它们由公式

$$\tilde{R} = e^{-2\sigma}(R - N\Delta\sigma), \tag{6.2.1}$$

联系起来.其中,Δ 表示定义在$(\mathfrak{M},g)$上的相应实 Laplace-Beltrami 算子.这个公式推导如下:对于 Hermite 联络①,关于$(\mathfrak{M},\tilde{g})$的 Ricci 张量 $\tilde{R}_{\alpha\bar{\beta}}$的分量由表达式

$$\tilde{R}_{\alpha\bar{\beta}} = -\frac{\partial^2 \log \tilde{G}}{\partial z^\alpha \partial^{-\beta}_{z}}, \quad 其中,\ \tilde{G} = \det|\tilde{g}_{\alpha\bar{\beta}}| \tag{6.2.2}$$

给出.因为 $\tilde{G} = e^{2N\sigma}G$,故对于$(\mathfrak{M},g)$,利用 Ricci 张量 $R_{\alpha\beta}$的分量,我们得到

$$\tilde{R}_{\alpha\bar{\beta}} = R_{\alpha\beta} - 2N\frac{\partial^2\sigma}{\partial z^\alpha \partial \bar{z}^\beta}.$$

---

① 这是与 $\mathfrak{M}$ 的复结构相容的唯一联络,并且若 $\dim_C\mathfrak{M}>1$,则它与相应于$(\mathfrak{M},g)$的 Riemann 结构的 Levi-Civita 联络不同.

因为所要的纯量曲率是其各自的 Ricci 张量的迹,所以我们得到(正如附录 B 中那样)

(6.2.3) $\widetilde{R}e^{2\sigma}=R-2N\square\sigma,$

其中,$\square=\frac{1}{2}\Delta$ 是对于$(\mathfrak{M},g)$的"复 Laplace 算子". 显然,从(6.2.3)可导出(6.2.1). 于是,如果 c^2 是某个正常数(非零),由证明偏微分方程

(6.2.4) $$N\Delta\sigma-R-c^2e^{2\sigma}=0$$

有一个整体定义在$(\mathfrak{M},g)$上的 C^{∞} 解 σ,可确定具(Hermite)纯量曲率 $-c^2$ 的共形度量. 显然,若 $\sigma(x)$满足(6.2.4),在 $\mathfrak{M}$ 上对(6.2.4)积分,我们得到

$$\int_{\mathfrak{M}}R(x)dV=-c^2\int_{\mathfrak{M}}e^{2\sigma}dV<0.$$

于是,对(6.2.4)可解性,一个直接的必要条件是 $\int_{\mathfrak{M}}R(x)dV<0$. 事实上,这个条件也是 充分的. 我们详述如下:

(6.2.5) **定理** 对紧 Kähler 流形$(\mathfrak{M},g)$,具负常数纯量曲率的共形等价(Hermite)度量的一个充要条件是 $\int_{\mathfrak{M}}R(x)dV<0$.

证明 因上面已证明了条件的必要性,故只需证明倘若 $R(x)$在 $\mathfrak{M}$ 上的平均值为负,则(6.2.4)对某个 $c\neq0$ 可解. 为此,我们着手证明下面三个引理.

引理(α) 泛函

(6.2.6) $\mathscr{I}(u)=\int_{\mathfrak{M}}\left(\frac{N}{2}|\nabla u|^2+R(x)u+\frac{1}{2}c^2e^{2u}\right)dV$

在函数类 $W_{1,2}(\mathfrak{M},g)$上的下确界可由某元素 $\bar{u}\in W_{1,2}(\mathfrak{M},g)$达到,其中,

$$W_{1,2}(\mathfrak{M},g)=\left\{u\,\middle|\,\int_{\mathfrak{M}}(|\nabla u|^2+u^2)dV_g<\infty\right\}.$$

引理(β) 倘若$\sup\limits_{\mathfrak{M}}R(x)<0$,那么,引理$(\alpha)$中描述的函数 $\bar{u}$ 可以选成本质有界的.

引理(γ) 引理(α)中描述的函数 $\bar{u}$ 可以选成 C^{∞} 函数,且 $\bar{u}$ 满足方程(6.2.4).

我们现在着手证明这三个结果.显然,综合这些引理,不论是否有 $\sup\limits_{\mathfrak{M}} R(x)<0$,我们都将得到定理的证明.

引理(α)的证明 为证明 $\inf \mathscr{I}(u)$ 在 $W_{1,2}(\mathfrak{M},g)$ 上可达到,我们用(6.1.1).为实现这点,我们按如下步骤来利用 $W_{1,2}(\mathfrak{M},g)$ 的 Hilbert 空间结构.

(i):我们首先证明,由(6.2.6)定义的 $\mathscr{I}(u)$ 在 $H=W_{1,2}(\mathfrak{M},g)$ 上有下界,记其为 η(譬如说),$\eta>-\infty$.那么,若 $\delta=\inf\limits_{H}\mathscr{I}(u)$,令 $\mathscr{I}_{\delta+1}=\{u\mid u\in H,\mathscr{I}(u)\leqslant\delta+1\}$.把(6.1.1)用到 $\mathscr{I}_{\delta+1}$ 上,由证实(ii),$\mathscr{I}(u)$ 在 $\mathscr{I}_{\delta+1}$ 上是强制的,以及证实(iii),$\mathscr{I}(u)$ 在 $\mathscr{I}_{\delta+1}$ 上弱下半连续来证明 $\mathscr{I}_{\delta+1}$ 是序列弱闭的.

为证 $\mathscr{I}(u)$ 在 $W_{1,2}(\mathfrak{M},g)$ 上有下界,我们注意:若令 $u=u_0+\bar{u}$,其中 u_0 在 $(\mathfrak{M},g)$ 上的平均值为零,且

$$\bar{u}=(\mathrm{vol}(\mathfrak{M},g))^{-1}\int_{\mathfrak{M}} u dV,$$

则

$$\mathscr{I}(u)=\int_{\mathfrak{M}}\frac{N}{2}|\nabla u_0|^2+\int_{\mathfrak{M}}R(x)u_0+\bar{u}\int_{\mathfrak{M}}R(x)+\frac{1}{2}c^2e^{2\bar{u}}\int_{\mathfrak{M}}e^{2u_0}dV.$$

于是,结合 Poincaré 不等式 $\|\nabla u_0\|_{0,2}\geqslant c\|u_0\|_{0,2}$ 与 $e^{2u_0}\geqslant 1+2u_0$,由 Cauchy-Schwarz 不等式,我们可得对任何 $\varepsilon>0$,有

$$(6.2.7)\quad \mathscr{I}(u)\geqslant\frac{N}{2}\|\nabla u\|_{0,2}^2-\frac{c}{\varepsilon}\|R(x)\|_{0,2}^2-c\varepsilon\|\nabla u\|_{0,2}^2+\bar{u}\int_{\mathfrak{M}}R(x)dV+\frac{1}{2}c^2e^{2\bar{u}}\mathrm{vol}(\mathfrak{M},g).$$

于是,令 $\varepsilon=N/2c$,因为 $\int_{\mathfrak{M}}R(x)<0$,我们有

(*) $$\mathscr{I}(u)\geqslant\frac{c^2}{N}\|R(x)\|_{0,2}^2+\eta(\bar{u}),$$
其中,当$|\bar{u}|\to\infty$时 $\eta(\bar{u})\to\infty$,故$\inf\limits_{H}\mathscr{I}(u)>-\infty$.

(ii):用同样的方法,我们可以证实$\mathscr{I}(u)$在$\mathscr{I}_{\delta+1}$上是强制的,其中,$\delta=\inf\limits_{H}\mathscr{I}(u)$.为此,令 $u_n\in W_{1,2}(\mathfrak{M},g)$,使得$\|u\|_{1,2}\to\infty$,然后证明$\mathscr{I}(U_n)\to\infty$.我们注意,可把$\|u\|_{1,2}^2=\|\nabla u_0\|^2+|\bar{u}|^2$选为 $W_{1,2}(\mathfrak{M},g)$上的等价范数,因此我们只需探究当$\|\nabla u_n\|_{0,2}\to\infty$或使$|\bar{u}_n|^2$有界或使$|\bar{u}_n|^2\to\infty$时$\mathscr{I}(u_n)$的性状.在前一种情况下,令 $c\varepsilon=\frac{N}{4}$,从(6.2.7)可推出结果.在后一种情况下我们利用(*)式.

(iii):不难得到$\mathscr{I}(u)$在$\mathscr{I}_{\delta+1}$上的弱序列下半连续性.事实上,若在 $W_{1,2}(\mathfrak{M},g)$中 u_n 弱收敛于u,则由 Rellich 引理,在$L_2(\mathfrak{M},g)$中 u_n 强收敛于u,于是,$\int R(x)u_n\to\int R(x)u$.因此,根据 Fatou 定理和(6.1.3),$\underline{\lim}\,\mathscr{I}(u_n)\geqslant\mathscr{I}(u)$.从这个事实也可观察出$\mathscr{I}_{\delta+1}$是弱序列闭的.

引理(β)的证明 我们将证明,存在一个有限实数 $k>0$,使对任意元素 $u\in\mathscr{I}_{\delta+1}$,截断函数

(6.2.8) $$u_k=\begin{cases}\inf(u,k), & u\geqslant0,\\ \sup(u,-k), & u<0\end{cases}$$

使$\mathscr{I}(u_{(k)})\leqslant\mathscr{I}(u)$.因为$u_{(k)}\in\mathscr{I}_{\delta+1}\cap W_{1,2}(\mathfrak{M},g)$,故极小化序列$\{u_n\}$也一定如此.因而引理(α)的 $\bar{u}$ 可选成具$\operatorname{ess}\sup\limits_{\mathfrak{M}}|u|\leqslant k$的函数.为找到这样的实数 k,我们首先注意,若 $u\in W_{1,2}(\mathfrak{M},g)$,则 $u_{(k)}\in W_{1,2}(\mathfrak{M},g)$.并且事实上,$\|\nabla u_{(k)}\|_{0,2}\leqslant\|\nabla u\|_{0,2}$,因而只需考虑,对于泛函
$$J(u)=\int_{\mathfrak{M}}\left\{R(x)u+\frac{1}{2}c^2e^{2u}\right\}dV,$$
将函数 u 换成$u_{(k)}$时的影响.因为 $\mathfrak{M}$ 是紧的,且$\sup\limits_{\mathfrak{M}}R(x)<0$,故存在两个正数 a_1 和 a_2 使$-a_1\leqslant R(x)\leqslant-a_2$.因而当 $u\to+\infty$

时,被积函数

$$f(u) = R(x)u + \frac{1}{2}c^2e^{2u} \to \infty.$$

因此,存在正数 k_1,使得对 $k_1 \leqslant u$ 有 $f(k_1) \leqslant f(u)$. 另一方面,若 $u \to -\infty$,因 $\sup\limits_{\mathfrak{M}} R(x) < 0$,故 $f(u)$ 也趋于 ∞. 于是存在正数 k_2,使得对 $u \leqslant -k_2$,有 $f(k_2) \leqslant f(u)$,故可将 $\sup(k_1, k_2)$ 选为(6.2.8)中所要的正数 k.

引理(γ)的证明 我们将证明分成两种情况.

情况Ⅰ: $\sup\limits_{\mathfrak{M}} R(x) < 0$. 我们用引理(β)断定 $\bar{u}$ 是本质有界的. 因而,若 v 是定义在$(\mathfrak{M}, g)$上的任意 C^∞ 函数,则从 $\bar{u}$ 的极小性可推出

$$(6.2.9) \quad \lim_{\varepsilon \to 0} \frac{1}{\varepsilon}\{\mathscr{I}(\bar{u} + \varepsilon v) - \mathscr{I}(\bar{u})\} \equiv \int_{\mathfrak{M}} \{N \nabla \bar{u}_1 \nabla v + R(x)v + c^2 e^{2\bar{u}} v\} = 0.$$

因为 C^∞ 函数在 $W_{1,2}(\mathfrak{M}, g)$ 中是稠的,所以我们可得,对所有的 $v \in W_{1,2}(\mathfrak{M}, g)$,(6.2.9)右端的积分恒等式成立. 于是,$\bar{u}$ 可看作是 ω 的线性非齐次方程

$$(6.2.10) \qquad N\Delta\omega = R + c^2 e^{2\bar{u}}$$

的弱解. 因为对有限的 $p > 1$, (6.2.10)的右端在 $L_p(\mathfrak{M}, g)$ 中,故从线性椭圆型方程的正则性理论可推出,对所有 $1 < p < \infty$ 有 $\bar{u} \in W_{2,p}(\mathfrak{M}, g)$. 因此,根据 Sobolev 嵌入定理(可能要在一个零测集上重新定义后),$\bar{u} \in C^{1,\alpha}(\mathfrak{M}, g)$(指数为 α 的 Hölder 连续一阶导数函数空间). 今因 $w = \bar{u}$ 满足(6.2.10)(在弱意义下),其中,(6.2.10)的右端在 $C^{1,\alpha}(\mathfrak{M}, g)$ 中,故 Schauder 正则性理论可用于(6.2.10). 因此 $\bar{u} \in C^{2,\alpha}(\mathfrak{M}, g)$,于是在经典意义下,$\bar{u}$ 满足(6.2.4). 重复 Schauder 正则性理论,就得到 $\bar{u} \in C^\infty(\mathfrak{M}, g)$.

情况Ⅱ: $\sup\limits_{\mathfrak{M}} R(x) \geqslant 0$. 我们用下面的策略把这个情况化成情况Ⅰ. 将(6.2.4)的试探解 u 写成 $u = v + w$ 的形式,这里,

$$(6.2.11) \qquad N\Delta v - \bar{R} - c^2 e^{2w} e^{2v} = 0,$$

其中,

$$\bar{R} = \{\mathrm{vol}(\mathfrak{M}, g)\}^{-1}\int_{\mathfrak{M}} R dV_g,$$

$$(6.2.12) \qquad N\Delta w - R(x) + \bar{R} = 0.$$

显然,不计一个附加常数时,(6.2.12)唯一可解. 又因为由假设条件,$\bar{R}<0$,故可把引理(α)和(β)中使用过的论证用于(6.2.11),其中 w 固定. 此外,一旦找出泛函 $\mathscr{I}(v)$关于(6.2.11)的极小化本质有界的 $\bar{v}$,情况 I 的正则性论证就成立. 因为(6.2.12)的解 w 也是一个 C^∞ 函数,故 $u = \bar{v} + w$ 是一个 C^∞ 函数,把(6.2.11)和(6.2.12)相加,不难看出 u 显然满足(6.2.4).

现在我们用$(\mathfrak{M}, g)$的解析不变量来解释条件 $\int_{\mathfrak{M}} R(x)dV < 0$. 在复一维的情况中, 从 Gauss-Bonnet 定理可推出 $\mathfrak{M}$ 的 Euler-Poincaré 示性数 $\chi(\mathfrak{M})$是负的. 更一般地,由 Kähler 流形理论的一个有意思的公式可推出

$$\int_{\mathfrak{M}} R(x)dV = k_N\int_{\mathfrak{M}} c_1 \wedge \omega^{N-1},$$

其中,k_N 是正常数,c_1 是 $\mathfrak{M}$ 的第一 Chern 类,ω 是$(\mathfrak{M}, g)$的基本形式. 于是我们有

(6.2.13) **推论** 复 N 维紧 Kähler 流形$(\mathfrak{M}, g)$有一个度量 $\tilde{g}$,共形于 g,并具常值负 Hermite 纯量曲率的充要条件是 $\int_{\mathfrak{M}} c_1 \wedge \omega^{N-1} < 0$.

对 $\mathfrak{M}$ 的代数簇,这个条件可用 $\mathfrak{M}$ 的典范除子的度的符号来表示.

6.2B 非线性弹性中的稳定平衡态

一般说来,在给定的保守力作用下,一个弹性体 B 的平衡态可以作为一个适当光滑的势能泛函 $\mathscr{I}(u)$的临界点来确定. 因为可能的平衡态极其复杂,故确定那些对应于 $\mathscr{I}(u)$的绝对极小的状态很重要. 事实上,由 4.3B 节的注,这种状态将是稳定的. 这

里，我们着手处理这个问题：对于各种弹性问题，证明实际上可以达到 $\mathscr{I}(u)$ 的下确界.

情况Ⅰ：可变形板. 我们假定一个可弯曲的弹性薄板沿着边被夹紧，受到力的联合作用：一些力沿着边作用，一个力 $\bar{f}$ 垂直作用于板的平面. 所得的平衡态受 von Kármán 方程(1.1.12)控制. 第二章的讨论中我们指出，这些平衡态是算子方程

$$\mathscr{A}_\lambda(u) = f$$

的解，其中 $f \in \mathring{W}_{2,2}(\Omega)$，是 $\bar{f}$ 的一个表示，它与 $\bar{f}$ 的大小成正比. 此外，在(2.5.7)和(2.7.18)中，我们指出，算子

$$\mathscr{A}_\lambda(u) = u + Cu - \lambda Lu$$

(i)：是映 $\mathring{W}_{2,2}(\Omega)$ 到自身的梯度映射，而

$$\mathscr{I}_\lambda(u) = \frac{1}{2}\|u\|_{2,2}^2 - (\lambda/2)(Lu, u) + \frac{1}{4}(Cu, u),$$

从而 $\mathscr{I}'_\lambda(u) = \mathscr{A}_\lambda(u)$；

(ii)：$\mathscr{A}_\lambda(u)$ 是真映射(在 2.7 节的意义上).

对 $\mathscr{T}_\lambda(u) = 2\mathscr{I}_\lambda(u) - (f, u)$，类似的结果显然成立.

为证明 $\mathscr{T}_\lambda(u)$ 在 $\mathring{W}_{2,2}(\Omega)$ 上的强制性，设 $\|u_n\| \to \infty$，那么，

$$\begin{aligned}\mathscr{T}_\lambda(u_n) &= \|u_n\|^2 + \frac{1}{2}(Cu_n, u_n) - \lambda(Lu_n, u_n) - (f, u_n)\\ &= \|u_n\|^2 + \frac{1}{2}\|C(u_n, u_n)\|^2\\ &\quad - \lambda(C(u_n, u_n), F_0) - (f, u_n).\end{aligned}$$

因此，对任意 $\varepsilon > 0$，根据 Cauchy-Schwarz 不等式，

$$\begin{aligned}\mathscr{T}_\lambda(u_n) \geqslant \|u_n\|^2 &+ \left(\frac{1}{2} - \lambda\varepsilon\right)\|C(u_n, u_n)\|^2\\ &- (\lambda/\varepsilon)\|F_0\|^2 - 2\|f\|\|u_n\|.\end{aligned}$$

选取 $\lambda\varepsilon = \dfrac{1}{2}$，我们得到

$$\mathscr{T}_\lambda(u_n) \geqslant \|u_n\|^2 - 2\|f\|\|u_n\| - 2\lambda^2\|F_0\|^2.$$

于是，对固定的 λ，当 $n \to \infty$ 时，$\mathscr{T}_\lambda(u_n) \to \infty$. $\mathscr{T}_\lambda(u)$ 的弱下半连

续性是判别准则(6.1.3)及算子 L 和 C 的全连续性的直接推论.于是,由(6.1.1)我们断定

(6.2.14) *对任何固定的 λ 和 f,泛函 $\widetilde{\mathscr{I}}_\lambda(u)$ 在 $\mathring{W}_{2,2}(\Omega)$ 上有下界,并在该集上达到下确界.* 而且,这个下确界产生相应的 von Kármán 方程的一个光滑解.

情况Ⅱ:可变形薄壳.我们现在来推广刚才得到的关于板的结果,按假设,代替平板所考虑的薄弹性结构 S 有某个初始弯曲,这个弯曲由函数 $k_1(x,y)$ 和 $k_2(x,y)$ 描述,这些函数量度 S 的 Gauss 曲率.我们假定壳受力作用,其中一些力作用在边界上,另一些力 Z 作用于壳的法线方向.所得的变形可由非线性 von Kármán 方程(4.3.1)~(4.3.2)和边界条件(4.3.23)~(4.3.24)共同确定.又,为简单计,我们设 $Z=\lambda\psi_0$,且 λF_0 是线性问题 $\Delta^2 F=0$ 和边界条件(4.3.23)-(4.3.24)的一个解.然后,可以找出形如 $(w, F+\lambda F_0)$ 的解 (w,f),其中,w 和 F 满足

(6.2.15) $\Delta^2 F=-\dfrac{1}{2}[w,w]-(k_1 w_x)_x-(k_2 w_y)_y,$

(6.2.16) $\Delta^2 w=[F,w]+\lambda[F_0,w]+(k_1 F)_x+(k_1 F)_y+\lambda Z',$

而

$$Z' = Z+(k_1 F_0)_x+(k_1 F_0)_y,$$

并具齐次边界条件

(6.2.17) $D^\alpha F|_{\partial\Omega}=D^\alpha w|_{\partial\Omega}=0, \qquad |\alpha|\leqslant 1.$

正如(2.5.7)中那样,这些方程能以 $\mathring{W}_{2,2}(\Omega)$ 中算子方程的形式写为

(i) $F=-\dfrac{1}{2}C(w,w)-Lw,$

(ii) $w=C(F,w)+\lambda C(F_0,w)+Lw+\lambda Z'.$

把(i)代入(ii),并利用(2.5.7)的结果,我们得到,相应的势能泛函可选为

(6.2.18) $\mathscr{G}(w,\lambda)=\| w \|^2+\left\| \dfrac{1}{2}C(w,w)+L_1 w \right\|^2$

$$-\lambda(Lw,w)-\lambda(Z',w).$$

我们现在将证明

(6.2.19) **定理** 对所有的 Z,ψ 和函数 $\psi_0,k_1,k_2,\inf\mathscr{G}(\omega,\lambda)$ 在 $\mathring{W}_{2,2}$ 上是有限的，并由 $\mathring{W}_{2,2}(\Omega)$ 的一个元素达到，这个元素与 (6.2.15)～(6.2.17)的解(w,F)相联系.

证明 我们利用(6.1.1)并指出，由(6.2.18)所定义的 $\mathscr{G}(w,\lambda)$ 在 $\mathring{W}_{2,2}(\Omega)$ 上弱下半连续并且强制. 由(6.1.3)，在 $\mathring{W}_{2,2}(\Omega)$上这个弱下半连续性是显然的，这因为由(2.5.7)，算子 $C(w,w),L_1(w)$和 L 在$\mathring{W}_{2,2}(\Omega)$上全连续，这意味着 $\mathscr{G}(w,\lambda)$ 是一个凸泛函与一个弱序列连续泛函之和. 又，余下要证明 $\mathscr{G}(w,\lambda)$的强制性. 为此，考虑集合

$$E_1=\left\{w\mid \|w\|=1,\ \|w\|^2-\lambda(Lw,w)<\frac{1}{2}\right\}. \tag{6.2.20}$$

显然，在 E_1 的弱闭包 E_1' 上，$\inf\limits_{E_1'}\|w\|>0$. 否则将存在序列 $w_n\in E_1$ 使 w_n 弱收敛到零. 从而由 L 的全连续性有$(Lw_n,w_n)\to 0$. 并且，因此对充分大的 n 有 $\|w_n\|<1$. 于是在 E_1' 上，有 $\inf\|C(w,w)\|\geqslant\alpha^2>0$(因为否则将有 $\bar{w}\in E_1$ 使 $C(\bar{w},\bar{w})=0$，从而曲面 $\bar{w}=\bar{w}(x,y)$几乎处处具有零 Gauss 曲率，并且在$\partial\Omega$上 $w=0$，这推出 $\bar{w}\equiv 0$). 今令 $w=\|w\|v$，其中$\|v\|=1$. 对 $v\in E_1$，当$\|w\|\to\infty$时，我们有

$$\begin{aligned}\mathscr{G}(w,\lambda)&\geqslant\|w\|^2\left\{1-\lambda(Lv,v)+\frac{\alpha^2}{4}\|w\|^2\right.\\&\qquad\left.-\|L_1v\|^2\right\}-\lambda(Z',w)\\&\geqslant\|w\|^2\left\{\frac{\alpha^2}{4}\|w\|^2-K\right\}.\end{aligned} \tag{6.2.21}$$

其中，K 是与w 和v 无关的一个常数；而对 $v\overline{\in}E_1$，有

$$\begin{aligned}\mathscr{G}(w,\lambda)&\geqslant\|w\|^2\{\|v\|^2-\lambda(Lv,v)\}-\lambda(Z',w)\\&\geqslant\frac{1}{4}\|w\|^2-K.\end{aligned} \tag{6.2.22}$$

因而,在这两种情形,当$\| w \| \to \infty$时都有$\mathscr{G}(w,\lambda) \to \infty$.

6.2C Plateau 问题

作为6.1节中讨论过的思想的一个修正,这里,我们来解决(单连通)可求长Jordan曲线$\Gamma \subset \mathbb{R}^3$(见1.1A)的Plateau问题.更明确地说,我们要寻找在$\mathbb{R}^3$中由Γ张成的一个光滑单连通参数曲面S,使S的面积最小.于是,如果设Ω是$\mathbb{R}^2$中单位开圆盘,我们要找一个向量

$$r(x,y) = (u_1(x,y), u_2(x,y), u_3(x,y)),$$

它以如下方式表示Γ所张成的曲面S:(1) $\partial\Omega$以一对一的方式连续映射到Γ上,(2) S的面积

$$A(S) = \iint_\Omega (|J(u_1,u_2)|^2 + |J(u_2,u_3)|^2 + |J(u_1,u_3)^2)^{1/2} dxdy \tag{6.2.23}$$

被最小化,其中$|J(u,v)|$是u和v对x和y的Jacobi行列式.

这个问题的重大简化起因于微分几何上的考虑.对任意曲面

$$S = \{r \mid r = (u_1(x,y), u_2(x,y), u_3(x,y))\},$$

我们把第一基本形式写成

$$ds^2 = dr \cdot dr = g_{11}dx^2 + 2g_{12}dxdy + g_{22}dy^2,$$

其中,$g_{11} = r_x \cdot r_x, g_{12} = r_x \cdot r_y, g_{22} = r_y \cdot r_y$,并且$S$的面积为

$$A(S) = \iint_\Omega (g_{11}g_{12} - g_{12}^2)^{1/2} dxdy.$$

因为对任何三个数α,β,γ(全正)有

$$\sqrt{\alpha\gamma - \beta^2} \leqslant \sqrt{\alpha\gamma} \leqslant \frac{1}{2}(\alpha + \gamma),$$

其中,等式成立当且仅当$a = \gamma, \beta = 0$.从这个事实我们得到

$$A(S) \leqslant \frac{1}{2}\iint_\Omega (g_{11} + g_{22}) dxdy,$$

其中,等式成立当且仅当$g_{12} = 0$且$g_{11} = g_{22}$.因此,若在S上引入等温参数,则

$$A(S)=\iint_{\Omega}\frac{1}{2}(g_{11}+g_{22})dxdy$$
$$=\frac{1}{2}\iint_{\Omega}(|r_x|^2+|r_y|^2)dxdy.$$

因为 S 的曲面面积与参数化无关,故可选取 S 上的等温参数,使得在所有的向量 $r=(u_1,u_2,u_3)$上将 Dirichlet 积分

(6.2.24) $D[r(x,y)]=\iint_{\Omega}(|\nabla u_1|^2+|\nabla u_2|^2+|\nabla u_3|^2)dxdy$

极小化时,$A(S)$也被极小化,而这些向量 r 在$\partial\Omega$ 上满足边界条件(1).因为所得的 Euler-Lagrange 方程仅仅是

$$\Delta u_1=\Delta u_2=\Delta u_3=0,$$

所以我们可以只注意那些分量是 Ω 中调和函数的向量 $r=(u_1,u_2,u_3)$(即调和向量),这些向量 r 还满足条件

(6.2.24′) $|r_x|^2=|r_y|^2,\ r_x\cdot r_y=0.$

在以下证明中,我们突出主要步骤.

(6.2.25) **定理** 假定 Γ 是 R^3 中一条可求长的 Jordan 曲线,那么,存在一个使 Dirichlet 积分(6.2.24)在 $\mathscr{C}$ 上极小化的调和向量 r_∞,其中,$\mathscr{C}$ 是所有向量 $r(x,y)$的类,而 $r(x,y)$的分量在 $W_{1,2}(\Omega)$中,并满足

(i) $D[r(x,y)]\leqslant M$,其中 M 充分大;

(ii) $r(x,y)$满足边界条件(6.2.24′).

向量 r_∞是调和的,因此是 Plateau 问题的一个解.

证明概略 首先我们注意,(6.2.24)中提出的变分问题的自然容许类 $\mathscr{C}$ 非空.事实上,若 $r=(u_1,u_2,u_3)$,并且可求长的 Jordan 曲线由弧长 s 参数化,则用极坐标(r,θ),我们可将 u_i 写成 Fourier 级数

$$u_i=a_0+\sum_{k=1}^{\infty}r^k(\alpha_k\cos ks+\beta_k\sin ks),\quad r<1$$

的形式,从而

$$\int_{\Omega} |\nabla u_i|^2 = \pi \sum_{k=1}^{\infty} k(\alpha_k^2 + \beta_k^2).$$

因此 $D[r] < \infty$. 这因为从 Γ 的可求长性质可推出对 $\mathscr{C}$ 中某个向量 r, $\sum k(\alpha_k^2 + \beta_k^2)$ 收敛.

其次,我们来证明为什么在 $\mathscr{C}$ 中能达到 $\inf D[r]$. 为此我们注意:因 $D[r]$ 不是定义在一个自然自反 Banach 空间上,故不能直接利用(6.1.1)的一般性结论. 但是我们可如此证明:对任何使 $D[r_n] \to \inf_{\mathscr{C}} D[r]$ 的极小化序列 $r_n \in \mathscr{C}$,我们都可用调和向量序列 r'_n 来代替 r_n, r'_n 与 r_n 有相同的边界值,从而 $r'_n \in \mathscr{C}$. 又因为 $D[r'_n] \leqslant D[r_n]$,我们因此得到一个改进了的极小化序列. 用同样方法,因 Dirichlet 积分 $D[r]$ 在 Ω 到自身的共形变换下是不变的,故可以假定调和向量 $\{r'_n\}$ 被规范化,而这可由要求它们映 $\partial\Omega$ 上三个不同的点 p_1, p_2 和 p_3 成 Γ 上的三个不同的点 q_1, q_2, q_3 来实现. 然后,我们对所得到的容许类 $\mathscr{C}$ 使用 Garabedian(1964)证明的紧性引理,即使用 $\{r'_n\}$ 的一致收敛子序列的存在性和 $\{r'_n\}$ 的边界值等度连续性. 因而(可能在取子序列后),$\{r'_n\}$ 一致收敛到调和函数 r_∞,它满足条件(i),从而 $r_\infty \in \mathscr{C}$. 此外,由 $D[r]$ 在 $\mathscr{C}$ 上的下半连续性可推出 $\inf_{\mathscr{C}} D[r] = D[r_\infty]$.

最后,我们证明调和向量 r_∞ 满足(6.2.24′). 为此目的,仅需改变 r_∞ 的参数表示,同时又保持几何曲面不变即可. 这因为在这种坐标变换下,Dirichlet 积分是不变量. 于是,对小的 $\varepsilon > 0$,设 $f:(x, y) \to (x', y')$ 如下:

$$x' = x + \varepsilon\lambda(x, y), \qquad y' = y + \varepsilon\mu(x, y),$$

它是从 Ω 到区域 Ω' 上的一个微分同胚. 然后,对任何容许的调和向量 $r(x, y)$,我们令 $Z_\varepsilon(x', y') = r(x, y)$. 用 D' 表示 Ω' 上对 x' 和 y' 的 Dirichlet 积分,经过一个简单的计算后,我们得到

(6.2.26)
$$\frac{d}{d\varepsilon} D'[Z_\varepsilon]\Big|_{\varepsilon=0} = \iint_{\Omega} (r_x^2 - r_y^2)(\lambda_u - \mu_v) + 2r_x \cdot r_y(\lambda_v + \mu_v).$$

现在,由平面中单连通域的 Riemann 映射定理,我们可以断定:能把函数 λ 和 μ 选成任意的连续函数,它们有分段连续的一阶导数(倘若 ε 足够小).因此,在分段连续函数类中,可以任意选取函数 $\lambda_u-\mu_v$ 和 $\lambda_v+\mu_u$.于是,对 $r=r_\infty$,我们得到

$$\frac{d}{d\varepsilon}D'[Z_\varepsilon]\mid_{\varepsilon=0}=0.$$

因此(根据变分学的基本引理),由(6.2.26)推出 $r_x^2=r_y^2$ 和 $r_x\cdot r_y=0$(亦即,满足方程(6.2.24′)).因而 $r_\infty(x,y)$确定了所需的极小曲面的一个参数表示.

6.2D Euclid 量子场论中的动态不稳定性(在平均场逼近下)

A. Wightman(1974)建议用如下方法描述某些与简单量子场论模型有关的非唯一性问题.我们考虑定义在 R^2 上的如下半线性椭圆型偏微分方程(进一步了解见 1.1B 节)

(6.2.27) $$\Delta u-Q'(u)=f,\qquad f\in C_0^\infty(\mathsf{R}^2),$$

其中,

$$Q(u)=\frac{1}{2}m^2u^2+P(u)$$

是偶次(大于 2)多项式,当$|u|\to\infty$时 $Q(u)\to\infty$,并使 $Q(u)\geqslant\alpha u^2$(对某个固定的 $\alpha>0$).然后,我们证明与(6.2.27)在 $W_{1,2}(\mathsf{R}^2)$中的解有关的如下结果,这个解可看作泛函

$$\mathscr{I}_f(u)=\int_{\mathsf{R}^2}\left(\frac{1}{2}\mid\nabla u\mid^2+Q(u)+fu\right)dV$$

的临界点(后面解释问题中的量子场论结果).

(6.2.28) **定理** 在给定的关于 $Q(u)$的条件下,$W_{1,2}(\mathsf{R}^2)$上$c(f)=\inf\mathscr{I}_f(u)$有限并且可由某个元素 $u(f)\in C_0^\infty(\mathsf{R}^2)$达到,此外,当$|x|\to\infty$时 $u(f)\to 0$.并且若 $\|f\|_{L_2}$充分小,则绝对极小$u(f)$唯一,且当 $\|f\|_{L_2}\to 0$ 时趋于 0.

证明 从(6.1.1)以及 $f\in C_0^\infty(\mathsf{R}^2)$可直接推出 $c(f)$有限且可达到.事实上,当$|u|$充分大时,

$$Q(u)+fu\geqslant\frac{\alpha}{2}u^2,$$

故不难由6.1节的判别准则得出强制性和弱下半连续性.为证当$\|f\|_{L_2}$足够小时,方程(6.2.27)在$w=0$附近有唯一解,我们用压缩映射定理.事实上,以形式

(6.2.29) $\quad \Delta u-m^2u-P'(u)=f;\quad \deg P'(u)\geqslant 2$

改写(6.2.27),我们注意到在$W_{1,2}(\mathrm{R}^2)$中,当$m>0$时$(\Delta-m)$可逆,同时$P'(u)$是高阶项.于是当$\|f\|_{L_2(\mathrm{R}^2)}$充分小时,(6.2.29)在0的一个小邻域中有唯一解w_f,它连续依赖于$\|f\|_{L_2}$.此外,由对$\mathscr{I}_f(u)$在w_f处的二阶变分的简单计算可知,对某个$\beta>0$,

$$\delta^2\mathscr{I}(w_f,v)=\int_{\mathrm{R}^2}\left\{\frac{1}{2}\mid\nabla v\mid^2+\left(\frac{1}{2}m^2+P''(w_f)\right)v^2\right\}$$

$$\geqslant\beta\int_{\mathrm{R}^2}(\mid\nabla v\mid^2+v^2),$$

故w_f是$\mathscr{I}(f)$的一个孤立相对极小.从1.5节的正则性理论也可直接推出任一极小$u_f\in C_0^\infty(\mathrm{R}^2)$.

为证$\|f\|_{L_2(\mathrm{R}^2)}$充分小时,极小$u(f)$是唯一的,我们论证如下:(a) 方程(6.2.29)在$w=0$附近有唯一的解w_f; (b) 倘若$\|f\|_{L_2}$充分小,我们就可把$u(f)$与w_f视为等同;(c) 我们证明0是$\mathscr{I}_0(u)$对应于$c(0)$的一个孤立临界值;最后,(d) 这个绝对极小在以下意义下是稳定的:将$\mathscr{I}_0(u)$扰动到$\mathscr{I}_f(u)$,$c(f)$仍在$c(0)$附近.于是,为断定(b),(c)和(d),只需证明,若$f=0$,则$c(0)=0$是$\mathscr{I}_0$的一个孤立临界值,并且对充分小的$\varepsilon>0$,$\mathscr{I}_f(u)$在$\mathscr{I}_f^{-1}[c(f),c(f)+\varepsilon]$中的临界点都含在半径为$\delta(\varepsilon)$的球中,而当$\|f\|_{L_2}\to 0$时$\delta(\varepsilon)\to 0$.

为证$c(0)=0$是$\mathscr{I}_0(u)$的一个孤立临界值,假定对某个序列$\{u_n\}$有$\mathscr{I}'_0(u_n)=0$和$\mathscr{I}_0(u_n)\to 0$;然后,由$\mathscr{I}_0(u)$的强制性,我们可以假定$\{u_n\}$是弱收敛的.并且因为$\mathscr{I}_0(u_n)\to 0$,所以$\|u_n\|_{1,2}\to 0$.因此由(1.3.11),$\{u_n\}$强收敛于0,但这与(a)矛盾.

最后注意,如果考虑集合 $\mathscr{I}_f^{-1}[c(f),c(f)+\varepsilon]$,我们发现,对这个集合上的任一临界点 u,有

$$\alpha \| u \|_{1,2}^2 \leqslant \varepsilon + \| f \|_{L_2} \| u \|_{1,2}.$$

由此可推出当 ε 和 $\| f \|_{L_2} \to 0$ 时,$\| u \|_{1,2} \to 0$.

为了解释(6.2.28)适合于量子场论,我们假设 m^2 表示单个粒子态的质量,并且我们希望用多项式

$$Q(v) = \frac{1}{2} m^2 v^2 + P(v)$$

来解释在模型(6.2.27)上所预言的量子场论的定性特性. 这里,我们仅假定 $Q(u)$ 有下界,从而由有限个值 $c_1, c_2, \cdots, c_k$ 达到 $\inf Q(v) = \beta$. 若 $k=1$,从(6.2.28)可推出,倘若 $\| f \|_{L_2}$ 充分小,则(6.2.27)有且仅有一个绝对极小 u_f 使 $u_f - c_1 \in W_{1,2}(\mathbb{R}^2)$,并且当这个 L_2 范数趋于 0 时 $u_f \to c_1$. 若 $k \geqslant 2$,从(6.2.28)可推出,在令 $u = v - c_i (i = 1,2,\cdots,k)$ 以后,在以下意义上存在动态不稳定性:即,由不同的扰动 f,我们可以得到解 $u_1(f)$ 和 $u_2(f)$,它们的性质以及渐近性状完全不同. 见图 1.2.

6.3 等周问题

在许多涉及临界点的问题中,会同时出现隐参数和约束条件. 在这种情况下,如果将这些参数和约束条件显式地引入确定问题的方程,那么 6.1 节所讲的方法仍然有效.

这些因素在给定的泛函 $\mathscr{I}(u)$ 上呈现出的影响是相应的算子系统 $\mathscr{I}'(u)=0$ 产生"鞍点"型的解. 例如,线性 Hamilton 系统 $\ddot{x} + Ax = 0$(1.2 节中描述过)具周期 β 的正规方式 $x(t)$ 是能量泛函

$$\int_0^\beta (\dot{x}^2(t) - Ax(t) \cdot x(t)) dt$$

的一个鞍点. 这因为正规方式必正交于常值 N 维向量.

在这些情况中,显式地引入适当参数和约束条件到确定问题的方程中,以对基于 $\mathscr{I}(u)$ 极小化的论证进行必要补充. 如此一

来,求泛函 $\mathscr{I}(u)$的临界点问题常转化为求某个泛函 $G_0(u)$服从约束 $G_j(u)=\alpha_j(j=1,\cdots,N)$时的临界点.这样描述的等周变分问题类构成一个由纯粹解析手段研究“鞍点型”临界点的自然方法.

等周问题就是决定泛函 $G_0(x)$(定义在 Banach 空间 X 上)限制在 $\mathscr{C}$ 上的极值,其中,$\mathscr{C}$ 是 X 的真子集.回顾(3.1.31),若 x_0 是 C^1 泛函 $G_0(x)$的一个极值点,它服从约束条件

$$\mathscr{C}=\{x \mid G_i(x)=0,\ G_i(x)\in C^1(X,\mathrm{R}),\ i=1,2,\cdots,N\},$$

则向量 $G_i'(x)(i=0,1,\cdots,N)$是线性相关的.因此,根据(3.1.31),存在实数 λ_i(不全为0)使得

$$\sum_{i=0}^{N}\lambda_i G_i'(x_0)=0. \tag{6.3.1}$$

可用不同的观点来考虑方程(6.3.1).首先,若集合 $\mathscr{C}$ 是弱闭的,则结果(6.1.1)可用于证明存在 $x_0\in\mathscr{C}$ 满足(6.3.1),其中参数 λ_i 待定.正如早些时候所提到过的,在给定的问题包含了隐参数的情况下,这个简单的观测是重要的.另一方面,若能证明 $\lambda_i=0\ (i=1,\cdots,N)$,则 $\lambda_0\neq0$,且极值点 x_0 满足算子方程 $G_0'(x_0)=0$.于是,这时我们说点 x_0 是 $G_0(x)$关于“自然”约束 $\mathscr{C}$(见6.3B)的临界点.这里所用的术语“自然”,强调这样一个事实:$G_0(x)$限制于 $\mathscr{C}\subset X$ 的临界点也是$G_0(x)$在 X 自身的临界点.我们现在对这两种可能性进行仔细考察.

6.3A 梯度映射的非线性本征值问题

含隐参数的一个重要情况是求算子方程 $Au=\lambda Bu$ 的非平凡解(u,λ)的问题,其中,$A(0)=B(0)=0$.

正如已经提到过的,这个问题可看成确定线性算子点谱的一个非线性的类似结果.显然,若 A 和 B 是梯度算子,而 $Ax=\mathscr{A}'(x)$,$Bx=\mathscr{B}'(x)$,则(6.3.1)的解将包含在 $\mathscr{A}(x)$的临界点集中,$\mathscr{A}(x)$限制在水平集 $\sigma_c=\{x\mid\mathscr{B}(x)=c,c\text{ 是常数},x\in X\}$上,$c$ 在实数集上变化.

作为(6.3.1)的非平凡解存在性的第一个结果,我们有

(6.3.2) **定理** 设定义在自反 Banach 空间 X 上的 C^1 泛函 $\mathscr{A}$ 和 $\mathscr{B}$ 具有如下性质:

(i) 在 $X \cap \{\mathscr{B}(x) \leqslant \text{const.}\}$ 上,$\mathscr{A}(x)$ 是弱下半连续和强制的;

(ii) $\mathscr{B}(x)$ 对于弱序列收敛是连续的,并且仅当 $x = 0$ 时 $\mathscr{B}'(x) = 0$.

那么,对所有在 $\mathscr{B}(x)$ 的值域中的 R,方程 $\mathscr{A}'(x) = \lambda \mathscr{B}'(x)$ 有单参数非平凡解族 (x_R, λ_R) 使 $\mathscr{B}(x_R) = R$;且 x_R 被刻画为 $\mathscr{A}(x)$ 在集 $\{x \mid \mathscr{B}(x) = R\}$ 上的极小点.

证明 该结果是(6.1.1)的一个直接推论.事实上,因为 $\mathscr{B}(x)$ 在 X 上是弱连续的,所以集合 $\mathscr{B}_R = \{x \mid \mathscr{B}(x) = R\}$ 是弱闭的.若这个集合 $\mathscr{B}_R$ 非空,则(6.1.1)确保存在一个 $x_R \in \mathscr{B}_R$,使得在 $x \in \mathscr{B}_R$ 上 $\mathscr{A}(x_R) = \inf \mathscr{A}(x)$.因为 $\mathscr{A}$ 和 $\mathscr{B}$ 可微,故从(6.3.1)可推出,存在数 λ_1 和 λ_2(不同时为 0)满足 $\lambda_1 \mathscr{A}'(x_R) + \lambda_2 \mathscr{B}'(x_R) = 0$.现在 $\lambda_1 \neq 0$,这因为否则由 $\mathscr{B}'(x_R) \equiv 0$ 推出 $x_R \equiv 0$(由假设条件),于是 x_R 满足方程 $\mathscr{A}'(x_R) = \lambda \mathscr{B}'(x_R)$,其中 $\lambda = -\lambda_2 / \lambda_1$.

(6.3.3) **注** 设 C^2 泛函 $\mathscr{B}(x)$ 是使 $\mathscr{B}'(x)$ 成为定义在 Banach 空间 X' 上的 Fredholm 算子,在 X 中稠.那么,注意从(3.1.47)可推出实数集 $Z = \{R \mid \mathscr{B}'(x) = 0, \mathscr{B}(x) = R\}$ 是 Lebesgue 零测集,故(6.3.2)可加强.因此,不计可能的零测集时,(6.3.2)对 $\mathscr{B}$ 的值域中的那些实数成立.

今若算子 $\mathscr{A}'(x) = Lx$ 是线性的(正如在我们的很多应用中那样),我们可将(6.3.2)改进如下

(6.3.4) **定理** 设 L 是一个有界线性自伴 Fredholm 算子,它映 Hilbert 空间 H 到自身,有非负本质谱.同时 $\mathscr{N}(x)$ 是一个 C^2 严格凸泛函,它对 H 中的弱收敛是连续的,使 $\mathscr{N}(x) \geqslant \mathscr{N}(0) = 0$.那么,若在 C_R 上的二次型是"强制的",即对 $x \in C_R = \{x \mid \mathscr{N}(x) = R, \mathscr{N}'(x) \perp \operatorname{Ker} L\}$,当 $\|x\| \to \infty$ 时,有 $(Lx, x) \to \infty$,那么方程 $Lx = \lambda \mathscr{N}'(x)$ 有非平凡解 (x_R, λ_R),其中,$\lambda_R \neq 0$,且在 $x = x_R$ 处

达到$\inf\limits_{C_R}(Lx,x)$.

证明 可分三步得出结果.首先,我们确定一个"自然"约束集C_R,使极小化问题$\min G_0(x)$在C_R上的极小化的解x_R是$Lx=\lambda\mathcal{N}'(x)$的一个解.其次,我们证明对每一个$R>0$,$C_R$非空.最后我们证明,事实上由$x_R\in C_R$在$C_R$上达到$\inf G_0(x)$.

步骤1 我们证明,在约束条件C_R下,达到

$$G_0(x)=\frac{1}{2}(Lx,x)$$

的极小值的任何元素u_0都是方程$Lx=\lambda\mathcal{N}'(x)$的解,且显然有性质$\mathcal{N}(u_0)=R$.以上

$C_R=\{x\mid x\in H,\mathcal{N}(x)=R,(\mathcal{N}'(x),w)=0$,对一切$w\in\mathrm{Ker}L\}$.

事实上,由(3.1.31),u_0一定满足形如

$$\beta_0Lu=\beta_1\mathcal{N}'(u)+\mathcal{N}''(u)\overline{w} \tag{6.3.5}$$

的方程.其中,$\overline{w}\in\mathrm{Ker}L$.我们来证明$\overline{w}=0$,同时$\beta_0$和$\beta_1$都不为0.取(6.3.5)与$\overline{w}$的内积,对任意$w\in\mathrm{Ker}L$,利用$Lw=0$和$(\mathcal{N}'(u_0),w)=0$,我们得$(\mathcal{N}''(u_0)\overline{w},\overline{w})=0$.因$\mathcal{N}''(u_0)$是正自伴的,故$\mathcal{N}''(u_0)\overline{w}=0$.因$\mathcal{N}$是严格凸的,$\mathrm{Ker}\mathcal{N}''(u_0)=0$,于是$\overline{w}=0$.现$\beta_0\neq0$.这因为如果它为0,则$\beta_1\neq0$并且$\mathcal{N}'(u_0)=0$,此时$u=0$(盖因$\mathcal{N}$是严格凸的),这与$\mathcal{N}(u_0)=R>0$相矛盾.为证$\beta_1\neq0$,我们假设不然,则$Lu_0=0$,从而$u_0\in\mathrm{Ker}L$.于是由于$u_0\in C_R$,故$(\mathcal{N}'(u_0),u_0)=0$;再根据$\mathcal{N}(u)$的凸性,有$u_0=0$,这又与$\mathcal{N}(u_0)=R>0$相矛盾.

步骤2 现在我们证明

(6.3.6) **引理** 假定$\mathcal{N}(x)$满足(6.3.4)的假设条件,则对每个$R>0$,约束集

$C_R=\{x\mid\mathcal{N}(x)=R,(\mathcal{N}'(x),w)=0,w\in\mathrm{Ker}L\}$

是非空的.

证明 令$\mathcal{S}_i=\{x\mid(\mathcal{N}'(x),w_i)=0\}$,$(i=1,2,\cdots,N)$.则约

束条件 $\mathscr{S}_i$ 可以写成

$$\left(\mathscr{N}'\left(y+\sum_{i=1}^{N}\beta_i w_i\right), w_j\right)=0, \quad (j=1,\cdots,N),$$

其中,$(w_1,w_2,\cdots,w_N)$是 $\mathrm{Ker}L$ 的一组正交基,且 $y\in[\mathrm{Ker}L]^{\perp}$.将以上方程的左端看成 $\beta=(\beta_1,\cdots,\beta_N)$的函数,并固定 $y\in[\mathrm{Ker}L]^{\perp}$,则作为泛函

$$F(\beta)=\mathscr{N}\left(y+\sum_{i=1}^{N}\beta_i w_i\right)$$

的临界点的那些 N 维向量β 满足$(\mathscr{N}'(x),w_i)=0$, $(i=1,\cdots,N)$. 于是,由泛函 $\mathscr{N}$的严格凸性,对固定的 $y\in[\mathrm{Ker}L]^{\perp}$,$F(\beta)=\mathscr{N}(y+\sum_{i=1}^{N}\beta_i w_i)$有且仅有一个临界点$\beta(y)=(\beta_1(y),\cdots,\beta_N(y))$. 从而对每个正 s,存在一个元素 $y(s)=sy+\sum_{i=1}^{N}\beta_i(sy)w_i$,使得对一切 $w\in\mathrm{Ker}L$ 有$(\mathscr{N}'(y(s)),w)=0$. 今对固定的非零 $y\in[\mathrm{Ker}L]^{\perp}$,函数

$$G(s,\beta_1,\cdots,\beta_N)=\mathscr{N}\left(sy+\sum_{i=1}^{N}\beta_i w_i\right)$$

是定义在 $\mathbb{R}^{N+1}$上的严格凸函数,使得若

$$|s|+\sum_{i=1}^{N}|\beta_i|\to\infty,$$

则 $G(s,\beta_1,\cdots,\beta_N)\to\infty$. 因而当$|s|\to\infty$时,作为 s 的一个函数,$g(s)=\mathscr{N}(sy+\sum_{i=1}^{N}\beta_i(sy)w_i)\to\infty$. 此外,倘若我们证明了 $g(s)$ 是 s 的连续函数,则引理得证,而它是凸性理论的直接推论,这因为 $g(s)=\inf G(s,\beta_1,\cdots,\beta_N)$在 $\beta_1,\cdots,\beta_N$ 上取下确界,并且 G 是严格凸的.

步骤 3 我们证明 $\inf\frac{1}{2}(Lx,x)$在 C_R 上由元素 $u_0\in C_R$ 达到. 因为 C_R 是 Hilbert 空间 H 中的弱闭集,由(6.1.1),仅需证明泛函(Lx,x)在 H 上是弱下半连续的. 由于 L 可写成一个自伴正

算子L_1和一个紧自伴算子L_2之和,故(Lx,x)的弱下半连续性显然是(6.1.3)的一个直接推论.

在非线性本征值问题的研究中,(6.3.2)中所提到的变分问题的对偶问题也是有用的.事实上,对每个固定的数R,我们考虑水平集$\partial\mathscr{A}_R=\{x\mid\mathscr{A}(x)=R\}$和数$C_R=\sup\limits_{\partial\mathscr{A}_R}\mathscr{B}(x)$,并证明

(6.3.7) **定理** 设C^1泛函$\mathscr{A}(x)$和$\mathscr{B}(x)$定义在自反Banach空间X上,满足性质:(i) $\mathscr{A}(x)$是强制的,在X上弱下半连续,且对每个固定的非零$x\in X$,实函数$f(t)=\mathscr{A}(tx)$是t的非零递增函数;(ii) $\mathscr{B}(x)$对于弱收敛是连续的,且使得从$\mathscr{B}'(x)=0$可推出$x=0$,并对每个非零$x\in X$,$g(t)=\mathscr{B}(tx)$是t的严格递增函数.那么,对$\mathscr{B}(x)$值域中的每个$R\neq 0$,上面定义的数C_R是$\mathscr{B}(x)$限制在$\partial\mathscr{A}_R$上的临界点.此外,若对$x_R\in\partial\mathscr{A}_R$有$\mathscr{B}(x_R)=C_R$,则$(x_R,\lambda_R)$是方程$\mathscr{A}'(x)=\lambda\mathscr{B}'(x)$的非平凡解.

证明 因为$\mathscr{A}(x)$是强制的,故水平集$\partial\mathscr{A}_R$是有界的,于是泛函$\mathscr{B}(x)$在$\partial\mathscr{A}_R$上有界,并对弱收敛连续.于是$C_R=\sup\limits_{\partial\mathscr{A}_R}\mathscr{B}(x)$是有限的.从而任意极大化的序列$\{x_n\}\subset\partial\mathscr{A}_R$有界,并且(可能要在选一个子序列后)$x_n$弱收敛,其弱极限为$\bar{x}$.由$\mathscr{B}(x)$对弱收敛的连续性可推出$C_R=\mathscr{B}(\bar{x})$.我们令$\bar{x}=x_R$,于是为建立所要的结果,我们证明$x_R\in\partial\mathscr{A}_R$,且对某个有限数$\lambda_R$,$x_R$满足方程$\mathscr{A}'(x)=\lambda_R\mathscr{B}'(x_R)$.为此假定$x_R\overline{\in}\partial\mathscr{A}_R$,那么由$\mathscr{A}(x)$的弱下半连续性我们可设$\mathscr{A}(x_R)<R$.此外,由定理的假设条件(i)推出,对某个$t>1$有$\mathscr{A}(tx_R)=R$.现由条件(ii)推出$\mathscr{B}(tx_R)>C_R=\sup\limits_{\partial\mathscr{A}_R}\mathscr{B}(x)$(一个矛盾).因此$x_R\in\partial\mathscr{A}_R$且根据(3.1.31),存在数$\lambda_1$和$\lambda_2$使$\lambda_1\mathscr{A}'(x_R)+\lambda_2\mathscr{B}'(x_R)=0$,今$\lambda_1\neq 0$,这因为否则将有$\mathscr{B}'(x_R)=0$,于是由假设条件(ii)推出$x_R=0$,这转而矛盾于$R\neq 0$.

上面提出的研究非线性本征值问题的等周方法有明显的局限性,即它们只能得出类似算子A的第一本征向量的结果.在线性算子的情况,不需要继续讨论任何进一步的临界点理论,这因为正

交和正交补的概念可从反复利用等周方法得到 A 的本征向量的完全集.但是,对于非线性算子,我们不能得到这个完满结果的完全类似结果,除非我们发展了更深刻的临界点理论.事实上,将必须去找拓扑"约束",使得能够讨论非线性算子的"较高"本征向量.

例 为了理解(6.3.2)的内容和精确含义,考虑定义在有界域① $\Omega\subset \mathbb{R}^N$ 上的如下半线性 Dirichlet 问题:

(6.3.8) $\quad \Delta u+k(x)u+\lambda g(x)u^\sigma=0,\qquad u|_{\partial\Omega}=0,$

其中 $k(x)$ 和 $g(x)$ 是光滑函数(譬如说 Hölder 连续,且在 $\bar{\Omega}$ 上有 $g(x)>0$).作为(6.3.2)的应用,我们将证明

(6.3.9) **定理** 若 σ 位于开区间 $\left(1,\dfrac{N+2}{N-2}\right)$ 内,则对每个正数 $R\neq 0$,系统(6.3.8)有单参数非平凡光滑解族(u_R,λ_R)使

$$\int_\Omega g(x)u_R^{\sigma+1}=R,$$

且在 Ω 中有 $u_R>0$.

证明 显然,在利用(6.3.2)时要用的适当泛函 $\mathscr{A}$ 和 $\mathscr{B}$ 可定义为

$$\mathscr{A}(u)=\int_\Omega(|\nabla u|^2-k(x)u^2)dx,$$

$$\mathscr{B}(u)=\int_\Omega g(x)u^{\sigma+1}dx.$$

然后,暂时假定 σ 是奇数,则不难验证:(i)泛函 $\mathscr{A}(u)$在$\mathring{W}_{1,2}(\Omega)$上弱下半连续,(ii) 对 $\sigma\in\left(0,\dfrac{N+2}{N-2}\right)$,泛函 $\mathscr{B}(u)$在$\mathring{W}_{1,2}(\Omega)$上弱连续且严格凸.于是,为验证 $\mathscr{A}(u)$在$\mathring{W}_{1,2}(\Omega)$上关于 $\mathscr{B}$ 强制,我们首先注意,对 $\alpha=\inf\limits_\Omega g(x)$,根据 Jensen 不等式,

$$\left\{\int_\Omega|u|dx\right\}^{\sigma+1}\leqslant\int_\Omega|u|^{\sigma+1}dx$$

---

① 在后面的几何内容中将再次考虑这个问题,其中,Ω 由一个 N 维紧 Riemann 流形 $\mathfrak{M}^N$ 取代.——原注

$$= \int_{\Omega} u^{\sigma+1} dx \leqslant \frac{1}{\alpha} \int_{\Omega} g(x) u^{\sigma+1} dx.$$

因而,若 $\mathscr{B}(u) \leqslant \text{const.}$,则 $\| u \|_{L_1(\Omega)}$ 是一致有界的.而且,例如利用(1.3.28),存在绝对常数 c_1, c_2,其中 $c_1 > 0$,使

$$\mathscr{A}(u) = \int_{\Omega} (|\nabla u|^2 - k(x) u^2) dx$$

$$\geqslant c_1 \| u \|_{1,2}^2 - c_2 \| u \|_{0,1}^2.$$

因此当 $\| u \| \to \infty$ 而 $\mathscr{B}(u) \leqslant \text{const.}$ 时,有 $\mathscr{A}(u) \to \infty$.因为泛函 $\mathscr{B}(u)$ 的值域是 $[0, \infty)$,而 $\mathscr{B}(u) = 0$ 当且仅当 $u = 0$,所以 $R = 0$ 是 $\mathscr{B}(u)$ 值域中唯一被排除的点.于是,对于开区间 $(0, \infty)$ 中每个 R,系统(6.3.8)有一个非平凡弱解族 (u_R, λ_R),使 $\int_{\Omega} g(x) u^{\sigma+1} dx = R$.此外,若 $u \in \mathring{W}_{1,2}(\Omega)$,则 $|u| \in \mathring{W}_{1,2}(\Omega)$,以 $|u|$ 代替 u 时泛函 $\mathscr{A}(u)$ 和 $\mathscr{B}(u)$ 都是不变的.因而我们可以断定,对 $\inf\limits_{\mathscr{B}_R} \mathscr{A}(u)$ 的任何极小化序列 $\{u_n\} \subset \mathscr{B}_R$,若把 $\{u_n\}$ 换成 $\{|u_n|\}$,仍将是极小化序列.因为 $\{u_n\}$ 的一个子序列几乎处处收敛到 u_R,所以我们可以假定 $u_R \geqslant 0$(在 Ω 中几乎处处).此外,正如在1.5节中提到的,线性正则性理论允许我们假定 $u_R \geqslant 0$(在 $\bar{\Omega}$ 中处处),并且在 Ω 中和在 $\partial\Omega$ 所有充分光滑的部分上,足够光滑到逐点满足(6.3.8).为证在 Ω 中 $u_R > 0$,我们利用极大值原理(见 Protter 和 Weinberger, 1967).事实上,若对某个 $x \in \Omega$ 有 $u_R(x) = 0$,则由(6.3.8)可推出在 Ω 中 $u_R \equiv 0$.

最后,除去 σ 上的奇性限制.我们注意,若在(6.3.8)中用 $g(x)|u|^{\sigma-1}u$ 代替 $g(x)u^{\sigma}$ 项,并重复刚才给出的论证,则对于修改过的系统,我们又可求出一个解 $u_R \geqslant 0$.但在这种情况 $g(x)u_R^{\sigma} = g(x)|u_R|^{\sigma-1}u_R$,结果得证.

可以立即想到(6.3.9)有两个可能的重要推论:

(i) 对 $\sigma \geqslant \frac{N+2}{N-2}$,(6.3.9)可能成立;

(ii) 除去 Ω 是 $\mathbb{R}^N$ 中的有界域的限制.

在这两个情况中，主要困难是泛函 $\mathscr{B}(u)$ 不再弱连续（或等价地，$\mathscr{B}'(u)$ 不再全连续）.

关于(i)，我们注意，如同从早先的讨论中所得出的，(6.3.9) 在如下意义上得到了改进.

(6.3.10) 假设在方程(6.3.8)中，$k(x)=0$，$g(x)=\beta^2>0$，$\sigma\geqslant\dfrac{N+2}{N-2}$，那么，(6.3.8)没有非平凡光滑正解.

关于推论(ii)，我们稍后在(6.7.25)中将证明

(6.3.11) **定理** 设 $\Omega=\mathbb{R}^N$，$g(x)=g(\neq 0)$ 是正常数，且 $k(x)=k$ 是负常数. 那么，系统(6.3.8)在 $W_{1,2}(\mathbb{R}^N)$ 中有非平凡光滑正解当且仅当 $\sigma<\dfrac{N+2}{N-2}$.

在一般情况，我们考虑定义在 $\mathring{W}_{m,p}(\Omega)$ 上的泛函

$$\mathscr{A}(u)=\int_\Omega F(x,D^\alpha u),\qquad |\alpha|\leqslant m$$

和

$$\mathscr{B}(u)=\int_\Omega G(x,D^\beta u),\qquad |\beta|\leqslant m-1.$$

其中，Ω 是 $\mathbb{R}^N$ 中一个有界域. 那么，倘若函数 $F(x,y)$ 和 $G(x,y)$ 满足适当的(Sobolev)增长条件，以保证 $\mathscr{A}(u)$ 和 $\mathscr{B}(u)$ 是定义在 $\mathring{W}_{m,p}(\Omega)$ 上的 C^1 泛函，则由定理(6.3.7)可得出当 $|\gamma|\leqslant m$ 时，

$$\sum_{|\alpha|\leqslant m}(-1)^{|\alpha|}D^\alpha F_\alpha(x,D^\gamma u)=\lambda\sum_{|\beta|\leqslant m-1}(-1)^{|\beta|}D^\beta G_\beta(x,D^\gamma u),$$

$$D^\alpha u\,|_{\partial\Omega}=0,\qquad |\alpha|\leqslant m-1$$

的非平凡解 (u_R,λ_R) 的存在性条件.

待验证的主要假设条件包括：(a) 在 $\mathring{W}_{m,p}(\Omega)$ 中 $\mathscr{A}(u)$ 的弱下半连续性；(b) 在 $\mathring{W}_{m,p}(\Omega)$ 上 $\mathscr{B}(u)$ 对弱收敛的连续性；(c) $\mathscr{A}(u)$ 的强制性. 函数 $F(x,D^\gamma u)$，$G(x,D^\gamma u)$ 必须逐项符合这些假设条件的性质早些时候已讨论了.

6.3B 半线性梯度算子方程的可解性

现在我们转向前面提到过的等周变分问题适用性的第二个领域:考虑形如

(6.3.12) $$\mathscr{I}'(u)=f$$

的非齐次梯度算子方程的严格可解性准则(类似于 5.4E),它不要求 $\mathscr{I}'(u)$ 有 5.4E 节中那样的线性增长性,这里假定 $\mathscr{I}(u)$ 是定义在 Hilbert 空间 H 的一个 C^1 实值泛函.此外假定 $\mathscr{I}'$ 是映 H 到自身的半线性梯度算子,于是,$\mathscr{I}'=L+\mathscr{N}'$,其中,$L$ 是自伴 Fredholm 算子,$\mathscr{N}'$ 是(非线性的)全连续映射,映 H 入自身.因为在最有意义的情况下,算子 L 将或者有负谱,或者有非平凡的核,故(6.3.12)的解 u_0 将不再对应于泛函 $I(u)=\mathscr{I}(u)-(f,u)$ 的绝对极小点.事实上,一般说来,一个解 u_0 将对应于 $I(u)$ 的一个鞍点.对二次泛函 $\mathscr{I}(u)$ 恰当地应用正交性,可将这种临界点化成绝对极小点.这里我们指出,在某些情况下,我们可找到正交性的一个"非线性推广",它对于用解析手段研究(6.3.12)的可解性是适当的.在后面的几节中,我们指出怎样用拓扑方法研究泛函 $\mathscr{I}(u)$ 的鞍点.

为了找出(6.3.12)有解的适当的充要条件,我们引进"自然约束"概念.假定 C^1 泛函 $\mathscr{I}(u)$ 的一个临界值不是在 Hilbert 空间 H 上的绝对极小,但存在 H 的一个子流形 $\mathfrak{M}$ 使得:

(i)由一个某个元素 $\bar{u}\in\mathfrak{M}$ 达到 $c=\inf\limits_{\mathfrak{M}}\mathscr{I}(u)$;

(ii) 对任何 $\bar{u}\in\mathfrak{M}\cap\mathscr{I}^{-1}(c)$,$\mathscr{I}'(\bar{u})=0$,于是 $\bar{u}$ 不仅是 $\mathscr{I}$ 限制在 $\mathfrak{M}$ 上的临界点,而且也被看成是 $\mathscr{I}$ 定义在 H 自身上的临界点;

(iii) $\mathscr{I}(u)$ 的每个临界点都在 $\mathfrak{M}$ 上.

在那些解必须满足确定的几何边条件(例如,见下面的 6.4B)的几何问题中,这种情况是常见的.对与一个 C^2 泛函 $\mathscr{I}(u)$ 相应的自然约束,下面的结果给出一个相当一般的结构.

(6.3.13) **定理** 设 N 是 Hilbert 空间 H 的一个闭线性子空间,又

假定 $\mathscr{I}(u)$是定义在 H 上的一个C^2 泛函. 令

$$S = \{u \mid u \in H, \mathscr{I}'(u) \perp N\},$$

并假设

(a) S 对弱序列收敛闭且不空;

(b) $\mathscr{I}(u)$在 S 上是强制的且弱下半连续;

(c) 对每个 $u \in S$, $\mathscr{I}''(u)$在 N 上是定型.

那么,

(i) $c = \inf_S \mathscr{I}(u)$有限且由某个元素 $\bar{u} \in S$ 达到;

(ii) S 是泛函 $\mathscr{I}(u)$(在 H 上)的自然约束.

证明 可直接从条件(a),(b)以及结果(6.1.1)推出(i),因此我们仅需证明(ii). 为此我们注意,当 $u \in H$ 时 S 的元素是算子 $P\mathscr{I}'(u)$的零点,其中 P 是 H 到 N 上的典范投影. 现在,算子 $P\mathscr{I}'(u)$是从 H 到 N 中的映射,它的导数 $P\mathscr{I}''(u)$是满射. 事实上,由条件(c),对每个 $u \in H$,知 $P\mathscr{I}''(u)$映 N 到自身上(用 Lax-Milgram 定理(1.3.21)). 因此,从结果(3.1.37)可推出,对 $\mathscr{I}(u)$限制于 S 的极值点 $\bar{u}$,有确定的元素 $w \in N$,使 $\bar{u}$ 是定义在 H 上的泛函$\mathscr{I}(u) - (P\mathscr{I}'(u), w)$的一个临界点,因此 $\bar{u}$ 满足

$$\mathscr{I}'(\bar{u}) = \mathscr{I}''(\bar{u})w.$$

作这个方程与 w 的内积,根据有关 S 的定义,我们得$(\mathscr{I}''(\bar{u})w, w) = 0$. 因此,从条件(c)可推出 $w = 0$,从而 $\mathscr{I}'(\bar{u}) = 0$. 于是,为验证 S 是 $\mathscr{I}(u)$在 H 上的一个自然约束,我们只需证明(考虑定义在 H 上)$\mathscr{I}(u)$的每个临界点都在 S 上. 然而,因为从 $\mathscr{I}'(v) = 0$ 得出 $\mathscr{I}'(v)$必然与 N 正交,故直接推出了最后这个事实.

为利用上面对于算子方程(6.3.12)构造自然约束的一般性法则,我们来利用 $\mathscr{I}'$半线性这个事实(即 $\mathscr{I}'(u) = Lu + \mathscr{N}'(u)$). 相应地,顾及到 L 的谱性质,我们应仔细选择子空间 N. 更清楚地说,我们可基于 L 的谱性质,确定泛函 $\mathscr{I}(u)$的试探临界值 c 的特征,然后用(6.3.13)和与映射 $\mathscr{N}'(u)$有关的假设条件,以确保 c 实际上是$\mathscr{I}(u)$的一个临界值.

于是,若 $\mathscr{N}'(u) \equiv 0$,则不难验证:

(a) 泛函 $J(u)=\frac{1}{2}(Lu,u)-(f,u)$唯一可能的临界值 $\bar{c}$ 可由公式

(6.3.14) $$\bar{c}=\inf_{x\in H_+}\sup_{y\in H_-}\sup_{z\in\mathrm{Ker}L}J(x+y+z)$$

来刻画. 其中,H_+是 H 的这种线性子空间:L 在H_+上是正定的;H_-是 H 的这种子空间:L 在H_-上是负定的.

(b) 若 L 是一个 Fredholm 自伴算子,则 $\bar{c}$ 有限且可达到当且仅当 f 与 $\mathrm{Ker}L$ 正交.

今由(a)和(b)可推出定义在 H 上的算子方程 $Lu=f$ 的严格可解性准则. 而公式(6.3.14)展示这一事实:$J(u)$相应的临界值一般不是绝对极小值.

我们现在来证实(a)和(b). 首先注意,若 f 不与 $\mathrm{Ker}L$ 正交,则 $J(z)=-(f,z)$可以取任何实数值(正或负). 今从 H_+,H_-和 $\mathrm{Ker}L$ 的正交性推出

$$J(x+y+z)=J(x)+J(y)+J(z).$$

因此,若 f 不与 Ker 正交,则 $\bar{c}$ 不可能是有限的;反之,若 $f\perp\mathrm{Ker}L$,则

$$J(x+y+z)=J(x)+J(y),$$

从而

(6.3.15) $$\bar{c}=\inf_{H_+}J(x)+\sup_{H_-}J(y).$$

因为 L 是 Fredholm 自伴算子,故存在绝对常数 $\alpha>0$ 使得对 $x\in H_+$和 $y\in H_-$,有

(6.3.16) $$(Lx,x)\geqslant\alpha\|x\|^2,\quad (Ly,y)\leqslant-\alpha\|y\|^2.$$

于是,根据(6.3.16),在某个 $\bar{x}\in H_+$处能达到$\inf_{H_+}J(x)$,且由 $J(x)$的严格凸性推出这个 $\bar{x}$ 是唯一的. 因为$\sup_{H_-}J(y)=\inf_{H_-}\{-J(y)\}$,故对$\sup_{H_-}J(y)$类似结论成立,且点 $\bar{y}\in H_-$唯一. 因此从(6.3.15)可推出对任何 $z\in\mathrm{Ker}L$,在任意形若 $\bar{u}=\bar{x}+\bar{y}+z$ 的点处可达到 $\bar{c}$. 设 P_+和 P_-分别是 H 到H_+和 H_-上的典范正交投影,那么

$$J'(\bar{u}) = L\bar{u} - f = (L\bar{x} - P_+ f) + (L\bar{y} - P_- f)$$
$$= P_+ J'(\bar{x}) + P_- J'(\bar{y}) = 0.$$

在一般情况下,我们首先考虑泛函

$$\mathscr{I}(u) = \frac{1}{2}(Lu, u) + R(u),$$

并由

(6.3.17) $$c = \inf_{x \in H_+} \sup_{y \in H_-} \sup_{z \in \mathrm{Ker}L} \mathscr{I}(x + y + z)$$

来定义一个类似于 $\bar{c}$ 的数 c. 而在泛函 $R(u)$上确定确切的条件使得 c 是有限的,并且是 $\mathscr{I}(u)$在 H 上的临界值. 然后,我们令 $R(u) = \mathscr{N}(u) - (f, u)$,并证明由这些条件可产生方程

(6.3.18) $$Lu + \mathscr{N}'(u) = f$$

可解性的充要条件. 在 $\mathscr{N}'(u) \equiv 0$ 的情况下,它转化成通常的 Fredholm 正交条件. 为此,我们证明以下两个结果:

(6.3.19) **引理** 设 $R'(u)$是全连续的,假定 C^2 泛函

$$\mathscr{I}(u) = \frac{1}{2}(Lu, u) + R(u)$$

满足以下条件:

(i) 集合 $\mathscr{S}_0 = \{u \mid \mathscr{I}'(u) \perp \mathrm{Ker}L\} \neq \varnothing$;

(ii) 对固定的 $u \in \mathscr{S}_0$,泛函 $\mathscr{I}(u + w)$对 $w \in \mathrm{Ker}L \cup H_-$是严格凹的,且当 $\| w \| \to \infty$时 $\mathscr{I}(u + w) \to -\infty$;

(iii) 对 $u \in \mathscr{S} = \{u \mid \mathscr{I}'(u) \perp \{H_- \oplus \mathrm{Ker}L\}\}$,当 $\| u \| \to \infty$时 $\mathscr{I}(u) \to \infty$.

那么,由(6.3.17)所定义的数 c 有限,并且是 $\mathscr{I}(u)$在 H 上的一个临界值.

利用相同记号并令 $\mathscr{N}'(u) - f = R'(u)$,有

(6.3.20) **定理** 假定算子 $\mathscr{N}'(u)$满足以下条件:

(i) 对 $u \in \mathfrak{M} = \{u \mid (\mathscr{N}'(u) - f) \perp \mathrm{Ker}L\}$,$L + \mathscr{N}''(u)$在 $H_- \cup \mathrm{Ker}L$ 上是负定的,且当 $w \in H_- \cup \mathrm{Ker}L$,$\| w \| \to \infty$时 $\mathscr{I}(u + w) \to -\infty$;

(ii) 对 $u \in \mathscr{S} = \{u \mid (Lu + \mathscr{N}'(u) - f) \perp H_- \cup \mathrm{Ker}L\}$,当

$\| u \| \to \infty$ 时 $\mathscr{I}(u) \to \infty$.

那么,方程(6.3.18)可解当且仅当集合 $\mathfrak{M}$ 非空.此外,如果可解,则 $\mathscr{I}(u)$ 的临界值由(6.3.17)给出.

用(6.3.19)证明(6.3.20) 事实上,若(6.3.18)是可解的,则集合 $\mathfrak{M}$ 必然非空,这因为(6.3.18)的任何解都是 $\mathfrak{M}$ 的元素.另一方面,如果 $\mathfrak{M} \neq \varnothing$,则从引理(6.3.19)可推出,由(6.3.17)定义的数 c 是定义在 H 上的 $\mathscr{I}(u)$ 的一个临界值,从而(6.3.18)必然可解.

(6.3.19)的证明 由验证集合

$$\mathscr{S} = \{ u \mid \mathscr{I}'(u) \perp (H_- \cup \operatorname{Ker} L) \}$$

和泛函 $\mathscr{I}(u)$ 满足(6.3.13)中所提到的条件(a)~(c),我们将证明从(6.3.13)可推出所要的结果.

首先我们证明 $\mathscr{S}$ 对弱收敛是闭的且非空.因为

$$\mathscr{I}'(u) = Lu + R'(u),$$

故由 H 中 u_n 弱收敛于 u 推出在 H 中 Lu_n 弱收敛于 Lu,并在 H 中 $R'(u_n)$ 强收敛于 $R'(u)$.于是由 $u_n \in \mathscr{S}$ 推出 $u \in \mathscr{S}$.利用 $\mathscr{S}_0$ 非空这个事实我们可证明 $\mathscr{S}$ 非空.因为 $\mathscr{S}_0$ 非空,故对某个 $\bar{x}$ 和 $\bar{y}$,有

$$\delta = \sup_{\operatorname{Ker} L} \mathscr{I}(\bar{x} + \bar{y} + z) < \infty.$$

同时,从 $\operatorname{Ker} L$ 有限维可推出对某个 $\bar{z} \in \operatorname{Ker} L$,有

$\delta = \mathscr{I}(\bar{x} + \bar{y} + \bar{z})$.令 $\bar{u} = \bar{x} + \bar{y} + \bar{z}$,对 $y \in H_-$ 和 $z \in \operatorname{Ker} L$,我们考虑泛函 $\mathscr{I}_1(\bar{u} + y + z) = -\mathscr{I}(\bar{u} + y + z)$.由条件(ii),$\mathscr{I}_1$ 在 $H_- \cup \operatorname{Ker} L$ 上是强制的.此外,$\mathscr{I}_1$ 在这里必是弱下半连续的.今从(6.1.1)推出对 $\tilde{y} + \tilde{z}$ 有

$$P\mathscr{I}'_1(\bar{u} + \tilde{y} + \tilde{z}) = 0,$$

其中 P 是从 H 到 $H_- \cup \operatorname{Ker} L$ 上的投影,因此 $\bar{u} + \tilde{y} + \tilde{z} \in \mathscr{S}$.

为了得到 $\mathscr{I}(u)$ 在 $\mathscr{S}$ 上的弱下半连续性,我们再将一个任意元素 $v \in \mathscr{S}$(同上)唯一分解成 $v = x + y + z$,并注意从 $P\mathscr{I}'(v) = 0$ 可推出 $Ly = -PR'(v)$.于是若 u_n 弱收敛到 u,因 $PR'(u_n)$ 是强收敛的,故 Ly_n 也是强收敛的,于是对 $u \in \mathscr{S}$,二次型

对弱收敛连续.相应地,对 $u\in\mathscr{S}$,泛函 $\mathscr{I}(u)$可写成

$$(6.3.21)\qquad \mathscr{I}(u)=\frac{1}{2}(Lx,x)+(Ly,y)+R(u).$$

并且,因为(6.3.21)中后两项都对弱收敛连续,于是由(6.1.3),$\mathscr{I}(u)$是弱下半连续的.

$\mathscr{I}(u)$在 $\mathscr{S}$ 上的强制性是(6.3.19)的条件(iii)的一个直接推论.最后,当 $u\in\mathscr{S}$时,$\mathscr{I}''(u)$在 N 上的定型是 $\mathscr{I}(u+w)$的严格凹性的一个直接推论,而严格凹性也给在条件(ii)中.

因此,由(6.3.13),$\mathscr{S}$是 $\mathscr{I}(u)$在 H 上的自然约束.此外,$\inf\limits_{\mathscr{S}}\mathscr{I}(u)$是 $\mathscr{I}(u)$在 H 上的临界值.剩下要证明由(6.3.14)所定义的数 c 实际上等于$\inf\limits_{\mathscr{S}}\mathscr{I}(u)$.这可从以下事实推出:$\mathscr{S}$的点恰好是方程

$$P\mathscr{I}'(x+y+z)=0,\qquad u=x+y+z$$

的解,它由 x 在H_+上变化所决定,并且对每个固定的 $x\in H_+$,它由临界值 $\sup\limits_{w\in H_-\cup\mathrm{Ker}L}\mathscr{I}(x+w)$所刻画,从而引理(6.3.19)得证.

在推导出(6.3.12)某些进一步的推论之前,我们首先指出,在某些情况下,由限制 L 的谱可以相当大地减弱结论的条件.

(6.3.22) **推论** 假定 $\sigma_e(L)$是非负的,则(6.3.19)的条件(i)的强制性部分可以取消,这只要我们假定对 $u\in\mathfrak{M}$ 和某个 $\varepsilon>0$,在 $\mathrm{Ker}L\cup H_-$上 $\mathscr{I}''(u)-\varepsilon L$ 是负定的.

证明 设 $u\in\mathfrak{M}$,分解 $w=y+z$,其中 $y\in H_-$,$z\in\mathrm{Ker}L$.则由 Taylor 定理,

$$(6.3.23)\qquad \mathscr{I}(u+w)=\mathscr{I}(u)+(\mathscr{I}'(u),w)+\int_0^1(1-s)(\mathscr{I}''(u+sw)w,w)ds.$$

因 $u\in\mathfrak{M}$,故$(\mathscr{I}'(u),z)=0$;又因 L 是 Fredholm 算子,故存在有限绝对常数 γ 使得对一切$y\in H_-$,有$(Ly,y)\leqslant-\gamma\|y\|^2$.根据假设,对某个 $\varepsilon>0$,$\mathscr{T}''(u)=\mathscr{I}''(u)-\varepsilon L$ 使$(\mathscr{T}''(u)w,w)<0$.此外,从 $\sigma_e(L)\subset[0,\infty)$可推出 $\dim(H_-\cup\mathrm{Ker}L)<\infty$,故存在正数 α,使得对固定的 $u\in\mathfrak{M}$,有 $\max\limits_{\|w\|=1}(\mathscr{T}''(u)w,w)=-2\alpha$.因

此，由连续性，存在 $\rho>0$ 使得对于 $\|h-u\|<\rho$，有

$$\|\mathcal{T}''(h)-\mathcal{T}''(u)\|\leqslant\alpha.$$

于是当 s 充分小时，譬如说 $\|sw\|\leqslant\rho$，并且 $h=u+sw$，有

$$(\mathcal{T}''(h)w,w)=(\mathcal{T}''(u)w,w)-([\mathcal{T}''(u)-\mathcal{T}''(h)]w,w)$$
$$\leqslant-\alpha\|w\|^2.$$

综合这些事实及(6.3.23)，我们有

$$\mathcal{I}(u+w)\leqslant\mathcal{I}(u)+(\mathcal{I}'(u),y)+\frac{\varepsilon}{2}(Lw,w)$$
$$+\int_0^{\rho/\|w\|}(1-s)(-\alpha\|w\|^2)ds.$$

于是，由 Cauchy-Schwarz 不等式可推出对任意 $\delta>0$，

$$\mathcal{I}(u+w)\leqslant\text{const.}+\delta\|y\|^2-\frac{\gamma\varepsilon}{2}\|y\|^2-\alpha\rho\|w\|.$$

取 $\delta=\frac{\gamma\varepsilon}{2}$，我们可得，当 $\|w\|\to\infty$ 时 $\mathcal{I}(u+w)\to-\infty$. 这正是所要的.

作为上面结果的一个有效应用，我们考虑半线性梯度算子方程

(6.3.24) $$Lu+\mathcal{N}'(u)=g,$$

其中，对一切 $u\in H$，$\|\mathcal{N}'(u)\|\leqslant$const.，$\mathcal{N}(u)$是 u 的一个 C^2 严格凸函数，即，它对弱序列收敛是连续的，并且 L 的本质谱是非负的，那么，类似于(6.4.29)的以下结果成立.

(6.3.25) **定理** (6.3.24)可解的一个充要条件是集合 $\mathfrak{M}_g=\{u\mid(\mathcal{N}'(u)-g)\perp\text{Ker}L\}$非空. 此外，算子 $L+\mathcal{N}'$看作从 H 到自身的映射时有一个开值域.

证明 我们把这个结果的第一部分证明留给有兴趣的读者. 这因为可从刚才建立的事实常规地推出它来.

我们指出，映射 $L+\mathcal{N}'$有开值域，可证明如下：若 $\mathfrak{M}_{g_0}$ 非空，则对某个固定的 $\varepsilon>0$，当 $\|g_0-g'\|\leqslant\varepsilon$ 时，$\mathfrak{M}_{g'}$也非空. 令 $g_0\in\text{Range}(L+\mathcal{N}')$，那么，根据定理的第一部分，集合

$$\mathfrak{M}_{g_0} = \{u \mid u \in H, (\mathscr{N}'(u) - g_0) \perp \mathrm{Ker}L\}$$

包含点 $u_0 \in H$. 此外,对任何 $\omega \in [\mathrm{Ker}L]^{\perp}$,集合

$$\mathfrak{M}_{\omega} = \{u \mid u \in H, (\mathscr{N}'(u) - g_0 - \omega) \perp \mathrm{Ker}L\}$$

非空,这因为它包含 u_0. 最后,假定 $z \in \mathrm{Ker}L$ 有充分小的范数,那么我们将证明,集合

(6.3.26) $\mathfrak{M}_z = \{u \mid u \in H, (\mathscr{N}'(u) - g_0 - z) \perp \mathrm{Ker}L\}$

非空,这因为它也包含 u_0 附近的一个元素 $u(z)$. 事实上,如果我们可以解算子方程

(6.3.27) $P_0(\mathscr{N}'(u(z))) = P_0(z + g_0)$,

则 $u(z) \in \mathfrak{M}_z$,其中,P_0 是从 H 到 $\mathrm{Ker}L$ 上的典范投影. 若 $z = 0$,则 u_0 满足(6.3.27). 于是当 $\| z \|$ 充分小时,利用反函数定理可知,若把(6.3.27)的左端看成从 $\mathrm{Ker}L$ 的原点的小邻域到 $\mathrm{Ker}L$ 中的映射,则(6.3.27)可解. 事实上,在这里可以用反函数定理,这因为 L 是一个 Fredholm 算子,$\dim \mathrm{Ker}L < \infty$,故从 $\mathscr{N}(u)$ 的严格凹性可推出 $P_0\mathscr{N}''(u_0)$ 是一个一对一线性映射,它映 $\mathrm{Ker}L$ 到自身,故可逆.

最后,用结果的第一部分,在上段基础上我们得到,对所有使 $\| g - g_0 \|$ 充分小的 $g \in H$,方程 $Lu + \mathscr{N}'(u) = g$ 可解,于是映射 $L + \mathscr{N}'$ 有开值域,这正如所需.

6.4 几何和物理中的等周问题

这里,我们将指出怎样把上一节的一般结果用于解决数学物理和微分几何中的各种具体问题.

6.4A 非线性 Hamilton 系统的大振幅周期解族

我们希望证明,适当限制势函数 $U(x)$ 以后,N 维动力自治系统 $\mathscr{S}_N$

(6.4.1) $x_{tt} + \nabla U(x) = 0$

存在周期解族，这个系统以 $U(x(t))$在一个周期上的平均值来参数化. 如同在 4.1 节的 Liapunov 准则中一样，这个问题中可能的周期解的周期是隐参数. 与 4.1 节中的讨论对照，这种情况下对所要的周期解族没有明显的首次逼近. 此外，使 $\mathscr{S}_N$ 的势能

$$\int_0^1 U(x(s))ds$$

在如下函数类上极大化的明显的等周变分问题(π_R)及其对偶问题，均不能产生所需的解族，这个函数类是 1 周期的 N 维向量函数类 $x(t)$，它有固定的非零动能 $\int_0^1 |\dot{x}|^2 ds = R$. 事实上易见，对于"强制的"势函数 $U(x)$，(π_R) 中的极大值是无穷. 同时，在对偶于(π_R) 的等周问题中的极小值是零. 但是在(6.3.4)的基础上，我们将证明

(6.4.2) **定理** 设函数 $U(x)$是定义在 R^N 上的一个 C^1 凸函数，使得

(i) $0=U(0)\leqslant U(x)$；

(ii) 当$|x|\to\infty$时 $U(x)\to\infty$.

那么，对每个 $R>0$，(6.4.1)有不同周期的单参数解族 $x_R(t)$，使得 $U(x_R(t))$在一个周期上的平均值是 R. 此外，若 $U(x)$是 $\frac{1}{2}Ax\cdot x$加上 $x=0$ 附近的高阶项，其中，A 是正定矩阵，则当 $R\to 0$ 时，$x_R(t)$的周期趋向相应于线性化系统的最小非零周期.

证明 这样来证该结论：首先，对严格凸 C^2 势函数 $U(x)$，用(6.3.4)证明它成立；然后，对满足(i)和(ii)的一般 C^1 凸势函数 $U(x)$，用适当选取的严格凸函数 $U_N(x)$来逼近之.

步骤 1 我们首先在 $U(x)$是 C^2 严格凸函数，并满足(i)和(ii)的情形下证明(6.4.2). 为此，在(6.4.1)中由变量代换 $t=\lambda s$ 来显式引出周期参数，并求系统

(6.4.3) $$x_{ss}+\lambda^2\nabla U(x)=0$$

的周期为 1 的解 $x(s)(\neq 0)$. 这因为这种解 $x(s)$对应于(6.4.1)

的 λ 周期解.

显然,由(6.3.4),在我们的假设条件下,这种解可由求解极小化问题得到:

(π_N) 将 $\int_0^1 |x_s|^2 ds$ 在 $W_N(0,1)$ 上极小化,其中,$W_N(0,1)$ 是(6.1.8)中所描述的 N 维向量函数类,它绝对连续且平方可积,满足约束

$$\mathscr{C}_R = \left\{ x(s) \mid x(s) \in W_N, \int_0^1 U(s(x))ds = R, \int_0^1 \nabla U(x(s))ds = 0 \right\}. \tag{6.4.4}$$

事实上,当看成 $W_N(0,1)$上的算子时,x_{ss}的核由常值 N 维向量组成.于是,(6.3.4)中的约束 $\mathscr{C}_R$ 恰与约束(6.4.4)一致.为完成步骤 1,在(6.3.4)的基础上,我们仅需注意它的假设条件.显然,

$$\mathscr{N}(x) = \int_0^1 U(x(s))ds$$

是 $W_N(0,1)$上的 C^2 严格凸泛函.从结果(2.5.6)可推出 $\mathscr{N}(x)$是弱序列连续的,同时,正如在(6.3.9)中那样,从 Jensen 不等式可得到(Lx, x)的强制性.事实上,若 $x(s) = (x_1(s), \cdots, x_N(s))$,则

$$U\left(\int_0^1 x_1(s)ds, \cdots, \int_0^1 x_N(s)ds\right) \leqslant \int_0^1 U(x(s))ds = R.$$

因此,由以上条件(ii),$\left|\int x(s)ds\right|$ 在 $\mathscr{C}_R$ 上是一致有界的.因而,若 $\|x(s)\|_{W_N} \to \infty$ 且 $s(x) \in \mathscr{C}_R$,则正如(6.1.8)的证明中那样,有 $\int_0^1 |x_s|^2 ds \to \infty$.当 $R \to 0$ 时的性状可直接从 4.2 节的结果得出.

步骤 2 我们现在去掉在 $U(x)$上的严格凸性及 C^2 限制.存在一个函数序列 $U_1(x), U_2(x), \cdots$使

(α) 当 $x \in \mathbb{R}^N$ 时 $0 = U_k(0) \leqslant U_k(x)$;

(β) $U_k \in C^2(\mathbb{R}^N)$,且对一切 x,U_k 的 Hesse 矩阵是正定的;

(γ) 当 $k \to \infty$时,$U_k \to U$ 和 $\text{grad}\, U_k \to \text{grad}\, U$ 在 $\mathbb{R}^N$ 的紧集上

一致；

(δ) 当 $|x|\to\infty$ 时，$U_k(x)\to\infty$ 对 k 一致.

这种函数列 U_k 能得到，例如，用卷积将 U 光滑化，又将 x 稍作平移（在 $x=0$ 处保持极小），加上一个小的量 $|x|^2/k$ 来保证条件 (α) 和 (β). 利用步骤 1，我们可得 W_N 的 1 周期的偶函数列 $\{x_k(s)\}$，对一切 $\varphi\in W_N$ 满足

$$(6.4.5)\qquad \int_0^1 \dot{x}_k\cdot\dot{\varphi}ds=\lambda_k^2\int_0^1 \mathrm{grad}U_k(x_k)\cdot\varphi ds,$$

并使得在集合

$$S_{k,R}=\left\{x(s)\mid x(s)\in W_N,\int_0^1\mathrm{grad}U_k(x(s))ds=0,\right.$$
$$\left.\int_0^1 U_k(x(s))ds=R\right\}$$

上，有

$$\int_0^1|\dot{x}_k(s)|^2ds=\inf\int_0^1|\dot{x}(s)|^2ds.$$

其次我们指出，仅需证明 $\left\{\int_0^1|\dot{x}_k(s)|^2ds\right\}$ 一致有界即可. 对此，因 $\int_0^1 U_k(x_k(s))ds=R$，故由 $\{U_k(x)\}$ 的性质 (δ) 可推出序列 $\{\sup|x_k(s)|\}$ 和 $\{\|x_k\|_{W_N}\}$ 一致有界，因而 $\{x_k\}$ 在 W_N 中有弱收敛子序列（我们仍记之为 $\{x_k\}$），其弱极限为 $\bar{x}$；此外 x_k 一致收敛到 $\bar{x}$，从而

$$\int_0^1\mathrm{grad}U(\bar{x}(s))ds=0,\ \int_0^1 U(\bar{x}(s))ds=R>0.$$

若 $\bar{x}(s)$ 恒为常数，譬如说 $\bar{x}(s)\equiv c$，则 $\mathrm{grad}U(c)=0$. 因而若 x 在连接 $x=0$ 和 $x=c$ 的线段上，则 $x\cdot\mathrm{grad}U(x)=0$，从而在这根线段上 $U(x)=0$. 特别，$U(c)=0$. 这与上面最后的式子矛盾. 于是 $\bar{x}(s)$ 不恒为常数. 进一步，在 (6.4.5) 中令 $\varphi=x_k$，取极限，我们得到 $\{\lambda_k^2\}$ 是一致有界的（这因为每当 $U(x)>0$ 时就有 $x\cdot\mathrm{grad}U(x)>0$）. 因此 $\{\lambda_k^2\}$ 有收敛子序列，其极限 $\lambda^2\neq 0$，于是对一切 φ

$\in W_N$，$\bar{x}$ 满足

$$\int_0^1 \dot{\varphi} \cdot \dot{\bar{x}}\, ds = \lambda^2 \int_0^1 \operatorname{grad} U(\bar{x}) \cdot \varphi ds,$$

因而 $\bar{x}$ 光滑，并且也满足 $\ddot{\bar{x}} + \lambda^2 \operatorname{grad} U(\bar{x}) = 0$. 显然，它就是所要的等周问题的临界点.

为完成定理的证明，现在我们证明 $\left\{\int_0^1 |\dot{x}_k(s)|^2 ds\right\}$ 一致有界. 为此，设 $x(s) = (\sin 2\pi s, 0, \cdots, 0)$，则存在数 $t_k > 0$ 和向量 $c_k \in \mathrm{R}^N$，使得(根据 U_k 的性质)

$$y_k(s) = t_k x(s) + c_k \in S_{k,R},$$

即

$$\int_0^1 \operatorname{grad} U_k(y_k(s)) ds = 0, \int_0^1 U_k(y_k(s)) ds = R.$$

设 $C>0$ 足够大，使得对 $k=1,2,\cdots$，从 $|x|>C$ 可推出 $U_k(x) \geqslant 2R$，那么

$$2R \operatorname{meas}\{s \mid 0 \leqslant s \leqslant 1, |y_k(s)| > C\} \leqslant R,$$

从而

$$\operatorname{meas}\{s \mid 0 \leqslant s \leqslant 1, |y_k(s)| \leqslant C\} \geqslant \frac{1}{2}.$$

于是存在一个区间 $[\zeta, \eta] \subset [0,1]$，在其上，

$$|y_k(s)| \leqslant C, \eta - \zeta \geqslant \frac{1}{4}, |\sin 2\eta - \sin 2\zeta| \geqslant \theta \equiv 1 - \sin \frac{1}{4} > 0.$$

因

$|y_k(\eta) - y_k(\zeta)| \leqslant 2C$，

故得 $t_k \leqslant 2C/\theta$，并因此有

$$\int_0^1 |\dot{y}_k(s)|^2 ds \leqslant 4\left(\frac{2C}{\theta}\right)^2.$$

因此，序列 $\left\{\int_0^1 |\dot{x}_k(s)|^2 ds\right\}$ 也是以 $4\left(\frac{2C}{\theta}\right)^2$ 为界的.

注 若势函数 $U(x)$ 是偶的，则定理(6.4.2)的条件可以大大减弱. 事实上，凸性条件可由 $x \neq 0$ 时 $\nabla U(s) \cdot x > 0$ 的假设来代

替.这个结果可由考虑 $W_N(0,1)$的一个闭子空间而不难得到,这个子空间由这些函数 $x(s)$组成:$x(s)$在 0 和 1 处取值为 0,并对 s 是奇函数.

这种全局性结果的重要性.可由在自治 Hamilton 小扰动下,考虑众所周知的 Kepler 二体问题的周期轨道的保持问题来很好地说明.更清楚些,对 $N=2$ 或 3,在适当的笛卡尔坐标下,这个问题可用形式

$$\ddot{x}=\frac{-x}{|x|^3}+\varepsilon\nabla V(x) \tag{6.4.6}$$

来描写.其中 $V(x)$是一个 C^1 实值函数,对小的$|x|$有$|\nabla V(x)|=o(1)$,并且 ε 是小参数.我们假定,当 $\varepsilon=0$ 时由(6.4.6)所描述的系统有负的总能量,即,对任何解 $x(t)$有

$$|\dot{x}|^2-\frac{1}{|x|}<0.$$

那么,对 $\varepsilon=0$,(6.4.6)的所有解将是周期的.并且我们看到,在 $x=0$ 附近的那些周期轨道对 $\varepsilon\neq0$ 保持不变.显然,一个待解决的重要问题是 $x/|x|^3$ 项在奇点 $x=0$ 附近的性状.为克服 $N=2$ 时的这个困难,我们利用 1.1 节中提到过的有效的 Levi-Civita 正则化理论,并指出我们关于(6.4.6)的周期解的全局性结果的重要性.

为此,假设用复记号把 $x=(x_1,x_2)\in\mathbb{R}^2$ 写成 $x=x_1+ix_2=u^2$,其中 $u=u_1+iu_2$,而 $r=|x|$.对自变量也作变换 $s=\int_0^t dt/r$,从而 $\frac{ds}{dt}=1/r$.则在固定的能量曲面

$$H=\frac{1}{2}|\dot{x}|^2-\frac{1}{r}-\varepsilon V=c$$

上我们得到$\frac{1}{r}x'=x$,使得当限制在这曲面上时,Lagrange 算子变成

$$L^*=rL=\frac{r}{2}\{|x'|^2/r^2+1+r(c+\varepsilon V)\}.$$

因为

$|x'|^2=4|u|^2|u'|^2, r=|u|^2,$

借助于 u, L^* 变成

$L=2|u'|^2+1+u\tilde{u}(c+\varepsilon V).$

因此,变换后的方程可以写成

$$\ddot{u}+\nabla U(u)=0, \tag{6.4.7}$$

其中

$$U(u)=-\frac{1}{4}|u|^2(c+\varepsilon V(u^2)).$$

于是,(6.4.7)使

$$\frac{1}{2}|\dot{x}|^2-\frac{1}{|x|}-\varepsilon V=c$$

的周期解一一对应于(6.4.7)的周期解,使得

$$|\dot{u}|^2+U(u)=1. \tag{6.4.8}$$

显然,为求(6.4.6)满足(6.4.7)和(6.4.8)的周期解,自然需要全局性结果.事实上,知道(6.4.7)在 $u=0$ 附近解的存在性是不够的,这因为这种解并不一定满足(6.4.8).对适当的函数 V,我们的结果(6.4.2)产生(6.4.7)的一个周期解族 $u_R(t)$,其中之一将满足(6.4.8).

6.4B 具零 Euler-Poincaré 示性数的紧 2 维流形之指定 Gauss 曲率的 Riemann 结构

这里,我们考虑这样一个问题:在一个给定的 Hölder 连续函数 $K(x)$ 上确定充要条件,它确保以下半线性椭圆型偏微分方程的可解性.该方程定义在一个紧二维 Riemann 流形 $(\mathfrak{M}, g)$ 上,而 $\chi(\mathfrak{M})=0$,该方程是

$$\Delta u-k(x)+K(x)e^{2u}=0, \tag{6.4.9}$$

其中,Δ 表示 $(\mathfrak{M}, g)$ 上的 Laplace-Beltrami 算子,$k(x)$ 是一个光滑函数,而 $\int_{\mathfrak{M}} k(x)dV_g=0$. 正如早些时候(6.2.9)提到过的,这个问题的肯定答案有以下几何意义:$K(x)$ 是 Riemann 度量 $(\mathfrak{M}, \bar{g})$

的 Gauss 曲率,其中,$\bar{g}=e^{2u}g$(逐点)共形等价于[①] g.一个更一般的共形映射概念涉及 $\mathfrak{M}$ 的逐点共形映射与微分同胚的组合方式(见图 6.1).从这个几何观点来看,(6.4.9)可解性的直接必要条件即是 $0=\int_{\mathfrak{M}}K(x)e^{2u}dV_g$.它可由在 $\mathfrak{M}$ 上积分(6.4.9)得出,这意味着 $\mathfrak{M}$ 关于度量 $\bar{g}$ 的"整曲率"必须满足 Gauss-Bonner 定理.这恰好是我们在 6.3B 中提到过的"自然"约束类.

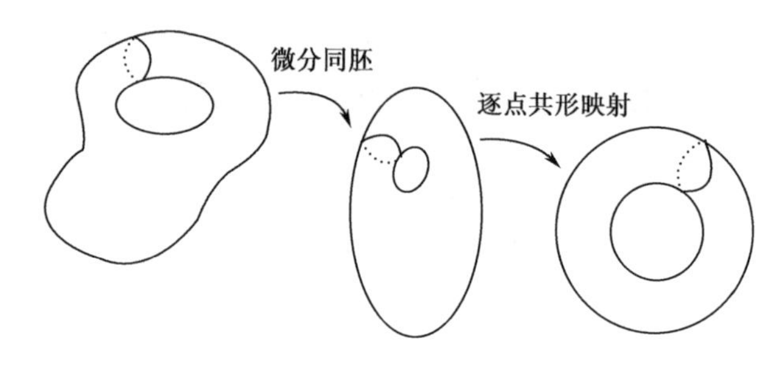

图 6.1 当 $\chi(\mathfrak{M})=0$ 时解决一般的逆 Gauss-Bonnet 定理所必需的共形映射

另一方面,从 6.3 节所采用的观点来看,因为在集合

$$S=\left\{u \mid u\in W_{1,2}(\mathfrak{M},g),\int_{\mathfrak{M}}K(x)e^{2u}dV=0\right\}$$

上,泛函

$$\mathscr{G}(u)=\int_{\mathfrak{M}}\left\{\frac{1}{2}\mid\nabla u\mid^2+k(x)u^2\right\}dV$$

显然不是强制的,故方程(6.4.1)处在一个奇异状况.由此推出,为了把(6.4.9)的解表示为一个极小,集合 S 必须加以补充.我们将证明,在(6.4.9)的自然等周问题中加入一个简单的显式约束能重获强制性.事实上,我们将证明如下的改善结果.

(6.4.10) **定理** 假定 $\mathfrak{M}$ 的 Euler-Poincaré 示性数 $\chi(\mathfrak{M})=0$,那

---

① 在 Kazdan 和 Warner(1974)中,结果(6.4.10)用于证明 $\chi(\mathfrak{M})=0$ 时的 Gauss-Bonnet 定理逆命题.——原注

么方程(6.4.9)可解当且仅当或者 $K(s)\equiv 0$;或者 $K(x)$在 $\mathfrak{M}$ 上变号,且 $\int_{\mathfrak{M}} K(x)e^{2u_0}dV < 0$,其中,$u_0$ 是 $\Delta u = k(x)$ 在 $\mathfrak{M}$ 上的任意解.

必要性的证明 若 u 满足(6.4.9)且 $\chi(\mathfrak{M})=0$,则

$$\int_{\mathfrak{M}} K(x)e^{2u}dV = 0.$$

于是若 $K(x)$不恒为0,则 $K(x)$必在 $\mathfrak{M}$ 上变号.另一方面,我们若令 $u=u_0+w$,则函数 w 满足方程

$$\Delta w + K(x)e^{2u_0+2w}=0.$$

用 e^{-2w}乘这个方程,在 $\mathfrak{M}$ 上积分,再分部积分,我们得到

$$2\int_{\mathfrak{M}} e^{-2w} |\nabla w|^2 dV = -\int_{\mathfrak{M}} K(x)e^{2u_0}dV > 0.$$

在进一步继续进行下去之前,我们针对(6.4.9)的解叙述一个等周问题.

引理 设 $\chi(\mathfrak{M})=0$ 且 $K(x)$是定义在 $\mathfrak{M}$ 上的一个给定函数,使得对某个定义在 $\mathfrak{M}$ 上的 Riemann 度量 g,有

$$\int_{\mathfrak{M}} K(s)e^{2u_0}dV < 0,$$

那么,泛函

$$\mathscr{G}(u) = \int_{\mathfrak{M}} \left\{\frac{1}{2} |\nabla u|^2 + k(x)u\right\} dV$$

满足约束 S'的(光滑)临界点是方程(6.3.9)的解(不计常数),其中

$$S' = \left\{u \mid u \in W_{1,2}(\mathfrak{M},g), \int_{\mathfrak{M}} udV = 0, \int_{\mathfrak{M}} K(x)e^{2u}dV = 0\right\}.$$

证明 (3.1.31)的证明指出,(上面定义的)等周变分问题的光滑临界点 u 满足

$$(\dagger) \qquad \beta_0(\Delta u - k(x)) + \beta_1 K(x)e^{2u} = \beta_2,$$

其中,$\beta_i(i=0,1,2)$是常数(不全为0).显然 $\beta_0 \neq 0$,这因为否则从 $u\in S'$可推出 $\beta_1=\beta_2=0$.我们因此可令 $\beta_0=1$.因

$$\int_{\mathfrak{M}} K(x) e^{2u_0} dV \neq 0,$$

故 $\Delta u - k(x) = 0$ 在 S' 上无解,于是 β_1 和 β_2 不能同时为 0. 为证 $\beta_2 = 0$,我们对(†)积分得到

$$\int_{\mathfrak{M}} k(x) dV + \beta_1 \int_{\mathfrak{M}} K(x) e^{2u} dV = \beta_2 \mu(\mathfrak{M}).$$

因 $\int_{\mathfrak{M}} k(x) dV = 0$ 且 $u \in S'$,故 $\beta_2 = 0$. 因 $\beta_1 \neq 0$,故有常数 c 使得 $\pm e^{2c} = \beta_1$. 从而 $\bar{u} = u + c$ 满足

$$\Delta \bar{u} - k(x) \pm K(x) e^{2\bar{u}} = 0.$$

现在我们来证明 $\beta_1 > 0$,从而 $\beta_1 = e^{2c}$,并因此 $\bar{u} = u + c$ 满足方程(6.4.9). 在(†)中令 $u = u_0 + w$, 则由假设,因 $\beta_2 = 0$,故

$$\Delta w + \beta_1 K(x) e^{2u_0} e^{2w} = 0.$$

再乘以 e^{-2w},并在 $\mathfrak{M}$ 上积分和分部积分,我们得到

$$\int_{\mathfrak{M}} e^{-2w} |\nabla w|^2 dV = -\beta_1 \int_{\mathfrak{M}} K(x) e^{2u_0} dV.$$

因 $w \neq 0$,故 $\beta_1 > 0$.

充分性的证明 为了证明这个变分问题临界点的存在性,我们令 $\sigma = \sigma_0 + c$,其中,$\int_{\mathfrak{M}} \sigma_0 dV = 0$,从而因$\int_{\mathfrak{M}} k(x) dV = 0$, 有

$$\begin{aligned}\mathscr{G}(\sigma_0) &= \frac{1}{2} \int_{\mathfrak{M}} (|\nabla \sigma_0|^2 + k(x) \sigma_0) dV \\ &\geqslant \frac{1}{2} \|\sigma_0\|^2 - c_1 \|k(x)\| \|\sigma_0\|.\end{aligned}$$

因此 $\mathscr{G}(\sigma_0)$在 S' 上是强制的,并且 $\mathscr{G}(\sigma)$弱下半连续. 此外,S'在 $W_{1,2}(\mathfrak{M}, g)$上对弱收敛是闭的. 故由(6.1.1),在 S'上可由一个元素 $u \in S'$达到 $\inf \mathscr{G}(\sigma)$,于是 u 是方程(6.4.9)在空间 $W_{1,2}(\mathfrak{M}, g)$中的一个弱解. 因 u 是形若 $\Delta u = f$ 的线性方程的一个弱解,其中,对一切有限的 $p > 1$ 有 $f \in L_p$,故 u 足够光滑,它在经典意义下满足方程(6.4.9),定理因此得证.

6.4C 具指定纯量曲率的 Riemann 流形

设$(\mathfrak{M}^N, g)$是一个给定的紧 Riemann 流形，其维数 $N>2$. 在这样的流形上，我们找一个定义在 $\mathfrak{M}^N$ 上形如$\tilde{g}=e^{2v}g$ 的新度量，使得新的 Riemann 流形$(\mathfrak{M}^N, \tilde{g})$在 $\mathfrak{M}^N$ 上有指定的曲率$g(x)<0$. 正如 1.1A 节中已讲过的，若用 $k(x)$表示$(\mathfrak{M}^N, g)$的纯量曲率，则确定 v 的偏微分方程可写成

(6.4.11) $$\frac{4(N-1)}{N-2}\Delta u-k(x)u+g(x)u^{\sigma}=0,$$

其中，$\sigma=\dfrac{N+2}{N-2}$，并且 $u=\exp\dfrac{1}{2}(N-2)v$ 在 $\mathfrak{M}$ 上必须严格正，Δ 是关于$(\mathfrak{M}^N, g)$的 Laplace-Beltrami 算子. 我们根据(6.3.8)的讨论，因为指数 σ 是关于(6.3.8)的临界值，故可知应把微分几何问题的特殊性质用于求解(6.4.11). 实际上，我们将要证明

(6.4.12) 设$\int_{\mathfrak{M}^N}k(x)dV<0$，则(6.4.11)有定义在$(\mathfrak{M}^N, g)$上的严格正光滑解 $u(x)$. 因此 $\mathfrak{M}^N$ 有一个 Riemann 度量 $\tilde{g}$(逐点共形等价于 g)，$\tilde{g}$ 使指定的纯量曲率$g(x)<0$.

证明 重复给在(6.3.8)中的证明，对任意小的 $\varepsilon>0$，我们可以求出系统

(6.4.13) $$\frac{4(N-1)}{N-2}\Delta u-k(x)u+\lambda_{\varepsilon}|g(x)|u^{c-\varepsilon}=0$$

的一个正光滑解$(u_{\varepsilon}, \lambda_{\varepsilon})$. 此外，$\lambda_{\varepsilon}<0$. 这因为 λ_{ε} 是泛函

$$\mathscr{A}(u)=\int_{\mathfrak{M}^N}\left\{\frac{2(N-1)}{N-2}|\nabla u|^2+k(x)u^2\right\}dV$$

在 $W_{1,2}(\mathfrak{M}^N, g)$中的函数上的极小，使

$$\mathscr{B}_{\varepsilon}(u)=\int_{\mathfrak{M}^N}|g(x)|u^{\sigma+1-\varepsilon}dV=1;$$

而若 c 是正常数，使 $\mathscr{B}_{\varepsilon}(c)=1$，则

$$\lambda_{\varepsilon}<\mathscr{A}(c)=c^2\int_{\mathfrak{M}^N}k(x)dV<0.$$

现在我们将证明，当 $\varepsilon_n\to 0$ 时，我们可以在 $L_{(2N/(N-2))}(\mathfrak{M}^N,$

g)中找到一个强收敛子序列$\{u_{\varepsilon_n}\}$.为此,我们首先证明 u_ε 是一致有界的.设在 $\mathfrak{M}^N$ 上的 x_0 处达到 $M_\varepsilon = \max u_\varepsilon$,则 $k(x_0)M_\varepsilon - \lambda_\varepsilon|g(x_0)|M_\varepsilon^{\sigma-\varepsilon} \leqslant 0$. 于是,若在 $\mathscr{B}_0(u)=1$ 上 $\lambda_0 = \inf \mathscr{A}(u)$,则

$$M_\varepsilon^{\sigma-\varepsilon-1} \leqslant \frac{\sup|k(x)|}{(-\lambda_\varepsilon)\inf|g(x)|} \leqslant \frac{\sup|k(x)|}{\lambda_0 \inf|g(x)|},$$

故 M_ε 是一致有界的.这样,$|\Delta u_\varepsilon|$一致有界,从而 u_ε 有一个一致收敛的子序列,u_0 为其极限.显然,对 $\varepsilon=0$,$u_0 \neq 0$ 满足(6.4.11)且 $u_0 \geqslant 0$. 我们来证明:(i) 在 $\mathfrak{M}^N$ 上 $u_0 > 0$;(ii) 可把 λ_0 选为 -1. 显然,从 Δ 的极大值原理可推出(i).因为在 $\mathfrak{M}^N$ 上 $u_0 \geqslant 0$,故若在 $\mathfrak{M}^N$ 上 $u_0=0$,则在 $\mathfrak{M}^N$ 上 $u_0 \equiv 0$. 另一方面,由 $\sigma \neq 1$ 可直接推出(ii).于是,在(6.4.11)中我们可令 $u = kw$(k 是正常数),并取 $k^{\sigma-1}\lambda_\varepsilon = -1$. 从而在 $\mathfrak{M}^N$ 上 $u_0 \neq 0$ 将处处满足方程(6.4.11).

注 对于以任意的光滑正函数 $g(x)$作为纯量曲率来说,指出定理(6.4.12)的类似结论不成立是有意思的.

关于对称化和等周问题的注

在下面两个等周问题中,我们利用所谓函数对称化来加深对等周问题解的了解.作为例子,设 D 是 $\mathbb{R}^N$ 中以原点为心的一个球,那么,非负函数 $g(x)$的对称化(对 0)是这样一个函数 $g_s(x)$:它仅依赖于$|x|$,并且,由 Lebesgue 测度理论的以下性质所唯一确定,该性质是:对每个 $\alpha \geqslant 0$,

$$\mu(x \mid g_s(x) \geqslant \alpha) = \mu(x \mid g(x) \geqslant \alpha).$$

于是,$g_s(x)$是 x 的一个递减函数,并且若 $g(x)$连续,它也连续.此外可以证明:对任意的 C^1 函数 $F(t)$,我们可找出对称化来,保持 $F(g)$在 D 上的积分不变,同时,它使 $F(|\nabla g|)$在 D 上的积分递减.因此,如果我们希望把$\int_D |\nabla u|^2$ 在使 $\|u\|_{L_\sigma(D)} = 1$ 的函数类 $u \in W_{1,2}(D)$,上极小化,我们可以先验地假定,对某个 $g \in W_{1,2}(D)$,极小 $\bar{u}(x)$(如果它存在)具有形式 $g_s(x)$,即 $u(x)$ 仅仅依赖于 $|x|$,并且是 $|x|$ 的 递减函数.这是把变分问题化成一

维问题的效果.

在下面的问题中,我们来利用这个思想,以便在 Sobolev 空间 $W_{1,2}(S^2, g_1)$的情况下改进(1.4.6)的估计.更明确地,设 S^2 被赋予了常数 Gauss 曲率为 1 的标准度量,然后,我们希望确定最大常数 k,使

$$(*)\qquad \sup_{\mathscr{C}}\int_{S^2} e^{ku^2} < \infty$$

其中

$$\mathscr{C} = \left\{u \,\middle|\, \int_{S^2} |\nabla u|^2 = 1, \int_{S^2} u = 0\right\}.$$

假定球面 S^2 由坐标(θ, ζ)参数化,其中,θ 表示球面上的纬度,$\theta = \pm\frac{\pi}{2}$对应于极点,而 ζ 表示球面上的经度.我们注意,问题中的积分与 ζ 无关,于是对称化验证了(*)的极大 $\bar{u}$ 与 ζ 无关的假设.据此,其结果是可证常数 $k = 4\pi$.但是,若对约束 $\mathscr{C}$ 附加"在 S^2 上 $u(x) = u(-x)$"这一额外的条件,那么,所考虑的常数可以增加到 8π(见 Moser,1973a).

在第二个问题中(在 6.4D 节中讨论),我们假定 $\Pi(a,b)$是(x,y)平面中的一个区域,它关于直线 $y=0$ 对称.那么,利用非负函数 g 关于直线 $y=0$ 的 Steiner 对称化概念是有效的. $g_s(x,y)$由两个性质所决定:对于固定的 x, $g_s(x,y)$仅仅依赖于 y^2,并且(关于 Lebesgue 测度),

$$\{y \mid f(x,y) \geqslant \alpha\} = \{|y| \mid f_s(x,y) \geqslant \alpha\}.$$

Steiner 对称化保持 $F(f)$在 $\Pi(a,b)$上的积分不变,同时减小 $F(|\nabla f|)$在 $\Pi(a,b)$上的积分.由有界域上类似的等周问题的解来逼近某些无界域上等周问题的解时,我们要利用这些性质

6.4D S^2 上指定 Gauss 曲率的共形度量

作为(6.3.20)的一个应用,我们现在来考虑如下微分几何问题:

(Ⅱ) 设(S^2,g_1)表示 R^3 中的二维球面,具常值 Gauss 曲率为 1 的标准度量.然后,在 S^2 上给出一个 C^∞ 函数 $K(x)$,在 S^2 上求出一个度量 g(逐点)共形等价于 g_1,同时,具指定的 Gauss 曲率 $K(x)$(于是对某个 C^∞ 函数 u 有 $g=e^{2u}g_1$).

为了对函数 $K(x)$求解问题(Ⅱ),我们首先注意,若 $g=e^{2u}g_1$ 是所要的度量,则由 Gauss-Bonnet 定理可推出

(6.4.14) $$\int_{S^2}K(x)e^{2u}dV = 4\pi.$$

因此,若$\sup\limits_{S^2}K(x)\leqslant 0$,则度量 g 不存在.

为了求解问题(Ⅱ),对映射函数 u,我们将写出一个半线性椭圆型偏微分方程,并假定 $K(x)=K(-x)$,我们利用(6.3.13)证明:对于这个方程的可解性,(6.4.14)是一个充要条件,在这种意义上,某个 C^∞ 函数 u 满足(6.4.9).1.1 节曾讨论过确定映射函数 u 的偏微分方程,并且它可以写成

(6.4.15) $$\Delta u-1+Ke^{2u}=0$$

的形式.其中,Δ 是关于(S^2,g_1)的 Laplace-Beltrami 算子.注意:在这种情况下,不需要图 6.1 中描述的共形映射的一般概念.我们将证明

(6.4.16) **定理** 假定 $K(x)$是(S^2,g_1)上的一个 Hölder 连续函数,使得 $K(x)=K(-x)$. 那么,(6.4.15)在 S^2 上可解的充要条件是,存在 $u\in W_{1,2}(S^2,g_1)$使得(6.4.14)成立.于是使$\sup\limits_{S^2}K(x)>0$ 的任何这样的函数 $K(x)$是某个度量 g 的 Gauss 曲率,其中 g(逐点)共形于(S^2,g_1).此外,在 S^2 上有一个使$\max\limits_{S^2}K(x)>0$ 的光滑函数 $K(x)$,使得(6.4.15)不可解.

证明 我们指明求解(6.4.15)的困难是:任何解 u 都是相应的泛函

(6.4.17) $$\mathscr{I}(u)=\int_{S^2}\left\{\frac{1}{2}|\nabla u|^2+u-\frac{1}{2}Ke^{2u}\right\}dV$$

的一个鞍点.因此,试图利用与(6.4.15)相应的半线性梯度算子方

程(在 Hilbert 空间 $W_{1,2}(S^2,g_1)$上)的结果是自然的.像通常一样,我们令

$$(Lu,v)=\int_{S^2}\nabla u\cdot\nabla v,$$

$$(\mathcal{N}'(u),v)=\int_{S^2}K(x)e^{2u}v.$$

利用2.5节的结果,我们可得 $L+\mathcal{N}'$ 是一个半线性梯度算子方程,它映 $W_{1,2}(S^2,g_1)$到自身.此外,因 $K(x)=K(-x)$,故 $L+\mathcal{N}'$ 映 $W_{1,2}(S^2,g_1)$的子空间 $H=\{u\mid u\in W_{1,2}(S^2,g_1),u(x)=u(-x)\}$到自身.在 H 上算子 L 非负,并且有一个由常值函数组成的一维核.我们若令

$$(f,v)=\int_{S^2}1\cdot v dV,$$

则偏微分方程(6.4.15)的解一一对应于半线性算子方程

$$Lu+\mathcal{N}'(u)=f$$

的解.这个方法的优点在于有采用定理(6.3.20)的可能性.事实上,那里所述的可解性准则,即

$$\mathfrak{M}=\{u\mid(\mathcal{N}'(u)-f)\perp \operatorname{Ker}L\}\neq\varnothing$$

等价于存在一个函数 $u\in H$ 满足上述方程(6.4.14).因而,据结果(6.3.20),我们只需验证(a) $L+\mathcal{N}''(u)$在 $\operatorname{Ker}L$ 上的负定性(对 $u\in\mathfrak{M}$);(b) $\mathcal{I}(u)$在 $\mathfrak{M}$ 上的强制性.不难验证(a).对 $u\in\mathfrak{M}$ 和一个常数 c,

$$\mathcal{N}(u_0+c)=-e^{2c}\int K(x)e^{2u_0}<0,$$

于是,$(d^2/dc^2)\mathcal{N}(u_0+c)<0$.

但是,(b)的验证是细致的,进行如下:对于 $u\in\mathfrak{M}$,我们记 $u=u_0+\bar{u}$,其中,$\bar{u}$ 是 u 在(S^2,g_1)上的平均值,且$\int u_0=0$.因$\int K(x)e^{2u}=4\pi$,我们故得到

(6.4.18) $$2\bar{u}=\log 4\pi-\log\int K(x)e^{2u_0}.$$

于是对 $u\in\mathfrak{M}$,由(6.4.18)推出

$$\mathscr{I}(u)=\int_{S^2}\frac{1}{2}|\nabla u_0|^2+4\pi\bar{u}-2\pi$$

$$\geqslant \text{const.}+\frac{1}{2}\int|\nabla u_0|^2-2\pi\log\int K(x)e^{2u_0}$$

今令 $u_0=v\|u_0\|$,其中 $\|v\|=1$, $\|u\|=\int_{S^2}|\nabla u|^2$. 注意到对每一 $\varepsilon>0$,有

$$2u_0\leqslant(1/\varepsilon)\|u_0\|^2+\varepsilon v^2,$$

我们得到

$$(6.4.19)\quad \mathscr{I}(u)\geqslant \text{const.}+\left(\frac{1}{2}-\frac{2\pi}{\varepsilon}\right)\|u_0\|^2-2\pi\log\int_{S^2}K(x)e^{\varepsilon v^2}$$

其次,我们利用关于对称化的注中曾谈到的 Moser 的一个不等式,可推出

$$\sup_{\|v\|=1}\int_{S^2}e^{8\pi v^2}<\infty,\quad 其中\ v\in H\ 使\int_{S^2}v=0,$$

因而,若在(6.4.19)中取 $\varepsilon=8\pi$,我们可得 $\|u_0\|\to\infty$ 时 $\mathscr{I}(u)\to\infty$. 于是,根据(6.4.19),对 $u\in\mathfrak{M}$,每当 $\|u\|\to\infty$ 就有 $\mathscr{I}(u)\to\infty$,因此(6.4.16)的第一部分得证.

对定理的第二部分,我们给出一个简短论证,它可以由读者验证. 设 u 满足(6.4.15),然后乘以 ∇u 并在 S^2 上积分,得

$$\int_{S^2}\left\{\frac{1}{2}\nabla(|\nabla u|^2)-\nabla u+K(x)e^{2u}\nabla u\right\}dV=0.$$

利用在 S^2 上积分时括号中的前两项为 0 这个事实,分部积分后,我们得到

$$(6.4.20)\quad 0=\int_{S^2}K(x)e^{2u}\nabla u=\int_{S^2}K(x)\nabla(e^{2u})$$

$$=\int_{S^2}(\nabla K(x))e^{2u}.$$

于是,例如 $K(x)=2+\sin\theta$ 是 S^2 上的一个正函数,它不满足(6.4.20),并且(6.4.15)对它不可解.

6.4E 一个全局性自由边界问题——理想流体中持久形式的定常涡环

第一章中曾简单讨论了定常涡环的概念.这里,我们来证实这种轴对称涡环族的存在性,在一个理想流体中,它们具有常速和持久形式.这方面有两个有趣的例子是:(a)"无限小"横截面的一个"奇异"涡环,1857年在Helmholtz开创性的文章中曾讨论过;(b) Hill涡环,其中,旋涡由一个实心球支撑.这些例子代表了极端的情况.而我们现在描述一个全局性的存在理论,它在这两种极端情况之间插入一个涡环族(见图1.1).所给的证明基于把涡环描写为一个等周变分问题的解,以致于环的横截面大小无先验限制.此外,这里所用的方法也可用于很多其它自由边界问题,比如4.1节中提到的旋转流体平衡形状的经典问题以及磁流体动力学的平衡限制图.

(i) 控制方程 我们由导出 ψ 的半线性椭圆型偏微分方程(见(1.1.17))着手,这里 ψ 是 $\boldsymbol{v}$ 的"Stokes流函数",$\boldsymbol{v}$ 是相应于涡环的速度场.让轴固定在环中,并且假定理想流体充满空间 $\mathbb{R}^3$,我们还假定用柱面极坐标 $\boldsymbol{v}=\boldsymbol{v}(r,z)$.那么,因 $\operatorname{div}\boldsymbol{v}=0$,故存在向量 $\boldsymbol{w}=(0,\psi/r,0)$ 使 $\boldsymbol{v}=\operatorname{curl}\boldsymbol{w}$.于是旋度 $\omega=\operatorname{curl}\boldsymbol{v}$ 满足关系式

$$\omega=\operatorname{curl}\operatorname{curl}\boldsymbol{w}=\Delta(0,\psi/r,0), \tag{6.4.21}$$

其中,Δ 表示关于柱面极坐标的Laplace算子.另一方面,利用Stokes的一个有趣观察,借助于旋度方程

$$\omega=\lambda r^2 f(\psi), \tag{6.4.22}$$

Euler运动方程成立.(6.4.22)表明:在每个流曲面上 ω/r 是常数.这里,f 是指定的函数,它度量旋度在环内的分布,λ 是一个正常数,它度量涡环内旋度的实际大小.于是,如果我们假定 A 是涡环在子午面内的一个横截面(见图6.2)(θ 是常数),并且 Π 表示半平面 $\{(r,z)\mid r>0\}$,我们就得到 ψ 必须满足

$$\psi_{rr}-\frac{1}{r}\psi_r+\psi_{zz}=\begin{cases}-\lambda r^2 f(\psi), & \text{在 } A \text{ 中},\\ 0, & \text{在 } \Pi-\bar{A} \text{ 中}.\end{cases} \tag{6.4.23}$$

在涡环的未知边界 ∂A 上,我们假定(i) $\operatorname{grad}\psi$ 是连续的,(ii) $\psi=$

0；同时，在对称轴 $r=0$ 上，我们令 $\psi=-k\leqslant 0$，其中 k 是一个指定的流量常数. 最后，我们设环的速度场在无穷远处趋于常向量 $(0,W,0)$. 这个事实可由要求 $r_2+z_2\to\infty$ 时

(6.4.24) $\psi+\frac{1}{2}Wr^2+k\to 0$

得到.

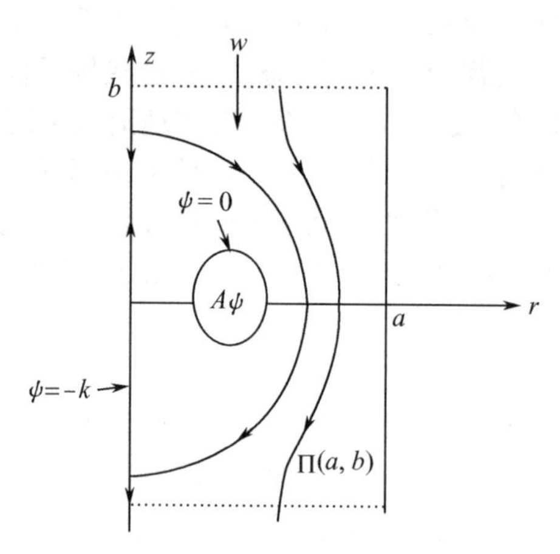

图 6.2 定常涡环预期的流线模式及记号.

(ii) 变形 (i)中所提出的自由边界问题是难处理的，这因为区域 A 未知，并且因为(6.4.23)非线性. 为分开这些困难，我们把问题变形为 Π 上的一个半线性 Dirichlet 问题，而对未知区域 A 这不麻烦. 为此，当 $t\leqslant 0$ 时令 $f(t)=0$，我们把函数 $f(t)$ 扩张到整个实数轴，并令

$$\Psi=\psi-\frac{1}{2}Wr^2-k.$$

那么，由解

(6.4.25) $\psi_{rr}-\frac{1}{r}\psi_r+\psi_{zz}-\lambda r^2 f\left(\psi-\frac{1}{2}Wr^2-k\right)=0$，在 Π 上，

(6.4.26) $\psi|_{\partial\Pi}=0$

可得到所要的涡环. 从二阶线性椭圆型方程的极大值原理可推出：

由(6.4.25)–(6.4.26)的解,通过令

$$(6.4.27)\qquad A_\psi=\left\{(r,z)\mid\psi(r,z)>\frac{1}{2}Wr^2-k\right\},$$

可以得到涡环的横截面 A. 然后,这个变形要求我们求系统(6.4.25)–(6.4.26)在无界域 Π 上的非平凡解. 此外,除了 $s\to0$ 时 $f(s)\to0$ 之外,该系统还有一个棘手问题:扩张后的函数 $f(s)$ 在 $s=0$ 处也许是不连续的. 幸而这两个困难都可以用极限论证来克服[①]:区域 Π 可由大矩形 $\Pi(a,b)$ 来逼近,$\Pi(a,b)$ 的顶点分别为 $(a,\pm b)$, $(0,\pm b)$, 其中 a, b 很大,并且在 $s=0$ 处间断的函数 $f(s)$ 易由一个 Lipschitz 连续函数来逼近. 因此,只需求解系统(6.4.25)–(6.4.26),但要把 Π 换成 $\Pi(a,b)$,并假定 f 是 Lipschitz 连续的,然后讨论集合 A_ψ.

(iii) Π(a,b)上问题(6.4.25)–(6.4.26)的解决 我们这样来着手:把系统(6.4.25)–(6.4.26)看作适当的 Hilbert 空间 H 上的一个梯度算子方程. 这里,可以可方便地把空间 H 选成 $C_0^\infty(\Pi(a,b))$ 对于内积

$$(u,v)=\iint_{\Pi(a,b)}\left(\frac{1}{r^2}\right)(u_rv_r+u_zv_zd\tau)$$

的闭包,其中 $d\tau=rdrdz$. 对这个内积,调整过的系统(6.4.25)的适当广义解可以方便地写成

$$(u,\varphi)=\lambda\iint_{\Pi(a,b)}f(\Psi)\varphi d\tau,\quad 对一切\ \varphi\in H.$$

现在我们能对 $D=\Pi(a,b)$ 证明如下的

(6.4.28) **定理** 假定 $f(t)$ 是定义在 $[0,\infty)$ 上的 Lipschitz 连续非减函数, $f(0)=0$, 并具多项式增长. 令 $F(s)=\int_0^s f(t)dt$. 则对每个 $k\geqslant0$, 系统(6.4.25)在 $\Pi(a,b)$ 上有光滑解 $\psi(a,b)$, 而它有如下性质:是 z 的偶函数,在 $\Pi(a,b)$ 中严格正,并且是泛函

---

① 有兴趣的读者可在 Fraenkel 和 Berger(1974)中找到这些极限论证的详尽讨论. 最近, D. Kinderlehrer 论证了自由边界的光滑性. ——原注

$$J(u)=\int_{\Pi(a,b)}F\left(u-\frac{1}{2}Wr^2-k\right)rdrdz$$

在 $\|u\|_H=1$ 上的一个极值.此外,如果 $f\in C^1$ 并且是凸的,则集 A 单连通.

证明 我们首先注意,Hilbert 空间 H 可以连续嵌入标准 Sobolev 空间 $\mathring{W}_{1,2}(\Pi(a,b))$ 中,故 1.4 节的嵌入定理都可以同样好地用于 H 或 $\mathring{W}_{1,2}(\Pi(a,b))$. 为此,我们简单指出,对于 $u\in H$

$$\|u\|_{1,2}^2=\int_{\Pi(a,b)}(u_r^2+u_z^2)drdz$$

$$\leqslant\int_{\Pi(a,b)}\frac{a}{r^2}(u_r^2+u_z^2)rdrdz\leqslant a\|u\|_H^2(\text{因 } r\leqslant a).$$

我们现在能证明所要的解 $\psi(a,b)$ 的存在性及其基于(6.3.7)的等周特性. 首先必须指出

$$(6.4.29)\qquad \beta=\sup_{\|u\|_H=1}\int F\left(u-\frac{1}{2}Wr^2-k\right)rdrdz>0.$$

(对于类似的一维问题此式不成立). 因为 $F(t)$是严格递增的,故只需注意 H 中具小范数的函数在一个小集合上可以有任意大的值. 例如,给定一点 $x_0\in\Pi(a,b)$,对充分大的某个 β 值,函数

$$v_\beta(x)=\begin{cases}0, & |x-x_0|\geqslant\delta,\\ \beta\log\left(1-\log\dfrac{\delta}{|x-x_0|}\right), & |x-x_0|\leqslant\delta\end{cases}$$

有 $\|v_\beta(x)\|=1$,但当$|x-x_0|\to0$ 时 $v_\beta(x)$趋于∞.

显然,由 Sobolev 嵌入定理以及关于 $f(u)$的多项式增长条件,泛函 $J(u)$对 H 中的弱收敛是连续的. 事实上,

$$H\subset\mathring{W}_{1,2}(\Pi(a,b))\subset L_p(\Pi(a,b))\subset L_p(\Pi(a,b),\tau),$$

其中,$L_p(D,\tau)$表示 $\Pi(a,b)$上的 L_p 函数,而体积元 $d\tau=rdrdz$. (6.3.1)的论证指出,β 可由某个元素 $\psi\in H$ 达到. 此外,因 ψ 的非负部分 ψ_+ 有性质 $J(\psi_+)=J(\psi)$,故在 $\Pi(a,b)$中 $\psi\geqslant0$. 同时,若在一个正测度集上 $\psi<0$,则 $\|\psi_+\|<\|\psi\|$. 于是,ψ_+ 的一个比例元素将是所要的极值元素. 根据(3.1.31),我们因此得到:存在

常数 μ_1 和 μ_2(不同时为 0),使得对一切 $w \in H$,

$$\mu_1(\psi, w) = \mu_2 \int_{\Pi(a,b)} f(\Psi) w. \tag{6.4.30}$$

为证 $\mu_1 \neq 0$ 和 $\lambda = \mu_2/\mu_1 > 0$,只需在(6.4.30)中令 $w = \psi$,然后,注意到(6.4.30)左端积分是正的即可.因为 $F(t) \leqslant tf(t)$,故对 $\psi(x) > 0$ 有 $0 < \Psi(x) < \psi(x)$,并且我们有

$$\int_{\Pi(a,b)} \psi f(\psi) > \int_{\Pi(a,b)} \Psi f(\Psi) \geqslant \int_{\Pi(a,b)} F(\Psi) = \beta > 0.$$

从对 $\Pi(a,b)$中直线 $z=0$ 的 Steiner 对称化可得到 $\psi(a,b)$是 z 的偶函数.尽管方程在 $r=0$ 处的系数有明显的奇异性,但由标准正则性理论仍可推出 $\Pi(a,b)$的正则性.

为完成定理的证明,我们指出,在 f 的凸性假设下,由(6.4.27)定义的集合 A_ψ 是单连通的.为此,我们考虑(3.1.40)的二阶变分公式,对满足$(v,\psi)=0$ 的任意 v,

$$\delta^2 J(\psi, v) = \int_{\Pi(a,b)} v^2 f'(\Psi) d\tau - \frac{1}{\lambda} \| v \|^2.$$

我们假定 A_ψ 至少有两个分支E_1 和 E_2.设函数 w_1 和 w_2 被定义为:在 $E_i(i=1,2)$上令 $w_i = \Psi_i$,而其余为0.那么,若 $v = c_1 w_1 + c_2 w_2$,其中 c_1 和 c_2 选得使 $c_1 \| w_1 \|^2 = -c_2 \| w_2 \|^2$,则由上面,我们可得到(根据 f 的凸性)

$$\delta^2 J(\psi, v) = \sum_{j=1}^{2} c_j^2 \int_{E_j} \Psi_j \{ \Psi_j f'(\Psi_j) - f(\Psi_j) \} > 0,$$

这与(6.4.29)相矛盾.

(iv) 当 Π(a, b)→Π 时的极限过程 我们现在证明,对 $\Pi(a,b)$将极限过程用于(iii)的结果,可解决对 Π 描述的问题(6.4.25)~(2.4.26).为此,令$(a,b)\to\infty$,我们让矩形 $\Pi(a,b)$趋于半平面 Π.那么(iii)的结果产生解$(\psi(a,b),\lambda(a,b))$,其中,$\lambda(a,b)$包含在实数的一个有界集内(有大于零的一致界),这正是定理(6.4.28)中所描述的修改过的问题的解.我们看到,$H(\Pi) = \mathring{W}_{1,2}(\Pi)$中的一个收敛子序列 $\psi_n = \psi(a_n, b_n)$可由在 $\Pi(a_n, b_n)$外

令 $\psi(a_n, b_n)\equiv 0$ 而得到. 同时,相应的收敛本征值 $\lambda(a_n, b_n)=\lambda_n$. 为此,我们将要证明存在一个固定的区域 Ω,使得无论 a 和 b 变得多么大,相应的旋涡核心 $A(\psi(a,b))\subset\Omega$. 这个区域 Ω 将具有以下性质:当 $|x|\to\infty$ 时 $\mathrm{vol}[\Omega\cap\{y\,|\,|x-y|<1\}]\to 0$,从而 $H(\Omega)\to L_2(\Omega)$ 的嵌入是紧的,并因此可以转化为讨论积分方程

$$(6.4.31)\quad \lambda(a,b)\int_{A(\Pi(a,b))} G_{a,b} f(\psi(a,b)) = \psi(a,b)$$

中的极限,$G_{a,b}(x,y)$ 是 $\Pi(a,b)$ 上相应于(6.4.25)的线性算子的 Green 函数.

为找出区域 Ω,对于(6.4.25)~(6.4.26)在 $\Pi(a,b)$ 上的解,我们首先证明以下先验界:

引理 设 $l(u)$ 是集合

$$A(u)=\left\{(r,z)\mid(r,z)\in\Pi(a,b),u(r,z)>\frac{1}{2}r^2+k\right\}$$

在 z 轴上的投影长度,其中 $u\in C^1(\Pi(a,b))$,并且

$$Y(u)=\{(r,z)\mid(\rho,z)\in A(u),\ \rho\geqslant r>0\},$$

(即 $Y(u)$ 是 $\Pi(a,b)$ 中的集合,它包含 $A(u)$ 以及 $\Pi(a,b)$ 中所有位于 $A(u)$ 的点(ρ,z)和 z 轴之间的点). 那么

$$(6.4.32)\qquad \iint_{Y(u)} r dr dz + 2kl(u)\leqslant \|u\|^2_{H(\Pi(a,b))}.$$

证明 设$\frac{1}{2}r^2=y$,并且假定 $Y(u)$ 的边界光滑,于是在这里可用散度定理. 利用散度定理,由一个简单的计算可知

$$\begin{aligned}\|u\|^2_{H(\Pi(a,b))}&\geqslant\iint_{Y(u)}(u_y^2)\geqslant\iint_{Y(u)}(u_y^2-(u_y-1)^2)\\&\geqslant\iint_{Y(u)}(2u_y-1)=\oint_{Y(u)}2u-\iint_{Y(u)}rdrdz.\end{aligned}$$

因为在 z 轴上 $u=0$,且在$\partial A(u)$上 $u=y+k$,所以我们从最后这组不等式得到所要的界(6.4.32).

将刚才得到的引理用于 $u=\psi(a,b)$,我们发现可以把集合 Ω 选为

$$\Omega=\{(r,z)\mid |z|<(r^2+4k)^{-1}\}.$$

事实上,因为 $\|\psi(a,b)\|_H=1$,且根据 Steiner 对称化,$A(\psi)$ 在 z 轴上的投影一定包含一个形若 $I_R=(-h(R),h(R))$ 的区间,从而开矩形 $(0,r)\times I_r$ 一定包含在 $Y(u)$ 中. 然后,利用 (6.4.32) 并注意到 $2h(r)\leqslant l(\psi)$,我们得到

$$\frac{1}{2}r^2(2h(r))+(2k)(2h(r))<1,$$

从而 $h(r)<(r^2+4k)^{-1}$. 因此,正如先前所述的,我们可找到 $H(\Pi)$ 中一个弱收敛子序列 (ψ_n,λ_n),并将其转化为 (6.4.25) 中的极限,然后,弱极限 (ψ,λ) 产生所要的非平凡解.

(v) 历史背景资料 1858 年,Helmholtz 把截面很小的涡环看成他的理论的两个例子之一. 基于 Helmholtz 关于涡环不灭性结果并把"以太"取为适当的理想流体,Kelvin 给涡环奠定了原始的原子论基础. Kelvin 推测,存在非轴对称的涡环,其"核心"可能与 $\mathbb{R}^3$ 中变密的纽结结构有关($\mathbb{R}^3$ 中纽结的不同拓扑结构被想象为划分了自然界中各种原子结构). 事实上,在这个基础上,Kelvin 的合作者 Tait 在纽结的数学理论中作了开拓性的工作. Kelvin 的理论拒绝推翻"以太"概念. 不过,在现代理论低温物理中,涡环的重要性已引人注目地再现于超流理论和超导理论中,这因为在那里,理想流体接近实物.

6.5 Hilbert 空间中的 Marston Morse 临界点理论

为了研究定义在 Hilbert 空间 H 上给定的泛函 $\mathscr{I}(u)$ 的所有临界点,从拓扑上进行考虑以补充我们早先的讨论是必要的. 在有限维与无穷维的情况,这一点已由 Marston Morse 从 1925 年开始的研究所阐明. 为说明这点,我们注意,对线性紧自伴算子 $C\in B(H,H)$,一旦建立了 (1.3.40(i)) 的类似结果,就可利用正交概念发展一个完整的谱理论. 此外,对于线性算子,从叠加原理可推出对于一个自伴 Fredholm 算子 L,算子方程 $Lu=f$ 的解充满 H

的有限维线性子空间. 在非线性情况,为得到类似结果,必须使用全新的思想. 在这一节,我们将要在简单的 Hilbert 空间情况下叙述这个问题的 Morse 方法. 在 6.6 节,我们叙述 Ljusternik 和 Schnirelmann 的有关理论,同时,在 6.7 节,我们来说明这些理论在各种情况下的应用.

6.5A 最速下降法的一个改进

对临界点的任何一般性研究,都必须用更细致的解析和拓扑论述来补充弱下半连续和强制的概念. 为此,我们首先再来斟酌 3.2 节中介绍的最速下降法. 设 $F(x)$ 是定义在实 Hilbert 空间上的 C^2 光滑泛函,它在 H 上有下界,则在 3.2 节中已经证明,对一切 $t\geqslant 0$,初值问题

(6.5.1) $$\frac{dx}{dt}=-F'(x),\qquad x(0,x_0)=x_0$$

的解 $x(t,x_0)$ 存在,并且当 $t\to\infty$ 时,$\lim x(t,x_0)$ 是 $F(x)$ 的临界点,而这只要这些临界点是孤立的,并且 $F(x)$ 满足以下紧性条件(前面在(6.1.1′)中提到过):

(6.5.2) **条件(C)** H 中使 $|F(x_n)|$ 有界且 $\|F'(x_n)\|\to 0$ 的任一序列 $\{x_n\}$ 有收敛的子序列.

在条件(6.5.2)下,6.1A 节的讨论指出,$F(x)$ 显然在 H 上达到其下确界. 以下结果指出(6.5.2)对研究其他类型的临界点有用.

(6.5.3) **定理** 设定义在 H 上的 C^2 泛函 $F(x)$ 有下界,并满足(6.5.2),且只有孤立的临界点. 若 $F(x)$ 有两个孤立的相对极小点 y_1 和 y_2,则必有与 y_1 和 y_2 不同的第三个临界点 y_3,它不是孤立的相对极小点.

证明 设 $F(x)$ 没有第三个临界点 ,那么,我们将要证明 H 可以表示为两个不交的开子集 U_1 和 U_2 之并,这显然与 H 的连通性相矛盾. 为了构造集合 U_i,假定 $x(t,x_0)$ 是(6.5.1)的解. 根据(6.5.2),对所有的 $t\geqslant 0$,$x(t,x_0)$ 存在,且当 $t\to\infty$ 时,$\lim x(t,$

x_0)是 $y_i(i=1,2)$. 设

$$U_i = \{x_0 \mid \lim_{t\to\infty} x(t,x_0) = y_i\}(i=1,2).$$

显然,$H=U_1\cup U_2$,同时 U_1 和 U_2 不交. 为证 U_i 是 H 中的开集,我们首先指出,每个 y_i 都是严格相对极小点,各有一个邻域 W_i,使得任何解 $x(t,x_0)$只要进入 W_i 就留在 W_i 内. 而且事实上,当 $t\to\infty$时,它收敛到 y_i. 实际上,对充分靠近 y_i 的 x_0,因 $F(x(t,x_0))$是 t 的递减函数,故 $x(t,x_0)\to y_i$. 于是,根据 $x(t,x_0)$对初始条件 x_0 的连续性,若 $z_0\in U_i$,则对充分小的 $\varepsilon>0$ 及 $\|z_0-\tilde{z}_0\|<\varepsilon$,存在一个 T 使 $x(T,z_0)$和 $x(T,\tilde{z}_0)$两者都在 W_i 中. 因此,如果 $z_0\in U_i$,则 $\tilde{z}_0$ 亦然. 因而每个 U_i 都是开集. 我们已得出了所要的矛盾.

上述讨论证明了存在第三个临界点 y_3,也可直接得出它不可能是另外的相对极小. 如果它是的话,而且如果 $F(x)$没有其他的临界点,那么刚才给出的论证又将导致矛盾.

6.5B 退化与非退化临界点

为了继续深入研究定义在 H 上的 C^2 泛函 $F(x)$的临界点,下面的定义是方便的:一个临界点 x_0 被称为非退化的,是指自伴算子 $F''(x_0)$可逆;反之 x_0 被称为退化的. $F(x)$的一个临界点 x_0 的指数是$(F''(x_0)x,x)$型在其上负定的(子空间)最大维数. 如果 $F'(x)$是 Fredholm 算子,则 $F(x)$是 C^2 类 Fredholm 泛函.

$F(x)$的非退化临界点有一些重要的性质. 首先,由反函数定理(3.1.5),$F(x)$的非退化临界点是孤立的. 其次,定义在 H 的一个有界子集上、使临界点全是非退化的 C^2 泛函 $F(x)$的集合,构成所有这样的 C^2 类 Fredholm 泛函一个稠密子集. 事实上,若 $G(x)$是 C^2 类 Fredholm 泛函,它的某些临界点可能退化,则考虑泛函 $\widetilde{G}_p(x)=G(x)-(x,p)$. 显然,当 $\|p\|$ 充分小时,$\|\widetilde{G}_p(x)-G(x)\|_{C^2}$可以成为所要的那么小. 另一方面,据(3.1.5),倘若 p 不是$G'(x)$的奇异值,则 $\widetilde{G}_p(x)$所有的临界点都是非退化的.

因为 $G'(x)$ 是一个零指标的 C^1 类 Fredholm 算子，故由(3.1.45)，这个集在 H 中是疏集. 此外，若 C^2 泛函 $F(x)$ 在 $F^{-1}[a,b]$ 上所有临界点都是非退化的，且 $F(x)$ 满足(6.5.2)的条件(C)，则对任何 $-\infty<a,b<\infty$，$F(x)$ 在 $F^{-1}[a,b]$ 上至多存在有限个临界点，事实上，否则将有一个序列 $\{x_n\}$ 使 $a\leqslant F(x_n)\leqslant b$ 且 $\|F'(x_n)\|=0$，从而 $\{x_n\}$ 有一个收敛子序列，其极限为 $\bar{x}$. 显然，对于 $\bar{x}\in F^{-1}[a,b]$，$\bar{x}$ 将既是 $F(x)$ 的非孤立临界点，又是非退化临界点，这是一个矛盾.

另外一个有意思的结果是 Morse 引理(1.6.1)对 Hilbert 空间情况的如下推广.

(6.5.4) **定理** 假定 $F(x)$ 是定义在非退化临界点 $x=0$ 的邻域中的一个 C^3 泛函，那么，存在一个微分同胚 h，h 映 $x=0$ 的邻域 U 到自身，使得 $x\in U$ 时，

$$F(x)-F(0)=\frac{1}{2}(F''(0)h(x),h(x)).$$

证明 因为 $x=0$ 是临界点，所以我们有

$$F(x)-F(0)=\int_0^1(F'(sx),x)ds,$$

同时，

$$F'(x)=\int_0^1\frac{d}{dt}F'(tx)dt=\int_0^1F''(tx)xdt.$$

于是，由记

$$\begin{aligned}F(x)-F(0)&=\int_0^1\int_0^1 s(F''(stx)x,x)dtds\\&=(k(x)x,x)(\text{譬如说}),\end{aligned}$$

我们就可用 F'' 来表示 $F(x)$. 其中，我们可假定 $k(x)$ 是由

$$(k(x)y,z)=\int_0^1\int_0^1 s(F''(stx)y,z)dtds$$

所定义的自伴算子. 显然，对于这个定义，有

$$\frac{1}{2}(F''(0)x,x)=(k(0)x,x).$$

今假设 $B(x)=[k(0)]^{-1}k(x)$, $C(x)=\sqrt{B(x)}$,而当 $\|x\|$ 充分小时,这是存在的,这因为 $B(0)=I$(恒等算子)的缘故.此外还注意,若 $C^T(x)$ 表示 $C(x)$ 的伴随,则因 $B^T(x)k(0)=k(0)B(x)$,故有 $C^T(x)k(0)=k(0)C(x)$,并且

$$\begin{aligned}[k^{-1}(0)C^T(x)k(0)]^2 &= k(0)^{-1}B^T(x)k(0)\\ &= B(x) = C^2(x).\end{aligned}$$

于是,由下面的简单计算就得到结果:

$$\begin{aligned}F(x)-F(0) &= (k(x)x,x) = (k(0)C^2(x)x,x)\\ &= (C^T(x)k(0)C(x)x,x) = (k(0)h(x),h(x))\\ &= \frac{1}{2}(F''(0)h(x),h(x)),\end{aligned}$$

其中,当 $\|x\|$ 充分小时, $h(x)=C(x)x$ 可逆.

这个结果有一个直接的推论:在非退化临界点 $x=0$ 附近,通过局部可微坐标变换 $y=Y(x)$,泛函 $F(x)$ 可以写成

$$F_1(y) = \|(I-P)y\|^2 - \|Py\|^2$$

的形式.其中, P 是 H 到 H 上的线性子空间上的投影, $F''(0)$ 在该子空间上是负定的.

其次,我们注意,完全如同有限维的情况,当把一个 Hilbert 空间 H 换成一个局部逼近 H 的无穷维流形 $\mathfrak{M}$ 时,我们的讨论仍然适用.就许多微分几何问题而言,这个事实很有用(见本章末的注记).更明确地,有

定义 模以一个 Hilbert 空间 X 的 C^r 类流形 $\mathfrak{M}$(即 Hilbert 流形)是开集 $\{U_\alpha\}$ 的一个集族,并且映射族 $\theta_\alpha: U_\alpha\to X$ 使得

(i) $\theta_\alpha: U_\alpha\to\theta_\alpha(U_\alpha)$ 是一个同胚;

(ii) $\theta_\alpha\theta_\beta^{-1}: \theta_\beta(U_\alpha\cap U_\beta)\to\theta_\alpha(U_\alpha\cap U_\beta)$ 是一个 C^r 类光滑映射.

定义 对于集合 $\mathfrak{M}$,一个 C^r 类图册是 $\mathfrak{M}$ 的一个开子集 $\{U_\alpha\}$ 的集族,而转移映射使得

(i) ζ_α 是从 U_α 到 $\zeta_\alpha(U_\alpha)$ 上的一个同胚, $\zeta_\alpha(U_\alpha)$ 是 Hilbert 空间 X 的一个子集;

(ii) 当 $U_\alpha \cap U_\beta \neq \varnothing$ 时映射是相容的,即对每个 α 和 β 来说,$\zeta_\alpha \zeta_\beta^{-1}: \zeta_\alpha(U_\alpha \cap U_\beta) \to \zeta_\beta(U_\alpha \cap U_\beta)$ 是一个 C^r 类同胚;

(iii) 关于性质(i)和(ii),集族(U_α, ζ_α)是最大的.

一个模以 X 的 C^r 类 Banach 流形是一个定义在集合 $\mathfrak{M}$ 上关于 X 的 C^r 类图册,集族$\{(U_\alpha, \zeta_\alpha)\}$的成员称坐标卡.

根据这个定义,空间之间映射 f 由其导数定义的大多数性质,都可以推广到 Banach 流形间的映射上去. 例如

定义 设 $f: \mathfrak{M} \to \mathfrak{N}$ 是定义在流形 $\mathfrak{M}$ 和 $\mathfrak{N}$ 上的映射,倘若 f 连续,并且对于每个在 $x \in \mathfrak{M}$ 和 $f(x) \in \mathfrak{N}$ 处的坐标卡,f 是 C^p 的,即,$\zeta_\alpha f \theta_\beta^{-1}$ 是 Banach 空间 $X_{\mathfrak{M}}$和 $X_{\mathfrak{N}}$之间的一个 C^p 类光滑映射,则称 f 是 C^p 类的.

这些定义使我们能将第三章中的很多局部分析用于研究 Hilbert 流形间的映射. 特别,Hilbert 流形 $\mathfrak{M}$ 在 $x \in \mathfrak{M}$ 处的切空间 $T\mathfrak{M}_x$ 是在 $t=0$ 处通过 x 的 C^1 曲线 $p(t)$对 $\mathfrak{M}$ 的所有切向量$\{P'(0)\}$的集合. 此外,两个 Hilbert 空间之间的映射 $f: \mathfrak{M} \to \mathfrak{N}$ 的微分是映射 $df(x): T\mathfrak{M}_x \to T\mathfrak{M}_{f(x)}$,对每条曲线 $p(t)$,它定义为

$$df(x)(p'(0)) = \frac{d}{dt} f(p(t)) \mid_{t=0}.$$

并且因此对变元 $p'(0)$是线性的. 对定义在 Hilbert 流形 $\mathfrak{M}$ 上的光滑泛函 $\mathscr{I}(x)$,微分 $d\mathscr{I}(x, p'(0))$对变元 $p'(0)$是线性的,于是,根据线性泛函的 Riesz 表示定理,我们记

$$d\mathscr{I}(x, y) = (\mathrm{grad}\mathscr{I}(x), y).$$

此外,借助于有关 x 和$f(x)$的坐标卡的术语,微分 $df(p'(0))$可作为映射的导数来计算. 于是,定义在 Hilbert 流形 $\mathfrak{M}$ 上的泛函 $\mathscr{I}(x)$的临界点与使得 $\mathrm{grad}\mathscr{I}=0$ 的点 $x \in \mathfrak{M}$ 重合. 显然,诸如临界点,退化和非退化临界点,Morse 指数等概念在坐标变换下是不变的,在 $\mathfrak{M}$ 上都有很确定的意义. 我们在本节余下部分所得到的很多结果,都适合于用到 Hilbert 流形上.

为了讨论 $F(x)$的临界点之间的关系,我们来利用奇异同调. 具系数群 $\mathscr{G}$ 的奇异同调群的基本性质可总结如下:

(i) 若 $f:(X,A)\to(Y,B)$是连续映射,则对每个整数 q,存在一个群同态 $f_*:H_q(X,A;\mathscr{G})\to H_q(Y,B:\mathscr{G})$,它具有以下性质:

(a) 若 $f=i$,则恒等算子 i_*是恒等自同构;

(b) 若 $g:(Y,B)\to(Z,C)$,则$(gf)_*=g_*f_*$;

(c) $df_*=f_*d$;

(d) (同伦性质)若 $f,g:(X,A)\to(Y,B)$是同伦的,则 $f_*=g_*$.

(ii) (切除性质) 若 U 是 X 的一个开子集,$\overline{U}\subset\mathrm{int}A$,则"包含"(映射)$e:(X-U,A-U)\to(X,A)$诱导出同构

$$e_*:H_q(X-U,A-U;\mathscr{G})\to H_q(X,A;\mathscr{G}'),(\text{对每个 } q).$$

(iii) (正合性质) 若用 $i:A\to X$ 及 $j:X\to(X,A)$表示包含映射,则以下无穷序列是正合的,即,每个同态的象等于下一个同态的核

$$\cdots\to H_q(A;\mathscr{G})\xrightarrow{i_*}H_q(X;\mathscr{G})\xrightarrow{j_*}H_q(X,A;\mathscr{G})\xrightarrow{d}H_{q-1}(A;\mathscr{G})\to\cdots.$$

(iv) (维数性质) 若 X 是单点构成的空间,则

$$H_p(X,\mathscr{G})=\begin{cases}0, & p\neq 0,\\ \mathscr{G}, & p=0.\end{cases}$$

6.5C Morse 型数

为了讨论一个已给定的泛函所有临界点的结构,制定临界点的分类是有用的,这种分类应在局部可微坐标变换下不变.这一节中将要用到下面的分类(属于 M. Morse).首先考虑光滑泛函 $F(x)$的非退化临界点,我们根据它们的指数将其分类.结果(6.5.4)保证了这种分类在局部微分同胚下是不变的.假定 $F(x)$有一个孤立退化临界点 x_0,我们把 x_0 与一个称为 x_0 型数的正整数列$(M_0(x_0),M_1(x_0),M_2(x_0),\cdots)$联系起来,整数 $M_i(x_0)$,$(i=0,1,2,\cdots)$是等价于 x_0 的指数为 i 的非退化临界点个数的一个

量度. 这些型数 $M_i(x_0)$定义为相对奇异同调群 $H_i(F^{c+\varepsilon}\cap U, F^{c-\varepsilon}\cap U)$的 Betti 数, 具 Z_2 系数, 其中 $F(x_0)=c$, $F^d=\{x \mid F(x)\leqslant d\}$, U 是 x_0 的一个小邻域($\varepsilon>0$ 充分小). 为验证这些定义的合理性,我们证明

(6.5.5) **定理** 设 $F(x)$是定义在 Hilbert 空间上的一个 C^2 实值泛函,满足条件(6.5.2),并设 $b>a$.

(i) 若 $F(x)$在$[a,b]$区间上无临界点,则集合 $F^b=\{x \mid F(x)\leqslant b\}$和 $F^a=\{x \mid F(x)\leqslant a\}$是同痕的. 而且该同痕可选得使 F^a 的点固定. 从而 F^a 是F^b 的一个形变收缩核.

(ii) 若 $F(x)=c$ 是$F(x)$的一个孤立临界值,在临界值上 F 仅有有限个临界点$\sigma(c)=\{x_i\}$,则对任意 $\varepsilon>0$,有

$$H_q(F^{c+\varepsilon},F^{c-\varepsilon})\approx H_q(\mathring{F}^c\cap U\cup\sigma(c),\mathring{F}^c\cap U),$$

其中,$\mathring{F}^c=\{x \mid F(x)<c\}$,并且 U 是所有临界点$\sigma(c)$的任一充分小的邻域.

(iii) 若在$[a,b]$上 $F(x)$有指数为 i 的单个非退化临界点,则 $H_q(F^b,F^a)=0$, $q\neq i$;同时 $H_i(F^b,F^a)=G$(同调论中的系数群).

证明 (i):首先我们注意,因为 $F(x)$满足条件(C),故对某个充分小的 $\varepsilon_0>0$,在 $F^{-1}[a-\varepsilon_0,b+\varepsilon_0]$上,$F(x)$无临界点. 事实上,存在一个正常数 $d>0$,使得

$$\inf_{F^{-1}[a-\varepsilon_0,b+\varepsilon_0]}\|F'(x)\|\geqslant d.$$

否则,将有序列$\{x_n\}\in H$,其中,$x_n\in F^{-1}\left[a-\frac{1}{n},b+\frac{1}{n}\right]$且 $F'(x_n)\to0$,使得在取一个子序列后,有 $x_{n_i}\to\bar{x}\in F^{-1}[a,b]$, $F'(\bar{x})=0$.

现在定义 F^b 到F^a 上的同痕 $\zeta_t(x)$. 我们利用 3.2 节中讨论过的最速下降法. 并考虑(6.5.1)的类似截断

(6.5.6) $$\frac{dx}{dt}=-\alpha(|F(x)|)\frac{F'(x)}{\|F'(x)\|^2},$$

$$x(0)=x_0\in F^{-1}[a,b],$$

其中,$\alpha(z)$是一个实值 C^∞ 非负函数,使得对 $a\leqslant z\leqslant b$ 有 $\alpha(z)=b-a$;而对 $z\leqslant a-\varepsilon_0$ 或 $z\geqslant b+\varepsilon_0$ 有 $\alpha(z)=0$. 因为

$$\inf_{F^{-1}[a-\varepsilon_0,b+\varepsilon_0]}\|F'(x)\|\geqslant d>0,$$

故微分方程(6.5.6)的右端局部 Lipschitz 连续且一致有界. 进一步,利用(3.1.27),由一个简单的论证可知对一切 $t\in(-\infty,+\infty)$,都有 $x(t,x_0)$存在. 现在

$$\begin{aligned}F(x(t,x_0))-F(x_0)&=\int_0^t\frac{d}{ds}F(x(s,x_0))\\&=-\alpha(F(x(t,x_0))),\end{aligned}$$

因此 $x(t,x_0)$保持 $F^{a-\varepsilon_0}$不变(逐点),并将 F^b 形变到 F^a 上. 于是,对 $x_0\in F^{-1}[a,b]$,令 $\zeta_t(x_0)=x(t,x_0)$,我们看到 ζ_t 是 F^b 到 F^a 上的一个形变. 事实上,ζ_t 是 H 到自身的一个同痕,这因为对任意 $x_0\in H$,当 $\zeta_{-t}(x_0)=x(-t,x_0)$,有

$$\zeta_{-t}\zeta_t(x_0)=\zeta_{-t}(x(t,x_0))=x(-t,x(t,x_0))=x_0.$$

实际上,我们可以证明(稍微修改上面的论证),F^b 是 F^a 的一个形变收缩核. 事实上,用 $x(t,x_0)$表示

$$(6.5.7)\quad \frac{dx}{dt}=-(F(x_0)-a)\frac{F'(x)}{\|F'(x)\|^2},$$
$$x(0)=x_0\in F^{-1}[a,b]$$

的解,那么,当 $x_0\in F^{-1}[a,b]$时映射 $\zeta_t(x_0)=x(t,x_0)$,而当 $x_0\in\{x\mid F(x)\leqslant a\}$时 $\zeta_t(x_0)=x_0$. 同前面一样,当 $x_0\in F^{-1}[a,b]$ 时

$$F(\zeta_t(x_0))=F(x_0)-t(F(x_0)-a),$$

于是,$F(\zeta_1(x_0))=a$,并且 F^b 是 F^a 的一个形变收缩核.

(ii):今假定 $F(x)=c$ 是 F 的一个孤立临界水平,在其上 F 有有限个临界点 z_i,$(i=1,2,\cdots,N)$. 我们将用(6.5.7)定义的形变 $\zeta_t(x_0)$证明,对于某个小的 $\varepsilon>0$,F^c 是 $F^{c+\varepsilon}$ 的一个形变收缩

核.特别,我们证明,对 $x_0 \in F^{-1}(c, c+\varepsilon]$,$\lim\limits_{t \uparrow 1}(t, x_0)$存在.首先,假定(对 $i=1,2,\cdots N$)

$$\inf_{t \in [0,1)} \| x(t, x_0) - z_i \| > 0,$$

从而由条件(C),$\| F'(x(t, x_0)) \|$ 有大于 0 的一致界.于是,对任意两个值 $0 < t_1, t_2 < 1$,有

$$\| x(t_2, x_0) - x(t_1, x_0) \| \leqslant \int_{t_1}^{t_2} \left\| \frac{dx}{ds} \right\| ds$$
$$\leqslant K \mid F(x_0) - c - \varepsilon \mid \mid t_2 - t_1 \mid,$$

其中,K 是与 t 无关的常数.对任意序列 $\bar{t}_n \uparrow 1$,$\{x(\bar{t}_n, x_0)\}$是 Cauchy 序列,且极限 $\lim\limits_{t \uparrow 1} x(t, x_0)$ 存在.其次,我们假定 $\inf\limits_{t \in [0,1)} \| x(t, x_0) - z_i \| = 0$,从而对某个序列 $t_n \uparrow 1$ 和对某个整数 i,$\| x(t_n, x_0) - z_i \| \to 0$.实际上,我们假设不然,从而得到一个矛盾,以证明$\lim\limits_{t \uparrow 1}(t, x_0) = z_i$.事实上,若这个极限不存在,则存在 z_i 的两个球形邻域$S_1 \subset S_2$,使得对两两不交的区间$[t_j, t_{j+1}]$[①]$\subset [0,1)$的一个无穷序列,当 $t \in [t_j, t_{j+1}]$时 $x(t, x_0) \subset S_2 - S_1$.故存在绝对正常数 c 和$d > 0$,使

$$\| x(t_{j+1}) - x(t_j) \| \geqslant c, \tag{6.5.8}$$
$$\inf_{[t_j, t_{j+1}]} \| F'(x(t)) \| \geqslant d.$$

然后由(6.5.8)可推出

$$c \leqslant \| x(t_{j+1}) - x(t_j) \|$$
$$\leqslant \int_{t_j}^{t_{j+1}} \left\| \frac{dx}{ds} \right\| ds \leqslant \mid F(x_0) - c \mid \frac{\mid t_{j+1} - t_j \mid}{d}.$$

这正是所要的矛盾.这因为当 $j \to \infty$时$| t_{j+1} - t_j | \to 0$.最后,由切除性,

$$H_q(F^{c+\varepsilon}, F^{c-\varepsilon}) \approx H_q(\mathring{F}^c \cap W \cup \sigma, \mathring{F}^c \cap W),$$

---

① 原文是$[t_j, t_{j+1}]$,这与两两不交有点矛盾.——译者注

其中，W 是 σ 的任一邻域，它不包含 $F(x)$ 其他临界点.

(iii)：首先，假设 $F(x)$ 是一个二次泛函，并且 $x=0$ 是 $F(x)$ 的指数为 i 的临界点，同时，$F(0)=0$. 那么，存在一个从 H 到自身的可逆自伴算子 L，使得 $F(x)=\frac{1}{2}(Lx,x)$. 显然，从条件(C)可推出 L 是紧的，从而 L 具有可分的值域. 于是，不失一般性，我们可假定 H 是可分的. 因为 $F(x)$ 在 H 的 i 维闭子空间 H_i 上是负定的，故 $H=H_i\oplus H_i^{\perp}$，并且 L 在 H_i 和 $H_i^{\perp}$ 上是不变的，因而若 $\mathring{F}^0=\{x\mid F(x)<0\}$，则[①]

$$(6.5.9)\qquad H_q(F^{\varepsilon},F^{-\varepsilon})\approx H_q(\mathring{F}^0\cup\{0\},\mathring{F}^0).$$

设 Σ 是 H 中单位开球，且令 $\Sigma_i=\Sigma\cap H_i$. 我们将要证明 $(\Sigma_i\cup\{0\},\Sigma_i)$ 是 $(\mathring{F}^0\cup\{0\},\mathring{F}^0)$ 的形变收缩核. 一旦证明了这点，从(6.5.5(ii))可推出

$$\begin{aligned}H_q(F^{\varepsilon},F^{-\varepsilon})&\approx H_p(\Sigma_i\cup\{0\},\Sigma_i)\\&\approx H_q(\Sigma_i,\Sigma_i-\{0\})\\&\approx H_q(\Sigma_i,\partial\Sigma_i).\end{aligned}$$

为证明 $(\mathring{F}^0\cup\{0\},\mathring{F}^0)$ 可形变到 $(\Sigma_i\cup\{0\},\Sigma_i)$ 中，假定 $F(x)<0$ 和 $x=x_i+y$，其中 $x_i\in H_i$，$y\in H_i^{\perp}$，再令 $x(t)=x_i+(1-t)y$. 则

$$\begin{aligned}F(x(t))&=\frac{1}{2}(Lx(t),x(t))\\&=\frac{1}{2}(Lx_i,x_i)+\frac{1}{2}(1-t^2)(Ly,y)\\&\leqslant\frac{1}{2}(Lx,x)<0.\end{aligned}$$

因此，$(\mathring{F}^0\cup\{0\},\mathring{F}^0)$ 可以形变到 $(\Sigma_i\cup\{0\},\Sigma_i)$ 中，同时，$(\Sigma_i\cup\{0\},\Sigma_i)$ 保持不变.

---

① 原文自此处开始至本节末尾，符号较乱，已作调整. ——译者注

今从(6.5.4)和(6.5.9)推出一般的情况.假定 x_0 是$F(x)$关于 $F(x)=c$ 的唯一临界点,且 x_0 非退化.那么,用 $\widetilde{F}(x)=F(x+x_0)-c$ 代替$F(x)$,则有 $\widetilde{F}(0)=0$ 而 $x=0$ 是 $\widetilde{F}(x)$的指数为 i 的非退化临界点.于是,因为同调在(6.5.4)的同胚 h 下不变,故

$$\begin{aligned}H_q(\widetilde{F}^{\varepsilon},\widetilde{F}^{-\varepsilon}) &= H_q((\mathring{\widetilde{F}}^{\circ}\cup\{0\})\cap W,\mathring{\widetilde{F}}^{\circ}\cap W)\\&\approx H_q(\mathring{Q}^0\cup\{0\},\mathring{Q}^0)\\&\approx H_q(\Sigma_i,\partial\Sigma_i)\approx G,\end{aligned}$$

其中,Q 是F 的二次部分.

6.5D Morse 不等式

(6.5.10) **推论** 假定 $F(x)$是定义在 Hilbert 空间 H 上的一个C^2实值泛函,使得:(i) $F(x)$有下界;(ii) $F(x)$在 H 上满足(6.5.2)紧性条件(C);(iii) $F(x)$的所有临界点都是非退化的;(iv) $F(x)$只有有限多个固定 Morse 指数的临界点,那么,以下关系式成立:

$$M_0\geqslant 1,$$

$$M_1-M_0\geqslant -1,$$

$$M_2-M_1+M_0\geqslant 1,$$

$$\cdots\cdots\quad\cdots\cdots$$

$$\sum_{i=0}^{\infty}(-1)^iM_i=1,$$

其中,M_i 表示$F(x)$的 Morse 指数为 i 的临界点个数.

证明 这个证明中,(6.5.5)以及奇异同调论的基本性质发挥了关键作用.我们首先注意,从 $F(x)$的非退化条件(iii)及紧性条件(6.5.2)可推出,对任何实数 b,$F(x)$在 F^b 上的临界点数目是有限的.这个事实来自非退化临界点的孤立特性,这因为 F^b 有无穷多个非退化临界点将同假设条件(6.5.2)不相容.然后,根据我们上面给出的奇异同调的讨论,如 Milnor(1963)中那样,对任何次加性的整数不变量 $S_\lambda(X,Y)$,有

$$S_\lambda(F^{a_n}, F^{a_0}) \leqslant \sum_{i=1}^{n} S_\lambda(F^{a_i}, F^{a_{i-1}}).$$

其中,若这个不变量是加性的,则等号成立.于是,若用$S_\lambda(X,Y)$ $(\lambda=0,1,2,\cdots)$表示(X,Y)的 Betti 数的交错和(直到 λ)

$$\sum_{k=0}^{\lambda}(-1)^k R_{\lambda-k}(X,Y) \text{ (一个次加性不变量)},$$

用 $S(X,Y)$表示完全和

$$\sum_{k=0}^{\infty}(-1)^k R_k(X,Y) \text{ (一个加性不变量)},$$

那么,由(6.5.5),在每一情况下我们得到

$$\sum_{k=0}^{\lambda}(-1)^k R_{\lambda-k}(F^{a_n}, F^{a_0}) \leqslant \sum_{k=0}^{\lambda}(-1)^k M_{\lambda-k},$$

$$\sum_{k=0}^{\infty}(-1)^k R_k(F^{a_n}, F^{a_0}) \leqslant \sum_{k=0}^{\infty}(-1)^k M_k$$

其次,我们注意,对 $b>\inf\limits_H F(x)(b\neq c_i)$,集合 F^b 可以分解如下:

$$b = a_n, a_0 < \inf_H F(x), F^{a_0} \subset F^{a_1} \subset F^{a_2} \subset \cdots \subset F^{a_n},$$

以这种方式,每个$\{F^{a_i}-F^{a_{i-1}}\}$中恰含一个临界值.其次,我们注意到 $F^{a_0}=\varnothing$,由条件(iv),我们可以假定当 a_n 充分大时,集合 $H-F^{a_n}$不含指数未超过λ 的临界点,故由选 $b=a_n$ 充分大,我们可令 $F^{a_n}=H$.于是,因为对 $\lambda>0$ 有 $R_\lambda(H)=0$,反之 $R_0(H)=1$,故可推出不等式(6.5.10).

若 $F(x)$仅定义在 H 的一个有界域上,譬如说定义在 $\Sigma_R=\{x \mid \|x\|<R\}$上,则(6.5.10)有以下有用的推广.事实上,我们证明

(6.5.11)**推论** 设(6.5.10)的条件(i)~(iii)对集合 $\Sigma_R=\{x \mid \|x\|<R\}$成立,那么,若对 $\|x\|=R$ 上每个 x 有$(F'(x),x)>0$,且用 M_i 表示Σ_R 中指数为 i 的 $F(x)$的临界点个数,则不等式(6.5.10)成立.

证明 我们注意,从条件$(F'(x),x)>0$ 可推出对所有的 t,

在(6.5.10)的证明中用到的最速下降方程的解 $x(t,x_0)$都在集合 Σ_R 中.因为 Σ_R 的同调群与H 的同调群一致,所以(6.5.10)中给出的证明可转移到这种情形.此时,(6.5.10)的假定条件(iv)可去掉,这因为由假设条件,$F(x)$在 $\|x\|^2=R$ 上无临界点,而在 Σ_R 中,$F(x)$的临界点个数有限.

最后,我们考虑不等式(6.5.10)对泛函 $F(x)$的一个推广.这时泛函 $F(x)$可以有退化临界点.为此,考虑定义在 Hilbert 流形 $\mathfrak{M}$ 上的泛函是方便的,这因为这种集合通常有非平凡的拓扑性质.在这种情况下,定义在 $\mathfrak{M}$ 上满足(6.5.2)的任何光滑泛函都将具有有意思的临界点理论.

在叙述这方面的结果之前,我们来定义关于孤立临界值 $F(x)=c$的临界点的一个整值测度,而这只要令 $M_i(c)$等于相对同调群 $H_i(F^{c+\varepsilon},F^{c-\varepsilon})$的 Betti 数,这个群具 Z_2 系数,其中,$\varepsilon>0$ 充分小,与通常一样,这里 $F^d=\{x\mid x\in\mathfrak{M},F(x)\leqslant d\}$.显然,正如(6.5.10)中那样,若在集合$\{x\mid c-\varepsilon\leqslant F(x)\leqslant c+\varepsilon\}$上,$F(x)$满足条件(6.5.2),则 $M_i(c)$与 ε 无关.

我们现在叙述可基于(6.5.5(ii))来证明的如下结果.注意,它并不要求 $F(x)$的临界点非退化.

(6.5.12) 假定 $F(x)$是一个完备的光滑的 Hilbert 流形 $\mathfrak{M}$ 上的 C^2 泛函,使 $F(x)$有下界,满足条件(6.5.2),并具有孤立临界值 $c_1,c_2,\cdots$.则下面的不等式

$$\sum_{\{c_j\}}M_i(c_j)\geqslant R_i(\mathfrak{M}) \tag{6.5.13}$$

成立.其中,R_i 是 $\mathfrak{M}$ 的第 i 个 Betti 数.

这个结果可由我们前面的结果稍作修改而证出.见 Rothe (1973).

6.5E 例证

为说明刚才给出的结果,考虑早先讨论过的简单半线性 Dirichlet 问题(6.1.30),它定义在有界域 $\Omega\subset\mathbb{R}^N$ 上,

(6.5.14) $\varepsilon^2\Delta u + u - g(x)u^3 = 0, \quad u|_{\partial\Omega} = 0.$
显然,对所有的 ε,平凡解 $u_0(x)=0$ 存在,且不难算出它的指数是关于 Ω 的 Laplace 算子所有小于$\frac{1}{\varepsilon^2}$的本征值重数之和(服从零边界条件).事实上,(6.5.14)的解恰好是泛函 $\mathscr{I}_\varepsilon(u)$在$\mathring{W}_{1,2}(\Omega)$类中的临界点,其中

$$\mathscr{I}_\varepsilon(u) = \int_\Omega \left\{\varepsilon^2 |\nabla u|^2 - u^2 + \frac{1}{2}g(x)u^4\right\} dx,$$

并且

$$(\mathscr{I}''_\varepsilon(0)v, v) = \int_\Omega \{\varepsilon^2 |\nabla v|^2 - v^2\} dx.$$

我们也注意到,$\mathscr{I}_\varepsilon(u)$在$\mathring{W}_{1,2}(\Omega)$上有下界,且满足(6.5.2)(这因为对固定的 ε,$\mathscr{I}'_\varepsilon(u)$是一个真映射).将$(\Delta, \Omega)$的本征值记为 $0<\lambda_1\leqslant\lambda_2\leqslant\cdots\leqslant\lambda_N\leqslant\cdots$,从而 $u_0(x)\equiv 0$ 是 $\mathscr{I}_\varepsilon(u)$的一个非退化临界点当且仅当 $\varepsilon^{-2}\neq\lambda_i(i=1,2,\cdots)$.那么,正如(6.1.31)中提到的,当 $1/\varepsilon^2\leqslant\lambda_1$ 时,$u_0(x)\equiv 0$ 是 $\mathscr{I}_\varepsilon(u)$的一个绝对极小,并且是(6.5.14)的唯一解.但当 $1/\varepsilon^2>\lambda_1$ 时,u_0 不再是相对极小.正如(6.1.31)中 $\lambda_1<1/\varepsilon^2$ 时的证明一样,在唯一的正函数 $u_1(x,\varepsilon)$处能达到 $\mathscr{I}_\varepsilon(u)$的下确界.

由(6.1.31),当 ε 充分小时,比如 $\varepsilon<\varepsilon_0$ 时,$\pm u(x,\varepsilon)$是(6.5.14)的非退化极小.因此,当 $\varepsilon<\min(\varepsilon_0, 1/\lambda_2^2)$时,从不等式(6.5.10)可推出边值问题(6.5.14)有另一对临界点$\pm u^*(x,\varepsilon)$,它在 Ω 中必须变号.为证明最后这段话,假定当 c 充分小时,(6.5.14)仅有解$\pm u_1(x,\varepsilon)$和 $u_0(x)$.由(4.2.7)和(6.1.1),我们可假定$\pm u_1(x,\varepsilon)$是相应的泛函 $\mathscr{I}_\varepsilon(u)$的非退化极小.此外,当 $\varepsilon^2\neq\lambda_1^{-1}$ 且小于 λ_2^{-1} 时,我们可以假定 $u_0(x)$的(Morse)指数至少为 2.因此,由不等式(6.5.10),$M_0\geqslant 2$,于是 $M_1\geqslant M_0-1\geqslant 1$.因此,要么(6.5.14)具有指数为 1 的一个非退化临界点 $u^*(x,\varepsilon)$,并因此不同于 $u_0(x)$和$\pm u_1(x,\varepsilon)$;要么(6.5.14)具有一个退化

临界点,它也因此必然不同于 $u_0(x)$或$\pm u_1(x,\varepsilon)$.然后,从 u^3 的奇性可推出$\pm u^*(x,\varepsilon)$满足(6.5.14).事实上,在6.7节,我们将极大地改进这个结果,方法是:证明当 $\lambda_i < \varepsilon^{-2} \leqslant \lambda_{i+1}$ 时,(6.5.14)有 i 对不同的非零解 $\pm u_1(x,\varepsilon)$, $\pm u_2(x,\varepsilon)$, $\cdots$, $\pm u_i(x,\varepsilon)$.

当然,为得到这样的结果,找到一个不区分退化和非退化临界点的一般的临界点理论很重要.

作为 Morse 关系式(6.5.10)的另一个有效应用,我们用它们来改进结果(5.4.29)和(6.3.25),做法是对算子方程

(6.5.15) $$Lu - Nu = f, f \in H$$

的解的个数作出估计.其中,H 是 Hilbert 空间,L 是自伴 Fredholm 算子,$Nu \in C^1(H,H)$是一致有界全连续梯度映射,有严格凸的原函数 $\mathcal{N}(u)$.此外,与(5.4.29)一致,我们假定$(N(ra+x_1),a) < (\varphi(a),a)$,其中,

$$\varphi(a) = \lim_{r \to \infty} PN(ra), a \in \{\mathrm{Ker}L \cap \|x\| = 1\}, x_1 \perp \mathrm{Ker}L.$$

然后,我们证明

(6.5.16) **定理** 在上述条件下,若 $f \in \mathrm{Range}(L-N)$,则泛函

$$\mathscr{I}_f(u) = \frac{1}{2}(Lu,u) - \mathcal{N}(u) - (f,u)$$

满足紧性条件(C),并且除了第一 Baire 范畴的一个可能的例外集,(6.5.15)的解的数目是有限的.而且在这种情况,若线性子空间 T 使得在其上二次型$(Lu,u) \leqslant 0$ 时维数是 $j < \infty$,则如下 Morse 不等式成立:

$$M_j \geqslant 1,\ M_{j+1} - M_j \geqslant -1,\ M_{j+2} - M_{j+1} + M_j \geqslant 1, \cdots$$

$$\sum_{i=0}^{\dim T} (-1)^i M_{j+i} = \pm 1.$$

证明 为了证明 $\mathscr{I}_f(u)$满足条件(C),我们将要证明

(*) 若 $f \in \mathrm{Range}(L+N)$且$\|Lu_n + Nu_n - f\| \to 0$,则$\|u_n\|$是一致有界的.

一旦这个事实被确认,则从 N 的全连续性可推出(可能要在

选一个子序列以后)，Lu_n 强收敛并且 u_n 弱收敛于 $\bar{u}$，从而 u_n 强收敛于 $\bar{u}$. 并得到条件(C).

现在我们来证(*). 分解 $H = \mathrm{Ker}L \oplus H_1$，于是 $u_n = z_n + y_n$，$z_n \in \mathrm{Ker}L$，$y_n \in H_1$. 那么 $\| Ly_n \|$ 一致有界. 这因为根据 N 的一致有界性，

$$\| Ly_n \| \leqslant \| Lu_n + Nu_n - f \| + \| Nu_n - f \| \leqslant \text{const}.$$

因为 L 是一个 Fredholm 算子，故 $\| y_n \|$ 一致有界. 其次我们证明，$\| z_n \|$(且因此 $\| u_n \|$)是一致有界的. 为此，我们用(5.4.29)来证明：因为 $f \in \mathrm{Range}(L+N)$，故 $(f, a) < (\varphi(a), a)$. 于是，我们若假定 $\| z_n \| = \| r_n a_n \| \to \infty$，同时 $\| y_n \|$ 仍有界，则

$$(N(z_n + y_n), a) \to (\varphi(a), a) > (f, a).$$

另一方面，由假设 $\| Lu_n + Nu_n - f \| \to 0$，可推出 $(N(z_n + y_n), a) \to (f, a)$，故 $\| z_n \|$ 正如所需，也一致有界.

其次，我们再利用(6.3.25)和 3.1D 节断定 $(L+N)$ 的值域在 H 中是开的，并且 $L+N$ 是一个指标为 0 的 C^1 非线性 Fredholm 算子. 于是除了第一 Baire 范畴的一个可能的例外集 f，$L+N-f$ 的临界点是非退化的并且孤立. 然后，从 N 的全连续性，L 的 Fredholm 性质以及(*)得到这些解有限.

最后，为了验证 Morse 不等式(6.5.10)，我们证明：避开集合 T，$(\mathscr{I}''_f(u)x, x)$ 是正定的，而 $(Lx, x) \leqslant \beta \| x \|^2$. 事实上，对 $x \in [T]^{\perp}$，有

$$\begin{aligned}(\mathscr{I}''_f(u)x, x) &= (Lx, x) - (N'(u)x, x) \\ &\geqslant \beta \| x \|^2 - (\beta - \varepsilon) \| x \|^2 = \varepsilon \| x \|^2.\end{aligned}$$

因此，$\mathscr{I}_f(u)$ 的临界点 $\bar{u}$ 的 Morse 指数一定小于 $\dim T$. 另一方面，在线性子空间 $S = \{u \mid (Lu, u) \leqslant 0\}$ 上，当 $\| u \| \to \infty$ 时 $\mathscr{I}_f(\bar{u} + u) \to -\infty$.

根据 L 的 Fredholm 性质，对于 $(Lu, u) < 0$，这是明显的. 最后，对于 $u = Ra \in \mathrm{Ker}L$ 且 $\| a \| = 1$，从(6.4.29)可推出：对 $f \in \mathrm{Range}(L - N)$，当 $R \to \infty$ 时，$(f, a) < (N(\bar{u} + Ra), a)$. 因此

$$\lim_{R\to\infty}\mathscr{I}_f(\bar{u}+Ra)$$
$$=\lim_{R\to\infty}R\{(f,a)-(N(\bar{u}+Ra),a)\}=-\infty.$$

此外,在集合 T 上,从 $N(u)$ 的严格凸性可推出 $(\mathscr{I}''_f(\bar{u})w,w)<0$. 因此,我们若将 $\mathscr{I}_f(u)$ 限制到 $[T]^{\perp}$,就得到当 $\|u\|\to\infty$ 时 $\mathscr{I}_f(u)\to\infty$. 于是从结果(6.5.10)可推出 Morse 不等式成立. 由(5.1.9)(约化引理),我们可断定:在 T 上研究临界点而引出的独特贡献是,临界点的 Morse 指数按整数 j 递增. 因此,正如定理所描述的,Morse 不等式成立.

6.6 Ljusternik 和 Schnirelmann 的临界点理论

6.6A 一些启发

研究给定的光滑泛函的临界点而不考虑是否退化常常是很重要的. 俄罗斯数学家 L. Ljusternik 和 L. Schnirelmann 在 1925～1947 年建立了这样一个临界点理论;该理论基于确定极小极大原理的一个拓扑的类似结果. 这个原理刻画了自伴紧算子 L 的本征值的特征. 事实上,正如(1.3.42)中提到的,若把 L 的正本征值表示为 $\lambda_1^+,\lambda_2^+,\cdots$,按递减次序排列并对应于重数来计算,则

(6.6.1) $$\lambda_n^+=\sup_{[S_{n-1}]}\inf_{x\in S_{n-1}}(Lx,x),$$

其中,S_{n-1} 表示 H 的一个任意 n 维线性子空间 Σ 中的单位球面,而 $[S_{n-1}]$ 表示 Σ 在 H 中变化时的这种球面类. 因 L 的本征值恰好是泛函 (Lx,x) 在 H 的单位球面 $\partial\Sigma_1=\{x\mid \|x\|=1\}$ 上的临界值,故对于集合 S_{n-1} 和 $[S_{n-1}]$,找出"拓扑的"类似结果而将(6.6.1)推广到一般的光滑泛函 $F(x)$ 是自然的.

将(6.6.1)推广到非二次泛函的一个基本结果可以这样得到:假定 $\mathfrak{M}$ 是一个 Hilbert 流形,并且 $n(A)$ 是定义在 $\mathfrak{M}$ 的闭子集类上的整值函数,具有如下性质:

(i) 若 A 是 $\mathfrak{M}$ 中一个点 ,则 $n(A)=1$; $n(\varnothing)=0$;

(ii) 若 $A\supseteq B$,则 $n(A)\geqslant n(B)$;

(iii) $n(A\cup B)\leqslant n(A)+n(B)$;

(iv) $n(A)=n(A_t)$,其中,A_t 与 A 同痕;

(v) 存在 A 的一个邻域 U,使得 $n(U)=n(A)$.

这些性质是相容的,这因为若 $A\neq\varnothing$,则平凡函数 $n(A)=1$;而若 $A=\varnothing$ 则 $n(A)=0$,满足(i)~(v).现在,我们证明如下结果(暂且假定存在一个整值函数 $n(A)$),将用它来代替(6.6.1).

6.6B 极小极大原理

为了利用 $n(A)$的性质来研究定义在 $\mathfrak{M}$ 上的泛函 $F(x)$的临界点,令 $\mathfrak{M}^{\alpha}=\{x\mid F(x)\leqslant\alpha,x\in\mathfrak{M}\}$,其中,$\alpha$ 是实的,我们证明

(6.6.2) **定理** 假定 c 是定义在 Hilbert 流形 $\mathfrak{M}$ 上的一个 C^1 实值泛函 $F(x)$的孤立临界值,$F(x)$的 Fréchet 导数是 Lipschitz 连续的,且 $F(x)$满足紧性条件(6.5.2),则当 $\varepsilon>0$ 充分小时,存在集合 $K_c=\{x\mid x\in\mathfrak{M},F(x)=c,\nabla F(x)=0\}$的一个邻域 U_ε 以及 $\mathfrak{M}^{c+\varepsilon}-U_\varepsilon$ 的形变$\{\zeta_t\}$,使得 $\zeta_1(\mathfrak{M}^{c+\varepsilon}-U_\varepsilon)\subseteq\mathfrak{M}^{c-\varepsilon}$.

证明 为定义形变 ζ_t,我们考虑系统

$$(6.6.3)\qquad \frac{dx}{dt}=-\alpha(\|\nabla F(x)\|)\nabla F(x),\ x(0)=x_0$$

的解 $x(t,x_0)$,其中 $\alpha(z)$是任一 C^∞ 函数,同时,对 $0\leqslant z\leqslant 1$,$\alpha(z)=1$;对 $z\geqslant 2$,$\alpha(z)=\dfrac{2}{z^2}$;并且使得对一切 $z\geqslant 0$,$z^2\alpha(z)$单调增加.根据(3.2.17),对所有的 t,(6.6.3)解存在,这因为当 $x\in\mathfrak{M}$ 时,$\alpha(\|\nabla F(x)\|)\|\nabla F(x)\|$一致有界.

其次,设 U 是集合 K_c 的一个小邻域.由(6.5.2),显然 K_c 是紧的.我们证明对某个 $\delta>0$,U 包含集合

$$V_\delta=\{x_0\mid x_0\in\mathfrak{M},|F(x_0)-c|<\delta,\inf_{t\in[0,1]}\|\nabla F(x(t,x_0))\|<\delta\}.$$

否则,存在点列 $y_n\in\mathfrak{M}$,$y_n\notin U$,以及数列 $t_n\in[0,1]$,使得当 $t_n\to t_*$ 时,$F(y_n)\to c$,$\nabla F(x(t_n,y_n))\to 0$. 现因$|F(x(t_n,y_n))|$一致有界,由条件(C),$\{x(t_n,y_n)\}$有收敛子序列,其极限为 $\bar{y}$(显然,$\bar{y}$ 是$F(x)$在 $\mathfrak{M}$ 上的临界点).在重标下标后,我们注意

$$y_n = x(-t_n, x(t_n, y_n)) \to x(-t^*, \bar{y}) = \bar{y},$$
即 y_n 收敛到 $\bar{y}$,这与 $y_n \notin U$ 矛盾.

最后,假定 δ 充分小时,$F(x_0) \leqslant c + \frac{1}{2}\delta^2$,并且 $x_0 \notin N_\delta$,其中 N_δ 是关于 K_c 的半径为 δ 的小球形邻域.我们证明 $F(x(1, x_0)) \leqslant c - \frac{1}{2}\delta^2$.一旦这个事实成立,令 $\varepsilon = \frac{1}{2}\delta^2$ 和 $U_\varepsilon = N_\delta \cap \mathfrak{M}^{c+\varepsilon}$,则当 $x_0 \in \mathfrak{M}$ 时令 $\zeta_t(x_0) = x(t, x_0)$,我们就可得到所要的形变 $\zeta_1(\mathfrak{M}^{c+\varepsilon} - U_\varepsilon) \subseteq \mathfrak{M}^{c-\varepsilon}$.今对 $x_0 \in F^{-1}[c - \frac{1}{2}\delta^2, c + \frac{1}{2}\delta^2]$ 和 $x_0 \notin N_\delta$,我们看到:因 $\alpha(z)z^2$ 是单调递减的,且 $\|\nabla F(x_0)\| \geqslant \delta$,故

$$\begin{aligned}
&F(x(1, x_0)) - F(x_0) \\
&= -\int_0^1 \alpha(\|\nabla F(x(t, x_0))\|)\|\nabla F(x(x_0, t))\|^2 dt \\
&\leqslant -\delta^2.
\end{aligned}$$

于是

$$F(\zeta_1(x_0)) \leqslant c + \frac{\delta^2}{2} - \delta^2 = c - \frac{\delta^2}{2}.$$

(6.6.4) **极小极大定理** 假定 $F(x)$ 是定义在光滑 Hilbert 流形 $\mathfrak{M}$ 上的 C^2 泛函.若 $F(x)$ 在 $\mathfrak{M}$ 上满足条件(6.5.2),且 $[A]_i = \{A \mid A \subset \mathfrak{M}, n(A) \geqslant i\}$ 非空,其中,$n(A)$ 满足上述条件(i)~(v),假定 $F(x)$ 的临界值是孤立的,那么

(i) 若 c_i 有限,则

(6.6.5) $$c_i = \inf_{[A]_i} \sup_{x \in A} F(x)$$

可达到,并且是 $F(x)$ 关于 $\mathfrak{M}$ 的一个临界值.

(ii) 若 $c_i = c_{i+1} = \cdots = c_{i+j} = c$ 有限,则 $n(K_c) \geqslant j + 1$,其中,$K_c = \{x \mid x \in \mathfrak{M}, F(x) = c, x$ 是 $F(x)$ 的临界点$\}$.

(iii) 若某个 $c_i = \infty$,则 $\sup_K F(x) = \infty$,其中,K 是 $F(x)$ 在 $\mathfrak{M}$ 上的临界点集合.

(iv) (Ljusternik-Schnirelmann 重数定理)类似地,若 $\tilde{c}_i$ 有限,

则 $\tilde{c}_i = \sup\limits_{[A]_i} \inf\limits_{A} F(x)$可达到,并且是 $F(x)$关于 $\mathfrak{M}$ 的临界值.若 $\tilde{c}_i = \cdots = \tilde{c}_{i+j} = \tilde{c}$ 是有限的,则 $n(K_{\tilde{c}}) \geqslant j+1$.

此外,若某个 $\tilde{c}_i = -\infty$,则$\inf\limits_K F(x) = -\infty$.

证明 (i) 若 c_i 有限而不是临界值,则由条件(6.5.2)可推出,对某个 $\varepsilon > 0$, $F^{-1}[c-\varepsilon, c+\varepsilon]$不含临界点.因此,根据(6.6.2),我们可把 $\mathfrak{M}^{c+\varepsilon}$形变为 $\mathfrak{M}^{c-\varepsilon}$.其中,

$$\mathfrak{M}^{c+\varepsilon} = \{x \mid F(x) \leqslant c+\varepsilon\},$$
$$\mathfrak{M}^{c-\varepsilon} = \{x \mid F(x) \leqslant c-\varepsilon\}.$$

因而,每个 $A \in [A]_i$(满足 $A \subseteq \mathfrak{M}^{c+\varepsilon}$)被形变成新的集合 $A' \subseteq \mathfrak{M}^{c-\varepsilon}$.而由 6.6(iv)节, $n(A') \geqslant i$,所以 $A' \in [A]_i$.于是, $\max\limits_{A'} F(x) \leqslant c_i - \varepsilon$,同时 $c_i = \inf\limits_{[A]_i} \max\limits_{A} F(x) \leqslant \max\limits_{A'} F(x) \leqslant c_i - \varepsilon$.从这个矛盾推出 c_i 是$F(x)$的一个临界值.

(ii) 其次,我们假定 $c_i = c_{i+1} = \cdots = c_{i+j} = c$,并且证明对某个 $\varepsilon > 0$,有

$$n(K_c) \geqslant n(\mathfrak{M}^{c+\varepsilon}) - n(\mathfrak{M}^{c-\varepsilon}). \tag{6.6.6}$$

首先,由(v),存在一个邻域 $U \supset K_c$ 使$n(K_c) = n(U)$.其次,由(6.6.2),存在 $\mathfrak{M}$ 的一个形变 ζ_t 使 $\zeta_t(\mathfrak{M}^{c+\varepsilon} - U) \subseteq \mathfrak{M}^{c-\varepsilon}$.因而,根据(6.6.2)和 $n(A)$的性质,有 $n(\mathfrak{M}^{c-\varepsilon}) \geqslant n(\mathfrak{M}^{c+\varepsilon} - U)$.今由(6.6.2),

$$\begin{aligned} n(\mathfrak{M}^{c+\varepsilon}) &= n((\mathfrak{M}^{c+\varepsilon} \cup U) \\ &\leqslant n(\mathfrak{M}^{c+\varepsilon} - U) + n(U) \\ &\leqslant n(\mathfrak{M}^{c-\varepsilon}) + n(K_c), \end{aligned}$$

这就建立了(6.6.6).最后,为证(6.6.5)(ii),我们注意:因 $\mathfrak{M}^{c+\varepsilon}$ 包含子集A 使$n(A) \geqslant i+j$,故 $n(\mathfrak{M}^{c+\varepsilon}) \geqslant i+j$.

另一方面,由 $c_i = c$ 可推出$n(\mathfrak{M}^{c-\varepsilon}) \leqslant i-1$,于是,从(6.6.6)得到 $n(K_c) \geqslant j+1$.

(iii) 假定$\sup\limits_K F(x) = \alpha < \infty$,其中,$K$ 是$F(x)$在 $\mathfrak{M}$ 上临界点

的集合.那么对某个 ▮>0,因为 $\mathfrak{M}^{\alpha+\varepsilon}$ 同痕于 $\mathfrak{M}$,所以 $n(\mathfrak{M}^{\alpha+\varepsilon})=n(\mathfrak{M})$. 于是若 $i\leqslant n(\mathfrak{M})$,则 $c_i=\inf\limits_{[A]_i}\sup\limits_{x\in A_i}F(x)\leqslant\alpha+\varepsilon<\infty$. 这与 $c_i=\infty$ 矛盾.

(iv) 重复(i)~(iii)的证明,但对某个 $\varepsilon>0$,要把 $\mathfrak{M}^{\tilde{c}-\varepsilon}$ 形变为 $\mathfrak{M}^{\tilde{c}+\varepsilon}$.

作为式(6.6.5)的一个简单应用,我们证明:

(6.6.7) **定理** 假定 $\mathfrak{M}$ 是一个 C^2 完备的 Hilbert 无边流形,$F(x)$ 是定义在 $\mathfrak{M}$ 上的 C^2 实值泛函,有下界,且满足条件(6.5.2).那么 $F(x)$ 至少有 $n(\mathfrak{M})$ 个临界点,其中 $n(\mathfrak{M})$ 是定义在 $\mathfrak{M}$ 上满足性质(i)~(v)的任一整数值函数.

证明 不失一般性,我们可假定 $F(x)$ 在 $\mathfrak{M}$ 上的临界点的个数有限.那么,$F(x)$ 在 $\mathfrak{M}$ 上有有限个临界值 $c_0<c_1<\cdots<c_N$,其中,$c_0=\min\limits_{\mathfrak{M}}F(x)$. 故我们可记 $\mathfrak{M}\supseteq\mathfrak{M}^{c_N}\supset\mathfrak{M}^{c_{N-1}}\supset\cdots\supset\mathfrak{M}^{c_1}\supset\mathfrak{M}^{c_0}\supset\varnothing$,其中 $\mathfrak{M}^{c_i}=\{x\mid x\in\mathfrak{M},F(x)\leqslant c_i\}$. 对某个与 $i=1,2,\cdots,N$ 无关的 $\varepsilon>0$,由 $n(A)$ 的基本性质,

$$n(K_{c_i})\geqslant n(\mathfrak{M}^{c_i+\varepsilon})-n(\mathfrak{M}^{c_i-\varepsilon}).$$

最后这个不等式对 i 求和,根据(6.5.5(i)),利用以下事实:对每个 $i=1,2,\cdots,N$,集合 $\mathfrak{M}^{c_i-\varepsilon}$ 与 $\mathfrak{M}^{c_{i-1}+\varepsilon}$ 同痕,于是 $n(\mathfrak{M}^{c_i-\varepsilon})=n(\mathfrak{M}^{c_{i-1}+\varepsilon})$,我们得到(利用 $\mathfrak{M}^{c_0-\varepsilon}=\varnothing$ 和 $\mathfrak{M}^{c_N+\varepsilon}=\mathfrak{M}$)

$$\begin{aligned}\sum_{i=0}^{N}n(K_{c_i})&=\sum_{i=0}^{N}(n(\mathfrak{M}^{c_i+\varepsilon})-n(\mathfrak{M}^{c_i-\varepsilon}))\\&\geqslant n(\mathfrak{M}^{c_N+\varepsilon})-n(\mathfrak{M}^{c_0-\varepsilon})\\&\quad+\sum_{i=1}^{N}(n(\mathfrak{M}^{c_i-\varepsilon})-n(\mathfrak{M}^{c_{i-1}+\varepsilon})),\end{aligned}$$

$$\sum_{i=0}^{N}n(K_{c_i})\geqslant n(\mathfrak{M})-n(\varnothing)=n(\mathfrak{M}).$$

根据我们的假设,对每个 $i=0,1,\cdots,N$ 来说,K_{c_i} 由有限个点 $(x_1^i,\cdots,x_{n_i}^i)$ 组成,并由上面的不等式,这种点的总数至少应是

$n(\mathfrak{M})$.事实上,否则由 $n(A)$的性质(iii),有

$$\sum_{i=1}^{N} n(K_{c_i}) \leqslant \sum_{i=1}^{N}\sum_{j=1}^{M_i} n(x_j^i) < n(\mathfrak{M}),$$

这与(6.6.8)矛盾,从而定理得证.

6.6C　Ljusternik-Schnirelmann 范畴

我们现在转向以下问题:确定既有意义又可计算并满足性质(i)～(v)的整数值函数 $n(A)$.于是最大函数 $n(A)$的存在是有意义的(见下面的(6.6.8)).这个最大函数称为闭子集 $A\subset\mathfrak{M}$ 的范畴,记为 $\text{cat}_{\mathfrak{M}}(A)$,它定义如下:

定义　若拓扑空间 X 的闭子集 A(在 X 上)可缩成一点,则 A 有范畴 1(对于 X),如果覆盖 A 所必需的 X 的可缩闭子集的最小数目是 N,则 $\text{cat}_X(A)=N$.若没有有限个这种集满足需要,我们就令 $\text{cat}_X(A)=\infty$.

(6.6.8) **定理**　如果 $\mathfrak{M}$ 是一个完备的 Hilbert 流形,则上面所定义的 $\text{cat}_{\mathfrak{M}}(A)$满足性质(i)～(v),从而是一个容许函数 $n(A)$.此外,在下面的意义下 $\text{cat}_{\mathfrak{M}}(A)$是最大的:若 $n(A)$是定义在 $\mathfrak{M}$ 的闭子集上具有性质(i)～(v)的任一函数,则 $\text{cat}_{\mathfrak{M}}(A)\geqslant n(A)$.

证明　性质(i)～(iii)是明显的.

为证(iv),假定 $\zeta_t(A)$是 A 的一个形变,且 $\zeta_1(A)=\bigcup_{i=1}^{N}B_i$,其中 B_i 闭,并在 $\mathfrak{M}$ 上可缩.若 $A_i=\zeta_1^{-1}(B_i)$,则 A_i 在 A 中闭,并因此在 $\mathfrak{M}$ 中闭.此外 A 被 $\bigcup_{i=1}^{N}A_i$ 覆盖.同时 $A_i(i=1,\cdots,N)$在 $\mathfrak{M}$ 中可缩,这因为 $\zeta_t|_{A_i}$是 A_i 到 B_i 的形变,而 B_i 是可缩的.

为证(v),只需证明 $\mathfrak{M}$ 中任何可缩的闭集 A 都有一个邻域 U 使 $\text{cat}_{\mathfrak{M}}(U)=1$.设 ζ_t 是 A 到点 p 的一个形变,并令 V 是 p 的邻域,同时 $\overline{V}$ 在 $\mathfrak{M}$ 中可缩.由同伦扩张定理,ζ_t 可扩张成 $\mathfrak{M}$ 的形变 $\tilde{\zeta}_t$,那么

$$A=\zeta_1^{-1}(p)=\zeta_1^{-1}(V)=\tilde{\zeta}_1^{-1}(V).$$

设 U 是 A 的一个邻域，而 $\bar{U}\subseteq\tilde{\zeta}_1^{-1}(\bar{V})$，那么，由于 $\bar{V}$ 可缩并在 $\mathfrak{M}$ 是闭的，故

$$\mathrm{cat}_{\mathfrak{M}}(\bar{U})\leqslant \mathrm{cat}_{\mathfrak{M}}(\tilde{\zeta}_1^{-1}(\bar{V}))\leqslant \mathrm{cat}_{\mathfrak{M}}(\bar{V})=1.$$

最后我们证明 $\mathrm{cat}_{\mathfrak{M}}A$ 的最大性. 若 $\mathrm{cat}_{\mathfrak{M}}(A)=1$，则 A 可形变成 $\mathfrak{M}$ 中一点 p. 于是，对满足性质(i)～(v)的任意函数 $n(A)$，有 $n(A)\leqslant n(p)=1=\mathrm{cat}_{\mathfrak{M}}(A)$. 若 $\mathrm{cat}_{\mathfrak{M}}(A)=N<\infty$，则 $A=\bigcup_{i=1}^{N}A_i$，其中，每个 A_i 可形变成点 $p_i\in\mathfrak{M}$. 于是，$n(A_i)=n(p_i)=1$，故

$$n(A)=n(\bigcup_{i=1}^{N}A_i)\leqslant\sum_{i=1}^{N}n(A_i)=N=\mathrm{cat}_{\mathfrak{M}}(A).$$

因而，在任何情况，$\mathrm{cat}_{\mathfrak{M}}(A)\geqslant n(A)$.

为了利用(6.6.4)的结果①，计算给定的流形 $\mathfrak{M}$ 的范畴以及相异类 $[A]_i=\{A\mid A\subset\mathfrak{M},\mathrm{cat}_{\mathfrak{M}}(A)\geqslant i\}$ 的数目显然是重要的. 于是，下面的估计特别重要：它把 $\mathfrak{M}$ 的范畴与 $\mathfrak{M}$ 的其他性质联系了起来.

(6.6.9) 假定 A 是 Hilbert 流形 $\mathfrak{M}$ 的一个闭子集，那么

(a) $\mathrm{cat}_{\mathfrak{M}}(A)\leqslant\dim A+1$(其中 $\dim A$ 表示集合 A 的维数)；

(b) $\mathrm{cat}_{\mathfrak{M}}\geqslant$ cup length$\mathfrak{M}$(cup length(上长度)的定义见附录 A)；

(c) 若 $\dim\mathfrak{M}=$ cup length$\mathfrak{M}$，则 $\mathrm{cat}\mathfrak{M}=\dim\mathfrak{M}+1$；

(d) 设 P^k 表示 k 维实投影空间，$P^\infty(X)$表示无穷维投影空间，它由视一致凸 Bnaach 空间的单位球面 $\{x\mid\|x\|=1\}$ 的对径点等同而得到，那么

$$\mathrm{cat}_{P^n}(P^k)=k+1,\quad n\geqslant k,$$

以及

$$\mathrm{cat}_{P^\infty(X)}(P^k(X))=k+1,\quad P^k(X)\subset P^\infty(X).$$

因为这些结果性质上是拓扑的，我们略去了它们的证明，而建议读

---

① 满足 6.6A 节的(i)～(v)的另一个不变量 $n(A)$ 是“亏格”函数，它由 Krasnoselski(1964)引入，但由于有最大性(6.6.8)，我们这里故采用 $\mathrm{cat}_{\mathfrak{M}}(A)$. ——原注

者参阅 Schwartz(1969).

6.6D 对非线性本征值问题的应用

临界点的 Ljusternik-Schnirelmann 理论用到模以自反 Banach 空间的流形 $\mathfrak{M}$ 时获得了相当大的成功.这种推广的一个简单但不无重要性的例子是 6.3A 节中提到过的对非线性本征值问题的研究,这时 $\mathfrak{M}$ 是一个超曲面.设 $\mathscr{A}(x)$和 $\mathscr{B}(x)$是定义在自反 Banach 空间 X 上的实值 C^2 泛函,假定 X 是一致凸的,我们想要考察方程

(6.6.10) $\qquad \mathscr{A}'(x)=\lambda\mathscr{B}'(x),\ \mathscr{A}(x)=\text{const}.$

的正规化的非平凡解(x,λ).

显然,(6.6.10)的解含在泛函 $\mathscr{B}(x)$在水平集 $\mathscr{A}_c$ 上的临界点集之中,其中,$\mathscr{A}_c=\{x\mid x\in X,\mathscr{A}(x)=c,c$ 是常数$\}$.如果我们假定 $\mathscr{A}(x)$是一个 Fredholm 泛函,那么根据(3.1.47),若不计一个零测度的实数集,$\mathscr{A}_c$ 是模以空间 X 的一个 Banach 流形.我们将要证明下面一个类似于无穷维实 Hilbert 空间 H 上的线性自伴紧算子谱定理(1.3.40)的结果.

(6.6.11) **定理** 倘若算子 $\mathscr{A}'(x)$和 $\mathscr{B}'(x)$满足如下条件:

(i) $\mathscr{A}'(x)$是 C^1 奇梯度算子,其中,$\mathscr{A}'(0)=0$.并且,对于任何 $x\neq0$,$(\mathscr{A}'(sx),x)$是正实变量 x 的一个严格递增函数;

(ii) 泛函 $\mathscr{A}(x)$是强制的,即当 $\|x\|\to\infty$时 $\mathscr{A}(x)\to\infty$;

(iii) 每当 x_n 在 X 中弱收敛于 x,且$\{\mathscr{A}'x_n\}$在 X^* 中强收敛,那么 $\mathscr{A}x_n\to\mathscr{A}x$ 和 $x_n\to x$ 在 X 中强收敛;

(iv) $\mathscr{B}'(x)$是一个全连续梯度算子,同时,$\mathscr{B}'(x)=0$ 当且仅当 $x=0$.

则方程(6.6.10)具有可数无穷多个正规化的解(u_n,λ_n),其中 $u_n\in\mathscr{A}_c$,$|\lambda_n|\to\infty$,并且,对每一个实数 $c>0$,当 $n\to\infty$时 u_n 弱收敛于 0.

证明 考虑由水平集

$$\mathscr{A}_c=\{x\mid x\in X,\mathscr{A}(x)=c\}$$

的对径点等同起来所得到的集合 $\mathscr{A}_c/Z_2$. 条件(i)～(iii)指出 $\mathscr{A}_c$ 非空. 事实上,因 $\mathscr{A}(x)=\int_0^1(\mathscr{A}'(sx),x)ds$,故 $\mathscr{A}(kx)$ 是 k 的一个连续函数,其值域为$[0,\infty)$. 从 $\mathscr{A}(x)$ 的强制性可推出 $\mathscr{A}_c$ 在X中有界. 于是,因为对 $x\in\mathscr{A}_c$ 有

$$(\mathscr{A}'(x),x)\geqslant\int_0^1(\mathscr{A}'(sx),x)ds = c,$$

故

$$\|\mathscr{A}'(x)\|\geqslant\frac{c}{\sup\limits_{x\in\mathscr{A}_c}\|x\|}=\beta>0.$$

由条件(i)可推出,每个集合 $\mathscr{A}_c$ 对 $x=0$ 都是星形的,这因为每条通过原点的射线$\{tx\mid t\in\mathrm{R}^1,\|x\|=1\}$与 $\mathscr{A}_c$ 恰好交于 $\pm t(x)x$ 两点. 于是,存在一个定义为 $f(x)=t(x)x$ 的一对一映射,它映 $P^\infty(X)=\partial\Sigma_1/\mathrm{Z}_2$($X$ 的单位球面$\partial\Sigma_1$ 的对径点等同)到 $\mathscr{A}_c/\mathrm{Z}_2$ 上. 为证 $f(x)$连续(并且实际上可微),我们注意,对 $x\in\mathscr{A}_c$, $c\neq0$,有

$$\frac{d}{ds}\mathscr{A}(sx) = (\mathscr{A}'(sx),x)>0,\ s>0.$$

于是,由隐函数定理推出 $t(x)$连续,从而 $f(x)$连续,因而 $\mathscr{A}_c/\mathrm{Z}_2$ 借助于映射 f 同胚于$P^\infty(X)$.

我们现在定义 $\mathscr{A}_c/\mathrm{Z}_2$ 的子集的一个形变,它有(6.6.4)中所讲的沿梯度方向形变的某些性质. 为了这一目的,首先注意,因为 X 一致凸,故对偶映射① $J:X^*\to X$ 是局部 Lipschitz 连续的. 然后,我们考虑初值问题

$$\frac{dx}{dt} = v + a(x,v)J\mathscr{A}'x, x(0) = x_0\in\mathscr{A}_c$$

的解 $x(t,x_0)$,其中,v 是 X 的元素,$a(x,v)\in\mathrm{R}^1$,它选得使

---

① 对偶映射 J 定义为泛函$I(u)=\frac{1}{2}\|u\|^2$ 的 Fréchet 导数,对于一致凸 Banach 空间,$I(u)$在原点的余集上可微,并且 J 满足性质$(Ju,u)=\|Ju\|\|u\|$和$\|Ju\|=\|u\|$——原注

(i) $x(t,x_0)\in\mathscr{A}_c$；(ii) $\mathscr{B}(x(t,x_0))$是 t 的递减函数. 我们这样来确定 $a(x,v)$：只要每当 $x(t,x_0)$满足初值问题时，就有 $\mathscr{A}(x(t,x_0))=c$. 于是，$(\mathscr{A}'(x),v+a(x,v)J\mathscr{A}'(x))=0$ 以及 $a(x,v)=(\mathscr{A}'(x),v)/\|\mathscr{A}'(x)\|^2$. 我们由假定 x_0 不是 $\mathscr{B}(x)$限于 $\mathscr{A}_c$ 的临界点来确定 v，则

$$
\begin{aligned}
&\mathscr{B}(x(t,x_0))-\mathscr{B}(x_0)\\
&=\int_0^t(\mathscr{B}'(x(t)),v+a(x,v)J\mathscr{A}'(x))dt\\
&=\int_0^t(\mathscr{B}'(x(t))\\
&\quad+\frac{(\mathscr{B}'(x(t)),J\mathscr{A}'(x))}{\|\mathscr{A}'(x)\|^2}\mathscr{A}'(x),v)dt.
\end{aligned}
$$

令

$$\nabla\mathscr{B}(x(t))=\mathscr{B}'(x(t))+\frac{(\mathscr{B}'(x(t)),J\mathscr{A}'(x))}{\|\mathscr{A}'(x)\|^2}\mathscr{A}'(x),$$

$$\text{则 }\mathscr{B}(x(t,x_0))-\mathscr{B}(x_0)=\int_0^t(\nabla\mathscr{B}(x(t)),v)dt,$$

其中，$\nabla\mathscr{B}(x)$表示 $\mathscr{B}(x)$限于 $\mathscr{A}_c$ 的梯度. 于是，取

$$v=-\nabla\mathscr{B}(x(t)),$$

我们得到

$$\mathscr{B}(x(t,x_0))-\mathscr{B}(x_0)=-\int_0^t\|\nabla\mathscr{B}(x(t,x_0))\|^2dt.$$

我们现在着手证明，数

$$c_i^+=\inf_{A\subset[A]_i}\sup_{x\in A}\mathscr{B}(x),\qquad c_i^-=\sup_{[A]_i}\inf_{A}\mathscr{B}(x)$$

是 $\mathscr{B}(x)/\mathscr{A}_c$ 的临界值，其中，$[A]_i=\{A\mid A\in\mathscr{A}_c/\mathbb{Z}_2,\operatorname{cat}_{\mathscr{A}_c/\mathbb{Z}_z}(A)\geqslant i\}$. 因为 $\mathscr{A}_c/\mathbb{Z}_2\approx P^\infty(X)$，根据(6.6.9)，显然，类$[A]_i$ 非空并构成一个严格递降序列$[A]_1\supset[A]_2\supset[A]_3\supset\cdots$. 然而，为了重复(6.6.4)中的论证，我们必须验证条件(C)的如下类似条件：

(*) 若 $c\neq0$，$\varepsilon>0$ 充分小，$x_n\in\mathscr{B}^{-1}(c-\varepsilon,c+\varepsilon)$，$x_n\in\mathscr{A}_c$，$\nabla\mathscr{B}x_n\to0$，则$\{x_n\}$有收敛子序列.

为验证(*),我们可以假定(可能要在选取一个子序列后):(a)在 X 中x_n弱收敛于$\bar{x}$,(b) $\mathscr{A}'(x_n)$弱收敛,(c) $\|\mathscr{A}'(x_n)\|$一致有大于0的界且收敛.然后假设

$$(6.6.12)\nabla\mathscr{B}(x_n)=\mathscr{B}'(x_n)-\frac{(\mathscr{B}'(x_n),J\mathscr{A}'(x_n))}{\|\mathscr{A}'(x_n)\|^2}\mathscr{A}'(x_n)\to 0.$$

因为 $\mathscr{B}'(x)$全连续,故从(c)可推出$(\mathscr{B}'(x_n),J\mathscr{A}'(x_n))\mathscr{A}'(x_n)$强收敛,于是我们可以假定$(\mathscr{B}'(x_n),J\mathscr{A}'(x_n))$收敛到一个实数 β(譬如说).该数 $\beta\neq 0$,这因为否则由(6.6.12)将推出 $\mathscr{B}'(x_n)\to 0$,而根据条件(iv)有 $\bar{x}=0$,这不可能.这因为根据(iv),对充分小的 $\varepsilon>0$,$\mathscr{B}^{-1}[c-\varepsilon,c+\varepsilon]$弱闭且不含零,于是$\{\mathscr{A}'(x_n)\}$是强收敛的.且据条件,$x_n$ 在 X 中强收敛到 x.因此所要的结果得证.

我们现在证明,每个 $c_i^+\neq 0$ 都是 $\mathscr{B}(x)$限于 $\mathscr{A}_c$ 的临界值.事实上,否则由(*),对于某个 $\varepsilon>0$,$\mathscr{B}^{-1}[c_i^+-\varepsilon,c_i^++\varepsilon]$不包含这种临界点.于是,正如(6.6.2)的证明中一样,我们可以找到形变 ζ_t 和集合 $\tilde{A}\in[A]_i$,使$\sup\limits_{\tilde{A}}\mathscr{B}(x)=c_i^++\varepsilon$,从而$\sup\limits_{\zeta_t(\tilde{A})}\mathscr{B}(x)\leqslant c_i^+-\varepsilon$.这是所要的矛盾,因为从 $\mathrm{cat}(\zeta_1(\tilde{A}))\geqslant i$ 可推出 $\zeta_1(\tilde{A})\in[A]_i$ 和

$$c_i^+=\inf_{[A]_i}\sup_{\tilde{A}}\mathscr{B}(x)\leqslant\sup_{\zeta_1(\tilde{A})}\mathscr{B}(x)\leqslant c_i^+-\varepsilon.$$

将刚才给出的过程倒过来,并将集合$[A]_i$ 形变,于是,$\mathscr{B}(x(t,x_0))$沿 $x(t,x_0)$递增,我们可证明,数

$$c_i^-=\sup_{[A]_i}\inf_{A\in[A]_i}\mathscr{B}(x)$$

若非零,则是 $\mathscr{B}(x)$限于 $\mathscr{A}_c$ 的临界值.

我们现在证明,在所给条件下,与临界值 $c_n^{\pm}$ 相应的临界点列$\{x_n^{\pm}\}$:(a) 满足方程

$$\mathscr{A}'(x_n^{\pm})=\lambda_n^{\pm}\mathscr{B}'(x_n^{\pm}),$$

其中,(b)当 $n\to\infty$时$|\lambda_n^{\pm}|\to\infty$,并且 $x_n^{\pm}$ 弱收敛到0.因为每个 $x_n^{\pm}$ 都满足方程

$$\mathscr{B}'(x)=\frac{(\mathscr{B}'(x),J\mathscr{A}'(x))}{\|\mathscr{A}'(x)\|^2}\mathscr{A}'(x)$$

并且

$$\frac{(\mathscr{B}'(x), J\mathscr{A}'(x))}{\|\mathscr{A}'(x)\|^2} \neq 0$$

是有限的,故可直接从(*)的证明推出(a).

6.7 一般临界点理论的应用

我们现在考虑前两节中所讲的 Morse 临界点理论、Ljusternik 和 Schnirelmann 临界点理论以及某些应用.在开始的两小节中,我们证明有关非线性算子方程的某些一般结果.在后面的两小节中,我们把这些结果用于某些具体的数学物理问题.6.7E 小节专对研究紧流形上测地线的微分几何问题作一个简单考虑.

6.7A 对梯度映射分歧理论的应用

第四章中所讲的分歧理论可由更完整的论证来补充.例如,考虑定义在实 Hilbert 空间 H 上的非线性本征值问题

(6.7.1) $$u = \lambda(Lu + Nu), \qquad \lambda \in \mathbb{R}^1.$$

这里,

(a) L 是映 H 到自身的紧自伴算子;

(b) $Nu = \mathscr{N}'(u)$ 是映 H 到自身的高阶全连续梯度奇映射,$N(0)=0$,且当 $\|u\|, \|v\| \to 0$ 时,有

(6.7.2) $$\|Nu - Nv\| = O(\|u\| + \|v\|)\|u - v\|.$$

我们将用 Ljusternik-Schnirelmann 临界点理论来研究(6.7.1)在 $u=0$ 附近的非平凡解.相应地,我们来回顾 4.2 节中所讨论的分歧理论的方法.在那里选择了一个不变量 I_f,使 I_f:(i)度量(6.7.1)的解;(ii)在适当限制的小扰动下是不变量;(iii)可由线性化来近似计算.我们要指出,对每个 n 和充分小的 R,以下用极小极大原理计算出来的临界值 $c_n(R)$就是这种适当的不变量:

(6.7.3) $$c_n(R) = \sup_{[V]_{n,R}} \inf_V \left\{ \frac{1}{2}(Lu, u) + \mathscr{N}(u) \right\}.$$

这里，V 是球面

$$\partial\Sigma_R = \{x \mid \|x\|^2 = R\}$$

上的一个对称子集，使

$$\text{cat}(V, \partial\Sigma_R / \mathbb{Z}_2) \geqslant n,$$

而$[V]_{n,R}$是$\partial\Sigma_R$ 的所有这种对称子集的类.

为继续下去，我们注意数 $c_n(R)$满足不变量 I_f 的性质(i)～(iii). 作为开始，根据(6.6.4)，数 $c_n(R)$是函数

$$\mathscr{F}(u) = \frac{1}{2}(Lu, u) + \mathscr{N}(u)$$

在$\partial\Sigma_R$ 上的临界值，故对某个数 $\lambda_n(R)$，有(6.7.1)的解$(u_n(R), \lambda_n(R))$，其中$\frac{1}{2}\|u_n(R)\|^2 = R$. 其次，若

$$\tilde{c}_n(R) = \sup_{[V]_{n,R}} \inf_V \frac{1}{2}(Lu, u),$$

我们将证明当 $R \to 0$ 时，有

$$|\tilde{c}_n(R) - c_n(R)| = o(R). \tag{6.7.4}$$

最后我们将证明，对 $R = 1$，上面定义的二次等周问题临界点$\{\tilde{c}_n(R)\}$与$\{\lambda_n^{-1}\}$重合，其中 λ_n^{-1} 是L 的本征值，按大小递减排列并计及重数. 我们还要证明，当 $R \to 0$ 时，对每个 n 有

$$|\lambda_n(R) - \lambda_n| \to 0. \tag{6.7.5}$$

假定上面的结果真，则当 $R \to 0$ 时，对每个 n，单参数族$(u_n(R), \lambda_n(R)) \to (0, \lambda_n)$；于是，这就提供了从$(0, \lambda_n)$分歧出来的(6.7.1)的非平凡解族. 显然，这对(6.7.1)型的方程不仅给出(4.2.15)的另一个证明，而且对线性化问题 $u = \lambda Lu$ 的高重本征值λ_n 附近的分歧，也得到一个有意思的结果. 事实上，我们将要证明所谓的"重数保持定理".

(6.7.6) **定理** 假定对方程(6.7.1)中的算子，条件(a)，(b)成立. 并设 λ_n 是线性方程 $u = \lambda Lu$ 的一个 N 重本征值. 那么当 $R \to 0$ 时，方程(6.7.1)至少有 N 个不同的单参数非平凡解族$(u_{n+k}(R), \lambda_{n+k}(R)) \to (0, \lambda_n)$，其中，$k = 0, 1, \cdots, N-1$.

证明 暂且假定结果(6.7.3)～(6.7.5)已知.上面提到的论证表明,存在 N 个不同的非平凡解族 $(u_{n+k}(R),\lambda_{n+k}(R))$,其中,$k=0,1,\cdots,N-1$. 并且因 λ_n 为 N 重,故当 $R\to 0$ 时,每个族都趋于 $(0,\lambda_n)$. 于是,仅剩下要证明这些族彼此不同,而这是 Ljusternik-Shnirelmann 重数定理(6.6.5(iv))的直接推论.

我们现在来建立(6.7.3)～(6.7.5),以完成定理的证明.显然,这可由以下引理来完成:

引理 A (二次泛函的广义极小极大原理)

$$R\lambda_n^{-1}=\sup_{[V]_{n,R}}\min_{V}\frac{1}{2}(Lu,u),$$

其中,λ_n 是 $u=\lambda Lu$ 的第 n 个本征值(按大小排列并对应于重数来计算).

引理 B $R\lambda_n^{-1}-c_n(R)=o(R)$.

引理 C 当 $R\to 0$ 时,$|\lambda_n^{-1}-\lambda_n^{-1}(R)|\to 0$.

引理 A 的证明 设 S 表示 H 的一个 n 维子空间,而

$$T_R=\left\{u\mid u\in S,\frac{1}{2}\|u\|^2=R\right\}.$$

然后,我们回顾下面两件事实:

(a) 设 $P_R(n-1)$是由 T_R 的对径点等同而得的元素集,并作为 $P_R^\infty(H)$的子空间,那么 $\text{cat}(P_R(n-1),P_R^\infty(H))=n$.

(b) Courant-Fischer 极小极大原理可以改写为(见(1.3.41))

$$R\lambda_n^{-1}=\sup_{[T]_{n,R}}\min_{T_R}\frac{1}{2}(Lu,u),$$

其中,T_R 定义如上,而当 n 固定时,$[T]_{n,R}$是所有这种集合的类.我们现在考虑数

$$\tilde{c}_n(R)=\sup_{[V]_{n,R}}\inf_{V}\frac{1}{2}(Lu,u).$$

由(a)有$[T]_{n,R}\subset[V]_{n,R}$;故对每个 n 有 $\tilde{c}_n(R)\geqslant R\lambda_n^{-1}$.此外,数 $\tilde{c}_n(R)$是函数$\frac{1}{2}(Lu,u)$在 $P_R^\infty(H)$上的临界值,从而是 T_R 上的临界值,故对某个整数 $k(n)$有 $\tilde{c}_n(R)=R\lambda_{k(n)}^{-1}$.为证对每个 n 有

$\tilde{c}_n(R)=R\lambda_n^{-1}$，我们采用归纳法. 若 $n=1$，由定义，$\tilde{c}_n(R)=R\lambda_1^{-1}$.

今设 λ_1 是重数恰为 p 的一个本征值，则 $\lambda_1\geqslant\lambda_{k(n)}$，$n=1,2,\cdots,p$. 因而 $\lambda_1=\lambda_{k(n)}$，$n=1,2,\cdots,p$. 我们现在证明

$$\tilde{c}_1(R)=\tilde{c}_2(R)=\cdots=\tilde{c}_p(R)\neq\tilde{c}_{p+1}(R).$$

事实上，若 $\tilde{c}_p(R)=\tilde{c}_{p+1}(R)$，则与该临界值相应的临界集将在 T_R 上有维数 p(见(6.6.4))，这与 λ_1 是一个 p 重本征值矛盾. 因此，作为一个归纳假设，借助于关系式

$$\tilde{c}_{(p)}(R)=R\lambda_{(p)}^{-1},p=1,\cdots,n-1,$$

我们假定不同的本征值 $\lambda_{(1)},\lambda_{(2)},\cdots,\lambda_{(n-1)}$ 与不同的数 $\tilde{c}_{(1)}(R)$，$\tilde{c}_{(2)}(R),\cdots,\tilde{c}_{(n-1)}(R)$ 一致，其中包括了重数. 今假定 $\lambda_{(n)}$ 恰是一个 t 重本征值，然后我们证明，

$$\tilde{c}_{(n)}(R)=\tilde{c}_{(n)+1}(R)=\cdots=\tilde{c}_{(n)+t}(R)=\lambda_{(n)}^{-1}R.$$

根据我们的归纳假定，显然，对 $t=1,2,\cdots,t$，有 $\lambda_{n-1}<\lambda_{k(n+i)}\leqslant\lambda_n$. 于是 $\lambda_{k(n+i)}=\lambda_n$，$i=1,2,\cdots,t$. 今假设 $\tilde{c}_{n+t+1}(R)=\lambda_n^{-1}R$，那么，根据上面提到的(6.6.4)，与 $\lambda_n^{-1}R$ 的临界值相应的临界集的维数在 T_R 上超过 $t-1$，这又与 λ_n 的重数恰为 t 相矛盾. 因此，

$$\tilde{c}_{n+t+1}(R)\neq\lambda_n^{-1}R,$$

故 $\tilde{c}_{(n)}(R)$ 与 $\lambda_{(n)}$ 的重数一致. 从而引理得证.

引理 B 的证明 我们首先注意，当

$$\mathcal{N}(u)=\int_0^1(u,N(su))ds$$

时，对小的 R 和 $u\in T_R$，有

$$|\mathcal{N}(u)|\leqslant K(\|u\|)\|u\|^2,$$

其中，当 $\|u\|\to0$ 时 $K(\|u\|)\to0$. 因而 $K_R=\sup\limits_{T_R}|\mathcal{N}(u)|=o(R)$. 现在，

$$c_n(R)=\sup_{[V]_{n,R}}\inf_V\left\{\frac{1}{2}(Lu,u)+\mathcal{N}(u)\right\},$$

由引理 A 有 $R\lambda_n^{-1}=\sup\limits_{[V]_{n,R}}\inf\limits_{V}\frac{1}{2}(Lu,u)$,故

$$\begin{aligned}&\left|c_n(R)-R\lambda_n^{-1}\right|\\ \leqslant&\left|\sup_{[V]_{n,R}}\inf_{V}\left\{\frac{1}{2}(Lu,u)+K_R\right\}-\sup_{[V]_{n,R}}\inf_{V}\frac{1}{2}(Lu,u)\right|\\ \leqslant&K_R=o(R).\end{aligned}$$

引理 C 的证明 取(6.7.1)与 $u_n(R)$的内积,对小的 R,我们得

$$\begin{aligned}R\lambda_n^{-1}(R)&=\frac{1}{2}(Lu_n(R),u_n(R))+\frac{1}{2}(Nu_n(R),u_n(R))\\&=c_n(R)+\left\{\frac{1}{2}(Nu_n(R),u_n(R))-\mathcal{N}(u_n(R))\right\}\\&=c_n(R)+o(R).\end{aligned}$$

因而由引理 B,有

$$R\lambda_n^{-1}(R)-R\lambda_n^{-1}=c_n(R)-\lambda_n^{-1}R+o(R),$$

故$|\lambda_n^{-1}(R)-\lambda_n^{-1}|=o(R)/R=o(1)$. 从而当 $R\to0$ 时 $\lambda_n^{-1}(R)\to\lambda_n^{-1}$.

证明的结论 根据上述结果,对于固定的 n,集合$(u_n(R),\lambda_n(R))$定义一个从$(0,\lambda_M)$分歧出来的单参数解族.

刚才所得结果本身可推广到如下全局的情况:

(6.7.7) **推论** 对所有的 $R>0$,(6.7.6)中讨论的解族$(u_j(R),\lambda_j(R))$可以延拓成(6.7.1)的解.

证明 这个结果是(6.6.4)的一个直接推论,这因为对每个 j,向量 $u_j(R)$是相应于临界值

$$c_n(R)=\sup_{[V]_{n,R}}\inf_{V}\left\{\frac{1}{2}(Lu,u)+\mathcal{N}(u)\right\}$$

的临界点.

注: 为了把推论(6.6.7)用于分歧理论的延拓问题,必须讨论$(u_j(R),\lambda_j(R))$作为 R 的函数时的连续性,还需要取得这方面的明确结果. 由于已知的例子中出现了不连续,这个问题变得更困

难了.另一方面,我们的结果(6.1.31)指出了进一步的肯定性结果(见6.7C节和本章中的注记F).

6.7B 含梯度映射的算子方程的多重解

这里,我们考虑以下问题:求算子方程

(6.7.8) $$x - Lx + N(x) = 0$$

解的个数的下界,其中,L 是紧自伴映射,它映 Hilbert 空间 H 到自身,而 $N(x) = \mathcal{N}'(x)$ 是映 H 到自身的全连续梯度映射,$N(x)$ 具有较高的阶.我们证明下面的

(6.7.9) **定理** 假定上面的条件满足,且在 $x = 0$ 处二次型 $Q(x) = (x,x) - (Lx,x)$ 具有 Morse 指数 $q > 0$.那么,倘若以下两个条件满足:

(a) $F(x) = \frac{1}{2}Q(x) + \mathcal{N}(x)$ 有下界;

(b) 当 $\|x\|$ 充分大时 $F(x) \geqslant 0$,

则方程(6.7.8)至少有 q 对不同的解 $\pm x_n, n = 1,2,\cdots,q$.

证明 我们考虑从 Hilbert 空间 H 中删去原点、并视 $H - \{0\}$ 的对径点为等同所得的流形 $\mathfrak{M}$.此外,对每个离原点有界的 x,$\mathfrak{M}$ 是光滑流形.显然,因为对每个 n,实 n 维投影空间 $\mathfrak{P}_n(H) \subset \mathfrak{M}$,故 $\mathfrak{M}$ 含有 Ljusternik-Schnirelmann 范畴 $n = 1,2,3,\cdots$ 的集合.今

$$F(x) = \frac{1}{2}Q(x) + \mathcal{N}(x)$$

是 x 的偶泛函,于是可被看作 $\mathfrak{M}$ 上的一个 C^2 可微泛函.

显然,对任何 $\varepsilon > 0$,在集合 $\mathfrak{M}_{-\varepsilon} = \{x \mid F(x) < -\varepsilon\}$ 上,泛函 $F(x)$ 满足条件(C).这因为若 $x \in \mathfrak{M}_{-\varepsilon}$,则由条件(b),$\|x\|$ 是一致有界的.于是,若对 $x_n \in \mathfrak{M}_{-\varepsilon}$ 有 $F'(x_n) \to 0$,则序列有弱收敛子序列 $\{x_{n_j}\}$ 使 $x_{n_j} - Lx_{n_j} + Nx_{n_j} \to 0$.今由 L 和 N 的全连续性可推出 $\{x_{n_j}\}$ 强收敛.

现在我们考虑由 $c_n(\mathfrak{M}) = \inf\limits_{[V]_n} \sup\limits_V F(x)$ 定义的数,其中,V 是 $\mathfrak{M}$ 的子集,使得 $\operatorname{cat}_{\mathfrak{M}}(V,\mathfrak{M}) \geqslant n$,而 $[V]_n$ 是所有这种子集的类.

我们证明,对充分小的 $\varepsilon>0$,所有的数 $c_0(\mathfrak{M}),c_1(\mathfrak{M}),\cdots,c_{q-1}(\mathfrak{M})$,都小于 $-\varepsilon$,从而 $F(x)$ 位于这些水平集上的任何临界点都包含在 $\mathfrak{M}_{-\varepsilon}$ 中.

为得到所要的界,我们注意,因为二次型 $Q(x)=(x,x)-(Lx,x)$ 的指数为 q,故有 H 的 q 维子空间 H_q 和绝对常数 $c<0$,使得对每个 $x\in H_q$ 都有 $Q(x)\leqslant c\|x\|^2$.

于是,把 H_q 中半径为 R 的球面上的对径点看作等同,我们得到一个集合 $\mathfrak{P}_R$,可以把它与 $q-1$ 维实投影空间等同. 于是,对每个 $R>0$ 有 $\operatorname{cat}_{\mathfrak{M}_{-\varepsilon}}\mathscr{P}_R\geqslant q$. 从而对每个 $n=1,2,\cdots,q$ 有 $\mathscr{P}_R\in[V]_n$. 另一方面,对小的 $R>0$ 和任意 $x\in\mathscr{P}_R$,有

$$(6.7.10)\qquad F(x)=Q(x)+\mathscr{N}(x)\leqslant c\|x\|^2+o(\|x\|^2)\leqslant\frac{1}{2}cR^2<0.$$

综合这两个事实,当 $R>0$ 充分小时,我们求出

$$\inf_{[V]_n}\sup_V F(x)\leqslant\sup_{\mathscr{P}_R}F(x)\leqslant\frac{1}{2}cR^2<0.$$

于是,根据极小极大原理(6.6.4),泛函 $F(x)$ 有 q 对临界点 $\pm x_n$,$n=1,2,\cdots,q$,使得 $F(x_n)=c_n(\mathfrak{M})$. 正如所希望的,这些临界点满足方程(6.7.8),于是定理得证.

刚才得到的结果产生了确保(6.7.8)存在有限多个不同解的条件. 现在我们谈谈这个结果的一个推广,它对非线性算子方程(包含梯度映射)有可数无穷多个不同的解提供了一个判别准则. 我们考虑算子方程

$$(6.7.11)\qquad x=\mathscr{N}'(x),\qquad \mathscr{N}'(0)=0,$$

其中,$\mathscr{N}'(x)$ 是映无穷维 Hilbert 空间 H 到自身的一个 C^1 全连续梯度奇映射,且有如下性质:

(6.7.12) 当 $x\neq0$ 时 $(\mathscr{N}'(tx),x)$ 是 $t\geqslant0$ 的一个严格凸函数,使得 $\mathscr{N}(x)\leqslant\beta(\mathscr{N}'(x),x)$,其中,$\beta$ 是小于 $\frac{1}{2}$ 的某个绝对常数;

(6.7.13) 在 $x\in H$ 的有界子集上,一致有 $\lim\limits_{t\to0}(\mathscr{N}'(tx),$

$x)/t=0$;

(6.7.14) 在 H 使 $(\mathcal{N}'(x),x)$ 有大于 0 的界的子集上,一致有

$$\lim_{t\to\infty}(\mathcal{N}'(tx),x)/t=\infty.$$

然后,我们注意

定理 假定算子 $\mathcal{N}'(x)$ 满足上述条件,则方程(6.7.11)有可数无穷多个不同的解.

对于这个结果的证明,可见 Ambrosetti(1973).

6.7C 柔弹性板的整体平衡态

我们已经谈到本章中所展开的临界点理论与非线性弹性问题之间的一些联系.事实上,这些问题提供了关于这个理论的最简单的非平凡例子,通过观察它们可检验这个理论.这里,我们把注意力转向柔弹性薄板的屈曲问题.该问题早先在 4.3B 中已讨论过.正如那里所谈的,受到作用在边界上的压力时,夹紧的弹性薄板 B 的平衡态可作为非线性算子方程

(6.7.15) $$u+Cu-\lambda Lu=0,\quad \lambda\in\mathbf{R}^1$$

的解给出.同前面一样,这里,λ 是作用在 $\partial\Omega$ 上的力的度量,而算子 L 和 C 是从 $\mathring{W}_{2,2}(\Omega)$ 到自身的有界映射,其中,L 是线性紧自伴映射,C 是使 $(Cu,u)>0$ 的三次齐次全连续梯度映射.这里,当 λ 在区间 $(0,\infty)$ 中变化时,我们来导出关于(6.7.15)解的个数的某些信息.贯穿这一节,仍采用 4.3B 节的定义和记号.我们证明(见图 6.3)

(6.7.16) **定理** 假定对 $u\neq0$ 有 $(Lu,u)>0$,且 $u=\lambda Lu$ 的本征值排成 $0<\lambda_1\leqslant\lambda_2\leqslant\lambda_3\leqslant\cdots$(包括了重数),那么:

(i) 对固定的 $\lambda\in(\lambda_{n-1},\lambda_n]$,方程(6.7.15)至少有 $n-1$ 对不同的解 $(\pm u_j)$,$j=1,2,\cdots,n-1$.

(ii) 设 $R>0$ 是一个固定的正数,且

$$\mathfrak{M}_R=\left\{u\mid u\in\mathring{W}_{2,2}(\Omega),\frac{1}{2}\|u\|^2+\frac{1}{4}(Cu,u)=R\right\},$$

则方程(6.7.15)有可数无穷多个不同的解 $(u_n(R),\lambda_n(R))$ 使得:

(a) $u_n(R) \in \mathfrak{M}_R, \lambda_n(R) > \lambda_n$;(b) 当 $n \to \infty$ 时 $\lambda_n(R) \to \infty$;(c) 当 $R \to 0$ 时$(u_n(R), \lambda_n(R)) \to (0, \lambda_n)$.

(iii) 假定 λ_n 的重数为k,并且 $\lambda_{n-1} < \lambda_n$,那么,在$(0,\lambda_n)$附近至少有 k 个不同的单参数解族$(u_{n+i}(\varepsilon), \lambda_{n+i}(\varepsilon))$, $i = 0, 1, \cdots, k-1$,使得当 $\varepsilon \to 0$ 时,$(u_{n+i}(\varepsilon), \lambda_{n+i}(\varepsilon)) \to (0, \lambda_n)$,其中,$\varepsilon$ 与 $\| u_n(\varepsilon) \|^2$ 成比例.

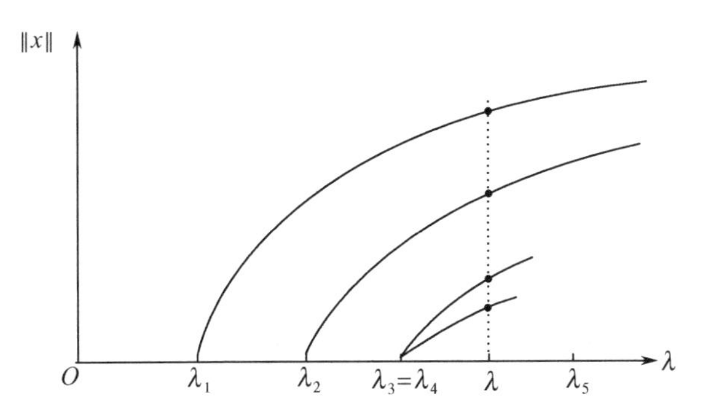

图 6.3　λ_4 和 λ_5 之间的 λ 的四对解在起源处的假想构形

从 $\lambda = \lambda_i$ 和 $\| x \| = 0$ 发出的"分枝"表示方程(6.7.15)的非平凡解对.

证明　结果(i)~(iii)几乎是本章早些时候建立的一般定理的直接推论.

(i)的证明　将定理(6.7.9)用于方程(6.7.15),可证实所要的结论. 在现在的情况下,对固定的 $\lambda \in (\lambda_{n-1}, \lambda_n]$,我们在(6.7.9)中以 λL 代替算子L,并用 C 代替N,于是

$$F(u) = \frac{1}{2} \| u \|^2 - \frac{1}{2} \lambda (Lu, u) + \frac{1}{4} (Cu, u).$$

显然,(6.7.16)中所谈到的二次型变成 $Q(u) = \| u \|^2 - \lambda(Lu, u)$;又因为 $\lambda \in (\lambda_{n-1}, \lambda_n]$,故 $Q(u)$的指数是 $n-1$. 于是,一旦我们证明 $\| x \| \to \infty$时 $F(x) \to \infty$,就可得到(i),这因为此时定理(6.7.9)的条件将满足. 6.2B 中已证明了这个强制性质. 对当前情况的简单证明出自估计式

$$F(u)=\frac{1}{2}\|u\|^2-\frac{1}{2}\lambda(\mathscr{B}(u,f),u)+\frac{1}{4}\|\mathscr{B}(u,u)\|^2$$
$$=\frac{1}{2}\|u\|^2-\frac{1}{2}\lambda(\mathscr{B}(u,u),f)+\frac{1}{4}\|\mathscr{B}(u,u)\|^2.$$
因为对任何 $\varepsilon>0$,有
$$\frac{1}{2}\lambda(\mathscr{B}(u,u),f)\leqslant\frac{\lambda\varepsilon^2}{2}\|\mathscr{B}(u,u)\|^2+\frac{\lambda\varepsilon^2}{2}\|f\|^2,$$
故当 $\lambda\varepsilon^2=\frac{1}{2}$时,我们得到
$$F(u)\geqslant\frac{1}{2}\|u\|^2-\lambda^2\|f\|^2.$$
于是,因为 λ 固定,故当 $\|u\|\to\infty$时 $F(u)\to\infty$.

(ii)的证明 由定理(6.6.11)可推出结论的第一部分.事实上,令 $\mathscr{A}'u=u+Cu$,$\mathscr{B}'u=Lu$,我们注意到定理(6.6.11)的条件是不难验证的.例如,为证明 $f(s)=(\mathscr{A}'(su),u)$是 $s\in[0,\infty)$的严格递增函数(对固定的 $u\neq0$),我们注意,由 Cu 的齐次性,有
$$f(s)=s\|u\|^2+s^3(Cu,u),$$
故
$$f'(s)=\|u\|^2+3s^2(Cu,u)>0,\quad u\neq0.$$
另一方面,为验证(6.6.11)的条件(iii),我们看到,若 u_n 弱收敛于 u,且序列$\{\mathscr{A}'u_n\}$强收敛,则从 Cu 的全连续性可推出u_n 强收敛于 u.

由下面的事实可得到结论的第二部分:解$\{u_n(R)\}$被描述为相应于临界值
$$c_n(R)=\sup_{[V]_n}\inf_V\frac{1}{2}(Lu,u)$$
的临界点,其中,V 是 $\mathfrak{M}_R$ 的一个对称子集,$\operatorname{cat}(V,\mathfrak{M}_R/Z_2)\geqslant n$,$[V]_n$ 是 $\mathfrak{M}_R$ 的所有这种子集类.于是因为$\frac{1}{2}\|u\|^2\leqslant R$,故当 $R\to0$ 时,$\|u\|\to0$.因此,由(6.7.6)的引理 A—C 稍作变化可知,当 $R\to0$ 时,
$$(u_n(R),\lambda_n(R))\to(0,\lambda_n).$$

(iii)的证明 改变尺度,把方程(6.7.15)转换成形如(6.7.1)的方程,就可在定理(6.7.6)的基础上证明结果.事实上,在(6.7.15)中令 $u=\sigma v$,其中,$\sigma\neq 0$ 是一个待定实数.根据 C 的齐次性,我们得到 v 满足方程 $v+\sigma^2 Cv=\lambda Lv$.令 $\sigma^2=\lambda$,得到

(6.7.17) $$v=\lambda(Lv-Cv),\quad \lambda>0.$$

因此,将定理(6.7.6)用于(6.7.17),我们就得到所要的由$(0,\lambda_n)$分歧出来的解族.

组合的屈曲-弯曲问题 正如早先在6.2B中所说的那样,这种情况下的平衡态等同于非齐次非线性算子方程(对固定的 λ)

(6.7.18) $$u+Cu-\lambda Lu=f\quad (f\neq 0)$$

的解.因为 $f\neq 0$,相应的泛函

(6.7.19) $$\mathscr{I}_\lambda(u)=\frac{1}{2}\|u\|^2+\frac{1}{4}(Cu,u)-\frac{1}{2}\lambda(Lu,u)-(f,u)$$

不再关于对径映射对称,所以(i)的论述不能用于这个方程.但是,现在我们指出,可把(6.5.10)的 Morse 临界点理论用于泛函 $\mathscr{I}_\lambda(u)$.首先,我们扼要说明在证明中所要的一些事实.

(6.7.20) **引理** 对固定的 λ,算子 $A_\lambda(u)=u+Cu-\lambda Lu$ 是映 $\mathring{W}_{2,2}(\Omega)$ 到自身的零指标 C^∞ 非线性 Fredholm 真映射.此外,$A_\lambda(u)$的奇异值 Φ_λ 构成一个在H 中疏闭子集.

证明 (2.7.11)中已证实了 $A_\lambda(u)$的真性.反之从算子 Cu 是三次齐次的可直接推出$A_\lambda(u)$的 C^∞ 光滑性.此外,一旦我们证明了 $A_\lambda(u)$是一个零指标的非线性 Fredholm 算子,则由 Sard 定理的 Smale 推广(3.1.45),可推出 Φ_λ 在$\mathring{W}_{2,2}(\Omega)$中是疏的.因为 $A_\lambda(u)$可以表示为恒等算子的一个光滑紧扰动,故从(2.6.3)直接推出 $A_\lambda(u)$是零指标的 Fredholm 算子.

我们现在来叙述 6.5D 中的讨论对(6.7.18)的解的一个应用.

(6.7.21) **定理** 对每个固定的 λ 和几乎所有的$f\in\mathring{W}_{2,2}(\Omega)$(即$f\in\mathring{W}_{2,2}(\Omega)-\Phi_\lambda$),(6.7.18)的解将是 $\mathscr{I}_\lambda(u)$的有限个非退化临

界点. 根据 $\mathscr{I}'_\lambda(u)$ 的真性，这些临界点将满足 Morse 不等式(6.5.10). 更一般地，对任何固定的 f，(6.7.18)总是可解的，并且，全体解$\{w\}$满足先验界

$$(*) \qquad \|w\|_{2,2} \leqslant \frac{\|f\|}{2} + \left(\lambda^2 \|F_0\|^2 + \frac{1}{4}\|f\|^2\right)^{1/2}.$$

此外，若 $\mathscr{I}_\lambda(u)$至少有两个孤立的相对极小，则 $\mathscr{I}_\lambda(u)$有第三个临界点.

证明 根据引理(6.7.20)，点 $f \in (\mathring{W}_{2,2}(\Omega) - \Phi_\lambda)$ 在 $\mathring{W}_{2,2}(\Omega)$中是疏的，且 $A_\lambda^{-1}(f)$必须由 $\mathscr{I}_\lambda(u)$的非退化临界点组成. 于是，从 A_λ 的真性和隐函数定理可推出集合$A_\lambda^{-1}(f)$的有限性. 事实上，若在 $A_\lambda^{-1}(f)$中有无数个点，这些点将在一个紧集中，故必有收敛子序列，这与非退化临界点是孤立的相矛盾. 由于定义在 H 上的任何真梯度映射的原函数在H 上自动满足条件(C). 故当 $\mathscr{I}_\lambda(u)$被看作定义在 $H = \mathring{W}_{2,2}(\Omega)$上时，可得 $\mathscr{I}_\lambda(u)$的这些临界点满足 Morse 不等式(6.5.10).

先验界($*$)也可由一个简单的考虑得到. 事实上，若 w 满足 $\mathscr{I}'_\lambda(u) = 0$，根据(6.7.18)，我们有

$$\|w\|^2 + (C(w,w) - \lambda(C(F_0,w),w) = (f,w).$$

于是，对任意 $\varepsilon > 0$，由 Cauchy-Schwarz 不等式可推出

$$\|w\|^2 + \|C(w,w)\|^2 - |\lambda|\varepsilon\|C(w,w)\|^2 - \frac{|\lambda|}{\varepsilon}\|F_0\|^2 \leqslant \|f\|\,\|w\|.$$

令 $\varepsilon = \frac{1}{|\lambda|}$，我们得到

$$\|w\|^2 \leqslant \|f\|\,\|w\| + |\lambda|^2\|F_0\|^2,$$

由此可推出($*$).

由(6.5.3)，以及当$\|u\| \to \infty$时 $\mathscr{I}_\lambda(u) \to \infty$这个事实可推出(6.7.20)中的最后结论.

6.7D　某些非线性波动方程的定态

对定义在 $\mathbb{R}^1 \times \mathbb{R}^N$ 上的非线性波动方程

(6.7.22)　　$$u_{tt} = \Delta u - m^2 u + f(x, |u|^2) u$$

或

(6.7.23)　　$$-iu_t = \Delta u + f(x, |u|^2) u,$$

我们寻找某个特殊形式的复值时间周期解 $u(x,t) = e^{i\lambda t} v(x)$，这里，$\lambda$ 是实数，$v(x)(\neq 0)$是实值光滑函数，在∞处按指数次消失为 0，而 $f(x, |u|^2)$是 x 的一个 C^1 正函数，对$|u|^2$ 是奇的. 这种解恰好是对线性 Schrödinger 方程定态的非线性推广，因此我们把这些解称为定态.

将 $u(x,t) = e^{i\lambda t} v(x)$代入上述任一个波动方程，我们可得 $v(x)$满足半线性椭圆型方程

(6.7.24)　　$$(\Delta - \beta) v + f(x, v^2) v = 0, \qquad x \in \mathbb{R}^N,$$

其中，在(6.7.22)的情况下 $\beta = \lambda^2 - m^2$，在(6.7.23)的情况下 $\beta = \lambda$.

于是，为考察(6.7.22)或(6.7.23)的定态，我们将对函数 $f(x,y)$加以限制，并且：

(a) 决定 β 的值，对这些值，(6.7.24)在 $L_2(\mathbb{R}^N)$中有非平凡解；

(b) 对固定的 $\beta > 0$，证明(6.7.24)在 $L_2(\mathbb{R}^N)$中有可数无穷个不同的解.

在回答(a)和(b)时，我们将发现特殊的“非线性”现象.

我们从考虑问题(a)开始，分两种情况：

(Ⅰ) 对所有的 u，有

$$0 < f(x, |u|^2) = g(x)\{|u|^\sigma\},$$

其中，$0 < \sigma < 4/(N-2)$，当$|x| \to \infty$时 $g(x) \to 0$；或

(Ⅱ) $f(x, |u|^2)$与 x 无关，且 $f(|u|^2) = g|u|^\sigma$，其中，g 是一个正常数.

(6.7.25) **定理**　假定 $f(x, |u|^2)$满足条件(Ⅰ)或(Ⅱ)两者之一，

那么,(6.7.24)有解 $v(x)\in L_2(\mathsf{R}^N)$,它满足附加条件

(i) 在情况(Ⅰ),仅需 $\beta>0$;

(ii)在情况(Ⅱ),当且仅当 $\beta>0$ 和 $\sigma<4/(N-2)$.

证明 (i) 这个结果是 6.3A 节的结果及以下事实的一个直接推论.而该事实是,由

$$(\mathcal{N}'(v),\Phi)=\int_{\mathsf{R}^N}f(x,v^2)v\Phi,\quad \Phi\in W_{1,2}(\mathsf{R}^N)$$

定义的梯度映射是全连续算子,它映 $W_{1,2}(\mathsf{R}^N)$到自身.见第一章的注记.

(ii) 在 $f(x,v^2)=cv^\sigma$ 的情况下,我们首先证明限制条件 $\sigma<4/(N-2)$的充分性.为此注意,不能直接引用本章结果,这因为与 $c|u|^\sigma u$ 项对应的算子在 $W_{1,2}(\mathsf{R}^N)$中虽然有界且连续,但不是全连续.为克服这个困难,我们这样做:找(6.7.24)的径向对称解,即,仅找依赖于$|x|=r$ 的解,并作变量代换 $r^{\frac{N-2}{2}}v(r)=w(r)$,因此 $w(r)$在 $r=0$ 处为 0,且对 $\beta>0$ 和$0<\sigma<\dfrac{4}{N-2}$满足方程

(†) $$\frac{d^2w}{dr^2}-\beta w+gr^{-\sigma}|w|^\sigma w=0.$$

这个方程有非平凡解 w.事实上,我们若将(†)写成 $H=\mathring{W}_{1,2}(0,\infty)$中范数为

$$\|w\|_H^2=\int_0^\infty(w_r^2+\beta^2w^2)dr$$

的算子方程,则该算子由对偶方法定义为

$$(\mathcal{N}'(w),\Phi)=\int_0^\infty gr^{-\sigma}|w|^\sigma w\Phi,\quad 0<\sigma<\frac{4}{N-2},$$

它是 H 到自身的一个全连续映射(见第一章的注记).于是,利用(6.3.2)和 $gr^{-\sigma}|w|^\sigma w$ 项的齐次性,参照(6.3.2),Lagrange 乘子可以选为 1.这 $w(r)$从而 $v(r)$在∞点按指数衰减是 1.2 节中谈到过的衰减放大原理的一个推论.

为了证明限制条件$0<\sigma<\dfrac{4}{N-2}$和 $\beta>0$ 的必要性,我们首先

回顾,对于 $\beta>0$,可由 1.2 节中的初等手段得到 $\sigma<\frac{4}{N-2}$的必要性.若 $\beta<0$,则从 1.2(iv)节中提到的结果得出不可能有合适的 $v(x)$.最后,若 $\beta=0$ 和 $\sigma=\frac{4}{N-2}$,利用线性椭圆型偏微分方程较深入的性质可知不存在合适的 $v(x)$.事实上,假定 $w(x)(\neq 0)$是在 ∞ 处按指数衰减的一个函数,它在 $\mathbb{R}^3$ 上满足 $\Delta w+|w|^{\frac{4}{N-2}}w=0$.然后,把 w 看作线性方程$\Delta w+g(x)w=0$的解,其中$g(x)=|w|^{\frac{4}{N-2}}$,注意到对这个方程进行 Kelvin 变换后,在原点处 w 有一个无穷阶的极点,这与变换过的方程 $\Delta w+g(x)w=0$的唯一延拓性相矛盾,由此得到结论.

我们现在考虑问题(b).假定函数

$$f(x,v^2)=\sum_{i=1}^{p}g_i(x)|v|^{\sigma_i}, \tag{6.7.26}$$

其中,$0<\sigma_i<\frac{4}{N-2}$,$g_i(x)\geqslant 0$($g_i(x)$不全恒为零).其中,或者

(1) 当$|x|\to\infty$时 $g_i(x)\to 0$;或者

(2) 每个 $g_i(x)$都是常数.

(6.7.27) **定理** 假定函数 $f(x,v^2)$满足上述条件(1)或(2).那么,若 $p=1$,则方程(6.7.24)有可数无穷个不同的解;若 $p>1$,则解都满足(6.7.24)但彼此相差一个本征值因子.

证明 证明基于定理(6.6.11)的一个应用.我们从假定 $f(x,v^2)$满足(1)开始,由

$$(\mathcal{N}'(u),v)=\sum_{i=1}^{p}\int g_i(x)|u|^{\sigma_i}uv$$

隐式定义的算子是映 $W_{1,2}(\mathbb{R}^N)$到自身的一个全连续梯度映射,其中,

$$\mathcal{N}(u)=\sum_{i=1}^{p}\frac{1}{\sigma_i+2}\int_{\mathbb{R}^N}g_i(x)|u|^{\sigma_i+2}.$$

因 $\sigma_i>0$,故存在常数 $\alpha<\frac{1}{2}$,使对所有的 $u\in W_{1,2}(\mathbb{R}^N)$,有 $\mathcal{N}(u)$

$\leqslant \alpha(\mathcal{N}'(u), u)$. 读者不难验证算子 $\mathcal{N}'$满足(6.6.11)的其余条件.

若 $f(x, v^2)$满足条件(2),我们如同在定理(6.7.25)的证明中那样,考虑方程

$$\text{(6.7.28)} \qquad \frac{d^2 w}{dr^2} - \beta w + \sum_{i=1}^{p} g_i r^{-\sigma_i} |w|^{\sigma_i} w = 0,$$

其中,$w(r) = r^{\frac{N-1}{2}} v(r)$, $w(0) = 0$. 同前,由

$$(\mathcal{N}'(w), \Phi) = \sum_{i=1}^{p} \int_0^{\infty} g_i r^{-\sigma_i} |w|^{\sigma_i} w \Phi$$

定义的算子 $\mathcal{N}'(w)$是映 $\mathring{W}_{1,2}(0, \infty)$到自身一个全连续梯度映射. 此外,如同上一段,不难验证利用定理(6.6.11)所需的条件. 于是正如上面(ii)中那样,将相应的本征值重换一个尺度后,定理得证.

6.7E 紧 Riemann 流形两点间的测地线

设$(\mathfrak{M}^N, g)$是具度量张量 g 的一个 N 维紧光滑 Riemann 流形. 那么,借助于局部坐标,$\mathfrak{M}^N$ 的两点 a 和 b 间的测地线是如下二阶常微分方程组

$$\text{(6.7.29)} \qquad \frac{d^2 x^k}{dt^2} + \sum_{i,j=1}^{N} \Gamma_{ij}^k(x) \frac{dx^i}{dt} \frac{dx^j}{dt} = 0 \qquad (k = 1, 2, \cdots, N)$$

(穿过 a, b)的解. 换句话说,这些测地线是弧长函数 $\int_a^b ds$ 关于穿过 a 和 b 的 $\mathfrak{M}^N$ 中所有光滑曲线的临界点. 在研究连接 a 和 b 的测地线结构时,测地线的以下特性及其变形是有用的. 最简单的基本结果属于 Hilbert.

(6.7.30) 在一个光滑的紧(连通)Riemann 流形上,存在连接 a 和 b 两点的长度最小的测地线.

证明 我们考虑$(\mathfrak{M}^N, g)$上连接 a 和 b 的可求长曲线类 K_{ab}. 因为 $\mathfrak{M}^N$ 是连通的,故这个类非空. 我们把 $K_{a,b}$的曲线$\{c\}$用参数

$\tau=\frac{s}{L}$来参数化，其中，L 是曲线在$K_{a,b}$中的长度，s 是自起点 a 计算出的弧 长．对这个参数化，所求的测地线是泛函 $\mathscr{I}(c)=\int_0^1 ds^2$ 的临界点．显然，由 Lebesgue 积分的性质，关于 $K_{a,b}$ 中的一致收敛，$\mathscr{I}(c)$ 是下半连续的．设 $\mathscr{I}_0=\inf\limits_{K_{a,b}}\mathscr{I}(c)$．我们将要证明，可由 $K_{a,b}$ 中一个元素c_0 达到$\mathscr{I}_0$．为此，只需证明 $K_{a,b}$ 中具有有界长度的曲线集合是紧的．于是，设$\{c_n(\tau)\}$ 是 $K_{a,b}$ 中的曲线序列，其长度 $L(c_n)\leqslant M$(譬如说)，那么，对任意 $\tau_1,\tau_2\in[0,1]$和固定的 n，有

(6.7.31) $\quad d(c_n(\tau_1),c_n(\tau_2))=L(c_n)|\tau_1-\tau_2|\leqslant M|\tau_1-\tau_2|$，

其中 $d(x,y)$表示 x 和y 之间的 Riemann 距离．于是，在将$\{c_n\}$看作从$[0,1]\to(\mathfrak{M}^N,g)$的连续映射时，它是一致有界的，且等度连续．根据 Arzela-Ascoli 定理，$\{c_n\}$有一致收敛的子序列，它的极限 c_0 将仍然是可求长曲线．这因为由(6.7.31)，有

$$d(c_0(\tau_1)-c_0(\tau_2))\leqslant M\mid\tau_1-\tau_2\mid.$$

利用 6.5 和 6.6 的结果，可对连接 a 和b 的测地线作更深入的研究．事实上，假定$(\mathfrak{M}^N,g)$作为一个闭子流形被等距嵌入到一个 Euclid 空间$\mathrm{R}^{k(N)}$中，而这$\mathrm{R}^{k(N)}$的维数充分高．设 $W_{1,2}([0,1],(\mathfrak{M}^N,g))$是 Hilbert 空间 $H=W_{1,2}([0,1],\mathrm{R}^{k(N)})$的闭子集，它由元素 $c(\tau)\in H$ 组成，其象 $c[0,1]\subset\mathfrak{M}^N$．$W_{1,2}([0,1],(\mathfrak{M}^N,g))$是 Hilbert 流形，它的闭子空间 $\Omega(\mathfrak{M}^N;a,b)$同样也是 Hilbert 流形，$\Omega(\mathfrak{M}^N;a,b)$由 $W_{1,2}([0,1]),(\mathfrak{M}^N,g))$中满足 $c(0)=a$ 和 $c(1)=b$的元素 $c(\tau)$组成，其中，a 和 b 是 $\mathfrak{M}^N$ 的固定点．今设$\langle c(\tau),c(\tau)\rangle$表示向量 $c(\tau)$的长度，那么，泛函

$$\mathscr{I}(c)=\int_0^1\langle\dot{c}(\tau),\dot{c}(\tau)\rangle d\tau=\int_c ds^2$$

在空间 $\Omega(\mathfrak{M}^N;a,b)$中的临界点与$(\mathfrak{M}^N,g)$上连接 a 和b 的测地线重合．若 $\mathfrak{M}^N$ 同胚于球面 S^N，则可用结果(6.5.12)证明，在$(\mathfrak{M}^N,g)$上存在无穷多条连接 a 和b 的不同测地线．事实上可证，

在$\Omega(\mathfrak{M}^N;a,b)$上,泛函$\mathscr{I}(c)$满足(6.5.2)条件(C).然后,倘若对无数个不同的整数能证明$\Omega(\mathfrak{M}^N;a,b)$的Betti数不为0,就可得出此结果.事实上,已知$\Omega(\mathfrak{M}^N;a,b)$的Betti数$R_i$构成长度为$(N-1)$的一个周期序列,它由$i=0(\mathrm{mod}(N-1))$时为1,在其余处为0的数组成.本章末的注记B提到了这个课题其他有意思的结果.因为这个课题的充分讨论已包括在其他专著中,故对于进一步的信息,我们推荐读者参考Morse(1934)和Schwartz(1969)的书,以及参考Palais(1963)的文章.

注　记

A　常平均曲率的参数曲面的Dirichlet问题

设Ω是$u-v$平面中的单连通域,其边界为$\partial\Omega$,我们希望确定一个参数曲面

$S=\{X(u,v)=(x_1(u,v),x_2(u,v),x_3(u,v))\}$,

它定义在Ω上,有常平均曲率M,并假定在$\partial\Omega$上指定了光滑边界值f.确定S的偏微分方程组是

$$(*)\qquad \Delta X=2M\frac{\partial X}{\partial u}\wedge\frac{\partial X}{\partial v},\quad 在\ \Omega\ 中$$

$$(**)\qquad X|_{\partial\Omega}=f.$$

这里,$\frac{\partial X}{\partial u}\wedge\frac{\partial X}{\partial v}$表示$\left(\frac{\partial x_1}{\partial u},\frac{\partial x_2}{\partial u},\frac{\partial x_3}{\partial u}\right)$和$\left(\frac{\partial x_1}{\partial v},\frac{\partial x_2}{\partial v},\frac{\partial x_3}{\partial v}\right)$的向量积.令

$$X(u,v)=F(u,v)+Y(u,v),$$

其中,$F(u,v)$是Ω中的一个三维调和向量,满足边界条件$(**)$,则问题可以化简.然后,我们寻找一个定义在Ω上的C^2三维向量$Y(u,v)$,它满足$(*)$和齐次边界条件$Y|_{\partial\Omega}=0$.为确定函数Y,我们假定$M<\frac{3}{2}R$,并将泛函

$$\mathscr{I}(Y)=\iint_\Omega\left\{|\nabla Y|^2+\frac{4}{3}MY\cdot\left(\frac{\partial Y}{\partial u}\wedge\frac{\partial Y}{\partial v}\right)\right\}dudv$$

在集合 $W_R = \mathring{W}_{1,2}(\Omega) \cap \Sigma_R$ 上极小化,其中,Σ_R 表示 $\bar{\Omega}$ 上的连续向量函数 Y,这些 Y 使 $\operatorname{ess}\sup_{\Omega} |Y(u, v)| \leqslant R$. 显然,若 $\widetilde{Y} \in \mathring{W}_{1,2}(\Omega) \cap \Sigma_R$,且 $|\widetilde{Y}|_{L_\infty} < R$ 达到 $\mathscr{I}(Y)$ 在 W_R 上的下确界,则对所有的测试函数 $\zeta \in W_{1,2}(\Omega) \cap L_\infty(\Omega)$,

$$\iint_{\Omega} \left[\nabla \widetilde{Y} \cdot \nabla \zeta + 2M \left(\frac{\partial \widetilde{Y}}{\partial u} \wedge \frac{\partial \widetilde{Y}}{\partial v} \right) \cdot \zeta \right] du dv = 0.$$

因此,根据1.5节中提到的正则性结果,倘若我们证明在 $\widetilde{Y}$ 处达到下确界,而 $|\widetilde{Y}| \leqslant R$,那么,$\widetilde{Y}$ 将满足(*),同时也满足齐次边界条件 $\widetilde{Y}|_{\partial\Omega} = 0$. 事实上,我们证明

定理 设 $|M| < 1$,并假定 $\sup_{\partial\Omega} |f| \leqslant 1$,那么,(*)有解满足(**),同时有界 $\sup_{\Omega} |X| \leqslant 1$.

该结果分两步得到:首先证明上面提到的极小化问题有解 $\widetilde{Y}(x)$;其次,对 $|M| < 1$,证明 $\widetilde{Y}(x)$ 有界. 对于这些证明,我们建议读者参考 Hildebrandt 和 Widman 的文章(1971).

B 紧 Riemann 流形($\mathfrak{M}, g$)上两点 P 和 Q 间测地线的 Marston Morse 结果

在 S^N 上,对于不是对径点的两个点 P 和 Q,不难求出具 S^N 的常曲率度量的测地线,这些测地线与整数一一对应. 并且当按长度排列并依次记为 $g_0, g_1, \cdots, g_n, \cdots$ 时,不难求出 g_n 的 Morse 指数为 $(N-1)n$. 这里,我们可将整数 n 与 g_n 内部包含 P 的对径点的次数相联系. 对于($\mathfrak{M}, g$)的两个固定点 P 和 Q 之间的测地线,其中 $\dim\mathfrak{M} = N$,这个结果有如下推广:

(i) 弧长泛函 J 有临界点当且仅当该临界点对应于由弧长参数化的($\mathfrak{M}, g$)的测地线;而 P 和 Q 间的测地线全都非退化当且仅当 Q 不是 P 的共轭点,而且,它们构成($\mathfrak{M}, g$)的点的零测集.

(ii) 倘若 P 和 Q 不是关于($\mathfrak{M}, g$)的共轭点,则 J 的临界点都有有限的 Morse 指数,并且这个指数恰好是一个端点在相应的测地线内部共轭点的个数(计及重数).

C　大范围变分法对于计算同伦群的应用

在6.7节中,关于无穷维的Morse理论的6.5节结果被用于由拓扑信息获得临界点存在性结果.实际上,相反的过程,即利用定义在紧流形$\mathfrak{M}$上的标准泛函(譬如说弧长泛函)的临界点知识去决定有关$\mathfrak{M}$的拓扑,已证明是相当成功的.以这个方法可以得到许多与同伦群有关的有意思的结果.例如,利用注记B的结果可以证明与球面同伦群有关的Freudenthal纬垂定理(1.6.8)的第一部分.按照这个方法,Bott和Samelson得出了关于经典Lie群同伦论的很多信息.有关这些结果的详情,我们建议有兴趣的读者参考Milnor的专著(1963).

这方面的一个典型结果是下面的周期性定理,它是关于闭路空间$\Omega(S^N)$的同调:

$$(*)\qquad H_q(\Omega(S^N))\approx\begin{cases}\mathbf{Z}, & q\equiv 0(\mathrm{mod}\ (N-1)),\\ 0, & \text{其他}.\end{cases}$$

正如Bott所发现的,对许多Lie群的同伦群,这个周期性现象仍然成立.此外,从(*)可以计算附录A中提到的上同调环$H_*(\Omega(S^N))$,并由6.5节和6.6节的一般临界点理论可断定,对于S^N上每个Riemann度量和两个不同的点$P,Q\in S^N$,都有无穷条连接P和Q的测地线.

D　Ljusternik-Schirelmann型不变量对于等变化映射的应用

在6.6节,拓扑不变量(诸如集的范畴)用于讨论偶泛函的临界点的存在性.这种拓扑不变量也可用于研究其他等变化算子的映射性质.有一个例子是Borsuk-Ulam定理的以下推广(Holm和Spanier,1971).

定理　设C是定义在Banach空间X的单位球面$\partial\Sigma=\{x\mid x\in X,\|x\|=1\}$上的任一紧映射,使得对$f=I+C$,$f(\partial\Sigma)$位于$X$的余维数为$k$的子空间中,那么

$$\dim\{x\mid f(x)=f(-x),\ x\in\partial\Sigma\}\geqslant k-1.$$

E　参考文献的注记

6.1节　这里包含的结果是变分学中所谓直接法的推广.这

些方法可以追溯到 Lebesgue(1907)和 Hilbert(1900). 在 Tonelli (1921,1923)的工作中探讨了各种形式的下半连续概念. 本书中所述的紧性条件(C)由 Palais 和 Smale(1964)首次提出. 在 Berger 和 Schecter(1977)中可找到包括在定理(6.1.8)中的极小化方法的说明. 而(6.1.20)可在 Ladyhenskaya 和 Uralsteva(1968)的书中找到. 方程(6.1.30)中的结果包括在 Berger 和 Fraenkel(1970)的文章中.

6.2 节　结果(6.2.5)改写自 Berger(1975),那里对它与代数流形间的关系给出了更完整的讨论. 在 Berger(1967,1971)中可找到柔板与壳的讨论. 在 Nitsche(1974)中很好地讨论了 Plateau 问题,我们的证明是 Garabedian(1964)证法的一个变形. 结果(6.2.28)包括在 Berger 和 Wightman 尚未发表的文章中.

6.3 节　这节的结果可在 Berger(1973)以及 Berger 和 Schechter(1977)中找到.

6.4 节　对 Hamilton 系统的大振幅周期解的讨论我们基于 Berger(1971b),它对 Kepler 扰动问题的应用基于 Berger 和 Arensdorf 尚未发表的工作. 对指定曲率度量的讨论我们基于 Berger (1975)和 Yamabe(1960),这些结果已被 Kazdan 和 Warner(1975)以及 Moser(1973)推广. 我们对定常涡环的讨论可在 Fraenkel 和 Berger(1974)中找到.

6.5 节和 6.6 节　对 Hilbert 空间中 Morse 理论的讨论我们改写自 Rothe(1973)和 Smale(1964). 更详细的一篇文献是 Palais 的文章(1963). (6.5.16)的说明在 Berger 和 Podolak(1977)中可找到. 在 Schwartz(1964)和 Palais(1966)的文章以及 Ljusternik (1966)的书中,可以找到 Ljusternik-Schnirelmann 临界点理论的讨论. 这个结果对非线性本征值问题的应用的参考文献见 Browder(1965). (6.6.11)的证明属于 Amann(1972).

6.7 节　Ljusternik-Schnirlmann 理论对分歧理论的应用属于 Berger(1970),关于这个课题最近的文章有 Bohme(1973)和 Riddell(1975). (6.7.9)中所含的思想属于 Clark(1973). 关于结果

(6.7.11)见 Ambrosetti(1973). 在 Berger 的文章(1974)中可以找到一般临界点理论对非线性弹性问题的应用. 对非线性定态的讨论我们基于 Berger(1972).

F 关于重数保持定理(6.7.6)

这个定理再次说明,当与 Thom 突变理论的代数方法对照时,在退化临界点的研究中应用整体拓扑方法很重要. 正如第 4 章中描述的,对于一个奇异点附近的 Hamilton 系统的"非线性"正规方式的研究来说,该结果具有特殊的重要性. 在这种情况下,违背与线性化系统的第 j 个正规方式(譬如说)相应的 Liapunov 的无理性条件时,可推出与这个方式相应的本征值 λ_j 不是单的,违背条件的次数可解释为 λ_j 的重数. 并且,由保持定理可推出,非线性 Hamilton 扰动并不破坏第 j 个正规方式而只破坏周期性的保持,这个方法已描述在 Berger 的文章中(1969, 1970a). 这个问题的交替有限维方法已由 Weinstein 和 Moser 实现. 正如书中提到的,重数保持定理的优点在于它提供了一个方法,它把这些非线性正规方式与大振幅"连接"起来. 进一步的结果期待着对本征值"分枝"的连续性的探索. 例如,可以证明,在定理(6.4.2)中所描述的解的周期,随着递减的振幅趋向于线性化系统(如果非平凡)的最小非零周期.

附录 A　关于微分流形

称集合 $\mathfrak{M}$ 是一个 N 维流形,是指 $\mathfrak{M}$ 是一个 Hausdorff 拓扑空间,并且每点 $x \in \mathfrak{M}$ 都有一个邻域 W_x 同胚于 R^N 中一个开子集.集合 $\mathfrak{M}$ 称为(C^k 类的)微分流形,是指 $\mathfrak{M}$ 可被开集族 $\{O_\alpha\}$ 覆盖(O_α 称作坐标片[①],每个 O_α(通过一个 C^k 映射 h_α)同胚于 R^N 中一个开集,并使得在任意两个坐标片的交上,坐标变换映射 $h_\alpha h_\beta^{-1}: h_\beta(O_\alpha \cap O_\beta) \to \mathsf{R}^N$ 是一个 C^k 类光滑映射.微分流形 $\mathfrak{M}$ 称为可定向的,是指它可由上述坐标片 O_α 所覆盖,使得坐标变换映射 $h_\alpha h_\beta^{-1}$ 有正的 Jacobi 矩阵.容易描述连通的一维微分流形.

任一连通的一维微分流形微分同胚于一个圆周或实数上的某个开区间.

微分流形 $\mathfrak{M}^N$ 的子集 V 称为 $\mathfrak{M}^N$ 的一个 r 维子流形,是指有坐标片族 $\{O_\alpha\}$ 覆盖 $\mathfrak{M}^N$,使得 $\{O_\alpha \cap V\}$ 是覆盖 V 的坐标片族,并且,若 $x = (x_1, \cdots, x_N)$ 是 O_α 中的局部坐标,则

$$O_\alpha \cap V = \{x \mid x_{r+1} = x_{r+2} = \cdots = x_N = 0\}.$$

就微分几何中问题的解而言,研究流形上的微积分是本质的.对于某些要考虑的问题,一般可通过在 $\mathfrak{M}^N$ 的坐标片 O_α 中引进局部坐标 $(x_1, \cdots, x_N)$ 来实现(把 $(x_1, \cdots, x_N)$ 看作 R^N 中的一个点).事实上,对 $x \in O_\alpha$,每个映射 $h_\alpha: O_\alpha \to \mathsf{R}^N$ 可写成

$$h_\alpha(x) = (\zeta_1(x), \zeta_2(x), \cdots, \zeta_n(x)) = (x_1, x_2, \cdots, x_N).$$

此外,$x = h_\alpha^{-1}(x_1, \cdots, x_N)$.在 $\mathfrak{M}^N$ 上引进单位分解的概念也是有用的(即 $\mathfrak{M}$ 的局部有限覆盖 $\mathscr{V}$ 以及 $\mathfrak{M}$ 上实值非负光滑函数 f_V 的集族 $V \in \mathscr{V}$ 使得 f_V 的支集均包含于 V,且 $\sum_{V \in \mathscr{V}} f_V(x) = 1$).

---

① 这里译为坐标片是因为原文措词为 Coordinate patch.——译者注

于是，为定义 $\mathfrak{M}^N$ 上实值函数 g 对于体积微元 dV 的积分，设 (V_j, f_j) 是 $\mathfrak{M}^N$ 上的任一单位分解，并令

$$\int_{\mathfrak{M}} g dV = \sum_j \int_{V_j} f_j g dV.$$

因为可以把 V_j 选得属于坐标片 O_α，故右端的每一项都可用局部坐标来赋值. 此外，这个定义与所用的单位分解无关. 这因为若 (W_k, φ_k) 是另外的任一单位分解(属于 O_α)，则

$$\sum_j \int_{V_j} f_j g dV = \sum_{j,k} \int_{V_j \cap W_k} f_j \varphi_k g dV$$

$$= \sum_k \int_{W_k} \varphi_k g dV.$$

为了解决微分几何中的许多问题(见 1.2 节)，微分形式的应用是本质的. 在定义流形 $\mathfrak{M}^N$ 上的微分形式时，局部坐标很有用. 事实上，可由在开集 $\Omega \subset \mathbb{R}^N$ 上确定微分形式开始，然后再扩展到 $\mathfrak{M}^N$ 的定义.

我们定义 $\mathbb{R}^N$ 的开集 Ω 上的 C^k 类微分的 p 次形式(记为 $\wedge_p^{(k)}(\Omega)$)是形式表达式

$$\omega = \sum_{i_1 < i_2 < \cdots < i_p} c_{i_1 i_2 \cdots i_p}(x) dx_{i_1} \wedge dx_{i_2} \wedge \cdots \wedge dx_{i_p},$$

其中，函数 $c_{i_1 \cdots i_p}(x) \in C^k(\Omega)$，且整数 $i_1, \cdots, i_p$ 位于 1 和 N 之间. 两个这样的微分形式可按分量相加. 还可以用以下两个步骤来定义两个形式 $\omega \in \wedge_p^{(k)}(\Omega)$ 和 $\omega' \in \wedge_q^{(k)}(\Omega)$ 的外积 $(\omega \wedge \omega') \in \wedge_{p+q}^{(k)}(\Omega)$:

(i) 对指标 $i_1, \cdots, i_k$ 的任意排列 σ，

$$dx_{\sigma(i_1)} \wedge dx_{\sigma(i_2)} \wedge \cdots \wedge dx_{\sigma(i_k)} = \operatorname{sgn}(\sigma) dx_{i_1} \wedge dx_{i_2} \wedge \cdots \wedge dx_{i_k},$$

其中 $\operatorname{sgn}(\sigma)$ 是排列 σ 的符号.

(ii) 若 ω 定义如上，且

$$\omega' = \sum_{j_1<j_2<\cdots<j_q} b_{j_1 j_2\cdots j_q} dx_{j_1} \wedge dx_{j_2} \wedge \cdots \wedge dx_{j_q},$$

则

$$\omega \wedge \omega' = \sum c_{i_1\cdots i_p}(x) b_{j_1\cdots j_q}(x)(dx_{i_1} \wedge \cdots \wedge dx_{i_p} \wedge dx_{j_1} \wedge \cdots \wedge dx_{j_q}),$$

这里对所有指标 $i_1,\cdots,i_p,j_1,\cdots,j_q$ 求和.若

$$\wedge^k(\Omega) = \sum_p \wedge_p^{(k)}(\Omega),$$

则 $\wedge^k(\Omega)$ 在加法和外乘下构成一个环.

由上面定义的形式 $\omega \in \wedge_p^{(k)}(\Omega)$ 的外导数是形式 $d\omega \in \wedge_{p+1}^{(k-1)}(\Omega)$,它定义为:对任意函数 f,令

$$df = \sum_i \left(\frac{\partial f}{\partial x_i}\right) dx_i,$$

而

$$d\omega = \sum_{i_1<i_2<\cdots<i_p} d(c_{i_1\cdots i_p}) dx_{i_1} \wedge dx_{i_2} \wedge \cdots \wedge dx_{i_p}.$$

事实上,算子 d 有如下额外的性质:

(i) $d(\omega + \omega_1) = d\omega + d\omega_1$;

(1) (ii) $d(\omega \wedge \omega') = d\omega \wedge \omega' + (-1)^p \omega \wedge d\omega'$,

(iii) $d^2\omega = d(d\omega) = 0$.

在变量变换下,微分形式的变换非常讲究.事实上,若 $f = (f_1,\cdots,f_N)$ 是从 U 到 V 上的光滑映射,我们可以定义一个映射 $f_*: \wedge_p^{(k)}(U) \to \wedge_p^{(k)}(V)$.事实上,设 ω 定义仍同上,那么,我们令

$$f_*(\omega) = \sum_{i_1<i_2<\cdots<i_p} c_{i_1\cdots i_p}(f(x)) df_{i_1} \wedge \cdots \wedge df_{i_p},$$

映射 f_* 立有如下重要性质:

(i) $f_*(\omega + \omega_1) = f_*(\omega) + f_*(\omega_1)$,

(ii) $f_*(\omega \wedge \omega') = (f_*\omega) \wedge (f_*\omega')$,

(2) (iii) $d(f_*\omega) = f_* d\omega$,

(iv) 若 $f: U \to V, g: V \to W$,则 $(g \circ f)_* = f_* \circ g_*$.
于是,例如,微分形式的外导数与计算所用的坐标系无关.

利用前面的讨论及坐标映射 h_α 的性质,我们可用自然的方式定义 C^k 类流形 $\mathfrak{M}$ 上 C^s 类的 p 次微分形式,记为 $\wedge_p^{(s)}(\mathfrak{M})$. 于是,若在 U 上 $\omega(x)$ 可用局部坐标写成

$$\omega(x) = \sum_{i_1 < i_2 < \cdots < i_p} \zeta_{i_1 \cdots i_p}(x) dh_{\alpha_{i_1}} \wedge dh_{\alpha_{i_2}} \wedge \cdots \wedge dh_{\alpha_{i_p}},$$

则 ω 是 $\mathfrak{M}$ 上 C^s 类的 p 次形式. 这个定义与所用到的局部坐标无关,而且和前面一样,外乘和外微分都可用同样的方法在 $\wedge_p^{(s)}(\mathfrak{M})$ 上定义,它们具有性质(1)和(2).

de Rham 上同调群

设 $\mathfrak{M}$ 是一个光滑的 N 维流形,假定用 $\wedge_p(\mathfrak{M}, \mathfrak{N})$ 表示这样一个 p 次光滑微分形式的向量空间:它定义在 $\mathfrak{M}$ 上,而在邻域 $\mathfrak{N} \subset \mathfrak{M}$ 中为 0. 则外微分算子

$$d: \wedge_p(\mathfrak{M}, \mathfrak{N}) \to \wedge_{p+1}(\mathfrak{M}, \mathfrak{N}).$$

对于

$$Z^p(\mathfrak{M}, \mathfrak{N}) = \mathrm{Ker}\, d, B^p(\mathfrak{M}, \mathfrak{N}) = \mathrm{Range} d,$$

我们定义 $(\mathfrak{M}, \mathfrak{N})$ 的第 p 个 de Rham 上同调群为商

$$H^p(\mathfrak{M}, \mathfrak{N}) = Z^p(\mathfrak{M}, \mathfrak{N}) / B^p(\mathfrak{M}, \mathfrak{N}),$$

则以下定理成立

定理 de Rham 上同调群是 $(\mathfrak{M}, \mathfrak{N})$ 的拓扑不变量.

为讨论(6.6.9)中提到的上长度概念,我们可用 de Rham 上同调. 实际上,根据定义在 $\mathfrak{M}$ 上的两个微分形式的外积的存在性,可以定义 $\sum_{p=0}^{\dim} H^p(\mathfrak{M}, \mathfrak{N})$ 上一个环结构,事实上,若 $\omega_1 \in \wedge_p(\mathfrak{M}, \mathfrak{N})$ 和 $\omega_2 \in \wedge_q(\mathfrak{M}, \mathfrak{N})$ 使 $d\omega_1 = d\omega_2 = 0$, 则

$$d(\omega_1 \wedge \omega_2) = d\omega_1 \wedge \omega_2 + (-1)^p \omega_1 \wedge d\omega_2 = 0;$$

同时,如果我们假定 $d\omega_1 = 0, \omega_2 = d\omega$, 则

$$d(\omega_1 \wedge \omega_2) = \pm w_1 \wedge \omega_2.$$

于是 $\omega_1 \wedge \omega_2 \in \wedge_{p+q}(\mathfrak{M},\mathfrak{N})$，从而 $\sum_{p=0}^{N} \wedge_p(\mathfrak{M},\mathfrak{N})$ 是外乘下的结合代数，使 $\mathsf{Z}(\mathfrak{M},\mathfrak{N}) = \sum_{p=0}^{N}\mathsf{Z}^p(\mathfrak{M},\mathfrak{N})$ 是一个子代数，且 $B(\mathfrak{M},\mathfrak{N}) = \sum_{p=0}^{N} B^p(\mathfrak{M},\mathfrak{N})$ 是 $\mathsf{Z}(\mathfrak{M},\mathfrak{N})$ 中的一个理想. 因此

$$\sum_p H^p(\mathfrak{M},\mathfrak{N}) = \sum_p \mathsf{Z}^p(\mathfrak{M},\mathfrak{N})/B^p(\mathfrak{M},\mathfrak{N})$$
$$\approx \mathsf{Z}(\mathfrak{M},\mathfrak{N})/B(\mathfrak{M},\mathfrak{N})$$

也是一个结合代数. 因而有上同调群之间的积($\cup$,上积)使

$$H^p(\mathfrak{M},\mathfrak{N}) \cup H^q(\mathfrak{M},\mathfrak{N}) \to H^{p+q}(\mathfrak{M},\mathfrak{N}).$$

那么,整数上长度是 $H^*(\mathfrak{M})$ 的上积不为 0 的非零元素的最大数目.

复流形

我们现在转而考虑微分流形上的复结构. 一个 $2N$ 偶数维的流形 $\mathfrak{M}$ 称为复流形,是指能用这样的坐标片来覆盖 $\mathfrak{M}$:在每个坐标片中,局部的 $2N$ 个实坐标可表示为正规复坐标 $z_1,\cdots,z_N$,而且,用这种方式,坐标片交叠处的局部坐标之间的坐标映射可以由 $z_1,\cdots,z_N$ 的复解析函数给出.

定义这种复流形的微分形式具有特色. 于是,(容许的复坐标) $\wedge_1^{(k)}(\mathfrak{M})$ 可以分解成两个形式空间:一个称为(1,0)型,由 $dz_1,\cdots,dz_N$ 张成;另一个称为(0,1)型,由复共轭 $d\bar{z}_1,\cdots,d\bar{z}_N$ 张成(即 $\wedge_1^{(k)}(\mathfrak{M}) = \wedge_{1,0}^{(k)}(\mathfrak{M}) + \wedge_{0,1}^{(k)}(\mathfrak{M})$). 还应注意,在坐标的解析变换下,这个分解是不变量.

然后,外微分算子 d 自然分解成 $d = \partial + \bar{\partial}$,其中

(i) 对函数 $f = f(z,\bar{z})$,汇集已知约定可得

$$\partial f = (\partial f/\partial z_k)dz_k,\ \bar{\partial} f = (\partial f/\partial \bar{z}_k)d\bar{z}_k;$$

(ii) $\partial(c dz_{i_1} \wedge \cdots \wedge dz_{i_p} \wedge d\bar{z}_{j_1} \wedge \cdots \wedge d\bar{z}_{j_p})$
$$= (\partial c) dz_{i_1} \wedge \cdots \wedge dz_{i_p} \wedge d\bar{z}_{j_1} \wedge \cdots \wedge d\bar{z}_{j_p},$$

对$\bar{\partial}$,有类似的表达式.

于是,∂映$\wedge_{p,q}(\mathfrak{M})\to\wedge_{p+1,q}(\mathfrak{M})$,而$\bar{\partial}$映$\wedge_{p,q}(\mathfrak{M})\to\wedge_{p,q+1}(\mathfrak{M})$,同时,$\partial^2=\bar{\partial}^2=\partial\bar{\partial}+\bar{\partial}\partial=0$.

附录 B　关于微分形式的 Hodge-Kodaira 分解

在任一光滑紧流形 $\mathfrak{M}$ 上，我们可以引进 Riemann 度量

$$ds^2 = \sum_{i,j=1}^{N} g_{ij}(x)dx_i dx_j$$

对于这个度量，我们可以对定义在 $\mathfrak{M}$ 上的 p 次微分形式 $\Lambda_p(\mathfrak{M})$ 定义 L_2 内积 $\langle , \rangle$，并且，由令

$$\langle d^T\omega, \omega_1\rangle = \langle \omega, d\omega_1\rangle$$

来定义外微分算子 d 的形式伴随算子 d^T. 然后，我们定义 Laplace-Beltrami 算子

$$\Delta = dd^T + d^Td, \qquad 在\ \Lambda_p(\mathfrak{M})\ 上.$$

显然，Δ 映 $\Lambda_p(\mathfrak{M})$ 到自身，它是自伴的，与 d 和 d^T 可交换，并且 $\Delta\omega = 0$ 当且仅当 $d\omega = d^T\omega = 0$. 使 $\Delta\omega = 0$ 的形式 ω 称为调和的.

我们现在谈谈光滑向量场分解的紧流形的类似结论，其中，向量场定义在 R^N 上的紧支集上.

定理　若 $\omega \in \Lambda_p^1(\mathfrak{M})$，则有一个 $p-1$ 次形式 ω_1，一个 $p+1$ 次形式 ω_2，以及一个调和 p 次形式 H，使

$$\omega = d\omega_1 + d^T\omega_2 + H.$$

假定

$$\omega = d\bar{\omega}_1 + d^T\bar{\omega}_2 + \bar{H},$$

那么，

$$d\bar{\omega}_1 = d\omega_1, d^T\omega_2 = d^T\bar{\omega}_2, H = \bar{H},$$

在此意义下，形式 $d\omega_1, d^T\omega_2$ 及 H 是唯一的. 此外，调和 p 次形式的向量空间维数有限，并等于 $\mathfrak{M}$ 的第 p 个 Betti 数 R_p.

在这方面，以下不等式非常重要. 假定 $\omega \in \Lambda_p^\infty(\mathfrak{M})$ 使其调和

部分 $H(\omega)=0$,那么,存在绝对常数 $c>0$,使

$$c\langle\omega,\omega\rangle\leqslant\langle d\omega,d\omega\rangle+\langle d^T\omega,d^T\omega\rangle.$$

对任意 $\omega\in\Lambda_p^\infty(\mathfrak{M})$,我们现在定义 Green 算子 $G(\omega)$为

$$\Delta u=\omega-H(\omega)$$

的解 u.在由 $\Lambda_p(\mathfrak{M})$关于范数

$$\|\omega\|^2=\langle d\omega,d\omega\rangle+\langle d^T\omega,d^T\omega\rangle$$

完备化得到的 Hilbert 空间 $\mathscr{H}^p(\mathfrak{M})$中,该解 u(在广义的意义下)存在并唯一,并且,根据 Δ 的椭圆性,它是经典意义下的解. 于是,对 $\omega\in\Lambda_p(\mathfrak{M})$,我们可得 Hodge-Kodaira 分解

$$\omega=dd^TG(\omega)+d^TdG(\omega)+H(\omega).$$

在复流形 $\mathfrak{M}$ 上可引入一个实解析 Riemann 度量 g,借助于正规复解析坐标,它可以写成

$$ds^2=2\sum_{j,k}g_{jk}dz_jd\bar{z}_k.$$

这样一个度量称为是 Hermite 的. 在任一紧复流形上都可引进一个 Hermite 度量.

若 $dg=0$,则 $\mathfrak{M}$ 上的 Hermite 度量

$$g=2\sum_{j,k}g_{jk}dz_j\wedge d\bar{z}_k$$

被称为 Kähler 度量. 在此情况下,复 Laplace 算子□写成

$$\Box f=\sum g^{i\bar{j}}\partial^2 f/\partial z_i\partial\bar{z}_j,$$

并且以下结果成立:

若$(\mathfrak{M},g)$是一个 Kähler 流形,□定义如上,满足$\Box=\frac{1}{2}\Delta$,其中,Δ 是定义在实 $2N$ 维 Riemann 流形$(\mathfrak{M},g)$上的 Laplae-Beltrami 算子.

在一般的 Hermite 情况下,根据用于 Riemann 情况中的论证,用□代替 Δ,我们就能再定义 Hodge-Kodaira 分解. 事实上,若将$(0,q)$形式表示为$\Lambda_{0,q}(\mathfrak{M})$,且调和(数值的或向量值的)$(0,q)$形式是那些使$\Box\omega=0$ 的$(0,q)$形式 ω,那么,我们有 Green 函数 G 使

$$\omega = \bar{\partial}\bar{\partial}^T G(\omega) + \bar{\partial}^T \bar{\partial} G(\omega) + H(\omega),$$

其中,$H(\omega)$是 ω 的调和部分,而 $G(\omega)$是$\square u = \omega - H(\omega)$的唯一解 u.

对于同型的形式,我们注意 L_2 数量积$\langle , \rangle$,并注意相应由$\langle \bar{\partial}^T \omega, \omega_1 \rangle = \langle \omega, \bar{\partial} \omega_1 \rangle$所定义的$\bar{\partial}$的形式伴随算子$\bar{\partial}^T$. $\bar{\partial}^T$ 映$\wedge_{p,q}(\mathfrak{M}) \to \wedge_{p,q-1}(\mathfrak{M})$,并且$(\bar{\partial}^T)^2 = 0$. 另外,复 Laplace 算子

$$\square = \bar{\partial}\bar{\partial}^T + \bar{\partial}^T \bar{\partial}$$

保持$\wedge_{p,q}(\mathfrak{M})$不变,与$\bar{\partial}$和$\bar{\partial}^T$可交换,并且,在任一固定型的形式上是一个强椭圆型偏微分算子.

对于这些结果的讨论和证明,我们建议读者参考 Kodaira 和 Morrow 的书(1971).

参考文献

Agmon, S. (1965). "Lectures on Elliptic Boundary Value Problems. "Van Nostrand-Reinhold, Princeton, New Jersey

Agmon, S., Douglis, A., and Nirenberg, L. (1959). Estimates near the boundary for solutions of elliptic partial differential equations satisfying general boundary conditions, I, *Comm. Pure Appl. Math.* **12**, 623~727.

Agmon, S., Douglis, A., and Nirenberg, L. (1964). Estimates near the boundary for solutions of elliptic partial differential equations satisfying general boundary conditions, Ⅱ, *Comm. Pure Appl. Math*, **17**, 35~92.

Alber, S. (1970). The topology of functional manifolds and the calculus of variations in the large, *Russian Math Surveys* **25**, 51~117.

Alexiewicz, A., and Orlicz, W. (1954). Analytic operations in real Banach spaces, *Studia Math.* **14**, 57~78.

Ambrosetti, A. (1973). Esistenza di infinite solutioni per problemi non lineari, *Atti Accad. Naz. Lincei Mem. Cl. Sci. Fis. Mat. Natur. Sez. I* **52**, 660~667.

Ambrosetti, A., and Prodi, G. (1972). On the inversion of some differentiable mappings with singularities between Banach spaces, *Annali di Math.* **93**, 231~246.

Amann, H. (1972). Ljusternik-Schnirelmann theory and nonlinear eigenvalue problems, *Math, Ann.* **199**, 55~72.

Amann, H. (1976). Fixed point theorems and nonlinear eigenvalue problems in ordered Banach spaces, *SIAM Rev.* **18**, 620~709.

Amann, H. (1976). "Nonlinear Operators in Ordered Banach Spaces and Some Applications to Nonlinear Boundary Value Problems" (Lect. Notes in Math.). Springer-Verlag, New York.

Appel, P. (1921). "Mecanique Rationnelle, "Vol. IV. Gauthier-Villars, Paris.

Banach, S. (1920). Thesis, published in *Fund. Math.* **3**, 133~181.

Banach, S., and Mazur, S. (1934). Uber mehrdeutige stetige abbildungen, *Studia Math*. **5**, 174~178.

Bartle, R. (1953). Singular points in functional equations, *Trans. Amer. Math. Soc*. **75**, 366~384.

Batchelor, G. (1967). "Introduction to Fluid Dynamics." Cambridge Univ. Press, London and New York.

Benjamin, T. B. (1971). A unified theory of conjugate flows, *Philos. Trans. Roy. Soc*. **269**, 587~647.

Berger, M. S. (1965). An eigenvalue problem for non-linear elliptic partial differential equations. *Trans. Amer. Math. Soc*. **120**, 145~184.

Berger, M. S. (1967). On Von Kármán's equations and the buckling of a thin elastic plate, I, *Comm. Pure Appl. Math*. **20**, 687~719.

Berger, M. S. (1969). A bifurcation theory for real solutions of non-linear elliptic partial differential equations. *In* "Bifurcation Theory and Nonlinear Eigenvalues" (J. Keller and S. Antman, eds.), pp. 113~216. Benjamin, Reading, Massachusetts.

Berger, M. S. (1970a) On multiple solutions of non-linear operator equations arising from the calculus of variations, *Amer. Math. Soc. Proc. Symp*. **17**, 10~27.

Berger, M. S. (1970b). On stationary states for a nonlinear wave equation, *J. Math. Phys*. **11**, 2906~2912.

Berger, M. S. (1971a). On Riemannian structures of prescribed Gaussian curvature for compact 2-manifolds, *J. Differential Geometry* **5**, 325~332.

Berger, M. S. (1971b). On a family of periodic solutions of Hamiltonian systems, *J. Differential Equations* **10**, 17~26.

Berger, M. S. (1971c). Periodic solutions of second order dynamical systems and isoperimetric varational problems, *Amer. J. Math*. **93**, 1~10.

Berger, M. S. (1972). On the existence and structure of stationary states for a nonlinear Klein-Gordon equation, *J. Functional Analysis* **9**, 249~261.

Berger, M. S. (1973). Applications of global analysis to specific non-linear eigenvalue problems, *Rocky Mountain J. Math*. **3**, 319~354.

Berger, M. S. (1974). New applications of the calculus of variations in the large to non-linear elasticity, *Comm. Math. Phys*. **35**, 141~150.

Berger, M. S. (1975). Constant scalar curvature metrics for complex manifolds, *Proc. Amer. Math. Soc. Inst. Differential Geometry* **27**, 153~170.

Berger, M. S., and Berger, M. S. (1968). "Perspectives in Nonlinearity." Benjamin, New York.

Berger, M. S., and Fife, P. (1968). On Von Kármán's equations and the buckling ofa thin elastic plate, II, Plate with general boundary conditions, *Comm. Pure Appl. Math.* **12**, 227~247.

Berger, M. S., and Fraenkel, L. E. (1970). On the asymptotic integration of a nonlinear Dirichlet problem, *J. Math. Mech.* **19**, 553~585.

Berger, M. S., and Fraenkel, L. E. (1971). Singular perturbations of non-linear operator equations, *J. Math. Mech.* **20**, 623~631.

Berger, M. S., and Fraenkel, L. E. (1976). Applications of the calculus of variations in the large to free boundary problems of continuum mechanics, *Proc. Conf. Appl. Functional Anal. to Continuum Mech.* (Lect. Notes in Math. **503**), pp. 186~193. Springer-Verlag, New York.

Berger, M. S., and Meyers, N. G. (1971). Generalized differentiation and utility functions. *In* "Preference Utility and Demand." Harcourt, New York.

Berger, M. S., and Plastock, R. (1977). On proper non-linear Fredholm operators(to appear).

Berger, M. S., and Podolak, E. (1974). On nonlinear Fredholm operator equations, *Bull. Amer. Math. Soc.* **80**, 861~864.

Berger, M. S., and Podolak, E. (1975). On the solutions of a non-linear Dirichlet problem, *Indiana J. Math.* **24**, 837~846.

Berger, M. S., and Podolak, E. (1977). On the homotopy groups of spheres and nonlinear Fredhold operator equations (to appear).

Berger, M. S., and Schechter, M. (1972). Embedding theorems and quasilinear elliptic boundary value problems for unbounded domains, *Trans. Amer. Math. Soc.* **172**, 261~278.

Berger, M. S., and Schechter, M. (1977). On the solvability of semilinear gradient operator equations, *Advances in Math* (to appear).

Berger, M. S., and Westreich, D. (1973). A convergent iteration scheme for bifurcation theory on Banach space, *J. Math. Anal. Appl.* **43**, 136~144.

Bers, L. (1957). Topology (Lect. Notes). Courant Inst., New York.

Bers, L., John, F., and Schechter, M. (1964). "Partial Differential Equations." Wiley, New York.

Beurling, A., and Livingston, A. E. (1962). A theorem on duality mappings in Banach spaces. *Ark. Mat.* **4**, 405~411.

Birkhoff, G. D. (1927). "Dynamical Systems" (Colloq. Publ. **9**). Amer. Math. Soc., Providence, Rhode Island.

Birkhoff, G., and Zarantonello, E. (1957). "Jet, Wakes and Cavities." Academic Press, New York.

Böhme, R. (1971). Nichtlineare störung der isolierten eignewerte selbstadjungierter operatoren, *Math. Z.* **123**, 61~92.

Böhme, R. (1972). Die lösung der verzweigungsgleichungen für nichtlineare eigenwertprobleme, *Math. Z.* **127**, 105~126.

Bourbaki, N. (1949). "Elements de Mathematique." Hermann, Paris.

Brézis, H. (1968). Equations et inequations non lineaires dans les espaces. vectoriels en dualité, *Ann. Inst. Fourier (Grenoble)* **18**, 115~175.

Brézis, H. (1973). "Operateurs Maximaux Monotones et Semi-Groupes de Contractions Dans les Espaces de Hilbert" (Notas de Mat. **50**). American Elsevier, New York.

Brout, R. (1965). "Phase Transitions." Benjamin, Reading, Massachusetts.

Browder, F. E. (1954). Covering spaces, fibre spaces and local homeomorphisms, *Duke Math. J.* **21**, 329~336.

Browder, F. E. (1965). Infinite dimensional manifolds and non-linear elliptic eigenvalue problems, *Ann. of Math.* **82**, 459~477.

Browder, F. E. (1968). Nonlinear eigenvalue problems and Galerkin approximations, *Bull. Amer. Math. Soc.* **74**, 651~656.

Browder, F. E. (1976). Nonlinear operators in Banach spaces, *Proc. Symp. P. M.* **18**, pt. 2. Amer. Math. Soc., Providence, Rhode Island.

Caccioppoli. R. (1931). Problemi non lineari in analisis funzionale, *Rend. Sem. Nat. Roma.* **1**, 13~22.

Cartan, H. (1940). Sur les matrices holomorphes de variables complexes, *J. Math. Pures Appl.* **19**, 1~26.

Cartan , H. (1966). Some applications of the new theory of Banach analytic spaces, *J. London Math. Soc.* **41**, 70~78.

Cartan, H. (1970). "Differential Forms." Hermann, Paris.

Cartan, H. (1971). "Differential Calculus." Hermann, Paris.

Cauchy, A. (1847). Méthode général pour la resolution des systemes d'equations simultanéés, *C. R. Acad. Sci. Paris* **25**.

Cesari, L., and Kannan, R., (eds.) (1976). "Nonlinear Functional Analysis and Its Applications." Dekker, New York.

Clark, D. (1973). A variant of the Ljusternik-Schnirelmann theory, *Indiana J. Math.* **22**. 65~74.

Courant, R. (1950). "Dirichlet's Principle." Wiley (Interscience), New York.

Crandall, M. G., and Rabinowitz, P. H. (1971). Bifurcation from simple eigenvalues, *J. Functional Analysis* **8**, 321~340.

Cronin, J. (1953). Analytic functional mappings, *Ann. of Math.* **58**, 175~181.

Cronin, J. (1964). "Fixed Points and Topological Degree in Nonlinear Analysis" (Math. Surveys **11**). Amer. Math. Soc., Providence, Rhode Island.

Cronin, J. (1972). Eigenvalues of some nonlinear operators, *J. Math. Anal.* **38**, 659~667.

Cronin, J. (1973). Equations with bounded nonlinearities, *J. Differential Equations* **14**, 518~596.

Dancer, E. N. (1971). Bifurcation theory in real Banach spaces, *J. London Math. Soc.* **23**(3), 699~734.

De Villiers, J. M. (1973). A uniform asymptotic expansion of the positive solution of a non-linear Dirichlet problem, *Proc. London Math. Soc.* **27**, 701~722.

Dieudonné, J. (1960). "Foundations of Modern Analysis." Academic Press, New York. Enlarged and Corrected edition, 1969.

Deprit, A., and Henrard, J. (1968). A manifold of periodic orbits, *Advances in Astron. Astrophys.* **6**, 2~124.

Douady, A. (1965). Le Probleme des Modules. Sem. Coll. du France.

Dunford, N., and Schwartz, J. (1958). "Linear Operators," Part I; (1963), Part II. Wiley, New York.

Eells, J. (1966). A setting for global analysis, *Bull. Amer. Math. Soc.* **72**, 751~807.

Eells, J. (1970). Fredholm structures, *Symp. Nonlinear Functional Anal.* **18**, 62~85. Amer. Math. Soc., Providence, Rhode Island.

Ekeland, I., and Temam, R. (1976). "Convex Analysis and Variational Problems." North - Holland Publ., Amsterdam.

Elworthy, K., and Tromba, A. (1970). Differential structures and Fredholm maps, *Proc. Symp. Global Anal.* **15**, 45~94.

Einstein, A. (1955). "The Meaning of Relativity." Princeton Univ. Press, Princeton, New Jersey.

Faddeev, L., and Zakharov, V. (1971). Korteweg-de Vries equation as a completely integrable Hamiltonian system, *J. Math. Phys.* **12**, 1548~1551.

Federer, H. (1969). "Geometric Measure Theory." Springer-Verlag, New York.

Fife, P. (1973). Semilinear elliptic boundary value problems with small parameters, *Arch. Rational Mech. Anal.* **52**, 205~232.

Förster, O. (1975). Power series methods in deformation theorems (Lect. notes, AMS Summer Inst. Several Complex Variables).

Fraenkel, L. E. (1962). Laminar flow in symmetrical channels with slightly curved walls, II, *Proc. Roy. Soc.* **A272**, 406~428.

Fraenkel, L. E. (1973). On a theory of laminar flow in channels of a certain class, *Proc. Cambridge Philos. Soc.* **73**, 361~390.

Fraenkel, L. E., and Berger, M. S. (1974). On the global theory of vortex rings in an ideal fluid, *Acta Math.* **32**, 13~51.

Fréchet, M. (1906). Sur quelque points du calcul fonctionnel, *Rend. Circ. Mat. Palermo* **22**, 1~74.

Friedman, A. (1969). "Partial Differential Equations." Holt, New York.

Friedrichs, K. O. (1955). Asymptotic phenomena in mathematical physics, *Bull. Amer. Math. Soc.* **59**, 485~504.

Fucik, S., Necas, J., and Soucek, V. (1973). "Spectral Analysis of Nonlinear Operators" (Lect. Notes in Math. **343**). Springer- Verlag, New York.

Fujita, H. (1961). On the existence and regularity of the steady solutions of the Navier-Stokes equation, *J. Fac. Sci. Univ. Toyko* **9**, 59~102.

Garabedian, P. (1964). "Partial Differential Equations." Wiley, New York.

Gateaux, R. (1922). Sur les fonctionnelles continues et les fonctionnelles analytique, *Bull. Soc. Math. Fr.* **50**, 1~21.

Geda, K. (1964). Algebraic topology methods in the theory of compact fields, *Fund. Math.* **54**, 177～209.

Geba, K., and Granas, A. (1973). Infinite dimensional cohomology theories, *J. Math. Pure Appl.* **52**, 145～270.

Goldring, T. (1977). Thesis, Yeshiva Univ., New York.

Gordon, W. B. (1971). *J. Differential Equations* **10**, 324～335.

Gordon, W. B. (1972). *Amer. Math. Monthly* **79**, 755～759.

Gortler, H., Kirchgassner, K., and Sorger, P. (1963). Branching solutions of the Benard problem, "Problems of Continuum Mechanics." SIAM, Providence, Rhode Island.

Granas, A. (1961). Introduction to Topology of Functional Spaces (Univ. of Chicago lecture notes).

Granas, A. (1969). Topics in Infinite Dimensional Topology. Sem. Coll. de France.

Graves, L. (1950). Some mapping theorems, *Duke Math. J.* **17**, 111～114.

Gross, L. (1964). Classical analysis on Hilbert space. *In* "Analysis on Function Space" (T. Martin and L. Segal, eds.), pp. 51～68. MIT Press, Cambridge Massachusetts.

Hadamard, J. (1904). Sur les equations fonctiouelles, C. R. *Acad. Sci. Paris Sér. A～B* **136**, 351.

Hale, J. K. (1969). "Ordinary Differential Equations." Wiley (Interscience), New York.

Hartman, P. (1967). On homotopic harmonic maps, *Canad. J. Math.* **19**, 673～687.

Heissenberg, W. (1967). Nonlinear problems in physics, *Phys. Today* (May), pp. 27～33.

Hilbert, D. (1900). Address, Internat. Congr. Math., Paris.

Hildebrandt, S., and Widman, K. O. (1971). On the Dirichlet problem for surfaces of constant mean curvature, *Math. Ann.*

Hille, E. (1948). "Functional Analysis and Semigroups" (Colloq. Publ. **31**). Amer. Math. Soc., Providence, Rhode Island.

Hille, E., and Phillips, R. (1957). "Functional Analysis and Semigroups" (Colloq. Publ. **31**). Amer. Math. Soc., Providence, Rhode Island.

Hilton, P. (1953). "Introduction to Homotopy Theory." Cambridge Univ. Press, London and New York.

Holm, P., and Spanier, E. H. (1971). Involutions and Fredholm maps, *Topology* **10**, 203~218.

Hopf, E. (1951). Über die Anfangswertaufgabe für die hydro gleichungen, *Math. Nachr.* **4**, 213~231.

Hormander, L. (1966). "An Introduction to Several Complex Variables." Van Nostrand-Reinhold, Princeton, New Jersey.

Hu, S. (1959). "Homotopy Theory." Academic Press, New York.

Ize, G. (1975). Bifurcation Theory for Fredholm Operators. Thesis, New York Univ.

John, F. (1968). On quasi-isometric mappings, I, *Comm. Pure Appl. Math.* **21**, 77~110.

Joseph, D. (1976). "Theory of Stability of Viscuous Fluids." Springer-Verlag, New York.

Judovitch, V. I. (1967). Free convection and bifurcation, *Appl. Math. Mech., Trans. PMM* **31**, 101~111.

Judovitch, V. I. (1966). Secondary flows and fluid instability between rotating cylinders, *Appl. Math. Mech., Trans. PMM* **30**, 688~698.

Karlin, S. (1968). "Total Positivity." Stanford Univ. Press, Palo Alto, California.

Kazdan, J., and Warner, F. (1974). Curvature functions for compact 2-manifolds, *Ann. of Math.* **99**, 14~47.

Kazdan, J., and Warner, F. (1975). Scalar curvature and conformed deformation, *J. Differential Geometry* **10**, 113~134.

Keller, J. B., and Antman, S., (eds.) (1969). "Bifurcation Theory and Nonlinear Eigenvalue Problems." Benjamin, Reading, Massachusetts.

Kelvin, and Tait, P. (1879). "Treatise on Natual Philosophy." Cambridge Univ. Press, London and New York.

Kirchgässner, K., and Sorger, P. (1969). Branching analysis for the Taylor problem, *Quart. J. Mech. Appl. Math.* **22**, 183~210.

Kodaira, K., and Morrow, J. (1971). "Complex Manifolds." Holt, New York.

Kolomogrov, A. (1954). Theorie generale des systemes dynamique et mechanique classique. *Proc. Internat. Congr. Math., Amsterdam.*

Krasnoselski, M. A. (1965). "Topological Methods in the Theory of Nonlinear Integral Equations." Pergamon, Oxford.

Krasnoselski, M. A., *et al*. (1972). "Approximate Solution of Operator Equations." Noordhoff, Groningen.

Krasovskii, J. P. (1961). On the theory of steady-state waves of finite amplitude, *Z. Vycisl. Mat. Mat. Fiz.* **1**, 836～855(in Russian).

Kupka, I. (1965). Counterexample to the Morse-Sard theorem in the case of infinite-dimensional manifolds, *Proc. Amer. Math. Soc.* **16**, 954～957.

Kuranishi, M. (1965). New proof for the existence of locally complete families of complex structures, *Proc. Cont. Compl. Analy.* Springer-Verlag, Berlin and New York.

Ladyhenskaya, O. (1969). "Mathematical Theory of Viscous and Compressible Flow" (2nd ed.). Gordon & Breach, New York.

Ladyhenskaya, O., and Uralsteva, N. (1968). "Linear and Quasilinear, Elliptic Partial Differential Equations." Academic Press, New York.

Landau, L. (1937). On the theory of phase transitions, *Phys. Z. Sov. Univ.* **11**, 26～39.

Landau, L. (1944). On the problem of turbulence, *Dokl. Akad. Nauk USSR* **44**, 339～342.

Lang, S. (1972). "Differentiable Manifolds." Addison-Wesley, Reading, Massachusetts.

Landesman, E., and Lazar, A. (1970). Nonlinear perturbations of linear eigenvalue problems at resonance, *J. Math. Mech.* **19**, 609～623.

Lax, P. (1968). Integrals of nonlinear equations of evolution and solitary waves, *Comm. Pure Appl. Math.* **21**, 467～490.

Lebesgue, H. (1907). Sur le probleme de Dirichlet, *Rend. Circ. Math. Palermo* **24**, 371～402.

Leray, J. (1933). Etude de diverses equations integrales non lineaires, *J. Math.* **12**, 1～82.

Leray, J. (1952). "La Theorie des Points Fixes et ses Applications en Analyse." pp. 202～208. Amer. Math. Soc., Providence, Rhode Island.

Leray, J., and Schauder, J. (1934). Topologie et equations fonctionnelles,

Ann. Sci. École. Norm. Sup. **51**, 45~78.

Levi-Civita, T. (1925). Determination rigoureuse des ondes permanentes d'ampleur finie, *Math. Ann.* **93**, 264~314.

Liapunov, A. (1906). Sur les figures d'equilibrium, *Acad. Nauk St. Petersberg* pp. 1~225.

Liapunov, A. (1907). Problem general de la stabilite du mouvement, *Ann. Fac. Sci. Univ. Toulouse* **17**, 203~474.

Lichtenstein, L. (1931). Vorlesungen über einige Klassen nichtlinearen Intergralgleichungen und Intergrodifferentialgleichungen nebst Anwendungen, Berlin.

Lichtenstein, L. (1933). "Gleichgewichtsfiguren Rotierender Flussigkeiten." Springer-Verlag, Berlin.

Lions, J. L. (1969). "Quelques Method de Resolution des Problemes aux Limites Nonlineaires." Dunod, Paris.

Littman, W. (1967). A connection between α-capacity and *m-p* polarity, *Bull. Amer. Math. Soc.* **73**, 862~866.

Ljusternik, L. (1966). "Topology of the Calculus of Variations in the Large" (Amer. Math. Soc. Transl. **16**), Amer. Math. Soc., Providence, Rhode Island.

Ljusternik, L., and Schnirelmann, L. (1930). "Method Topologique Dans Les Problémes Variationelles" (Actualités Sci. Indust. **188**). Hermann, Paris.

Ljusternik, L., and Sobolev, V. (1961). "Elements of Functional Analysis." Ungar, New York.

Loginov, B. V., and Trenogin, V. A. (1972). The use of group properties to determine multi-parameter families of solutions of nonlinear equations, *Math. Sb.* **14**, 438~452.

Malgrange, B. (1969). Sur I'integrabilité des structures presque complexes, *Symp. Math.* **2**. Academic Press, New York.

Michal, A. (1958). "Le calcul Differential dans les Espaces de Banach." Gauthier-Villars, Paris.

Milnor, J. (1963). "Morse Theory." Princeton Univ. Press, Princeton, New Jersey.

Milnor, J. (1965). "Topology from the Differentiable Viewpoint." Univ. of Virginia Press, Charlottesville, Virginia.

Minty, G. J. (1962). Monotone (nonlinear) operators in a Hilbert space, *Duke Math. J.* **29**, 341~346.

Morrey, C. Jr. (1966). "Multiple Integrals in the Calculus of Variations." Springer-Verlag, New York.

Morse, M. (1934). "The Calculus of Variations in the Large" (Colloq. Publ. **18**). Amer. Math. Soc., Providence, Rhode Island.

Morse, M., and Cairns, S. (1969). "Critical Point Theory in Global Analysis." Academic Press, New York.

Moser, J. (1966). A rapidly convergent iteration method and nonlinear partial differential equations, I, *Ann. Scuola Norm. Sup. Pisa* **20**, 226~315; II, 449~535.

Moser, J. (1971). A sharp form of an inequality of N. Trudinger, *Indiana Univ. Math. J.* **20**, 1077~1092.

Moser, J. (1973a). On a nonlinear problem in differential geometry. *In* "Dynamical Systems" (M. Peixoto, ed.). Academic Press, New York.

Moser, J. (1973b). " Stable and Random Motions in Dynamical Systems." Princeton Univ. Press, Princeton, New Jersey.

Moser, J. (1976). Periodic orbits near an equilibrium and a theorem by Alan Weinstein. *Comm. Pure Appl. Math.* **29**, 727~747.

Nash, J. (1956). The imbedding problem for Riemannian manifolds, *Ann. of Math.* **63**, 20~63.

Nevanlinna, F., and Nevanlinna, R. (1957). "Absolute Analysis." Springer-Verlag, Berlin.

Newlander, A., and Nirenberg, L. (1957). Complex coordinates in almost complex manifolds, *Ann. of Math.* **65**, 391~404.

Nirenberg, L. (1959). On elliptic partial differential equations, *Ann. Scuola Norm. Sup. Pisa* **13**, 115~162.

Nirenberg, L. (1964). Partial differential equations with application in geometry. *In* "Lectures in Modern Math" (T. Saaty, ed.), Vol. 2. Wiley, New York.

Nirenberg, L. (1971). An application of generalized degree to a class of nonlinear problems, *3rd Colloq. Anal. Fonct., Liege Centre Belge de Recherches*

Math. pp. 57~73.

Nirenberg , L. (1972). An abstract form of the Cauchy-Kowalewski theorem, *J. Differential Geometry* **6**, 561~576.

Nirenberg , L. (1973). Lectures on linear partial differential equations, Reg. Conf. 17. Amer. Math. Soc., Providence, Rhode Island.

Nirenberg , L. (1974). Topics in Nonlinear Functional Analysis (Lecture Notes). New York. Univ.

Nitsche, J. C. C. (1974). "Minimal Surfaces." Springer-Verlag, New York.

Nussbaum, R. (1972). Some asymptotic fixed point theorems, *Trans. Amer. Math. Soc.* **171**, 349~375.

Palais , R. (1963). Morse theory on Hilbert manifolds, *Topology* **2**, 299~340.

Palais , R. (1966). Ljusternik-Schnirelmann theory on Banach manifolds, *Topology* **5**, 115~132.

Palais, R. (1967). "Foundations of Global Nonlinear Analysis." Benjamin, Reading, Masachusetts.

Palais, R., and Smale, S. (1964). A generalized Morse theory, *Bull. Amer. Math. Soc.* **70**, 165~171.

Petryshyn, W. V. (1970). Nonlinear equations involving non-compact operators, *Proc. Symp. Pure Math.* **18**, pt. 1, 206~233. Amer. Math. Soc., Providence, Rhode Island.

Pimbley, G. H. (1969). "Eigenfunction Branches of Nonlinear Operators and Their Bifurcations." Springer-Verlag, New York.

Pitcher, E. (1958). Inequalities of critical point theory, *Bull. Amer. Math. Soc.* **64**, 1~30.

Plastock, R. (1972). Thesis, Yeshiva Univ., New York.

Plastock, R. (1974). Homeomorphisms between Banach spaces, *Trans. Amer. Math. Soc.* **200**, 169~183.

Podolak, E. (1974). Thesis, Yeshiva Univ., New York.

Podolak, E. (1976). On asymptotic nonlinearities, *Indiana J. Math.*.

Podolak, E. (1977). On the range of operator equations with an asymptotically linear term, *Indiana J. Math.* (to appear).

Pohozaev, S. I. (1967). The solvability of nonlinear equations with odd operators, *Funkcional. Anal. Prilozen.* **1**, 66~73.

Pohozaev, S. I. (1968). The set of critical values of a functional, *Math. USSR* **4**, 93~98.

Poincaré, H. (1885). Les figures equilibrium, *Acta Math.* **7**, 259~302.

Poincaré, H. (1890). Les fonctions fuchsiennes et I' equation, *Oeurves* **1**, 512~591.

Poincaré, H. (1892). "Les Methodes Nouvelles de la Mechanique Celeste," Vols. 1~3. Gauthier-Villiars, Paris.

Poincaré, H. (1905). Sur les lignes geodesiques, *Trans. Amer. Math. Soc.* **6**, 237~274.

Prodi, G. (1967). Problemi di diramazione per equazioni funzionali, *Boll. Un. Mat. Ital.* **22**, 413~433.

Protter, M., and Weinberger, H. (1967). "Maximum Principles in Partial Differential Equations." Prentice-Hall, Englewood Cliffs, New Jersey.

Rabinowitz, P. H. (1971). Some global results for nonlinear eigenvalue problems, *J. Functional Analysis* **7**, 487~513.

Rabinowitz, P. H. (1973). Some aspects of nonlinear eigenvalue problems, *Rocky Mountain J. Math.* **3**, 161~202.

Rabinowitz, P. H. (1974). Pairs of positive solutions for nonlinear elliptic partial differential equations, *Indiana Univ. Math. J.* **23**, 173~186.

Rabinowitz, P. H. (1975). Theorie du Degree Topologique et Applications (Lecture Notes).

Riddell, R. C. (1975). Nonlinear eigenvalue problems and spherical fibrations of Banach spaces, *J. Functional Analysis* **18**, 213~270.

Riesz, R., and Nagy, B. (1952). Lecons d'analyse fonctionelle, *Akad. Kiado Budapest*.

Rosen G. (1969). "Formulations of Classical and Quantum Dynamical Theory," Academic Press, New York.

Rosenbloom, P. C. (1956). The method of steepest descent, *Symp. Appl. Math., Providence, Rhode Island* **6**, 127~176.

Rosenbloom, P. C. (1961). The majorant method, *Proc. Symp. Pure Math.* **4**, 51~72.

Rothe, E. (1951). A relation between the type numbers and the index, *Math. Nachr.* **4**, 12~27.

Rothe, E. (1953). Gradient mappings, *Bull. Amer. Math. Soc.* **59**, 5~19.

Rothe, E. (1973). Morse theory in Hilbert space, *Rocky Mountain J. Math.* **3**, No. 2, 251~274.

Ruelle, D., and Takens, F. (1971). On the nature of turbulence, *Comm. Math. Phys.* **20**, 167~192.

Sather, D. (1973). Branching of solutions of nonlinear equations in Hilbert space, *Rocky Mountain Math. J.* **3**, 203~250.

Sattinger, D. H. (1971). Stability of bifurcating solutions by Leray-Schauder degree, *Arch. Rational Mech. Anal.* **43**, 154~166.

Sattinger, D. H. (1973). "Topics in Stability and Bifurcation Theory." (Lect. Notes in Math. **309**). Springer-Verlag, New York.

Schauder, J. (1927). Zur theorie stetiger abbildungen in funktionalraumen, *Math. Z.* **26**, 417~431.

Schauder, J. (1929). Invarianz des gebietes in funktionalraumen, *Studia Math.* **1**, 123~139.

Schauder, J. (1930). Der fixpunktsatz in funktionalraumen, *Studia Math.* **2**, 171~180.

Schechter, M. (1971). "Principles of Functional Analysis." Academic Press, New York.

Schmidt, E. (1908). Zur theorie der linearen und nichtlinearen integralgleichungen, III, *Math. Ann.* **65**, 370~399.

Schwartz, J. (1963). Compact analytic mapping of B-spaces, *Comm. Pure Appl. Math.* **16**, 253~260.

Schwartz, J. (1964). Generalizing the Ljusternik-Schnirelmann theory of critical points, *Comm. Pure Appl. Math.* **17**, 807~815.

Schwartz, J. (1969). "Nonlinear Functional Analysis." Gordon and Breach, New York.

Seifert, H., and Threfall, W. (1938). "Variations in Grossen" (reprint). Chelsea, New York.

Sergeraert, F. (1972). Un theoreme de fonctions implicites sur certains espaces de frechet et quelques applications, *Ann. Ecole Norm. Sup.* **5**, 599~660.

Serrin, J. (1969). The problem of Dirichlet for quasilinear elliptic differential equations with many independent variables, *Philos. Trans. Roy. Soc. Lon-*

don **264**, 413~496.

Segal, I. E. (1963). The global Cauchy problem for a relativistic scalar field with power interaction, *Bull. Soc. Math. France* **91**, 129~135.

Segal, I. E. (1966). Nonlinear relativistic partial differential equations, *Proc. Internat. Congr. Math., Moscow* pp. 681~690.

Siegel, C. L., and Moser, J. (1971). "Lectures on Celestial Mechanics." Springer-Verlag, New York.

Smale, S. (1964). Morse theory and a nonlinear generalization of the Dirichlet problem, *Ann. of Math.* **17**, 307~315.

Smale, S. (1965). An infinite dimensional version of Sard's theorem, *Amer. J. Math.* **87**, 861~867.

Smirnov, V. (1964). "Course in Higher Math." Addison-Wesley, Reading, Massachusetts.

Sobolev, S. L. (1938). Sur un theorems d'analyse fonctionnelle, *Math. Shor.* **45**, 471~496.

Sobolev, S. L. (1950). "Applications of Functional Analysis in Mathematical Physics" (Amer. Math. Soc. Transl.). Providence, Rhode Island.

Stromgren, (1932). *Bull. Astron.* **9**, 87~130.

Spanier, E. (1966). "Algebraic Topology." McGraw-Hill, New York.

Srubshchik, L. S. (1964). On the asymptotic integration of a system of nonlinear equations of plate theory, *Appl. Math. Mech., Trans. PMM* **27**, 335~349.

Stakgold, I. (1971). Branching solutions of nonlinear equations, *SIAM Rev.* **13**, 289~332.

Sternberg, S. (1969). "Celestial Mechanics," Part II. Benjamin, Reading, Massachusetts.

Svarc, A. S. (1964). *Dokl. Akad. Nauk USSR* **154**, 61~63.

Szebehely, V. (1967). "Theory of Orbits." Academic Press, New York.

Takens, F. (1972). Some remarks on the Böhme-Berger bifurcation theorem, *Math. Z.* **129**, 359~364.

Taylor, G. I. (1923). *Proc. Roy. Soc.* **A104** (Sci. Papers **4**), 112~147.

Temam, R. (1975). On the Euler equations of incompressible perfect fluids, *J. Functional Analysis* **20**, 32~43.

Ter-Krikorov, A. M. (1969). On the asymptotic character of the motion of a conservative system acted on by an aperiodic perturbing force, *Appl. Math. Mech., Trans. PMM* **33**, 730~736.

Thom, R. (1975). "Structural Stability and Morphogenesis." Benjamin, Reading, Massachusetts.

Titza, R. (1951). On the general theory of phase transitions. *In* "Phase Transitions in Solids." Chapter 1. Wiley, New York.

Toda, H. (1961). "Composition Methods in Homotopy Groups of Spheres" (Ann. Math Studies **49**). Princeton Univ. Press, Princeton, New Jersey.

Tonelli, L. (1921~1923). "Fondamenti di Calculo Delle Variazioni," Vols. I and II. Zanichelli, Bologna, Italy.

Treves, F. (1970). An abstract nonlinear Cauchy-Kowalewski theorem, *Trans. Amer. Math. Soc.* **150**, 77~92.

Trudinger, N. (1967). On imbedding into Orlicz spaces and some applications, *J. Math. Phys.* **17**, 473~484.

Vainberg, M. (1964). "Variational Methods for the Study of Nonlinear Operators." Holden-Day, San Francisco, California.

Vainberg, M., and Tregogin, V. (1974). "Theory of Branching of Solutions of Nonlinear Equations." Noordhoff, Leyden, The Netherlands.

Velte, W. (1964). Stabilitatsverhalten und verzweigung stationares logsungen der Navier-Stokes-schen gleichungen, *Arch. Rational Mech. Anal.* **16**, 97~125.

Visik, M. I. (1963). Quasilinear strongly elliptic systems of differential equations in divergence form, *Trans. Moscow Math. Soc.* **12**, 140~208.

Volmir, A. S. (1967). "Flexible Plates and Shells" (transl. from Russian by Air Force Systems Command, Wright Patterson A. F. B., Ohio).

Volterra, V. (1930). "Theory of Functionals." Blackie, London.

Von Kármán, T. (1910). "Festigkeitsprobleme Ency. der Math. Wiss," Vol. 4. Teubner, Leipzig.

Von Kármán, T. (1940). The engineer grapples with nonlinear problems, *Bull. Amer. Math. Soc.* **46**, 615~683.

von Neumann, J. (1949). "Collected Works," Vol. 6. "Recent Theories of Turbulence," pp. 437~472. Macmillan, New York.

Wallace, A. (1970). "Algebraic Topology." Benjamin, Reading, Massachusetts.

Weinstein, A. (1973). Lagrangian submanifolds and Hamiltonian systems, *Ann. of Math.* **98**, 377~410.

Westreich, D. (1972). Banach space bifurcation theory, *Trans. Amer. Math. Soc.* **171**, 135~156.

Westreich, D. (1973). Bifurcation at eigenvalues of odd multiplicity, *Proc. Amer. Math. Soc.* **41**, 609~614.

Wehausen, J. (1969). Free surface flows. *In* "Research Frontiers in Fluid Mechanics," Chapter 18. Wiley, New York.

Wightman, A. (1974). Constructive field theory, Introduction to the problems. *In* "Fundamental Problems" (B. Kursonoglu, ed.). Gordon and Breach, New York.

Williams, S. A. (1972). A sharp sufficient condition for solution of a nonlinear problem, *J. Differential Equations* **16**, 580~586.

Wintner, A. (1947). "Analytical Foùncations of Celestial Mechanics." Princeton Univ. Press, Princeton, New Jersey.

Yamabe, H. (1960). On the deformation of Riemanniam structures on compact manifolds, *Osaka Math. J.* **12**, 21~37.

Yoshida, K. (1965). "Functional Analysis." Springer-Verlag, Berlin.

Zehnder, E. J. (1974). A remark about Newton's method, *Comm. Pure Appl. Math.* **27**, 361~366.

Zygmund, A. (1934). "Trigonometric Series" (reprint). Dover, New York.

汉英数学词汇对照

（词汇中含外文者，按字母排序，中文按拼音字母排序）

A

Airy 应力函数　Airy stress functions

Arzela-Ascoli 定理　Arzela-Ascoli theorem

Atiyah-Singer 指标定理　Atiyah-Singer index theorem

鞍点　saddle point

B

Banach-Mazur 定理　Banach-Mazur theorem

Banach 定理　Banach theorem

Banach 空间　Banach space

Banach 空间鳞　Banach space scale

Banach 鳞　Banach scale

Banach 流形　Banach manifold

Betti 数　Betti number

Brouwer 不动点定理　Brouwer fixed point theorem

Brouwer 度　Brouwer degree

半 Fredholm 算子　semi－Fredholm operator

半范　seminorm

半连续性　demicontinuity

半群　semigroup

半线性[的]　semilinear

半线性梯度算子方程　semilinear gradient operator equation

半子　merons

伴随　adjoint

伴随算子　adjoint operator

包含　inclusion

包含映射　inclusion mapping

胞腔　cell

保守力　conservative force
保范　preservation of norm
[保核]收缩　retraction
保锥映射(算子)　cone preserving mapping operator
本征函数　eigenfunction
本征空间　eigenspace
本征向量　eigenveetor
本征值　eigenvalue
本质的　essential
本质谱　essential spectrum
本质性　essential property
本质有界[的]　essentially bounded
逼近问题　approximation problem
闭路空间(圈空间)　loop space
闭双边理想　closed two - sided ideal
闭值域定理　closed range theorem
边界层　boundary layer
边应力　edge stress
边缘效应　edge effect
标量　scalar
标量积　scalar product
标准单形　standard simplex
[表达]式　expression
表示　representation representative
表示[法]　representation
薄膜逼近　membrane approximation
不变量　invariant
不定常[的]　time dependent
不定的　indefinite
不定度规(不定度量)　indefinite metric
不动点定理　fixed point theorem
不交并　disjoint union
不可压缩[的]　incompressible

不可约分支　irreducible component
不适定的　not well posed
不稳定同伦群　unstable nomotopy groups
不存在性　nonextence
标准度量　standard metric，canonical metric

C

Calderon-Zygmund 核函数　Calderon-Zygmund kernel function
Calderon-Zygmund 奇异积分算子　Calderon-Zygmund singular integral operator
Calderon 扩张定理　Calderon extension theorem
Carathéodory 连续性条件　Carathéodory continuity condition
Cauchy-Kowalewski 定理　Cauchy-Kowalewski theorem
Cauchy-Schwarz 不等式　Cauchy-Schwarz inequality
Cauchy 强函数法(优函数法)　Cauchy majorant method
Clarkson 不等式　Clarkson inequality
Couette 流　Couette flow
参数依赖性　parameter dependence
测地线(短程线)　geodesic
测度空间　measure space
常[平均]曲率　constant(mean)curvature
常数量曲率　constant scalar curvature
场　field
超越方法　transcendental method
乘积法则　product rule
持久形式　permanent form
稠密集　dense set
纯量曲率　scalar curvature
次加性的　subadditive
次序关系　order relation
簇　variety

D

De Rham 上同调群　De Rham cohomology group
带边流形　manifold with boundary
待定系数　undetermined coefficient

殆复结构　almost complex structure
单参数　one parameter
单临界点　single critical point
单射[的]　injection injective
单位分割(单位分解)　partition of unity
单叶性　univalence
单叶映射　univalent mapping
单值化问题　uniformization problem
单值实值函数　single real－valued function
单重　simple multiplicity
弹性问题　elastic problem
道路　path
道路提升　path lofting
等变化映射　equivariant mapping
等度连续[的]　equicontinuous
等度小[的]　equismall
等距(等距同构)　isometry
等距嵌入问题　isometric imbedding problem
等温参数　isothermal parameter
等温坐标　isothermal coordinate
等周[的]　isoperimetric
等周变分问题　isoperimetric variational problem
第二类 Christoffel 符号　Christoffel symbol of second kind
第一本征函数　first eigenfunction
第一基本形式　first fundamental form
第 p 个 Betti 数　p—th Betti number
第 p 个稳定同伦群　p—th stable homotopy group
第 p 个 de Rham 上同调群　p 维 de Rham 上同调群
p—th de cohomology group
典范除子　canonical divisor
典范同构(标准同构)　canonical isomorphism
典范同构的　canonically isomorphic
典范投影　canonical projection

点谱　point spectrum
调和函数　harmonic function
迭代　iterate(iteration)
迭代格式　iteration scheme
定[常]态　stationary state(steady state)
定常解　stationary solution
定常流[动]　steady flow(stationary flow)
定型(确定性)　definite form，definiteness
定性性质　qualitative property
动态稳定性　dynamic stability
度　degree
度量张量　metric tensor
对称性　symmetric form
对偶方法　duality method
对偶性　duality
对偶原理　duality principle
对应　correspond(correspondence)
对径体(对映体)　antipode
多元(多变量)　multivariate
多重解　multiple solution
多重数保持定理　multiplicity preservation theorem
多重线性算子　multilinear operator
多重线性型　multilinear form
多重指标　multi-index

E

Einstein 度规　Einstein metric
Euclid 场论　Euclideanfield theory
Euclid 量子场论　Euclidean quantum field
Euler-Lagrange 微分方程　Euler-Lagrange differential equations
Euler-Poincaré 示性数　Euler-Poincaré Characteristic
Euler 弹性问题　Euler elastia problem
Euler 运动方程　Euler equation of motion
额外解　extraneous solution

二次型　quadratic form
二阶变分(第二变分)　second variation

F

Fréchet 导数　Fréchet derivative
Fréchet 可微　Fréchet differentiable
Fredholm 算子　Fredholm operator
Fredholm 算子的指标　index in Fredholm operator
Fredholm 正交条件　Fredholm orthogonality condition
Freundenthal 垂纬(悬垂)映射　Freundenthal suspension mapping
Froude 数　Froude number
反函数定理　inverse function theorem
反演化　inversion method
范拓扑　norm topology
非线性除奇异现象　nonlinear desingularization phenomenon
非本质的　inessential
非负陈[省身]类　nonnegative Chern class
非退化　nondegenerate
非线性 Fredholm 算子(映射)　nonlinear Fredholm operator (mapping)
非线性边值问题　nonlinear boundary value problem
非线性波动方程　nonlinear wave equation
非线性特征值问题　nonlinear eigenvalue problem
非线性效应　nonlinear effects
非线性增长性　nonlinear growth
分布解　distribution solution
分布解　distribution solution
分裂[运算]　splitting
分歧方程(分岔方程)　bifurcation equation
分歧集(分岔集)　bifurcation set
分歧理论(分岔理论)　bifurcation theory
分歧现象(分岔现象)　bifurcation phenomenon
分枝(分岔)　branch
复合算子　composition operator
复解析真映射　proper complex analytic mapping

复结构的形变　deformation of complex struturs
复变量　complex variable
复结构　complex structure
复解析 Fredholm 算子　complex analytic Fredholm operator
复流形　complex manifold
赋范环　normed ring
覆叠空间　covering space
覆叠映射　covering map
覆叠　cover(covering)
覆叠同伦性质　覆盖同伦性质

G

Galerkin 逼近　Galerkin approximation
Gärding 不等式　Gärding inequality
Gateaux 导数　Gateaux derivative
Gateaux 可微　Gateaux differentiable
Gibbs 积分能量泛函　Gibbs internal energy function
高阶导数　higher derivative
高同伦群　higher homotopy groups
高重　higher multiplicity
共轭理论　conjugacy theory
共轭指数　conjugate index
共形变形　conformal deformation
共形度量　conformal metric
共形映射　conformal mapping
通道　channel
孤[立]点　isolated point
光滑(平滑)　smoothing
光滑算子　smoothing operator
光滑性损失　loss of smoothness
光滑子(光滑化算子)　mollifier
广义导数　generalized derivative
广义调和函数　generalized harmonic function
广义反函数定理　generalized inverse function theorem

广义度　generalized degree

规范群　gauge group

H

Hadamard 定理　Hadamard theorem

Hahn-Banach 定理　Hahn-Banach theorem

Hamilton 扰动　Hamilton perturbation

Hamilton 系统　Hamiltons system

Hartogs 定理　Hartogs theorem

Helmholtz 奇异旋涡　Helmholtz singular vortex

Hermite 纯量曲率　Hermite scale curvature

Hermite 度量　Hermite metric

Hilbert 空间　Hilbert space

Hilbert 流形　Hilbert manifold

Hill 球形旋涡　Hill spherical vortex

Hill 涡环　Hill vortex ring

Hödge-Kadaira 分解定理　Hödge-Kadaira decomposition theorem

Hölder 不等式　Hölder inequality

Hölder 空间　Hölder space

Hölder 连续函数　Hölder continuous function

Hölder 逆不等式　Hölder inverse inequality

Hooke 定律　Hooke law

核函数　kernel function

互余投影　complementary projection

环结构　ring structure

换位子　commutator

I

Ising 模型　Ising model

J

Jacobi 椭球　Jacobi ellipsoid

Jeffrey-Hamel 流　Jeffrey-Hamel flow

积分算子　integral operator

积空间　product space

基本群　fundamental group

极化　polarization
极小[化]极大原理　minimax principle
极小化问题　minimization problem
极小化序列　minimizing sequences
极小极大定理　minimax theorem
极小曲面　minimal surface
极型　polar form
极点　pole
集族　collection
加法群　additive group
加性的　additive
检验函数(测试函数)　test function
简化方程　reduced equation
渐近逼近　asymptotic approximation
渐近解　asymptotic solution
渐近展开　asymptotic expansion
阶梯函数　step function
结合代数　associative algebra
截断算子(截尾算子)　truncation operator
截尾级数(截断级数)　truncation operator
截尾级数(截断级数)　truncation series
截尾函数(截断函数)　truncation function
解的延拓　continuation of solution
解析变换　analytic change(transformation)
解析簇　analytic variety
解析算子　Analytic operator
解析象　analytic image
解析性　analyticity
解析隐函数定理　Analytic implicit function theorem
紧半范　compact seminorm
紧连续映射　compact continuous mapping
紧扰动　compact perturbation
紧同伦　compact homotopy

紧微分算子　compact differential operator
紧线性算子　compact linear operator
紧性　compactness
紧性损失　loss of compactness
紧映射的扩张定理　extension theorem for compact mapping
紧支集　compact support
紧支集函数　function of compact support
近似逆　approximate inverse
经典解　classical solution
卷积算子　convolution operator
绝对常数　absolute constant
绝对等度积分　absolutely equicontinuous integral
距离　distance
简化系统　reduced system

K

Kähler 流形　Kähler manifold
Kepler 二体问题　Kepler two-body problem
Klein-Gordan 方程　Klein-Gordan equation
Kondrachov 紧性定理　Kondrachov compactness theorem
Korn-Lichtenstein 定理　Korn-Lichtenstein theorem
Korteweg-Devries 方程　Korteweg-Devries equation
k 次纬垂　k—th iterated suspension
开映射定理　open mapping theorem
可定向的　orientable
可分 Banach 空间　separable Banach space
可分 Hilbert 空间　separable Hilbert space
可分空间　separable space
可缩[的]　contractible
可微算子　differentiable operator
可展的　developable
控制方程　governing equation
夸克囚禁　quark confinement
扩展力向量　extended forcing vector

扩张　extension

扩张定理　extension theorem

亏格函数　genus function

L

Laplace-Beltrami 算子　Laplace-Beltrami operator

Lax-Milgram 引理　Lax-Milgram lemma

Lebesgue 控制收敛定理　Lebesgue dominated convergence theorem

Leray-Schauder 度　Leray-Schauder degree

Levi-Civita 理论　Levi-Civita theory

Liapunov 定理　Liapunov theorem

Liapunov 准则　Liapunov criterion

Lions 引理　Lions' lemma

Ljusternik-Schnirelmann 不变量　Ljusternik-Schnirelmann invariant

Ljusternik-Schnirelmann 范畴　Ljusternik-Schnirelmann category

Ljusternik-Schnirelmann 临界点理论　Ljusternik-Schnirelmann critical point theory

Ljusternik-Schnirelmann 重数定理　Ljusternik-Schnirelmann multiplicity theorem

Lorentz 度规　Lorentz metric

累次纬垂　iterated suspension

理想不可压缩流体　ideal incompressible fluid

理想流体　ideal fluid

连续扩张　continuous extension

连续统(闭联集)　continuum

联络　connection

链式法则　chain rule

列紧的　sequential compact

列紧性　sequential compactness

临界点　critical point

临界点理论　critical point theory

临界水平　critical level

临界依赖性　critical dependence

临界值　critical value

临界集　critical set
零测度　measure zero
零空间　null space
流函数　stream function
螺线向量　solenoidal vector
螺线向量场　solenoidal vector field
零测集　set of measure zero, measure zero set
连续方程　equation of continuity
道路(路)　path

M

Maclaurin 椭球　Maclaurin ellipsoid
Morse 不等式　Morse inequality
Morse 定理　Morse theorem
Morse 型数　Morse type number
Morse 引理　Morse lemma
Morse 指数　Morse index
满射　surjection(surjective)
满射线性映射　surjective linear mapping
目标类(对象类)　class of object
模以紧算子的双边逆　two-sided inverse modulo compact operators

N

Navier-Stokes 方程　Navier-Stokes equation
Navier-Stokes 算子　Navier-Stokes operator
Newton 法　Newton method
N[重]线性算子　N-linear operator
N[重]线性型　N-linear form
n 元组　n-tuple
内法线　inward normal
内蕴度量　intrinsic metric 挠性 flexible
拟线性[的]　quasilinear
逆象(原象)　inverse image
黏性(粘性)　viscosity
纽结(扭结)　knot

O

欧拉示性数　Euler characteristic

偶周期解　even periodic solution

P

Peano 定理　Peano theorem

Plateau 问题　Plateau problem

p 维循环群　p－dimensional cycle group

p 维边界群　p－dimensional boundary

p 维同调群　p－dimensional homology group Rellich 引理 Rellich lemma

判别准则(准则,判据)　criterion

配积变换　polarization

匹配　matching

偏转板　deflecting plate

平方可和序列　square summable sequence

平衡点　equilibrium point(libration point)

平衡态　equilibrium state

平稳点　stationary point

平稳值　stationary value

平均场　mean field

破损对称性　broken symmetry，symmetry－breaking

Q

奇[异]集　singular set

奇点　singular point (singularity)

奇异单形(连续单形)　singular simplex

奇异粒子　strange particle

奇异链　singular chain

奇异 p 单形(奇异 p 维单纯形)　singularp－simplex

奇异 p 链(奇异 p 维链)　singularp－chain

奇异扰动问题　singular perturbation problem

奇异同调群(连续[下]同调群)　singular homology group

奇异值　singular value

奇映射　odd mapping

歧点(分岔点)　bifurcation point;point of bifurcation

嵌入算子　imbedding operator
强函数[的]　majorant;majorizing function
强函数法(优函数法)　majorant method
强化(优化)　majorize
强级数[的](优级数[的])　majorant series; majorant of series
强拓扑　strong topology
强制的　coercive
强制性　coerciveness
切除[性]　excision
屈曲　bucking
屈曲负荷　bucking load
屈曲现象　bucking phenomena
屈曲—弯曲问题　bucking—bending problem
全纯函数　holomorphic function
全纯坐标　holomorphic coordinate
全非线性算子　full nonlinear operator
全连续算子　completely continuous operator
全连续性　complete continuity
群同态　group homomorphism
切空间　tangent space

R

Ricci 张量　Ricci tensor
Riemann 度量　Riemann metric
Riemann 结构　Riemann structure
Riemann 流形　Riemann manifold
Riemann 曲面　Riemann surface
Riesz-Tamarkin 定理　Riesz-Tamarkin theorem
Riesz 表示定理　Riesz representation theorem
Riesz 定理　Riesz theorem
容许[的]　admissible
容许函数　admissible function
容许映射　admissible mapping
柔弹性板　flexible elastic plate

锐变　sharp transition
弱函数　minorant(function)
弱解　weak solution
弱列紧[的]　weakly sequentially compact
弱收敛　weak convergence
弱拓扑　weak topology
弱下半连续性　weak lower semicontinuity
弱序列连续泛函　weakly sequentially continuous functional

S

Sard 定理　Sard theorem
Schauder 不动点定理　Schauder fixed point theorem
Schauder 反演　Schauder inversion
Schauder 型估计　Schauder-type estimate
Sobolev 积分算子　Sobolev integral operator
Sobolev 空间　Sobolev space
Stokes 流函数　Stokes stream function
Svarc 定理　Svarc theorem
三体问题　three-body problem
散度定理　divergence theorem
散度型(散度形式)　divergence form
上半连续[的]　upper semicontinuous
上长度　cup length
上积　cup product
上临界的　supercritical
上确界范数　sup norm
上同调群　cohomology group
伸缩变换　stretching transformation
生成元　generator
剩余疏集　residual nowhere dense set
势函数(位势函数)　potential function
试探解(尝试解)　tentative solution
试探周期解　tentative periodic solusion
适定的　well posed

首次逼近　first approximation
首次积分　first integral
疏的(无处稠密的)　nowhere dense
疏集　nowhere dense set
数量曲率　scalar curvature
衰减　decay
双边逆　two-sided inverse
双调和算子(重调和算子)　biharmonic operator
双线性型　bilinear form
双边理想　two-sided ideal
瞬子　instanton
速度势　velocity potential

T

Taylor 定理　Tavlor theorem
Taylor 旋涡　Taylor vortex
Thom 突变理论　Thom's catastrophe theory
Tietze 扩张定理　Tietze extension theorem
特征方程　characteristic equation
特征形式　characteristic form
梯度映射(算子)　gradient mapping(operator)
提升　lifting
调和共轭　harmonic conjugate
条件紧　conditionally compact
同调群　homology group
同痕(合痕的)　isotopy
同伦　homotopy
同伦扩张定理　homotopy extension theorem
同伦不变性　homotopy invariance
同伦群　homotopy group
投影法　projection method
投影算子　projection operator
凸包　convex hull
突变理论　catastrophe theory

湍流　turbulence(turbulent flow)
椭圆性条件　ellipticity condition
图(图形)　graph
退化系统　degenerate system

V

von Kármán 方程　von Kármán equation

W

外乘　exterior multiplication
外导数　exterior derivative
外积　exterior product
外微分　exterior differential
完备范数　complete norm
网格(网)　net
微分　differentiation
微分[形]式　differential form
微分流形　differential manifold
微分算子　differential operator
微分同胚　differentiable homeomorphism;diffeomorphism
维量分析(量纲分析,因次分析)　dimensional analysis
伪解　unreal solution
纬垂(悬垂,同纬映象)　suspension
纬垂同态　suspension homomorphism
未定元　indeterminate
位势理论　potential theorem
位势论(势论)　potential theory
稳定平衡态　stable equilibrium state
稳定群　stable group
稳定同伦　stable homotopy
稳定性变换　exchange of stability
稳定性问题　stability problem
涡环　vortex ring
涡环不变性　indestructibility of vortex ring
无理性条件　irrationality condition; unusual condition

无因次参数　dimensionaless parameter
无奇异性映射　singularity free map
无约束的　unrestricted
无边流形　manifold with boundary

X

下调和[的](次调和[的])　subharmonic
下临界的　subcritical
先验有界原理　A prior bound principle
纤维　fiber; fibre
纤维丛　fibre bundle
线性 Fredholm 算子(映射)　linear Fredholm operator　mapping
线性等距[同构]　linear isometry
线性化问题　linearation problem
线性化算子　linearized operator
线性列　linear series
线性同胚　linear homeomorphism
线性椭圆型微分算子　linear elliptic differential operator
线性稳定性理论　linear stability theorey
线性振子　linear oscillator
限制　restriction
限制类　restricted class
限制三体问题　restricted three-body problem
相变(相转移)　phase transition
相对紧[的]　relatively compact
相对平面　phase plane
相异类　distinct class
象(像点)　image
小除数问题　small-divisor problem
效用函数　utility function
谐振子(调和振子)　harmonic oscillator
星形集　star-shaped set
序列弱连续　sequentially weakly continuous
形变(变形)　deformation

形变收缩核　deformation retract
形式伴随算子　formal adjoint operator
形式导数　formal derivative
形式解　formal solution
形式幂　formal power
形式自伴的　formal self-adjoint differential operator
型数　type number
旋涡(涡旋)　vortex
旋度(涡度)　vorticity
靴襻过程(自动过程)　bootstrapping procedure

Y

压力项　pressure term
压缩映射　contraction mapping
压缩映射原理　contraction mapping principle
芽层　sheaf of germs
亚纯函数　meromorphic function
延拓　continuation
延拓法(连续法)　continuation method
延拓问题　continuation problem
延拓性　continuation property
严格正本征值　stricyly positive eigenvalue
演算不等式　calculus inequality
一对一映射　injective mapping
一阶变分(第一变分)　first variation
一致有界定理　uniform boundedness theorem
依测度　in measure
依赖[性]　dependence
依赖于参数的　parameter dependent
移位算子　shift operator
隐函数定理　implicit function theorem
映射的限制类　restricted class of mapping
映射度　degree of a mapping
有界线性泛函　bounded linear function

有界线性算子　bounded linear operator
有限维逼近　finite - dimensional approximation
有限行为　finite action
有效性　validity
诱导[的]　induced
诱导同态　induced homomorphism
余核　cokernel
余维[数]　codimension
预解集　resolvent set
圆周运动　circular motion
约束集　constraint set
约化引理　reduced lemma

Z

Zygmund 定理　Zygmund theorem
增长条件　growth condition
增长性　growth
折　fold
真 Fredholm 映射　proper Fredholm mapping
真解　true solution
真算子　proper operator
真同伦　proper homotopy
真性(逆紧性)　properness
真映射(逆紧映射)　proper mapping
振荡核　oscillatory kernel
振子　oscillator
整体同胚　global homeomorphism
整体拓扑　global topological
整数值函数　integer value function
正规方式　normal mode
正规复坐标　distinquished complex coordinate
正规化(规范化)　normalized
正规化映射　normalized map
正规化本征函数　normalized eigenfunction

正合　exact
正合性　exactness
正锥　positive cone
正交[的]　orthogonal
正解　positive solution
正性　positivity
正性条件　positivity condition
正则点　regular point
正则性　regularity
正则值　regular value
支集　support
指标(指数)　index
指数定理　index theorem
指数　exponent
秩定理　rank theorem
中心问题　center problem
中值定理　mean value theorem
重数(相重数)　multiplicity
周期运动　periodic motion
周期序列(循环序列)　periodic sequence
逐次逼近法　successive approximation
逐点估计　pointwise estimate
逐点性态　pointwise behavior
柱面极坐标　cylindrical polar coordinates
转移映射　transition map
子代数　subalgebra
自伴算子　self-adjoint operator
自然映射　natural mapping
自守函数　automorphic function
自由边界问题　free boundary problem
自治[的]　autonomous
族　family
最大值原理(极大值原理)　maximum principle

最速下降法　steepest descent method

最小势能原理　principle of least potential energy

作用泛函　action functional

坐标卡　chart

坐标片　coordinate patch